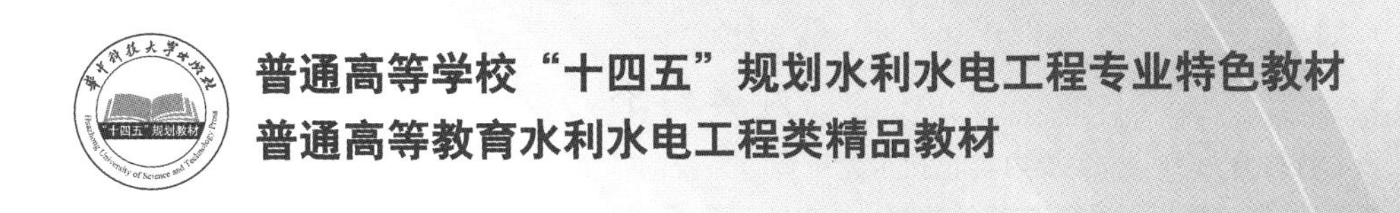

PRINCIPLE OF HYDRAULIC TURBINE GOVERNING SYSTEM

水轮机调节系统原理

主　编 ◎ 李超顺　张勇传
副主编 ◎ 黎育红　刘　冬　张　楠　冯　陈

華中科技大學出版社
http://press.hust.edu.cn
中国 · 武汉

内 容 简 介

本教材分为10章，主要内容包括水轮机调节系统的基本概念、水轮机调速器主要类型、水轮机微机控制技术、调速器伺服系统与油压装置、水轮机调节系统数学模型、水轮机调节系统动静特性、调节保证计算和设备配置、水轮机调节系统数字仿真、调速器控制规律优化以及水轮机调节系统现场试验。除了介绍本学科的经典理论、方法和应用外，还将课题组多年来的最新成果融入其中，包含新型控制算法、水轮机数学模型和调速器控制规律优化，进一步更新了水利学科知识体系，有助于读者系统深入地学习水轮机调节系统的发展历程。

本书可作为能源与动力类与水利水电专业的本科生教材，也可供其他相关专业和从事水电控制设备研究、设计、制造、安装调试与运行的技术人员参考。

图书在版编目(CIP)数据

水轮机调节系统原理/李超顺，张勇传主编. —武汉：华中科技大学出版社，2023.8
ISBN 978-7-5680-9840-3

Ⅰ.①水… Ⅱ.①李… ②张… Ⅲ.①水轮机-调节系统-教材 Ⅳ.①TK730.7

中国国家版本馆CIP数据核字(2023)第139999号

水轮机调节系统原理　　　　李超顺　张勇传　主编
Shuilunji Tiaojie Xitong Yuanli

策划编辑：王汉江
责任编辑：刘艳花　李　昊
封面设计：廖亚萍
责任校对：李　琴
责任监印：周治超
出版发行：华中科技大学出版社(中国·武汉)　　电话：(027)81321913
武汉市东湖新技术开发区华工科技园　　邮编：430223
录　　排：武汉市洪山区佳年华文印部
印　　刷：武汉市籍缘印刷厂
开　　本：787mm×1092mm　1/16
印　　张：22.5
字　　数：506千字
版　　次：2023年8月第1版第1次印刷
定　　价：59.80元

PREFACE

前言

水轮机调节系统是维持水轮发电机组的水能输入，以达到动力系统供需平衡的复杂自动控制系统，其中水轮机调速器是水轮机调节系统的核心设备。自20世纪60年代起，华中科技大学长期致力于水轮机控制系统的技术研究与产品开发工作，研发的微机水轮机调速器突破了国外水轮机控制技术的长期垄断，并在几代人的努力下成功建立了从理论分析、优化设计、产品开发应用到动态仿真的完整的水轮机调速器关键技术创新和产业化应用体系。由我校魏守平教授主编的《水轮机调节》长期以来是全国相关专业首选教材之一。

水力发电技术近些年得到了快速发展，一些新理论和新技术应运而生。为满足国家对创新人才培养的需要，适应水轮机调节系统理论发展形式的需求，我们重新编写本教材，希望以华中科技大学在水轮机调节本领域的技术积累与前序教材、论著为基础，结合我校在理论研究与工程应用中的成果和经验，围绕水轮机调节系统基本概念、工作原理、动态仿真和控制优化，全面、系统地讲述水轮机调节系统的基本原理、工作特点和发展方向，力求突出特色。本书适用于开设"水轮机调节"课程的本科生和研究生，也可供从事水轮机调节系统的理论研究、技术开发和设计、电站设计、设备制造、水电站运行和维护检修的技术人员以及高等院校教师等专业人员阅读和参考。

本书由华中科技大学李超顺教授和张勇传院士共同主编，几位华中科技大学教师和在其他学校任教的校友参编。张勇传院士负责制定全书大纲并指导全书的撰写。李超顺教授主要负责第4、7、8、10章的撰写。华中科技大学黎育红副教授与华北水利水电大学刘冬博士共同负责第1～3章的撰写工作，河海大学冯陈博士主要负责第3、5章的撰写工作，淮阴工学院张楠博士主要负责第6、9章的撰写工作。李超顺教授和张勇传院士团队在读的部分博士、硕士研究生也参与了本书相关章节的撰写工作，如谭小强、魏春阳、陆雪顶、许荣利、王赫、朱郅玮、吴奕斌等，并协助李超顺教授负责全书校订和插图绘制工作。李超顺教授负责全书大纲的拟定与审定工作。在本教材编写过程中，参考了部分国内外教材，也获得了相关单位以及有关专家同仁的指导与大力支持，在此一并表示衷心的感谢！

本书内容融入了作者一些科学研究的成果和观点，加之作者水平有限，对于书中存在的错误与不妥之处，诚恳欢迎广大专家同行和其他读者提出意见和批评。

编　者

2023年7月

CONTENTS

目录

第1章

水轮机调节系统的基本概念

水轮机调节系统由调速器和以水轮发电机组为核心的调节对象构成。调速器是控制机组正常运行的核心部件。除完成机组转速调节外，现代水轮机调速器还可实现各种复杂的控制功能，如开度控制、功率控制、水位控制、流控制、效率控制、开停机过程控制等。为最终实现“双碳”目标，我国近年来对水、风、光等可再生能源进行了大规模地开发和利用。随着风、光等可再生能源的大规模并网发电，以新能源为主的新型电力系统正逐步形成。截至 2023 年上半年，全国可再生能源装机突破 13 亿千瓦，达到 13.22 亿千瓦，历史性超过煤电，而根据国际能源署 IEA 的预测，2024 年全球可再生能源发电量很可能首次超过煤炭发电量。然而，这也带来了一系列新的问题，其中最主要的就是必须解决间歇性能源的随机波动特性给电网安全稳定带来的冲击和挑战。水电作为电网中重要的调节性电源，能够进行有效的削峰填谷，保证电网供需平衡和频率的稳定性，是解决上述问题的“金钥匙”。因此，本章将对水轮机调节系统的基本概念进行全面的介绍，包括水轮机调节系统的任务与特点、组成及原理、以及调速器的分类和发展。在此基础上，以最早使用也是最成熟的机械液压型调速器为例，介绍水轮机调节系统各主要元件的动作特性。

1.1 水轮机调节系统的任务与特点

1.1.1 水轮机调节系统的任务

水力发电是把原来河流中蕴藏的水流能量通过修建大坝或引水工程收集起来

（一次开发），然后通过水轮机将水能转变为机械能，再由发电机将机械能转换为电能的过程（二次开发）。安全、优质、高效地完成这个能量转换过程是水电站运行的目标和要求。水电站生产的电能一般还需要通过输电、配电、供电等环节才能最终供用户使用。同时，为了提高供电可靠性和经济性，众多发电机采用并列运行方式，由若干发电厂、升降压变电站、输电线路和大量用户负荷等构成了庞大的电力网（或称电力系统）。水轮发电机组能够把水能转变成电能，供用户使用。根据能量守恒原理，整个动力系统的能量（水能）输入与能量（电能）消耗应保持平衡。实际上，电力系统的负荷是不断变化的，因此，必须及时调节水轮发电机组的水能输入，以达到动力系统供需平衡。但是，由于电力系统负荷的变化总体上的随机性或不可预测性，必然会导致静态供需不平衡的情况发生，从而使系统经常处于动态的平衡过程中。在动态过程中，电能的频率和电压均会发生较大波动，若频率偏离额定值过大，就会直接影响用户的电能质量。

衡量电能质量优劣主要有频率偏差和电压偏差指标。我国电力系统的标称频率为 50 Hz。GB/T 15945-2008《电能质量 电力系统频率偏差》中规定：电力系统正常频率偏差允许值为±0.2 Hz，当系统容量较小时，偏差值可放宽为±0.5 Hz。在电压方面，GB 12325-2003《电能质量 供电电压允许偏差》中规定：35 kV 及以上供电电压正负偏差的绝对值之和不超过额定电压的 10%，10 kV 及以下三相供电电压允许偏差为额定电压的±7%，220 V 单相供电电压允许偏差为额定电压的+7%、−10%。频率偏差过大，将会导致以电动机为动力的机床、纺织机械等运转不平稳，从而生产出次品或废品。更重要的是，频率偏差过大也会影响发电机组及电网自身的稳定运行，甚至造成电网解列或崩溃。因此，保持电力系统频率稳定相当重要。电压过高将会烧毁各种电气设备，电压过低会影响电动机的正常启动，所以维持一定的电压水平是保证电网正常运行的前提。按规定来说，电力系统的频率应保持在 50 Hz，其偏差不得超过±0.5 Hz。因此，为了向用户提供高质量电能，必须对水力发电过程采取高效的控制措施，以尽快减小电能的频率及电压波动并使其趋于额定值。图 1-1 所示的是水力发电过程控制原理图。

从图 1-1 中可以看出，在水力发电过程中，首先将水能通过水轮机转换为旋转的机械能，再经由同步发电机转换为三相交流电能，然后电能通过变电、输电、配电及供电系统送至电力用户消耗。当电力系统有功负荷（电能消耗）发生变化时，必然引起整个系统能量的不平衡，从而引起系统频率发生波动。为了保证电能的频率稳定，必须对水轮发电机组的转速进行控制。水轮机调速器承担着控制机组转速的任务，调速器通过检测机组的转速和给定值进行比较，形成转速偏差，转速偏差信号再经过一定的控制运算形成调节信号，然后通过功率放大操纵导水机构控制水能输入，使水能输入与电力有功负荷相适应。同样，当电力系统电力无功且不平衡时，将会引起系统电压发生波动。励磁装置承担着稳定电压的作用，并且励磁系统能够改善并网运行的发电机的功角稳定性。

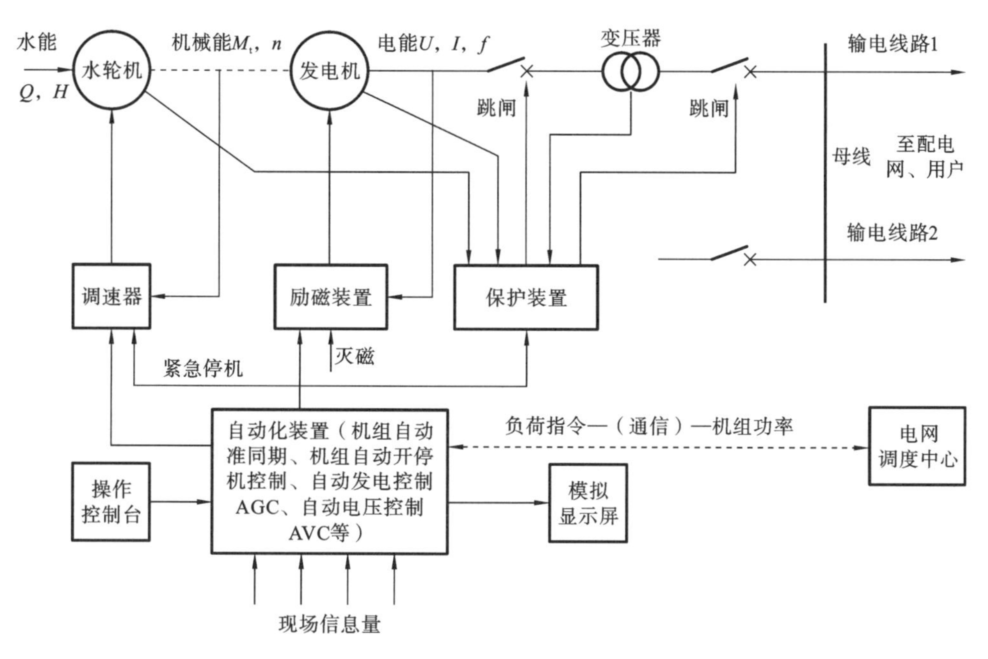

图 1-1　水力发电过程控制原理图

1.1.2　水轮机调节系统的特点

与汽轮机(其他)转速调节系统相比,水轮机转速调节系统具有以下特点。

(1) 受河流自然条件的限制,一般水电站水头在几十米到一百多米之间,水轮机的工作压力在零点几兆帕到一点几兆帕之间,而汽轮机可根据需要或技术水平选定工作压力,其工作压力常在三十几兆帕,水轮机和汽轮机在相同的出力情况下,水轮机所需的引用流量要比汽轮机进汽量大几十倍到近百倍。所以,水轮机组引用流量相当大,其流量常在每秒几十到几百立方米之间,有的甚至超过每秒上千立方米。控制如此大流量的水流,就必须在调速器中设置很大的放大执行元件,通常需要二级或三级液压放大装置,并采用较大的液压接力器作为执行元件,其时间常数为零点几秒到几秒,但容易产生过调节。也就是说,当负荷变化时,导水机构不能突然动作,以使动力矩适应外界负荷的变化,而是有一定的延迟时间,在此时间内机组转速不断升高或降低。当导水机构变化到使动力矩与阻力矩相适应时,这时转速偏离额定值已有一定的数量,要使转速恢复到额定值也需要一定的时间,此时导水机构变化的数值又已超过需要开关的数值了。这种过调节现象使水轮机调节系统变得不稳定。

(2) 由于工作介质不同,水流运动较气流运动惯性大得多,较长的引水管道的水电机组水流惯性尤为明显。当发电机负荷减小时,机组转速升高,调速器就关小导叶开度使流量减小,试图减小水轮机的输入能量。但是,在流量减小的同时,由于存在水流惯性,在压力管道中产生水击(水锤)压力升高,反而可能使水轮机获得的能量增加,产生与调节控制作用相反的效果。为了减小水击作用对调节作用的影响,需要适当降低导叶关闭或开启的速度并改变其运动规律，设置反馈元件的目的就是通过反馈来改变导叶的运动速度和运动规律。

(3) 有些水轮机具有双重调节机构，如转桨式和斜流式水轮机有导水机构和活动桨叶，发电运行时需与导叶保持协联以提高能量转换效率；冲击式水轮机有喷针和折向器，需协调动作保证调节系统在大小波动条件下的安全和稳定；混流式水轮机有用于降低大波动水击压力的调压阀，需与导叶保持协调控制。所以，双重调节机构增加了水轮机调速器的复杂性。另外，转桨式水轮机桨叶调节比导叶慢，这又增加了水轮机出力的滞后，对水轮机调节不利。

(4) 水电机组在电力系统中承担着调频、调峰和事故备用等任务，随着电力系统容量及结构复杂程度的不断增加，水电机组在电力系统中的作用更加重要。为了保证水电机组充分发挥其作用，要求水轮机调速器必须具备较高的控制性能和自动化水平，以适应电力系统更高的调频控制要求，从而保证机组具有快速的开机过程、快速的负荷调整等。这就使得水轮机调速器成为水电站中一个十分重要的综合自动装置。

1.2 水轮机调节系统的组成与原理

1.2.1 水轮机调节系统的组成

水轮机转速自动调节系统是由水力系统、水轮发电机组及电力系统的调节对象和调速器组成的，其方框图如图 1-2 所示。调速器包括了测量元件、比较元件、放大元件、执行元件和反馈元件等。在图 1-2 中，测量元件为离心飞摆；比较元件是由弹簧、轴承、滑环等组成；放大元件是由配压阀和接力器构成的液压放大器，起到机械操作功率放大作用；接力器兼作执行元件，操作水轮机的开度；反馈元件为缓冲器，它可以使水轮机调节系统动态过程稳定下来，在调节系统中起着相当重要的作用。反馈元件通过把执行元件输出按照某一运动规律反馈到比较元件进行综合，即反馈校正，改变了放大执行元件的输出特性，形成一定的调节控制规律。从某种意义上说，可将反馈元件理解为替代了运行人员的一些操作经验，这些经验是通过反馈元件参数所表达的。

由自动控制理论可知，调节系统由调节对象和调节器两部分组成，它是一种闭环或反馈控制系统，按照给定值与被调节量信号偏差工作的，其给定值或者保持常量，或者随时间缓慢变化。当调节系统受到扰动偏离平衡状态时，调节器根据偏差信号的大小、方向、变化趋势等特征采取相应的控制策略，发出控制执行量对调节对象施加影响，以使被调节量趋于给定值，信号偏差逐步趋于零，调节系统进入到新的平衡状态。由于水轮机转速调节系统的被调节量是机组转速，所以调节器被称作调速器。

随动系统或称伺服系统，是另一类闭环或反馈控制系统，其负荷变化往往不是主要

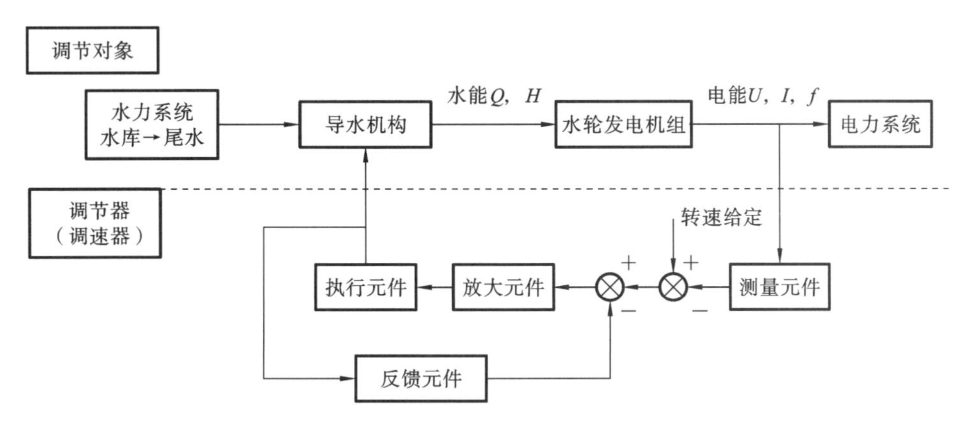

图 1-2　水轮机转速自动调节系统方框图

输入量(扰动)。与调节系统不同，随动系统的给定值带有随机性，经常处于变化过程中，系统的输出量以一定的精度跟随给定值变化。转桨式水轮机桨叶开度的液压放大系统就是一种随动系统，其方框图如图 1-3 所示。

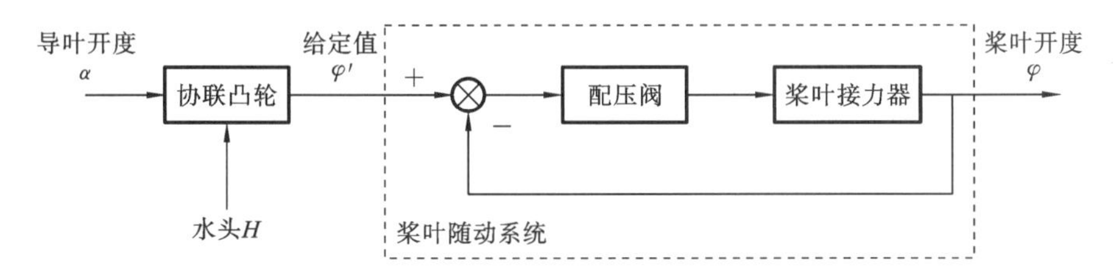

图 1-3　机械协联随动放大系统方框图

1.2.2　水轮机调节系统的原理

1. 水轮机转速调节的方法

如图 1-4 所示，水轮发电机组转动部分可描述为绕固定轴旋转的刚体运动，其运动方程为

$$J\frac{\mathrm{d}\omega}{\mathrm{d}t}=M_{\mathrm{t}}-M_{\mathrm{g}} \tag{1-1}$$

式中：J 为机组转动部分转动惯量；ω 为机组的角速度，单位为$\frac{1}{s}$；M_{t} 为水轮机的主动力矩；M_{g} 为发电机阻力矩。

为了讨论问题方便起见，现给出同步发电机角速度 ω、转速 n 和频率 f 之间的关系：$n=\frac{30}{\pi}\omega$，$f=\frac{p}{60}n$，三者保持严格的比例关系(未考虑功角摆动)。其中，p 为同步发电机的极对数。为了使水轮发电机组频率保持不变，必须维持机组的转速及角速度为常数，机

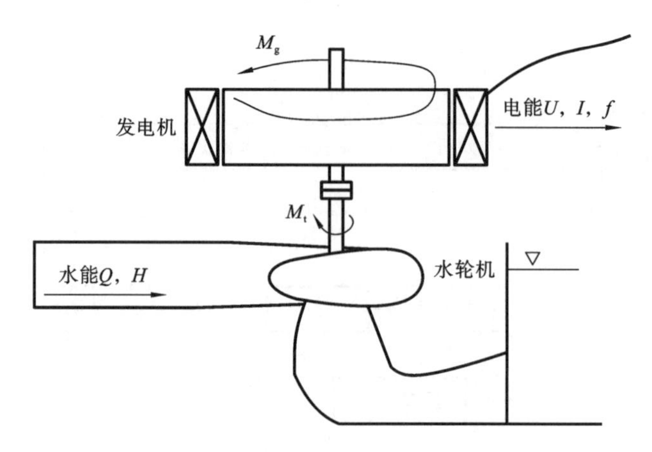

图 1-4　水轮发电机组转速调节原理图

组的旋转加速度$\frac{d\omega}{dt}=0$，由式(1-1)可得出

$$M_t = M_g \tag{1-2}$$

式(1-2)说明，水轮机主动力矩等于发电机阻力矩是维持水轮发电机组转速或频率恒定的必要条件。发电机阻力矩 M_g 主要为发电机负荷电流产生的电磁阻力矩 M_e，还包括轴承、空气等造成的机械摩擦阻力矩。负荷阻力矩与负荷的大小和性质有关，随着用电户需求的不同，电力负荷的大小经常会发生变化。为了满足式(1-2)的条件，水轮机主动力矩必须跟随发电机阻力矩变化而变化，这样才能保证机组转速或频率恒定不变。

水轮机主动力矩由水流作用于转轮叶片而产生的，主动力矩可由式(1-3)表示，即

$$M_t = \frac{P}{\omega} = \frac{\gamma Q H \eta}{\omega} \tag{1-3}$$

式中：P 为机组出力，单位为 kW；γ 为水的容重，单位为 kN/m^3；Q 为水轮机的流量，单位为 m^3/s；H 为水轮机工作水头，单位为 m；η 为水轮机的效率；M_t 为水轮机主动力矩，单位为 kN·m。

由式(1-3)可知，调节水轮机的流量可以改变水轮机的主动力矩，而水轮机的流量可通过改变导叶开度或喷针开度来实现，这种调节水轮机主动力矩方法较其他调节方法简单、有效、易实现。因此，当发电机负荷发生变化时，通过调整水轮机开度改变主动力矩的大小，使其与负载阻力矩相平衡，以维持机组的转速或频率恒定。

由于发电机的负荷是随机变化的，根据负荷变化来调整水轮机的主动力矩很难实现，而且影响水轮机主动力矩不等于发电机阻力矩的因素有很多，可能是水轮机水头发生变化，也可能是水轮机效率发生变化，还可能是机械摩擦力发生变化等。由式(1-1)和式(1-3)可知，当水轮机的主动力矩大于发电机的阻力矩时，机组转速就会升高，应减小水轮机的流量或开度；当水轮机的主动力矩小于发电机的阻力矩时，机组转速就会下降，应增大水轮机的流量或开度。所以，根据机组转速变化来调整水轮机流量输入及主动力矩输出，以维持机组的转速或频率在规定的范围之内，这就是水轮机转速调节的方法。

由于利用转速变化来调整水轮发电机组的有功输出，从理论上来说不可能做到保持

机组转速恒定不变，只能希望转速变化尽可能的小，动态过程尽可能的短，这就需要寻找有效的调节手段或先进的控制策略。

2. 单调节调速器的动作原理

人工调节转速时，需要先设置一个转速表，以便于运行人员监视机组转速。当负荷变化引起转速变化时，运行人员根据转速表的显示值与给定值进行比较分析，然后通过机械传动机构控制开大或关小导叶开度，经过一段时间的反复调节，机组转速重新稳定在给定值附近，达到新的平衡状态。需要指出的是，人工调节机组转速动态过程时间的长短、转速波动的大小、波动的次数取决于运行人员的经验和水平，对于操作不熟练的运行人员，可能导致转速调节过程不稳定情况发生。图 1-5 所示的是机组转速人工调节示意图。

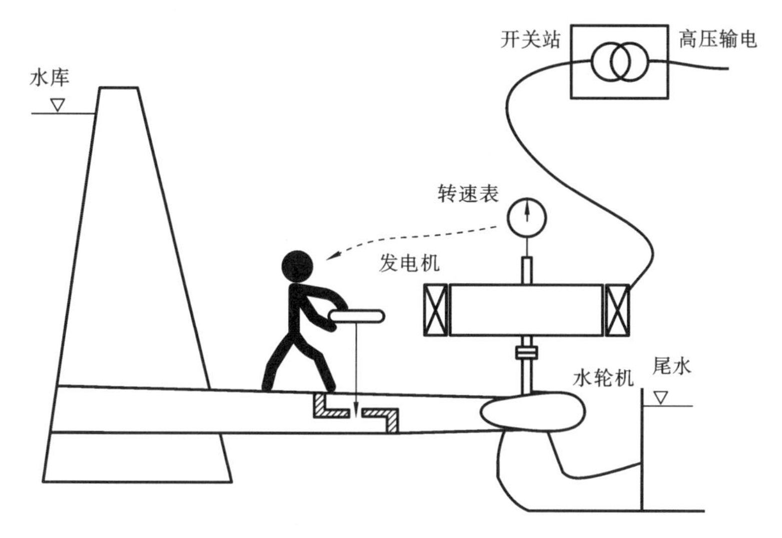

图 1-5　水轮机转速人工调节示意图

人工调节只适用于早期很小容量的机组，现代水轮发电机组一般均装设一个自动调速器，代替运行人员自动调节水轮机转速，如图 1-6 所示的是水轮机转速自动调节系统示意图。

当机组负荷增加时，发电机的负载力矩 M_g 大于水轮机的主动力矩 M_t，机组转速下降，通过传动机构带动离心飞摆旋转，飞摆离心力减小会带动 A 点下移，K 点未动，B 点下移，配压阀阀芯向下移动，压力油进入接力器下侧油管路，接力器上侧油管路接通回油，接力器活塞在油压力的作用下向上移动，Y 点上移，开大水轮机的导叶开度，水轮机流量增加，使水轮机的主动力矩 M_t 增加，从而抑制了机组转速下降。当主动力矩 M_t 增大到大于负载力矩 M_g 后，机组转速开始上升。经过一段时间的反复调节，机组转速重新稳定在给定值，将达到一个新的平衡状态；当机组负荷减少时，发电机的负载力矩 M_g 小于水轮机的主动力矩 M_t，机组转速上升，飞摆离心力增大会带动 A 点上移，K 点未动，B 点上移，配压阀阀芯向上移动，压力油进入接力器上侧油管路，接力器下侧油管路接通回油，接力器活塞在油压力的作用下向下移动，Y 点下移，关小水轮机的导叶开度，水轮机流量减小，使水轮机的主动力矩 M_t 减小，从而抑制了机组转速上升。通过一段时间的调

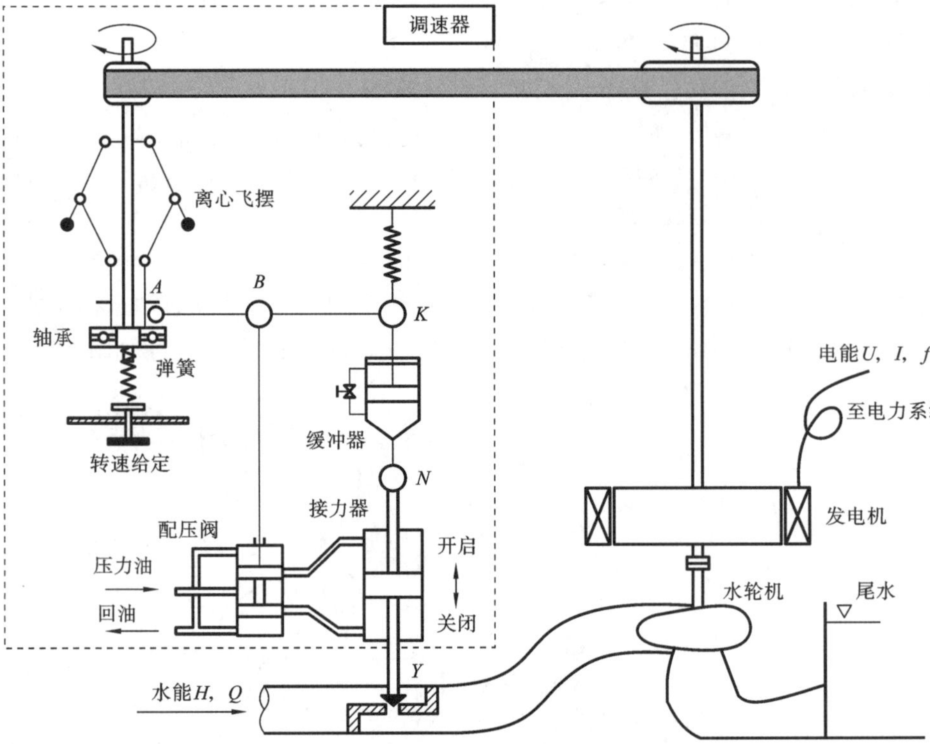

图 1-6　水轮机转速自动调节系统示意图

节，最后也将达到一个新的平衡状态。图 1-6 所示的缓冲器是把接力器位移反馈到输入端，能够改变接力器的运动规律，是保证调节系统动态过程稳定的关键元件。实际上，由于电力系统负荷是不断变化的，因而转速调节过程也在不断进行。调整转速给定把手可改变机组转速的稳态值。

3. 双调节调速器的动作原理

转桨式水轮机除导叶需要控制外，桨叶也需要控制，要求桨叶开度 φ 与导叶开度 α 在一定水头 H 下保持给定的协联关系，水轮机的桨叶开度是导叶开度和水头的二元函数，即 $\varphi=f(\alpha,H)$，这样才能使转桨式水轮机始终在高效率区运行。在调节系统动作过程中，水轮机流量主要由导叶开度控制，桨叶开度以很慢的速度按协联关系跟随导叶开度变化，基本上不参与水轮机转速的调节过程。图 1-7 所示的是转桨式水轮机调速器动作原理图，图中未画出调速器的导叶控制部分。

在图 1-7 中，转桨式水轮机协联关系曲线是由协联凸轮完成的，协联凸轮的转角代表导叶开度 α，协联凸轮沿轴线平移距离代表水头 H，协联凸轮的半径代表桨叶开度 φ。协联凸轮顺时针转动，协联凸轮的半径增加；协联凸轮逆时针转动，协联凸轮的半径减少。水头升高时，水头装置驱动协联凸轮向左移动，协联凸轮的半径增加；水头下降时，水头装置驱动协联凸轮向右移动，协联凸轮的半径减小。令导叶接力器向关闭方向运动，斜块向右带动滚轮在 A 点向上运动，拐臂带动协联凸轮逆时针旋转，滚轮在 B 点到协

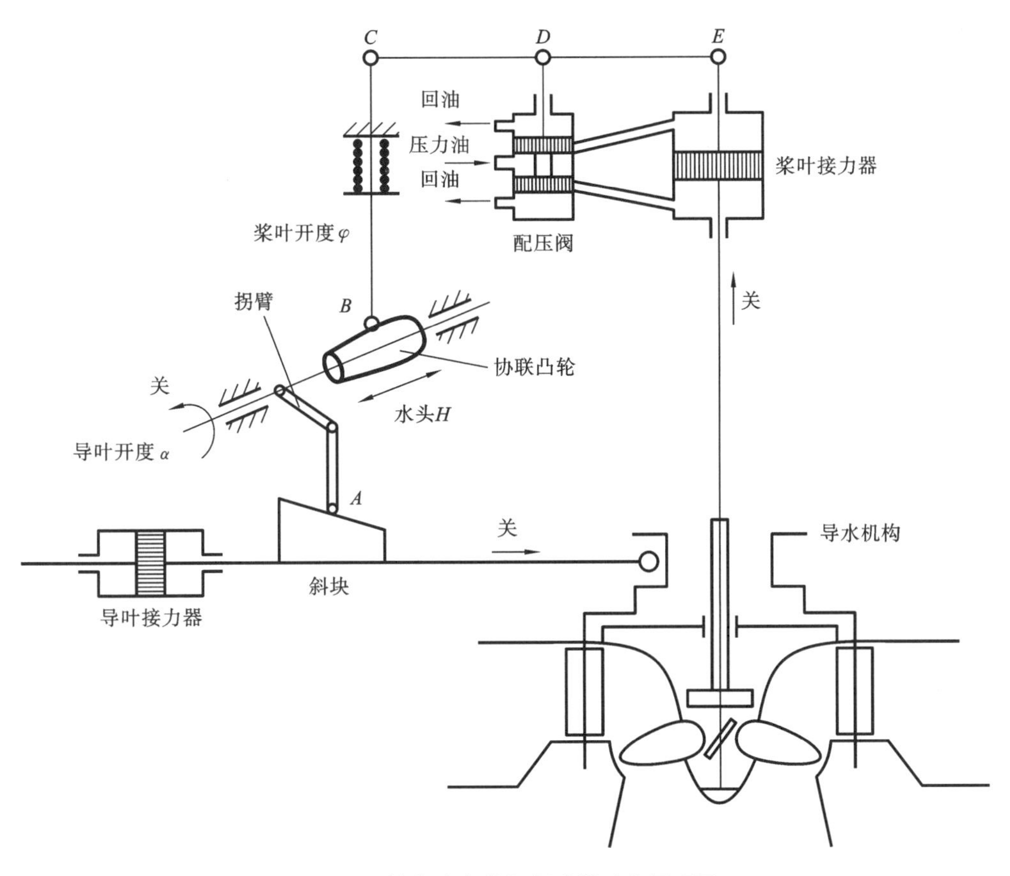

图 1-7　转桨式水轮机调速器动作原理图

联凸轮轴线的距离缩短，B 点下移，C 点也下移，此时 E 点未动，则 D 点下移，配压阀右侧下面油路接通压力油，配压阀右侧上面油路接通回油，桨叶接力器向上运动，通过传动机构带动关小桨叶转角。与此同时，E 点上移，使 D 点上移，配压阀阀芯回中，桨叶接力器停止运动，D 点又回到原来位置。稳定后，E 点上移距离与 B 点或 C 点下移距离成比例关系，保证了水轮机桨叶开度与导叶开度保持协联工作。

1.3　水轮机调速器的分类和发展

1.3.1　调速器的分类

调速器发展至今各式各样，从不同的角度大致分为五种分类方法。

(1) 按元件结构的不同，调速器可分为机械液压型和电气液压型两大类。机械液压型调速器也称机械调速器(或机调);电气液压型又可分为模拟电气液压型和数字电气液压型,模拟电气液压型调速器也称电气调速器(或电调),数字电气液压型也称为微机调速器(或微机调)。机械调速器的测量元件、反馈元件和比较元件均是机械的,如图 1-8 所示。电气调速器的测量元件、反馈元件和比较元件均是模拟电气的,如图 1-9 所示。微机调速器的测量元件、反馈元件和比较元件均是数字的,如图 1-10 所示。

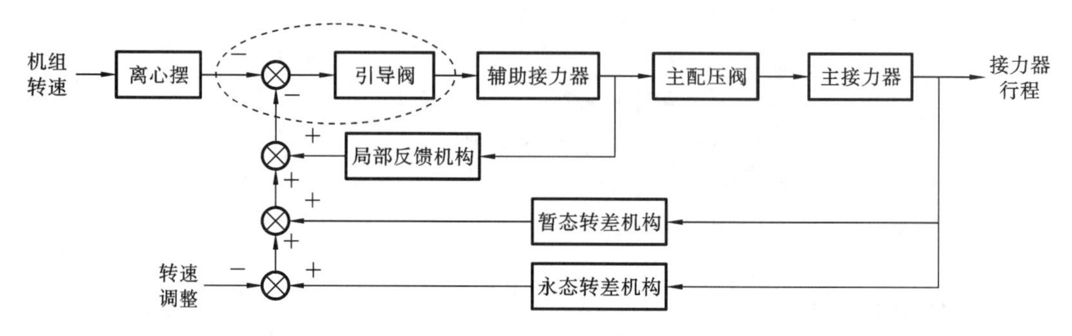

图 1-8 机械调速器

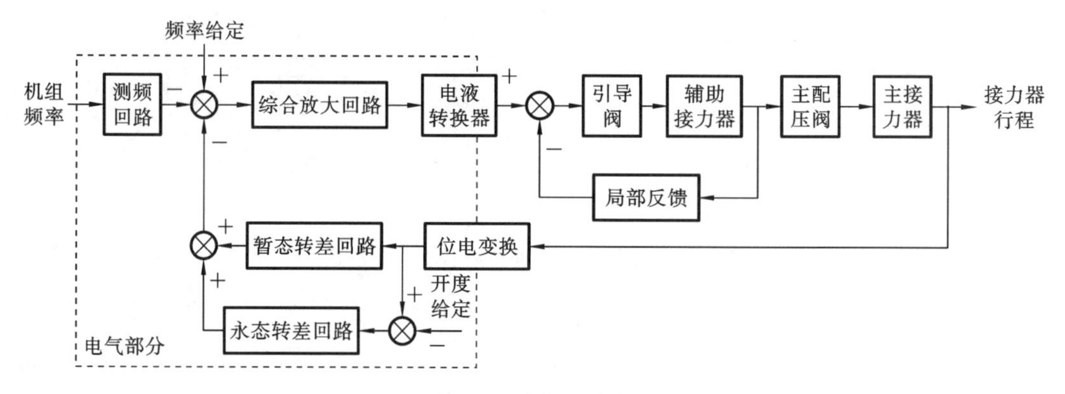

图 1-9 电气调速器

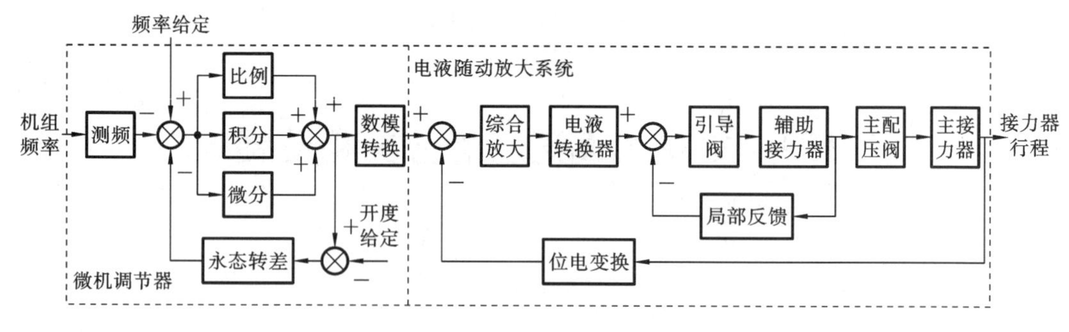

图 1-10 微机调速器

(2) 按系统结构的不同,调速器可分为辅助接力器型、中间接力器型和调节器型三种类型。辅助接力器型调速器系统结构框图如图 1-8、图 1-9 所示,其框图中有跨越反馈,即第二级液压放大输出信号反馈到比较元件,形成调速器的控制调节规律,这种系统结构的第一级液压放大的接力器称为辅助接力器，大多是机械型调速器和模拟电气型调速器。中间接力器型调速器系统结构如图 1-11 所示，它采用逐级反馈形式，第一级液压放大输出信号反馈到比较元件，形成调速器的控制调节规律。第二级液压放大输出信号反馈到自身的输入端，构成机械液压随动放大系统。这种系统结构的第一级液压放大的接力器就称为中间接力器，多用于模拟电气液压型调速器中。调节器型调速器系统结构框图如图 1-10 所示，与前两种结构不同，形成调速器的控制调节规律部分不包含液压放大，而全部由模拟电子电路或微机软硬件实现，功率放大也完全由电气液压随动系统承担，这种结构也称为“调节器＋电液随动系统”。模拟电子电路实现的调节器叫“电子调节器”，微机软硬件实现的调节器叫“微机调节器”，微机调速器基本上都采用这种结构形式。

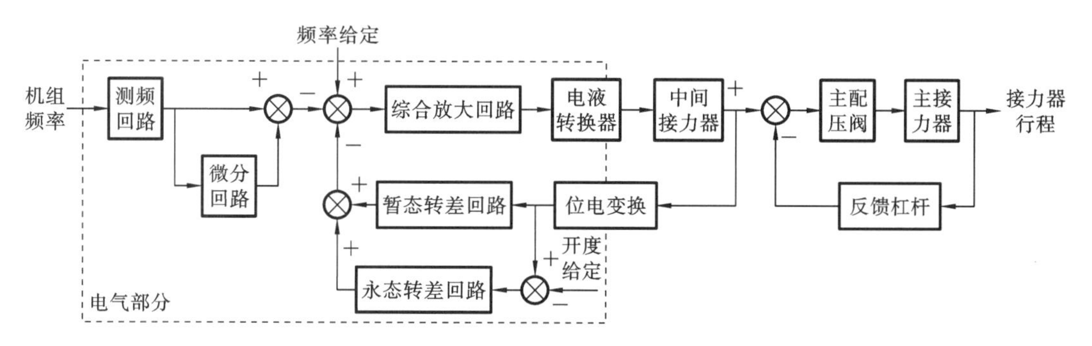

图 1-11　中间接力器型调速器系统结构

(3) 按控制策略的不同，调速器可分为 PI(比例＋积分)调节型、PID(比例＋积分＋微分)调节型及智能控制型。具有 PI 调节规律的调速器是如图 1-8 所示的机械调速器，PI 调节规律是通过软反馈并联校正实现的。PID 调节型还可分为串联 PID 调节型(如图 1-9 和图 1-11 所示的电气调速器)和并联 PID 调节型(如图 1-10 所示的微机调速器)。智能控制调速器是利用微机技术并结合现代先进的控制策略完成的，大都以常规 PID 调节为基础发展而来，包括自适应变结构 PID、模糊自适应 PID 以及人工神经网络 PID 等。

(4) 按执行机构数目的不同，调速器可分为单调节调速器和双调节调速器。双调节调速器的协联装置有机械协联(凸轮)、机电协联(凸轮＋位移传感器)、电气协联(电子电路实现的协联函数发生器)及数字协联(微机程序)等几种类型。调节器型双调节调速器有串行和并行两种协联方式，如图 1-12 所示。

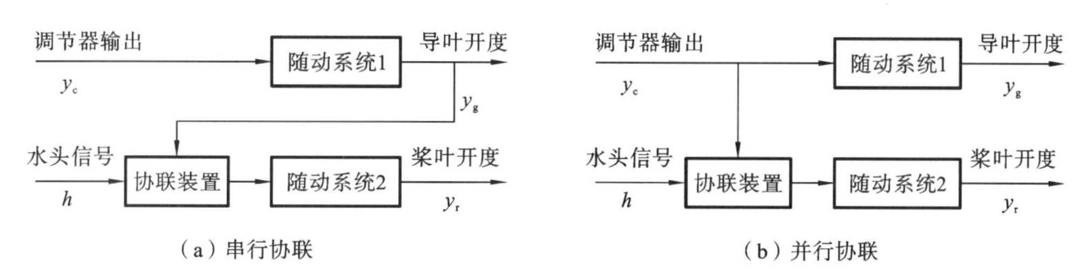

图 1-12　调节器型调速器两种协联方式

(5) 按工作容量的不同,调速器可分为大型、中型、小型和特小型。大型调速器用主配压阀直径表示工作容量,主配压阀直径为 80 mm、100 mm、150 mm、200 mm、250 mm,其余调速器用调速功来表示工作容量,中型调速器的调速功为 18000 Nm、30000 Nm,小型调速器的调速功为 3000 Nm、6000 Nm、10000 Nm,特小型调速器的调速功为 350 Nm、500 Nm、750 Nm、1500 Nm。

1.3.2 调速器的发展

最早的原动机调速器可追溯到 1782 年詹姆斯·瓦特发明的蒸汽机离心式调速器,较好地解决了当工作机械负载变化引起的蒸汽机转速大幅度变化的问题,使蒸汽机很快进入实用阶段,产生了以蒸汽机为标志的第一次工业革命,结束了人类以人力、畜力作为主要动力的历史。

随着离心式调速器广泛应用,发现在某种条件下,蒸汽机的转速及进汽阀门的大小位置,均会出现较大幅度周期性的变化,形成一种异常的运行状态。为什么会发生这种不稳定的状态呢?这一问题引起了学术界的兴趣,直到 19 世纪后半叶,麦克斯韦描述了离心式调速器和蒸汽机一起构成的系统动力特性以及劳斯·古尔维兹发现了不引起调节系统摆动的条件(稳定性判据)后才得以解决,这也成为自动控制理论的开端。这一问题被称为自动控制理论中的稳定性问题。由于采用直接杠杆传递驱动阀门,阀门开度与转速变化成正比例,其调节规律为比例调节,调节系统稳定后必然存在稳态误差,不能达到恒值调节。

早期水轮机调速器与瓦特蒸汽机离心式调速器工作原理基本相同。19 世纪末,出现了用液压放大元件进行功率放大的液压调速器,在 20 世纪 30 年代,机械液压型调速器已相当完善,其调节规律为比例+积分调节。在 20 世纪 60 年代之前,市面上大量使用机械液压型调速器,虽然在 20 世纪 90 年代已基本停止生产,但在一些小型机组上仍在使用。

随着电子技术的发展,20 世纪 50 年代已有相当成功的模拟电气液压型调速器,经历了电子管、晶体管和集成电路等几个发展阶段,模拟电气液压型调速器可接受多种电气信号,通过信号综合能够实现更多的功能,其调节规律为"比例+积分+微分"调节,即 PID 调节。电气液压型调速器具有较高的灵敏度和稳态精度,满足了水电站及电力系统越来越高的自动化水平要求。

20 世纪 50 年代,我国开始制造水轮机调速器,生产了大批机械液压型调速器,如 T 型、ST 型、CT 型、XT(YT)型和 TT 型机调,满足了水电站建设的需要。20 世纪 50 年代末,我国开始研制模拟电气液压型调速器,在 20 世纪 70 年代开始广泛使用,如 DT-100 型、JST-100 型和 YDT-1800 型电调。

进入 20 世纪 80 年代,我国实行改革开放,引进了大量的国外先进技术,随着微型计算机大量普及和应用,促进了水轮机微机调节技术迅猛发展和理论应用的更新,国内各有关大专院校、科研院所、水电设备制造厂争相投入了人力物力研究、开发、生产微机调速器。经过十多年的努力发展，到了20世纪90年代中期，微机调速器已基本成熟，能很好地解决电气液压型调速器长期困扰的模拟电路工作不稳定、电液转换元件工作不可靠等问题，模拟电气液压型调速器也逐渐退出历史舞台被微机调速器所取代。

从微机调速器核心控制单元看，经历了单板机型、MCU（单片机）型、STD/IPC（工控机）型以及PLC/PCC（可编程序控制器）型等；从微机调速器电液转换元件看，也经历了从专门设计的控制套式电液转换器、双锥式电液转换器、环喷式电液转换器、力反馈式电液转换器，到利用通用标准电液元件的阶段，如步进电机/伺服电机、电液比例伺服阀、电磁换向阀等。目前大量生产并广泛应用的微机调速器大多为电机式或比例伺服阀式、PLC/PCC型。

微机调速器的发展过程与微机技术的进步密切相关，同样经历了8位机、16位机到32位机，从最初的功能单一、性能不高，逐步过渡到功能基本完善、性能优越的过程。受早期8位微机速度、存储器容量的限制，当时微机调速器有的只能实现微机测频、频率给定或功率给定，还有的只实现了微机数字显示等辅助功能，并不能称之为一个完整的微机调速器。目前微机调速器普遍采用16位或32位微机，其软硬件十分丰富，具有功能强、速度高、容量大等特点，完全可以满足调速器的各种控制功能和各种控制策略的需要。

随着现代最优控制理论、计算机控制理论迅速发展，在水轮机调节领域出现了如最优控制、自适应控制、变结构控制、模糊控制、神经元网络控制等各种控制策略，不同的控制策略都力图使水轮机调节系统保持在某种最佳的工作状态。虽然早就出现了各种先进的控制策略，但大都仍处于仿真实验分析阶段。在实际应用中，微机调速器一般均采用常规PID调节规律，或各种改进的PID调节控制策略，可以期待具有先进控制策略的高性能调速器将在实际应用中不断成熟，以满足电力生产越来越高的控制要求。

1.4　水轮机调节系统主要元件特性

为了便于理解水轮机转速自动调节系统的工作过程，选取直观易懂的机械液压型调速器，与调节对象一起绘制出水轮机调节系统原理简图，如图1-13所示。图中左侧为调速器部分，右侧为调节对象部分，调节对象包括水轮机及其引水系统、发电机及其负荷等。调速器输入的转速信号取自机组的永磁机，调速器输出的执行量连接到水轮机导水机构。

图1-13中的调速器是结构成熟、应用最为广泛的缓冲式机械液压型调速器原理简图，它是由测量元件（离心摆），比较元件（引导阀），放大元件（引导阀与辅助接力器、主配压阀与主接力器、拉杆1与杠杆1构成的局部反馈机构），反馈元件（拐臂1、缓冲器、杠杆2、连杆、杠杆1构成的暂态转差机构），永态转差机构（拐臂2、拉杆2、杠杆2、连杆、杠杆1），转速调整机构（螺母C、手轮）等组成，其方框图如图1-2所示。

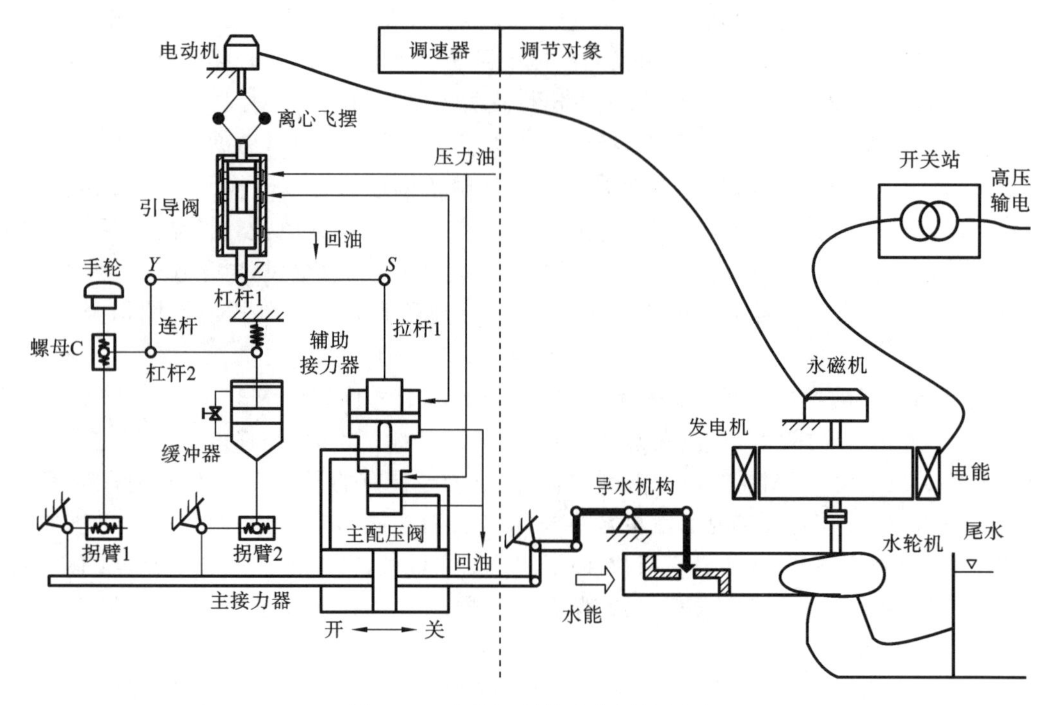

图 1-13 水轮机调节系统原理简图

1.4.1 测量元件

测量元件作用是将机组转速信号转换为相应的机械位移信号。测量元件为离心摆（飞摆），由飞摆电动机带动旋转，飞摆电动机电源取自与水轮发电机组同轴相连接的永磁发电机。由于永磁机是同步机，其电源频率与机组转速成比例，当机组转速发生变化时，离心摆的转速按照相同比例变化。

1. 离心摆的结构及工作原理

如图 1-14 所示，离心摆为菱形钢带式结构，由上支持块、钢带、限位架、重块、调节螺母、弹簧、下支持块等组成。其中，上支持块固定在飞摆旋转轴上，其上下位置保持不变；菱形钢带的一头固定在上支持块的左侧，另一头固定在上支持块的右侧；重块分为两片，钢带从中间穿过，通过螺钉把两片重块紧固在钢带上；下支持块连接在钢带上，位于离心摆旋转轴的下方与上支持块对称位置，其上下方向可以移动，作为离心摆的位移输出，与放大元件的引导阀转动套定连接在一起；调节螺母安装在离心摆轴上，可人为调整上下位置，能够改变离心摆给定的工作转速；弹簧安装在调节螺母与下支持块之间。当离心摆转速为零时，下支持块在弹簧力的作用下位于最低位置。随着离心摆转速的升高，在离心力的作用下，重块向外张开，带动下支持块压缩弹簧向上移动。当离心力通过钢带作用于下支持块所产生的向上合力与向下作用的弹簧力相等时，下支持块受力平衡停止移动。由于菱形钢带式离心摆重块及下支持块质量较小，其运动惯性力与弹性力相比小得多，同时考虑到转动套在引导阀中的液摩阻力，下支持块的动态过程很短可忽略，这样就可以得到离心摆转速（或机组转速）与下支持块位置的对应的关系（即离心摆的特性曲线），如图 1-15 所示。图 1-15 中，n_{min} 为离心摆最低工作转速对应的下支持块最低工作位置 Z_{min}；n_{max} 为离心摆最高工作转速，对应的下支持块最高工作位置 Z_{max}；n_0 为离心摆给定工作转速，一般给定工作转速等于额定转速 n_r，对应下支持块给定工作位置 Z_0。

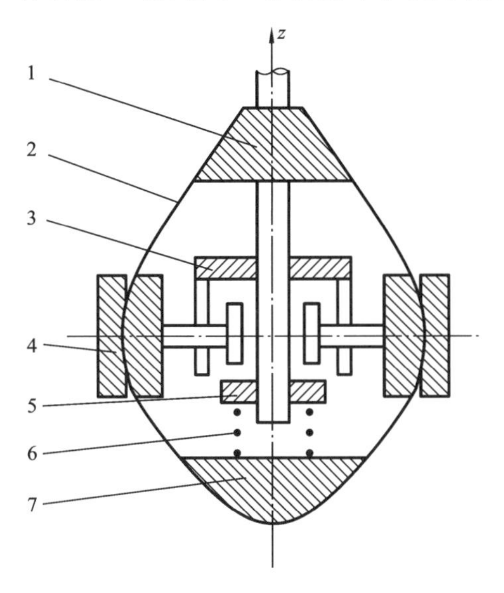

图 1-14　离心摆结构

1—上支持块；2—钢带；3—限位架；
4—重块；5—调节螺母；6—弹簧；7—下支持块

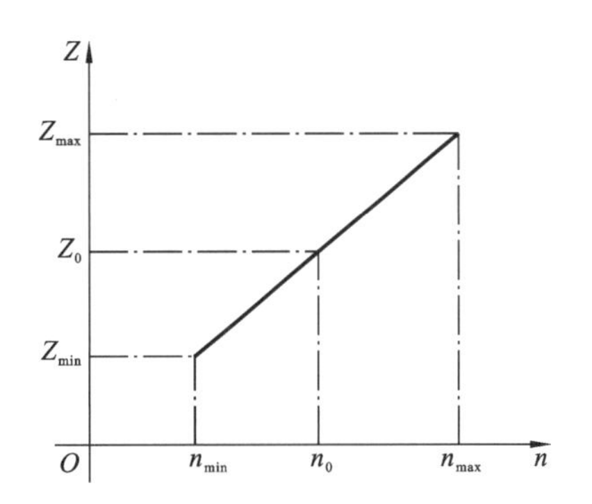

图 1-15　离心摆特性曲线

2. 离心摆的运动方程及传递函数

在控制系统中，元部件特性几乎不同程度地存在非线性，为了分析问题简单起见，在控制理论中经常采用“小偏差法”进行线性化处理。一般水轮机调节系统可分为小波动和大波动两种情况，在小波动情况下，可用“小偏差法”对元部件待性进行线性化处理。实际上，离心摆输出位移 Z 与输入转速 n 并非完全呈线性关系，可按照“小偏差法”近似线性处理。以(Z_0, N_0)点为基础，转速变化 Δn 位移变化 ΔZ，根据图 1-15 的离心摆的特性曲线可得

$$\Delta Z=\frac{Z_{max}-Z_{min}}{n_{max}-n_{min}}\Delta n \tag{1-4}$$

设转速变化量为额定转速$(\Delta n=n_r)$，此时离心摆下支持块位移量为 Z_M，代入式(1-4)可得

$$Z_M=\frac{Z_{max}-Z_{min}}{n_{max}-n_{min}}n_r \tag{1-5}$$

其中，Z_M 相当于转速变化为 100%额定转速时的下支持块位移量。

在分析控制系统时，系统运动方程中的物理量通常以偏差相对值表示，现取下支持块位移变化的基准值为 Z_M，转速变化量的基准值取额定转速 n_r，式(1-4)可变换为

$$\frac{\Delta Z}{Z_M}=\frac{(Z_{max}-Z_{min})n_r}{(n_{max}-n_{min})Z_M}\frac{\Delta n}{n_r} \tag{1-6}$$

用 $z=\frac{\Delta Z}{Z_M}$ 表示下支持块位移变化相对值，$x=\frac{\Delta n}{n_r}$ 表示转速变化相对值，于是式(1-6)可写成

$$z=x \tag{1-7}$$

式(1-7)称为离心摆的运动方程。取拉氏变换后可得离心摆的传递函数为

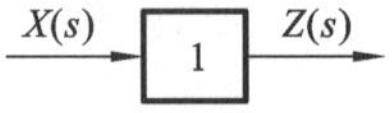

$$G_z(s)=\frac{Z(s)}{X(s)}=1 \tag{1-8}$$

X(s) → [1] → Z(s)

图 1-16　离心摆的方块图

离心摆的方块图如图 1-16 所示。

3. 离心摆的工作参数

(1) 离心摆不均衡度 δ_f，即

$$\delta_f=\frac{n_{max}-n_{min}}{n_r}\times 100\% \tag{1-9}$$

不均衡度 δ_f 是指离心摆测量转速的范围，国产机械液压型调速器 δ_f 均为 50%。由式(1-5)可以得出下面关系：

$$\delta_f=\frac{n_{max}-n_{min}}{n_r}=\frac{Z_{max}-Z_{min}}{Z_M} \tag{1-10}$$

(2) 离心摆单位不均衡度 δ_u，即

$$\delta_u=\frac{\delta_f}{Z_{max}-Z_{min}}=\frac{1}{Z_M} \tag{1-11}$$

单位不均衡度 δ_u 表示离心摆下支持块移动 1 mm 相当于机组转速变化额定转速的百分数。

1.4.2　放大元件

放大元件的作用是把测量元件输出的机械位移量进行功率放大，通过执行元件操作控制笨重的导水机的调速器中的两级液压放大，第一级液压放大由引导阀、辅助接力器及局部反馈杠杆组成，第二级液压放大由主配压阀（简称配压阀）和主接力器（简称接力器）组成。

1. 放大元件动作原理

(1) 第一级液压放大。

如图 1-17 所示，引导阀由三层结构组成，外层为引导阀固定套（衬套），里层为引导阀针塞，中间层为引导阀转动套。转动套与离心摆下支持块相连，和离心摆同时旋转；引导阀针塞（Z 点）与反馈杠杆 1 相连接，杠杆 1 的左端是主接力器反馈（Y 点），杠杆 1 的右端是辅助接力器的反馈（S 点），拉杆 1 和杠杆 1 完成辅助接力器到引导阀的局部反馈；衬套固定在阀体上，阀体上接通三个油管路。辅助接力器与引导阀中间控制油路连通，辅助接力器由单侧油压作用活塞和缸体组成。

(2) 第二级液压放大。

如图1-18所示，主配压阀阀芯有上下两个阀盘，上阀盘直径大，下阀盘直径小，阀芯外面为阀套（衬套），阀套外面为阀体。阀芯上面为辅助接力器活塞，两者并未连接在一起，而是靠相互的推力始终保持接触在一起。主接力器由双侧油压作用活塞、缸体和推拉杆组成。

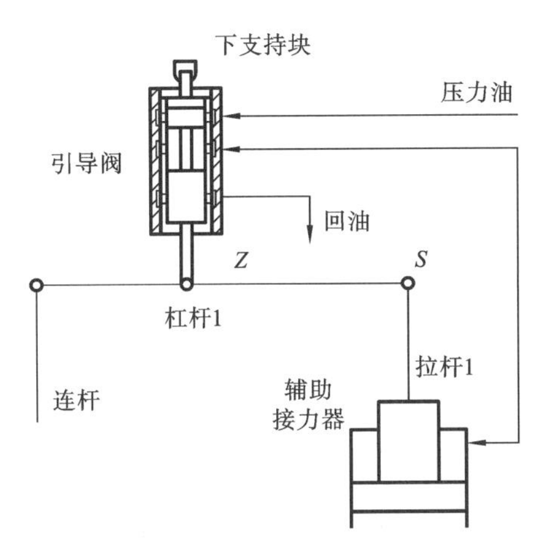

图1-17　第一级液压放大

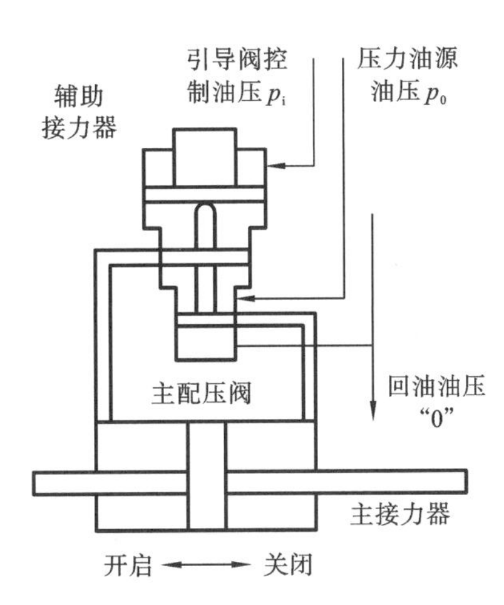

图1-18　第二级液压放大

(3) 放大元件的动作。

主配压阀阀芯的中间一直接通压力油，油压为 p_0；阀芯的上、下端一直接通回油，油压为零。主配压阀阀芯上法盘、下法盘面积分别用 A_1、A_2 表示，因而主配压阀始终有一个向上推力 $p_0(A_1-A_2)$，作用于辅助接力器活塞上；来自引导阀中间控制油路的油压为 p_i；辅助接力器活塞面积用 A_B 表示，油压产生的向下推力为 p_1A_B，也作用于辅助接力器活塞上。当调节系统处于平衡状态时，有 $p_0(A_1-A_2)=p_1A_B$，辅助接力器或主配压阀保持不动，可得出

$$p_i=\frac{A_1-A_2}{A_B}p_0=p_{i0} \tag{1-12}$$

式中：p_{i0} 为辅助接力器，在主配压阀保持不动时引导阀输出的控制油压；一般设计时，有 $A_B\approx 2(A_1-A_2)$，即 p_{i0} 大约在1/2的工作油压附近。

在转速升高时，离心摆下支持块带动转动套向上移动，引导阀控制油开口向回油方向开启，引导阀控制油压下降，即 $p_i<p_{i0}$，辅助接力器开始向上移动。与此同时，辅助接力器通过局部反馈杠杆使引导阀针塞向上移动，使引导阀开口逐渐减小。当引阀开口为零时，辅助接力器停止运动。主配压阀随辅助接力器一起向上移动，压力油进入主接力器左侧油路，主接力器右侧油路接通回油，主接力器活塞在油压力的作用下向右移动，关小水轮机导叶开度。

同理，在转速下降时，转动套向下移动，引导阀控制油开口向压力油方向开启，引导阀控制油压上升，即 $p_i>p_{i0}$，辅助接力器开始向下移动。与此同时，通过局部反馈引导阀针塞向下移动，使引导阀开口逐渐减小。当引导阀开口为零时，辅助接力器停止运动。

主配压阀随辅助接力器向下移动，压力油进入主接力器右侧油路，主接力器左侧油路接通回油，主接力器活塞在油压力的作用下向左移动，开大水轮机导叶开度。

2. 放大元件结构

(1) 配压阀结构。

配压液压控制阀是以机械位移输入来连续地控制输出的液体压力和流量的装置，也称为液压放大器，可起到功率放大的作用。它以较小的机械功率控制较大的流体功率，具体结构种类很多，但总体上可分为两类：通流式和断流式，如图 1-19 所示。

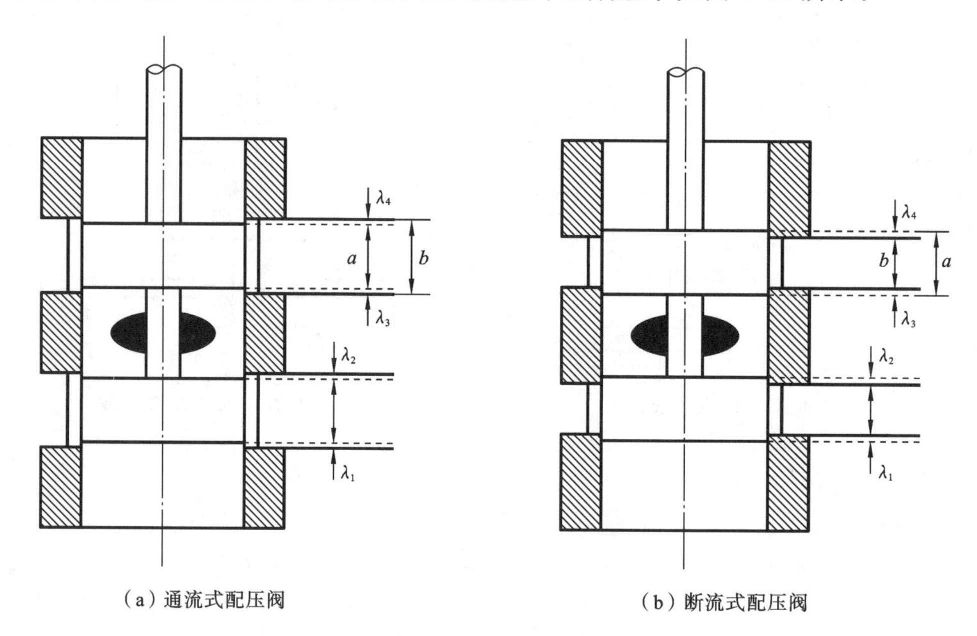

(a) 通流式配压阀　　(b) 断流式配压阀

图 1-19　配压阀结构

配压阀主要由阀芯和阀套（衬套）组成，阀芯与阀套之间的配合间精度很高、间隙很小，一般在 0.01 mm 数量级上。阀芯上有台肩称为阀盘，阀套上有孔口与油管路连通。阀盘与阀套之间重叠部分的宽度，称为配压阀的搭叠量或遮程。用 a 代表阀芯阀盘高度，b 代表阀套孔口高度，则配压阀的搭叠量（遮程）λ 可表示为

$$\lambda=\frac{a-b}{2} \tag{1-13}$$

对于通流式配压阀 $a<b$，其搭叠量 λ 为负值，阀芯在中间位置时配压阀开口为正值，也称为正开口阀。由于通流式配压阀阀盘高度小于阀套孔口高度，配压阀两个阀盘中间的压力油通过阀套上的孔口与阀芯的上、下回油连通，即压力油直接连通回油，故称为通流式配压阀，所以通流式配压阀的漏油量很大。通流式配压阀一般只用在特小型调速器上，这种调速器一般没有压油罐，油泵连续运转。当配压阀处于中间位置时，接力器静止不动且不用油，大部分油通过溢流阀流回回油箱，小部分油通过配压阀流回回油箱。

对于断流式配压阀 $a>b$，其搭叠量 λ 为正值，大约在 0.1 mm 数量级上，阀芯在中间位置时配压阀开口完全封闭，也称为负开口阀。当接力器静止不动，配压阀处于中间位置时，配压阀中间的压力油必须通过阀盘与阀套之间重叠部分的间隙才能回油，所以断

流式配压阀的漏油量一般很小，其油泵间隔运转，油泵启动间隔时间与漏油量成正比。断流式配压阀广泛用于大、中、小型调速器上。配压阀除了正开口阀和负开口阀外，还有一种零开口阀，其搭叠量与间隙在一个数量级上，接近为零，用在灵敏度要求极高的场合。

(2) 液压放大的结构。

配压阀的输入为机械位移，输出为具有压力的液体流量，要想操作控制水轮机的开度，还需要液压缸把液体流量转换为机械位移输出。若需要更大的操作功率，该机械位移输出也可作为下一级配压阀的输入，所以液压缸一般也称为接力器。接力器一般分为单作用和双作用两种类型。单作用接力器只需要一个控制油路，与三通式配压阀一起组成液压放大，如图 1-20(a)所示，相当于图 1-17 中调速器的第一级液压放大；双作用接力器需要两个控制油路，与四通式配压阀一起组成液压放大，如图 1-20(b)所示，相当于图 1-18 中调速器的第二级液压放大。

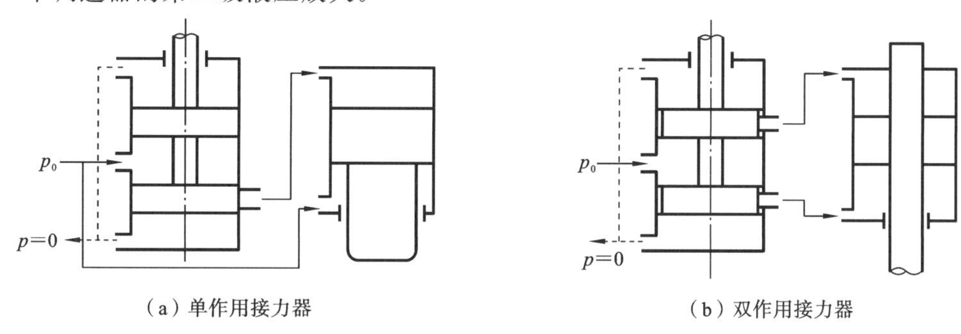

(a) 单作用接力器　　(b) 双作用接力器

图 1-20　液压放大的结构

三通式配压阀包括压力油、回油和一个控制油路，控制油路连接单作用接力器活塞面积较大的一侧，面积较小的一侧接压力油。四通式配压阀包括压力油、回油和两个控制油路，两个控制油路分别连接双作用接力器活塞的两侧，双作用接力器活塞两侧的面积一般相等。每个控制油路油压受阀盘的两个节流边控制，图 1-20(a)中的配压阀有两个节流边，也称为双边阀；图 1-20(b)中的配压阀有四个节流边，也称为四边阀。双边阀结构较为简单，只需要控制轴向两个节流边之间的一个尺寸，但其放大倍数较小，一般用于前导级液压放大。四边阀结构要比双边阀的复杂，需要控制轴向四个节流边之间三个尺寸，才能保证输出特性的对称性，但其放大倍数是双边阀的两倍，一般用于输出级液压放大。

3. 放大元件静态特性

(1) 接力器静止平衡方程。

图 1-21 所示的是液压放大装置原理图，图 1-21 中 S 表示配压阀的位移，Y 表示接力器的位移，λ_1、λ_2、λ_3、λ_4 分别为配压阀四个节流边的搭叠量。

接力器静止时活塞上有两个作用力，即油压作用力和活塞杆上的阻力，两者应满足式(1-14)接力器静止平衡方程：

$$(p_{\mathrm{I}}-p_{\mathrm{II}})A=R \tag{1-14}$$

式中：p_{I}、p_{II} 分别为接力器活塞两侧的油压；A 为接力器活塞油压作用面积；R 为活塞杆

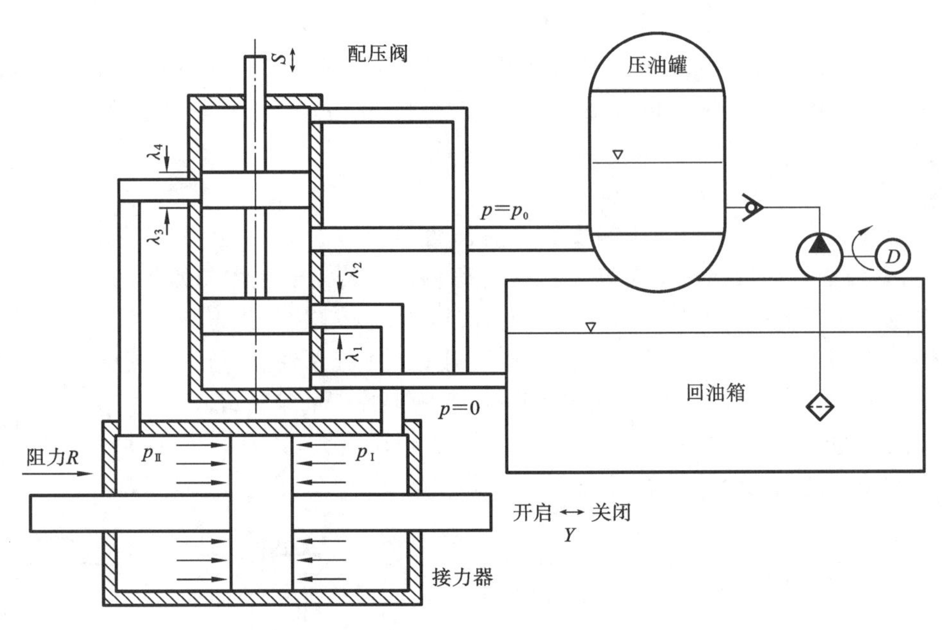

图 1-21　液压放大装置原理图

上的阻力。

(2) 配压阀漏油量。

配压阀漏油量 q 是指当接力器静止时，压注罐中的压力油通过配压阀阀盘和衬套之间的间隙在单位时间内泄漏到回油箱的油量。在整个阀盘圆周间隙中，阀套孔口处间隙油流沿程为 $\lambda_1+\lambda_2$ 或 $\lambda_3+\lambda_4$，比起阀套其他处间隙油流沿程小得多，故漏油量主要从阀套孔口沿遮程处流出。由于阀盘和阀套之间的间隙较小，间隙中的油流速也较小，油流可看作是层流运动，油流所造成的压力损失与油流沿程、流速的一次方成正比，可得出

$$p_0-0=k_t q(\lambda_1+\lambda_2)=k_t q(\lambda_3+\lambda_4)=2k_t q\lambda \tag{1-15}$$

$$q=\frac{p_0}{2k_t\lambda} \tag{1-16}$$

式中：k_t 为液体压力损失系数，一般与阀盘和阀套间隙大小成反比。

由式(1-16)可见，漏油量与工作油压成正比、与搭叠量和液体压力损失系数成反比。

应该注意到，当接力器活塞左右两腔油压力不为零时，接力器活塞杆与端盖间隙向外就会有漏油，称为外泄漏；当接力器活塞左右两腔有压力不相等时，活塞与缸体间隙也有泄漏，称为内泄漏。接力器的泄漏会影响到配压阀漏油量计算，但考虑到实际上接力器泄漏通常相对很小，在分析调速器放大元件特性时，一般可忽略接力器泄漏的影响。

(3) 配压阀中间位置。

配压阀阀盘与阀套孔口正好处于对称位置时，称此为配压阀的几何中间位置。配压阀的几何中间位置满足 $\lambda_1=\lambda_2=\lambda_3=\lambda_4=\lambda$，四边的搭叠量相等。不难看出，配压阀处于几何中间位置时，接力器两侧油压相等($p_{Ⅰ}=p_{Ⅱ}$)，由于在一般情况下，$R\neq0$，不满足式(1-14)接力器静止平衡方程。现设配压阀阀芯向下一个位移量为 S_1，接力器 $p_{Ⅰ}$ 腔压力

会升高，p_{II}腔压力会下降，则有

$$p_{\mathrm{I}}-0=k_t q\lambda_1,\quad p_{\mathrm{II}}-0=k_t q\lambda_4 \tag{1-17}$$

考虑到$\lambda_1=\lambda+S_1$，$\lambda_4=\lambda-S_1$及式(1-16)，可得

$$p_{\mathrm{I}}=k_t q\lambda_1=k_t q(\lambda+S_1)=\frac{\lambda+S_1}{2\lambda}p_0 \tag{1-18}$$

$$p_{\mathrm{II}}=k_t q\lambda_4=k_t q(\lambda-S_1)=\frac{\lambda-S_1}{2\lambda}p_0 \tag{1-19}$$

把式(1-18)及式(1-19)代入式(1-14)，可得

$$S_1=\frac{R}{p_0 A}\lambda \tag{1-20}$$

式(1-20)说明配压阀阀芯在S_1位置时满足接力器平衡方程，因此称S_1为配压阀的工作中间位置。

由式(1-20)可见，配压阀的工作中间位置会随着R的大小而变化，而接力器活塞上的阻力R一般包含两部分：一部分是来自水对导叶作用力R_w，通过导水传动机构作用在接力器活塞上；另一部分则是机械传动机构上的静止摩擦力(干摩擦力)T。如图1-22所示，水对导叶接力器的作用力会随着导叶开度的不同，其大小、方向均会发生变化。当调节系统处于平衡位置时，导叶开度与机组负荷对应，主配压阀的工作中间位置会随时发生变化，即主配压阀阀芯始终处于一个动态调整平衡过程中，并非是一个固定位置。只有在阻力为零时，主配压阀的工作中间位置和几何中间位置重合，这仅仅只是一种特殊情况。

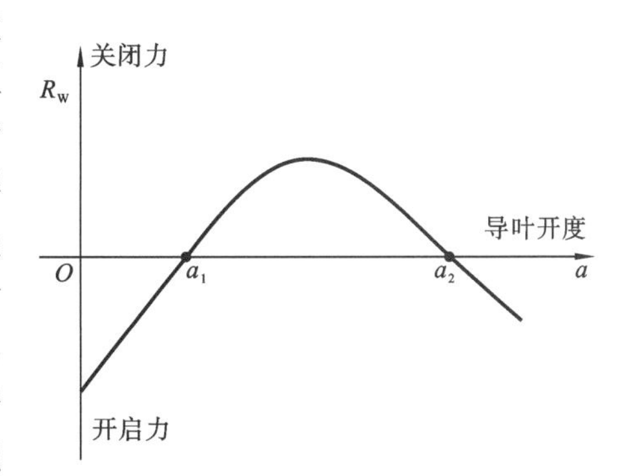

图1-22 水对导叶接力器的作用力曲线

(4) 配压阀死区。

如图1-21所示，接力器若想要向开启方向移动，油压是主动力，阻力R等于水推力R_w与摩擦力T之和，即$R=R_w+T$，相应的配压阀的工作中间位置$S_{11}=\frac{R_w+T}{p_0 A}\lambda$；接力器若想要向关闭方向移动，水推力$R_w$为主动力，此时的阻力为油压力$(p_{\mathrm{I}}-p_{\mathrm{II}})A$与摩擦力$T$之和，式(1-14)变为$(p_{\mathrm{I}}-p_{\mathrm{II}})A+T=R_w$，即$(p_{\mathrm{I}}-p_{\mathrm{II}})A=R_w-T=R$，相应的配压阀的工作中间位置为$S_{12}=\frac{R_w-T}{p_0 A}\lambda$。那么，配压阀阀芯在$S_{11}$到$S_{12}$之间变化时接力器静止不动，这一变化范围$S_{12}-S_{12}$就称为配压阀死区，即

$$S_{11}-S_{12}=\frac{2T}{p_0 A}\lambda \tag{1-21}$$

配压阀死区(不灵敏区)反映了放大元件的工作精度，由式(1-21)可见，搭叠量是一个很关键的因素。减小搭叠量(或提高额定工作油压)可以减小死区，但会引起漏油量增加，两者恰好是矛盾的，通常在配压阀结构上采取减少局部搭叠量的方法来缓解这一矛

盾。除此之外，也可采取减小导水机构的干摩擦力来减小配压阀死区。

4. 放大元件动态特性

配压阀若偏离工作中间位置 S_1，接力器静止平衡条件被打破，接力器就开始运动，其运动方程可由式(1-22)表示。由于纯净的液压油刚度系数很大，接力器运动方程中忽略了液压油的可压缩性，认为液压油是刚性的，即

$$m\frac{d^2Y}{dt^2}+D\frac{dY}{dt}+R=(p_{\mathrm{I}}-p_{\mathrm{II}})A \tag{1-22}$$

其中，方程左边第一项为惯性力，m 代表接力器活塞及所有一起运动零部件质量总和，$\frac{d^2Y}{dt^2}$为接力器的运动加速度；第二项为液体摩擦力，D 为液体摩阻系数，$\frac{dY}{dt}$为接力器的运动速度，主要来自接力器活塞与缸体之间的液体摩擦力；第三项为外部作用力及阻力；方程右边为油压主动力。

简单起见，可认为整个调节系统处于小波动情况下。此时配压阀偏离工作中间位置变化量 ΔS 限定在比较小的范围，接力器运动速度及加速度都比较小，式(1-22)中的惯性力和液体摩擦力与主动力或阻力相比要小得多，可将前两项力忽略，式(1-22)可近似表示为

$$(p_{\mathrm{I}}-p_{\mathrm{II}})A=R \tag{1-23}$$

或

$$p_{\mathrm{I}}-p_{\mathrm{II}}=\frac{R}{A} \tag{1-24}$$

式(1-23)与式(1-24)接力器静止平衡方程具有相同形式，但应注意到其表示含义或使用条件是不相同的。如图 1-21 所示，接力器活塞右侧的油压 p_{I} 可表示为，压油罐工作油压 p_0 减去油流从压油罐到接力器活塞右侧经过的油路中所有油压失 Δp_{I}，则有

$$p_{\mathrm{I}}=p_0-\Delta p_{\mathrm{I}} \tag{1-25}$$

接力器活塞左侧 p_{II} 的油压可表示为，油流从接力器活塞左侧到回油箱经过的油路中所有的油压损失 Δp_{II}，则有

$$p_{\mathrm{II}}=\Delta p_{\mathrm{II}} \tag{1-26}$$

那么

$$p_{\mathrm{I}}-p_{\mathrm{II}}=p_0-\Delta p_{\mathrm{I}}-\Delta p_{\mathrm{II}} \tag{1-27}$$

设 $\Delta p=\Delta p_{\mathrm{I}}+\Delta p_{\mathrm{II}}$，$\Delta p$ 表示油流从压油罐经过接力器到回油箱的所有油路油压损失，则有

$$p_{\mathrm{I}}-p_{\mathrm{II}}=p_0-\Delta p \tag{1-28}$$

代入式(1-24)可得

$$p_0=\frac{R}{A}+\Delta p \tag{1-29}$$

式(1-29)反映了压油罐的工作油压，一部分油压为$\frac{R}{A}$，即克服阻力 R 所需的压力，另一部分油压 Δp 消耗在油路中油流造成的损失上，Δp 包括油流从压油罐到回油箱经过所

有部件产生的沿程压力损失和局部压力损失之和，可用下式表示：

$$\Delta p = \sum \zeta_i \frac{\gamma}{2g} V_i^2 \tag{1-30}$$

由于考虑了调节系统处于小波动情况，配压阀开口 ΔS 较小，油路中的油流速也比较小，此时可认为在整个油路中压力损失基本上全部集中在配压阀开口处的局部节流损失，其他部分的压力损失可忽略不计。设阀口处的流速为 V，局部损失系数为 ζ，式(1-30)可写为

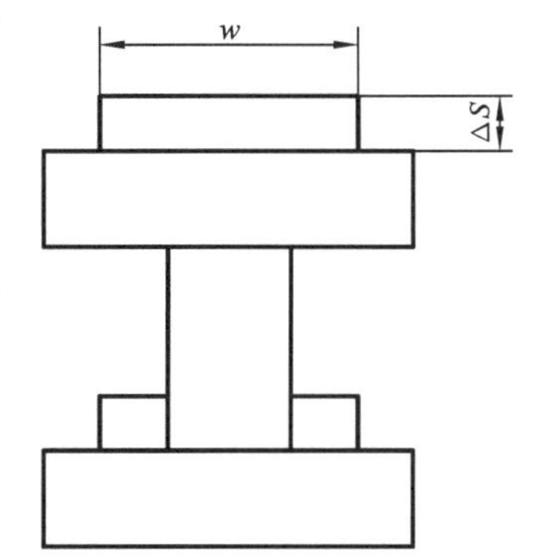

图 1-23 配压阀开口示意图

$$\Delta p = \zeta \frac{\gamma}{2g} V^2 \tag{1-31}$$

那么

$$V = \sqrt{\frac{2g\Delta p}{\gamma\zeta}} \tag{1-32}$$

设配压阀开口形状为矩形窗口，如图 1-23 所示，阀芯向下位移量为 ΔS，窗口宽度为 w。根据不可压缩流体的连续性方程，流过该窗口的油流量等于通过接力器的油流量，即

$$A\frac{\mathrm{d}Y}{\mathrm{d}t} = Vw\Delta S \tag{1-33}$$

式中：接力器的位移 Y 可表示为初始平衡点的位移 Y_0 加上偏移量 ΔY，即 $Y = Y_0 + \Delta Y$，接力器的运动速度 $\frac{\mathrm{d}Y}{\mathrm{d}t} = \frac{\mathrm{d}(Y_0 + \Delta Y)}{\mathrm{d}t} = \frac{\mathrm{d}\Delta Y}{\mathrm{d}t}$，则有

$$\frac{\mathrm{d}\Delta Y}{\mathrm{d}t} = \frac{Vw}{A}\Delta S \tag{1-34}$$

现取接力器最大位移 $Y_{\max}$ 作为 ΔY 基准值，配压阀最大开口 $S_{\max}$ 作为 ΔS 基准值，将式(1-34)写成相对值形式，有

$$\frac{\mathrm{d}y}{\mathrm{d}t} = \frac{1}{T_y} s \tag{1-35}$$

式(1-35)为接力器的运动方程。式中：$y = \frac{\Delta Y}{Y_{\max}}$；$s = \frac{\Delta S}{S_{\max}}$；$T_y = \frac{AY_{\max}}{VwS_{\max}}$，$T_y$ 称为接力器反应时间常数。式(1-35)也可写成如下形式：

$$y = \frac{1}{T_y}\int s\mathrm{d}t \tag{1-36}$$

由此可见，液压放大元件是一个积分环节，积分时间常数为 T_y。当 $s(t)=1$，取 $y(0)=0$，其输出为

$$y(t) = \frac{1}{T_y}\int_0^t 1\mathrm{d}t = \frac{1}{T_y}t \tag{1-37}$$

画出其动态过程曲线，如图 1-24 所示。

图 1-24 说明了接力器的运动速度与配压阀开口变化关系，只要配压阀开口不为零，接力器就在运动，所以说液压放大元件没有自平衡能力。接力器反应时间常数 T_y 可理解为，当配压阀开口为 1 时，接力器走完行程所经历的时间。

实际上,接力器的运动速度与配压阀开口并不是式(1-35)的理想线性关系,而存在一定的非线性,通常由试验数据求得。现以配压阀相对开口 s 为横坐标,接力器相对运动速度$\frac{\mathrm{d}y}{\mathrm{d}t}$为纵坐标,画出接力器的速度特性曲线,如图 1-25 所示。

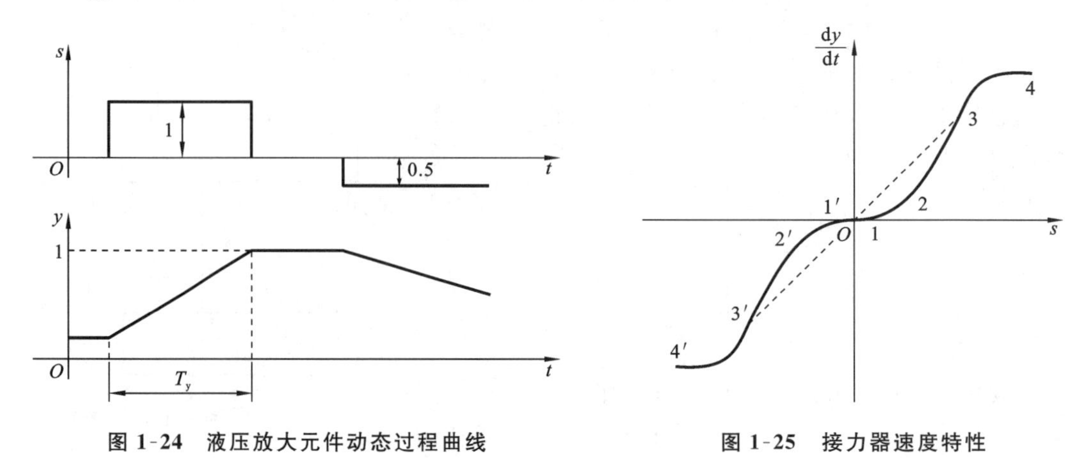

图 1-24 液压放大元件动态过程曲线

图 1-25 接力器速度特性

实测接力器速度特性存在着明显的非线性,以配压阀正方向开口为例,大致可分为四个不同阶段。[0,1]段,接力器静止不动,此段就是配压阀的死区造成的;[1,2]段,接力器速度由小快速变大,这是由于配压阀开口面积快速增大及局部损失系数较大引起的;[2,3]段,配压阀开口面积梯度最大,同时局部损失系数较小,接力器速度变化最大且基本保持常数;[3,4]段,接力器速度很大,油管路中的沿程损失所占比重越来越大,接力器速度变化也就越来越小,逐渐趋于饱和。配压阀负方向开口接力器速度特性也包括四个阶段,即[0,1’]、[1’,2’]、[2’,3’]、[3’,4’]段。由于接力器关闭与开启方向的负载特性存在一定差异,配压阀负方向开口与正方向开口接力器速度特性并不完全对称。由于接力器速度特性的非线性,接力器反应时间常数 T_y 并非为常数,即

$$T_y=\frac{1}{\partial\frac{\mathrm{d}y}{\mathrm{d}t}} \tag{1-38}$$

式(1-38)说明了接力器反应时间常数 T_y 等于接力器速度特性曲线某点斜率的倒数。

可根据具体情况来确定 T_y,可采取平均斜率方法予以处理。当调节系统处于平衡状态时,配压阀处于工作中间位置;当调节系统进入动态过程时,配压阀一般围绕中间位置波动,可用波动范围内的平均斜率值来求取接力器反应时间常数 T_y。在图 1-25 中,如[1’,1]死区水平段,接力器速度为零,可得到 T_y 值等于∞;用[3’,3]段中的虚线近似代替实际特性实线,用虚线斜率可求出相应的 T_y 值。因此,调节系统小波动得出的 T_y 值与大波动得出的 T_y 值是不同的。在调节系统大波动情况下,配压阀通常都会进入饱和(或限幅)区域,所求 T_y 值一般比较小。

5. 放大元件方框图

(1) 主接力器。

由接力器的运动方程式(1-35)可得出主接力器传递函数:

$$G_y(s)=\frac{Y(s)}{S_A(s)}=\frac{1}{T_y s} \tag{1-39}$$

式中：$y=\dfrac{\Delta Y}{Y_{max}}$为主接力器相对位移；$s=\dfrac{\Delta S}{S_{max}}$为主配压阀开口相对位移；$T_y=\dfrac{AY_{max}}{VwS_{max}}$为主接力器反应时间常数；$Y_{max}$、$S_{max}$为主接力器最大位移及主配压阀最大开口；$A$、$V$、$w$分别为主接力器活塞面积、主配压阀窗口流速和宽度。图1-26所示的是主接力器方块图。

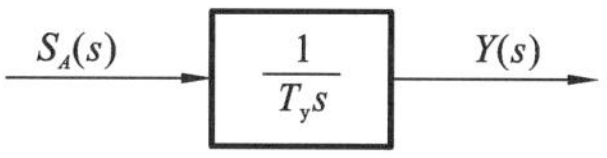

图1-26　主接力器方块图

（2）辅助接力器。

同样的方法可以推导出辅助接力器的传递函数，即

$$\begin{cases} G_{yB}(s)=\dfrac{Y_B(s)}{S_B(s)}=\dfrac{1}{T_{yB}s} \\ y_B=\dfrac{\Delta Y_B}{Y_{Bmax}} \\ s_B=\dfrac{\Delta S_B}{S_{Bmax}} \\ T_{yB}=\dfrac{A_B}{V_B w_B}\dfrac{Y_{Bmax}}{S_{Bmax}} \end{cases} \tag{1-40}$$

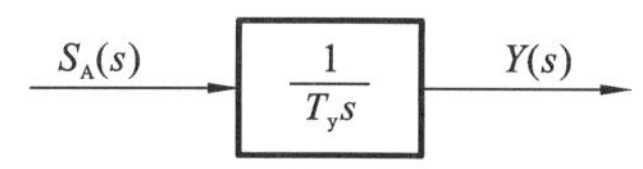

图1-27　辅助接力器方块图

式中：T_{yB}为辅助接力器相对位移；s_B为引导阀开口相对位移；T_{yB}为辅助接力器反应时间常数；Y_{Bmax}、S_{Bmax}为辅助接力器最大位移及引导阀最大开口；A_B、V_B、w_B分别为辅助接力器活塞面积、引导阀窗口流速和宽度。图1-27所示的是辅助接力器方块图。

（3）局部反馈机构。

第一级液压放大还带有局部反馈机构。设局部反馈杠杆传递系数为k_L，当辅助接力器位移ΔY_B时，局部反馈引起的针塞位移量为ΔZ_L，则有

$$\Delta Z_L=k_L\Delta Y_B \tag{1-41}$$

将式(1-41)转化为相对值形式，取离心摆下支持块(引导阀转动套)位移ΔZ基准值Z_M，作为局部反馈引起的针塞的位移量ΔZ_L基准值，式(1-41)可变换为

$$\frac{\Delta Z_L}{Z_M}=\frac{k_L Y_{Bmax}}{Z_M}\frac{\Delta Y_B}{Y_{Bmax}} \tag{1-42}$$

用$z_L=\dfrac{\Delta Z_L}{Z_M}$表示局部反馈位移量的相对值，$b_L=\dfrac{k_L Y_{Bmax}}{Z_M}$称为局部反馈系数，于是式(1-42)可写成：

$$z_L=b_L y_B \tag{1-43}$$

式(1-43)称局部反馈运动方程，其传递函数为

$$G_{zL}(s)=\frac{Z_L(s)}{Y_B(s)}=b_L \tag{1-44}$$

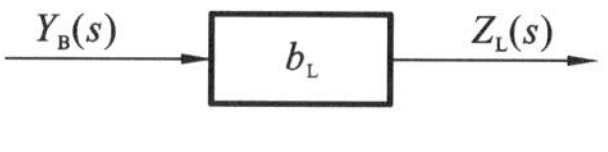

局部反馈方块图如图1-28所示。

图1-28　局部反馈机构方块图

（4）第一级液压放大方框图。

引导阀开口等于转动套(离心摆下支持块)位移与针塞位移的叠加，从而有

$$\Delta S_B=\Delta Z-\Delta Z_L \tag{1-45}$$

式(1-45)中暂未考虑主接力器反馈及给定值对针塞位移的影响，将其化为相对值形式。ΔZ、ΔZ_L 取 Z_M 为基准值，ΔS_B 取 S_{Bmax} 为基准值，式(1-45)可变换为

$$\frac{\Delta S_B}{S_{Bmax}}=\frac{Z_M}{S_{Bmax}}\left(\frac{\Delta Z}{Z_M}-\frac{\Delta Z_L}{Z_M}\right) \tag{1-46}$$

设引导阀最大位移量 S_{Bmax} 等于转动套(离心摆下支持块)最大位移量 $Z_{max}-Z_{min}$，式(1-46)可写成：

$$S_B=\frac{1}{\delta_f}(z-z_L) \tag{1-47}$$

式(1-47)为引导阀的运动方程。综合以上各部分，图 1-29 所示的是带有局部反馈的第一级液压放大方块图。

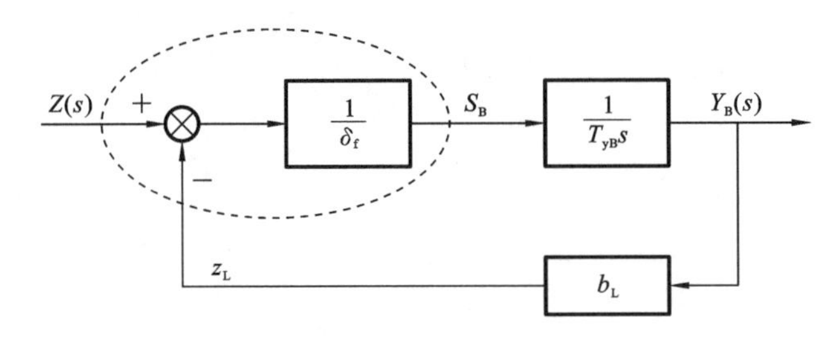

图 1-29　第一级液压放大方块图

可求出其传递函数为

$$\frac{Y_B(s)}{Z(s)}=\frac{1}{\delta_f T_{yB}s+b_L} \tag{1-48}$$

由此可见，原来液压放大(积分环节)，若加上一个局部反馈杠杆(比例环节)，就成为一个惯性环节，具有了自平衡能力。这种带有杠杆反馈的液压放大称为机液伺服系统，也称为机液随动系统。

辅助接力器反应时间常数为 T_{yB}，其数值大约在 0.01 s 的数量级上，在分析讨论调节系统或调速器特性时，通常可将其视为零，令 $T_{yB}=0$，代入式(1-48)可得

$$\frac{Y_B(s)}{Z(s)}=\frac{1}{b_L} \tag{1-49}$$

第一级液压放大可近似为一个比例环节，即辅助接力器位移随引导阀转动套成比例变化。

(5) 主配压阀。

由图 1-18 可见，主配压阀位移与辅助接力器位移相等，则有

$$\Delta S_A=\Delta Y_B \tag{1-50}$$

将式(1-50)化为相对值形式，取主配压阀最大开口 S_{max} 为 ΔS 基准值，辅助接力器最大位移 Y_{Bmax} 为 ΔY_B 基准值，式(1-50)可变换为

$$\frac{\Delta S_A}{S_{Amax}}=\frac{Y_{Bmax}}{S_{Amax}}\times\frac{\Delta Y_B}{Y_{Bmax}} \tag{1-51}$$

取主配压阀最大开口等于辅助接力器最大位移，$S_{Amax}=Y_{Bmax}$，于是式(1-51)可写成：

$$S_A = Y_B \tag{1-52}$$

主配压阀传递函数为

$$S_A(s) = Y_B(s) \tag{1-53}$$

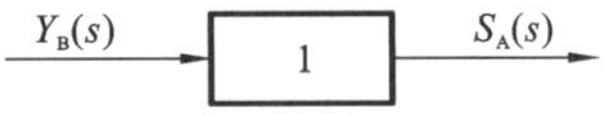

图 1-30　主配压阀方块图

主配压阀方块图如图 1-30 所示。

(6) 放大元件总体方框图。

图 1-31 所示的是调速器第一级、第二级液压放大如图 1-17、图 1-18 所示的总体方块图。

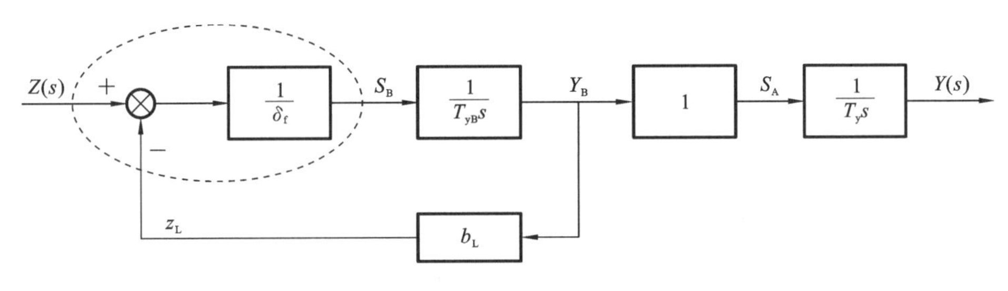

图 1-31　放大元件总体方框图

1.4.3　反馈元件

设置反馈元件的目的是对放大元件进行校正，改变调速器的控制规律，以保证水轮机调节系统动态的稳定性。调速器反馈元件是把主接力器的位移通过缓冲器及杠杆反馈到引导阀针塞，如图 1-13 所示，反馈元件即暂态转差机构。

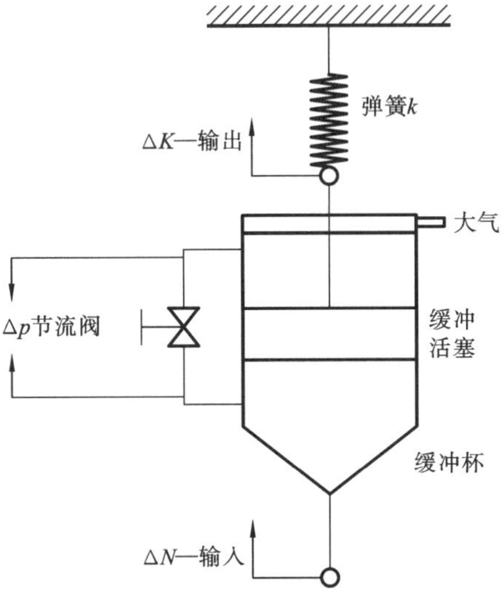

1. 缓冲器结构

如图 1-32 所示，缓冲器是由缓冲杯、缓冲活塞、缓冲弹簧及节流阀等组成。缓冲杯也称为主动活塞，输入位移信号取自主接力器。缓冲杯内装有液压油，上部与外部大气连通。缓冲活塞也称从动活塞，输出位移信号传至引导阀针塞。缓冲活塞放在缓冲杯的油中，缓冲活塞与缓冲杯间隙很小；缓冲弹簧一头固定不动；另一头与缓冲活塞杆相连；节流阀连通缓冲活塞上下油路，节流孔口一般很小。当缓冲杯位移发生变化时，通过缓冲杯中的油会带动缓冲活塞运动。

图 1-32　缓冲器原理图

2. 缓冲器运动方程

如图 1-32 所示，缓冲器的输入量为缓冲杯位移变化 ΔN，输出量为缓冲活塞位移变化 ΔK。缓冲活塞上主要承受两个作用力：一个是油对缓冲活塞的作用力;另一个是缓冲弹簧对缓冲活塞的作用力。相比而言,缓冲活塞的质量力及摩擦力等较小,可忽略不计,则油压力等于弹簧力,即

$$\Delta pA_{\mathrm{p}}=k\Delta K \tag{1-54}$$

式中:Δp 为缓冲活塞(或节流阀孔口)两侧压差;A_{p} 为缓冲活塞的面积;k 为缓冲弹簧的弹性系数。设缓冲器节流阀孔口油的流动为层流,通过节流阀孔口两侧压差与流速一次方成正比例,则有

$$\Delta p=\zeta\frac{Q}{A_{\mathrm{d}}} \tag{1-55}$$

式中:ζ 为节流阀孔口压力损失系数;Q 为通过节流阀孔口油的流量;A_{d} 为节流阀孔口面积。将式(1-55)代入式(1-54)整理后可得到通过节流阀孔口流量为

$$Q=\frac{kA_{\mathrm{d}}}{\zeta A_{\mathrm{p}}}\Delta K \tag{1-56}$$

根据液体流动连续性方程,在 dt 时段内,缓冲活塞下腔油的体积变化等于流过节流阀孔口的流量,于是有

$$\frac{\mathrm{d}(A_{\mathrm{p}}\Delta N-A_{\mathrm{p}}\Delta K)}{\mathrm{d}t}=\frac{kA_{\mathrm{d}}}{\zeta A_{\mathrm{p}}}\Delta K \tag{1-57}$$

整理后,有

$$T_{\mathrm{d}}\frac{\mathrm{d}\Delta K}{\mathrm{d}t}+\Delta K=T_{\mathrm{d}}\frac{\mathrm{d}\Delta N}{\mathrm{d}t} \tag{1-58}$$

式中:$T_{\mathrm{d}}=\frac{\zeta A_{\mathrm{p}}^{2}}{kA_{\mathrm{d}}}$称为缓冲时间常数。式(1-58)为缓冲器运动方程。

设在 $t=0$ 时缓冲杯阶跃位移 $\Delta N=\Delta N_0$,由于时间很短,缓冲活塞上下的油还来不及通过节流阀孔口流动,缓冲活塞也跟随缓冲杯同样位移 $\Delta K=\Delta K_0=\Delta N_0$;当 $t>0$ 时,缓冲杯位移保持在 $\Delta N=\Delta N_0$ 不变,则$\frac{\mathrm{d}\Delta N}{\mathrm{d}t}=0$,代入式(1-58)有

$$T_{\mathrm{d}}\frac{\mathrm{d}\Delta K}{\mathrm{d}t}+\Delta K=0 \tag{1-59}$$

求解式(1-59)微分方程可得

$$\Delta K=\Delta K_0\mathrm{e}^{-\frac{t}{T_{\mathrm{d}}}} \tag{1-60}$$

由式(1-59)画出缓冲活塞随时间的变化规律,如图 1-33 所示。

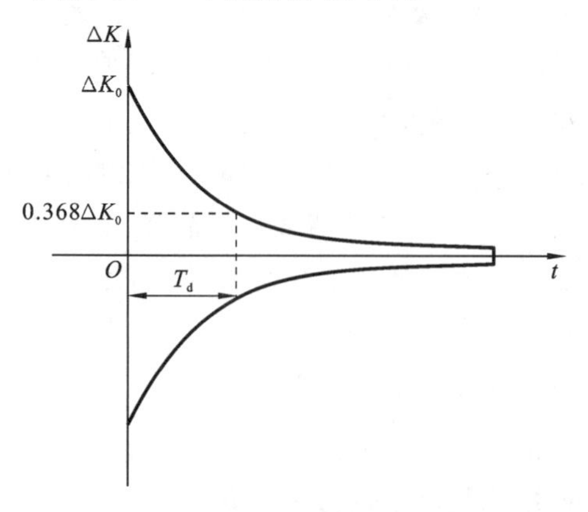

图 1-33 缓冲器的回中特性

缓冲活塞 ΔK 随时间的变化规律为自然指数衰减曲线,该曲线也称为缓冲器的回中特性。如何衡量缓冲活塞回中的快慢,将 $t=T_{\mathrm{d}}$ 代入式(1-60)可得

$$\Delta K=\Delta K_0\mathrm{e}^{-1}=0.368\Delta K_0 \tag{1-61}$$

如图 1-33 所示,缓冲活塞从阶跃输入撤出到回复至 36.8% 初始偏移量为止所经历的时间,就是缓冲时间常数 T_{d}。因此,T_{d} 可用来衡

量缓冲活塞回中的快慢，调整节流阀孔口面积可改变 T_d 大小。

3. 反馈元件运动方程

设主接力器到缓冲杯之间的杠杆传递系数为 k_1，缓冲活塞到引导阀针塞之间的杠杆传递系数为 k_2，暂态反馈机构引导阀针塞位移 ΔZ_t，主接力器位移变化量 ΔY，则有

$$\Delta N = k_1 \Delta Y \tag{1-62}$$

$$\Delta Z_t = k_2 \Delta K, \quad 或 \quad \Delta K = \frac{\Delta Z_t}{k_2} \tag{1-63}$$

将 ΔN、ΔK 代入式(1-58)，整理后得

$$T_d \frac{d\Delta Z_t}{dt} + \Delta Z_t = T_d k_1 k_2 \frac{d\Delta Y}{dt} \tag{1-64}$$

将式(1-64)化为相对值形式，则有

$$T_d \frac{dz_t}{dt} + z_t = b_t T_d \frac{dy}{dt} \tag{1-65}$$

$$z_t = \frac{\Delta Z_t}{Z_M} \tag{1-66}$$

$$y = \frac{\Delta Y}{Y_{max}} \tag{1-67}$$

$$b_t = \frac{k_1 k_2 Y_{max}}{Z_M} \tag{1-68}$$

式(1-65)中：z_t 为引导阀针塞相对位移；y 为主接力器相对位移；b_t 为暂态转差系数（缓冲强度）。

式(1-65)称为暂态转差机构运动方程。

暂态转差系数 b_t 可理解为，相当于缓冲器节流阀孔口全关（$T_d=\infty$）情况下，接力器走完全行程，通过暂态转差机构所引起的针塞位移量，折算为转速变化的百分数。改变拐臂2上的支点位置可调整 b_t 大小。对式(1-65)作拉氏变换，可求出暂态转差机构传递函数为

$$G_{zt}(s) = \frac{Z_t(s)}{Y(s)} = \frac{b_t T_d s}{T_d s + 1} \tag{1-69}$$

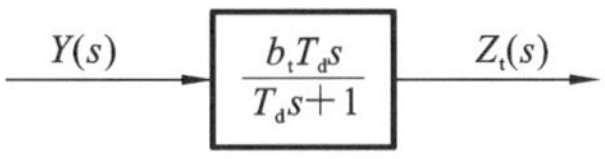

图 1-34　反馈元件方块图

反馈元件（暂态转差机构）方框图，如图1-34所示。

1.4.4　水轮发电机组

现将式(1-1)水轮发电机组运动方程化为偏差相对值形式。设初始稳定工况 $t=0$ 时，$\omega=\omega_0$，$M_t=M_{t0}=M_g=M_{g0}$。在 $t>0$ 时，调节系统进入动态，$\omega=\omega_0+\Delta\omega$，$M_t=M_{t0}+\Delta M_t$，$M_g=M_{g0}+\Delta M_g$，代入式(1-1)可得

$$J\frac{d\Delta\omega}{dt} = \Delta M_t - \Delta M_g \tag{1-70}$$

将式(1-70)转化为相对值式。用额定角速度 ω_r 作为 $\Delta\omega$ 的基准值，用额定力矩 M_r 作为

ΔM_t 与 ΔM_g 的基准值,并用 $x=\frac{\Delta\omega}{\omega_r}$,$M_t=\frac{\Delta M_t}{M_r}$,$M_g=\frac{\Delta M_g}{M_r}$分别表示转速、主动力矩、负载力矩偏差相对值,式(1-70)变换为

$$T_a \frac{\mathrm{d}x}{\mathrm{d}t}=M_t-M_g \tag{1-71}$$

其中

$$T_a=\frac{J\omega_r}{M_r} \tag{1-72}$$

式中:T_a 称机组惯性时间常数(s)。可理解为以额定力矩加速机组,转速从零到额定转速所经历的时间。式(1-71)为相对值形式的机组运动方程式,对其求拉斯变换,整理后可得

$$X(s)=\frac{1}{T_a s}[M_t(s)-M_g(s)] \tag{1-73}$$

式(1-72)中的各个物理量采用国际单位制时,机组惯性时间常数单位为秒。但在工程上,转动惯量 J 用 GD^2(Tm^2)表示,力矩 M_r 用功率 P_r(kW)表示,角速度 ω 用转速 n(r/min) 表示。因此,需要对以上各个物理量进行转换,即 $J=mR^2=\frac{mD^2}{4}=\frac{1000}{4}GD^2$,$M_r=\frac{P_r}{1000\omega_r}$,$\omega_r=\frac{\pi}{30}n_r$,将其代入式(1-72)可得

$$T_a=\frac{1000GD^2}{4}\times\frac{\frac{\pi}{30}n_r}{1000P_r}\times\frac{\pi}{30}n_r=\frac{GD^2 n_r^2}{365P_r} \tag{1-74}$$

1.5 课后习题

1. 水轮机调节的基本任务是什么?
2. 水轮机调节的特点有哪些?
3. 什么叫“单调”和“双调”? 各用于哪些类型的水轮机?
4. 调速器主要从哪几个方面分类? 每一类又可分为哪几种型式?
5. 分析水轮机调节系统的现状及发展趋势。
6. 水轮机转速的大小主要由哪些因素决定? 用什么方法改变转速是既经济又方便的?

第2章

电气液压型调速器

20 世纪 50 年代，机械液压型调速器的结构已比较完善，它用液压放大元件提供了离心摆与导叶之间调节所需的功率放大，又用缓冲器和调差机构来反馈以实现所需的调节规律，因而它的性能可满足当时电站运行的要求。但随着生产的发展，对系统周波的要求更为严格，由于大机组、大电网的出现，对电站运行和自动化程度提出了更新的要求。20 世纪 40 年代，出现了电气液压型调速器（简称电液调速器）。随着电子技术的发展，电液调速器经历了电子管、晶体管和集成电路三个时期。目前我国新建的水电站已普遍采用集成电路电液调速器，而微机调速器正处在产品蓬勃发展的过程中。

电液调速器和机械液压型调速器相比，其主要优点如下。

（1）具有较高的精确度和灵敏度。电液调速器的转速死区通常不大于 0.05%，而机械液压型调速器的转速死区则为 0.15%；电液调速器接力器的不动时间为 0.2 s，而机械液压型调速器的不动时间则为 0.3 s。

（2）制造成本低。其原因是它使用电气回路代替了较难制造的离心摆、缓冲器等机械元件。

（3）易于实现各种参数（水头、流量、负荷分配等）的综合，便于实现成组调节，为电站的经济运行、自动化水平及调节品质的提高提供了便利的条件。

（4）能迅速、可靠地实现参数的调整和运行方式的切换。

（5）便于实现电子计算机控制。

（6）便于标准化、系列化，也便于实现单元组合化，以利于调速器生产制造质量的提高。

（7）安装、检修、试验调整都比较方便。

电液调速器是在机械液压型调速器的基础上发展起来的，它保留了液压放大部分，只是用一些电的信号取代了机械液压型调速器中一些机械元件的位移来达到调节和控制机组的目的。本章将着重介绍各主要电气回路的基本工作原理及性能。

2.1 测频回路

机械液压型调速器采用离心摆测量机组频率(转速)与额定频率(转速)的偏差,也就是用离心摆转速的变化来反映机组转速的变化,而电液调速器则采用测频回路。测频回路按所取信号源和电路的不同,大致有四种典型的形式:① 输入信号取自永磁发电机的所谓永磁机——LC 测频回路;② 输入信号取自发电机电压互感器的所谓发电机残压——脉冲频率测量回路;③ 输入信号取自磁性传感器的所谓齿盘磁头——脉冲频率测量回路;④ 输入信号取自发电机电压和电流互感器的所谓发电机残压——数字测频电路。第一种原来应用较普遍,但目前已逐步被淘汰;第二种在我国早期投入运行的机组上广为采用;第三种应用较少,但有其特点;第四种则是目前国内外应用的主要方式。

2.1.1 永磁机——LC 测频回路

我国过去生产的电液调速器,大多采用 LC 测频回路。其信号源来自永磁发电机,永磁发电机的频率正比于机组的转速。这样,永磁发电机的输出电压就是 LC 测频回路的输入信号,在正常情况下,此电压为 110 V,其波形为正弦波。在额定转速以及定、转子空载时,允许波形畸变率不大于 4%;定子满载时,其不大于 4%;转子满载时,其不大于 6%。

LC 测频回路可以是并联、串联、双并联或一个串联一个并联的,它们都是利用电路谐振的特点,即利用 LC 回路的复阻抗与频率有关的特性,实现 LC 测频回路的输出电压正比于机组的频率,或正比于机组频率与额定频率之差,来完成测频任务的。

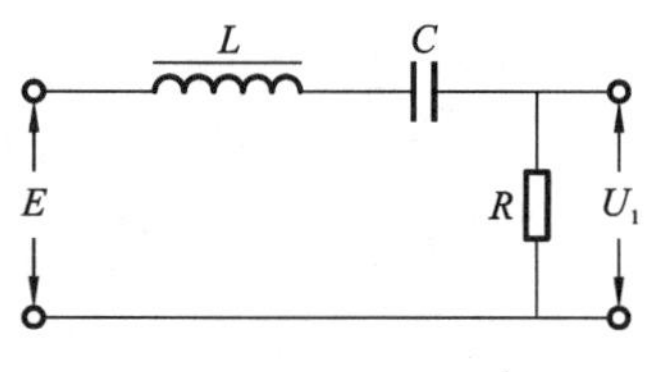

图 2-1 LC 串联回路

LC 串联测频回路如图 2-1 所示,其中 E 为输入,U_1 为输出,它们的关系为

$$\dot{U}_1=\frac{\dot{E}R}{Z} \tag{2-1}$$

式中:Z 为电路的复阻抗,即

$$Z=R+\mathrm{j}\left(\omega L-\frac{1}{\omega C}\right) \tag{2-2}$$

因而,输出幅值为

$$U_1=|\dot{U}_1|=\frac{ER}{\sqrt{R^2+\left(\omega L-\frac{1}{\omega C}\right)^2}} \tag{2-3}$$

输出电压与输入电压的相角差为

$$\tan\theta=\frac{\omega L-\frac{1}{\omega C}}{R} \tag{2-4}$$

可见，输出电压 U_1 的幅值和相角在输入电压 E 和电路参数不变的情况下，仅与 E 和角频率 ω 即频率 f 有关，其幅频特性和相频特性曲线如图 2-2(a)和(b)所示。当 $\omega L=\frac{1}{\omega C}$时，回路复阻抗 Z 最小，U_1 最大，称为电压谐振。产生谐振时的频率称为谐振频率，这种电路称为串联谐振电路。谐振频率的大小取决于电路参数 L 和 C。当输入电压 E 的频率偏离谐振频率 f 时，Z 将增大，U_1 将减小。

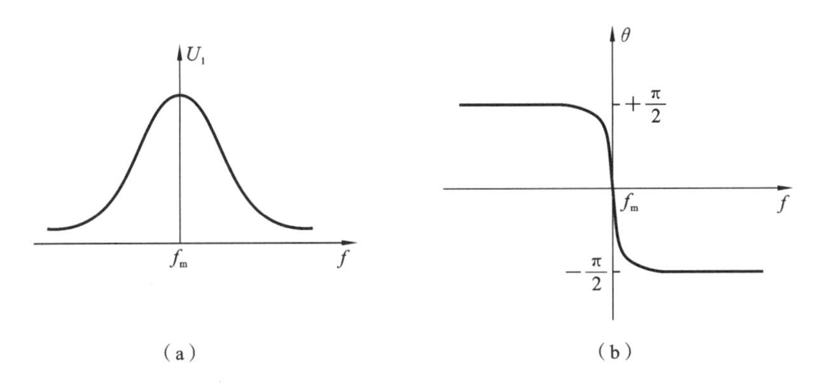

图 2-2　LC 串联回路的幅频特性和相频特性

在实际的 LC 测频回路中，有利用 LC 测频回路幅频特性的，亦有同时利用幅频特性和相频特性的。由于后者利用了相频特性，需要配用相敏整流回路，如我国早期生产的 DT 型调速器。后期生产的电液调速器多采用前者，如串、并联 LC 测频回路。

串、并联 LC 测频回路如图 2-3(a)所示。永磁发电机发出的交流电源经两组降压变压器后分别加入串联谐振回路 L_1C_1 和并联谐振回路 L_2C_2 上，此交流电压是该测频回路的输入，而输出则是经桥式整流后分别在电阻 R_f 和 R_1 串联共同产生的压降 U_1。由于此两电路是反相连接的，故经 π 型滤波后的总电压为两电压降之差，即 $U=U_1-U_2$。如果选择此两电路的谐振频率基本相等，为 70～80 Hz，且在 L_1C_1 串联回路的输出端串接一个可调电阻 R_f 就可得到不同的 U_1-f 曲线，如图 2-3(b)所示。

由 U_1-f 和 U_2-f 曲线的纵坐标相减，便可得到如图 2-3(c)所示的 U-f 曲线，此即为串、并联 LC 测频回路的静特性曲线。

由此可见，整定 R_f 的不同值能使静特性曲线平移，即相应改变了静特性曲线和 f 轴的交点，此交点的频率就是给定频率 f_0，测频回路在给定频率 f_0 附近的静特性曲线基本上呈线性，在给定频率 f_0 时无电压输出，故称 R_f 为频率给定电位器。而当机组频率偏离给定频率 f_0 时，测频回路有电压输出，在 $f>f_0$ 时，输出 $U>0$，使机组关机；在 $f<f_0$ 时，输出 $U<0$，使机组开机。

一般说来，这种测频回路的时间常数较小，特别是相对液压放大接力器和机组时间常数来说更可忽略不计，且在给定频率附近基本上呈线性，因此可近似将它看为一比例元件，即

$$\Delta U=K_f\Delta f \tag{2-5}$$

式中：K_f 为测频回路放大系数或测频比例度，约为 0.8 V/Hz。

应指出，上述串、并联 LC 测频回路与其他的 LC 测频回路相比，优点在于线路结构

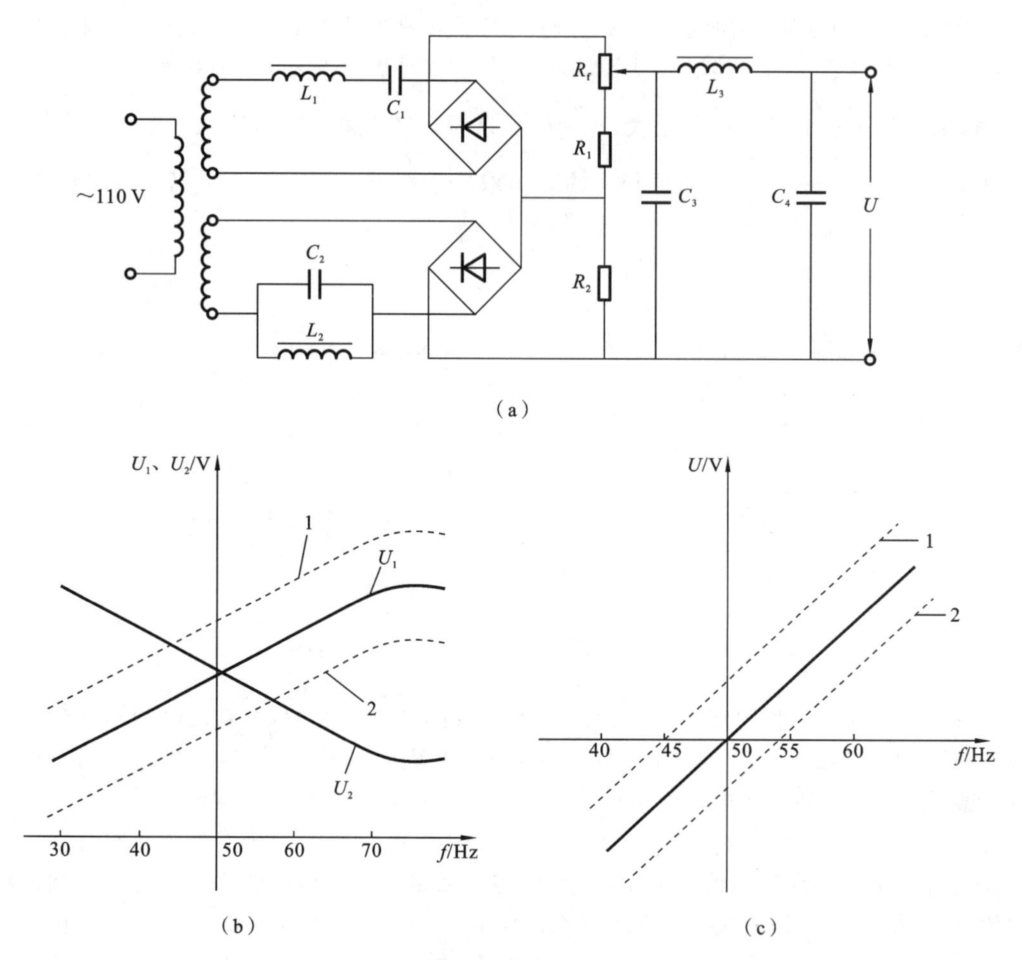

图 2-3 串、并联测频回路及其测频特性曲线

简单可靠，测频比例度较高，线性度好。但由于它们都靠永磁机来提供信号源，因而消耗贵重金属较多，造价高，制造、安装调整较复杂，因而倾向于采用其他的测频方式。

2.1.2 发电机残压——脉冲频率测量回路

这种测频回路一般简称为残压测频回路，其信号源取自发电机的电压互感器。当发电机为额定电压时，电压互感器输出为 100 V，当发电机没有励磁时，因为发电机有剩磁而造成的残压也能使电压互感器大约有 2 V 的输出，所以设计残压测频回路时应保证其输入信号电压在 1～100 V 之间都能正常工作。典型的残压测频回路如图 2-4 所示，它由放大整形、微分倍频、定时限幅、脉冲频率—电压转换和滤波等几部分组成。

测频回路的输入信号由隔离变压器从发电机的电压互感器上取得，它是一个交变的正弦波电压信号，经滤波滤掉高次谐波后，送入由集成运算放大器 A_1 等所组成的放大整形电路，此电路实质上是一个双稳态触发器，因 A_1 是一个具有正反馈的集成运算放大

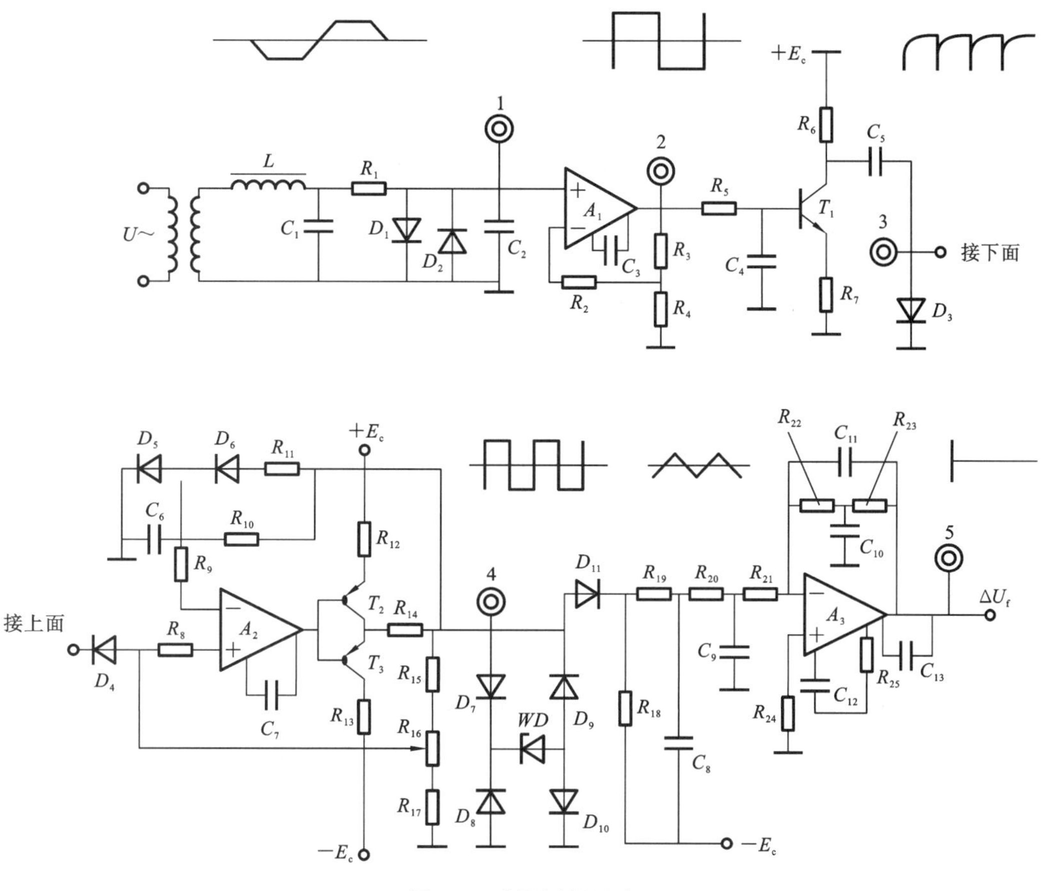

图 2-4　残压测频回路

器，信号送入 A_1 的反相输入端，反馈信号由 A_1 的输出端取得，经 R_3、R_4 分压后，再经 R_2 送至同相输入端，当输入信号超过同相输入端由反馈来的电压时，A_1 的输出迅速变为负，因为运算放大器的开环放大倍数很大，又具有正反馈，所以 A_1 的输出在很短时间内就能达到最大负值。当输入信号由正变为负时，A_1 的输出又立即变为最大正值。因此，A_1 的输出电压为一系列规则的方波，其频率和发电机频率相同。

将 A_1 输出的信号送到微分倍频电路，此电路由晶体管 T_1、电容 C_5 和二极管 D_3、D_4 等组成。其中 T_1 构成单管倍频器。

因在 T_1 的基极上加入一系列方波而发生正跳变时，T_1 的集电极电位随管子由截止转换为饱和导通而迅速下降，从 E_c 降至 U_{c1}，而 U_{c1} 取决于 R_6 和 R_7 的分压。设计时，使输入方波的正电位大于 U_{c1}，故在 T_1 饱和后集电极电位反而随同基极电位升高到 U_{c2}，U_{c2} 基本上和基极电位相等。当输入信号发生负跳变时，T_1 的集电极电位随基极电位的下降而下降，此时 T_1 仍维持饱和状态，但当基极电位下降到不足以维持 T_1 饱和时，T_1 退出饱和区，且迅速变为截止，集电极电位由低变高恢复至 E_c。这样，无论输入信号发生负跳变或正跳变，均会使集电极有负跳变出现，经微分倍频电路形成一周期内有两个负脉冲和两个正脉冲，而 D_4 只允许负脉冲通过，可见微分倍频电路能将有规则的方波转换

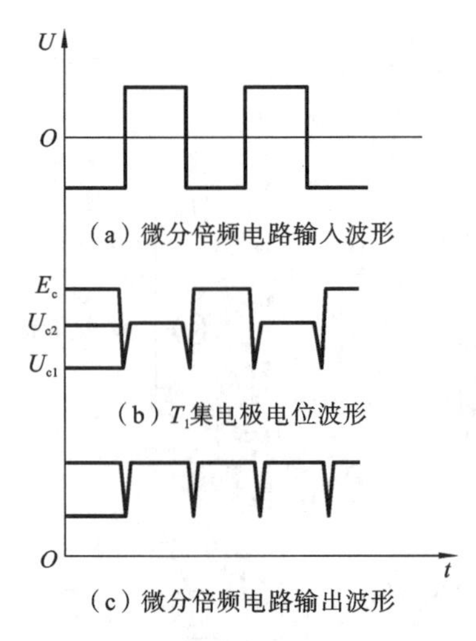

图 2-5　微分倍频回路波形图

成两倍于机组频率的负脉冲。微分倍频电路波形图如图 2-5 所示。

将微分倍频电路输出的负脉冲送到具有正反馈的集成运算放大器 A_2 的同相输入端，由 A_2 和互补射极跟随器 T_2 和 T_3 等组成单稳态定时触发器。当没有负脉冲输入而电源接通时，由于该回路接有正反馈，故射极跟随器的输出为最大正值。当负脉冲加入时，由于放大倍数很大，又有正反馈，因而电路迅速翻转，输出变为最大负值，电路呈暂稳状态。此时，定时电容 C_6 通过 R_{10}、R_{14}、T_3、R_{13}、电源等充电。当电容 C_6 两端充电电压超过由正反馈过来加在同相输入端的电压时，电路立即从暂稳状态翻转恢复原始稳定状态，此时又输出最大正值，电容 C_6 通过电源、R_{12}、T_2、R_{14} 和 D_6 及 R_{10}放电，并反相充电，但其充电水平被二极管 D_5 钳制住故接近于零。暂稳状态时间由 C_6 和 R_{10}决定，同时也取决于反馈电压的大小，调整 R_{10} 即可改变暂稳时间。这样，由单稳态触发器输出一系列固定时间宽度的负值方波和一系列随频率变化时间宽度的正值方波，通过限幅器进行限幅，且 D_{11} 只允许正值方波通过，因此定时限幅电路的输出为随频率变化时间宽度的正值方波。

将定时限幅电路的输出送到脉冲频率——电压转换电路，此电路实质上是一个 RC 积分电路。在非暂稳时间内，由单稳态触发器输出的经过限幅后的正信号通过 R_{19} 向 C_8 进行充电；而在暂稳态时间里，由于 D_{11}不允许负信号通过，故 C_8 通过 R_{19} 和 R_{18} 进行放电，放电时间 τ 即为暂稳态时间，非暂稳态时间则为脉冲周期 T 减去 τ。如果充电时间常数 $R_{19}C_8 \gg T$，则可认为在 $T-\tau$ 时间里充电过程是线性的，由于放电时间常数大于充电时间常数，同样其放电过程也是线性的。因而，电容 C_8 上的电压在一脉冲周期内可用其平均电压 U_c 表示，当频率不变时在一脉冲周期内，充电电荷 Q_1 等于放电电荷 Q_2，即 $Q_1=Q_2$，而

$$Q_1=\frac{E_1-U_c}{R_{19}}(T-\tau) \tag{2-6}$$

$$Q_2=\frac{U_c-E_c}{R_{18}+R_{19}}\tau \tag{2-7}$$

若选取 $R_{18}=R_{19}$，经整理后得

$$U_c=\frac{2E_1(\tau-T)-E_c\tau}{\tau-2T} \tag{2-8}$$

式中：E_1 为定时限幅电路输出的正电压；E_c 为负电源电压。

如使 $E_c=-2E_1$，则有

$$U_c=\frac{2E_1(T-2\tau)}{2T-\tau} \tag{2-9}$$

如果在给定频率时，$U_c=0$，则要求 $\tau=T_0/2$，T_0 为给定频率时倍频后的负脉冲的周期，则 U_c 可改写为

$$U_c=\frac{4E_1(T-T_0)}{4T-T_0} \tag{2-10}$$

如用脉冲频率 F 来表示，则式(2-10)又可改写为

$$U_c=\frac{4E_1(F_0-F)}{4F_0-F} \tag{2-11}$$

式中：F_0 为发电机在给定频率时的脉冲频率数，即给定脉冲频率。若脉冲频率在 F_0 附近作微小变动时，则输出电压也相应变化，即

$$\Delta U_c=\frac{4E_1[F_0-(F_0+\Delta F)]}{4F_0-(F_0+\Delta F)}=-\frac{4E_1\Delta F}{3F_0-\Delta F} \tag{2-12}$$

由于 $F_0\gg\Delta F$，故式(2-12)可近似写为

$$\Delta U_c=-\frac{4E_1\Delta F}{3F_0} \tag{2-13}$$

式(2-13)即为输出电压与脉冲频率的关系。考虑到发电机频率与微分倍频后输出的负脉冲的频率为倍频关系，因此有 $\frac{\Delta F}{F_0}=\frac{\Delta f}{f_r}$，故式(2-13)可改写为

$$\Delta U_c=-\frac{4E_1}{3f_r}\Delta f=-K_f\Delta f \tag{2-14}$$

由式(2-14)可知，脉冲频率——电压转换电路的输出电压大小随发电机频率的变化而成比例的变化，其方向取决于频率是大于还是小于额定频率，如果 $f>f_r$，则 ΔU_c 为负，反之为正。K_f 为放大系数，由 E_1 和 f_r 决定。

将脉冲频率——电压转换电路的输出送至滤波电路，此电路是由集成运算放大器 A_3 等组成的有源滤波器，其作用和普通的无源滤波器一样，把频率较高的交流分量滤掉，剩下的是反映机组频率变化的直流分量。但它比起具有同等滤波效果的无源滤波器有着时间常数小的特点。

根据集成运算放大器反相输入的情形，输出电压 U_f 和输入电压 U_c 的关系可表示为

$$\frac{U_f}{U_c}=-\frac{Z_2}{Z_1} \tag{2-15}$$

式中：Z_2 和 Z_1 分别为反馈复阻抗和输入复阻抗，它们之比为一个复数，根据四端网络等值电路计算 T 型电路的公式，则有

$$Z_1=R_{20}R_{21}\mathrm{j}\omega C_9+R_{20}+R_{21} \tag{2-16}$$

$$Z_2=\frac{(R_{22}R_{23}\mathrm{j}\omega C_{10}+R_{22}+R_{23})\frac{1}{\mathrm{j}\omega C_{11}}}{R_{22}R_{23}\mathrm{j}\omega C_{10}+R_{22}+R_{23}+\frac{1}{\mathrm{j}\omega C_{11}}} \tag{2-17}$$

若使 $R_{20}=R_{21}=R_{22}=R_{23}=R$，$C_9=C_{10}=C$，则有

$$\frac{U_f}{U_c}=-\frac{\frac{1}{\mathrm{j}\omega C_{11}}}{2R+\mathrm{j}\omega R^2C+\frac{1}{\mathrm{j}\omega C_{11}}}=-\frac{1}{1-R^2CC_{11}\omega^2+\mathrm{j}2RC_{11}\omega} \tag{2-18}$$

于是

$$\left|\frac{Z_2}{Z_1}\right|=\sqrt{\frac{1}{1-2R^2CC_{11}\omega^2+R^4C^2C_{11}^2\omega^4+4R^2C_{11}^2\omega^2}} \tag{2-19}$$

如取 $C_{11}=C/2$，则有

$$\left|\frac{Z_2}{Z_1}\right|=\sqrt{\frac{1}{1+\frac{1}{4}R^4C^4\omega^4}} \tag{2-20}$$

由此可见，当 $\omega=0$ 时，对直流分量来讲，输出电压 U_f 的幅值等于输入电压 U_c 的幅值，即放大倍数为 1，而负号表示两电压反相。当 $\omega=\frac{\sqrt{2}}{RC}$ 时，其幅值比为 0.707；当 $\omega>\frac{\sqrt{2}}{RC}$ 时，其幅值比更小，即对 ω 越大的交变分量，其放大倍数就越小。因而，此电路起到了滤波作用。在脉冲频率——电压转换电路输出的基波频率为 100 Hz 时，其放大倍数为 0.0023，所以在使用有源滤波时，只需要很小的滤波电容就可以起较大的作用。

同时，考虑到有源滤波器的反相作用，则整个残压测频回路的输出电压 ΔU_f 可表示为

$$\Delta U_f=K_f\Delta f \tag{2-21}$$

综上所述，这种典型的残压测频回路能够保证在发电机正常工作情况和失磁情况下都能有效地完成测频任务，且具有相当宽的频率工作范围，但存在非线性。

再者，为了运行方便、灵活，需要进行频率给定和缩短机组并网时间，则在上述机组频率测量回路的基础上也可另外增加两条平行通道，其原理方块图如图 2-6 所示。

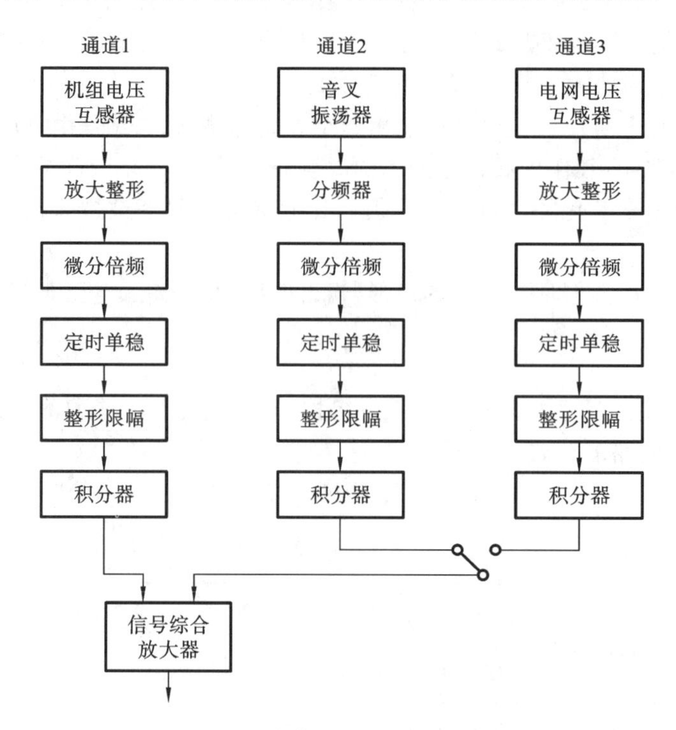

图 2-6　发电机残压测频方块图

机组作调频运行时，该测频回路的 1、2 通道投入工作。通道 2 由频率稳定度较高的石英晶体振荡器作为信号源。通道 1 是机组测频信号通道，通道 2 是频率给定通道，这两个通道的输出电压进行比较后，得到频率偏差输出信号。当机组频率与给定频率相等时，两通道的输出信号大小相等、极性相反，频率偏差信号为零。为简化电路，也可以取消通道 2，用经稳压的直流电压作为频率给定。

为了缩短机组并网时间，在该回路中还增设了电网频率测量回路。开机以后为使机组的频率跟踪电网的频率，只要将频率给定通道 2 切除，将以电网电压为信号源的通道 3 作为给定通道的方式投入，对通道 1、3 的输出电压进行比较，其差值作用于放大器，便可以保证机组对电网频率跟踪。

通道 2 和通道 1 的主要部分相同，通道 3 和通道 1 完全相同。

2.1.3 齿盘与磁头——脉冲频率测量回路

齿盘与磁头——脉冲频率测量回路简称为齿盘测速回路，其电路图如图 2-7 所示。该回路由两大部分组成：一是齿盘与磁头；二是脉冲测量回路。

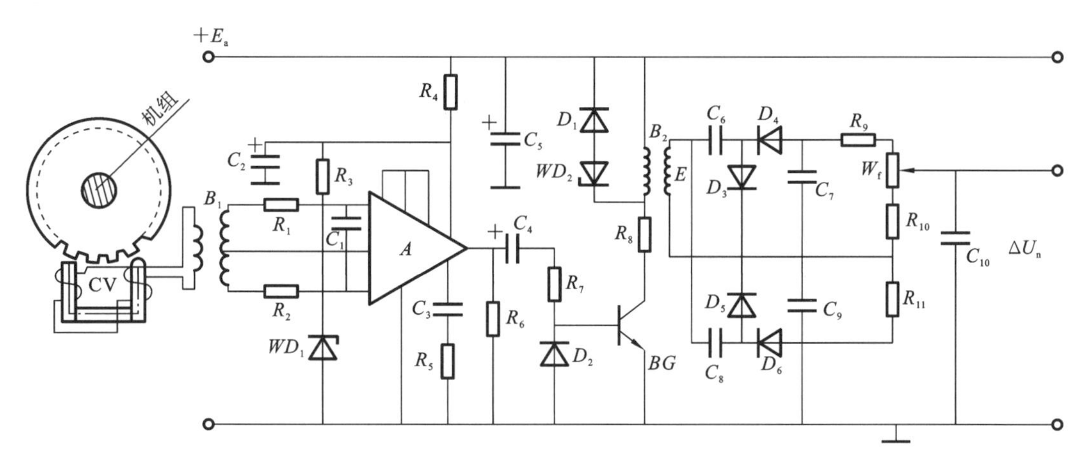

图 2-7 齿盘测速回路

1. 齿盘与磁头

齿盘与磁头的作用是产生频率与机组转速 n 成正比的电脉冲信号 U_f，工作原理如图 2-8 所示。

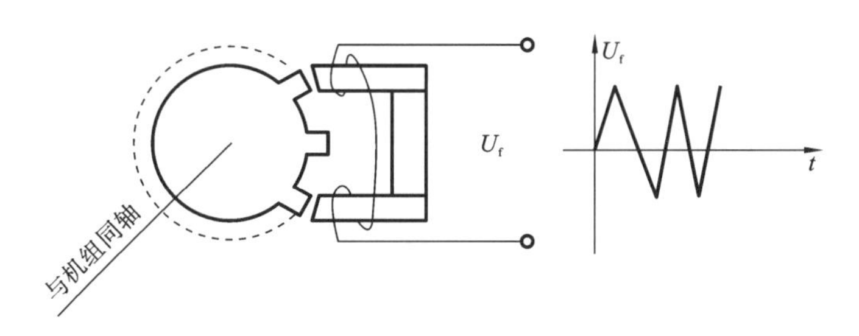

图 2-8 齿盘与磁头工作原理图

钢质的齿盘与机组同轴转动，具有永久磁钢的磁头，其磁路不断被齿盘上的齿闭合、断开，磁头上线圈中的磁通就相应地发生变化。机组转速越高，单位时间内磁通的变化次数就越多，线圈两端感应出的信号电压 U_f 的脉冲频率 f 越高，其值由下式决定：

$$f=\frac{Z}{60}n \tag{2-22}$$

式中：Z 为齿盘上的齿数；n 为机组转速。

2. 脉冲频率测量回路

脉冲频率测量回路的作用有两个：一是将磁头信号电压的频率线性地转换成直流信号电压 U_n；二是将 U_n 与给定转速相对应的 U_z 进行比较，使其差值正比于机组转速与给定转速的偏差。

脉冲频率测量电路由脉冲整形、功率放大、脉冲频率——电压转换和转速给定四部分组成，其具体电路图如图 2-7 所示。

整形电路由开环运用的集成运算放大器 A 等组成。从磁头来的信号电压 U_f 经输入变压器 B_1 送到 A 的输入端。因集成运算放大器在开环运用时其放大倍数高达数千倍，所以微小的输入信号都能使集成运算放大器的输出饱和，故 A 可以把不规则的三角波变为一系列规则的方波。

脉冲功率放大回路由 BG、B_2、D_1、D_2、WD_2 和 R_8 组成，其作用是提高脉冲电压的幅值和增大输出功率。BG 工作在开关状态，它受 A 输出方波的控制，周期性地将脉冲变压器 B_2 的初级绕组与电源 E_a 接通和断开，故脉冲变压器 B_2 的次级输出电压是频率为 f 的矩形脉冲，其幅值 E 为电源电压 E_a 的 m 倍，m 为脉冲变压器的变比。

脉冲频率——电压转换电路由 C_8、D_5、D_6、C_9 和 R_{11} 等组成。脉冲变压器输出的一系列脉冲送至该电路的输入端，在脉冲的正半周里，D_5 截止，电容 C_8 经二极管 D_5 充电，其端电压为

$$U'_c=E-U_D \tag{2-23}$$

式中：U_D 为二极管 D_5、D_6 的正向压降。

在脉冲的负半周里，D_5 截止，C_8 经 D_6 反向充电，这半周期末 C_8 的端电压为

$$U''_c=-(E-U_D-U_n) \tag{2-24}$$

式中：U_n 为脉冲频率——电压转换电路的输出电压。

因而在一个周期内，从 B_2 经 R_{11} 流向电容 C_8 的电荷 Q 是其端电压的变化量 ΔU_c 与其电容量 C_8 的乘积，即

$$Q=\Delta U_c C_8=(U'_c-U''_c)C_8=[2(E-U_D)-U_n]C_8 \tag{2-25}$$

而流过 R_{11} 上的电流 $I=Qf$，因而电路的输出电压为

$$U_n=IR_{11}=[2(E-U_D)-U_n]C_8R_{11}f \tag{2-26}$$

整理式(2-26)得

$$U_n=\frac{2R_{11}C_8f}{1+R_{11}C_8f}(E-U_D) \tag{2-27}$$

如果在选择电路参数时，使 $R_{11}C_8f\ll 1$，$U_D\ll E$，则式(2-27)可改写为

$$U_n=2R_{11}C_8EF=\frac{1}{30}ZER_{11}C_8n \tag{2-28}$$

可见在齿盘齿数、电源电压和该电路的参数一定时，电路上的输出电压仅与脉冲频率或机组转速成正比，其极性取决于二极管的接法。

转速给定回路由 R_9、R_{10}、W_f、C_6、C_7、D_3 和 D_4 组成，该电路的结构与脉冲频率——电压转换电路相同，且共用一个脉冲源，因此，该电路的输出电压表达式可写成：

$$U_z=\frac{2(R_9+R_{10}+W_f)C_8 f}{1+(R_9+R_{10}+W_f)C_8 f}(E-U_D)\zeta \tag{2-29}$$

式中：ζ 为 R_9、R_{10} 和 W_f 组成的分压器的分压比。如果在选择该电路的参数时，使 $(R_9+R_{10}+W_f)C_8 f\gg 1$，$E\gg U_D$，则式(2-29)可近似写为

$$U_z=2E\zeta \tag{2-30}$$

由式(2-30)可见，转速给定回路的输出电压 U_z 与脉冲频率无关，而与分压比有关，即改变频率给定电位器 W_f 的把手位置，便可改变转速给定电压 U_z。

脉冲频率——电压转换电路输出中、将转速成比例的电压 U_n 和给定转速电压 U_z 并联比较，其差值 ΔU_n 从 C_{10} 两端输出，即

$$\Delta U_n=U_n-U_z=\frac{1}{30}ZER_{11}C_8 n-2E\zeta \tag{2-31}$$

当机组转速为给定转速时，即 $n=n_0$，人为地改变分压比 ζ，使转速偏差信号电压为

$$\Delta U_n=\frac{1}{30}ZER_{11}C_8 n-2E\zeta=0 \tag{2-32}$$

当机组转速偏离给定转速时，即 $n=n_0+\Delta n$，则有

$$\Delta U_n=\frac{1}{30}ZER_{11}C_8 n_0-2E\zeta+\frac{1}{30}ZER_{11}C_8\Delta n \tag{2-33}$$

考虑到式(2-32)，则有

$$\Delta U_n=\frac{1}{30}ZER_{11}C_8\Delta n=K\Delta n \tag{2-34}$$

式中：K 为齿盘测速的比例度。由于转速的相对量等于频率的相对量，即 $\frac{\Delta n}{n_r}=\frac{\Delta f}{f_r}$，因此将其代入式(2-34)得输出电压与机组频率的关系为

$$\Delta U_n=K\frac{n_r}{f_r}\Delta f=K_f\Delta f \tag{2-35}$$

式中：K_f 为齿盘测频的放大系数。

综上所述，脉冲频率——电压转换回路同样采用了 RC 积分电路。而转速给定电路与脉冲频率——电压转换电路采用了结构相同的电路，且共用一个脉冲源。因此，电源电压和二极管参数变化使两条回路输出所产生的波动 $\Delta U'_n$ 和 $\Delta U'_z$ 相等，从而使得转速差值电压 $\Delta U_n=U_n-U_z$ 的漂移很小，这种电路结构保证了齿盘测速回路具有较高的测频精度。

2.1.4 发电机残压——数字测频电路

早期的 LC 测频回路和脉冲频率测频回路均属于用模拟电路来测量机组的频率。而发电机残压——数字测频电路则是用数字电路来实现对机组频率的测量，其基本思想是：用机组频率的周期时间来控制一个计数门，让其正半周内放进频率恒定且频率较高

的矩形脉冲，而利用负半周的部分时间作为计数前的准备和某些必要的控制。故当机组频率发生变化时，其周期也发生变化，从而通过计数门进入计数器的矩形脉冲也发生变化，经寄存器和数模转换成与周期时间成比例的模拟电压量，以达到测量机组频率的目的。其典型方块原理图如图 2-9 所示。

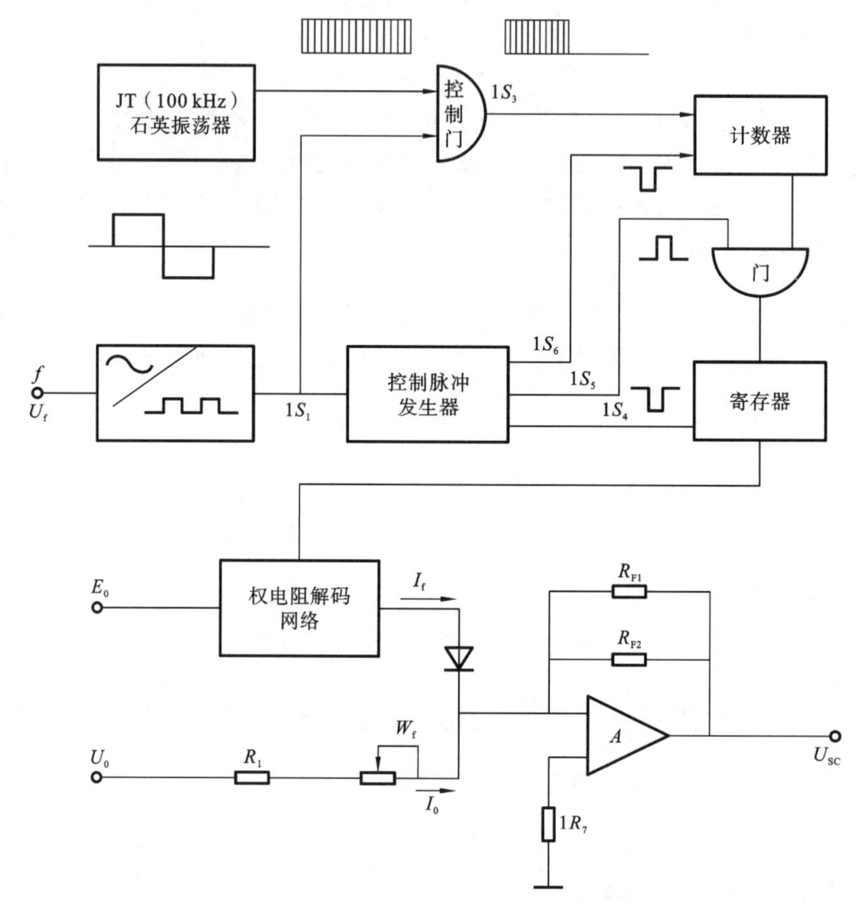

图 2-9　数字测频方块原理图

数字测频是由整形和二分频电路、石英晶体振荡器、计数控制门、控制脉冲发生器、抄出门、寄存器、数模转换器等组成。

频率信号取自发电机端的电压互感器和电流互感器，经整形电路将机组频率为 f 的正弦波整成方波，再经倒相后送入一个 J-K 触发器，从而获得一个$\frac{f_x}{2}$的方波，该信号一路用来控制计数控制门，另一路作为控制脉冲发生器的触发信号。

石英晶体振荡器用来产生频率高度恒定(100 kHz)的矩形脉冲作为计数器的时钟脉冲信号，该信号也送到计数控制门的输入端。

由于计数控制门为与非门，在$\frac{f_x}{2}$的方波的正半周内，计数控制门开启，让石英晶体振荡器产生的矩形脉冲通过计数控制门进入计数器；在其负半周里，则不让时钟矩形脉冲通过。

控制脉冲发生器是由四个微分型单稳态触发器组成，它利用$\frac{f_x}{2}$的方波下跳沿作为触发信号，从而产生三个相继出现的控制脉冲：$1S_4$ 为负脉冲，脉冲宽度为 5 μs，用来使寄存器清零，为接受抄录计数器该前半周中所计的数目作准备；$1S_5$ 是在 $1S_4$ 脉冲过后出现的正脉冲，脉冲宽度为 5 μs，用来打开抄出门，从而把计数器所记的结果抄录到寄存器中去；$1S_6$ 是在 $1S_5$ 后面间隔一个脉冲时间再产生的一个负脉冲，脉冲宽度也为 5 μs。由于计数器中正半周所计的数已抄往寄存器，故该脉冲又重新给计数器预置某个一定的数，为下一个正半周作好新的计数准备。

计数器是一个 12 位二进制计数器，由 12 个 J-K 触发器组成，它是用来正确地计算$\frac{f_x}{2}$的方波正半周时间（即机组频率的一个周期时间）内放进的矩形脉冲与预置脉冲数的总和。

抄出门也是一个与非门，在控制正脉冲 $1S_5$ 到来时，它把自己对应的计数器中的数转到相应寄存器中去。而在 $1S_5$ 控制脉冲过后，又封锁抄出门，以保证寄存器中所存的数在该周期中维持不变。

寄存器是由 12 个 R-S 触发器组成，它是用来寄存每$\frac{f_x}{2}$的方波正半周内计数器所计的脉冲总数，并把它传给数模转换器。

数模转换器是一个 12 位权电阻数模转换器，用来实现将数字量转换成模拟电压量。该数字测频电路的工作波形如图 2-10 所示。

该数字测频电路考虑在 50 Hz 时，计数器计算的结果不等于零，故在数模转换器输出靠一个外设平衡电压将其抵消，使其 U_{sc} 为零。当然，也有考虑在 50 Hz 时，计数器计算的结果等于零，因而寄存器存的也是零，数模转换器的输出也是零。这两种方式分别应用在我国葛洲坝电厂和八盘峡电厂。但不管哪种方式，它们的基本环节都差不多，原理也相似。

该数字测频电路设计时考虑机组频率 $f<40$ Hz 时电调电气部分不投入，因而该数字测频电路的工作范围不须太宽故以最小工作频率 $f=30$ Hz 来作为基准，则其相应的周期时间 $T_0=33.33$ ms，二分频后正半周时间$\frac{T_x}{2}=T_0=33.33$ ms，而石英晶体振荡器频率为 100 kHz，矩形脉冲周期 $\tau=10$ μs，故在时间 T_0 里被放进的时钟脉冲数 $N_0=3333$。当计数器为 12 位时，计数器可以计到 $N_m=2^{12}-1=4095$。可见，$N_0<N_m$，计数范围是有足够的储备量的。

如果在每个周期中事先预置 $N_0=3333$ 个脉冲量，当机组频率为 f_x，在$\frac{f_x}{2}$的正半周时间里放进的脉冲数为 N，则它与 N_0 之差为 $\Delta N=N_0-N$。

因此只要求得 ΔN，就可知道事先预置数与一周期中放进的脉冲数之差，或者说，由 ΔN 可以知道实际的 N，然后再转换成相应的电压，作为测频输出，以控制机组，可见这需要作减法运算。而减法运算可用加法运算来代替，即 $\Delta N=N_0+(-N)$，所以

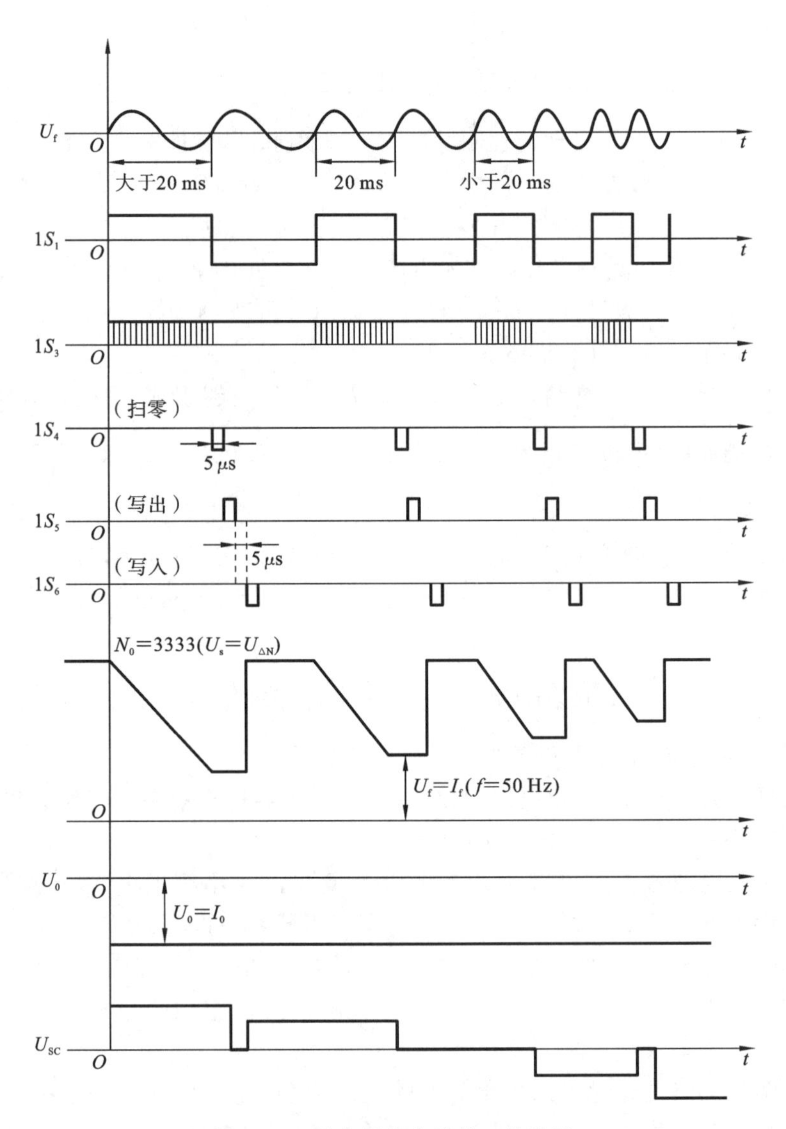

图 2-10　数字测频电路的工作波形

$-\Delta N=N+(-N_0)$。利用计算机中的反码运算,并根据反码运算法则:一个数的反码再求反,就得到该数的原码。可见,要得到 ΔN,就要对$(-\Delta N)$求二次反码,而这在计数器中和寄存器输出经 OC 非门中分两次实现的。因而在计数器中,只需实现求$(-N_0)$反码即可。

2.1.5　几种测频回路的比较

比较四种测频回路,可得出如下 5 点看法。

(1) 从信号源来看,LC 测频回路需要由永磁发电机提供信号源,而永磁发电机要耗费贵重金属，且当机组额定转速较低时加工制造较困难。齿盘测速回路需要专门的齿盘磁头提供信号源，较少使用贵重金属，加工制造简单，调整较方便。发电机残压测频的模拟电路和数字电路既不要永磁发电机，又不要专门的齿盘磁头提供信号源，而是直接从电压互感器和电流互感器取得信号源，因此不存在耗费贵重金属和加工制造问题，其通用性强。同时，后三种测频回路对信号源的要求也较低，它们在信号电压变化较大时仍能正常工作。

(2) 从电源来看，采用 LC 测频回路时，可利用永磁发电机作为电液调速器电气部分的可靠电源，而采用其余三种测频回路时，则需要给电液调速器另外提供可靠电源。

(3) 从测频回路的时间常数来看，LC 测频回路和残压测频模拟电路为工频，而齿盘测速回路的信号大约是工频的 20 倍，因而后者的时间常数远小于前者。数字测频电路由于应用了数字技术，时间常数亦很小。

(4) 从测频回路的工作范围来看，齿盘和残压测频回路能在相当大的频率工作范围内工作，因此它既可作为测频，也可作为转速继电器使用。虽然 LC 测频回路的工作范围比较小，但由于永磁发电机的电压与转速成比例，因而可以很方便地用电压继电器作为转速继电器。

(5) 从测频回路的线路结构来看，LC 测频回路的电气结线简单，但有较大体积的电感和电容；而残压测频和齿盘测速回路由于运用了集成电路，结线也较简单，且可做得比较紧凑；数字测频电路结线目前还比较复杂，但它代表了今后的发展方向，且随着微处理器的应用，将会做得更简单、紧凑。

2.2　校正回路

机械液压型调速器，为了获得所需要的调节规律，在反馈回路上引入了适当的元件(如硬性、软性反馈元件)，以便对水轮机调节系统进行校正，从而使整个系统具有预期的静态和动态特性。同样在电液调速器中，既可在反馈回路上引入某些电的回路进行校正，又可在前向通道上串联某些电的回路进行校正。前者称为并联校正，如缓冲回路等；后者称为串联校正，如加速度回路等。它们统称为校正回路。

2.2.1　软反馈回路(缓冲回路)

软反馈回路习惯上称为缓冲回路，又称暂态反馈回路。它是由 RC 微分回路来实现的。微分回路的输入是反映导叶开度的电压 U_α，U_α 是通过位移—电压变换器获得的。位移—电压变换器可以是直流供电的 WXJ-3 型精密线绕耐磨电位器，也可以是交流供电的 CWZ 型差动变压器式直线位移传感器，还可以是 XZB 系列旋转变压器。无论是哪

种，它们都能把位移信号线性地转换为电压信号，只不过后两种需进行整流和滤波而已。它们的表达式可写为

$$\Delta U_{\alpha}=K_1\Delta Y \tag{2-36}$$

式中：ΔU_{α} 为微分回路的输入电压，即位移—电压变换器的输出电压；ΔY 为接力器的位移；K_1 为比例系数。

在软反馈回路中，暂态反馈系数可以由微分回路的输入电压衰减回路来整定，如图 2-11 所示的 W_{ξ} 和 W_{bt}，也可以由微分回路的输出电压衰减回路来整定，如图 2-12 所示的 W_{bt1} 和 W_{bt2}。缓冲时间常数可以用改变电阻 R，也可以用改变电容 C 的方法来整定。为了使机组并入电网以后增减负荷快，有按导叶位置减小暂态转差系数和按油开关位置切换以减小暂态转差系数及缓冲时间常数两种方法。

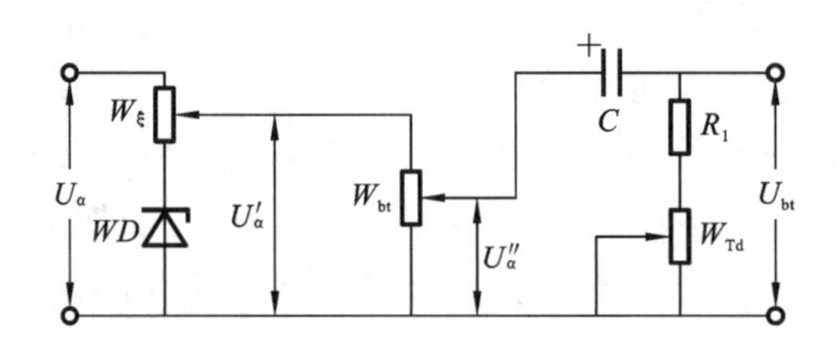

图 2-11　按导叶位置改变暂态转差系数软反馈回路原理图

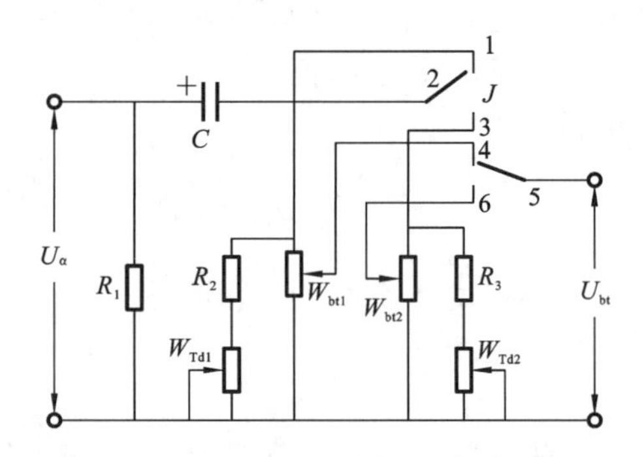

图 2-12　按油开关位置切换暂态转差系数软反馈回路原理图

图 2-11 所示的是按导叶位置减小暂态转差系数软反馈回路原理图。该回路由暂态反馈系数整定回路和 RC 微分回路两部分组成，暂态转差系数整定回路由两条衰减回路相串联，其衰减系数为两条衰减回路的衰减系数的乘积，即

$$U''_{\alpha}=K_2U'_{\alpha}=K_2K_3U_{\alpha} \tag{2-37}$$

式中：K_3 为由电位器 W_{bt} 组成的衰减支路的衰减系数，其值取决于 W_{bt} 的整定位置；K_2 为由电位器 W_{ζ} 和稳压管 WD 组成的衰减支路的衰减系数。

在这个衰减支路里，由于 WD 的非线性特性，其衰减系数按 U_{α} 的大小分为两段，当 U_{α} 小于 WD 的击穿电压 U_{WD} 时，由于稳压管没有被击穿，WD 呈无限大阻抗，该衰减支路被断开，又由于 W_{ζ} 的阻值较 W_{bt} 的阻值小得多，故无论 W_{ζ} 整定在什么位置，这条衰减支路的衰减系数 $K_2=1$。当 $U_{\alpha}\geqslant U_{WD}$ 时，稳压管被击穿，其动态电阻很小，这条衰减支路被接通，其衰减系数 $K_2=\zeta$，ζ 取决于电位器 W_{ζ} 的整定位置，因此 K_2 的表达式为

$$K_2=\begin{cases}1 & U_\alpha<U_{WD}\\ \zeta & U_\alpha\geqslant U_{WD}\end{cases} \tag{2-38}$$

由此可见，当$\zeta<1$时，由于W_ζ和WD组成的衰减支路按U_α的大小自动地接入和断开，便实现了从空载到带负荷后自动地减小暂态转差系数的目的。暂态转差系数改变时的转折点应选择在略大于最大空载开度处。

微分回路由C、R_1和W_{Td}组成，对该微分回路在充电时，有

$$\int\frac{i}{C}\mathrm{d}t+Ri=\Delta U''_\alpha \tag{2-39}$$

对式(2-39)微分，有

$$\frac{i}{C}+R\frac{\mathrm{d}i}{\mathrm{d}t}=\frac{\mathrm{d}\Delta U''_\alpha}{\mathrm{d}t} \tag{2-40}$$

整理后，得

$$RC\frac{\mathrm{d}i}{\mathrm{d}t}+i=C\frac{\mathrm{d}\Delta U''_\alpha}{\mathrm{d}t} \tag{2-41}$$

由于$U_{bt}=iR$，而$R=R_1+R_{WTd}$，故

$$RC\frac{\mathrm{d}U_{bt}}{\mathrm{d}t}+U_{bt}=RC\frac{\mathrm{d}\Delta U''_\alpha}{\mathrm{d}t} \tag{2-42}$$

考虑到$U''_\alpha=K_2K_3U_\alpha=K_1K_2K_3\Delta Y$，则有

$$RC\frac{\mathrm{d}U_{bt}}{\mathrm{d}t}+U_{bt}=RCK_1K_2K_3\frac{\mathrm{d}\Delta Y}{\mathrm{d}t} \tag{2-43}$$

化为相对量：

$$RC\frac{\mathrm{d}\dfrac{U_{bt}}{U_B}}{\mathrm{d}t}+\frac{U_{bt}}{U_B}=RC\frac{K_1K_2K_3Y_{max}}{U_B}\frac{\mathrm{d}\dfrac{\Delta Y}{Y_{max}}}{\mathrm{d}t} \tag{2-44}$$

$$RC=T_d,\quad \frac{K_1K_2K_3Y_{max}}{U_B}=b_t,\quad u_{bt}=\frac{U_{bt}}{U_B},\quad y=\frac{\Delta Y}{Y_{max}}$$

式中：U_B为基准电压，如取相应频率变化100%时测频回路的输出电压为基准电压；Y_{max}为接力器最大行程，则b_t被称为暂态转差系数或软反馈强度，它表示接力器移动全行程时的反馈量折算成基准频率的百分比；T_d为缓冲时间常数，它表明软反馈强度随时间衰减的快慢。于是可得

$$T_d\frac{\mathrm{d}u_{bt}}{\mathrm{d}t}+u_{bt}=T_db_t\frac{\mathrm{d}y}{\mathrm{d}t} \tag{2-45}$$

式(2-45)为软反馈回路的运动方程。形式上与机械液压型调速器的运动方程是一样的。可见，改变W_{Td}即改变了R值，也就是改变了缓冲时间常数T_d；改变W_{bt}即改变了K_3值，也就是改变了空载和负载时的暂态转差系数b_t；改变W_ζ即改变了K_2值，也就是改变了负载时的暂态转差系数。

在放电时也可以写出和式(2-45)相同的运动方程式，所不同的只是$R=R_1+R_{WTd}+R_{Wbt}$，由于R_1+R_{WTd}选择的数值比R_{Wbt}的大得多，故可认为充放电时间常数差不多。

按油开关位置切换来减小暂态转差系数和缓冲时间常数的软反馈回路，如图2-12所示。

当机组空载运行时，暂态反馈回路是由 C、R_2、W_{Td1} 和 W_{bt1} 所组成的微分回路，微分回路输出电压经 W_{bt1} 衰减后输出，其中 W_{bt1} 的位置决定了空载暂态转差系数，W_{Td1} 决定了空载时的缓冲时间常数。当油开关合闸以后，继电器 J 动作，暂态反馈回路被切换到由电容 C 与 R_3、W_{Td2} 和 W_{bt2} 组成的微分回路，这时暂态转差系数取决于 W_{bt2} 的整定位置，缓冲时间常数由 W_{Td2} 的整定位置决定，其运动方程式的形式和式(2-45)相同。

按导叶位置原则与按油开关位置原则切换暂态转差系数相比：前者具有电路简单可靠，甩负荷时过速值小、稳定快的优点；后者由空载变到负载时能自动地减小暂态转差系数及缓冲时间常数，参数整定互不影响，因此灵活性大。

但对上述 RC 微分回路所组成的软反馈回路，严格说来，只有在其输出端的负载阻抗为无限大或很大时，才可不计及后级的影响，因此存在着阻抗匹配问题。为解决这一问题，目前广泛采用在 RC 回路的输出端串接一个集成运算放大器，做成同相比例放大器的形式的方法。此同相比例放大器只是为了阻抗匹配之用，因此也称为阻抗匹配器，其电压放大倍数等于 1，它的输入阻抗可以提高到很大的数值，从而隔离 RC 微分回路，其典型结线图如图 2-13 所示。

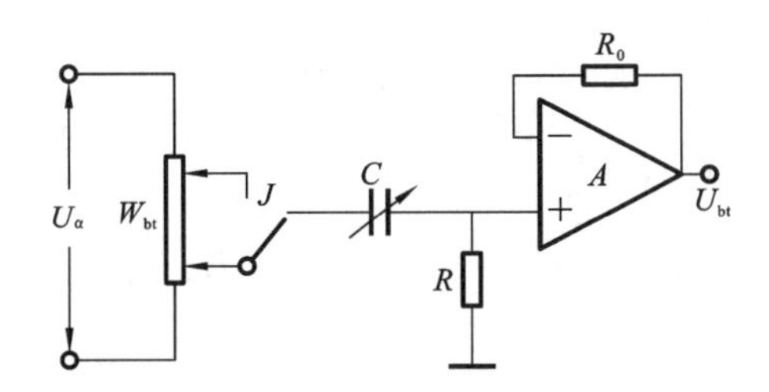

图 2-13　具有集成运算放大器的软反馈回路图

2.2.2　测频微分回路

测频微分回路是能够同时进行测速和测加速度的回路。在机械液压型调速器中测加速度是很困难的，其原因是结构复杂，调整困难，性能得不到保证，因而在机械液压型调速器中很少应用。但是，这对于电液调速器来说却是很容易实现的，基本上也是采用了 RC 微分回路，其结线图如图 2-14 所示。

对于 RC 微分回路，其运动方程式为

$$T'_n \frac{dU}{dt} + U = T'_n \frac{dU_f}{dt} \tag{2-46}$$

式中：U 为微分回路的输出电压；U_f 为测频回路的输出电压；T'_n 为微分回路的时间常数，$T'_n = RC$。

对于反相输入的集成运算放大器，有

$$-\frac{U_A}{R_A} = \frac{U_f}{R_1} + \frac{U}{R'} \tag{2-47}$$

式中：U_A 为反相输入集成运算放大器的输出电压；R_A、R_1 和 R' 分别为放大器的反馈电

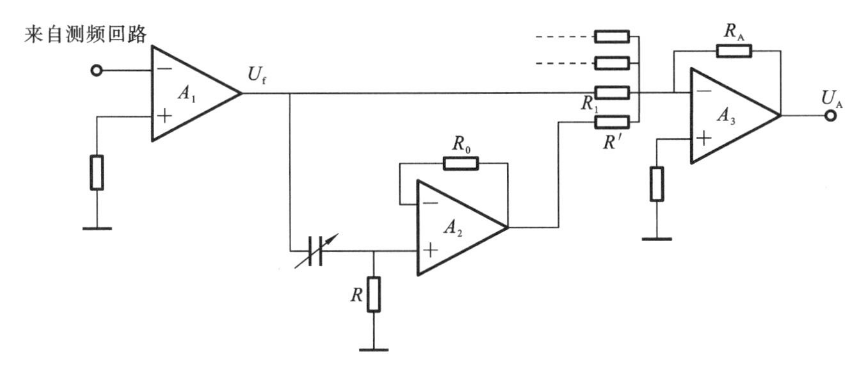

图 2-14 测频微分回路

阻、频差输入电阻、微分信号输入电阻。故

$$U=-\frac{R'}{R_A}U_A-\frac{R'}{R_1}U_f \tag{2-48}$$

将式(2-48)代入微分回路的运动方程并整理后得

$$-\frac{R'}{R_A}\left(T'_n\frac{dU_A}{dt}+U_A\right)=\left(1+\frac{R'}{R_1}\right)T'_n\frac{dU_f}{dt}+\frac{R'}{R_1}U_f \tag{2-49}$$

如选取 $R_1=R_A$，则有

$$T'_n\frac{dU_A}{dt}+U_A=-\left[\left(1+\frac{R_1}{R'}\right)T'_n\frac{dU_f}{dt}+U_f\right] \tag{2-50}$$

用相对量表示，则有

$$T'_n\frac{du_A}{dt}+u_A=-\left(T_n\frac{du_f}{dt}+u_f\right) \tag{2-51}$$

$$T_n=\left(1+\frac{R_1}{R'}\right)T'_n$$

考虑到测频输出之后加了一个 1∶1 的反相器，因而式(2-51)右边的负号可以去掉，故

$$T'_n\frac{du_A}{dt}+u_A=T_n\frac{du_f}{dt}+u_f \tag{2-52}$$

式(2-52)即为测频微分回路的运动方程，其中 T_n 为测频微分时间常数，它不仅与 T'_n 有关，而且与 R_1 和 R' 的比值有关，一般 $T_n=(5\sim10)T'_n$，T_n 可在 0.5～10 s 之间进行调整。

由式(2-52)可见，输入信号不仅有频差信号，而且有频差微分信号，如使 $T_n\gg T'_n$，则 T'_n 可忽略，因而式(2-52)可改写为

$$u_A=T_n\frac{du_f}{dt}+u_f \tag{2-53}$$

可见该回路的输出电压等于测频输出电压分量与它的微分分量之和，因此称该回路为测频微分回路。测频微分回路可以使调速器具有比例加微分的调节规律，微分信号具有超前的作用，能预见频差出现的方向和大小，并及时进行调节，因而可以改善调节品质，提高速动性，减小超调量。从机械液压型调速器的调节规律看，一般是比例加积分的

调速器，而电液调速器由于能方便地引入测频微分回路，因而可以做成比例加积分加微分调速器，从而使调节的品质大为提高。

2.2.3 积分器回路

从系统校正看，比例—积分—微分(也称 PID)调节规律的元件都可以看成是校正元件。对电液调速器来说，比例回路是比较简单的，如用集成电路做成的比例放大器。微分回路在本节中已介绍过了，积分器回路可以是如图 2-15 所示的电路，根据其阻抗关系，有

$$-\frac{U_{\mathrm{I}}}{U_{\mathrm{f}}}=\frac{\frac{1}{Cs}}{R} \tag{2-54}$$

故

$$-U_{\mathrm{I}}=\frac{1}{RCs}U_{\mathrm{f}} \tag{2-55}$$

取相对量，并令 $RC=T_{\mathrm{s}}$，则有

$$-U_{\mathrm{I}}=\frac{1}{T_{\mathrm{s}}s}U_{\mathrm{f}} \tag{2-56}$$

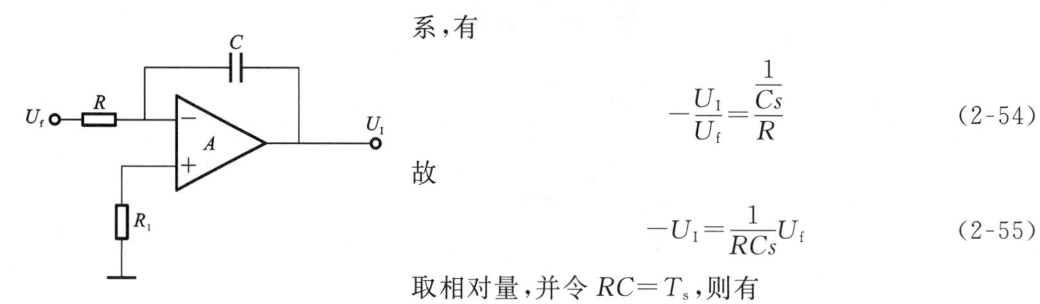

图 2-15 积分器回路原理图

式中：U_{I} 为积分器输出电压相对量；U_{f} 为积分器输入电压相对量；T_{s} 为积分器积分时间常数。

由此可见，该回路的输出电压为输入电压的积分乘以一比例系数，即乘以积分时间常数 T_{s} 的倒数，T_{s} 越大，积分速度越慢；T_{s} 越小，积分速度越快。

对于以上所述的几种校正回路(包括比例回路)，若使其进行不同的结构组合，可以形成并联 PID、串联 PID 等各种调节规律，用以改善调节系统的动态品质。

2.3 功率给定、调差及人工失灵区回路

在机械液压型调速器中，调差机构是靠杠杆来实现的，它把输入的位移量按比例转换为输出的位移量，而在电液调速器中，调差回路则是靠位移—电压变换器、调差电路来实现的，且往往把功率给定回路和调差回路放在一起。同时，为了成组调节的需要添设了功率跟踪回路，为了运行方式上的需要增设了人工失灵区回路。

2.3.1 功率给定、调差及跟踪回路

图 2-16 所示的是功率给定、调差及跟踪回路的工作原理。功率给定回路的作用，是在机组投入电网运行时，用来增减机组所带的负荷。R_9 为功率给定电位器，由伺服电机

D_2 遥控操作。XZB_2 为反馈位移—电压变换器，其输出值反映接力器的位移量。R_9 输出为交流信号，经隔离变压器 B_{16}，由 $D_{33\sim36}$ 整流滤波后变为直流信号。XZB_2 输出的反馈信号经隔离变压器 B_2，由 $D_{29\sim32}$ 整流滤波后变为直流信号，其极性与功率给定信号的极性相反，形成负反馈。功率给定与负反馈信号相比较，其差值经分压后由 R_{145} 接入放大器输入回路，与频率变化的偏差值相平衡，而使机组在一定开度下运行。由于反馈信号取自接力器，这里实际上是导叶开度（接力器行程）给定，习惯上仍称为功率给定。真正的功率给定的反馈信号应为功率。

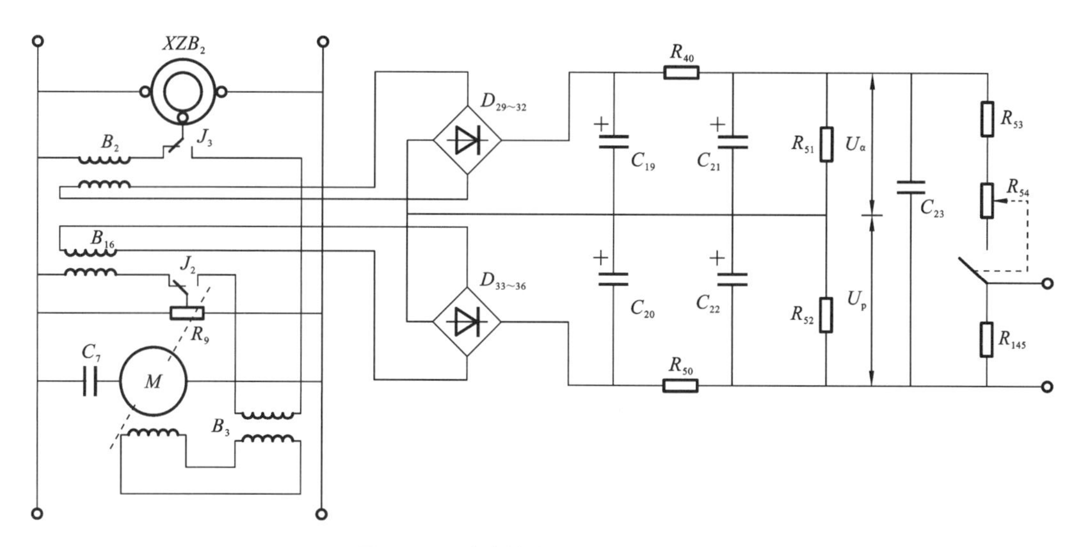

图 2-16　功率给定、调差及跟踪回路

图 2-16 所示的是单机运行状态，当成组调节时，J_3 动作，单机调差回路被切除。

为了在成组运行切换成单机运行时，避免因功率给定与所带负荷不一致而引起负荷的波动，在电液调速器中设有跟踪回路，其工作原理是：在成组运行时，功率给定信号与 XZB_2 反馈信号直接比较，如果单机功率给定与成组时接力器不相适应，则有电压输出，通过 B_3 进行放大，操作 D_3 使功率给定与之相适应，从而达到功率给定跟踪接力器位置的目的。

2.3.2　人工失灵区回路

图 2-17(a)所示的是水轮机调节系统的静特性 AB 线。如果在此基础上，以适当的方法使其在给定功率 P_0 附近静特性有很陡的斜率，如图中 2～3 段，则可以实现当系统频差在该段范围内时该机组基本上不参加调节，从而起到固定负荷的作用，即人为造成失灵区，这有利于机组稳定地承担基本负荷，也有利于电力系统的运行。但当系统频率偏差较大，即超过 2～3 段范围时，则机组仍保持原来静特性的斜率，使机组有效地参加调节。

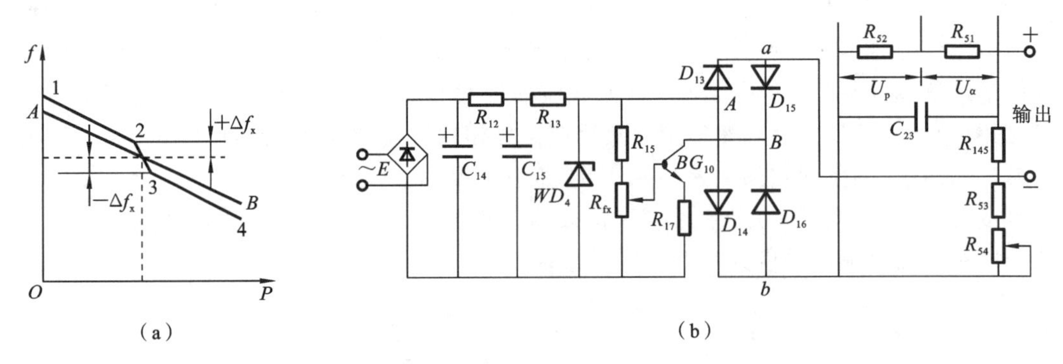

图 2-17　调节系统静特性和人工失灵区回路

图 2-17(b)所示的是实现上述设想的人工失灵区回路。由图 2-17(b)可见，当人工失灵区回路电源 E 加入后，稳压管 WD_4 使其整流后的直流电压稳定，所以 BG_{10} 获得稳定的且可调的基极电位。因此 BG_{10} 通过由 A 端到 B 端的电路导通时的恒流，其恒流的大小由 BG_{10} 基极电位高低来控制，也就是由 R_{fx} 的可动触头来调节。R_{fx} 可动触头越靠近正电位，BG_{10} 恒流越大。当功率给定输出电压 U_p 不变，系统负荷减小时，机组转速上升并超过图 2-17(a)的 2 点的 Δf_x 值，则导叶关闭，导叶开度反馈电压 U_α 减小，比较电压 $\Delta U=U_\alpha-U_p$ 为负值，在 R_{145} 上呈现负的电压 ΔU_{bp}，同时使二极管 D_{14} 和 D_{15} 承受反相电压而截止(因 a 端为“−”，b 端为“+”)。二极管 D_{13} 和 D_{16} 承受正向电压而导通。因此，恒流从 A 端经 D_{13}、R_{145} 到达 ΔU 的负端，而 ΔU 的正端经 D_{16} 到达 B 端，使 BG_{10} 获得恒流，此恒流经过 R_{145} 时，又使 R_{145} 在原有负电压上($-\Delta U_{bp}=\Delta U-U_{R54}-U_{R145}$)增加了一个恒定的负电压 $R_{145}I_{恒}$，从而进一步减小了关闭信号。因此机组在图 2-17(a)中的1～2段运行，并使失灵区平行移到新的平衡点。

相反，当 U_p 不变，系统负荷增加，转速下降并超过图 2-17(a)的 3 点的 $-\Delta f_x$ 时，则 ΔU 为正值，R_{145} 上呈现正电压，同时使 D_{14}、D_{15} 导通，D_{13}、D_{16} 截止。因此恒流从 A 端经 D_{14} 到 ΔU 的负端，而 ΔU 的正端经 R_{145}、D_{15} 到达 B 端，使 BG_{10} 获得恒流，此恒流经过 R_{145} 时，又使 R_{145} 在原有正电压上增加了一个恒定的正电压，从而进一步减小了开启信号。因此，机组运行在图 2-17(a)中的 3～4 段，并使失灵区平行移动到新的运行点。

在功率给定 P_0 的位置附近，$\Delta U=U_\alpha-U_p=0$，D_{13}～D_{16} 全部导通，恒流一路经 D_{13}、D_{15} 到 B 端，故 A、a、B 三点近似同电位。另一路从 A 端经 D_{14}、D_{16} 到 B 端，故 A、b、B 三点也近似同电位，即 R_{53}、R_{54} 近似被短接。因此，当产生了微小的 ΔU 时，就会很快地几乎全部加在 R_{145} 上。这样，相对于微小的 ΔU 来说，在 R_{145} 上形成了强烈的负反馈，呈现在 P_0 的位置附近有很陡的斜率，即图 2-17(a)中的折线 2～3 段。

由此可见，在 $R_{fx}=0$ 时，BG_{10} 无电流通过，$D_{13\sim16}$ 组成的电桥处于截止状态，不影响 R_{54} 的工作，即永态转差系数不变。此时人工失灵区 $\Delta f_x=0$。当 $R_{fx}\neq0$ 时，BG_{10} 有电流流过，四个二极管处于导通状态，相当于 R_{54}、R_{53} 被短接，从而大大提高了在 R_{145} 上的输出，相当于提高了永态转差系数，达到人工失灵区的目的。调节 R_{fx}，即调节了二极管导通电流的大小，相当于改变了人工失灵区的频率偏差值的失灵范围。

对于目前生产的集成电路电液调速器，为实现调差及人工失灵区的要求，采用如图

2-18 所示的电路，其原理如下。

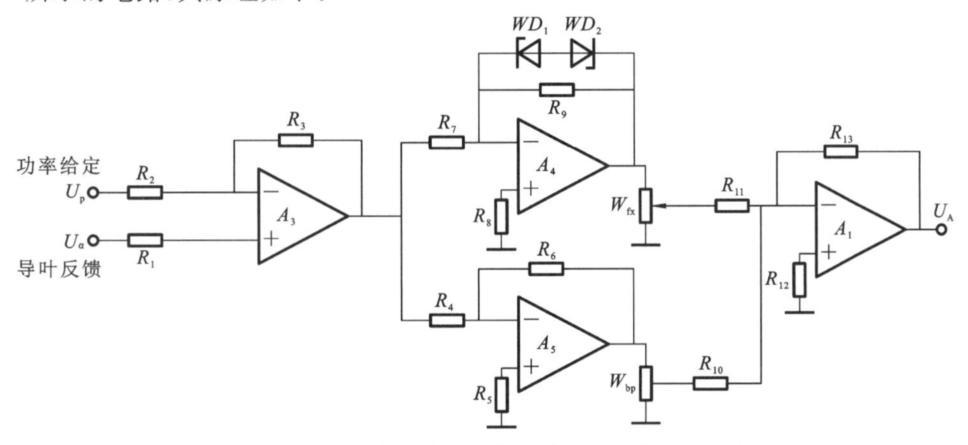

图 2-18　由集成电路组成的调差和人工失灵区回路

从导叶来的反馈电压信号和功率给定信号经反相输入的运算放大器 A_3 进行比较后，被送到反相输入的运算放大器 A_4 和 A_5 中。其中，A_5 和 W_{bp} 等组成了调差回路，其输出电压的大小可由 W_{bp} 进行整定，并被送到综合运算放大器 A_1 中，形成了导叶硬反馈通道。由 A_4、稳压管 WD_1 和 WD_2、电位器 W_{fx} 等组成了人工失灵区回路。此回路实质上是一个运算放大器双向稳压管限幅电路，其输出可由电位器 W_{fx} 进行整定，同样送到综合运算放大器 A_1 中，形成了人工失灵区通道。当使 W_{fx} 的整定值为零时，人工失灵区通道即被切断，$\Delta f_x=0$，机组按图 2-17(a) 中的 AB 直线运行。当 W_{fx} 整定值不等于零时，在频差信号小于人工失灵区的情况下，导叶的反馈电压也很小，由于 A_4 的放大倍数在未达到限幅时是很大的，因而加在 A_1 上抵消频差信号的反馈电压就很大，形成了强烈的负反馈，也就是在 P_0 的附近具有很陡的斜率，即图 2-17(a) 中的折线 2～3 段。但当频差信号大于人工失灵区时，导叶的反馈电压也大，由于稳压管的限幅作用，A_4 输出经分压后为某一恒定电压值，并被加到 A_1 上。也就是说，当频差信号大于人工失灵区时，由导叶所形成的反馈电压除了与调差回路成正比的电压之外，还增加了另一个恒定电压，它们都被加到 A_1 上，用以抵消频差信号，形成了如图 2-17(a) 中的 1～2 段和 3～4 段。

同样，调节 W_{fx}，即改变了人工失灵区的频率偏差失灵范围。

2.4　综合放大与开度限制回路

在水轮机调速器中，为便于控制机组，引进了各种指令信号。例如，为了获得一定的调节规律，有转速偏差信号、硬反馈信号、暂态反馈信号等，这些信号只有经过综合和放大后才能准确而有效地控制导叶。又如，为了限制导叶开度，还引进了开度限制控制信号，此信号也是通过综合放大后去限制导叶开度的。

2.4.1 综合放大回路

1. 信号综合方式及其回路

在机械液压型调速器中，信号综合方式大多是采用一套机械控制系统把各种位移量进行叠加。在电液调速器中，电气信号的综合既简单又灵活，如在DT型电液调速器中，诸交流调节信号和控制信号是通过变压器进行串联叠加的，如图2-19所示。

测频信号、功率给定及永态转差信号、频率给定信号分别经过变压器B_1、B_2、B_3隔离后相串联，并送到相敏整流输入变压器的原边，就实现了诸交流信号的综合，即$\sum U = U_f + U_{bp} + U_{f0}$。$\sum U$经过变压器$B_4$加入相敏整流器，变换成极性与$\sum U$相适应、大小与$\sum U$幅值成正比的信号。

近年来，我国生产的电液调速器大多采用直流信号，信号综合方式有串联和并联两种，图2-20所示的是串联综合回路的典型线路。

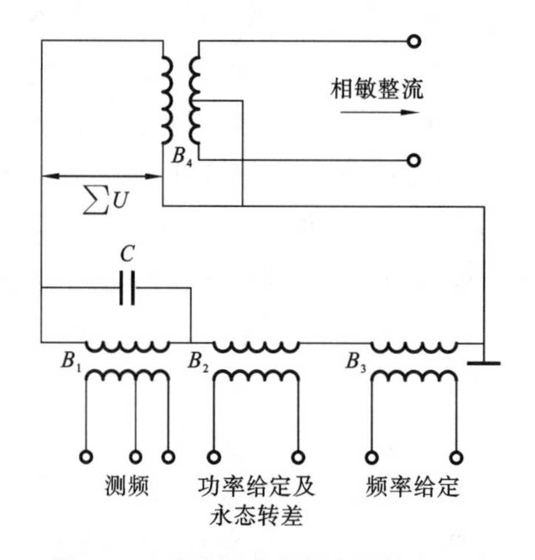

图2-19 交流调节信号串联综合回路

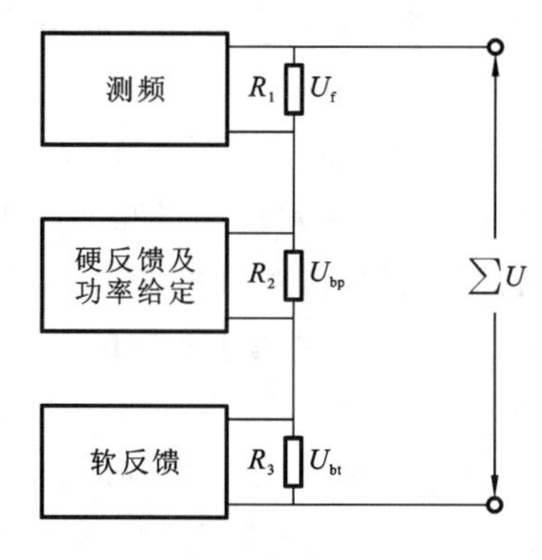

图2-20 串联综合回路

为了消除诸信号源内阻在综合时的不利影响，在各信号的输出端分别并联电阻R_1、R_2、R_3，当这些电阻比放大器的输入阻抗R_{sr}小很多时，综合信号为$\sum U = U_f + U_{bp} + U_{bt}$。

并联综合是利用运算放大器进行加法运算，图2-21所示的是信号并联综合的典型线路。它不仅能综合信号，而且还能对信号进行放大，因此称这个回路为综合放大器。

令$R_1 = R_2 = R_3 = R_0$，则$\sum U = -(U_f + U_{bp} + U_{bt})$。可见综合放大器各通道的放大系数为1，没有放大作用，只有信号综合作用。又令$R_1 = R_2 = R_3 = R$，则$\sum U = -K_A^*(U_f + U_{bp} + U_{bt})$。综合放大器不仅有综合信号的作用，而且还有将信号放大的作用，各通道的放大倍数相同且等于K_A^*，相当于综合再放大。

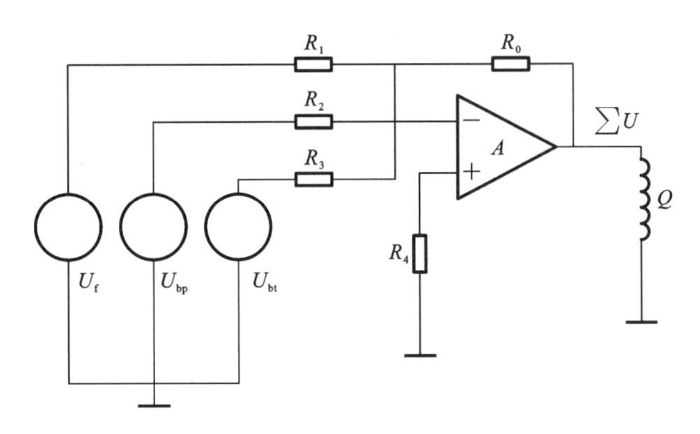

图 2-21　并联综合回路

用运算放大器综合信号，较串联综合方式灵活、方便，备用信号通道多，其诸信号通道的放大系数只取决于反馈电阻 R_0 与输入电阻 R_1、R_2、R_3 的比值，因此较稳定。又由于运算放大器开环电压放大系数大，综合点电位接近于零，故信号间相互影响小，抗干扰能力强。因此，目前新设计的电液调速器大多采用这种信号综合方式。

2. 放大回路

放大回路的作用是将微弱的综合信号放大到足以推动电液转换器工作。我国生产的电液调速器有电子管差动放大器、晶体管差动放大器和集成电路运算放大器等几种形式，这里仅介绍后两种。

为了有效地克服直流放大回路中由于温度变化及电源电压波动可能引起的零点漂移现象，在晶体管电液调速器中普遍采用直流差动放大器，图 2-22 所示的是晶体管差动放大器典型结线原理图。它由 5 个 NPN 型硅三极管组成二级差动放大回路。BG_1、BG_2 组成第一级，BG_3、BG_4 组成第二级，BG_5 为恒流管，其恒流由 WD_2 保证。综合信号以串

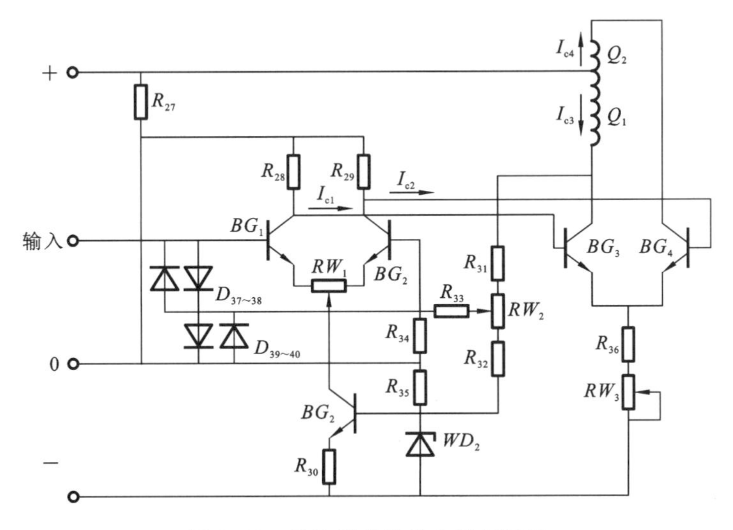

图 2-22　晶体管差动放大器原理图

联综合方式由 BG_1 的基极输入，而 BG_2 的基极接地。

当机组在平衡状态时，综合信号为零。由于差动放大器的两边对称，故放大回路的输出电流 $\Delta I_c = I_{c1} - I_{c2} = 0$，电液转换器活塞处于中间位置，没有信号输出。

当机组转速上升需要关闭导叶时，综合信号为正值，使 BG_1 基极电位升高，集电极电流 I_{c1} 增加，集电极电位降低。同时 BG_1 的发射极电流的增加，使发射极电位升高，也就是 BG_2 基极和发射极之间正向压降减小，BG_2 的基极电流随之减小，因而 BG_2 集电极电流 I_{c2} 也相应减小，集电极电位升高。于是 BG_1 和 BG_2 两集电极之间有电位差送到第二级电路。由于 BG_3 的基极电位降低，故集电极电流 I_{c3} 减小，又由于 BG_4 的基极电位升高，故基极电流 I_{c4} 增加，这样 $\Delta I_c = I_{c3} - I_{c4}$ 为负值，此负值电流输出至电液转换器，使电液转换器向关闭导叶的方向移动。

当机组增负荷，转速下降时，综合信号为负值，其工作过程与上述相反，这时 $\Delta I_c = I_{c3} - I_{c4}$ 为正值，使电液转换器向开启导叶的方向移动。

为了提高回路工作的稳定性，采用了单边负反馈，BG_3 的集电极电压经 R_{31}、RW_2、R_{33} 加至 BG_2 的基极。如前所述，若 BG_1 的基极电位升高时，则 I_{c1} 增加，引起 I_{c2} 减小和 I_{c3} 减小，BG_3 的集电极电位增大，由于反馈电路的存在，使 BG_2 的基极电位增大，也就引起了 I_{c2} 的增加，即减弱了 I_{c2} 的减小，实现了负反馈。

静态时，调整 RW_3 可以调整 BG_3 和 BG_4 的工作点，同时 RW_3 和 R_{36} 起着发射极补偿作用。该理由如下：当综合信号为零时，若温度升高，则 BG_3 和 BG_4 的穿透电流 I_{ce0} 增加，引起两管的发射极电流 I_e 和集电极电流 I_c 都增加，而当 I_e 增加时，则在 RW_3 和 R_{36} 上的压降增加，也就是说，加在两管发射极和基极之间的正向电压减小，两管的基极电流 I_b 减小，I_c 也减小。这样，就使两管的 I_c 不变，从而改善了零点漂移。当综合信号不为零时，因一管电流增加，另一管电流减小，则流经 RW_3 和 R_{36} 上的总电流不变，故不会对有用信号产生负反馈。

在第一级回路中，BG_3、R_{36} 和 RW_1 同时起着发射极补偿作用，只不过由于 BG_3 既能有很高的交流阻抗，又能有很低的直流电阻，所以进一步限制了 I_e 的变化，而对固定的 I_E 则电阻很小。同时，BG_3 的基极电位由稳压二极管 DW_2 固定，更加有效地改善了零点漂移现象。

硅二极管 $D_{37\sim40}$ 主要是用来防止过高的信号电压将 $BG_{1\sim4}$ 击穿，RW_1 则用来调整两管的电流分配，即两管的平衡。放大回路的电源是两组独立的稳压电源。

上述这种晶体管差动放大器，无论在抗干扰能力方面，在电压、温度漂移方面，在线性度方面，还是在备用通道方面都不及集成电路运算放大器。因此，在电液调速器中采用集成电路运算放大器已成为技术发展的必然趋势。

图 2-23 所示的是集成电路运算放大器的原理结线图，它和图 2-21 比较起来只是在放大器的输出端增加了互补射极跟随器，有着提高放大器的输出功率的用途。由于电液转换器的工作线圈并接于放大器的输出端，因而电液转换器的输入电压与放大器的输出电压成比例。

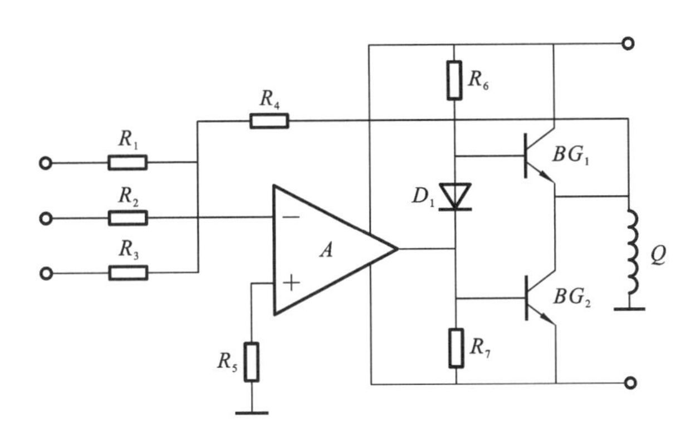

图 2-23　集成电路运算放大器原理图

2.4.2　开度限制回路

目前国产的电液调速器，对于限制开度来说，虽然大多数仍保留了机械开度限制机构，但是电气开度限制回路也被一些电站所采用，实践证明其性能良好、可靠。

图 2-24 所示的是开度限制回路的结线图。集成运算放大器 A_2 是作为综合放大器来使用的，它的输入端接入有测频微分、软反馈、硬反馈等回路的信号，经综合放大器后由 A_2 输出。当 A_2 输出为正信号时，相应是关闭导叶的信号；当 A_2 输出为负信号时，相应是开启导叶的信号。

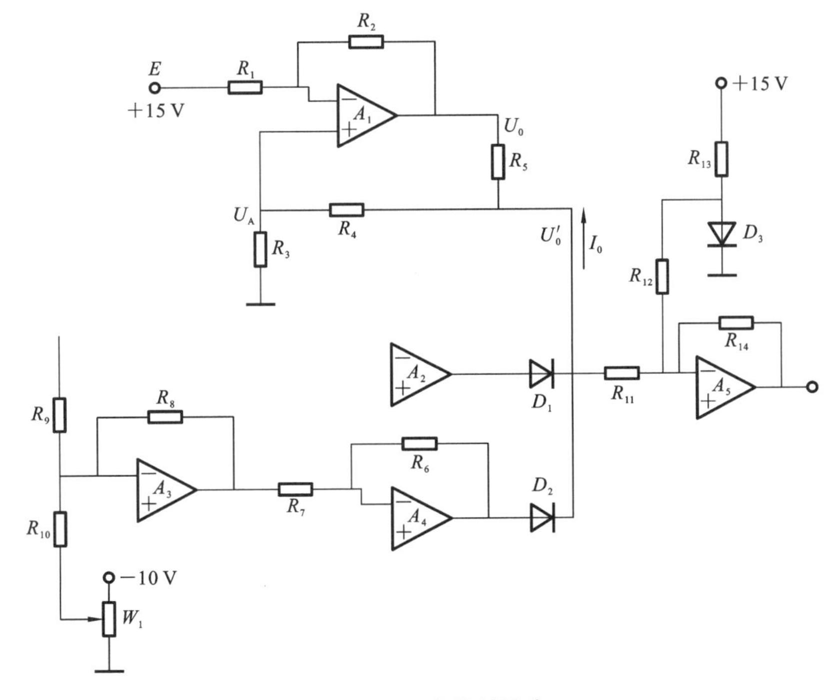

图 2-24　开度限制回路

A_2、A_4 等组成开度限制指令回路，通过综合放大器 A_5 来控制电液转换器。在 A_3 的输入端通过 R_9 输入的是实际导叶开度信号，在导叶开度为零时电压为 0 V，在导叶全开时信号电压为 10 V。同时，R_{10} 输入的是开度限制整定值，它通过电位器 W_1 进行调整，当开度限制调到零时，信号电压为 0 V；当开度限制调到全开时，信号电压为 −10 V。因此，当开度限制整定值大于实际开度时，A_3 的输入电压为负信号，电压输出为正电压，A_4 输出为负电压；当开度限制整定值与实际开度相等时，A_3、A_4 输出为零；当实际开度大于开度限制整定值时，A_3 输出为负电压，而 A_4 输出为正电压，此正电压相当于关闭导叶的指令。

二极管 D_1、D_2 组成一个“或门”，以控制从 A_2 与 A_4 来的信号哪一个通过，当实际开度小于开度限制整定值时，A_4 输出为负电压。因此，D_1 将允许 A_2 过来的开启指令、关闭指令、零信号通过，也就是可以关闭导叶、开启导叶，或者取决于平衡状态，即开度限制指令回路对由 A_2 来的信号没有任何影响。当实际开度等于开度限制整定值时，A_4 输出为零信号，此时，若 A_2 输出正信号，即关闭导叶的信号，则 D_1 将允许信号通过；若 A_2 也输出零信号，则导叶的信号不开也不关；若 A_2 输出负信号，即开启导叶的信号，由于 D_1 承受反向电压，所以负信号不能通过。也就是说，此时开度限制回路只允许关闭导叶而不允许开启导叶。

当手动操作开度限制整定电位器 W_1 使整定值减小时，则 A_4 输出正信号，即关闭指令，D_2 将允许此信号通过，于是关闭导叶。

为了消除二极管 D_1、D_2 的影响，还设有 D_3 及电阻组成的补偿电路和由 A_1 等组成的恒流电路。

当 A_4 输出为负值、A_2 输出为零时，相应的调节系统处于平衡状态，但由于二极管 D_1 有一个正向压降，故在 A_5 的输出端不是零，而是一个负电压。为了抵消这个负电压的影响，设置了补偿电路，由 D_3、R_{13} 组成。+15 V 的电压经 D_3 和 R_{13} 分压，得到一个相当于二极管正向压降的电压，此电压经 R_{12} 送到 A_5 上，以抵消由 D_1 或 D_2 过来的一个相当于二极管正向压降的负电压。

但是，由于二极管正向特性是一条曲线，因而二极管的正向压降与所通过的电流有关，若信号电流不是恒定值，则正向压降也不是恒定值，这就使信号的传递失真了。特别是当信号接近于零时，二极管的工作不明确，这就可能使开度限不住。因此，为了保证 A_2 和 A_4 出来的信号能准确无误地传递到 A_5 的输入端，设置了恒流电路，从而使二极管的正向压降比较固定，这样，即使是很小的信号也能正确传递。恒流电路如图 2-24 中的 A_1 等元件组成的电路，其工作原理是：设电路处在某一工作状态，A_1 输出为 U_0，而信号连接线上有信号电压 U'_0，则流过 R_5 上的电流 I_0 就恒定。如果信号电压增加了，若 U_0 不变，则 I_0 就会增加。由于电路中设置了 R_4 和 R_3，并将 U'_0 分压后送至 A_1 同相输入端的电路，故当 U'_0 增加时，U_0 亦增加。这样就可保持 I_0 不变，因而实现了恒流，保证了二极管正向压降的恒定。同时，为了电路工作稳定，还设置了负反馈，而且还在反相输入端从正电源引入一个类似偏置的电压信号。

2.5　电气协联装置

在机械液压型双调节调速器中，协联调节部分由机械协联装置和机械液压随动系统两个部分组成。在电气液压型双调节调速器中，大多数仍然保留了上述机械协联调节部分，而近期投入运行的和新设计的装置则采用电气协联代替了机械协联。电气协联可以是模拟电路式电气协联，也可以是数字电路式电气协联，前者简称为模拟电气协联，后者简称为数字电气协联。下面仅针对模拟电气协联装置进行详细介绍。

以转桨式水轮机调速器为例，模拟电气协联装置由协联函数发生器、电气液压随动系统和水头自动装置等三个部分组成。原理方块图如图 2-25 所示，其各部分的工作原理如下。

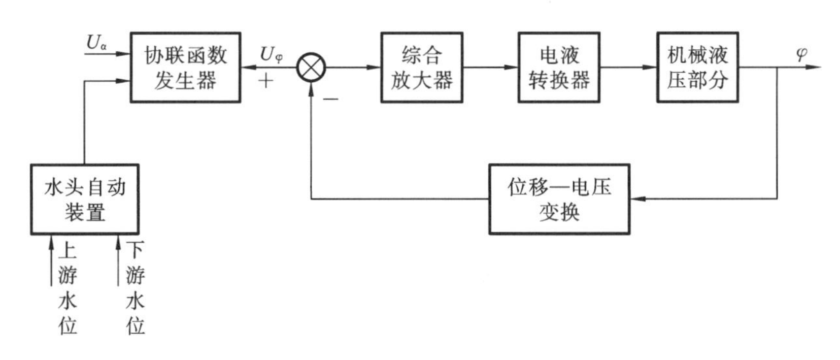

图 2-25　模拟电气协联装置原理简图

1. 协联函数发生器

转桨式水轮机的协联函数是具有两个自变量的函数 $\varphi=f(a,H)$，其中 φ 为桨叶转角，a 为导叶开度，H 为水头。它描述了桨叶、导叶和水头三者之间的关系，此关系可以用 φ、a、H 的三维空间的一个曲面来表示。在机械协联的双调节调速器中，协联函数是用立体凸轮的空间曲面来实现的。在电气协联的双调节调速器中，协联函数则是用模拟电路或数字电路来实现的。一般说来，我们在习惯上把模拟电路的称为协联函数发生器，把数字电路的称为数字协联。

用协联函数发生器模拟空间的设计思想是分片近似，即用许多形状简单的小曲面来近似空间曲面，小曲面越多，模拟的精度就越高。每一个小曲面是以两个单变量函数所描述的两条曲线作为边界，用插值法形成的。因此，首先应对单变量函数进行分析处理和模拟，在此基础上再来研究协联函数发生器。

图 2-26(a)所示的是在水头 H 下导叶开度 a 与桨叶转角 φ 的关系曲线，其函数表达式为 $\varphi_H=f(a)$。图 2-26(b)所示的是其反函数 $a_H=F(\varphi)$，二者均为单变量函数且是连续单调的。

由于此单变量函数一般是一条曲线，通常采用分段线性近似法，用折线来逼近曲线，

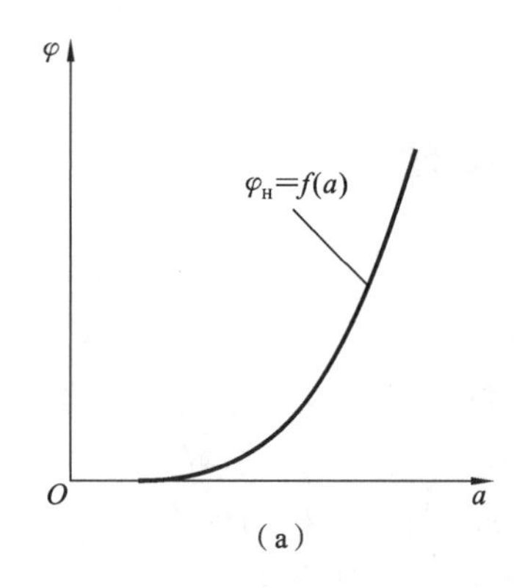

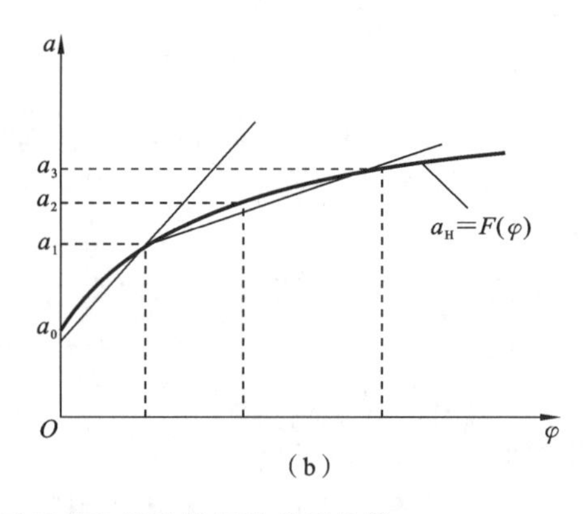

图 2-26 在恒定水头下导叶开度与桨叶转角的关系曲线

分段数越多，逼近的精度就越高。以 $a_H=F(\varphi)$ 曲线为例，用折线逼近曲线时，其折线的数学表达式为

$$a_H=a_0+b_1\varphi+\sum_{i=1}^{n}(b_i-b_{i-1})(\varphi_i-\varphi_{i-1}) \tag{2-57}$$

式中：b_i 为第 i 段折线的斜率；n 为分段数，视曲线情况而定。当曲线 $a_H=F(\varphi)$ 为已知时，分段数确定后，其分段折线的斜率也就相应确定了。

由此可见，用若干折线来代替曲线后，其数学表达式是一般的线性代数表达式，它可以借用模拟电路方便地予以实现。

在模拟电路中，诸变量用电量来表示，相应地模拟电路输出量的表达式为

$$U_{a_H}=U_{a_0}+B_1U_\varphi+\sum_{i=1}^{n}B_i(U_{\varphi_i}-U_{\varphi_{i-1}}) \tag{2-58}$$

$$B_i=\begin{cases}0 & U_{\varphi_i}\leqslant U_{\varphi_{i-1}}\\ 常数 & U_{\varphi_i}>U_{\varphi_{i-1}}\end{cases}$$

按式(2-58)构成的单变量函数模拟电路如图 2-27 所示。

式(2-58)的第一项由电位器 W_0 的衰减系数 ζ、运算放大器相应通道的放大系数 K_0 和电源电压 E_0 所决定。式(2-58)的第二项中，B_1 取决于 W_1 的衰减系数 ζ_1 和运算放大器相应通道的放大系数。式(2-58)的第三项中，$B_2(U_\varphi-U_{\varphi_1})$ 由 W_2、D_2、W_{12}、R_2 组成的单元电路来模拟。电压 E_u 经 W_2 分压得到 U_{φ_1}，将输入电压 U_φ 与 U_{φ_1} 相比较，W_2 中间抽头输出即为 $(U_\varphi-U_{\varphi_1})$，$D_2$ 的单向导通的非线性保证了该单元回路传递系数具有下列形式：

$$B_2=\begin{cases}0 & U_\varphi\leqslant U_{\varphi_1}\\ \zeta_2K_2 & U_\varphi>U_{\varphi_1}\end{cases} \tag{2-59}$$

式中：ζ_2 为 W_{12} 的衰减系数；K_2 为运算放大器相应通道的放大系数，B_2 在 $\varphi>\varphi_1$ 时，乃是协联曲线上第 2 段折线与第 1 段折线斜率之差。

其他各项的模拟可类推。但需注意：如果 B_i 在 $\varphi>\varphi_{i-1}$ 时为负值，则单元电路应接入运算放大器 A 的同相端子(如第 2、3、4 单元电路)；如果 B 在 $\varphi>\varphi_{i-1}$ 时为正值，则该单元电路应接入运算放大器 A 的反相端子(如第 5 单元电路)，以保证各项具有正确的符号。

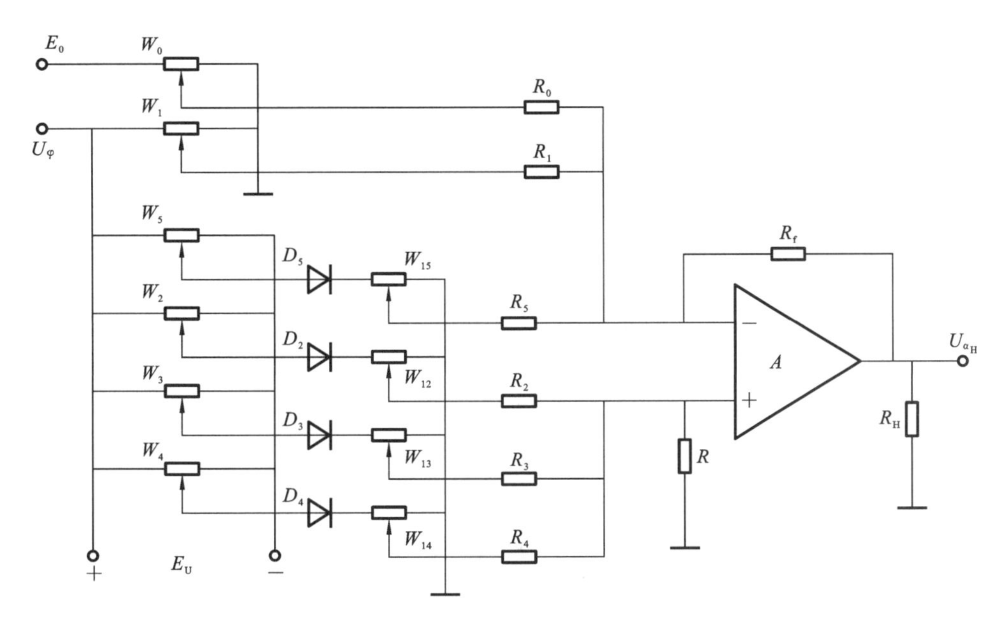

图 2-27　单变量函数模拟电路

综上所述，图 2-27 所示的典型电路，其输出与输入正确地表达了式(2-58)的函数关系。唯一的差别是由于运算放大器的反相作用，使得其输出和输入相差一个负号，但这对所模拟的曲线形状毫无影响，如果需要，改变符号也是很容易的。

图 2-27 中的单变量函数模拟电路同样也可用来模拟曲线 $\varphi_H = f(a)$，该曲线可写出与式(2-58)类似的数学表达式，但其前两项为零，故模拟这两项的单元电路可不用。

有了上述单变量函数及其反函数的模拟电路作为基础，再考虑水头的影响，就可以构成所谓协联函数发生器。协联函数发生器可以采用对协联函数的反函数 $U'_a = (U_\varphi, h)$ 按水头分片近似法，还可以采用对协联函数按水头线性衰减法、按水头非线性插值法和按水头分片平移法等等。这里仅介绍第一种方法。

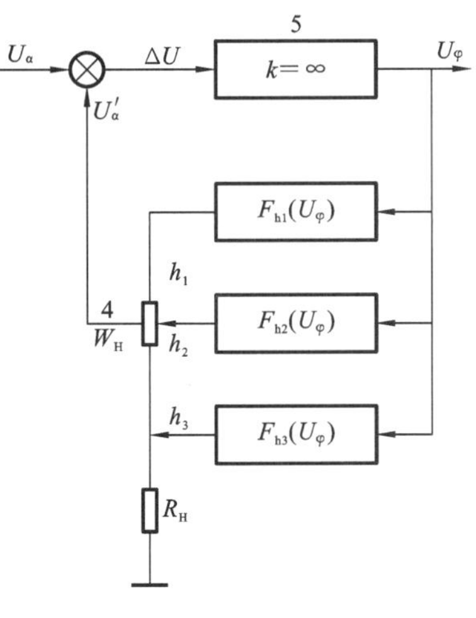

图 2-28　按水头分片近似的协联函数发生器原理图

如图 2-28 所示，1、2、3 分别是水头为 h_1、h_2、h_3 时单变量函数 $U'_a = F_h(U_\varphi)$ 的模拟电路，它们的输出电压分别接在水头电位器 W_H 相应水头的抽头上。当这些模拟电路的内阻远小于水头电位器 W_H 的阻值时，模拟电路 1、2、3 的输出互不影响。因此，水头电位器从 h_1 到 h_2 之间的电位是从 $F_{h1}(U_\varphi)$ 到 $F_{h2}(U_\varphi)$ 呈线性变化的，形成了以 $F_{h1}(U_\varphi)$ 和 $F_{h2}(U_\varphi)$ 为边界按线性插值的一个小曲面。同样，水头电位器上从 h_2 到 h_3 的电位模拟了以 $F_{h2}(U_\varphi)$ 和 $F_{h3}(U_\varphi)$ 为边界按线性插值的另一小曲面，这两片小曲面靠有抽头的水头电位器 4“缝合”在一起，构成了反函数 $U'_a = (U_\varphi, h)$ 所描述的曲面。

将由1、2、3和4组成的反函数发生器作为反馈元件，串联在放大器5的反馈回路中，当U_φ在放大器的线性范围内且放大器5的放大倍数足够大时，ΔU将趋近于零。当U_a变化时，U_φ必相应的变化，直到由U_φ产生的U'_a和U_a相等为止。这样闭环回路的输入U_a与输出U_φ之间的关系就近似模拟了协联函数$U_a=F(U_\varphi,h)$，达到了将反函数反演为协联函数的目的。

此外在协联函数发生器中还设有启动桨叶转角回路，使得当$U_a=0$时输出相应的U_φ，使桨叶开至启动转角。

由于一般协联函数在相同的φ角时，a与H的关系较同一a下φ与H的关系更接近于线性，因而对反函数$U'_a=F(U_\varphi,h)$按水头分片近似法构成的协联函数可以用较少的小曲面达到预定的精度，其不仅通用性强，而且电路较简单，调整也较方便，是一个较为理想和实用的方案。

2. 电气液压随动系统

电气液压随动系统的任务，是将协联函数发生器送来的信号U_φ按某一模拟比k推动桨叶转动，故这个系统的输出量φ是按$1/k$的比例随动于输入信号U_φ。

下面以JST-100型集成电路双调节调速器的电气液压随动系统为例来说明其工作原理。

该电气液压随动系统由综合放大器、电液转换器、调节杠杆、引导阀、辅助接力器、主配压阀、桨叶接力器和反馈机构等组成，其原理方块图如图2-29所示。

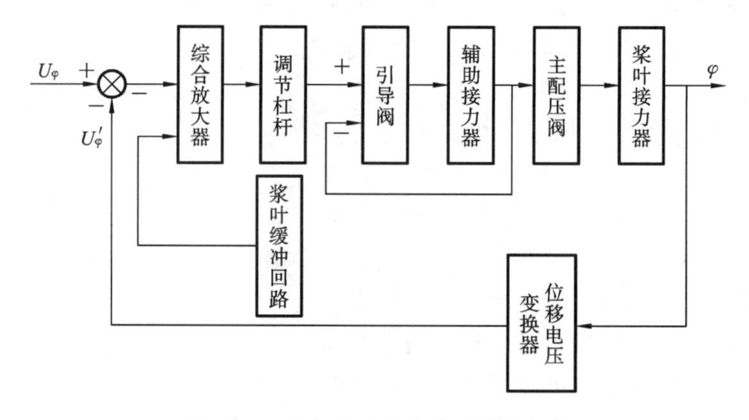

图2-29 电气液压型随动系统原理图

从协联函数发生器来的信号U_φ与桨叶信号U'_φ在综合放大器进行比较，其差值经放大后控制电液转换器，经过调节杠杆、引导阀、辅助接力器、主配压阀和桨叶接力器操纵桨叶转动，直到这两个信号相等为止。因此，保证了U'_φ跟随U_φ。这样，由协联函数发生器和电液随动系统便实现了桨叶和导叶间的协联函数关系。桨叶缓冲回路的作用是改变桨叶的运动规律和速度，以满足不同工况的要求。

3. 水头自动装置

由于协联函数发生器中的水头信号是以水头电位器的转角或直流电压两种形式引入的，所以在电气协联中容易实现水头自动调节。

目前,电站水头测量大多是机械转角输出,如 UYF-2 型水位发讯器和 XBC-2 型水位差接收器。当在协联函数发生器中水头信号以水头电位器的转角引入时,按水位差计与水头电位器的联结方式,水头自动装置有直接联结和间接联结两种。

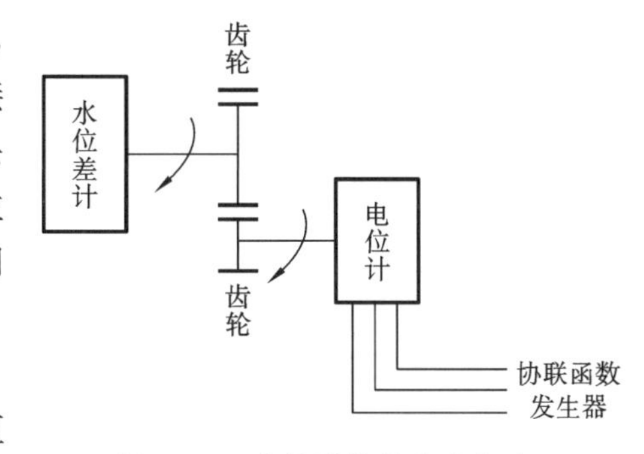

图 2-30　直接联结的水头自动装置原理示意图

1）直接联结的水头自动装置

将水位差计的输出转角经齿轮变速后,直接带动水头电位器转动,如图 2-30 所示。

这种方法十分简单,但当水位差计因波浪影响而波动时,水头信号也将随着波动,以致影响调速器的工作。为消除这种不利影响,应在水位发送器的浮子端采取机械滤波措施。

2）间接联结的水头自动装置

间接联结的水头自动装置是一个小功率随动系统,如图 2-31 所示。水头差发送电位器 W'_H 和电位器 W''_H 组成角差测量桥,角差信号 ΔU 经综合放大器后驱动伺服电机,从而带动水头电位器转动,一直到水头电位器的转角 θ_H 与水头差发送电位器的转角 θ_M 相等时为止。这样就实现了水头的自动调节,为使随动系统具有滤波特性以消除水位波动的影响,在随动系统中引入了输出轴的微分负反馈,因而这种联结方式不要求在水位发送器的浮子端采取机械滤波措施。

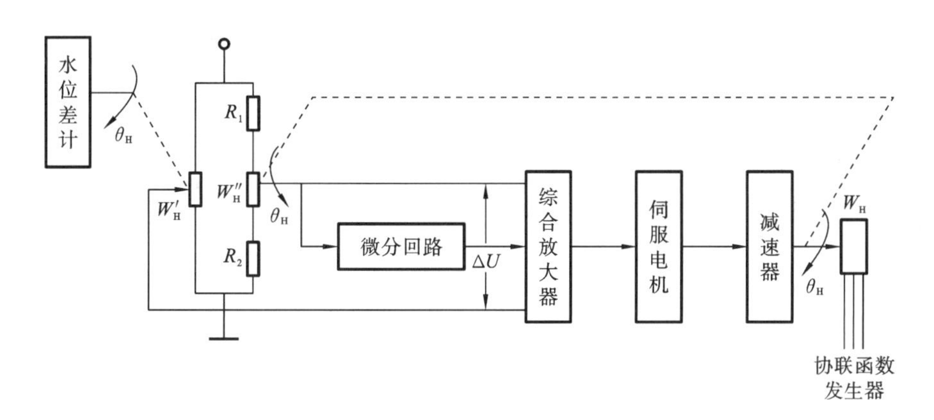

图 2-31　间接联结的水头自动装置原理示意图

2.6　电液转换器

电液转换器是电液调速器中联结电气部分和机械液压部分的一个关键元件,它的作用是将电气部分输出的综合电气信号,转换成具有一定操作力和位移量的机械位移信号，或转换为具有一定压力的流量信号。电液转换器由电气—位移转换部分和液压放大两部分组成。电气—位移转换部分，按其工作原理可分为动圈式和动铁式。液压放大部分，按其结构特点可分为控制套式、喷嘴挡板式和滑阀式，前者又因为工作活塞形式不同分为差压式和等压式。目前，国内采用较多的是由动圈式电气—位移转换部分和控制套式液压放大部分所组成的差动式和等压式电液转换器，它们都是输出位移量。与差压式相比，等压式电液转换器的灵敏度稍高，机械零位漂移也较小，但耗油量较大。对于具有动铁式电气—位移转换部分和喷嘴挡板式液压部分的电液转换器，其输出为具有一定压力的流量信号，它具有良好的动态性能，不需要通过杠杆、引导阀等而直接控制进入辅助接力器的流量。但它制造较困难，对油质要求较高，问题较多，故采用较少。对于具有动圈式电气—位移转换部分和滑阀式液压部分的电液转换器，即称为电液伺服阀。它也是输出具有一定压力的流量信号，比起前两者来说，其突出优点是不易发卡，安装调整比较方便，经运行实践表明，其性能优良，是今后广为采用的形式之一。最近我国研制的环喷式电液转换器，具有较好的抗污性能，不易发卡，将会被广泛应用。

为了说明电液转换器的工作原理，以图 2-32 所示的差动式电液转换器为例加以介绍。

永久磁钢 6 与铁芯 5、极掌 7 组成一个磁路，在铁芯 5 下部与永久磁钢 6 之间有环形的空气隙，宽度为 4 mm，永久磁钢 6 在气隙中造成一定的磁场。在环形空气隙内有一组线圈 8，包括三个线圈，即两只工作线圈，一只振动线圈。线圈、线圈架和控制套 2 都由十字弹簧 1 支承。当线圈内有电流流过时，磁场对带流导体产生一个垂直于磁场方向的力，此力将克服十字弹簧的弹力，驱使线圈 8 连同控制套 2 等零件一起上下移动，电流越大，力越大，位移也越大。力的方向取决于电流的方向，由于两线圈差接，因此移动力取决于两只线圈内的电流差。

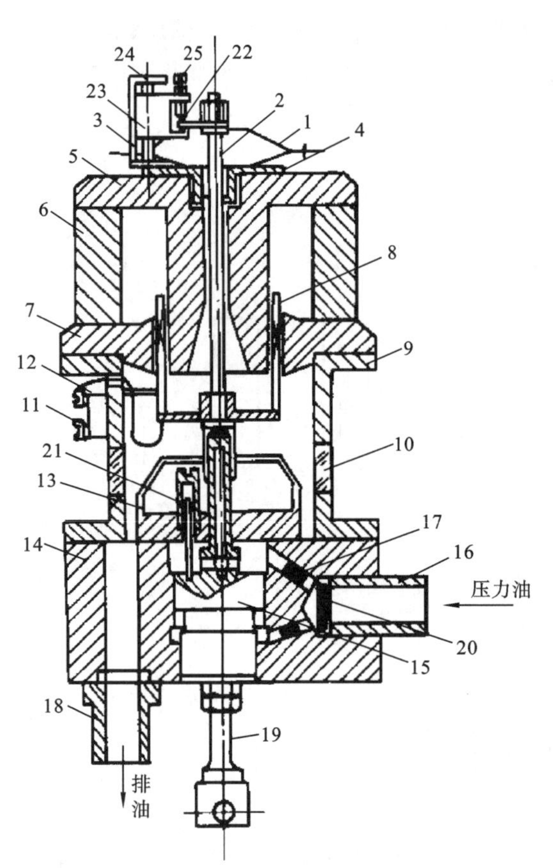

图 2-32　差动式电液转换器结构原理图

控制套 2 控制了差动活塞 15 的运动。差动活塞 15 的上下受压面积不等，上面大而下面小。压力油经过节流塞进入差动活塞的上下腔，上腔压力油可通过活塞杆内的径向孔、轴向孔，由活塞中部的径向孔排出，此孔口直径为 1.8 mm，它的开度受控制套 2 的控制。若控制套上移，则孔口开度加大，油的流量增多，在节流塞上的流速加大，油压损失大，因而活塞上腔的压力降低，在下腔恒定压力的作用下，活塞上移，直到某一位移时，作用在活塞上的合力等于零为止，即活塞处于平衡状态。若控制套下移，孔口开度减小，活塞上腔油压增大，使活塞下移至某一开度为止。

这样电液转换器把差电流的方向和大小，转换为差动活塞的上下位移，此位移力由于经过了液压放大，可达 500～600 N。

此外，为了减少摩擦力，使电液转换器的灵敏度减小，在控制套与活塞杆之间采取了液压定位的方法，即在活塞杆上部有四只 0.5 mm 直径的径向孔，压力油从中喷出，使控制套和活塞杆之间保持较均匀的间隙。同时，在振动线圈中通以交流电，使线圈产生振动，控制套也随着振动，可以防止控制套被卡住。

限位器 3 的作用是保证控制套 2 的行程在一定的范围之内，以免引起过调现象。定位销 21 的作用是防止活塞 15 转动，以免卡塞。挡油罩 13 的作用是防止从活塞杆上部的径向孔排出的压力油直接喷溅到线圈 8 上，以免损坏线圈。上节流塞 17 的作用是用来调节活塞上腔的油压，下节流塞的作用是防止刚给油压时活塞猛然向上冲动，以免损坏线圈的引出线 12 和十字弹簧 1 的变形。

应指出的是，电液转换器控制套和活塞杆的同心度调整须十分小心，以免造成电液转换器的卡阻而引起机组负荷的突增、突减。同时，对油质也要给以足够的重视，因为它也是产生卡阻的因素之一。

上述这种电液转换器由于在实际运行中容易发卡、引出线折断等，造成电站的运行故障因而近年来在水电站上开始使用如图 2-33 所示的电液转换元件，又称电液伺服阀。该电液伺服阀具有频带宽、时间常数小、不易发卡、调整方便等特点，但它对油质的要求比较严格。

电液伺服阀由磁钢 1、工作线圈 2、一级阀芯 3、二级阀芯 5、阀套 7 和阀体 8 等组成。当从综合放大器输出到工作线圈的电流为零时，一级阀芯处在中间位置，使上、下控制窗口过流面积相等，因而二级阀芯亦处在中间位置，切断了来自 P 腔的压力油和与辅助接力器相通的 B 腔(当然也可根据需要用 A 腔)的油路，也切断了 B 腔和排油腔相通的 O 腔的油路，故不会使接力器产生运动。

当工作线圈为正电流时，如使一级阀芯上移，下控制窗口的过流面积减小，上控制窗口的过流面积增大，则二级阀芯上部油压小而下部油压大，使二级阀芯向上运动，故可使压力油自 P 腔通过 B 腔进入辅助接力器，使接力器产生关闭导叶的运动。

当工作线圈为负电流时，情况恰好相反，此时辅助接力器中的油通过 B 腔再从 O 腔排出，使接力器产生开启导叶的运动。

由此可见，此电液伺服阀以电的信号作为输入，而以具有一定压力的流量信号作为输出。因而可以认为：二级阀芯的运动与所介绍过的差动式电液转换器活塞的运动具有完全相同的形式。而二级阀芯同时又起了引导阀的作用，把它放到下一级液压放大元件中加以考虑就行了，这样就无需详细地对电液伺服阀进行分析。

此电液伺服阀工作线圈的最大工作电流为±300 mA，是上述电液转换器的 30 倍，因而线径较粗，不易断裂，具有较大的工作力，从而避免经常发卡，但对油质要求较高。同时，此电液伺服阀的工作油压可以用在 8 MPa，这对于提高电站油压水平也是有利的。

至于环喷式电液转换器，同样是由电气—位移转换部分和液压放大部分组成，如图 2-34

所示。当工作线圈加入上部线圈控制套后，该电流和磁场相互作用产生了电磁力，该线圈连同阀杆产生位移，其位移值取决于输入电流的大小和组合弹簧的刚度。而随动于线圈和阀杆的具有球铰结构的控制套控制着等压活塞上端伸出杆上的锯齿上环和下环的压力，上环和下环则分别连通等压活塞的下腔和上腔。当控制套不动时，等压活塞自动的稳定在某一平衡位置，在忽略其他因素影响时，则此时上环和下环压力相等，二者的环形喷油间隙也相同。

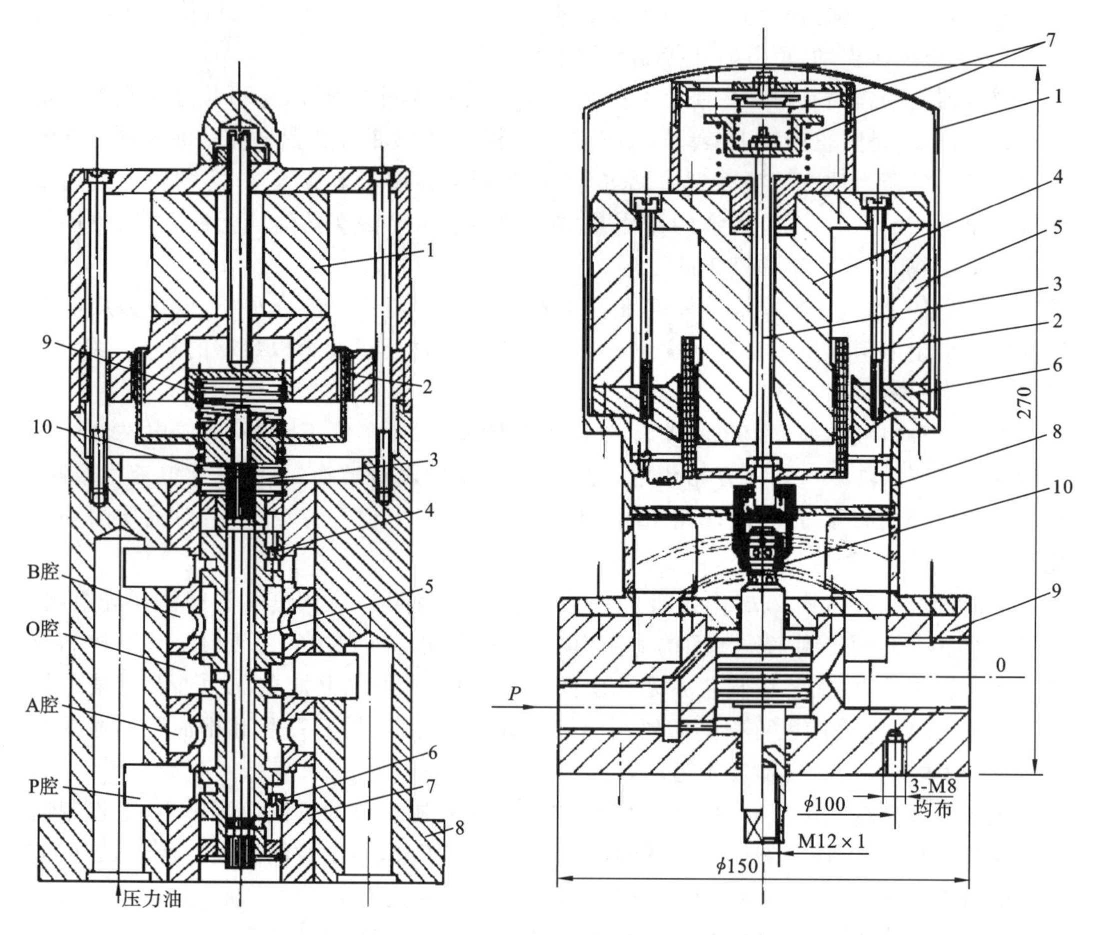

图 2-33　电液伺服阀结构原理图

图 2-34　HDY-S 型环喷式电液转换器结构简图

当控制套随线圈上移时，引起上环喷油间隙减小，下环喷油间隙增大，则等压活塞下腔油压增大而上腔油压减小，故等压活塞随之上移至新的平衡位置，即上、下环压力相等时的位置。同理，控制套随线圈下移，也会导致等压活塞下移，即等压活塞随动于控制套。

因而该环喷式电液转换器的特点是：喷射部分是由锯齿形的上环、下环及控制套组成，只要油流通过喷射部分，喷射部分立即产生较强的自动调心的作用力，迫使其具有球铰结构的控制套随上、下环自动定心，从而防止发卡，故该电液转换器具有较好的抗污能力，无需调整。同时，油流通过喷射部分时能使控制套不停的自动旋转，即使在振动电流消失的情况下，它也能正常运行，从而提高了可靠性，因而该电液转换器具有广泛应用的前景。

2.7 课后习题

1. 测频微分回路有什么作用？如何改变其微分时间常数？写出其传递函数。
2. 设置校正回路的目的是什么？有哪些方法实现？
3. 结合图 2-17(a)说明人工失灵区回路的工作原理。
4. 比较机械液压型调速器和电气液压型调速器在信号综合方面的区别。
5. 电气协联装置由哪几部分组成？各部分是如何工作的？
6. 电液转换器的作用是什么？其输入、输出信号是什么？

第3章

水轮机微机控制技术

水轮机调速器除了承担机组频率调节的基本任务之外，还担负着多种控制功能，如机组正常开机，适应电网负荷的增减，正常停机或紧急停机等工作。因此，其工作性能的好坏直接影响着水轮发电机组乃至整个电力系统能否安全可靠地运行。随着现代电力系统规模的不断扩大，电力用户对电能质量的要求不断提高，机械液压型调速器和以前的模拟式电液调速器已经难以胜任机组稳定运行的需要。目前，我国水电站已广泛使用微机调速器。

微机调速器的系统结构与传统的机械液压型调速器和模拟电气液压型调速器有了较大的改进。从微机调速器核心控制单元看，经历了单板机型、MCU（单片机）型、STD/IPC（工控机）型以及PLC/PCC（可编程序控制器）型等；从微机调速器电液转换元件看，也经历了从专门设计的控制套式电液转换器、双锥式电液转换器、环喷式电液转换器、力反馈式电液转换器，到利用通用标准电液元件的阶段，如步进电机/伺服电机、电液比例伺服阀、电磁换向阀。目前大量生产并广泛应用的微机调速器大多为电机式或比例伺服阀式、PLC/PCC型。

微机调速器与机械液压型调速器、模拟电气液压调速器相比具有以下一些明显优点。

(1) 微机硬件系统集成度高、体积小、可靠性高，产品设计、制造、安装、调试、调整和维护方便。

(2) 机组开、停机规律可以方便地靠软件实现。停机过程可根据调节保证计算要求，灵活地实现折线关闭规律；开机过程可根据机组增速及引水系统最大压降的具体要求设定。并网时，除测频功能还具有测相位功能，配有自动诊断、防错功能，抗干扰能力强。测频精度高，转速死区小，增诚负荷稳定迅速。

(3) 调节规律采用软件实现。不仅可实现PI、PID控制，还可以实现前馈控制、顶测控制和自适应控制等，从而保证水轮机调节系统具有优良的静态和动态特性。

(4) 便于与电厂中控室或电力系统中心调度所的上位机相连接，可以在机旁通过键盘进行频给、功给、开限等参数的给定，也可在中控室进行开机、停机、发电与调相工况切换，还可在中控室进行功给、额给、开限等参数的增减操作，从而大大地提高水电厂的综合自动化水平。

3.1　微机调速器的结构与原理

3.1.1　一般计算机控制系统的结构

典型的计算机控制系统的构成如图3-1所示。计算机控制系统由生产过程(被控对象)、检测元件、执行机构和计算机系统构成。生产过程、检测元件、执行机构组成了广义的被控对象。而计算机系统则可分为硬件和软件两大部分。

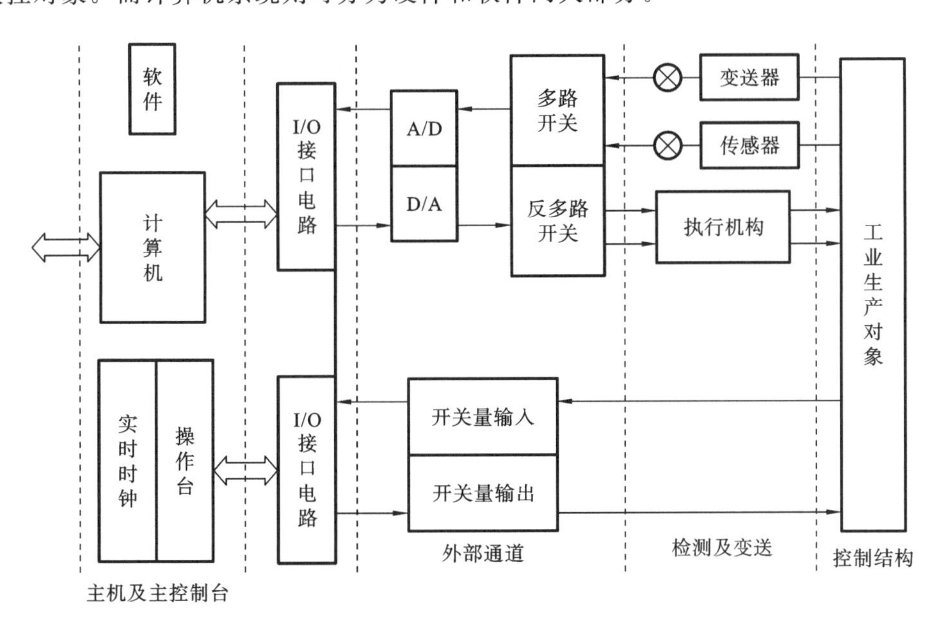

图3-1　典型计算机控制系统组成框图

1. 计算机控制系统的硬件

一台计算机基本的控制系统的硬件主要包括：微处理器、存储器(RAM、ROM)数字I/O接口通道、A/D和D/A转换器接口通道、人机接口设备(如键盘和显示器)、通信网络接口以及供电电源等。它们通过微处理器的系统总线(地址总线、数据总线和控制总线)构成一个完整的系统。

(1) 计算机主机。主机是计算机控制系统的主体。主机由CPU和存储器构成。它的主要功能是完成程序的存储和执行。它根据外围设备送来的反映生产过程的有关参数,如温度、压力、流量、位移和转速等,按照人们预先规定的控制算法以及操作人员通过人机联系设备送来的控制信息,自动进行分析、运算与判断,然后通过外围设备发出控制命令,传送给执行机构,实现对生产过程的控制。主机是微型计算机控制系统最重要的组成部分,它的选用将直接影响到系统的功能及接口电路的设计。

(2) 人机联系设备。图 3-1 中的操作台称为人机联系设备。操作人员可通过操作台向计算机输入和修改控制参数,发出各种操作命令;计算机则通过操作台向操作人员显示系统运行状态,发出报警信息。人机联系设备一般包括:控制开关、数字键、功能键(如复位键、启动键、打印键、显示键等)、指示灯、声讯器、数字显示器(如 CRT、LED 或 LCD)等。在有些系统中,还配置了计算机的通用外设作为人机接口设备,如打印机、记录仪、硬盘或图形显示器(CRT)等。

(3) I/O 通道。I/O 通道又称为过程输入输出设备。它包括模拟量输入(AI)、模拟量输出(AO)、开关量输入(DI)和开关量输出(DO)。I/O 接口是主机与被控制对象或外设进行信息交换的桥梁。过程输入输出设备通过 I/O 接口电路与主机系统相连接。

(4) 传感器及执行机构。要使输入输出设备与被控对象发生联系,还必须有测量装置和执行机构。测量装置由检测元件传感器和调理电路组成,用于对生产过程的各种数据进行采集;执行机构将计算机输出的控制量以适当形式作用于被控对象。测量装置和执行机构以及仪表在工业上统称为工业自动化仪表。从计算控制系统的角度来看,计算机控制系统的硬件还应包括工业自动化仪表。但从计算机本身及其通用性的狭义的角度来看,计算机控制系统的硬件是指主机系统和外围设备,不包含工业自动化仪表。

2. 计算机控制系统的软件

硬件为计算机控制系统提供了物质基础,但还必须编制必要的软件才能把各种控制算法和策略应用于对生产过程的控制。软件是各种程序的总称,它的优劣不仅关系到硬件功能的发挥,而且也关系到计算机对生产过程的控制品质和管理水平,因为整个系统的动作都是在软件指挥下进行协调工作的。按使用的语言来分,软件可分为机器语言软件、汇编语言软件和高级语言软件;按其功能来分,软件可分为系统软件、应用软件和数据库管理系统等。

(1) 系统软件。系统软件一般是由计算机或软件厂家提供的专门用来使用、管理和维护计算机运行的程序。系统软件主要包括操作系统、监控管理程序,它在计算控制系统中代替人对整个系统进行有效协调的组织、管理与指挥工作。除此之外,系统软件还包括故障诊断程序、数据库系统以及各种语言的汇编、解释和编译软件。系统软件是开发应用软件的工具,计算机控制系统设计人员必须比较深入地了解系统软件并能熟练应用,才能更好地编制控制应用软件。

(2) 应用软件。应用软件是控制系统设计人员针对某个生产过程而编制的控制和管理程序,它是执行某些具体任务的程序集,如控制程序、过程输入程序、过程输出程序、人机接口程序、打印显示程序和各种公共子程序等。其中,控制程序是应用软件的核心,是经典或现代控制理论算法的具体实现(如 PID 程序,数字控制程序等)。过程输入、输出程序分别用于管理过程输入、输出通道,一方面为过程控制程序提供运算数据,另一方面执行控制命令，其中包括 A/D 转换、D/A 转换、数据采样、数字滤波、标度变换、键盘处理、显示等程序。应用软件大都由用户自己根据实际需要进行开发。

(3) 数据库管理系统。数据库管理系统是具有管理数据功能的工具软件，主要用于资料管理、存档和检索。它是建立、管理和操纵数据库的软件。

3. 硬件与软件之间的关系

在计算机控制系统中，要充分发挥计算机的优势，不仅要注重硬件的性能，更应注重软件的研究与完善。计算机控制系统性能的优劣，在很大程度上取决于软件的配置与开发。

在现代计算机控制系统的设计中，要明确划分计算机系统硬、软件间的界限，已经比较困难。因为任何操作既可以由机器的硬件实现，也可以由软件实现。同样，任何指令的执行可以由软件来完成，也可以由硬件来完成。硬件与软件方案的选择取决于机器的价格运行速度、可靠性要求及内存容量等因素。在一定外界条件和客观要求的情况下，原先由硬件实现的功能，可以改由软件实现。反之，原先由软件实现的功能，也可以由硬件来完成。这就是所谓的硬件软化和软件固化。在一般情况下，硬件实现不了的功能，可由软件去完成，调试成熟的软件又固化成硬件去执行，这种固化的软件称为固件。在工业控制过程中，大量采用微型计算机系统，它们的结构相对较为简单，其诸多功能是靠软件实现的，因此，应注重软件的设计与研发。

由此可见，计算机控制系统不仅包括由计算机和被控对象所组成的实体，还包括具有各种功能的软件系统。因此，在设计与建造计算机控制系统时，除了要配齐必要的硬件外，还要建立被控对象的数学模型、确定控制规律与控制算法。同时，还要配齐必要的应用软件，使整个计算机控制系统满足预定的目标与要求。

4. 计算机控制系统特点

计算机控制系统相对于连续控制系统，有如下特点。

(1) 模拟和数字的混合系统。常规的连续系统均使用模拟器件，而计算机控制系统中除了测量装置、执行机构等常规模拟部件外，其执行控制功能的核心部件是数字计算机，因此，计算机控制系统是模拟和数字器件的混合系统。此外，在连续系统中各处的信号均为模拟信号，而计算机控制系统中除了有连续模拟信号外，还有离散模拟、离散数字等多种信号形式。

(2) 能实现复杂的控制规律与多任务控制。对于连续控制系统，控制规律由硬件实现，控制规律越复杂，所需的硬件也越多、越复杂。并且，一旦完成设计后，要修改控制规律是非常困难的。而在计算机控制系统中，控制规律由软件实现，因此可利用计算机强大的运算与判断能力实现复杂的控制规律，并且方便对控制规律进行修改和完善。此外，可利用计算机系统的高速性，由一个控制器实现对多个任务的分时控制。

(3) 控制与管理一体化。采用计算机控制，可利用计算机系统的组网与通信能力，实现分级计算机控制、集散控制与网络通信，便于实现控制与管理一体化，使工业企业的自动化程度进一步提高。

计算机控制系统与一般计算机系统相比，具有如下特点。

(1) 实时性。计算机控制系统大部分是在线实时系统。这里的实时性有以下两个方面的含义。

① 实时计算机控制系统应当在一个有限的时间内完成信息的输入、计算与输出。这个时间就是采样周期。如果一个实时系统不能在有限的时间完成对被控量的反映与控制,将给生产过程带来不可预料的后果。这就要求计算机控制系统要有较高的时钟频率及较快的指令执行速度。

② 一个实时计算机控制系统还必须自动地、快速地响应生产过程和计算机内部发出的各种中断请求,并且高优先级的请求应首先得到处理。这就要求计算机具有较完善的中断处理系统。

(2) 现场信号的输入与控制输出能力。在实时工业控制计算机系统中,计算机系统需要直接从工业现场采集各种信号,对这些信号变量进行处理,并将控制输出送给执行机构进行直接控制。

(3) 高可靠性。一般的实时计算机控制系统是直接控制着工业过程的操作,一旦计算机系统发生故障,如果没有相应的冗余措施,将会造成重大的损失。高可靠性指标是在系统设计时就产生的固有特性。因此,在设计计算机控制系统时,要充分考虑硬件结构的合理性以及器件选用与生产工艺流程的控制。在软件设计时,要做到结构清晰、无错误、稳定性好、抗干扰性强。通常用两个指标来表征计算机控制系统的可靠性:一是平均无故障时间(mean time between failure,MTBF),其数值为系统或机器工作时间除以运行时间内的故障次数,它表示计算机系统无故障运行能力,一般要求该值不低于 8000 h;二是平均修复时间(mean time to repair,MTTR),即排除故障的平均时间,它表示进行维护工作的方便程度,其值越小越好。

(4) 环境适应性强。计算机控制系统大多处于工业现场,工作条件较为恶劣,如高温、潮湿和腐蚀性气体等。此外,生产现场还存在各种各样的干扰,如设备起停引起的电网电压波动与冲击,电焊机工作时引起的电磁干扰等。计算机控制系统应能在这种环境下可靠工作。因此,工业计算机控制系统应具有较强的抗干扰能力,能适应恶劣的工作环境。

3.1.2 微机调速器的系统结构及主要功能

水轮机微机调速器是一个由微处理器或微控制器组成的专用计算机控制系统,与一般的计算机控制系统一样,它以微处理器或微控制器为核心,将被控制对象的有关参数进行数据采集和模数转换,并将转换后的数字量送至中央处理单元(CPU),计算机根据实时采集的数字信息,按预定控制规律进行计算,得到控制量,并通过输出通道将计算结果转换成模拟量或开关控制量去控制被控对象,使被控量达到预期的目标。

根据一般微机控制系统的构成原理与水轮机调速器的功能要求,一个实际的水轮机微机调速器可由如图 3-2 所示的系统构成。微机调速器由微型计算机(或微处理器)及系统、外围接口电路、信号调理与预处理电路(变送器)、人机接口、系统软件与应用软件组成。

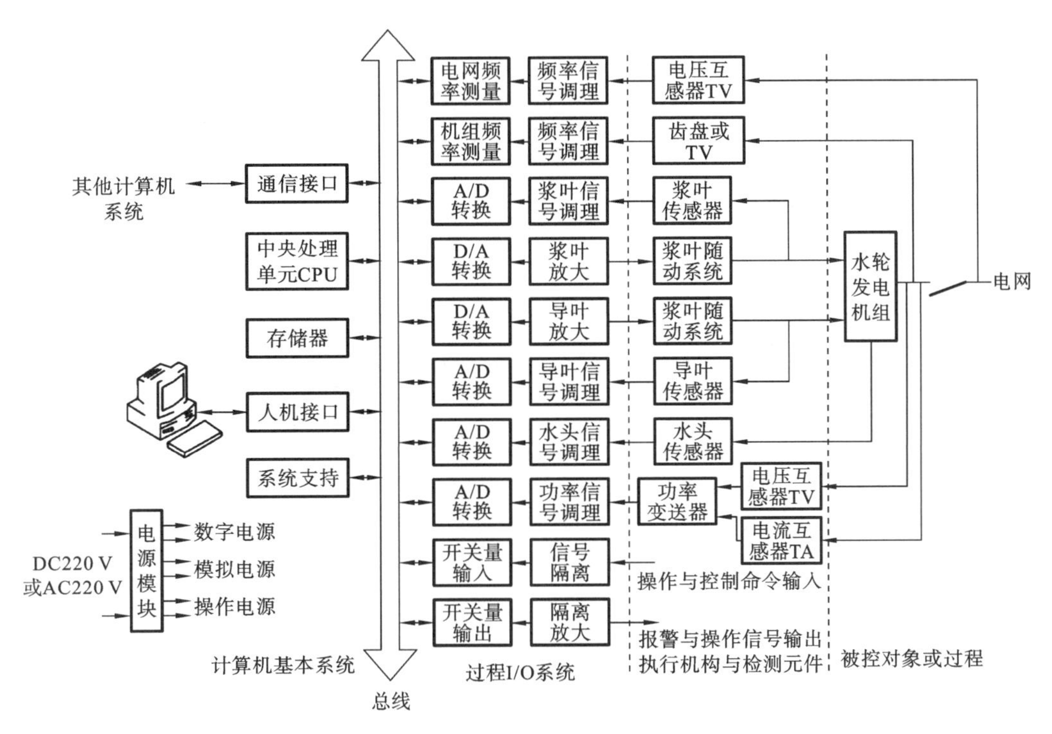

图 3-2　水轮机微机调速器的系统构成

水轮机微机调速器除了实现对机组转速（频率）的闭环控制外，还是机组操作与调节的最终执行机构，故微机调速器的基本功能为自动控制功能和自动调节功能。作为自动控制功能，调速器应能根据运行人员的指示，方便、及时地实现水力发电机组的自动开机、发电和停机等操作。作为自动调节功能，调速器应能根据外界负荷的变化，及时调节水轮机导叶开度，改变水轮机出力，使机组出力与负荷平衡，维持机组转速在 50 Hz 附近。归纳起来，现代水轮机微机调速器的主要功能如下。

（1）接受操作命令，实现水轮发电机组的开机控制。

（2）频率测量与调节功能。测量水轮发电机组的频率（转速），并与给定的频率值（转速）进行比较，实现对机组频率（转速）的闭环控制。

（3）接受控制命令，实现对机组频率（转速）的调整。

（4）测量电网的频率，实现对开机并网过程中机组频率的自动调节，以达到快速满足同期并网的条件。

（5）自动调整与分配负荷的功能。机组并网后，按照永态差值系数的大小，根据机组频率与给定频率的差值自动调整水轮发电机组的出力，实现电网的一次调频。

（6）接受控制命令，实现对机组所带负荷的调整。

（7）接受操作命令，实现水轮发电机组的停机控制。

（8）接受操作命令，实现水轮发电机组的发电转调相控制。

（9）接受操作命令，实现水轮发电机组的调相转发电控制。

（10）测量导叶开度，实现对导叶反馈断线的判断与容错；或/和根据实际导叶开度与计算出的控制输出的差值对电液随动系统进行控制，实现对导叶开度的调整，达到改变机组频率或出力的目的。

(11) 对双调整的调速器，测量桨叶角度，实现对桨叶反馈断线的判断与容错；或/和根据实际桨叶角度与计算出的控制输出的差值对电液随动系统进行控制，实现对桨叶角度的调整。

(12) 测量水轮机的水头，根据当前水头实现开机过程的最优控制与负荷限制(按水头自动修正启动开度、空载开度和最大开度限制)。对双调整的调速器还根据当前水头实现协联工况运行。

(13) 根据运行方式的不同，对带基荷的机组，在并网时实现开度控制。

(14) 测量机组的出力，根据运行方式的不同，对带基荷的机组在并网时实现有功负荷控制。

(15) 手动运行时，自动跟踪当前的导叶开度值，实现从手动到自动的无扰动切换。

(16) 对主要器件和模块进行检测与诊断，实现容错控制功能与故障自诊断功能。

(17) 紧急停机功能。遇到电气和水机故障时，接受紧急停机命令，实现紧急停机。

(18) 主要技术参数的采集和显示功能。自动采集机组和调速器的主要技术参数，如机组频率、电力系统频率、导叶开度、调节器输出值和调速器调节参数等，并有实时显示功能。

(19) 对于多机系统，完成相互的自动跟踪与无扰动切换。

3.1.3 微机调节器的硬件

微机调速的调节器硬件系统一般采用模块化结构形式也就是将整个调节器的硬件系统划分为若干功能专一的模块。这些模块通常包括测频测相板、主机板、A/D 和 D/A 板、开关量(输入/输出)板、切换板及键盘显示板等。为了便于了解微机调节器硬件系统现以 WDT 型双微机调节器为例来说明，图 3-3 所示的是其硬件系统结构框图。

图 3-3 中微机调节器由完全相同的两台 STD 总线工业控制机 A 机和 B 机组成 A 机、B 机分别由功能单一的 5 块模板构成它们是开关量板、测频测相板、主机板、A/D 与 D/A 板、切换板。此 5 块模板插入 STD 总线母板上主机板通过总线与其他模板交换信息完成调节、控制任务。A 机、B 机工作于主从方式，主机通过通讯将参数、状态信息传送给从机，使主机切换至从机时无扰动；切换板的控制电路将主机输出信号接通至后面的电液随动系统，将从机的输出信号与电液随动系统断开。两机共享一块键盘显示板，键盘显示板与主机交换信息，进行状态、参数显示或键入参数选择显示某个参数。

1. 测频、测相原理

频率测量共有两路，即机组频率测量和电网频率，测量它们的工作原理是完全以机组频率测量为例，其硬件系统原理图如图 3-4 所示。由发电机出口电压互感来的交流电压信号经降压、滤波、整形后变为方波再经光电隔离器隔离进行二分频后信号的每个方

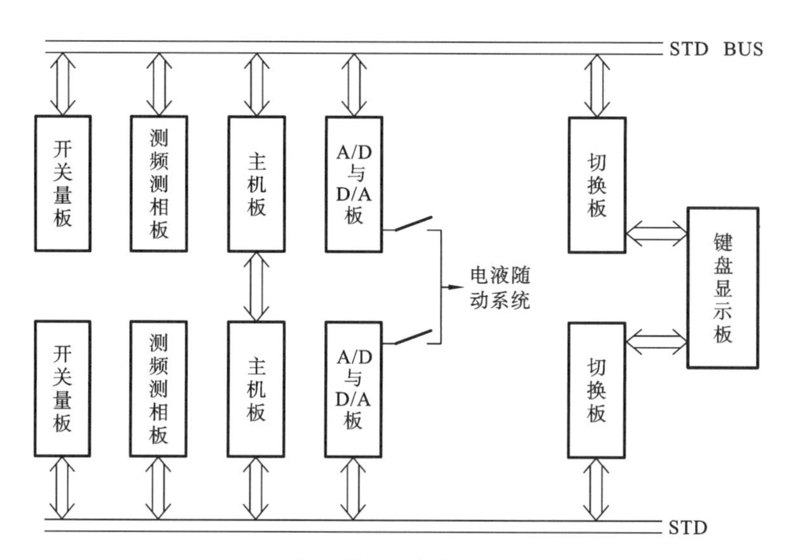

图 3-3 WDT 型双微机调节器硬件系统结构框图

波的高电平时间就是频率信号的周期。这一方波信号路送给可编程定时计数器 8254 的三个完全相同的计数器之一的计数器 0，该计数器工作于方式 0（方式 0 用于向 CPU 发出中断请求信号），且设置初始值为 0001H，在结束计数时产生中断信号通知 CPU 读取同一个 8254 的计数器 1、计数器 2 的计数值并重新初始化计数器 0、1、2。另一路与 1M 的计数时钟 f_φ 相与后送入 8254 的计数器 1，计数器 1 与计数器 2 串接成 32 位计数器，这两个计数器工作于方式 2（方式 2 用于计数测量），且设置初始值为 0000H。

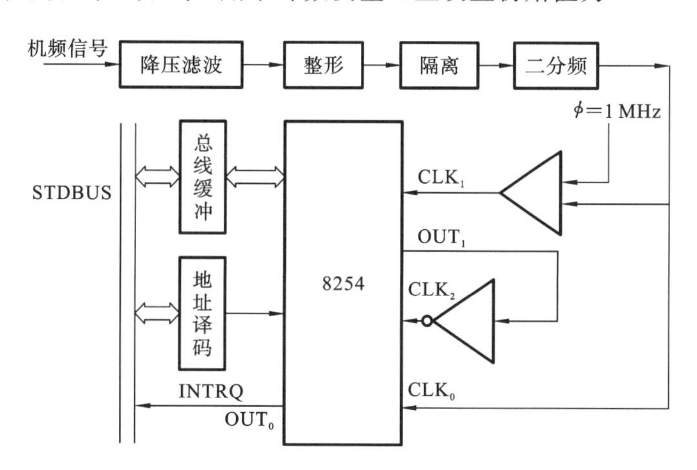

图 3-4 频率测量硬件系统原理图

CPU 从 8254 读取到一个周期的计数值后通过运算求得机组的频率，即

$$f_m = \frac{f_\varphi}{N} \tag{3-1}$$

式中：$f_\varphi = 1$ MHz，是计数时钟频率；N 为 8254 在一个周期计得的脉冲数。由于将计数器 1 和计数器 2 串接成 32 位计数器，故从理论上说可测得的最低频率为 $f_m = 0.000233$ Hz。

现在再来介绍相差测量原理。由机组和电网频率信号通道来的方波信号 D_J、D_W 输入鉴相电路，得到反映相位差的输出信号，如图 3-5 所示。

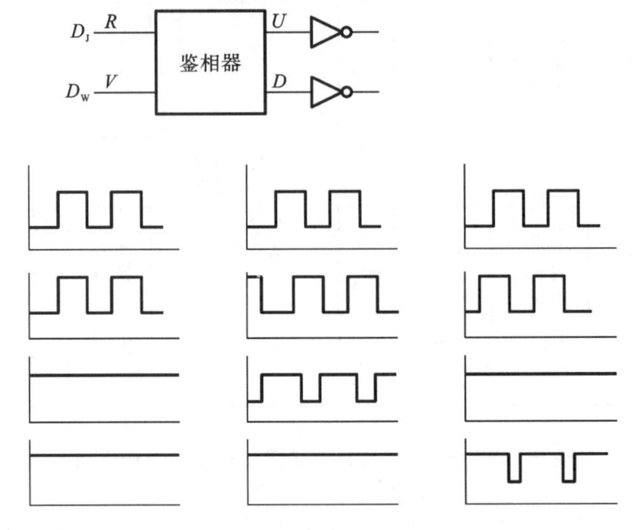

图 3-5　相差测量原理图

当 D_J 与 D_W 同步时，U、D 两端均输出高电平；当 D_J 超前 D_W 时，从 U 端输出与相位差成正比的负脉冲；当 D_J 滞后 D_W 时，从 D 端输出与相位差成正比的负脉冲。将 U、D 输出接至反相器，当有相位差时，就得到正脉冲；将反相后的信号，一路直接输入计数器，另一路与时钟 f_φ 相与后输入计数器，用与测频同样的方法测得相位差。

CPU 根据读取的计数值 N，由下式算出相位差值：

$$\phi=\frac{N}{\frac{f_\varphi}{50}}\times 360° \tag{3-2}$$

2. 开关量输入原理

二次操作回路的开关量信号（如开机、停机、并网、调相、手动、自动、增功率、减功率）为了防止抖动、干扰的影响，一般先通过光电隔离器隔离后再输至输入缓冲器，然后经总线缓冲器和地址译码器与 STD 总线相连。开关量输入原理图如图 3-6 所示。

由图 3-6 可知，当某个开关量的节点闭合时，光电隔离器输出低电平 CPU 执行一条输入指令读取这些开关量的状态，用位操作指令判断出各个开关量断开或闭合，并执行相应的处理操作。例如，当检测到开机节点闭合时，CPU 转入开机过程处理，将频给以折线或指数曲线规律变化，进行开机过程的频率调节。另外，输入的开关量既可以是节点信号，也可以是电平信号。

3. 主机工作原理

微机调节器的各项功能都是在 CPU 的控制下运行程序完成的。WDT 型双微机调速器主机采用 HD64180。高级 CMOS 微处理器片内具有时钟发生器、总线状态控制器、中断控制器、存储器管理单元以及中央处理器，还具有 DMA 控制器（2 通道）、异步串行通信

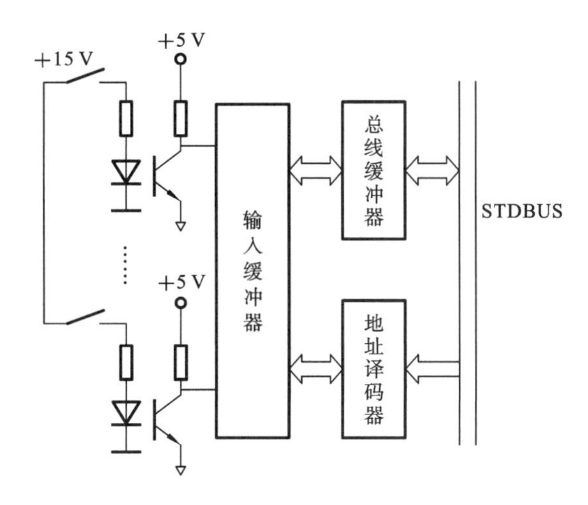

图 3-6 开关量输入原理图

接口(2 通道)、同步串行通信接口(1 通道)、可编程再装入式定时器(2 通道)等 O 资源。主机板结构框图如图 3-7 所示(如更换为 V40CPU 主机板后,可升级为 16 位机调节器)。

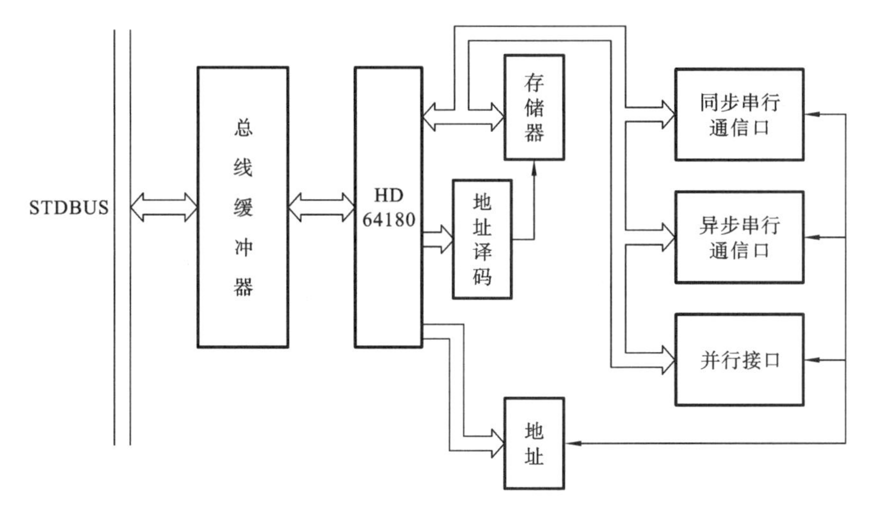

图 3-7 主机板结构框图

上电复位后,CPU 在时钟节拍控制下从存储器中取出程序指令,并根据指令进行数据的存取、PID 调节运算,以及对该板或其他模板上 I/O 口进行输入输出处理。

主机的运算数据、状态标志在 CPU 的控制下执行输出指令,通过该板上的异步串行通信接口传送给从机。

CPU 的控制总线、数据总线经总线缓冲器缓冲后连至 STD 总线引脚,CPU 插入母板后,通过母板与其他模板交换信息。

4. A/D、D/A 转换原理

A/D 转换器用来采集 0～5 V 的开限、导叶开度、水头等模拟信号,将这些模拟量变成数字量供给 CPU 采集、进行运算和控制。WDT 型双微机调速器采用的 A/D 转换器为 ADC0809,转换精度为 8 位,有八路输入通道,即可以对八路模拟量分时进行 A/D 转换。该 A/D 转换器内部集成了可以锁存控制的八路多路开关,并且集成了可以锁存的三态缓冲器。

工作时,CPU 首先给 A/D 转换器的模拟通道地址选择线 A、B、C 输出一条通道,选择指令并延时一定时间,待 A/D 转换结束后执行一条输入指令,即读取转换数值。实际采样时通常是连续采样 8 次,对 8 次采样值求和平均进行滤波。

D/A 转换器采用 DAC1210,它是将经 PD 运算或其他计算的结果转换成模拟量,用以驱动电液随动系统和模拟表计。DAC1210 的转换精度为 12 位。工作时,CPU 先执行一条输出指令输出高 8 位,然后输出低 4 位,将所要转换的数字量送给 D/A 转换器转换成模拟量。

A/D、D/A 转换器的原理框图如图 3-8 所示。

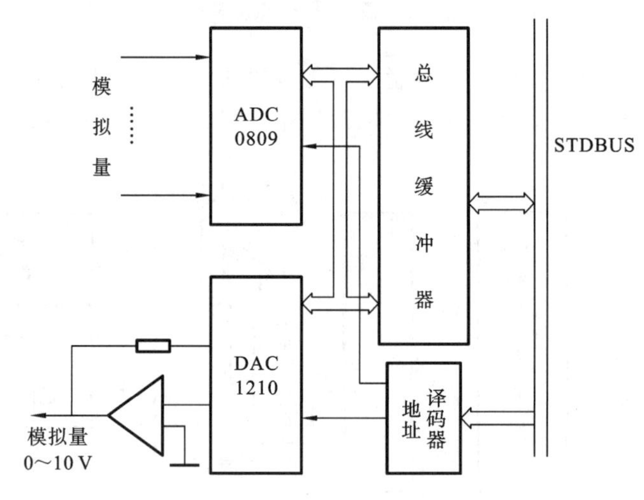

图 3-8　A/D、D/A 转换器原理图

5. 切换原理

故障检测的切换电路原理如图 3-9 所示。

当微机正常工作时,每个采样周期均向定时单稳电路 a 发送一个触发脉冲。当微机出现故障时,则停止向定时单稳 a 发送脉冲。定时单稳电路的输出 Q 在稳态时为低电平,在接收到触发脉冲后变为高电平,并经延时时间(由外接电容 C 和电阻 R 整定)τ 后恢复为低电平。

若微机工作正常,每个采样周期 T_1($T_1<\tau$)向单稳 a 发送一个脉冲,因此单稳 a 的输出 Q 总是处于暂态低电平,该持续的低电平输出送至单稳 b,单稳 b 的输出 Q 总是处于暂态低电平。

一旦检测到错误或程序跑飞主机停止向单稳 a 发送脉冲单稳 a 的输出时,经 τ 时间后回到暂态高电平,此时,输出 Q 给单稳 b 输入一个正边沿脉冲,单稳 b 的输出 Q 由于触发而变为暂态高电平,并经延时时间 τ 后恢复为暂态低电平,而单稳 b 的输出 Q 经反向后接至 CPU 的 RESET 脚,这一过程即给 CPU 一个复位脉冲,迫使主机重新启动,重新

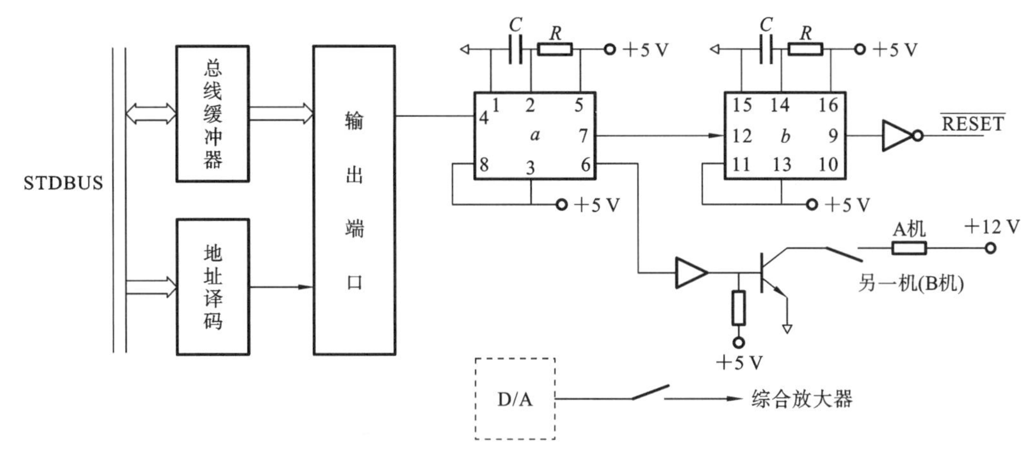

图 3-9 故障检测的切换原理图

开始执行程序，同时切至另一机运行，如果两机均故障，则两机均脱离运行。

单稳 a 的输出 Q 同时驱动三极管及继电器，由图 3-9 可知，当 A 机正常时，A 机单稳 a 的输出 Q 为高电平，三极管导通，若 B 机继电器 J_B 的常闭接点闭合，则 A 机继电器 J_A 就导通，其常开接点 J_A 闭合，A 机输出通过本机常开接点接通至后面的电液随动系统。如果 A 机不正常，A 机单稳 a 的输出 Q 变为低电平，三极管截止，A 机继电器 J_A 失磁，其常闭接点闭合，此时若 B 机正常，则切至 B 机运行；若 B 机也不正常，则两机均脱离运行。

为了显示故障在继电器两端可并接一个作为正常指示灯的发光二极管，在发生故障时，三极管截止，其正常指示灯也熄灭。

当刚上电时，由于两机继电器互相闭锁，则互相竞争作为主机，也就是说，哪个继电器先励磁则哪台机就作为主机运行，另一台则作为备用机。

6. 键盘显示原理

WDT 型微机调速器的键盘与数码管显示由可编程接口芯片 8279 进行管理实现人机对话，进行参数修改及显示也对机组开机、停机等开关量状态进行显示，其原理如图 3-10 所示。

8279 提供对 64 个接触键阵列扫描检测的接口，以及对 16 个数码管扫描显示的接口。初始化编程后，按下某一键，8279 检测到该键按下就向 CPU 发出中断申请信号并等待 CPU 读取键值。CPU 检测到中断申请信号执行输入指令即可得到键值，根据键值进行相应的处理操作；CPU 将要显示的字符、数据的段码按规定输出给 8279，由 8279 完成扫描显示，并将其中的一个数码管分解成八段接入发光二极管用于指示开关量状态。

8279 的数据、控制总线既引至 A 机也引至 B 机，经切换板上由切换继电器节点选用的三态缓冲器后连至 STD 总线缓冲器。当某台微机为主机时才对 8279 进行输入、输出控制。

7. 微机调速器的电源

电源系统需提供＋5 V、模拟＋12 V、模拟－12 V、隔离 12 V 的电源。为提高电源系统的可靠性，WDT 型微机调速器采用两套低压一体化开关电源并接同时供电的方式，供给＋5 V、模拟＋12 V、模拟－12 V 的电源，当一套开关电源故障时，另一套开关电源照

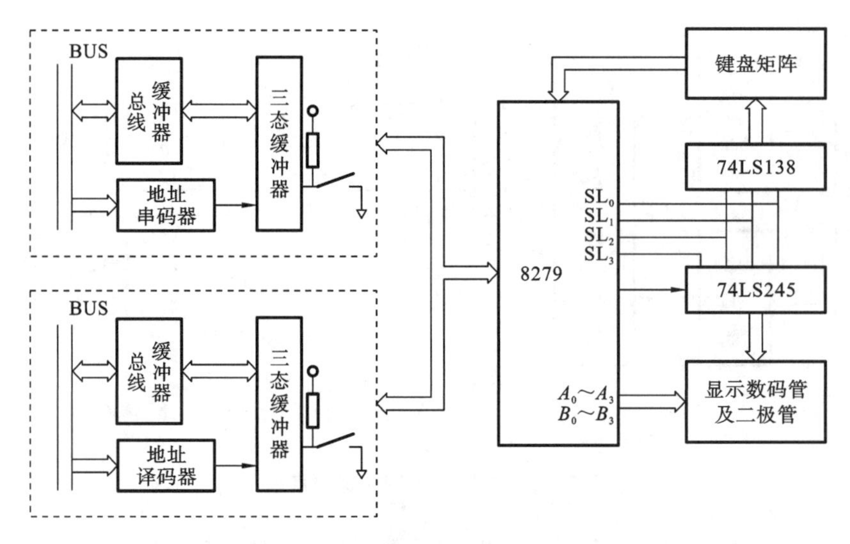

图 3-10　键盘及显示原理图

常供电给整个系统工作。同时,由于开关电源效率高,可以在更宽的输入电压范围内稳压输出。

+5 V 电源供给微机系统模拟+12 V、模拟−12 V 供给继电器、综合放大器以及 D/A 电路,隔离 12 V 电源主要供给开关量输入电路。电源系统如图 3-11 所示。

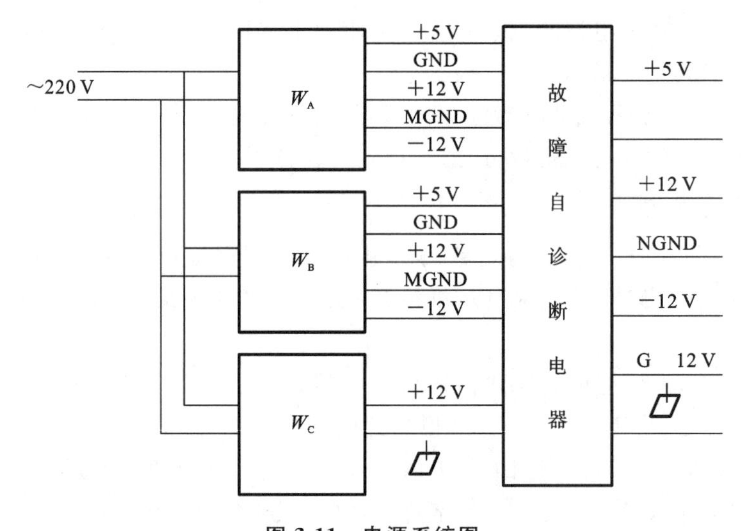

图 3-11　电源系统图

3.1.4　微机调节器的工作原理

以上讨论的微机调速器的硬件系统构成了微机调速器的物质基础,配上合适的程序就构成了一个完整的水轮机微机调速器。以单调整调速器为例,其工作过程如图 3-12 所示。

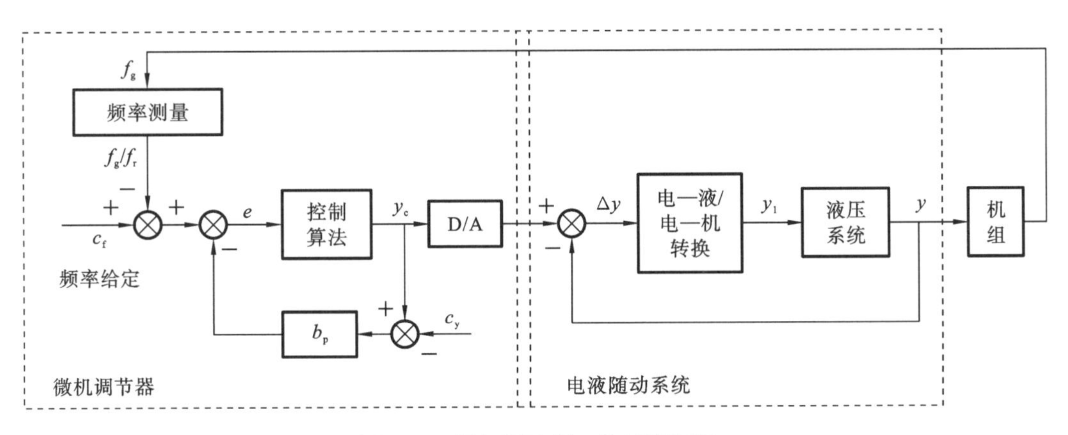

图 3-12 微机调速器工作过程框图

一方面，取机组频率 f_g(转速 n)为被控参量，水轮机调速器测量机组的频率 f_g(或机组转速 n)，并与频率给定值 c_f(或转速给定值 c_n，其相对值分别为 c_f 或 c_n)进行比较得出频率(转速)偏差。另一方面，导叶开度计算值 y_c 与导叶开度给定值 c_y 进行比较，并经过永态差值系数 b_p 折算至控制规律前与频率相对偏差进行叠加形成实际的控制误差 e，微机调速器根据偏差信号的大小，按一定的调节规律计算出控制量 y，经 D/A 转换器送到电液随动系统。随动系统将实际的导叶开度 y 与 y_c 进行比较，当 $y_c>y$ 时，导叶接力器往开启侧运动，开大导叶；当 $y_c<y$ 时，导叶接力器往关闭侧运动，关小导叶；当 $y_c=y$ 时，导叶接力器停止运动，调整过程结束，机组处于一种新的平衡状态运行。由图 3-12 可知，当机组频率因某种原因下降时，机组频率小于给定频率值，出现正的偏差 e，微机调速器的控制值 y 增加，控制随动系统增大导叶开度使机组频率上升，进入新的平衡状态。另外，增加频率给定值 c_f 或开度给定值 c_y，同样会出现正的偏差 e，导致导叶开度增加，增大机组频率。

若机组并入大电网运行，当电网足够大时，导叶开度的增加不足以改变系统的频率。此时，导叶开度的增加将导致机组出力的增加。

3.2 微机调速器的调节模式

3.2.1 微机调速器的工作状态

前面说道，水轮机微机调速器除了承担频率和出力的调整之外，还完成了机组的开机、停机等操作，故水轮机调速器的工作状态有如下几种。

1. 停机状态

机组处于停机状态，机组转速为 0，导叶开度为 0。在停机状态下，调速器导叶控制输出为 0,开度限制为 0,功率给定 $c_p=0$,开度给定 $c_y=0$;对于采用闭环开机规律的调速器,频率给定 $C_f=0$ Hz($C_f=0$)。对于双调,桨叶角度开至启动角度,随时准备开机。

2. 空载状态

机组转速维持在额定转速附近,发电机出口断路器断开。在空载状态下,调速器对转速进行 PID 闭环控制,此时,开度限制为空载开度限制值,导叶开度为空载开度,开度给定对应于空载开度值,功率给定 $c_p=0$,频率给定 $C_f=50$ Hz($C_f=1$)。在空载状态下,可按频率给定进行调节,也可按电网频率值进行调节(称为系统频率跟踪模式),以保证机组频率与系统频率一致,为快速并网创造条件。对于双调,桨叶处于协联工况。

3. 发电状态

发电机出口断路器合上,机组向系统输送有功功率。在发电状态下,开度限制为最大值,频率给定 $C_f=50$ Hz($C_f=1$),调速器对转速进行 PID 闭环控制,对于带基荷的机组可能引入转速人工失灵区,以避免频繁的控制调节。接受控制命令后,按开度给定或功率给定实现对机组所带负荷的调整,并按照永态差值系数的大小,实现电网的一次调频和并列运行机组间的有功功率分配。对于双调,桨叶处于协联工况。

4. 调相状态

发电机出口断路器合上,导叶关至 0,发电机变为电动机运行。在调相状态下,调速器处于开环控制,开度限制为 0,调速器导叶控制输出为 0,功率给定 $c_p=0$,开度给定 $c_y=0$。对于双调,桨叶处于最小角度。

5. 工作状态间的转换

水轮机调速器各工作状态之间的转换如图 3-13 所示。为了实现这种工作状态间的转换,有下面七种过程。

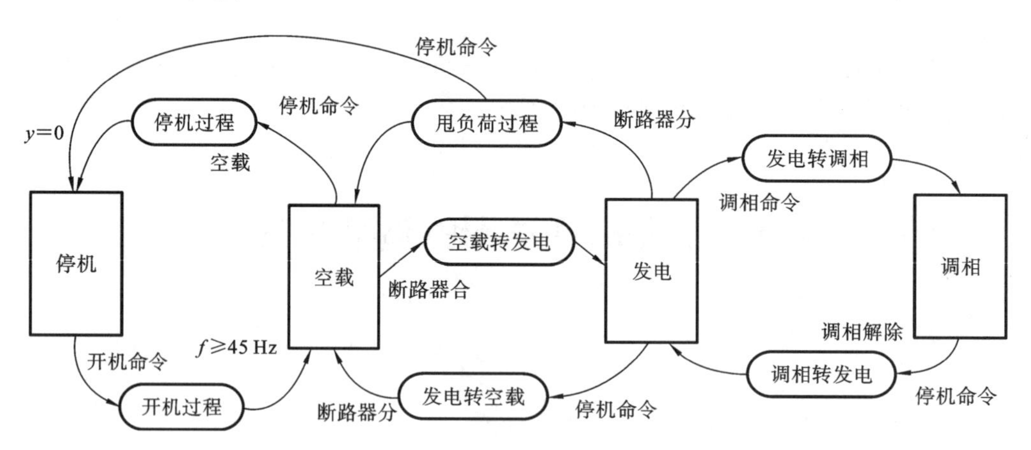

图 3-13 调速器的工作状态与转换

(1) 开机过程,完成从停机状态到空载状态的转变。

(2) 停机过程,完成从发电状态或空载状态向停机状态的转变。若是空载状态,直接执行停机过程;若是发电状态,先执行发电转空载过程,再执行停机过程。

(3) 空载转发电过程,完成从空载状态向发电状态的转变。

(4) 发电转空载过程,完成从发电状态向空载状态的转变。

(5) 甩负荷过程,发电机出口断路器断开,机组进入甩负荷过程,机组关至空载。

(6) 发电转调相过程,完成从发电状态到调相状态的转变。

(7) 调相转发电过程,完成从调相状态到发电状态的转变。

3.2.2 微机调速器的调节模式

对于机械液压型调速器和电液模拟调速器来说,其运行调节模式通常采用频率调节模式,即调速器是根据频差(即转速偏差)进行调节的,故又称转速调节模式。

微机调速器一般具有三种主要调节模式:频率调节模式,开度调节模式和功率调节模式。

三种调节模式应用于不同工况,其各自的调节功能及相互之间的转换都由微机调速器来完成。

1. 频率调节模式(或转速调节模式,FM)

频率调节模式适用于机组空载自动运行,单机带孤立负荷或机组并入小电网运行,机组并入大电网作调频方式运行等情况。

如图 3-14 所示,频率调节模式有下列主要特征。

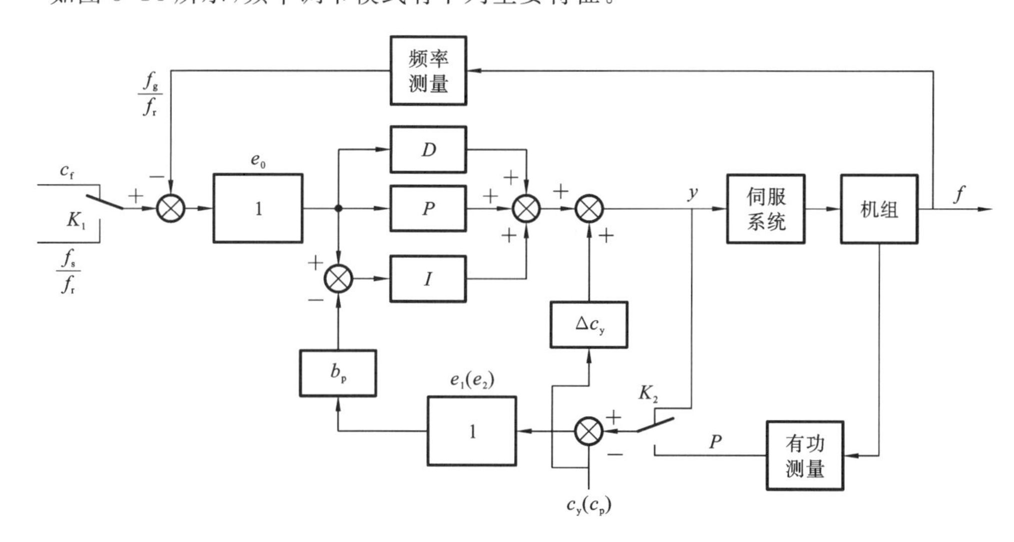

图 3-14　微机调速器调节过程框图(频率调节)

(1) 人工频率死区 e_0、人工开度死区 e_1 和人工功率死区 e_2 等环节全部切除。

(2) 采用 PID 调节规律,即微分环节投入。

(3) 调差反馈信号取自 PID 调节器的输出 y,并构成调速器的静特性;按照永态差值系数的大小,实现电网的一次调频。

(4) 微机调速器的功率给定 c_p 实时跟踪机组实时功率 P,其本身不参与闭环调节。

(5) 微机调速器可以通过 c_f 或 c_y 调整导叶开度大小，从而达到调整机组转速或负荷的目的。

(6) 在空载运行时，可选择系统频率跟踪方式，图 3-14 中 K_1 置于下方，b_p 值取较小值或为 0。

2. 开度调节模式(YM)

开度调节模式是机组并入大电网运行时采用的一种调节模式，主要用于机组带基荷的运行工况。如图 3-15 所示，它具有以下特点。

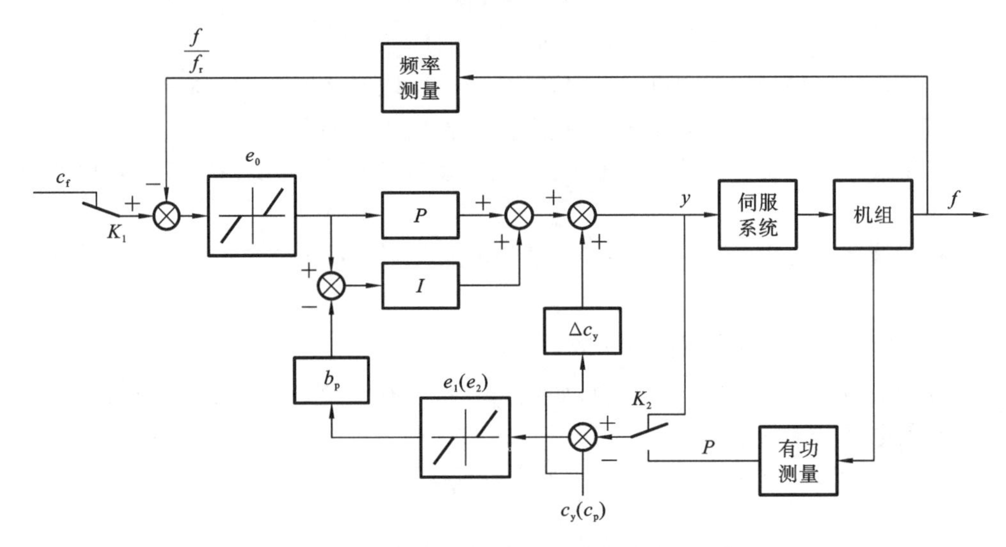

图 3-15 微机调速器调节过程框图(开度调节)

(1) 人工频率死区 e_0，人工开度死区 e_1 和人工功率死区 e_2 等环节均投入运行。

(2) 采用 PI 控制规律，即微分环节切除。

(3) 调差反馈信号取自 PID 调节器的输出 y，并构成调速器的静特性。

(4) 当频率差的幅值不大于 e_0 时，YM 不参与系统的一次调频；当频率差的幅值大于 e_0 时，YM 参与系统的频率调节。

(5) 微机调节器通过开度给定 c_y 变更机组负荷，而功率给定不参与闭环负荷调节，功率给定 c_p 实时跟踪机组实际功率，以保证由该调节模式切换至功率调节模式时实现无扰动切换。

3. 功率调节模式(PM)

功率调节模式是机组并入大电网后带基荷运行时应优先采用的一种调节模式。如图 3-16 所示，它具有的特点如下。

(1) 人工频率死区，人工开度死区 e_1 和人工功率死区 e_2 等环节均投入运行。

(2) 采用 PI 控制规律，即微分环节切除。

(3) 调差反馈信号取自机组功率 P，并构成调速器的静特性。

(4) 当频率差的幅值不大于 e_0 时，不参与系统的一次调频；当频率差的幅值大于 e_0 时，参与系统的频率调节。

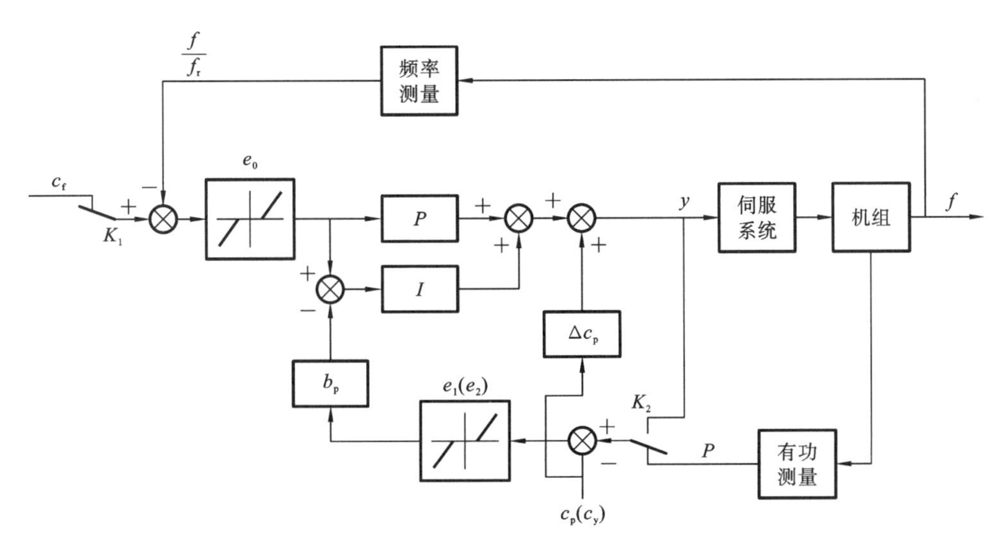

图 3-16　微机调速器调节过程框图(功率调节)

(5) 微机调节器通过功率给定 c_p 变更机组负荷,故特别适合水电站实施 AGC 功能而开度给定不参与闭环负荷调节,开度给定 c_y 实时跟踪导叶开度值,以保证由该调节模式切换至开度调节模式或频率调节模式时实现无扰动切换。

4. 调节模式间的相互转换

三种调节模式间的相互转换过程如图 3-17 所示。

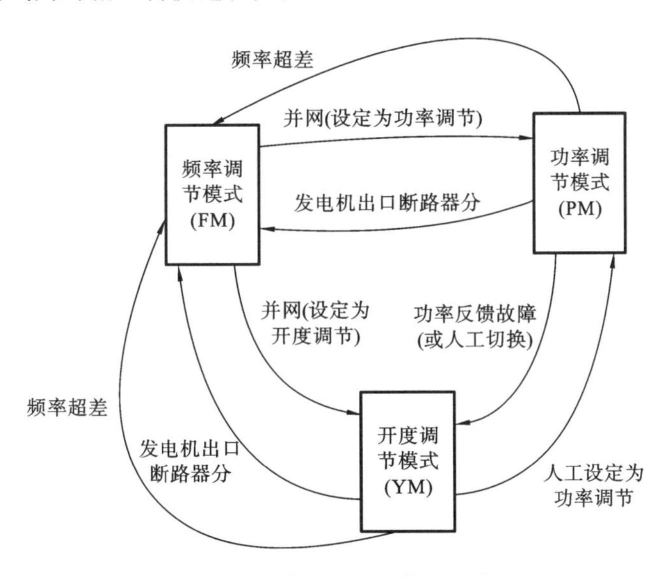

图 3-17　调节模式相互转换示意图

(1) 机组自动开机后进入空载运行,调速器处于“频率调节模式”工作。

(2) 当发电机出口开关闭合时,机组并入电网工作,此时调速器可在三种模式下的任何一种调节模式工作。若事先设定为频率调节模式,则机组并网后,调节模式不变;若事先设定为功率调节模式，则转为功率调节模式；若事先设定为开度调节模式，则转为开度调节模式。

(3) 当调速器在功率调节模式下工作时，若检测出机组功率反馈故障，或有人工切换命令时，则调速器自动切换至“开度调节”模式工作。

(4) 调速器工作于“功率调节”或“开度调节”模式时，若电网频率偏离额定值过大(超过人工频率死区整定值)，且保持一段时间(如持续 15 s)，调速器自动切换至“频率调节”模式工作。

(5) 当调速器处于“功率调节”或“开度调节”模式下带负荷运行时，由于某种故障导致发电机出口开关跳闸，机组甩掉负荷，调速器自动切换至“频率调节”模式，使机组运行于空载工况。

3.2.3 微机调速器的开机控制

当调速器在停机状态下接到开机命令时，进行开机控制，将机组状态转为空载。在微机调速器中采用的开机控制有两种方式，即开环控制与闭环控制。

1. 开环开机

开环开机过程如图 3-18 所示，图中 f、y 分别表示频率、接力器行程。

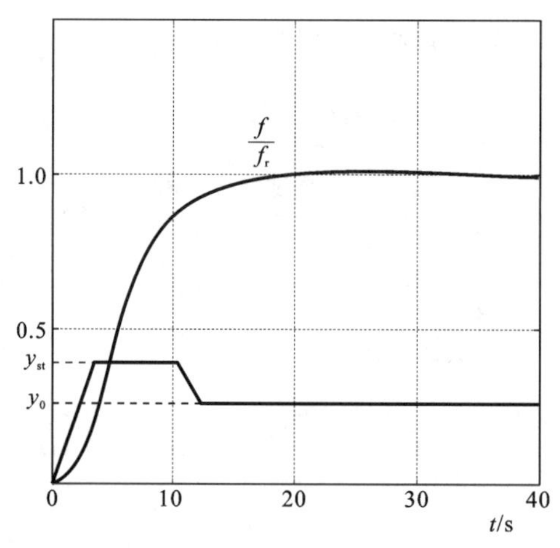

图 3-18 开环开机过程图

当调速器接到开机命令后，将导叶开度以定速度开至启动开度 y_{st}，并保持这一开度不变，等待机组转速上升。当频率升至某设定值 f_1(如 45 Hz)时，导叶接力器关回到空载开度 y_0 附近，然后转入 PID 调节控制，调速器进入空载运行状态。在开机过程中，若有停机命令，则转停机过程。

在开环开机过程中，转速上升速度和开机时间与启动开度和转空载运行的频率设定值关系很大。当 y_{st} 值较大时，机组转速上升快，但可能引起开机过程中转速超过额定值；当 y_{st} 值较小时，开机速度缓慢。设定切换点的频率值 f_1 过小，会延长开机时间；反之，机组转速会过分上升。

开环开机规律还与空载开度密切相关，而后者与水头相关。水头越高，对应的空载开度就越小；水头越低，维持空载的开度就越大。因此，为保证合理的开机过程，启动开度 y_{st} 与空载开度 y_0 应能根据水头进行自动修正。

2. 闭环开机

闭环开机控制策略是设置开机时的转速上升期望特性作为频率给定，在整个开机过程中，调速系统自始至终处于闭环调节状态，实际频率跟踪频率给定曲线上升，即依靠调速器闭环调节的能力，使机组实际转速上升跟踪期望特性，从而达到适应不同机组的特性，快速而又不过速的要求。

闭环开机的关键是如何设置开机的期望频率给定曲线，有以下两种基本方法。

(1) 按两段直线规律变化。如图 3-19(a)所示，闭环开机时频率给定 c_f 按两段直线变化，即

$$c_f=\begin{cases} k_1 t & (0\leqslant t\leqslant t_1) \\ k_2(t-t_1)+k_1 t_1 & (t_1\leqslant t\leqslant t_2) \\ 1 & (t\geqslant t_2) \end{cases} \tag{3-3}$$

式中：t_1 为对应机组频率上升到 45 Hz($c_f=0.9$)左右的时刻；t_2 为对应机组频率上升到额定值的时刻。

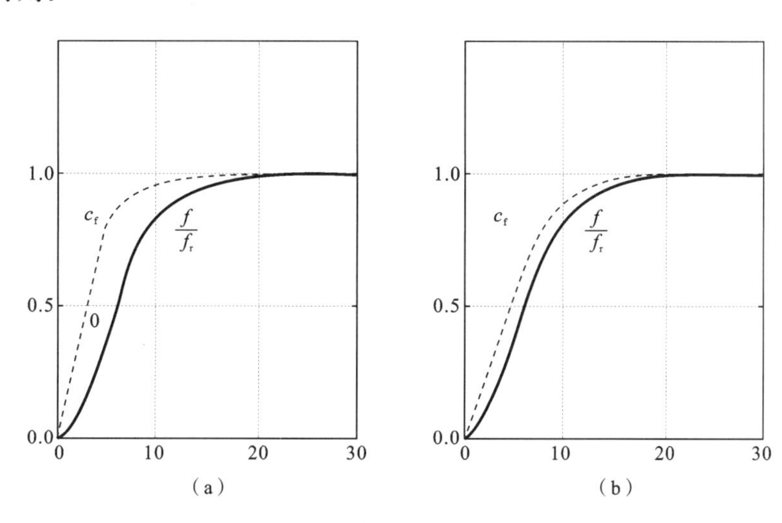

图 3-19 闭环开机过程示意

在第一段($0\leqslant t\leqslant t_1$)时，要求机组以最快的速度升速。众所周知，机组升速与其惯性时间常数有关。T_a 越大，转速变化越慢；T_a 越小，转速变化越快。在机组启动过程中，期望机组转速以最大上升速度平稳地上升到额定值，即频率给定值速度应与机组的升速时间有关，T_a 大，则 k_1 应取较小值；反之，则 k_1 应取较大值。

(2) 按指数曲线变化。如图 3-19(b)所示，频率给定按下式变化，即

$$c_f=1.0(1-e^{-\frac{1}{kT_a}}) \tag{3-4}$$

指数规律能更好地反映机组升速过程，参数调整相对容易。该规律中亦考虑了 T_a

的影响，对 T_a 较大的机组，k 取较小值；对 T_a 较小的机组，k 取较大值。

3.2.4 微机调速器的停机控制

当调速器接到停机命令时，先判别机组与调速器的状态，再执行相应的操作。

(1) 空载状态时，接收到停机命令，将开度限制 O_l 以一定速度关到 0，此时，功率给定 $c_p=0$，开度给定 c_y 受开度限制 O_l 限制往下关为 0，对于闭环开机的调速器，频率给定 $c_f=0$。对于双调，将桨叶角度开至启动角度。

(2) 调相状态时，接收到停机命令，先执行调相转发电控制，将导叶开度开至当前水头对应的空载开度，并由开环控制进入 PID 闭环控制，等待发电机出口断路器跳开，此过程为调相转发电过程。当发电机出口断路器断开后，按空载停机过程处理。

(3) 发电状态时，接收到停机命令，将开度限制 O_l 以一定速度关到对应空载的位置，开度给定受开度限制 O_l 限制往下关，功率给定以一定速度关到 0，等待发电机出口断路器跳开。此过程为发电转空载的过程，其过程的完成以发电机出口断路器断开为标志。当发电机出口断路器断开后，按空载停机过程处理。

3.2.5 微机调速器的并网与解列控制

当机组开机后，频率升至大于 45 Hz 时，机组进入空载工况。机组在空载工况主要是进行 PID 运算，使机组转速维持在空载额定范围内，等待并网。

空载运行时，可以采用频率给定调节模式，使机组频率与给定值一致。为保证快速并网，也可采用电网频率跟踪方式，使机组频率与电网频率一致。为了保证频率的控制精度，在电网频率跟踪模式下，一般将 b_p 设为较小值或 0。

理论上，并网时要求机组频率与系统频率的差为 0。但当机组频率与系统频率差为 0 的时刻，两者之间的相位差可能不满足并列的条件，即出现同频不同相的现象。为此，可采用相角控制，如图 3-20 所示，在投入频率跟踪功能的同时，投入相角控制功能。微机调速器测量发电机电压与电网电压的相位差 $\Delta\varphi$，经 PI 运算后与频差经 PID 运算后的值相加，作为控制信号控制机组电压的频率与相位。合理地整定 PI 控制器的参数，可使

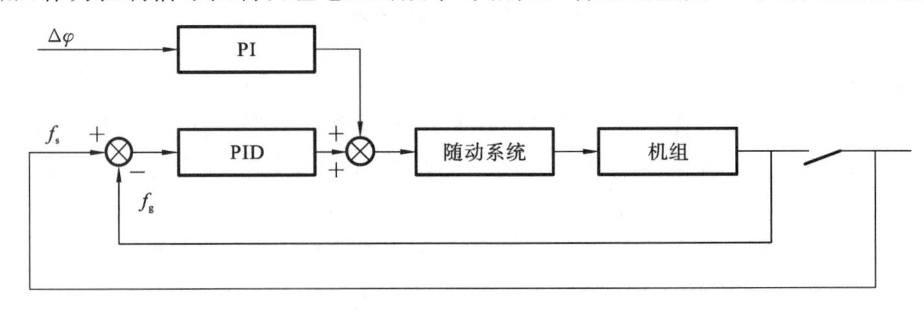

图 3-20 具有相角控制的调节系统原理

发电机电压与电网电压的相位差在0°附近不停地来回摆动，为同期装置并列提供合适的相位条件。

为避免出现同频不同相的问题，国内微机调速器较多地采用了如图3-21所示的方法，在进行频率跟踪时，始终保持机组频率比电网频率高一个Δf(0.1 Hz左右)，这样发电机电压与电网电压的相位差就在0°～360°之间以相同的方向不停变化，为恒定导前时间的同期装置提供了最佳的合闸选择时机。

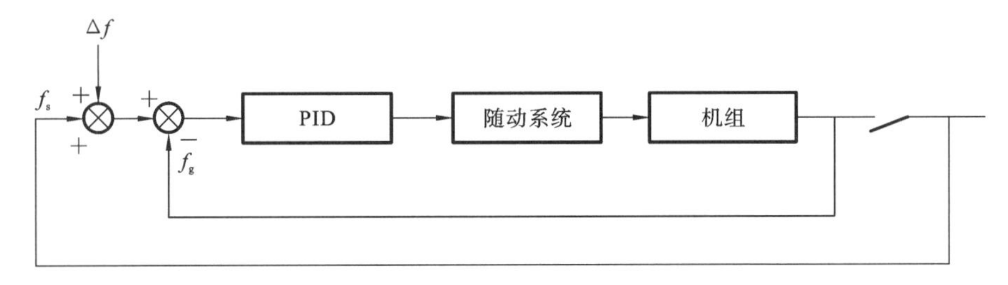

图3-21 恒频差频率跟踪控制

在空载状态下，若发电机出口断路器合上，则将开度限制开至当前水头对应的最大值并转入发电运行状态，b_p置为正常值，PID参数置为发电控制参数，并接收功率给定或开度给定命令接带负荷。

发电机的解列控制有两种情况：一种是正常停机解列，其过程见停机过程；另一种是断路器跳开的甩负荷过程。

当断路器跳开时，调速器判断开度限制与空载开度的大小。若开度限制小于空载开度，则为正常停机过程；若开度限制大于空载开度，则为甩负荷过程，此时，调速器以一定速度将开度限制关至空载，开度给定受开度限制的限制同时关至空载值，功率给定则以一定的速度关至0，并转入空载运行状态，b_p置空载值，PID参数置为空载控制参数。在甩负荷过程中，若有停机命令，则转为停机控制。

3.2.6 数字协联与实现

1. 转桨式水轮机的协联曲线

对于转桨式水轮机，设置两个调节机构的目的是为了增加水轮机高效率区的宽度，以适应负荷的变化。在桨叶角度一定时，水轮机效率曲线的高效率区比较窄，如图3-22(a)所示，φ_1～φ_5为5根定桨时的效率曲线，而转桨式水轮机的效率曲线是这组曲线的包络线，显然高效率区变宽了。该包络线与每根定桨曲线的切点为该桨叶角度下的最高效率，该点所对应的导叶开度即为最优开度。据此，可找出不同导叶开度，桨叶角度应在何值时，水轮机的效率最高，即$\varphi=f(a)$的关系曲线，此曲线称为协联曲线。协联曲线与水头有关，在不同的水头下，有不同的协联曲线，如图3-22(b)所示。

转桨式水轮机在运行中不仅要持机组转速为某数值，而且还要使桨叶角度与导叶开度之间符合协联关系。桨叶与导叶之间的协联根据实现手段不同可分为机械协联、电气

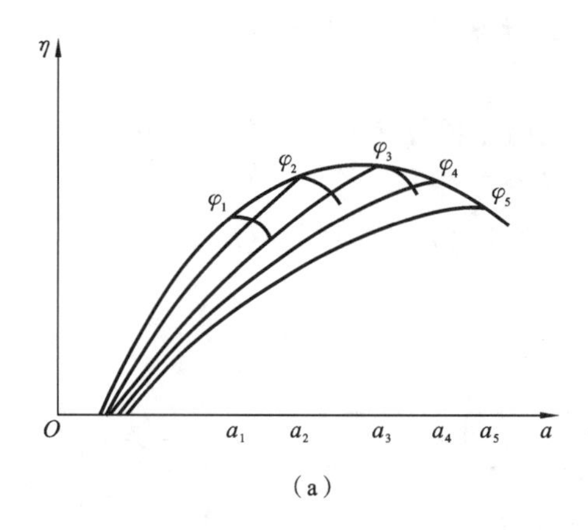

(a)

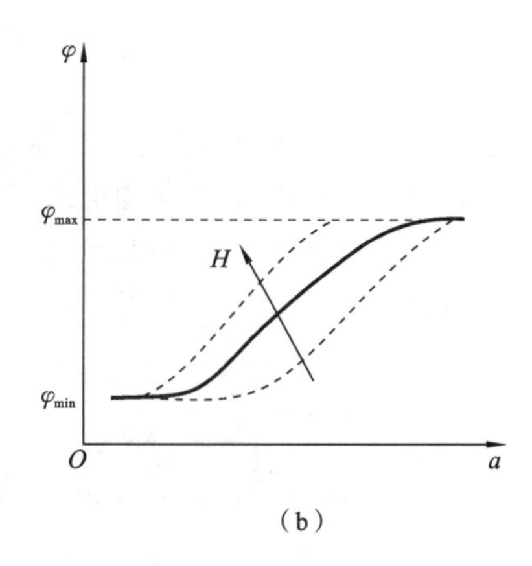

(b)

图 3-22 转桨式水轮机的协联关系

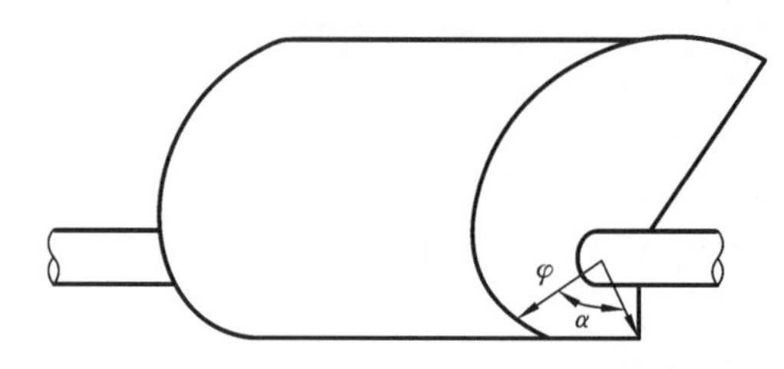

图 3-23 转桨式水轮机的协联关系

协联(模拟电路构成)和数字协联。

在机械协联机构中,其核心部件为机械凸轮,它实质上就是用机械凸轮的外形来重现所给定的协联关系,如图 3-23 所示。在电气协联机构中,也是用函数转换回路来模拟给定的协联关系曲线。因此,转桨式水轮机能否保证在当时条件下的最佳工况点(最高效率点)运行,首先取决于所给定的协联关系曲线是否能保证导叶和桨叶的最佳配合关系。

机械协联虽然安全可靠,但凸轮加工精度低,一般准确度不高;而模拟电路式的函数发生器虽然其协联的准确度要比机械协联高些,但通常因电路比较复杂,调试复杂,还由于封锁二极管受温度影响较大,会导致协联曲线的变化。因此,在微机调速器中,广泛采用数字协联。

2. 数字协联的基本原理

严格讲,转桨式水轮机的协联曲线是一个二元函数,即

$$\varphi=f(a,H) \tag{3-5}$$

式中:φ 为桨叶转角;a 为导叶开度;H 为水轮机工作水头。

若以导叶接力器行程 y_g 与桨叶接力器行程 y_r 表示,则为

$$y_r=f(y_g,H) \tag{3-6}$$

因此,可用一个三参数的空间坐标系来表示协联关系,如图 3-24 所示。

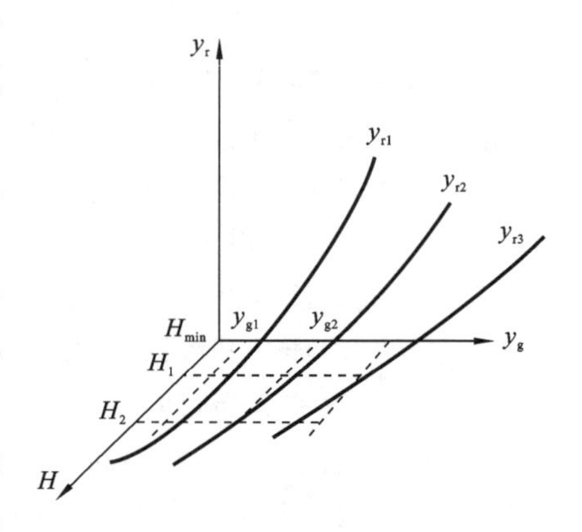

图 3-24 双变量协联曲线

从图 3-24 的协联曲线可以看出这是一个非线性的二元函数。若要用一个数学表达式来计算,通常可采用插值逼近的方法进行近似计算。为便于

对该非线性二元函数的处理，常将其分成若干个区域，并在该区域内作线性化处理，即取该二元函数的一次多项式作为插值逼近函数。

其基本过程是：把协联工作水头范围（H_{min}，H_{max}）与导叶接力器协联开度范围（y_{gmin}，y_{gmax}）所包络的 H-y_g 平面划分为几十个小矩形方块（见图 3-24），则任意一个小方块的四个顶点对应的协联函数值分别为 $y_{r1}=f(y_{g1},H_1)$，$y_{r2}=f(y_{g2},H_2)$，$y_{r3}=f(y_{g3},H_3)$，$y_{r4}=f(y_{g4},H_4)$，将过此四点的协联函数的非线性曲面作线性化处理，以过 y_{r1}、y_{r2}、y_{r3}、y_{r4} 的平面表示，有

$$y_r=ay_g+bH+cy_gH+d \tag{3-7}$$

对于图 3-24 中的点（y_{g1}，H_1），点（y_{g2}，H_2），点（y_{g3}，H_3），点（y_{g4}，H_4），有

$$\begin{cases}y_{r1}=ay_{g1}+bH_1+cy_{g1}H_1+d\\y_{r2}=ay_{g2}+bH_2+cy_{g2}H_2+d\\y_{r3}=ay_{g3}+bH_3+cy_{g3}H_3+d\\y_{r4}=ay_{g4}+bH_4+cy_{g4}H_4+d\end{cases} \tag{3-8}$$

解式（3-8），可得对应的 a、b、c、d 四个系数。因此，当已知水头 H 和导叶接力器行程时，可由式（3-7）计算出桨叶接力器的协联值。

3. 数字协联的实现

对于转桨式水轮机的协联曲线，将其 H-y_g 平面划分为若干个小矩形方块后，可将任意一个小方块区域对应的 a、b、c、d 四个系数存储在计算机内部存储器中。首先，由 H、y 的当前值判断处于哪一个小方块区域；其次，在存储器中找出对应的 a、b、c、d 四个系数；然后按式（3-7）计算桨叶接力器值。

也可将其各小矩形方块顶点的协联函数值用表格的形式表示，并存储在计算机内部存储器中，供数字协联计算用。其计算方法和过程如表 3-1 所示。

表 3-1　转桨式水轮机的协联函数表

水头 H	导叶接力器行程 y_g									
	0.3	0.35	0.4	0.45	0.5	0.6	0.7	0.8	0.9	1.0
13	0	0	0	0	0	0.032	0.164	0.321	0.507	0.729
16	0	0	0	0	0	0.114	0.268	0.457	0.675	0.936
19	0	0	0	0	0.039	0.189	0.371	0.589	0.846	0.936
22	0	0	0	0.032	0.114	0.271	0.468	0.714	0.846	0.936
25	0	0	0	0.075	0.164	0.339	0.557	0.843	0.846	0.936
28	0	0	0.02	0.118	0.211	0.403	0.643	0.843	0.846	0.936
32	0	0	0.07	0.168	0.271	0.493	0.739	0.843	0.846	0.936
34	0	0	0.103	0.207	0.307	0.525	0.739	0.843	0.846	0.936
37	0	0.02	0.132	0.236	0.339	0.557	0.739	0.843	0.846	0.936

转桨式水轮机的协联关系在水头一定的条件下，桨叶转角与导叶开度是一个单变量的函数，其协联曲线如图 3-25 所示。

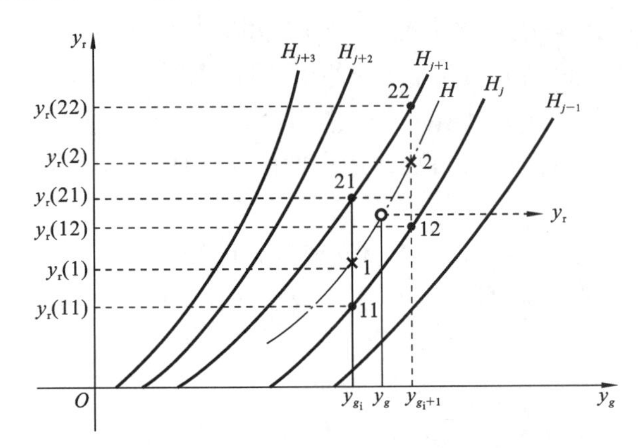

图 3-25　不同水头下的转桨式水轮机的协联曲线

为简化式(3-7)的求解，可通过三次插值的方法完成，其过程如下。

(1) 根据导叶接力器行程(导叶开度)值 y_g 找到表格插值节点 y_{g_i} 和 y_{g_i+1}。

(2) 根据水头值 H 找到表格插值节点 H_j 和 H_{j+1}。

(3) 由节点(y_{g_i},H_j)、(y_{g_i},H_{j+1})线性插值计算出当 $y_g=y_{g_i}$ 时当前水头 H 下的协联工况点 1，即

$$y_r(1)=y_r(11)+\frac{y_r(21)-y_r(11)}{H_{j+1}-H_j}(H-H_j) \tag{3-9}$$

(4) 由节点(y_{g_i+1},H_j)、(y_{g_i+1},H_{j+1})线性插值计算出当 $y_g=y_{g_i+1}$ 时当前水头 H 下的协联工况点 2，即

$$y_r(2)=y_r(12)+\frac{y_r(22)-y_r(12)}{H_{j+1}-H_j}(H-H_j) \tag{3-10}$$

(5) 由 $y(1)$ 和 $y(2)$ 线性插值计算出当前导叶接力器行程 y_g 和当前水头 H 下的协联工况点 y_r，即

$$y_r=y_r(1)+\frac{y_r(2)-y_r(1)}{y_{g_i+1}-y_{g_i}}(y_g-y_{g_i}) \tag{3-11}$$

3.2.7 微机调速器的软件配置

根据水轮机调速器的工作状态与过程任务要求及水轮机调速器的主要功能，调速器的软件程序由主程序和中断服务程序组成。主程序控制微机调速器的主要工作流程，完成实现模拟量的采集和相应数据处理、控制规律的计算、控制命令的发出以及限制、保护等功能。中断服务程序包括频率测量中断子程序、模式切换中断子程序、通信中断服务子程序等，完成水轮发电机组的频率测量、调速器工作模式的切换和与其他计算机间的通信等任务。

微机调速器的控制软件应按模块结构设计，也就是把有关工况控制和一些共用的控制功能先编成一个个独立的子程序模块，再用一个主程序把所有的子程序串接起来。主程序框图如图3-26所示。

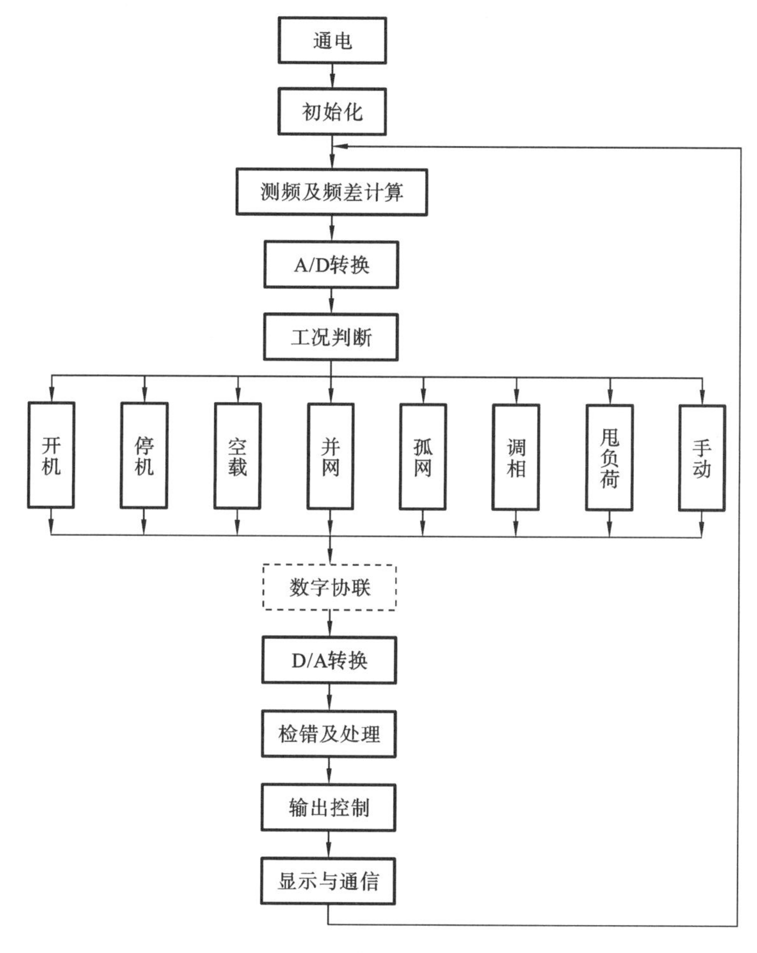

图3-26 主程序流程框图

1. 主程序

当微机调节器接上电源后，首先进入初始化处理，即工作单元的接口模块(如对 FX_{2N} 可编程控制器的特定位元件)设置初始状态；对特殊模块(如 FX_{2N}-4AD 等)设置工作方式及有关参数；对寄存器特定单元(如存放采样周期，调节参数 b_p、b_t、T_d、T_n 等数据寄存器)设置缺省值等。

测频及频差子程序包括对机频和网频计算，并计算频差值。

A/D 转换子程序主要是控制 A/D 转换模块把水头、功率反馈、导叶反馈、桨叶反馈等模拟信号变化为数字量。

工况判断是根据机组运行工况及状态输入的开关信号，以便确定调节器应当按何种工况进行处理，同时设置工况标志，并点亮工况指示灯。

对于伺服系统是电液随动系统的微机调速器，各工况运算结果还需通过 D/A 转换单元变为模拟电平，以驱动电液随动系统。而对于数字伺服系统，则不需要 D/A 转换。

检错及处理子程序是保证输出的调节信号的正确性，因此需要对相关输入、输出量及相关模块进行检错诊断。如果发现故障或出错，还要采取相应的容错处理并报警。严重时，要切换为手动或停机。

输出控制是根据检错及处理模块的结果进行相关控制，如电源上电、电源掉电时的控制处理，双冗余系统的双机切换、自动/手动切换等。

2. 功能子程序

在水轮机调速器中，其配置的功能子程序如下。

（1）开机控制子程序。

（2）停机控制子程序。

（3）空载控制子程序。

（4）PID 运算子程序。

（5）发电控制子程序。发电运行分为大网运行和孤网运行两种情况。在孤网运行时，总是采用频率调节模式。在大网运行时，可选择前述三种调节模式中的任一种调节模式。

（6）调相控制子程序。

（7）甩负荷控制子程序。

（8）手动控制子程序。

（9）频率跟踪子程序。

3. 故障检测与容错子程序

微机调速器检错及处理子程序主要包括如下。

（1）频率测量（含机频、网频）检错。

（2）功率反馈检错。

（3）导叶反馈检错。

（4）水头反馈检错。

（5）随动系统故障及处理。

（6）电源故障处理等。

3.3 微机调速器的控制算法

3.3.1 概述

PID 控制是生产过程中应用最广泛、最成熟的一种控制方法，PID 控制系统原理如图 3-27 所示。

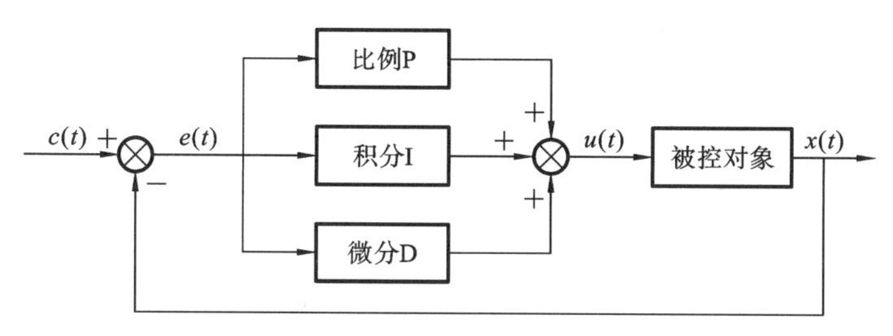

图 3-27　PID 控制系统原理框图

PID 控制器是一种线性控制器，它根据给定值 $c(t)$ 与被控参量(反馈量)$x(t)$ 构成控制偏差：

$$e(t)=c(t)-x(t) \tag{3-12}$$

将偏差的比例(proportional)、积分(integral)、微机(derivative)通过线性组合构成控制量 $u(t)$，对被控对象进行控制，其控制规律为

$$u(t)=K_{\mathrm{p}}\left[e(t)+\frac{1}{T_{\mathrm{I}}}\int_{0}^{t}e(t)+T_{\mathrm{D}}\frac{\mathrm{d}e(t)}{\mathrm{d}t}\right] \tag{3-13}$$

写成传递函数形式为

$$G(s)=\frac{U(s)}{E(s)}=K_{\mathrm{p}}\left[1+\frac{1}{T_{\mathrm{I}}s}+T_{\mathrm{D}}s\right] \tag{3-14}$$

或

$$G(s)=\frac{U(s)}{E(s)}=K_{\mathrm{p}}+K_{\mathrm{I}}\frac{1}{s}+K_{\mathrm{D}}s \tag{3-15}$$

式中：K_{p} 为比例增益；T_{I} 为积分时间常数；T_{D} 为微分时间常数；K_{I} 为积分增益；K_{D} 为微分增益。

PID 控制器各校正环节的作用如下。

(1) 比例环节，即时成比例地反映控制系统的偏差信号 $e(t)$，偏差一旦产生，控制器立即产生控制作用，以减小偏差。比例增益越小，调节速度越慢；比例增益越大，控制量越大，调节过程加快。但过大的 K_{p} 会产生超调，甚至引起系统振荡。

(2) 积分环节，主要用于消除静态误差，提高系统的调节精度。K_{I} 越大(T_{I} 小)，积分作用越强，消除静态的速度加快；反之，K_{I} 越小(T_{I} 大)，积分作用越弱，静态消除的速度越慢。但过大的 K_{I} 可能引起过调，导致系统在平衡点附近反复振荡。

(3) 微分环节，调节量与偏差的微分成正比，能反映偏差信号的变化趋势(变化速率)，并在偏差信号值变得太大之前引入一个早期修正信号，从而可加快系统的响应速度，减小调节时间。$K_{\mathrm{D}}(T_{\mathrm{D}})$越大，抑制超调的能力越强。但过大的 K_{D} 可能使系统产生自激振荡。

3.3.2　位置型离散 PID 控制算法

计算机控制是一种采样控制，它只能根据采样时刻的偏差值计算控制量，因此，式(3-13)中的积分与微分项不能直接使用，需进行离散化处理。若取采样周期为 ΔT，以一

系列的采样时刻点 $k\Delta T$ 代表连续时间 t，采用矩形积分，以和式代替积分，以差分代替微分，则式(3-13)可写为

$$
\begin{aligned}
u(k) &= K_p\left[e(k)+\frac{\Delta T}{T_I}\sum_{j=0}^{k}e(j)+T_D\frac{e(k)-e(k-1)}{\Delta T}\right] \\
&= K_p e(k)+K_I\Delta T\sum_{j=0}^{k}e(j)+\frac{T_D}{\Delta T}[e(k)-e(k-1)]
\end{aligned}
\tag{3-16}
$$

式(3-16)称为位置型 PID 算法，其输出量 $u(k)$ 为全量输出，是执行机构应达到的位置，对水轮机调速器即接力器行程 y。由式(3-16)可知：数字调节器的输出与过去的状态有关，需对偏差信号 $e(k)$ 作累加，计算机运行工作量大。另外，因调节器输出的是执行机构应达到的位置，当计算机发生电源消失等故障时，会使输出量 $u(k)$ 大幅度变化，引起不必要的误动作，导致调节系统严重事故。为此，必须考虑电源消失等保护措施。

3.3.3 增量型离散 PID 控制算法

根据位置式 PID 控制算法，可得 $(k-1)\Delta T$ 时刻的控制器输出为

$$
\begin{aligned}
u(k-1) &= K_p\left[e(k-1)+\frac{\Delta T}{T_I}\sum_{j=0}^{k-1}e(j)+T_D\frac{e(k-1)-e(k-2)}{\Delta T}\right] \\
&= K_p e(k-1)+K_I\Delta T\sum_{j=0}^{k-1}e(j)+\frac{T_D}{\Delta T}[e(k-1)-e(k-2)]
\end{aligned}
\tag{3-17}
$$

由式(3-16)减去式(3-17)，有

$$
\begin{aligned}
\Delta u(k) = u(k)-u(k-1) &= K_p[e(k)-e(k-1)]+K_I\Delta T e(k) \\
&+\frac{K_D}{\Delta T}[e(k)-2e(k-1)+e(k-2)]
\end{aligned}
\tag{3-18}
$$

式(3-18)称为增量式 PID 控制算法，增量式算法只与过去两个时刻的偏差有关，计算工作量小。另外，数字控制器只输出增量，计算机误动作时造成的影响较小，工作模式切换时的冲击也较小，易于加入手动控制。

但增量式控制也有其不足之处：积分截断误差大，有静态误差；溢出的影响大。一般在以晶闸管作为执行器或在控制精度要求较高的系统中，可采用位置式控制算法，而在以步进电机或电动阀门作为执行器的系统中，则可采用增量控制算法。

对于水轮机调速器，因为要引入导叶开度的永态反馈 b_p，一般应计算导叶接力器的位置值，由式(3-18)，采用递推方法，可以方便地得到控制量的位置值，即

$$u(k)=u(k)+\Delta u(k) \tag{3-19}$$

3.3.4 PID 控制算法的改进

1. 积分分离 PID 控制算法

在 PID 控制算法中引入积分的目的是为了消除静差、提高精度。但在控制过程中，

当出现大偏差信号时，会造成 PID 运算的过分积累，致使计算出的控制量超过执行机构可能最大动作范围对应的极限控制量，引起系统较大的超调，甚至引起系统振荡，这在某些生产过程中是不允许的。为此可引入积分分离算法，既保持积分的作用，又可减小超调，使得控制性能有较大的改善。其具体过程如下。

（1）人为设定阈值 E_0。

（2）当 $e(k)$ 的幅值大于 E_0 时，即偏差量较大时，取消积分，采用 PD 控制，可避免过大的超调。

（3）当 $e(k)$ 的幅值不大于 E_0 时，即偏差量较小时，采用 PID 控制，以保证系统的控制精度。

积分分离 PID 控制算法为

$$u(k)=K_{\mathrm{p}}e(k)+K_1 K_{\mathrm{I}}\Delta T\sum_{j=0}^{k}e(j)+\frac{T_{\mathrm{D}}}{\Delta T}[e(k)-e(k-1)] \tag{3-20}$$

或

$$\begin{aligned}\Delta u(k)=u(k)-u(k-1)=K_{\mathrm{P}}[e(k)-e(k-1)]+K_1 K_{\mathrm{I}}\Delta T e(k)\\+\frac{K_{\mathrm{D}}}{\Delta T}[e(k)-2e(k-1)+e(k-2)]\end{aligned} \tag{3-21}$$

式中：

$$K_1=\begin{cases}1 & |e(k)|\leqslant E_0\\0 & |e(k)|>E_0\end{cases} \tag{3-22}$$

2. 遇限削弱积分 PID 控制算法

积分分离 PID 控制算法在开始时不积分，而遇限削弱积分 PID 控制算法则正好与之相反，开始就积分，进入限制范围后停止积分。其基本思想为：当控制进入饱和区后，便不再进行积分项的累加，而只执行削弱积分的运算。其具体过程如下。

（1）计算 $u(k)$ 时，先判断 $u(k-1)$ 是否已超过限制值。

（2）若 $u(k-1)>u_{\max}$，则只对负偏差进行积分。

（3）若 $u(k-1)<u_{\max}$，则只对正偏差进行积分。

（4）若 $u_{\min}\leqslant u(k-1)\leqslant u_{\max}$，则对正、负偏差均进行积分。

其计算公式同式(3-20)或式(3-21)，式中的 K_1 为

$$K_1=\begin{cases}0, & e(k)>0\text{ 且 }u(k-1)>u_{\max}\text{ 或 }e(k)<0\text{ 且 }u(k-1)<u_{\min}\\1, & \text{其他}\end{cases} \tag{3-23}$$

对于水轮机调速器，在开机和甩负荷的过程中，会出现较大的偏差导致控制量的饱和，此时应合理地选择限幅值 $u_{\min}$ 与 $u_{\max}$，以避免出现过大的反向调节，引起系统振荡或使调节时间加长。

3. 不完全微分 PID 控制算法

微分环节的引入，改善了系统的动态特性，但微分对干扰信号特别敏感。从式(3-16)可知，理想微分环节有如下特点：① 微分项的输出只在第一采样周期内起作用，对于时间常数较大的系统，其调节作用很小，不能达到超前控制误差的目的；② 微分作用在第一个采样周期很强，容易溢出。为此，可在微分环节中引入低通滤波器（一阶惯性环

节)来抑制高频干扰和克服上述缺点。

微分算式改为

$$U_D(s)=\frac{K_D s}{1+T_{1D}s}E(s) \tag{3-24}$$

4. 微分先行 PID 控制算法

微分先行 PID 控制算法有两种结构形式,如图 3-28 所示。其基本思想是先进行微分运行,再进行 PI 运行,故又称为串联 PID。

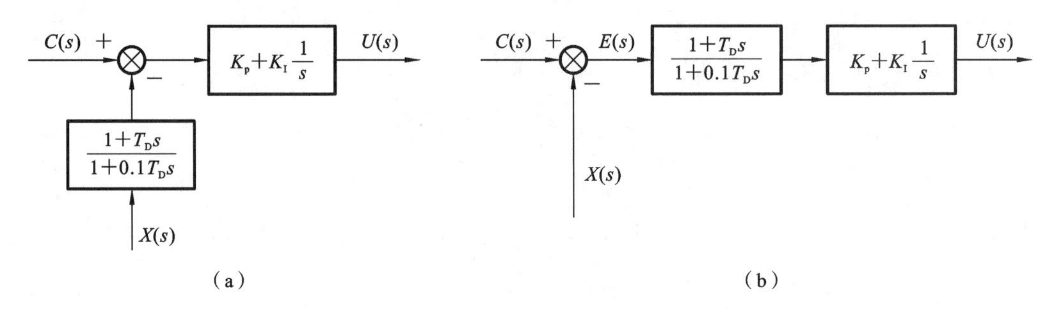

图 3-28　微分先行 PID 控制

图 3-28(a)为被调量微分,其只对反馈量 $x(t)$进行微分,而对给定值 $c(t)$不进行微分。这种控制方式适合给定值频繁进行调整的场合。

图 3-28(b)为对偏差进行微分,在水轮机模拟式调节器中,采用这种方式的较多。

5. 带死区的 PID 控制算法

在实际的控制系统中,为了避免控制动作的过于频繁,可采用带死区的 PID 控制,如图 3-29 所示。控制偏差 $e(k)$先引入非线性环节产生新的控制偏差 $e_n(k)$,再进行 PID 运算。

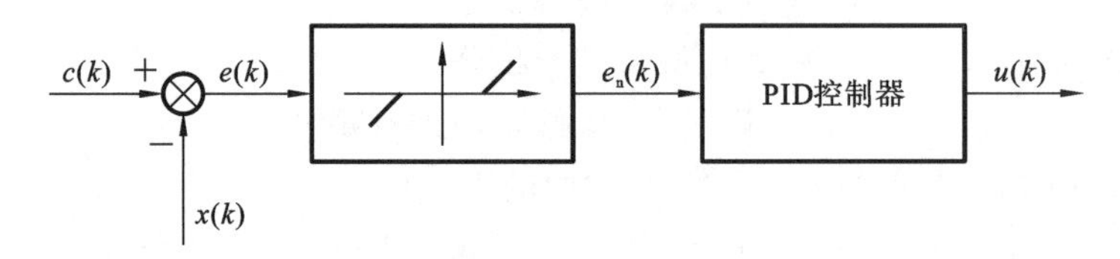

图 3-29　带死区的 PID 控制

死区是一个可调节的参数,其具体数字根据实际情况确定。对于并入大电网带基荷的水轮发电机组,调速器往往投入到人工失灵区,以保证机组在系统频率较小范围的变动不参与调节,保证基荷不变。

3.3.5　微机调速器常用的 PID 控制系统结构

在水轮机微机调速器中,采用的 PID 控制有如下几种常见形式。在水轮机调节中，控制量一般为导叶接力器行程，故以导叶接力器行程 y 代替常规PID算法中的控制量 u。

1. 串联PID控制

串联式PID型水轮机调速器是以常规的PI型调速器为基础，在测频回路中增加一个微分环节构成，如图3-30所示。图3-30(a)类同于图3-28(b)；图3-30(b)则是基于机械液压调速器的原理构成，其比例、积分、微分放大系数是由暂态转差系数 b_t、缓冲时间常数 T_d，加速度时间常数 T_n（微分时间常数）相互关系所决定的。显然，比例、积分、微分三个作用系数相互影响，不易调整。除了少量引进的国外调速器中有采用外，在国内生产的微机调速器中基本不再采用。

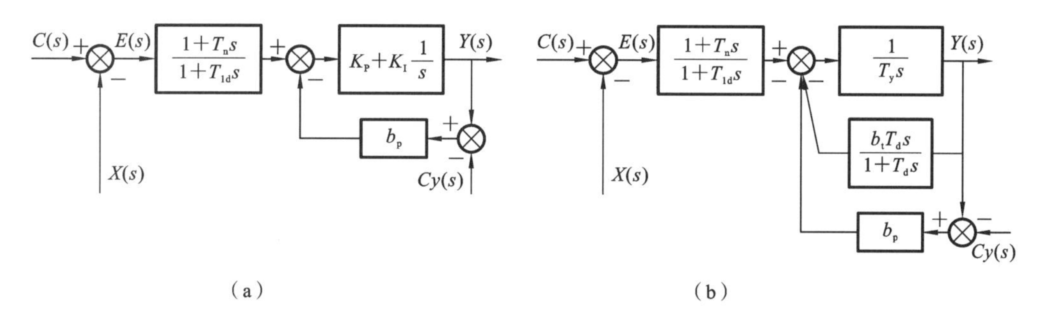

图3-30 带死区的PID控制

2. 并联PID控制模型一

并联式PID型水轮机调速器由实现P、Ⅰ、D调节规律的三个独立单元并联形成，其最大特点是比例、积分、微分放大系数相互独立，因而参数容易整定，相互无干扰。国外引进的微机调速器采用的并联PID控制器模型如图3-31所示。

3. 并联PID控制模型二

根据并联PID的使用情况，在工程中提出了多种改进方案，图3-32所示的是国内微机调速器采用较为广泛的一种并联PID控制模型。

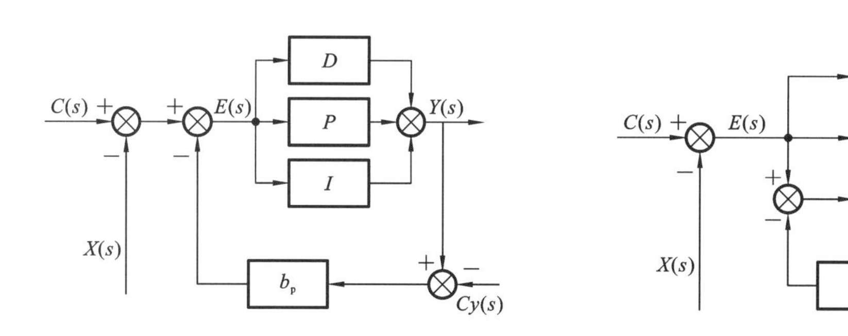

图3-31 并联PID控制模型一

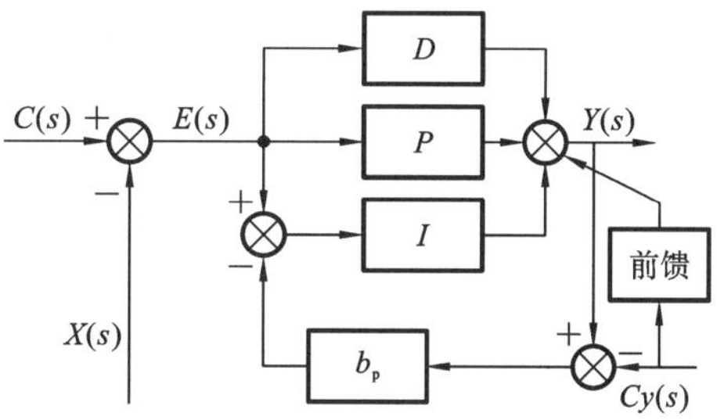

图3-32 并联PID控制模型二

与模型一不同的是，开度反馈仅对积分环节起作用，图3-32中的前馈控制是为加快开度给定的响应速度而增加的。研究表明，并联PID控制模型二比模型一有更好的动态

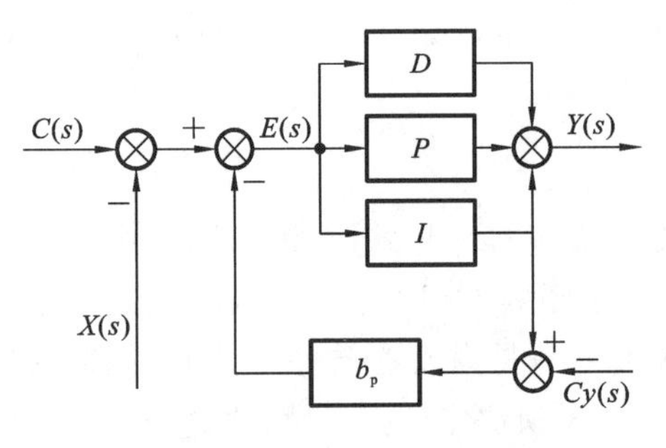

图 3-33　并联 PID 控制模型三

性能和更宽的稳定域。

4. 并联 PID 控制模型三

国内有部分厂家采用了如图 3-33 所示的并联 PID 控制模型，该模型的开度反馈量取自积分环节，综合点仍在 PID 环节前，即同时作用于比例、积分与微分环节。可证明并联 PID 控制模型三与模型二对频率信号和频率给定信号有相同的响应特性，但模型三与模型二对开度给定的响应特性略有差异。

3.4　新型 PID 控制算法

PID 控制器是目前工业现场使用较为普遍的控制器，其结构简单，在设计和使用过程中不受模型建模精度的约束，同时其控制效果能满足许多系统对控制精度的要求，在各个领域内都有使用并获得了良好的效果。但是，PID 控制器的控制效果主要取决于控制器参数的设置，不同的参数会使控制器的效果大相径庭，在工程现场往往会由于控制器参数的设置问题导致系统无法高效运行，从而降低生产效率。随着工业生产技术的发展，在工程中出现了越来越多具有复杂非线性、非最小相位等特性的系统，常规的 PID 控制器虽然简单易用，但其控制参数的整定较为困难，而整定好的一组控制参数可能无法适应系统运行状态的变化，无法获得良好的动态和静态性能，导致系统的运行效率降低。

3.4.1　分数阶理论与分数阶 PID 控制器

作为传统微积分理论向着分数阶系统的推广，分数阶微积分理论因其对复杂系统和复杂现象的建模描述简洁清晰、物理意义明确等优点，吸引了诸多专家、学者的注意。分数阶微积分理论以研究分数阶微积分算子为出发点，其演变和发展过程中出现了多种不同的定义和表达方式，其中 Caputo 定义的拉普拉斯变换式更为简洁，适合时间分数阶导数的计算，在分数阶控制系统研究领域得到了广泛的应用。对某一连续可导函数 $f(t)$，其 a 阶 Caputo 定义的分数阶微积分为

$$ {}_0D_t^{\alpha} f(t) = \frac{1}{\Gamma(n-\alpha)} \int_0^t \frac{f^n(t)}{(t-\tau)^{\alpha+1-n}} \mathrm{d}\tau \tag{3-25} $$

式中：${}_0D_t^{\alpha}$ 为分数阶微积分算子；$\Gamma(\cdot)$ 为 Euler Gamma 函数。

为方便工程应用，分数阶微积分方程通常需要转化为代数方程的形式，在零初始条件下对其进行拉普拉斯变换有

$$\int_0^{\infty} \mathrm{e}^{-st} D^{\alpha} f(t) \mathrm{d}t = s^{\alpha} F(s) \tag{3-26}$$

近年来，随着分数阶微积分理论的不断深入研究与发展，其与现代控制理论的结合也越发紧密，基于分数阶微积分的控制器在许多研究领域得到了实施和应用。考虑到分数阶控制器在研究与工程实际应用时，需要对相应的分数阶微积分算子进行离散化近似实现，Oustaloup 递推滤波器及其改进算法被较多的研究者所采用，在需求频段内能高精度的拟合和逼近分数阶微积分，以对 (ω_b, ω_h) 频段实现分数阶微分算子 s^{α} 近似为例，Oustaloup 滤波器表达式为

$$s^{\alpha} \approx K \prod_{k=-N}^{N} \frac{s + \omega'_k}{s + \omega_k} \tag{3-27}$$

式中：$\omega_k = \omega_b \left(\frac{\omega_h}{\omega_b}\right)^{\frac{k+N+\frac{1+\alpha}{2}}{2N+1}}$；$\omega'_k = \omega_b \left(\frac{\omega_h}{\omega_b}\right)^{\frac{k+N+\frac{1-\alpha}{2}}{2N+1}}$；$K = \omega_h^{\alpha}$；$\alpha$ 是分数阶微积分的阶次；$(2N+1)$ 为滤波器的阶次。N、ω_b、ω_h 的数值根据数值逼近的精度需求来选取。

作为经典 PID 控制器的扩展形式，分数阶 PID 控制器最早由 Podlubny 教授提出，其控制率变化范围更为宽广，分数阶 PID 控制器的传递函数为

$$\frac{U(s)}{E(s)} = K_p + \frac{K_i}{s^{\lambda}} + K_d s^{u} \tag{3-28}$$

式中：E 为控制偏差；U 为控制器输出；K_p、K_i 和 K_d 为增益参数；λ 为积分阶次；μ 为微分阶次。由式(3-28)可知，传统 PID 控制器是分数阶 PID 控制器在积分参数 $\lambda=1$ 和微分参数 $u=1$ 时的一个特例，因为可调节参数的扩展，分数阶 PID 控制器具有更好的适应性、灵活性和获得更优秀控制性能的潜力。

3.4.2　自适应模糊 PID 控制器

1. 模糊控制理论

模糊数学理论是美国学者 L. A. Zadeh 于 1965 年首次提出的一种针对模糊现象的数学处理方法。模糊数学理论的自然原理可以理解为模拟人类对自然界万物的感知、认识和互动方式，人类对客观世界的理解并不能用数值化的语言来表现，而是通过一种模糊的表达方式来实现，因此将精确的数学逻辑、数值表达进行模糊处理来表现更多的信息、更丰富的内涵，对于研究客观世界中的数学问题来说具有启发意义。模糊数学理论在被引入到控制领域后形成了一种被广泛使用的模糊控制理论，是智能控制技术的一个重要分支。

在实际的控制系统研究中，很多系统都具有时变、复杂非线性和非最小相位等特点，这些特点决定了传统的控制理论可能无法对这类系统产生良好的控制效果。模糊控制理论将专家的先验知识和实际经验用模糊语言的方式表现出来，利用这些模糊语言去对系统实施控制，模拟了专家在解决控制问题时的推理和决策的过程。模糊理论的运作特点决定了它对具有复杂非线性的系统具有良好的控制效果，即使在模型无法精确描述的

情况下也能实现较好的控制。

模糊控制实现的前提是能形成一个根据专家实际经验生成的模糊规则数据库，库内要包含系统的模糊规则、推理规则和一些必要的数据信息。在形成了模糊规则数据库后，模糊控制的一般流程具有三个步骤：首先，将被控对象反馈过来的采样信号依据模糊规则进行变量模糊化；然后，将模糊化后的变量作为模糊推理模块的输入，依据模糊推理规则进行推理，推理得到的结果作为模糊推理模块的输出；最后，将模糊推理结果进行解模糊处理，并作用到被控系统中，实现对系统的模糊控制。使用模糊控制的系统逻辑结构图如图 3-34 所示。

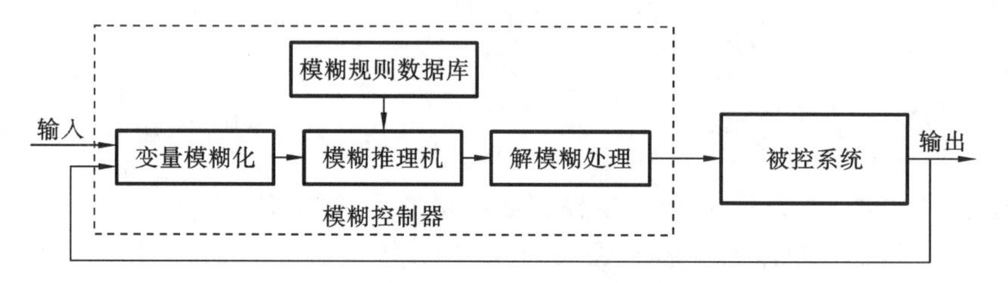

图 3-34　模糊控制系统逻辑结构图

在进行模糊推理前，必须先将精确的反馈变量数值进行模糊化处理，把数值变量转换成模糊语言值，如“较小”“小”“大”“较大”等词汇。这些模糊词汇组成了变量的模糊域，词汇之间没有清晰的界限，只是粗略地将变量划分成不同的等级。

在实际的应用中，通常将被控系统反馈的变量与给定值的偏差和偏差变化率作为控制器的输入信号，然后将这两个输入信号通过隶属度函数映射到模糊域中，确定输入信号对应的模糊语言值。通常情况下，模糊语言值的划分越细致、等级越多，对变量的描述就越准确，但是过细的等级划分给模糊控制规则的设计带来困难，从而影响最终的控制效果。在工程应用中，一般将模糊域划分为极小、较小、小、零、大、较大、极大七个等级，分别用 NB、NM、NS、ZO、PS、PM、PB 来表示。

输入信号映射至模糊域需要通过隶属度函数来实现，不同的隶属度函数具有的不同的表现形式，对变量模糊化后的等级划分具有不同的效果，但在本质上并没有太大区别。工程中常用的隶属度函数有三角形型、梯形型、高斯型等，其中三角形型最为常用。三角形型隶属度函数如式(3-29)所示，其分布图像如图 3-35 所示，则有

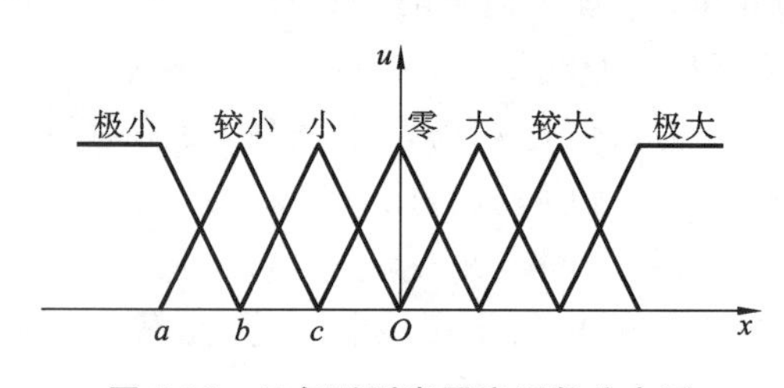

图 3-35　三角形型隶属度函数分布图

$$\begin{cases} u(x)=\dfrac{x-a}{b-a}\ (\text{当 } a<x<b \text{ 时}) \\ u(x)=\dfrac{x-c}{b-c}\ (\text{当 } b<x<c \text{ 时}) \end{cases} \tag{3-29}$$

模糊规则数据库包括系统知识数据库和模糊规则库，包含了对系统实施控制所需的先验知识和专家经验。系统知识数据库中含有状态变量的隶属度函数、尺度变换因子和模糊域的分级规则。模糊规则库包含将专家经验进行加工、提炼后得到的模糊控制规则，在整个模糊控制的过程中，负责向模糊推理模块提供推理依据。模糊控制规则是由

一系列的逻辑推理语句组成，通常表示为“if… then…”的形式，将所有的模糊控制规则集合到一起可以形成模糊控制规则表。以存在两个模糊变量输入的七分化模糊域为例，可以形成形式如表3-2所示的模糊控制规则表。根据该表所包含的内容，若确定两个模糊变量输入的隶属情况，就可以推导出模糊推理模块的输出信息。模糊控制规则表是模糊控制的核心内容，依赖于相关领域的专家经验和先验知识，对控制器性能的优劣起决定性作用。

表3-2　模糊控制规则表

项目	NB	NM	NS	ZO	PS	PM	PB
NB	ZO	ZO	ZO	ZO	ZO	ZO	ZO
NM	PS	PS	ZO	ZO	ZO	PS	PS
NS	PM	PB	PM	PM	PM	PB	PM
ZO	PB	PB	PB	PB	PB	PB	PB
PS	PM	PB	PM	PM	PM	PB	PM
PM	PS	PS	ZO	ZO	ZO	PS	PS
PB	ZO	ZO	ZO	ZO	ZO	ZO	ZO

模糊推理模块是模糊控制的关键，它根据模糊变量输入的隶属情况，依据模糊规则数据库进行推理计算，从而得到一个用模糊词汇表示的变量，进一步可通过解模糊处理得到模糊控制器的控制输出。模糊控制中常用的模糊推理模型包括Larsen乘积运算模糊推理模型、Takagi-Sugeno加权平均模糊推理模型和Mamdani最小运算法模糊推理模型，由于受工程应用中实时性要求的限制，推理运算过程相对简单快速的Mamdani最小运算法模糊推理模型被广泛使用。

模糊推理模块输出的是一个用模糊词汇表示的变量，无法直接使用在被控对象上，必须先将该模糊变量转换成数值变量，从而确定实际的控制量，这个过程就是解模糊处理。工程中常用的解模糊处理方法包括加权平均法、最大平均法、中位数法和最大隶属度法等。不同的解模糊处理方法各有优缺点，如最大隶属度法计算速度快，但是忽略了过多的重要信息；中位数法包含了较多的信息，却大幅提高了计算复杂度；加权平均法比中位数法有更好的静态性能，但动态性能却稍显不足。在工程应用中，应根据实际需求选择最优的解模糊处理方法，在保证计算速度的同时，尽可能地提高信息的保留度和计算精度。

2. 自适应模糊PID控制器

模糊控制是现代智能控制领域内极具研究潜力的控制技术，模糊逻辑能使控制系统从数值化的表现形式转化为模糊语言的表现形式，使系统具有较强的鲁棒性和抗干扰能力。模糊控制器的设计不需要被控对象的精确数学模型，因此可以用来解决不确定性系统的控制问题，同时模糊控制的包容性较强，易于和各类传统控制技术相结合以便取得更好的控制效果。模糊PID控制便是把模糊控制和PID控制的优点相结合的一种控制技术，在控制领域的研究中获得了广泛关注。本文基于模糊PID的控制思想，设计了一种用于抽水蓄能机组调速系统频率控制的自适应模糊 PID 控制器，其结构框图如图 3-36 所示。

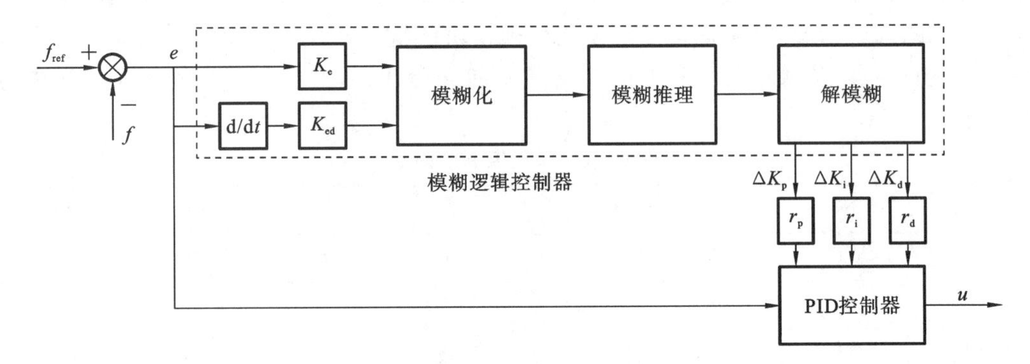

图 3-36　自适应模糊 PID 控制器结构框图

由图 3-36 所示的控制器结构可知，自适应模糊 PID 控制器由一个模糊调节器和一个标准的 PID 控制器组成。模糊调节器接收从机组反馈的频率误差信号，将误差信号和误差信号的微分作为模糊推理的输入变量，通过模糊规则库中存储的 PID 控制器三参数与两个误差输入变量之间的模糊关系，推理出三个参数调节模糊变量，经解模糊处理后，再作用于 PID 控制器的三个参数，实现对 PID 控制器参数的在线调节，从而使控制器得到更好的动态和静态性能。PID 控制器的参数调节方式如式(3-30)所示，自适应模糊 PID 控制器的最终控制输出如式(3-31)所示：

$$\begin{cases} K_p(t)=K_p(t-1)+r_p\times\Delta K_p \\ K_i(t)=K_i(t-1)+r_i\times\Delta K_i \\ K_d(t)=K_d(t-1)+r_d\times\Delta K_d \end{cases} \tag{3-30}$$

$$u(t)=K_p(t)\times e(t)+K_i(t)\times\int_0^t e(t)+K_d(t)\times\frac{\mathrm{d}e(t)}{\mathrm{d}t} \tag{3-31}$$

式中：$K_p(t)$、$K_i(t)$和 $K_d(t)$分别表示 PID 控制器当前时刻的控制参数；$K_p(t-1)$、$K_i(t-1)$和 $K_d(t-1)$分别表示 PID 控制器上一时刻的控制参数；r_p、r_i 和 r_d 分别表示三个控制器参数调节量的调整系数；ΔK_p、ΔK_i 和 ΔK_d 分别表示控制参数调节量；$e(t)$表示机组频率与频率设定值之间的偏差值；$u(t)$表示自适应模糊 PID 控制器输出。

控制参数调节量 ΔK_p、ΔK_i 和 ΔK_d 是由模糊推理机依据模糊规则库中的预设的模糊推理规则所推理得到的，本文中的模糊推理模型为 Mamdani 最小运算法。模糊规则库中存储的模糊域将输入和输出变量都划分为七个模糊等级，分别为 NB、NM、NS、ZO、PS、NM、PB，为了控制器中的模糊计算过程，选用三角形型隶属度函数作为输入输出变量的隶属度函数，每个不同的变量都有独立的隶属度边界，使用的三角形型隶属度函数如图 3-37 所示。

由于在模糊域中的使用了七个等级划分，所以对于每个控制参数调节量，都需设置 49 条模糊规则用以进行模糊推理。它包含三个控制参数调节量的整体模糊规则表(见表 3-3)，由模糊推理规则所绘制的三维曲面如图 3-38 所示。

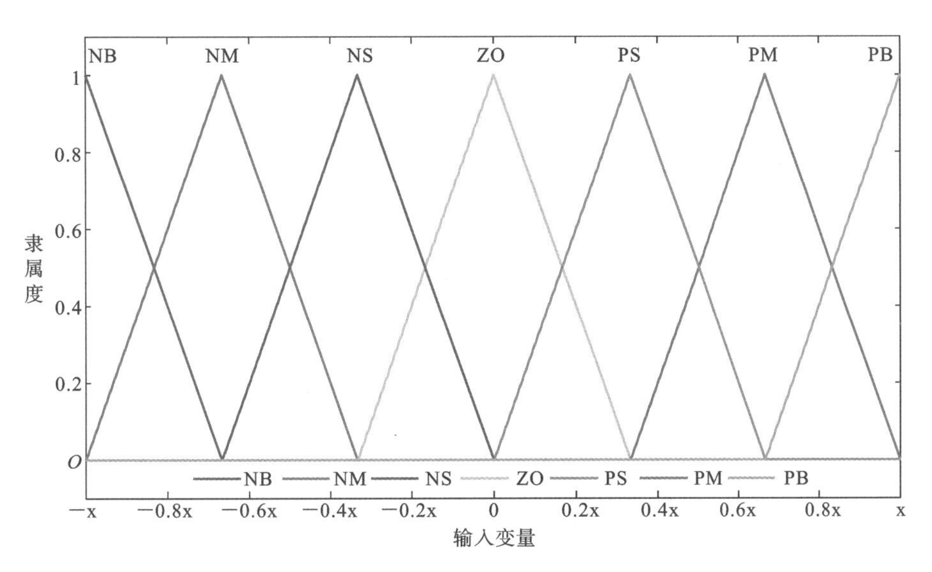

图 3-37　三角形型隶属度函数

表 3-3　控制参数调节量的整体模糊规则表

$e(t)$	$e(t)$		
	ΔK_p	ΔK_i	ΔK_d
	NB NM NS ZO PS PM PB	NB NM NS ZO PS PM PB	NB NM NS ZO PS PM PB
NB	PB PB PM PM PS ZO ZO	NB NB NM NM NS ZO ZO	PS NS NB NB NB NM PS
NM	PB PB PM PS PS ZO NS	NB NB NM NS NS ZO ZO	PS NS NB NB NB NM PS
NS	PM PM PM PM ZO NS NS	NB NM NS NS ZO PS PS	ZO NS NM NM NS NS ZO
ZO	PM PM PS ZO NS NM NM	NM NM NS ZO PS PM PM	ZO NS NS NS NS NS ZO
PS	PS PS ZO NS NS NM NM	NM NS ZO PS PS PM PB	ZO ZO ZO ZO ZO ZO ZO
PM	PS ZO NS NM NM NM NB	ZO ZO PS PS PM PB PB	PB NS PS PS PS PS PB
PB	ZO ZO NM NM NM NB NB	ZO ZO PS PM PM PB PB	PB PM PM PM PS PS PB

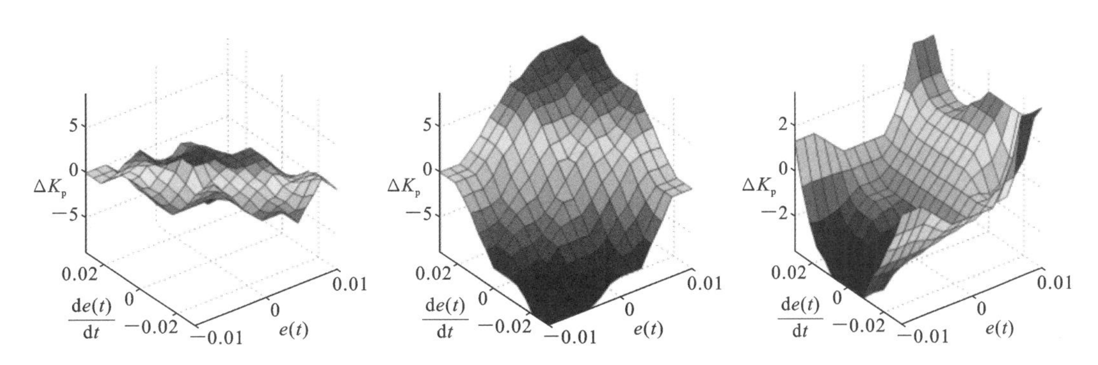

图 3-38　模糊推理规则的三维曲面

在系统反馈的误差信号和误差信号的微分进入变量模糊化过程之前，分别通过两个增益系数[K_e，K_{ed}]进行处理；在将推理所得的模糊控制变量解模糊处理后，分别使用三个调节系数[r_p，r_i，r_d]进行处理，再用于PID控制器参数的调整。常规的模糊PID控制对模糊隶属度函数的边界值设置较为敏感，边界值的设定依赖于专家工程经验。上述五个增益参数的设置，使得模糊隶属度函数的边界值的重要性降低，但是增益参数的设置变得更为重要。因此，本文引入智能优化算法对自适应模糊PID控制器的五个增益参数以及三个PID参数进行智能优化整定，以期实现良好的控制效果。

3.5 课后习题

1. 微机调速器有哪些优点？在电厂中担任什么任务？
2. 微机调速器的基本结构包括哪些部分？其主要功能是什么？
3. 常见微机调速器的调节模式有哪些？各自适用的工况是什么？
4. 试说明微机调速器中哪些参数需要进行A/D转换，其基本原理是什么？
5. 什么叫位置型PID控制算法？什么叫增量型PID控制算法？
6. 机组并网前和并网后的控制有何区别？

第4章

水轮机调速器伺服系统与油压装置

水轮机微机调速器与电气模拟液压调速器均采用了调节器+电液随动系统的结构模式，如图 4-1 所示。调节器完成调速器的信号采集、数据运算、控制规律实现、运行状态切换、控制值输出及其他附加功能，并以一定方式输出控制结果作为液压随动系统的输入，是微机调速器的核心。液压随动系统则把电子调节器送来的电气信号转换放大成相应的机械信号，并进行导叶的操作，是微机调速器的执行机构。近年来，机械液压行业的各种伺服系统纷纷被引入到水轮机调速器行业，使微机调速器的伺服系统呈现出多样化的局面。

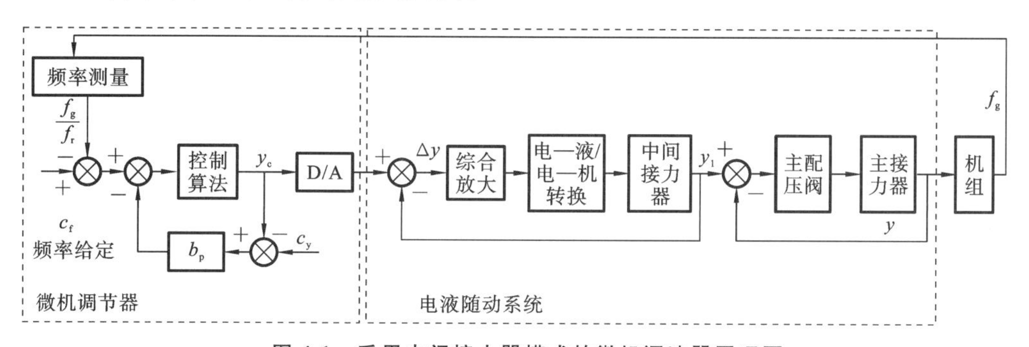

图 4-1　采用中间接力器模式的微机调速器原理图

根据信号综合方式的不同，水轮机调速器电液随动系统分为：① 电气（模拟）量综合的一级电液随动系统；② 数字量综合的一级电液随动系统；③ 机械量综合的二级电液随动系统。根据所采用的电/液（机）转换元件的不同，目前已在水电站应用的有：电液伺服阀驱动的电液随动系统、基于电液比例阀驱动的电液比例伺服系统、基于交流伺服电机或直流伺服电机驱动的电机式伺服系统、基于步进电机驱动的步进电机伺服系统和基于电磁换向阀驱动的数字式伺服系统。在这五种伺服系统中，前三种都属于电液伺服系统（或称电液随动系统），后两种则属于数液伺服系统。

4.1 液压放大元件

水轮机调速器伺服系统的关键部件为电/液(机)转换元件和液压放大元件。本章对有关电/液(机)转换元件结合具体的伺服系统进行介绍。本节主要讨论电液伺服系统中的液压放大元件。如第2章所述,为保证足够大的运动行程和操作力矩,水轮机调速器伺服系统一般采用两级液压放大。根据液压随动系统结构的不同,有两种不同的模式,分别如图4-1和图4-2所示。图4-1为采用中间接力器的模式,第一级液压放大由引导阀和中间接力器构成;第二级液压放大由主配压和主接力器构成,这种结构在实质上为两级液压随动系统。图4-2为采用辅助接力器的模式,第一级液压放大由引导阀和辅助接力器构成;第二级液压放大由主配压和主接力器构成。

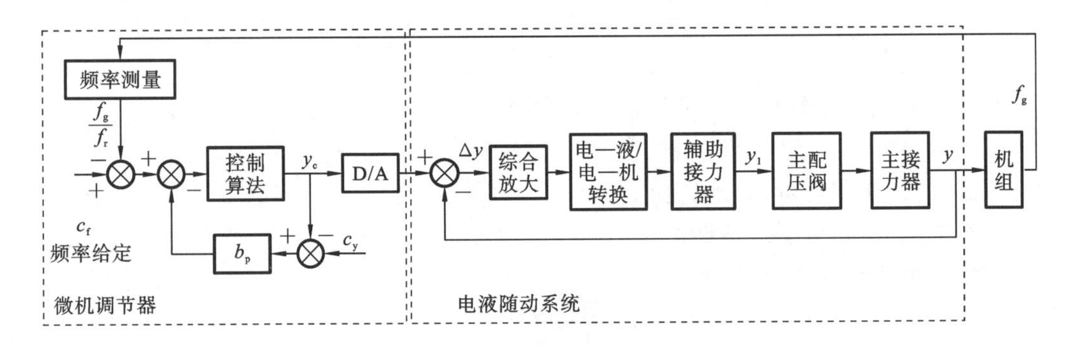

图4-2 采用辅助接力器模式的微机调速器原理图

4.1.1 液压放大原理

液压放大装置起到放大信号幅值和功率的作用,它的输入信号是配压阀体的位移,输出信号是接力器活塞的位移。主配压阀是调速器电液随动系统和机械液压随动系统的功率级液压放大器,它将电/机转换装置机械位移或液压控制信号放大成相应方向的、与其成比例的、满足接力器流量要求的液压信号,并控制接力器的开启或关闭。主配压阀的主要结构有两种:带引导阀的机械位移控制型和带辅助接力器的机械液压控制型。对于带辅助接力器的机械液压控制型主配压阀,必须设置主配压阀活塞至电/机转换装置的电气或者机械反馈,其原理图如图4-3所示。前置级液压放大器均以位移输出,控制主配压活塞,主配压阀输出的压力油注入主接力器,控制主接力器活塞,驱动调速器的负载(导水叶机构)。主配压阀将其控制作用$s(t)$机械位移转换成压力油的流量Q,其大小、方向与控制作用$s(t)$的位移量及方向有关。主配压阀将输出的压力油的流量Q注入主接力器,控制主接力器活塞运动,其运动速度和方向与注入的流量大小和方向有关。因

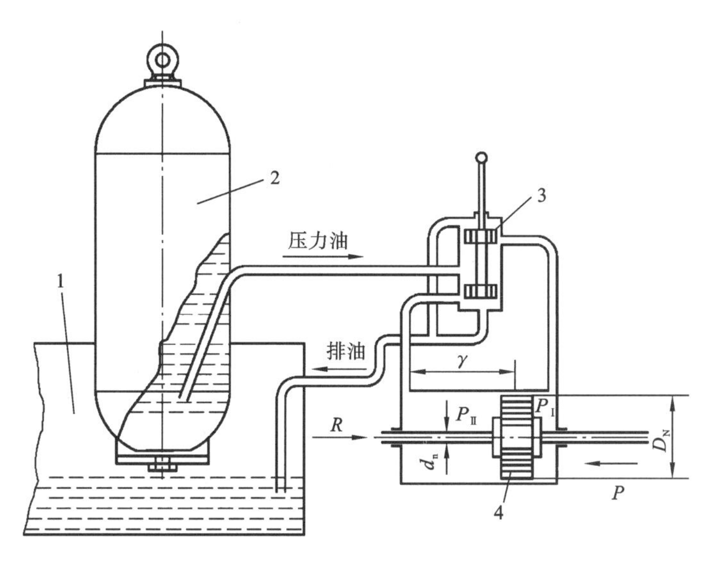

图 4-3　主配压阀和主接力器组成的末级液压放大

1—回油箱；2—压力油罐；3—主配胜阀活塞；4—接力器活塞

此，主接力器将压力油的流量转换为具有一定推力的位移 $y(t)$。

末级液压放大器与前置级液压放大器不同，主接力器的位移输出不向主配压阀活塞反馈，由第 2 章可知，由主配压阀和主接力器组成的是一个积分环节。其输出 $y(t)$的表达式为

$$y(t)=\frac{1}{T_y}\int_0^t s(t)\mathrm{d}t \tag{4-1}$$

末级液压放大的传递函数为

$$\frac{Y(s)}{S(s)}=\frac{1}{T_y s} \tag{4-2}$$

主配压阀和主接力器是调速器中十分重要的部件，下面将分别进行介绍。

4.1.2　主配压阀

主配压阀也是一种起着控制液流方向和大小的滑阀，称之为主配压阀，因为它在调速器中是最终起控制执行机构（主接力器）作用的滑阀，有别于前置级的引导阀或起其他辅助作用的滑阀。

1. 主配压阀形式

主配压阀一般由主配压阀活塞、衬套壳体以及附件组成。与一般滑阀相同，可按液流进入和离开滑阀的通道数目、滑阀活塞的凸肩数目分类，在调速器中常采用的主配压阀有如下 4 种形式，如图 4-4 所示。

图 4-4(a)所示的是两凸肩四通滑阀，图 4-4(b)所示的是三凸肩四通滑阀，图 4-4(c)

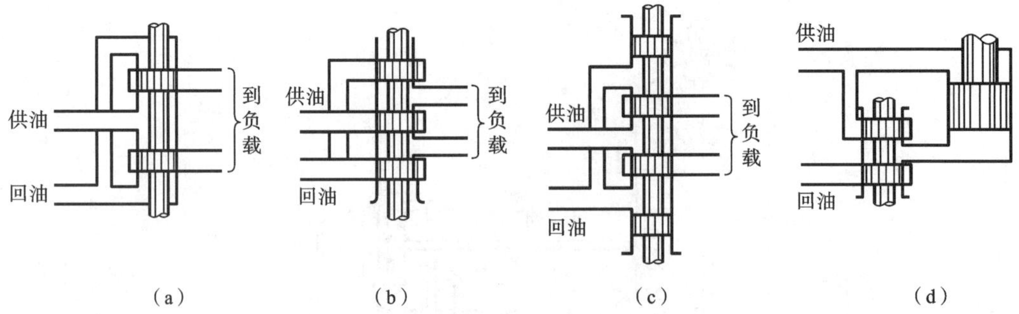

图 4-4 主配压阀常用 4 种形式

所示的是四凸肩四通滑阀,图 4-4(d)所示的是带负荷的两凸肩三通滑阀(又称带差动缸的两凸三通滑阀)。20 世纪 60 年代以前生产的大型调速器多采用两凸肩的四通滑阀。近 10 多年来生产的大型微机调速器大多数采用三凸肩四通滑阀,部分调速器采用了四凸肩四通滑阀。此外为了缩短主配压阀的轴向尺寸和简化机构,DZYWT 型交流伺服电机驱动的中型调速器采用了带差动活塞的主接力器的两凸肩三通滑阀的结构。

两凸肩四通滑阀一般结构简单、长度短、容易加工制造,但是,当阀芯离开零位开启时,由于受液流在回油管道中流动阻力的影响,阀芯两端面所受压力不平衡,其合力促使进一步开启,因此,这种阀在零位上处于不平衡状态。此外,若阀套(衬套)上的窗口宽度较大,则凸肩容易被阀套卡住。三凸肩或四凸肩四通滑阀避免了这些缺点,并允许有较高的回油压力。

按主配压阀活塞与前置级的辅助接力器连接方式来分,主配压阀有两种结构:一种是辅助接力器与主配压阀活塞分离的结构;另一种是两者连成一体的结构。图 4-5 所示的是分离式结构主配压阀的典型结构图。由于辅助接力器与主配压阀活塞是两个工件,可以分开加工,因此制造容易,但安装较难,主配压阀的总体尺寸较长。目前,微机调速器大多数采用辅助接力器与主配压阀活塞合为一体的结构,其典型结构如图 4-6 所示。这种结构的零件少、结构简单、安装也比较方便。

根据调速器在电站的布置方式,主配压阀壳体设计有两种形式:一种是悬挂式结构(我国生产的大型调速器大多是这种);另一种是座式结构(国外调速器采用这种结构较多)。当调速器布置在发电机层时,一般调速器柜在楼板上面,而将主配压阀悬挂在楼板下面,所以进出调速器的油管都在主配压阀壳体的底部。当调速器布置在水轮机层时,调速器一般安装在接力器附近的地板上,主配压阀进出调速器的油管都布置在主配压阀壳体的两侧。与悬挂式相比,它不仅安装方便,而且进出油管短。悬挂式调速器柜布置在发电机层,便于运行人员监视和管理。当前,我国微机调速器的故障率较低,都设置了电气手操,具备将调速器机械液压部分安装于水轮机层的条件,今后新建电站可考虑多采用座式调速器。应该指出的是,座式和悬挂式只是指调速器主配压阀壳体和进出油管部位的变化,是外部形态的变化。任何种类的主配压阀都可设计成这两种形式。

2. 调速器容量和主配压阀尺寸

中小型调速器的容量都是以接力器工作容量来表征的,所谓工作容量,是指在设计

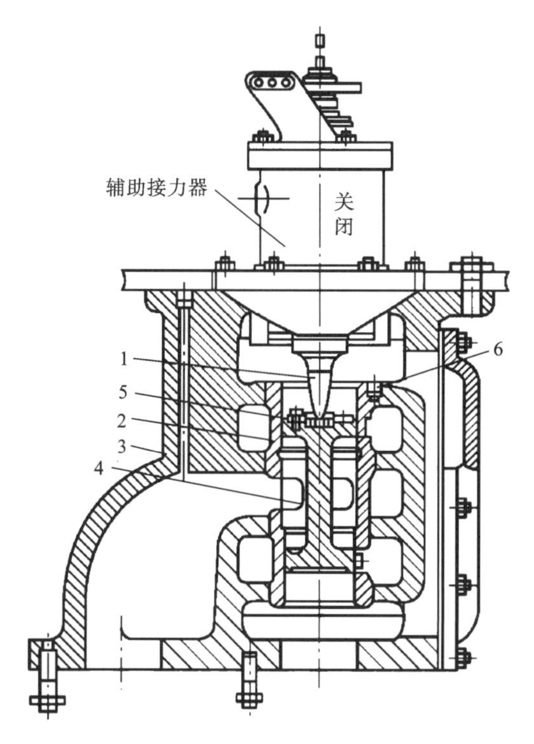

图4-5　分离式结构主配压阀的典型结构图

1—支杆；2—衬套；3—壳体；4—主配压阀活塞；5—螺钉；6—固定螺钉

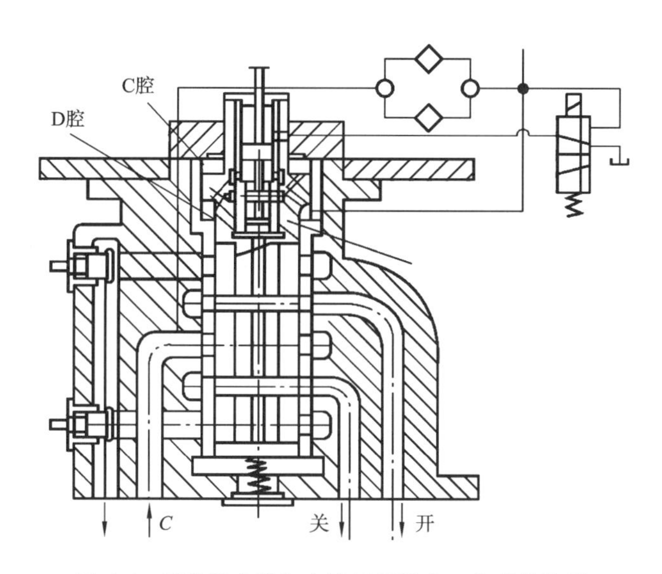

图4-6　辅助接力器与主配压阀活塞一体式结构图

油压下接力器活塞作用力与接力器全行程的乘积，单位为Nm。反击式水轮机调速器系列型谱中，中型调速器有两种，即18000 Nm和30000 Nm；而小型的有三个品种，即10000 Nm、6000 Nm和3000 Nm。

大型调速器一般用主配压阀活塞的直径和工作油压来表征其工作容量。反击式水轮机调速器系列型谱中，大型调速器主配压阀的直径为 80 mm、100 mm、150 mm、200 mm，工作油压有 25×105 Pa、40×105 Pa 和 63×105 Pa。

3. 主配压阀窗口形状图

主配压阀窗口的大小和形状对主配压阀的输油量和特性有直接影响。在大波动调节时要保证能通过最大输油量；在小波动调节时要求调节性能良好。主配压阀的窗口一般在衬套的一个圆周上均匀分布 2～4 个，通常有 3 个。在主配压阀中通常采用矩形窗口，为了改善小波动时的调节性能，在矩形窗口的边缘做成台阶式，即如图 4-7 所示的梯形窗口。窗口的总宽度为衬套周长的 70%～80%，即 $3c\leqslant(70\%\sim80\%)\pi D$，窗口的高度一般设计成 $b=(0.15\sim0.25)D$，其中，D 为主配压阀直径。

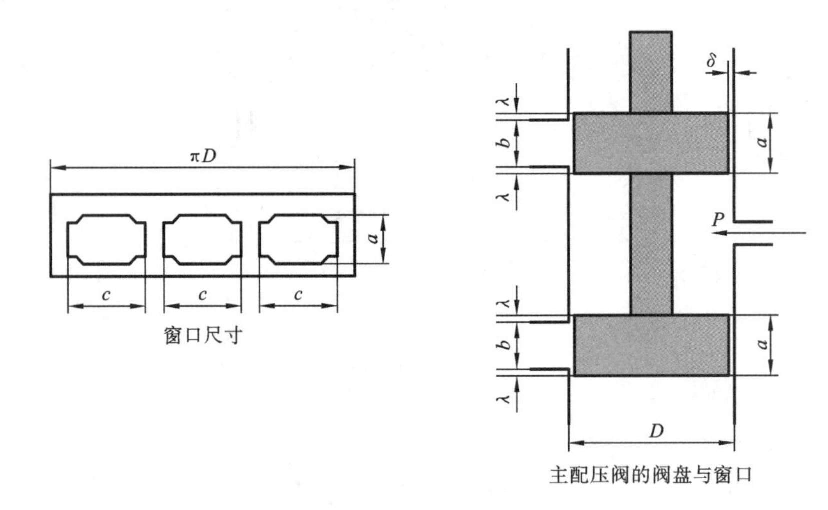

图 4-7　主配压阀梯形窗口

4. 主配压阀径向间隙和轴向搭叠量

作为调速器中最重要的控制部件的主配压阀，除了应能控制足够大的输油量外，还应动作灵活、工作可靠。在稳定平衡状态下漏油量要小，所以要求活塞与衬套的椭圆度和锥度为最小。两者配合的径向间隙应符合设计规定值，一般 d 在 0.01～0.1 mm 的范围内，δ 的取值与配压阀的直径有关。名义尺寸在 $\phi100$ 以下的主配压阀径向间隙 δ 为 0.012～0.054 mm，在 $\phi200$ 以下的 δ 为 0.016～0.063 mm。近年来，有经验的机械制造工程师提出：提高活塞和衬套的硬度、减小径向间隙以利提高主配压阀抗油污能力。

主配压阀活塞高度 a 与配压阀衬套窗口 b 之差称为主配压阀的搭叠量 λ（又称单边遮程），$\lambda=\dfrac{a-b}{2}$。我国调速器都采用正搭叠量。主配压阀的正搭叠量可以减小在稳定平衡状态下的漏油量（或称静态耗油量），正是由于采用正搭叠量，调速器的控制信号首先驱动主配压阀越过搭叠量 λ 后，才能输出控制接力器的压力油，驱使接力器动作。这就是产生随动系统不准确度和调速器转速死区的主要因素。λ 越大，调速器的转速死区越大。在长期生产实际中，得出如下机械液压调速器配压阀的搭叠量的经验数据：

ϕ20 以下的滑阀 λ 一般为 0.05～0.15 mm；

ϕ100 以下的滑阀 λ 一般为 0.15～0.20 mm；

ϕ200 以下的滑阀 λ 一般为 0.20～0.30 mm。

在电液随动系统中，主配压阀以前环节的放大系数可以设置得较大，主配压阀的搭叠量都做得较机械调速器和机械液压随动系统的主配压阀搭叠量大。一般 ϕ100 的主配压阀的搭叠量 λ 采用 0.3～0.4 mm。

5. 主配压阀材料

为了使主配压阀内流道通畅，主配压阀壳体形状一般较复杂，通常用铸造壳体。一般用抗拉强度较好的 HT20-40 或 HT35-61，或用球墨铸铁。工作油压在 4 MPa 以上的主配压阀壳体材料应选用铸钢。为了提高调速器的工艺水平和安装的工艺性，早在 20 世纪 80 年代，部分设备制造商就不用铸造件壳体了，而是以中碳钢或低碳钢为材料加工主配壳体。其外壳的加工精度高、耐压高，而且造型美观，易与其他液压部件集成或安装。

我国在 20 世纪 60 年代生产的调速器的主配压阀的活塞和衬套大多采用 45 钢，活塞采用淬火处理，衬套未经热处理。近 20 年来，为了提高表面硬度和耐磨性能，部分厂家生产的电液调速器和微机调速器的主配压阀的衬套大多采用 38CrMOAIA、20CrMO、40Cr 等合金钢，并做氮化处理，使表面硬度达 HRC55-60，而活塞用 45 钢，并做高频淬火处理。近年来，有人提出衬套与活塞采用“硬碰硬”的搭配方式，即衬套和活塞选用合金钢(如 20CrMO)并进行热处理，使其表面硬度达到 HRC50 以上，高精密配合，表面粗糙度为 $Ra \leqslant 0.8\ \mu m$。这样，油中的机械杂质无法进入径向间隙，即使有小杂质进入，也会碾碎，以确保主配压阀能可靠地工作。

4.1.3 主接力器

液压行业中的油缸在水轮机调速器中常被称为接力器，直接控制导水叶的接力器常称为主接力器。由于水轮机种类繁多，因此为满足这些水轮机控制的要求，接力器的品种也较多，但它们的基本工作原理相似。下面以常用的主接力器及其锁锭的结构原理和特性作简要介绍。

1. 主接力器及其锁锭的结构和原理

如图 4-8 所示为主接力器的一般结构，这种接力器为双导管式，可布置在水轮机的机墩外面，拆装方便，适用于中型机组。

由图 4-8 可知，接力器主要由活塞杆 10，端盖 3、9，接力器缸体 4，接力器活塞 5，轴销 7 和套管(导管)2、8 所组成。为了防止漏油，活塞 5 上装有耐磨的铸铁活塞环 6，使活塞与缸体内表面严密接触，在导管与缸盖之间并装有止油油封。当活塞关闭到端部时，为了不发生直接水锤和碰击等现象，活塞与缸体进油口位置相对应处开有三角形槽口，当接力器活塞在接近端部关闭时，可使排油口逐渐减小，起节流作用，以减慢活塞关闭的速度。

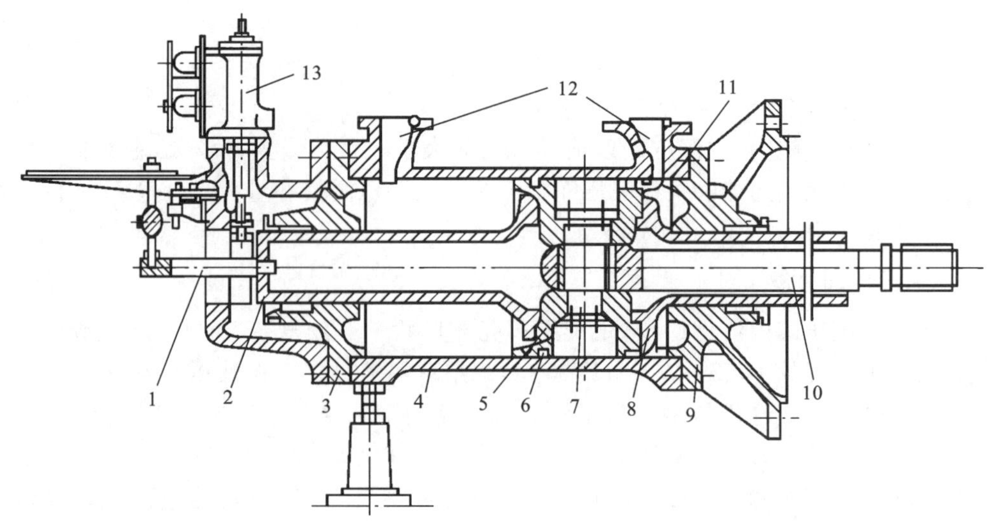

图 4-8　主接力器的一般结构

1—指示轴(伸出)杆;2—套管;3—端盖;4—接力器缸体;5—接力器活塞;6—活塞环;7—活塞轴销;8—套管;9—端盖;10—活塞杆;11—三角形槽口;12—油腔口;13—锁锭

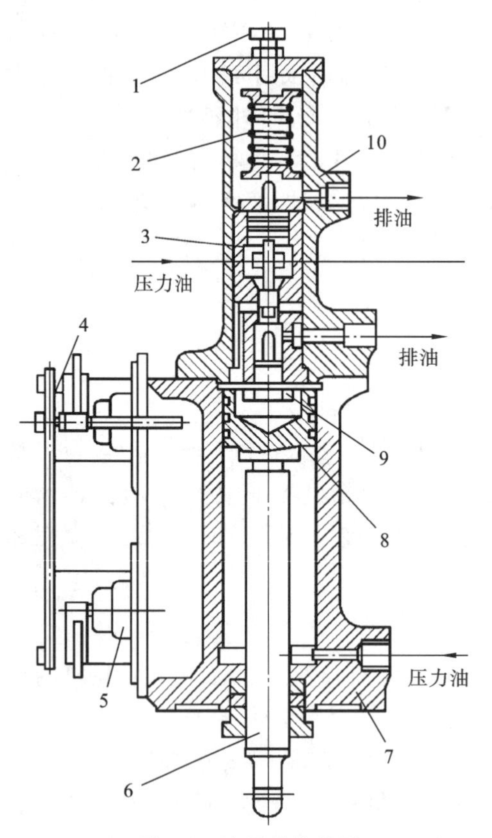

图 4-9　液压锁锭装置

1—调节螺钉;2—平衡弹簧;3—滑动阀;4—指示针;5—限位开关;6—锁锭阀杆;7—锁锭体壳;8—锁锭阀活塞;9—丝堵;10—滑动阀体壳

接力器锁锭装置的作用是停机后将接力器锁住在关闭位置,防止误动作。图 4-9 所示的是常用的液压锁锭装置,这是一种半自动锁锭装置。在油压正常的情况下,无论机组处于正常运行或处于停机状态,锁锭阀活塞均被其下腔的压力油顶在上部位置,锁锭阀杆所带的闸块(图 4-9 中未体现)起着解除对接力器的锁锭的作用。当压力油的油压因某种原因或事故而下降到一定值时,滑动阀的中间腔油压降低,在弹簧的作用下滑动阀下移,压力油就经过滑动阀的下部和左孔道进入锁锭阀活塞的上腔,因压差作用,锁锭阀及闸块下落,锁住接力器。在油压为零时,锁锭阀则在自重作用下降落。有时设置有手动三通阀,在油压正常时可任意开关锁锭。

2. 主接力器的速度特性

在调速器中,一般将主配压阀和主接力器组合于一起的特性称为接力器速度特性。当输入采用转速相对值时,该特性可以是调速器的开环特性;当输入采用随动系统输入量的相对值时,该特性则是电液随动系统的开环特性。由此可见,主配压阀和主接力器的速度特性也就是调速器或电液随动系统末级放大特性，是十分重要的参数之一。

接力器的运动速度可用下述表达计算：

$$V_n=\frac{awS}{A_n}\sqrt{\frac{g}{\gamma}\Delta p} \tag{4-3}$$

式中：ω 为主配压阀窗口总宽度；S 为主配压阀行程或有效开口；A_n 为主接力器的活塞面积；a 为窗口收缩系数；g 为重力加速度；γ 为油的密度；Δp 为换算到主接力器处的总压力损失。

式(4-3)中，在其他参数为已知的情况下，主接力器活塞的运动速度为 V_n，为其建立函数 $V=f(S)$。根据上式可建立主配压阀活塞位移与接力器活塞速度的关系曲线，此曲线称为主接力器的速度特性曲线。在工程中，往往通过试验来求得主接力器的速度特性，图1-25给出了接力器速度特性的典型曲线。

由图1-25可知，配压阀行程从零位开始在不同的位置上，所对应的接力器速度差异很大，即接力器速度特性曲线的形状是很复杂的。由图中可以看出，配压阔在其遮程区域内逐次增加偏移值时，接力器速度基本不变；配压阀在其遮程区域以外逐次增加偏移值时，接力器活塞的速度也相应增加；当配压阀的实际行程接近或到达最大时，接力器速度则趋于饱和状态。在遮程区城内，速度特性对调节性能是不利的，是产生接力器不动时间和调速器转速死区的主要因素。

速度特性的线性部分的斜率表征接力器输出速度与主配压阀输入相对行程之比，即为调速器开环增益 K_g（或随动系统开环增益 K_g）：

$$K_g=\frac{\mathrm{d}\left(\frac{\mathrm{d}y}{\mathrm{d}t}\right)}{\mathrm{d}s} \tag{4-4}$$

其倒数称为接力器反应时间常数，并以 T_y 表示，即

$$T_y=\frac{\mathrm{d}s}{\mathrm{d}\left(\frac{\mathrm{d}y}{\mathrm{d}t}\right)} \tag{4-5}$$

在电液随动系统和机械液压系统中，T_y 对其静态和动态特性都有显著影响，T_y 越小，则随动系统不准确度可能越小，动态响应速度越高。其值对于大型微机调速器而言，在0.02～0.1 s范围内。若 T_y 太小或开环增益太大，有时容易使系统出现自激振荡。

大型调速器的主配压阀由调速器生产厂家供货，主接力器一般随主机供货。在试验室中，大型调速器与试验接力器一起所测得的速度特性很不真实，而在现场与实际接力器一起测得的接力器速度特性才是真实的。一般中型调速器的主配压阀和接力器组合在一起，均由调速器厂供货，在生产厂家测得的速度特性是真实有效的。

3. 接力器最大速度调整方式及调整结构

当压力过水系统和水轮发电机组的参数确定以后，为保证水轮发电机组甩100%负荷以后转速上升和水压上升都不超过规定值，调节保证计算求得调速器的最大关闭速度 V_{max}，或调速器接力器全行程的最短关闭时间 T_{min}，均要求在调速器中设置一个机构来调整接力器关闭速度，且这个机构必须可靠，调整方便、准确。目前，在大型调速器中只有两种调整方式，相应的就只有两种机构。下面对这两种方式及其机构作简要介绍。

（1）限制主配压阀行程的调整方式及机构。从上面对接力速度特性的分析可知，主接力器的最大速度与主配压阀的通流面积有关。主接力器的速度与通流面积成正比，因为窗口宽度不可改变，因此，限制主配压阀最大开口即可限制主接力器的最大关闭和开启速度。调整该限制值即调整了接力器走全行程的最短开关机时间，图 4-10 所示的是用限制主配压阀行程调整开关机时间的机构的结构图。

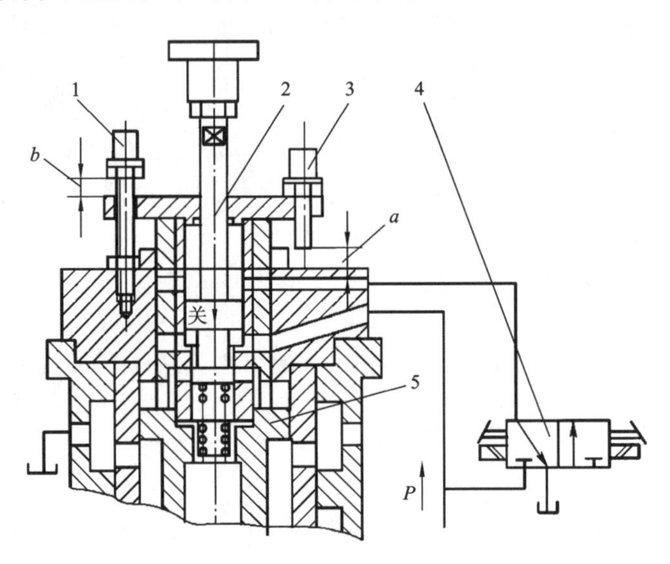

图 4-10　用限位螺栓调整开关机时间的机构

1—开机时间调整螺栓；2—引导阀门；3—关机时间调整螺栓；4—紧急停机电磁阀；5—主配压阀活塞

图 4-10 中主配压阀设计为活塞向下运动时，主配压阀向关机侧配油，向上运动则向接力器的开启腔配油，调整螺栓 1 可限制主配压阀向开启腔配油的开口 1。调整螺栓 3 可限制主配压阀向关机腔配油的开口 a。分别调整 b 和 a 的值，即可调整接力器最小的开机和关机时间。这种方式十分方便，也比较准确，是目前水轮机调速器速度调整最常用的方式。但是，这种方式的最大缺点是检修调速器时可能会改变螺栓和螺栓的整定值，从而改变原来确定的调整参数。如果不能及时发现这种改变，则是十分危险的。

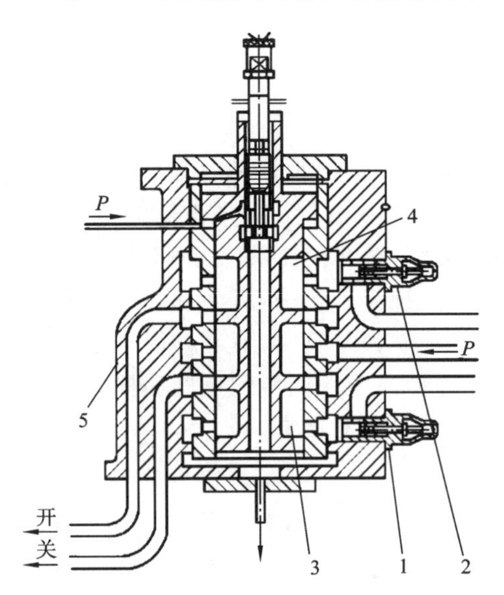

图 4-11　限制接力器油速度调整开关机时间机构

1—开机时间调整节流塞；2—关机时间调整节流塞；3—主配压阀下腔；4—主配压阀上腔；5—主配压阀壳体

（2）节制接力器排油速度的方式和机构。图 4-11 所示的是一个四凸肩四通滑阀形式的主配压阀。该设计为主配压阀（简称主配）活塞向下运动为关机，向上运动为开机。节流塞 1 限制开启时接力器关闭腔的排油速度。当主配活塞向上运动时，主配压阀向接力器开启侧配油，接力器关闭腔的油通过主配压阀下腔 3 和节流塞 1 排油，调节节流塞 1 的开口，限制排油速度，达到限制接力器开启速度的目的。同理，当主配活塞向下运动、主配压阀向接力器关机腔配油时，开机腔的油要经过主配上腔 4 和节流塞 2 排油，节流塞 2 可限制接力器关闭的速度。这种方式只能用于四凸肩的主配压阀，当采用悬挂式主配压阀结构时，这种开关机时间调整不方便。但是，一旦调整好开关机时间，即使在检修时也不会去拆装节流塞，不会改变计算确定的调节保证参数。

用节流塞调整开关机时间时，会改变接力器速度特性曲线的斜率，即开环增益 K_g，但对其线性范围影响较小。而用调整主配压阀开口的方式调整开关机时间时，对主接力器速度特性曲线的斜率没有影响，只会改变曲线的饱和值和特性的线性范围。当调速器容量选择偏大时，若用这种方式调整开关机时间，由于接力器速度特性曲线的线性范围很窄，故有时调整会十分困难。

4.2　电液转换器伺服系统

在电液转换器伺服系统中，电液转换器是调速器中联结电气部分和机械液压部分的一个关键环节，它的作用是将电气部分输出的综合电气信号，转换成具有一定操作力和位移量的机械位移信号，或转换为具有一定压力的流量信号。电液转换器由电气位移转换部分和液压放大两部分组成。电气位移转换部分按其工作原理可分为动圈式和动铁式。液压放大部分按其结构特点可分为控制套式、喷嘴挡板式和滑阀式，前者又因为工作活塞形式不同可分为差压式和等压式。国内采用较多的是由动圈式电气位移转换部分和控制套式液压放大部分所组成的差动式和等压式电液转换器，它们都是输出位移量。与差压式相比，等压式电液转换器的灵敏度稍高，机械零位漂移也较小，但耗油量较大。对于具有动铁式电气位移转换部分和喷嘴挡板式液压部分的电液转换器，其输出为具有一定压力的流量信号，它具有良好的动态性能，不需要通过杠杆、引导阀等而直接控制进入辅助接力器的流量，但它制造较困难，对油质要求较高，故采用较少。对于具有动圈式电气—位移转换部分和滑阀式液压部分的电液转换器，称为电液伺服阀。它也是输出具有一定压力的流量信号，与前两者相比，其突出优点是不易发卡，安装调整比较方便。

1. 电液转换器工作原理

在第 2 章中，以差动式电液转换器为例说明了电液转换器的工作原理与特性。实践运行表明，差动式电流转换器对油质要求较高，运行中容易发卡。因此，在调试时对电液转换器控制套和活塞杆的同心度的调整须十分注意，运行中应加强对油质的管理，以免造成电液转换器的卡阻而引起机组负荷的突增、突减。

图 4-12 所示的是我国采用较多的环喷式电液转换器，同样是由电气—位移转换部分和液压放大部分组成。当工作线圈加入上部线圈控制套后，该电流和磁场相互作用产生了电磁力，该线圈连同阀杆产生位移，其位移值取决于输入电流的大小和组合弹簧的

刚度。而随动于线圈和阀杆的具有球铰结构的控制套控制着等压活塞上端伸出杆上的锯齿上环和下环的压力，上环和下环则分别连通等压活塞的下腔和上腔。当控制套不动时，等压活塞自动的稳定在某平衡位置，在忽略其他因素影响时，则此时上环和下环压力相等，两者的环形喷油间隙也相同。

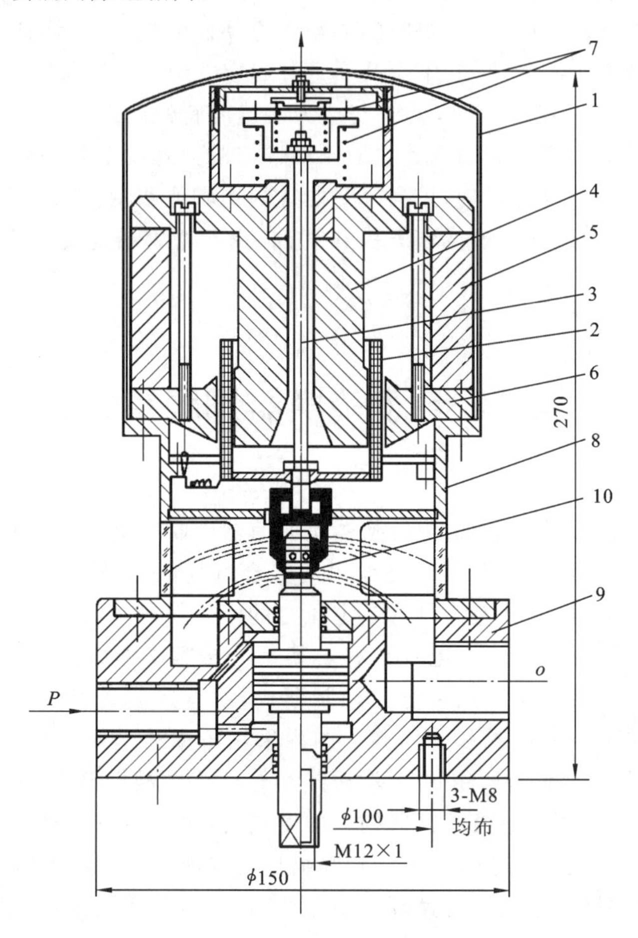

图 4-12　HDY-S 型环喷式电液转换器结构简图

1—外罩；2—线圈；3—中心杆；4—铁芯；5—永久磁钢；6—极靴；

7—组合弹簧；8—连接座；9—阀座；10—前置级

当控制套随线圈上移时，会引起上环喷油间隙减小，下环喷油间隙增大，则等压活塞下腔油压增大而上腔油压减小，故等压活塞随之上移至新的平衡位置，即上、下环压力相等时的位置。同理，控制套下移，也会导致等压活塞下移，即等压活塞随动于控制套。

该环喷式电液转换器的特点是：喷射部分是由锯齿形的上环、下环及控制套组成，只要油流通过喷射部分，喷射部分立即产生较强的自动调心的作用力，迫使具有球铰结构的控制套随上、下环自动定心，防止发卡，故该电液转换器具有较好的抗污能力，无需调整。同时，油流通过喷射部分时，能使控制套自动地不停地旋转，即使在振动电流消失的情况下，它也能正常运行，从而提高了可靠性。

2. 电液转换器式液压伺服系统

电液转换器式液压伺服系统机械液压部分原理图如图 4-13 所示。微机调节器输出的电气调节信号与接力器反馈信号在综合放大器综合比较后，驱动环喷式电液伺服阀，将电信号转换成具有一定操作力的位移信号，再经过两级液压放大后形成巨大的操作力，用于控制水轮机的导水叶开度，从而实现对水轮发电机组的转速或负荷的控制。

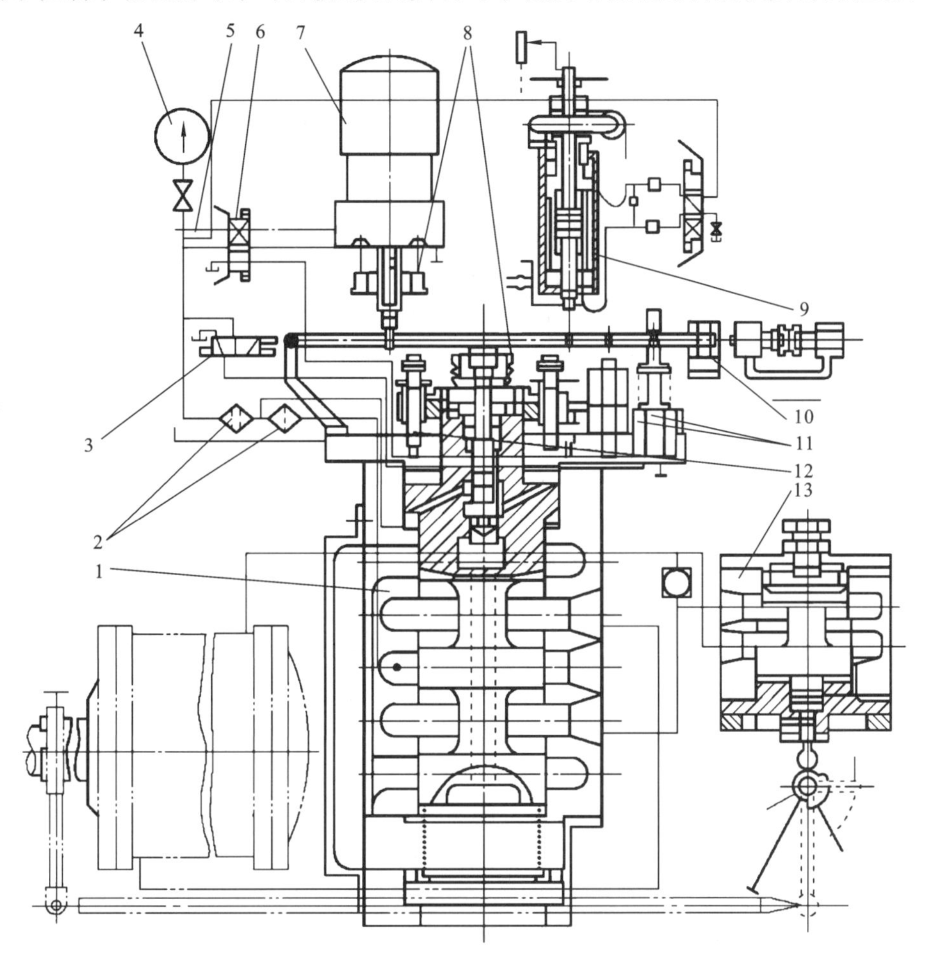

图 4-13 电液随动系统图

1—主配压阀；2—板式双滤油器；3—紧急停机电磁阀；4—电接点压力表；5—液压集成块；6—手自动切换阀；7—电液伺服阀；8—自动复中装置；9—液压机械开限及定位手操机构；10—定位器；11—紧急停机及托起装置；12—开、关机时间调整螺栓；13—分段关闭装置

整个机械液压系统主要包括：电液伺服阀、液压放大器（引导阀和辅助接力器）、主配和主接力器、自动复中装置和定位器、开限及手操机构、紧急停机装置等部件。该系统可用如图 4-14 所示的原理框图表示。系统采用一种无管道的块式结构，其电液伺服阀（电液转换器）和引导阀（液压放大器）是通过一个轻巧、新颖的"自动复中装置"连接的，该装置具有结合力大、操作力小、自动调心和自动复归等特点。因而，当系统万一失灵时，仍能维持原工况运行，具有较强的可靠性。下面分别介绍各主要部件与工作原理。

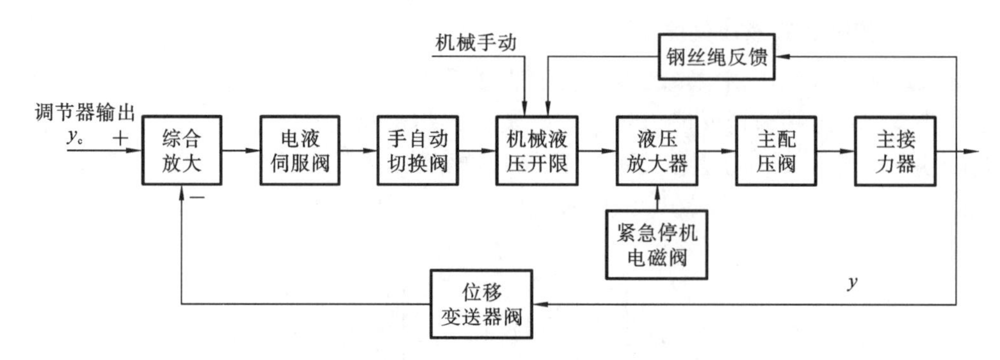

图 4-14　常规电液随动系统原理框图

(1) HDY-S 型电液伺服阀。其中，HDY-S 型电液伺服阀是该系统的关键部件，其电磁部分为动圈式结构，用组合弹簧复位。其液压部分以环喷部分为前置级，等压活塞作为功率放大器。当工作电流(直流)加上上部控制线圈后，该电流和磁场相互作用产生电磁力，使线圈连同阀杆产生位移，其位移值取决于输入电流的大小和组合弹簧的刚度，由随动于线圈和阀杆的具有球铰结构的控制套控制着活塞上端伸出杆的锯齿形的上环和下环的压力，而上环和下环则分别连通活塞的下腔和上腔。当控制套不动时，活塞自动稳定在一个平衡位置，此时上环和下环压力相等，两者的环形喷油间隙也相同。当控制套随线圈上移，引起上环喷油间隙减少，活塞下腔增高和下环喷油间隙增大，活塞上油腔油压降低，于是活塞随之上移至新的平衡位置(即上、下环压力相等时位置)。同理，控制套下移，也会导致活塞下移，即活塞随动于控制套。

(2) 液压放大器。液压放大器(即引导阀和辅助接力器及主配压阀和主接力器)是机械液压系统的第二级、第三级液压放大。电液伺服阀的输出通过自动复中装置与引导阀直接连接，当电液伺服阀活塞上移时，引导阀针塞也上移，辅助接力器差压活塞在下腔油压作用下随之上升，直至控制窗口被引导阀针塞下阀盘重新封闭，辅助接力器差压活塞便稳定在一个新的平衡位置，主配压阀也跟着上移，压力油通过主配压阀下腔给接力器开腔配油，使接力器活塞向开机侧运动；反之，接力器活塞向关机侧运动。接力器的运动，通过反馈电位器将接力器行程的反馈信号送至综合放大器。

(3) 自动复中装置和定位器。自动复中装置是保证当伺服阀输入电信号为零时，能使引导阀针塞复中，并使主配压阀活塞回中。定位器主要用于帮助自动复中装置精确定位。

当自动复中装置偏离中间零位时，复中力越大；当自动复中装置越接近中间零位时，复中力越小。而定位器则是复中装置越接近中间零位时，其定位力(强制复中力)就越强。

当电液伺服阀断油失控时，自动复中装置能保证引导阀自动复中，主配压阀处于中位，接力器保持原位不动。

(4) 开限和手操机构。开限和手操机构在结构上合在一起，用弹簧拉紧的钢丝绳与导叶(双调还有桨叶)接力器相连，并通过横杆和引导阀、主配压阀组成一个小闭环。操作带有指针的开限手轮，即可对导叶(或桨叶)接力器进行手动操作或自动调整时限制导叶(或桨叶)的开度。该机械液压开限与常规的机械液压开限机构不同,它取消了遥控小电机,而采用了液压机构,可采用程序控制、电手动或纯手动等控制方式。

(5) 横杆和托起装置。横杆和托起装置是一个辅助部件,在自动运行时,横杆是浮动的,它以其支点为圆心随着电液伺服阀和引导阀一起动作。当开限及手操机构将横杆压下时,横杆通过其下方的压爪压住内弹簧和引导阀活塞,可使引导阀活塞和电液转换器分离,即可限制引导阀向上开启或使之向下关闭。在手动操作时,电液转换器断油,托起装置下接通压力油,其活塞迅速向上动作,可将横杆向上托起,使横杆随开限和手操机构运动。

(6) 紧急停机装置。紧急停机装置由紧急停机电磁阀和紧急停机阀组成。机组在正常运行时,电磁阀线圈断电,其阀芯被推向另一位置,压力油迫使紧急停机阀活塞并带动其顶部挂盖压住平衡杆快速下移,使压力油进入辅助接力器上腔,使辅接和主配压阀活塞下移,并使接力器快速关闭。

4.3　电液比例阀伺服系统

电液比例伺服系统是指由电液比例方向阀作为电液转换元件构成的电气液压伺服系统。

1. 比例伺服阀结构与特点

比例伺服阀是一种高精度三位四通电液比例阀,它的特点是:电磁操作力大,在额定电流下可达5 kg;频率响应高,频率大于11 Hz;在电气控制失效时,可以手动操作控制液压系统的开、停;抗油污能力强,故障处理简单。

比例伺服阀的结构组成如图4-15所示,其两端各有一个比例电磁铁,分别推动阀芯的左、右移动,中间部分为阀体,阀体两侧各有一个复位弹簧,用于保持阀芯在中间位置。伺服比例阀的开口和方向与输入电流的大小和方向(电流为正时,一个比例电磁铁工作;电流为负时,另一个比例电磁铁工作)成比例。当无控制信号输入时,阀芯

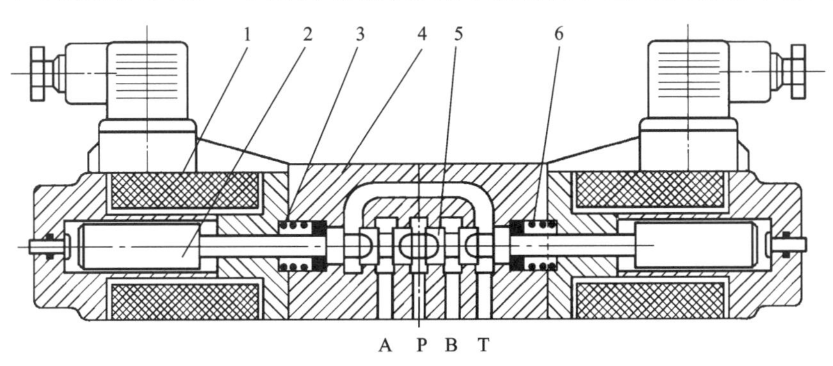

图4-15　比例伺服阀结构

1—比例电磁铁;2—衔铁;3—推杆;4—阀体;5—阀芯;6—弹簧

在弹簧作用下处于中间位置，比例阀没有控制油流输出。当左端比例电磁铁内有控制信号输入时，阀芯向右移动，阀芯右移时压缩右侧弹簧，直到电磁力与弹簧力相平衡为止，阀芯的位移量与输入比例电磁铁的电信号成比例，从而改变输出流量的大小。当右侧比例电磁铁工作时，其原理与上述情况相同，从而改变油流方向。图 4-16 所示的是比例伺服阀的稳态特性曲线。

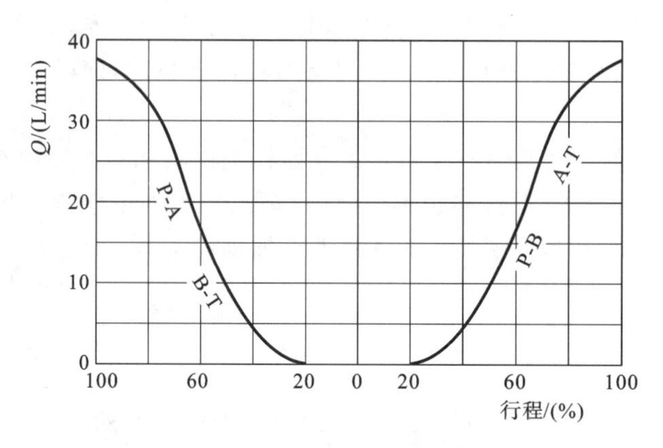

图 4-16　比例伺服阀流量特性

2. 电液比例伺服系统工作原理

在电液比例伺服系统中，比例伺服阀是电—液转换装置，是一种电气控制的引导阀，其功能是把微机调节器输出的电气控制信号转换为与其成比例的流量输出信号，用于控制带辅助接力器(液压控制型)的主配压阀。

在调速器机械液压系统图上，比例伺服阀的表示符号如图 4-17 所示。图 4-18 所示的是比例伺服阀控制主配压阀原理图。采用比例伺服阀作为电/机转换装置的数字式电液调速器原理框图如图 4-19 所示。

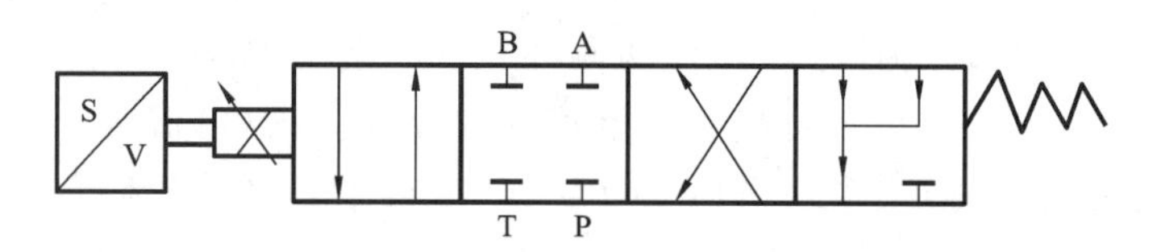

图 4-17　液压系统图中比例伺服阀表示符号

图 4-17 所示的是中间平衡位置，P 和 T 分别接至压力油和回油，A 和 B 均为输出控制油口，可以用 A 和 B 进行双腔控制(主配压阀辅助接力器为等压式)，也可以用 A 和 B 之一进行单腔控制(主配压阀辅助接力器为差压式)。S/V 为比例伺服阀阀芯的位置传感器，其信号送至自带的综合放大板，与微机调节器的控制信号相比较，实现微机调节器的控制信号对比例伺服阀阀芯位移的比例控制，实际上就实现了微机调节器的控制信号对比例伺服阀输出流量的比例控制，比例伺服阀阀芯的中间位置对应于相应的电气控制信号。值得注意的是，在电源消失时，比例伺服阀阀芯处于故障位，控制油口接通排油。对于单腔使用的情况，将使主配压阀活塞处于关闭位置，从而使接力器全关闭，这对于我

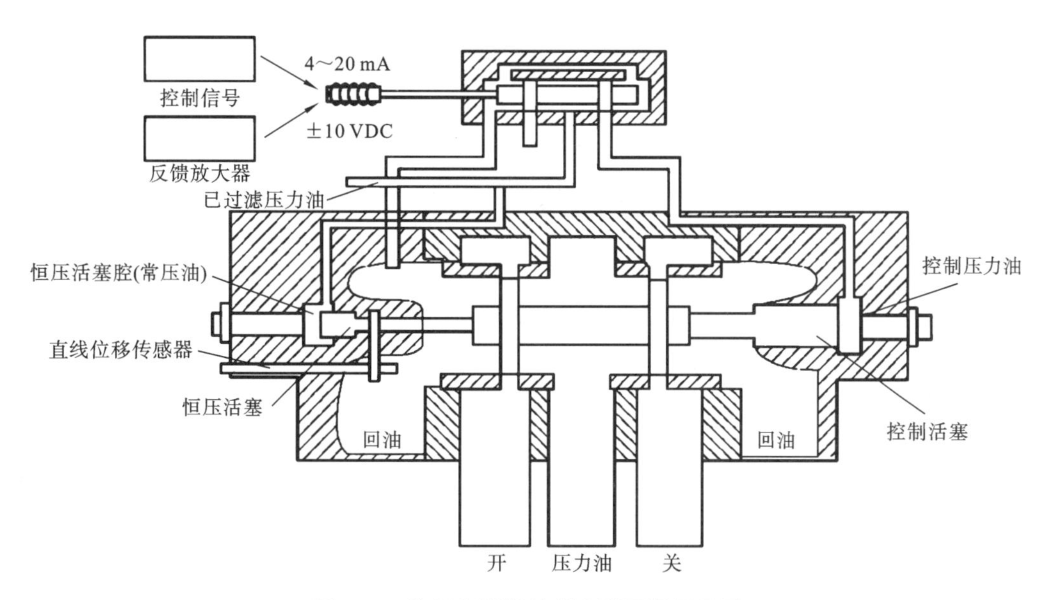

图 4-18　比例伺服阀控制主配压阀原理图

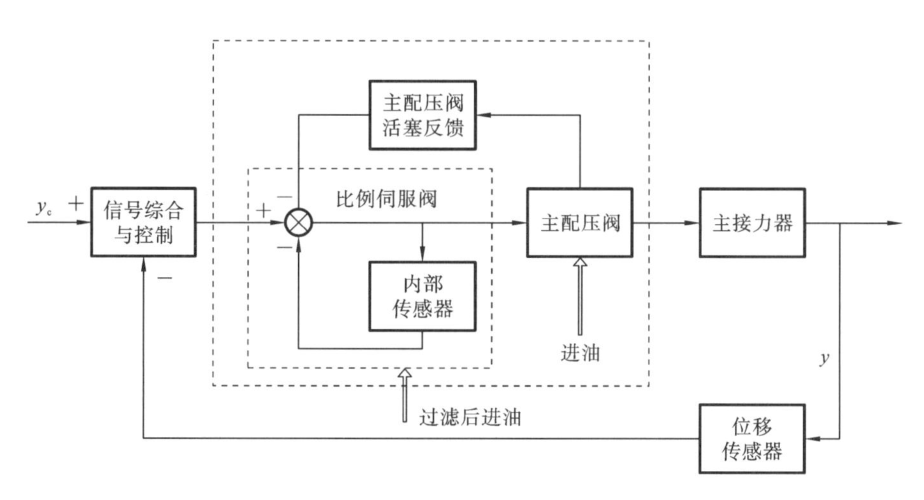

图 4-19　采用比例伺服阀的数字式电液调速器原理框图

们在实际运行中的习惯是不合适的，在系统设计时应加以考虑。

如图 4-18 所示的主配压阀辅助接力器为差压式，比例伺服阀用一个控制油口控制主配压阀辅助接力器的控制油腔（大面积腔），辅助接力器的恒压活塞腔（小面积腔）通以主配压阀的工作压力油。主配压阀活塞带动的直线位移传感器信号送到比例伺服阀的综合放大器与微机调节器的控制信号进行比较，从而实现了微机调节器的控制信号对主配压阀活塞位移的比例控制，也就是实现了对主配压阀输出流量的比例控制。

如图 4-19 所示的是采用比例伺服阀作为电/机转换装置的数字式电液调速器原理框图，接力器位移传感器的信号（y）反馈到微机调节器，与微机调节器计算的接力器开度 yc 进行比较，从而实现接力器位置的闭环控制，使接力器位移 y 随微机调节器计算开度 yc

运动。当保持 $y=yc$ 时,调速器进入稳定状态,比例伺服阀和主配压阀均位于中间平衡状态。

4.4 电机式伺服系统

电机式伺服系统是指由直流伺服电机或交流伺服电机构成的电机伺服装置,实现将电气信号成比例地转换成机械位移信号,然后控制机械液压随动系统。

电机式伺服系统由于采用了电机伺服装置作为电气—位移转换元件,从而使系统结构简单、不耗油,其本身对油质没有要求。同时,电机伺服装置具有良好的累加功能,即使系统万一失电,仍能保持原工况运行,并可直接手动控制,从而大大提高了系统工作的可靠性。

根据伺服电机的类型不同可以分为步进电机,直流电机和交流电机三大类。

4.4.1 步进电机伺服系统

步进电机伺服系统是指由步进电机(含其驱动器)、为电气(数字)—机械位移转换部件(又称步进式电液转换器或步进液液压缸,数字缸)、构成的数字—机械液压伺服系统。其中又分为两种模式:一种为步进式电液转换器+机械液压随动系统,即步进式电液转换器本身是一个数字—机械位移伺服系统;另一种步进式电液转换器是具有自动复中特性的数字—机械位移转换元件。两种模式在中小型微机调速器中都有应用。

1. 步进电机

步进电机是一种能够将电脉冲信号转换成角位移或线位移的机电元件,它实际上是一种单相或多相同步电动机。单相步进电动机有单路电脉冲驱动,输出功率一般很小,其用途为微小功率驱动。多相步进电动机有多相方波脉冲驱动,用途很广。

使用多相步进电动机时,单路电脉冲信号可先通过脉冲分配器转换为多相脉冲信号,再经功率放大后分别送入步进电动机各相绕组。每输入一个脉冲到脉冲分配器,电动机各相的通电状态就发生变化,转子会转过一定的角度(称为步距角)。

正常情况下,步进电机转过的总角度和输入的脉冲数成正比。连续输入一定频率的脉冲时,电动机的转速与输入脉冲的频率保持严格的对应关系,不受电压波动和负载变化的影响。由于步进电动机能直接接收数字量的输入,所以特别适合于微机控制。

步进电机转动使用的是脉冲信号,而脉冲是数字信号,恰好是计算机所擅长处理的数据类型。总体上说,步进电机有如下优点。

(1) 不需要反馈,控制简单。

(2) 与微机的连接、速度控制(启动、停止和反转)及驱动电路的设计比较简单。

(3) 没有角累积误差。

(4) 停止时也可保持转矩。

(5) 没有转向器等机械部分，不需要保养，故造价较低。

(6) 即使没有传感器，也能精确定位。

(7) 根据给定的脉冲周期，能够以任意速度转动。

但是，这种电机也有自身的缺点。

(1) 难以获得较大的转矩。

(2) 不宜用作高速转动。

(3) 在体积重量方面没有优势，能源利用率低。

(4) 超过负载时会破坏同步转速，工作时会发出振动和噪声。

目前常用的步进电机有以下三类。

(1) 反应式步进电动机(VR)。采用高导磁材料构成齿状转子和定子，其结构简单，生产成本低，步距角可以做得相当小，但动态性能相对较差。

(2) 永磁式步进电动机(PM)。转子采用多磁极的圆筒形的永磁铁，在其外侧配置齿状定子。用转子和定子之间的吸引和排斥力产生转动，转动步的角度一般是7.5°。它的出力大，动态性能好，但步距角一般比较大。

(3) 混合步进电动机(HB)。这是VR和PM的复合产品，其转子采用齿状的稀土永磁材料，定子则为齿状的突起结构。此类电机综合了反应式和永磁式两者的优点，步距角小、出力大、动态性能好，是性能较好的一类步进电动机。

以反应式三相步进电机为例说明其工作原理。定子铁芯上有六个形状相同的大齿，相邻两个大齿之间的夹角为60°。每个大齿上都套有一个线圈，径向相对的两个线圈串联起来成为一相绕组。各个大齿的内表面上又有若干个均匀分布的小齿。转子是一个圆柱形铁芯，外表面上圆周方向均匀地布满了小齿。转子小齿的齿距与定子的相同。设计时应使转子齿数能被二整除。但某相绕组通电，而转子可自由旋转时，该相两个大齿下的各个小齿将吸引相近的转子小齿，使电动机转动到转子小齿与该相定子小齿对齐的位置，而其他两相的各个大齿下的小齿必定和转子的小齿分别错开±1/3的齿距，形成“齿错位”，从而形成电磁引力使电动机连续的转动下去。和反应式步进电动机不同，永磁式步进电动机的绕组电流要求正、反向流动，故驱动电路一般要做成双极性驱动。混合式步进电动机的绕组电流也要求正、反向流动，故驱动电路通常也要做成双极性驱动。

2. 步进电机液压伺服工作原理

步进电机液压伺服装置是一种电/机转换器，它适合与带引导阀的机械位移型主配压阀接口。它是一种新型的步进式、螺纹伺服、液压放大式的电—机转换器。步进电机液压伺服装置结构如图4-20所示。图4-21所示的是步进电机伺服缸构成的机械液压系统原理框图。

(1) 步进电机伺服缸。步进电机伺服缸由控制螺杆和衬套组成。步进电机与控制螺杆刚性连接，控制螺杆中有相邻的两个螺纹：一个与衬套的压力油口搭接；另一个与衬套的排油口搭接。与衬套为一体的控制活塞有方向相反的油压作用腔：A和B。A腔面积大约等于B腔面积的两倍。当控制螺杆与衬套在平衡位置时，控制螺杆的螺纹将压力油

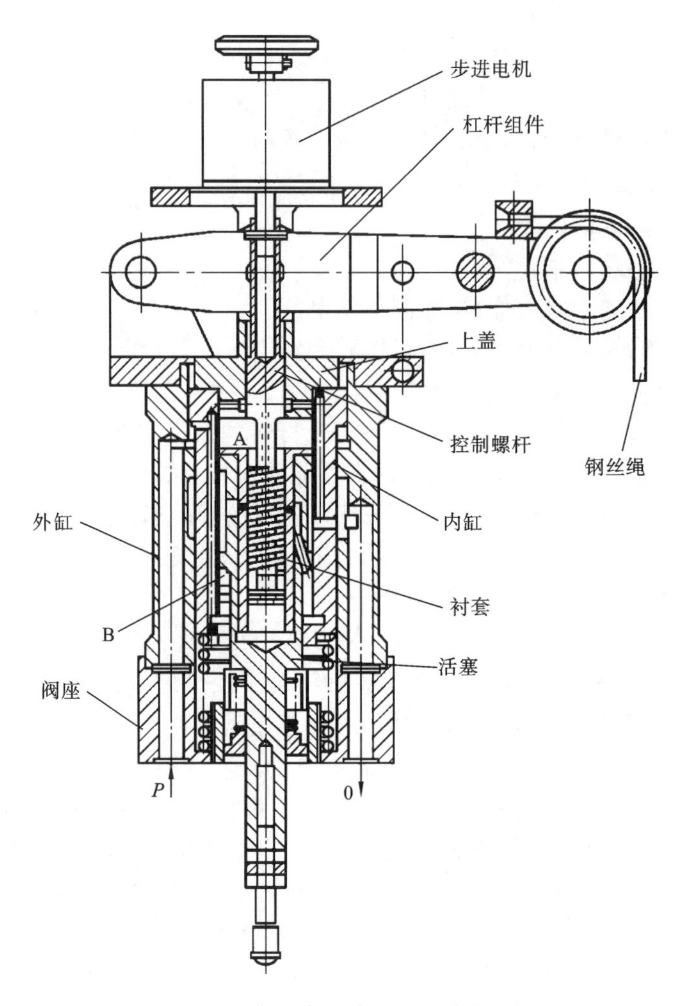

图 4-20　步进电机液压伺服装置结构

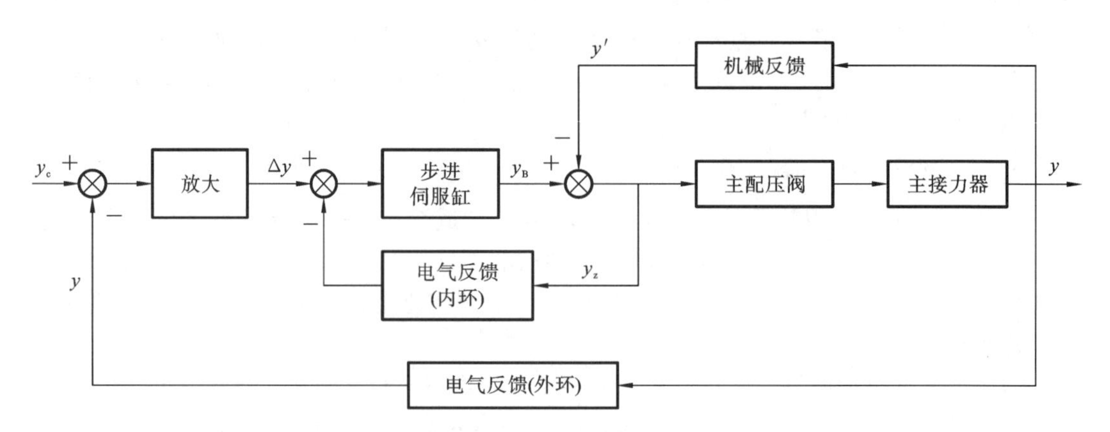

图 4-21　步进电机液压伺服缸机械液压系统原理框图

口及回油口封住，A 腔既不通压力油也不通回油，A 腔压力约等于工作油压的 1/2，而 B 腔外缸始终通工作油压。A 腔与 B 腔的作用力方向相反、大小相等，步进电机伺服缸活塞静止不动。

当步进电机顺时针转动时，衬套的回油孔打开，压力油孔封住，A 腔油压下降，控制活塞随之快速上移至新的平衡位置；当步进电机逆时针转动时，压力油孔打开，回油孔封住，A 腔油压上升，控制活塞随之快速下移至新的平衡位置。所以，步进电机的旋转运动转换成了活塞的机械位移。记经液压放大后的活塞位移为 Y_B（相对值为 y_B）。在油压的放大作用下，活塞具有很大的操作力。步进电机带动控制螺杆旋转，仅需要很小的驱动力。

（2）机械反馈机构。如图 4-20 和图 4-21 所示，接力器机械反馈机构由杠杆组件、上盖、内缸和控制螺杆等组成。设步进电机经液压放大直接带动主配压阀活塞的位移为 y，主配压阀活塞位移为 Y_z（相对值为 y_z），且 $Y_z=Y_B$，则接力器在主配压阀控制下开机（或关机）；钢丝绳通过杠杆组件将接力器位移转化为与 Y_B 相反的内缸和控制螺杆整体的位移 Y'（相对值为 y'）。当 $Y'=Y_B$ 时，主配压阀活塞又恢复到零位 $Y_z=0$，接力器停止在 Y_B 给定的开度 Y。

所以，主配压阀活塞位移 Y_z 等于步进电机控制位移 Y_B 与接力器反馈位移 Y' 的代数和，即 $Y_z=Y_B-Y'$。当采用相对值时，$y'=y$。

（3）电气反馈。取自接力器的电气反馈（外环）与微机调节器的输出 y_c 比较和放大，得到行程偏差 $\Delta y=K_1(y_c-y)$；而从主配压阀活塞位移 y_z 取电气反馈（内环）进到微机调节器，与行程偏差进行比较，用于控制步进电机液压伺服缸。

（4）电气液压随动系统传递函数。根据以上分析，可得如图 4-22 所示的步进电机液压伺服缸构成的调速器电气液压随动系统传递函数框图。$K=1$ 和 $K=0$ 分别对应于有机械反馈和没有机械反馈的情况。从图 4-22 中可以推导出下列传递函数：

$$\frac{Y(s)}{Y_c(s)}=\frac{\dfrac{K_1}{T_y T_{y1}}}{s^2+\left(\dfrac{K T_{y1}+T_y}{T_y T_{y1}}\right)s+\dfrac{K_1}{T_y T_{y1}}} \tag{4-6}$$

$$\frac{Y(s)}{Y_c(s)}=\frac{\dfrac{K_1}{T_y T_{y1}}}{s^2+\left(\dfrac{T_{y1}+T_y}{T_y T_{y1}}\right)s+\dfrac{K_1}{T_y T_{y1}}} \tag{4-7}$$

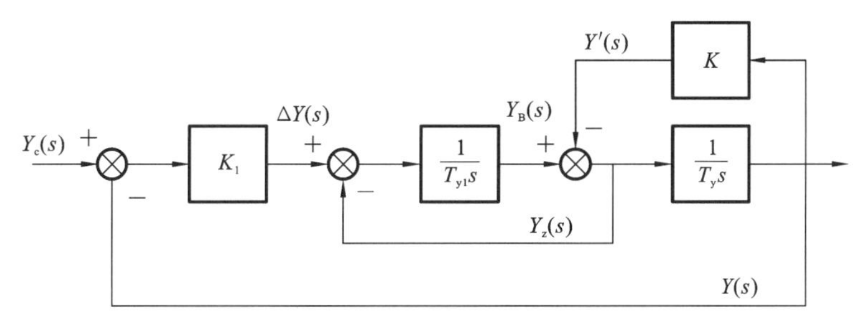

图 4-22　机械液压系统传递函数框图

$$\frac{Y(s)}{Y_c(s)}=\frac{\frac{K_1}{T_y T_{y1}}}{s^2+\left(\frac{1}{T_{y1}}\right)s+\frac{K_1}{T_y T_{y1}}} \tag{4-8}$$

有机械反馈和没有机械反馈系统的传递函数均为标准的二阶系统传递函数，它们有相同的无阻尼自然振荡频率 $\omega_n=\sqrt{\frac{K_1}{T_y T_{y1}}}$。但是，有机械反馈系统的阻尼系数大于无机械反馈系统的阻尼系数，即在其他参数相同的条件下，没有机械反馈的系统有较小的阻尼系数，有较好的速动性能。需着重指出的是：没有机械反馈的系统（$K=0$）仍然可正常工作。本系统设置机械反馈，是为了微机调节器断电时接力器能保持停电前的位置，同时也可以用来实现闭环机械手动控制功能。

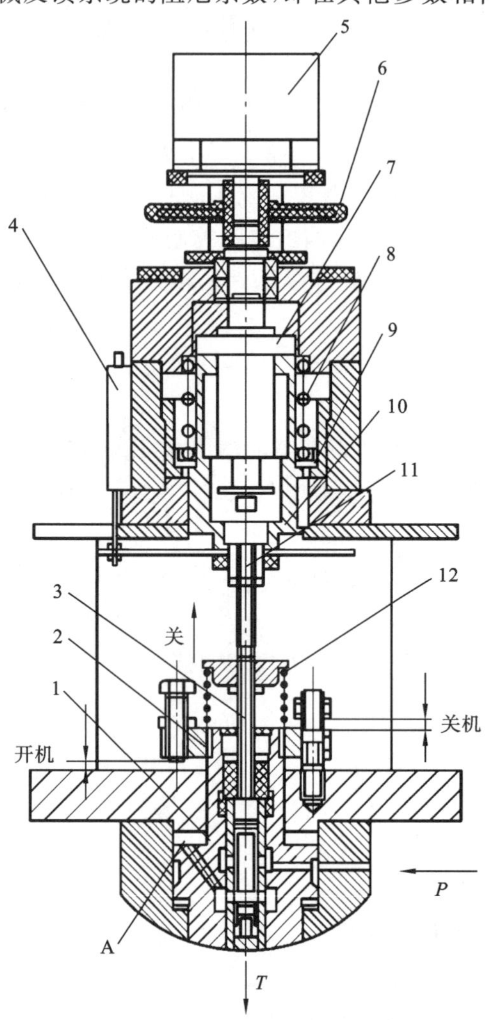

图 4-23　无油电液转换器结构原理图

1—辅助接力器活塞；2—衬套；3—引导阀阀芯；4—反馈传感器；5—步进电机/交流伺服电机；6—手轮；7—滚珠螺旋副；8—复中上弹簧；9—定位块；10—连接套；11—调整杆；12—复中下弹簧

在静态工况下，有机械反馈系统的稳定工作点为：$y=y_c$，$y_z=0$，$y_B=y=y_c$，即步进电机位移（相对量）等于接力器位移（相对量）。步进电机是一个对应全行程的电/机转换器（相当于中间接力器），接力器位移随动于步进电机位移。

没有机械反馈系统的稳定工作点为：$y=y_c$，$y_z=0$，$y_B=0$，即步进电机位移（相对量）总是为零。步进电机是一个有平衡位置的电/机转换器。

具有自复中特性的步进式电液转换器，由于其不用油。通常又称为无油电液转换器。图 4-23 所示的是一种无油电液转换器结构原理图，它主要由步进电机（含驱动器）、滚珠螺旋副、连接套等组成。

当微机调节器输出关闭方向信号（数字脉冲）时，步进电机驱动滚珠螺旋副带善连接套向下运动。当微机调节器输出开启方向信号（数字脉冲）时，步进电机使滚珠螺旋副带着连接套向上运动，使引导阀也向上运动，主配压阀活塞也上移，从而控制接力器开大导叶。

步进电液转换器不用油或少用油，其对油质无特殊要求，抗油污能力强，系统结构简单，可方便实现无扰动手自动切换，在近年来的微机调速器得到了较多应用。

4.4.2 直流电机伺服系统

直流伺服电机驱动的伺服系统，采用电机控制的电动集成阀和电机伺服机构，其结构简单、耗油量少。由于电机伺服机构具有累加功能，在失电时，仍可维持原工况运行，并可进行手动操作，具有较高的可靠性。图4-24(a)和图4-24(b)所示的是两种不同形式的直流电机伺服系统的原理框图。

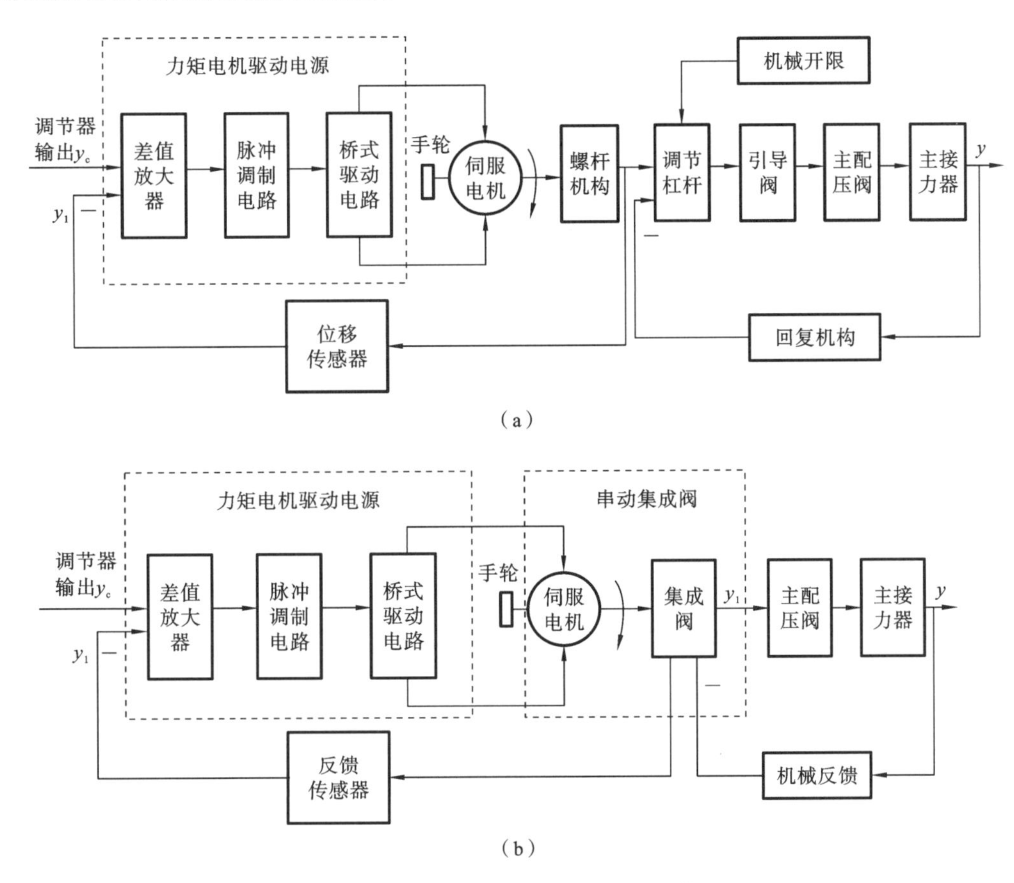

图4-24 强流电机伺服系统两种形式结构原理图

下面以ZS-100型直流电机伺服装置为例介绍直流电机伺服系统的工作原理。图4-25所示的是其结构图。该装置采用110LY54型永磁式力矩直流电机作为执行元件，空载转速为400 r/min；采用脉冲调宽式放大器作驱动电源，最大输出电压为48 V；采用普通运算放大器作输入和反馈信号比较及放大，放大系数在1～100倍之间任意调整；采用梯形螺纹的丝杆和螺母作传动机构，螺距为4 mm，设计行程为110 mm，用LP-100型直线位移传感器作位置反馈元件。系统输入信号采用0～5 V，该装置相应的输出位移设计为0～80 mm，在大信号作用下，装置走完全行程的时间设计为不大于3 s，丝杆与直流伺服电机通过联轴器相连，螺母与输出杆连成一体，位移传感器的推杆直接装于螺母上。

为了防止螺母在丝杆的两极端位置上锁死，在两极端位置上设置了两个行程开关，当螺母到达两端部时，就会断开其驱动电路。

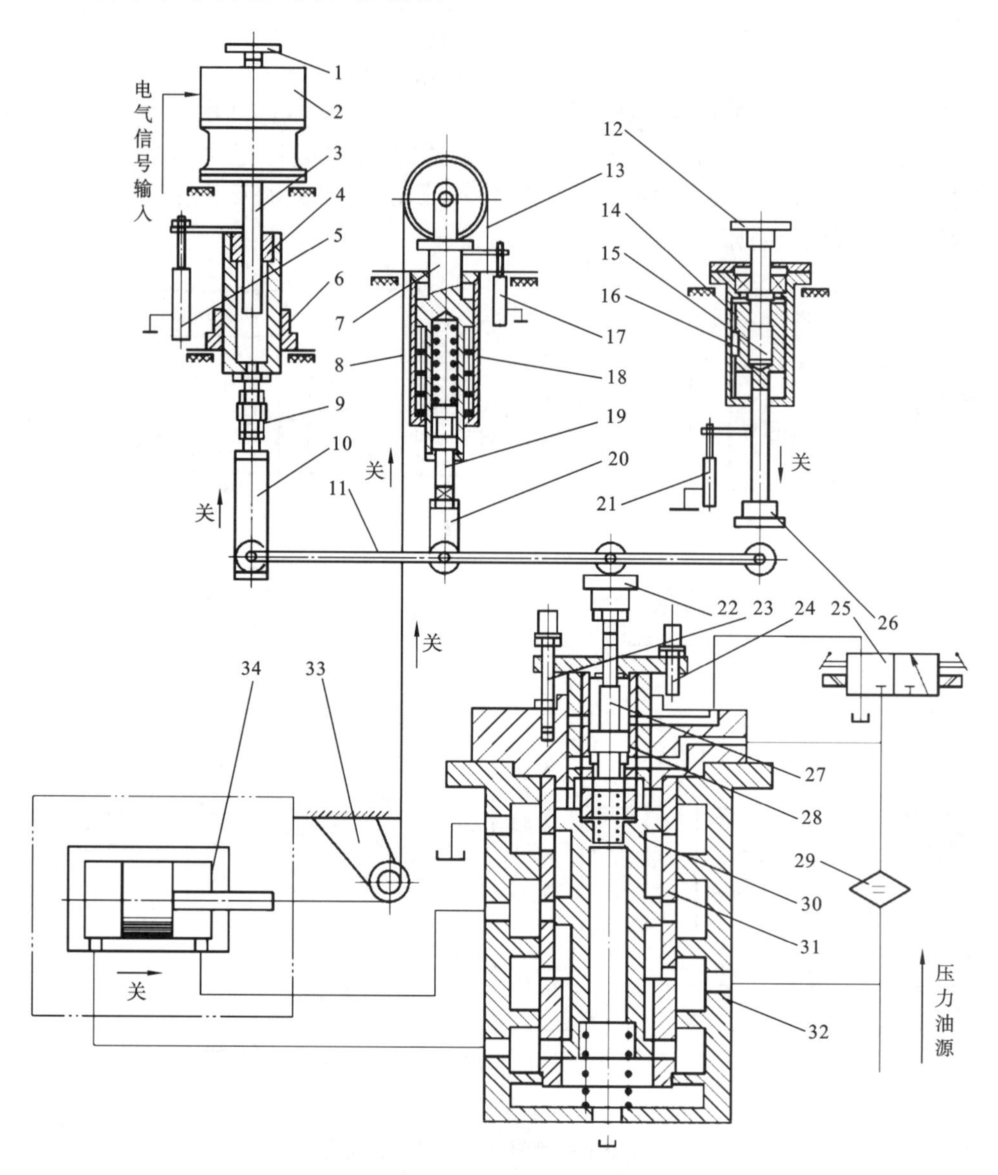

图 4-25　电机伺服装置结构图

1—电机手轮；2—力矩电机；3—传动螺杆；4—传动螺母；5—反馈位移传感器；6—导向键；7—反馈活塞；8—复中弹簧；9—调节螺母；10—输出托架；11—调节杆件；12—开限手轮；13—反馈带；14—开限螺母；15—开限螺杆；16—导向键；17—开度位移传感器；18—屈服弹簧；19—屈服活塞；20—回复连杆；21—开限位移传感器；22—受压块；23—开机时间调协螺栓；24—关机时间调节螺栓；25—紧急停机电磁阀；26—调节压住螺帽；27—引导阀针阀；28—引导阀衬套；29—双联滤油器；30—主配活塞；31—主配衬套；32—主配壳体；33—反馈过渡轮；34—主接力器

该电机伺服装置为闭环位置控制系统。其输入信号 y_c 与装置输出的位置反馈信号 y_1 在放大器中相比较，其差值 Δy 经放大后经过驱动电源作功率放大，控制直流伺服电机，使之按误差信号的极性正转或反转，传动机构将其旋转运动转换成相应的直线位移。在反馈系统中，电机的旋转方向总是连接成使误差信号 Δy 减小的方向。当系统稳定后，误差信号消失，$\Delta y = y_c - y_1 = 0$，该伺服系统使得 $y_1 = y_c$，只要位移传感器是线性的，该装置就能达到将 y_c 信号线性地转换成装置的输出位移 y_1 的目的。

4.4.3 交流电机伺服系统

交流伺服电机驱动的伺服系统，结构简单、耗油量少。由于电机伺服机构具有累加功能，失电时，仍可维持原工况运行，并可进行手动操作，具有较高的可靠性。图 4-26 所示的是交流电机伺服系统原理框图。

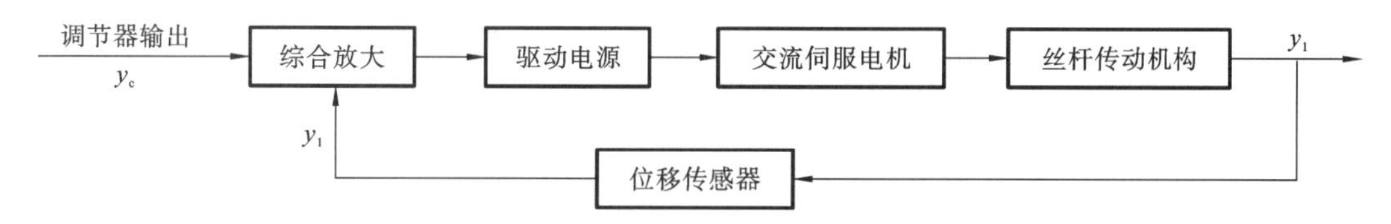

图 4-26 交流电机伺服系统原理框图

交流电机伺服系统结构原理图如图 4-27 所示。交流伺服电机，滚珠丝杆，螺母和电机驱动电源构成电机伺服装置。电机伺服装置将微机调节器的输出电平 y_c。转换成螺母的直线位移，并作为机械液压随动系统的输入。

滚珠螺母带动主配压阀活塞上、下动作。控制调速器的主接力器开启和关闭。装在接力器上的反馈锥体带动衬套上、下动作，以实现接力器到主配压阀的直接位置反馈。构成由主配压阀和主接力器组成的带硬反馈的一级液压放大并形成机械液压随动系统：该系统设计为滚珠螺母位移 0～20 mm，接力器相应走完全行程。

该机械液压随动系统的主配压阀直接控制差压式主接力器。该主配压阀仅有两个外接油：一个油口接入压力油；另一个油口通向差压式主接力器的开启腔。主配压阀结构非常简单：轴向尺寸较小，仅由主配压阀活塞、活塞衬套、阀体、端盖和平衡弹簧等几个零件组成，主接力器为差压式油缸。活塞有效面积较小的一侧始终通以压力油，另一侧为变压腔。变压腔活塞有效面积比压力油腔活塞有效面积大一倍，故当变压腔接通压力油时，活塞朝开机方向移动；当变压腔接通排油时，活塞朝关机方向移动。接力器轴端部有反馈锥体，直接将主接力器位移反馈到主配压阀的衬套上。

当主配活塞上升时，其下方控制阀盘使主接力器变压腔接通排油口，主接力器朝关机方向运动，同时反馈锥体使主配的活动衬套也会上升，直到控制窗口被主配活塞控制阀盘重新封闭；当主配活塞下降时，同理活动衬套也会下降，直到将控制窗口重新封闭。可见，活动衬套总是随动于主配活塞，也就是主接力器位移跟随电机伺服装置的输出位移的变化而变化。

该装置中采用二位三通电液换向阀作紧急停机电磁阀，由于两个工作位置均可固定，所以电磁铁不需要长期通电：当机组事故时，紧急停机电磁阀励磁，主配压阀油路被

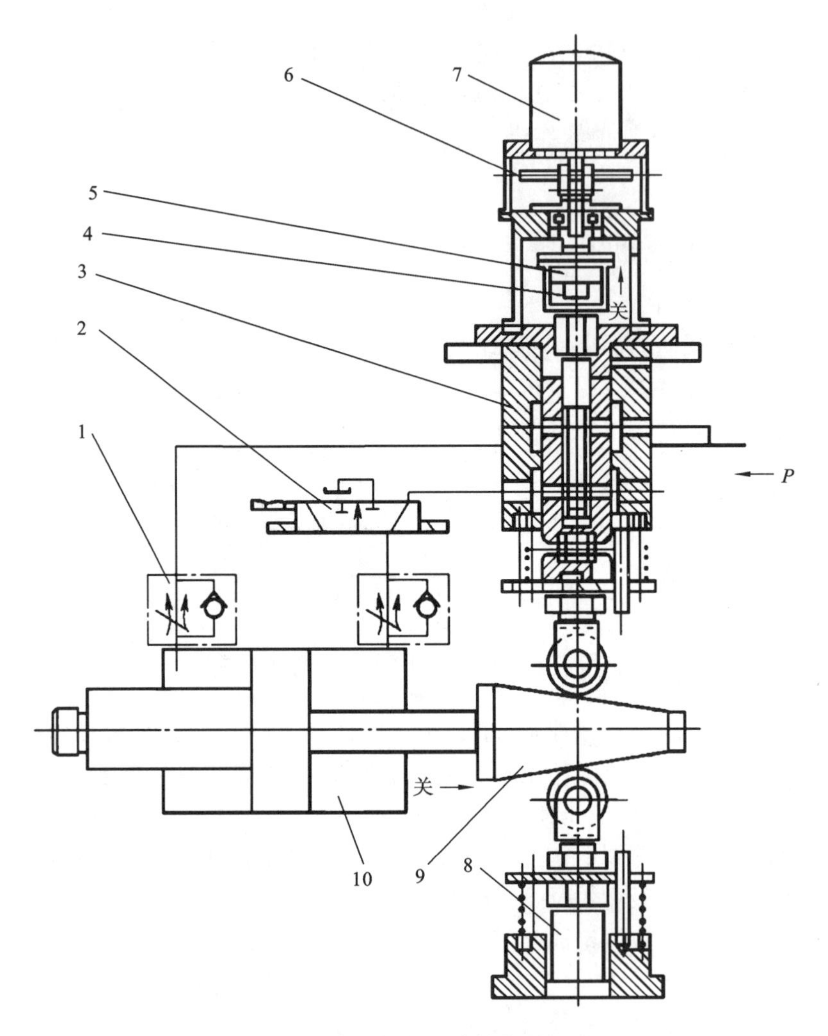

图 4-27 电机伺服系统结构原理图

1—单向节流阀;2—紧急停机阀;3—主配压阀;4—滚珠丝杆;5—螺母;
6—手轮;7—交流伺服电机;8—分段关闭装置;9—反馈椎体;10—主接力器

隔断,差压式主接力器的变压腔接通排油,接力器则迅速关机,另一个接力器用来调整开机时间。

在该电机伺服系统中,手动操作机构十分简单、方便。当需要进行手动操作时,仅需切除伺服电机的控制问路,就可实现自动向手动运行方式切换。直接旋转伺服电机联轴器的手轮,便可以控制接力器开启和关闭的运动。这种手动控制的方式还是闭环控制,只要不再操作手轮,接力器的位置就不会漂移。由自动运行工况切换到手动运行工况的操作简单、方便,这是伺服系统的特点:由于仅用一级液压放大,并用伺服电机直接控制,因此也没有专门的手动操作机构。该系统结构简单、可靠,是一种比较适合于中小型微机调速器的伺服机构。

4.5　电磁换向阀伺服系统

电磁换向阀伺服系统采用电磁换向阀将电气信号转换为机械液压信号，采用三位球座式电磁阀和脉宽调制(PWM)控制，由标准液压元件组成，最小响应脉宽为 5～40 ms，静态无油耗，抗油污能力强，机械液压系统零位能自保持，维护、检修简单，主要适用于中小型调速器。

电磁换向阀是一个有两个或三个稳定状态的断续式电磁液压阀组成的，它具有机械液压系统结构简单、安装调试方便，可靠性高等优点。

图 4-28 所示的是电磁换向阀伺服系统原理框图。它采用插装阀或液控阀作液压放大，而主配压阀则与电磁换向阀相接口。电磁换向阀的输入取自微机调节器的输出(电气信号)。

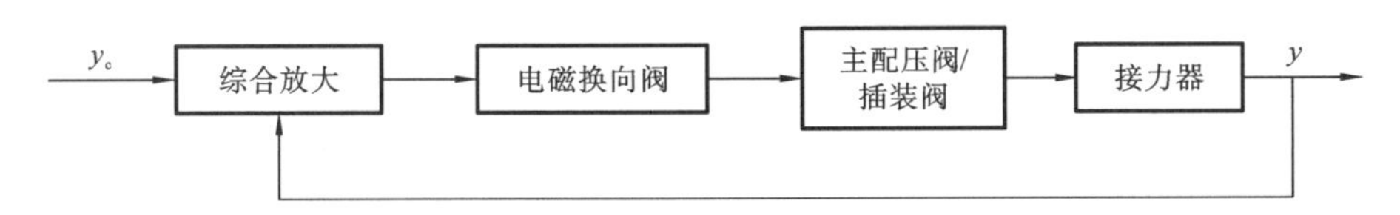

图 4-28　电磁换向阀伺服系统原理框图

1. 座阀式电磁换向阀

座阀式电磁换向阀是一种二位三通型方向控制阀，也称为电磁换向球阀，它在液压系统中大多作为先导控制阀使用。

座阀式电磁换向阀采用钢球与阀座的接触密封，避免了滑阀式换向阀的内部泄露。座阀式电磁换向阀在工作过程中受液流作用力影响下，不易产生径向卡紧，故动作可靠，且在高油压下也可正常使用。其换向速度也比一般电磁换向滑阀快。

一种座阀式电磁换向阀的图形符号如图 4-29 所示，有 3 个油口：A(控制油)，P(压力油)，T(排油)。线圈不通电时，压力油接 A 腔(二位三通常开型)；线圈通电时，排油接 A 腔。

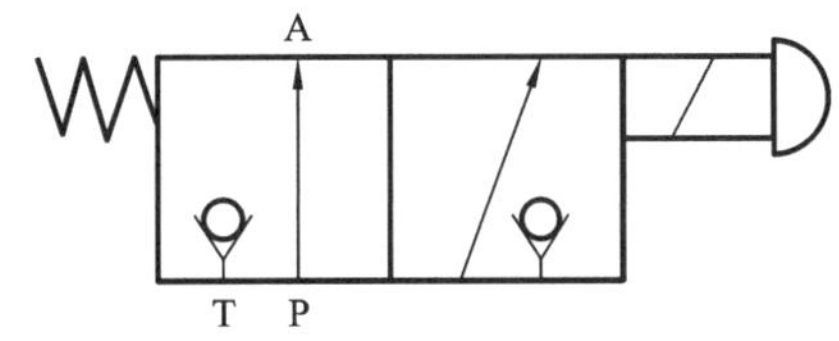

图 4-29　一种座阀式电磁换向阀表示符号

座阀式电磁换向阀根据内部左、右两个阀座安置方向的不同，可构成二位三通常开型和二位三通常闭型两种。如果再附加一个换向块板，则可变成二位四通型品种。

2. 湿式电磁换向阀

WE 型湿式电磁换向阀是电磁操作的换向滑阀，也称电磁换向阀，可以控制油流的开启、停止或方向。

电磁换向阀由阀体、电磁铁、控制阀芯和复位弹簧构成。一种湿式电磁换向阀图形符号如图 4-30 所示，有 4 个油口：A(控制油口)，B(控制油口)、P(压力油)和 T(排油)。

电磁换向滑阀由两个电磁线圈控制，在两个电磁线圈均为通电的状态下，复位弹簧将控制阀芯置于中间位置，排油 T 与 A 腔和 B 腔相通。图中左端电磁铁通电，A 腔接压力油，B 腔接排油；图中右端电磁铁通电，B 腔接压力油，A 腔接排油。根据插装阀接口的要求，也可以将压力油 P 和排油 T 交换，这时，在两个电磁线圈均未通电的状态下，复位弹簧将控制阀芯置于中间位置，压力油与 A 腔和 B 腔相通。图中左端电磁铁通电，A 腔接排油，B 腔接压力油；图中右端电磁铁通电，B 腔接排油，A 腔接压力油。

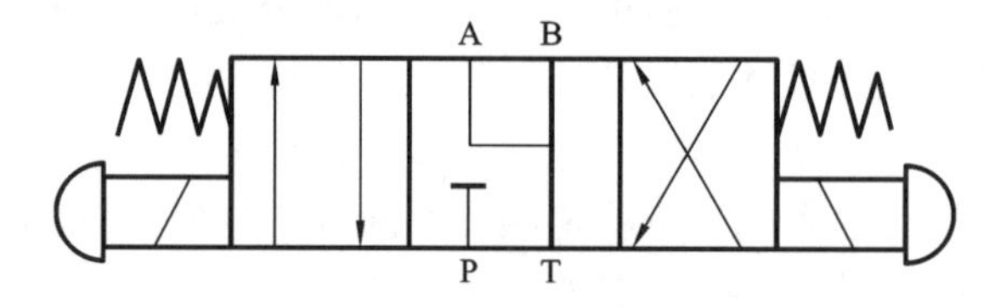

图 4-30　一种湿式电磁换向阀表示符号

3. 电磁换向阀伺服系统

由电磁换向阀组成的伺服系统如图 4-31 所示。

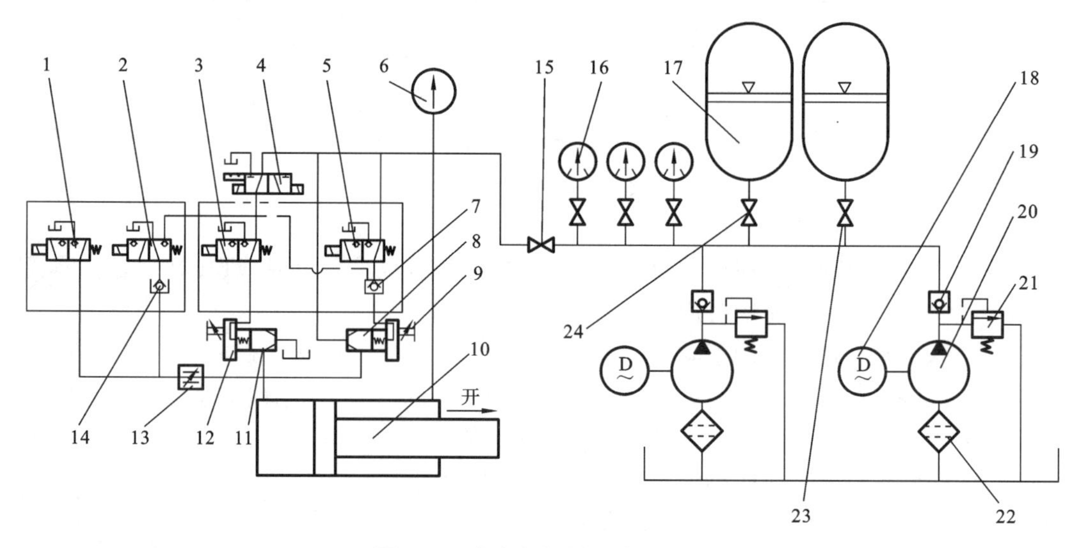

图 4-31　数字阀伺服系统原理图

1—小波动关机球阀；2—小波动开机球阀；3—大波动关机球阀；4—紧急停机电磁阀；5—大波动开机球阀；6—压力表；7—液控单向阀；8—开机插装阀；9—行程调节盖板(调节开机时间)；10—差压油缸(接力器)；11—关机插装阀；12—行程调节盖板(调节关机时间)；13—节流阀；14—单向阀；15、23、24—截止阀；16—电接点压力表；17—蓄能器；18—电机；19—单向阀；20—油泵；21—溢流阀；22—滤油器

在小波动控制调节中，由小波动开机球阀和小波动关机球阀进行导叶开关控制。而在大波动时(如机组甩负荷)，则由大波动关机球阀和关机插装阀电磁铁通电，其推力使钢球封住压力腔，同时使 A 腔与排油腔 T 连通，使关机插装阀上腔油液经过大波动关机球阀排走，关机插装阀开启，差压油缸(接力器)开腔油液经关机插装阀与排油接通，接力器快速关闭，导叶也就快速关闭。

当机组事故时，紧急停机电磁阀励磁，使关机插装阀上腔油液经大波动关机球阀从紧急停机电磁阀排掉，关机插装阀开启，接力器开腔油液经关机插装阀通排油，接力器带动导叶快速关闭。其关闭时间可通过关机插装阀上的行程调节盖板来调节。

4.6　导叶分段关闭装置

4.6.1　接力器导叶分段关闭装置

在水电站的工程实践中，由于受水工结构、引水管道、机组转动惯量等因素的影响，经过调节保证计算，要求调速器的接力器在紧急关闭时（有导叶分段，一般为两段）关闭特性。即在导叶紧急关闭过程中，其关闭特性是，按拐点分成关闭速度不同的两段（或多段）。导叶分段关闭装置就是用来实现这种特性的。

导叶分段关闭装置由导叶分段关闭阀和接力器拐点开度控制机构组成。后者包括拐点检测及整定机构和控制阀。拐点开度控制机构可以基于纯机械液压的工作原理，也可以基于电气与液压相结合的工作原理。前者称为机械式导叶分段关闭装置，后者则称为电气式导叶分段关闭装置。对于要求具有导叶分段关闭特性的调速器，必须引入接力器位移的机械或电气信号。

当采用纯机械液压式拐点检测及调整机构和控制油路来控制分段关闭阀（即机械式导叶分段关闭装置）时，系统动作与调速器工作电源无关，可靠性高。但是，由于必须利用凸轮使接力器运动时控制切换阀换位，故机械系统复杂，有的电站在布置上也有一定困难。

采用电气式导叶分段关闭装置的优点是布置导叶分段关闭装置十分方便。但是，必须十分重视其控制电源及控制回路的可靠性，一般应采用两段厂用直流电源对切换电磁阀回路供电，从而避免出现由于控制电源消失或电气控制故障而导致分段关闭装置无法正常工作的事故。

如果系统有事故配压阀，则导叶分段关闭阀应设置在事故配压阀与接力器之间的油路中。

如图4-32所示的是机械式接力器导叶分段关闭系统，接力器在运动过程中带动凸轮机构，到达切换拐点时，使控制阀换位，改变其控制油口A和B的状态组合；通过分段关闭阀改变主配压阀送到接力器的流量，使接力器具有不同的关闭速度。

值得着重指出的是，在接力器位移凸轮机构/控制阀和分段关闭阀的布置上，一定要使两者尽可能地靠近安装，以减小控制阀至分段关闭阀的油管长度。电站的实际调试经验表明，控制阀至分段关闭阀的油管过长，将使分段关闭阀的动作延迟，从而导致实际两端关闭接力器拐点数值与整定值不相符合，使接力器实际的关闭分段特性不满足设计要求。

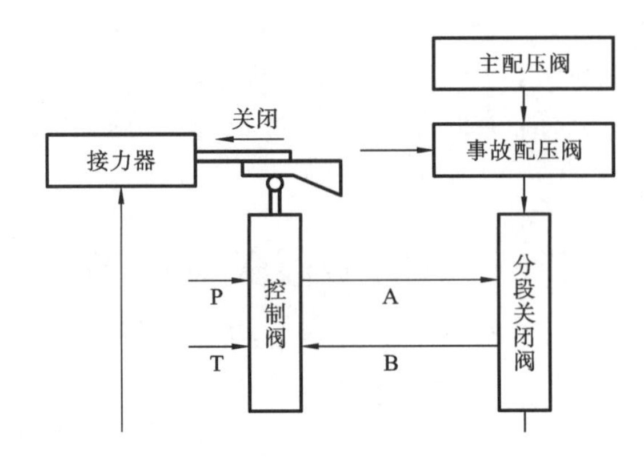

图 4-32　接力器导叶分段关闭系统

4.6.2　导叶分段关闭阀

导叶分段关闭阀是一种两段或多段式关闭阀。以两段式关闭阀为例，导叶接力器100%开度至拐点开度是第一段(快速关闭)工作区域，接力器的关闭速率在分段关闭阀上设置。导叶分段关闭阀安装在调速器主配阀与水轮机导叶接力器之间的油路上，通过对接力器关闭油腔的控制(附加节流和不节流)，使接力器具有两段要求不同的关闭速度，以满足水轮控制系统调节保证计算的要求。接力器的开启工作特性不受导叶分段关闭阀的控制。

导叶分段关闭阀如图 4-33 所示，由节流块、弹簧、控制活塞和调节螺栓等构成。它接在主配压阀至接力器的开机油路中，控制活塞由接力器导叶分段关闭控制阀送来的 A 孔和 B 孔油压控制。图 4-32 中给出了接力器关机时油的流动方向，由主配压阀和事故配压阀整定第一段关机时间，分段关闭阀限制第二段关机速度。

在第一段(快速关闭)工作区域，A 孔接压力油，B 孔接排油，活塞控制节流块至图 4-33 中最左端位置，节流块与阀体的节流口完全打开，导叶分段关闭阀不起截流作用，接

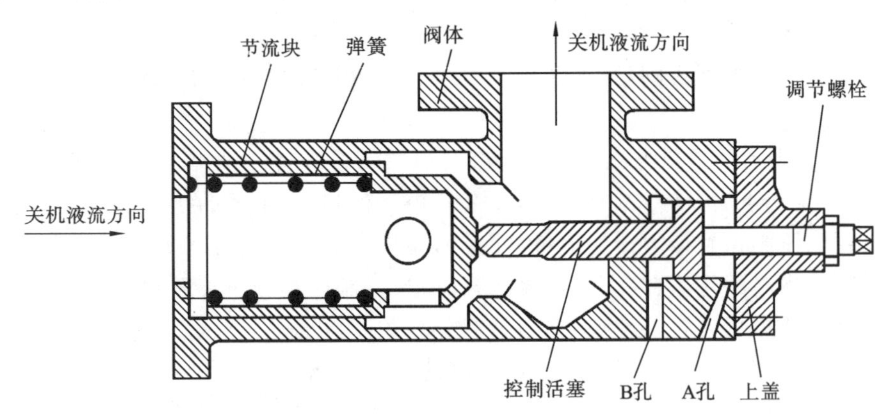

图 4-33　导叶分段关闭阀

力器按主配压阀整定的开机速度开启。与接力器位置和活塞、调节螺栓位置无关。

接力器拐点开度一般在10%～80%范围内整定，通过控制阀控制导叶分段关闭阀的A孔和B孔油路实现。当接力器关到拐点开度，控制阀动作，A孔通排油，B孔通压力油，控制活塞向右运动，使节流块与阀体间的节流口减小。降低关机速度：通过调整调节螺栓，可调整控制活塞行程，达到调整第二段慢关闭速度的目的。

导叶分段关闭阀的额定通径为：80 mm、100 mm、150 mm、200 mm、250 mm，切换延迟时间应小于0.2 s。

4.7 事故配压阀

事故配压阀是水轮发电机组的安全保护设备，用于水电站水轮发电机组的过速保护系统中。当正在运行的机组由于事故原因，转速上升高于额定转速某规定值(一般整定为115%的机组额定转速)时，又恰遇调速系统发生故障，此时事故配压阀接受过速保护信号并动作，其阀芯在差压作用下换向，将调速器主配压阀切除，油系统中的压力油直接操作导水机构的接力器，紧急关闭导水机构，防止机组过速，为水轮发电机组的正常运行提供安全可靠的保护。事故配压阀必须与机组过速检测装置及液压控制阀配合使用，常用机械式过速装置。机组过速保护系统原理如图4-34所示。

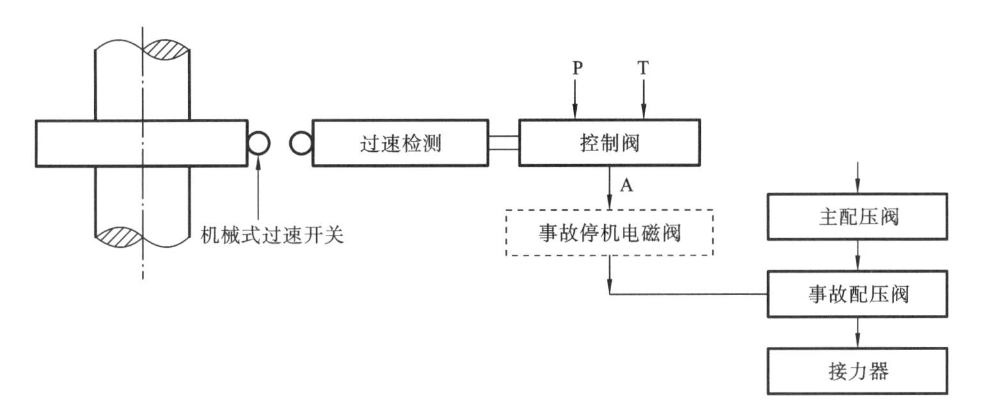

图4-34 机组过速保护系统原理

为了控制事故配压阀的工作，一般采用安装于机组主轴上的机械式过速开关。它是基于离心力与弹簧平衡的原理工作的。当机组转速上升至整定的一次过速整定值时，主轴上旋转的重块弹出并使过速检测开关动作，在同时满足主配压阀拒关闭节点有效的条件下，通过控制阀使事故配压阀换位，切断主配压阀的油路，使接力器紧急关闭。在有的系统中还串接了事故停机电磁阀，它可以接受相应的电气信号使事故配压阀动作。

事故配压阀的结构，如图4-35所示。事故配压阀由阀体、阀芯、限位螺钉等组成。P

腔为压力腔，T 腔接排油，A 腔接压力油，B 腔为事故配压阀控制油腔。工作油腔有：主配压阀开启油腔、主配压阀关闭油腔、接力器开启油腔、接力器关闭油腔等。事故配压阀接在主配压阀至接力器的油路中。如果系统有分段关闭装置，则连接顺序为：主配压阀、事故配压阀、分段关闭阀、接力器。

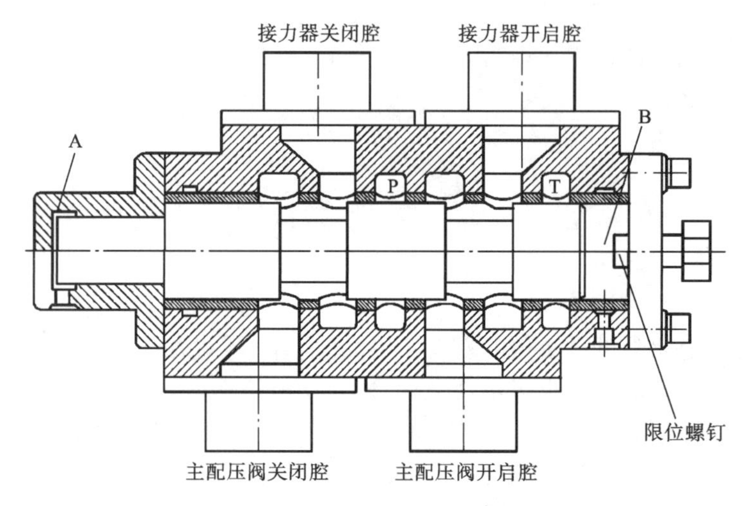

图 4-35　事故配压阀的结构

图 4-35 所示的是事故配压阀不起作用的位置。控制油腔 B 接通压力油，事故配压阀阀芯运动到左极端位置；P 腔和 T 腔被切断，主配压阔开机腔与接力器开机腔相通，主配压阀关机腔与接力器关机腔相通，接力器受控于主配压阀，事故配压阀仅仅提供了一条主配压阀至接力器的通道。当调速器发生故障致使机组转速过高、调速器无法完成通过接力器关闭导水机构操作时，B 腔前端的二位三通电磁阀接受过速保护信号动作，二位三通阀换向，将压力油切断，B 腔接回油，事故配压阀就转入起作用的位置。此时，事故配压阀阀芯在图 4-35 中右端位置，接力器关闭腔与 P 腔相通，接力器开机腔与 T 腔相通。主配压阀的开机腔和关闭腔均被切断，接力器不受主配压阀的控制，在事故配压阀的控制下接力器紧急关闭。

在事故配压阀工作于起作用的位置时，由事故配压阀整定接力器第一段关闭时间。图 4-35 所示的是在其右端加装可调的事故配压阀活塞的限位装置，以整定接力器第一段关机速率。另一种方式可以在其排油腔 T 中加装节流阀(或带节流孔的平垫)，整定接力器第一段关机速率。

值得着重指出的是，对于有事故配压阀和分段关闭特性的调速器，接力器第一段快速关闭速率必须在以下两种工况下整定，并要满足第一段关闭速率的要求。

(1) 事故配压阀不动作的工况下，在主配压阀上整定接力器第一段(快速)关闭速率。

(2) 事故配压阀动作的工况下，主配压阀不起作用，在事故配压阀上整定接力器第一段(快速)关闭速率。

事故配压阀额定通径：80 mm、100 mm、150 mm、200 mm、250 mm。其动作延迟时间应小于 0.2 s。

近年来，事故配压阀引入先进的标准逻辑插装阀取代传统的滑阀，将传统的过速限制器上的事故配压阀、电磁配压阀、油阀集成为一体，元件为模块化结构，其体积小、耐油污能力强、互换性好、可靠性高，是一种发展趋势。

4.8 油压装置

4.8.1 调速系统油压装置的特点和要求

油压装置是供给调速器压力油源的设备，也是水轮机调速系统的重要设备之一。由于调速器所控制的水轮机的机体庞大，需要足够大的接力器体积和容量克服导水机构承受的水力矩和摩擦阻力矩，故使其油压装置体积和压力油罐或容积都很大。目前常用的油压装置的整个体积比调速器的大得多，其压力油罐体积可达20 m^3，国外已采用32 m^3，甚至更大一些。常用额定油压为2.5 MPa、4 MPa或6.3 MPa，国外已采用7 MPa。

机组在运行中，经常发生负荷急剧变化，甩掉全负荷和紧急事故停机，需要调速器的操作在很短时间内完成，而且压力变化不得超过允许值。为此常用爆发力强的连续释放较大能量的气压蓄能器来完成。所以，油压装置压力罐容积必须有60%～70%的压缩空气和30%～40%的压力油，以使油量变化时压力变化最小。

水轮机调节要求调速器动作灵敏、准确和安全可靠。当动力油不清洁或质量变坏，势必使调速器液压件产生锈蚀、磨损，尤其对精密液压件造成卡阻和堵塞，会给调速器工作带来不良影响甚至严重后果。为此，油压装置内应充填和保持使用符合国家标准的汽轮机油，其油质标准如表4-1所示。

表4-1　Hu-30或Hu-22号汽轮机油质标准表

<table>
<tr><th>序号</th><th colspan="2">项　目</th><th>指　标</th><th>序号</th><th>项　目</th><th>指　标</th></tr>
<tr><td rowspan="2">1</td><td rowspan="2">黏度</td><td>运动黏度</td><td>20～32</td><td rowspan="2">6</td><td rowspan="2">氧化后沉淀物/(%)</td><td rowspan="2">小于或等于0.1</td></tr>
<tr><td>恩氏黏度</td><td>3.2～4.2</td></tr>
<tr><td>2</td><td colspan="2">闪点</td><td>180</td><td>7</td><td>氧化后酸值/(mmKOH/g)</td><td>0.35</td></tr>
<tr><td>3</td><td colspan="2">凝点</td><td>−10</td><td>8</td><td>灰分/(%)</td><td>小于或等于8</td></tr>
<tr><td>4</td><td colspan="2">酸值</td><td>0.02</td><td>9</td><td>杂质、水分/(%)</td><td>无</td></tr>
<tr><td>5</td><td colspan="2">水溶性酸或碱</td><td>无</td><td>10</td><td>透明度</td><td>透明</td></tr>
</table>

随着调速器自动化程度的提高，要求油压装置在保证工作可靠的基础上也必须具有较高的自动化水平。为此，通常每台机组都有它单独的调速器和与之相配合的油压装置，它们中间以油管路相通。

中小型调速器的油压装置与调速柜组成一个整体,在布置安装和运行上都较方便。大型调速器的油压装置,由于尺寸较大,是单独分开设置的。

4.8.2 油压装置的组成与工作原理

油压装置是由压力油罐、回油箱、油泵机组及其附件组成。压力油罐是油压装置能量储存和供应的主要部件,它的作用是供给调速系统保持一定压能的压力油。回油箱是用作收集调速器的回油和漏油。油泵机组用作向压力油罐输送压力油。图 4-36 所示的是油压装置的结构、工作原理及其工作过程。

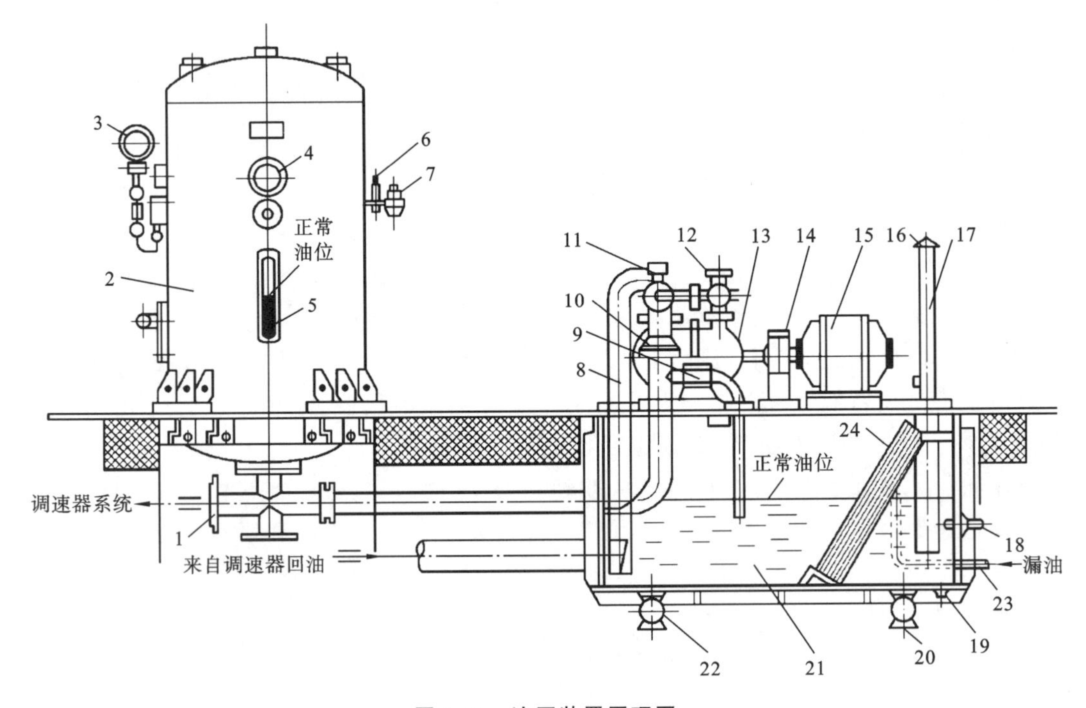

图 4-36 油压装置原理图

1—三通管;2—压力油罐;3—压力信号器;4—压力表;5—油位计;6—球阀;
7—空气阀;8—吸油管;9—截止阀;10—三通阀;11—逆止阀;12—安全阀;
13—螺杆泵;14—弹性相关轴节;15—电动机;16—油位信号器;17—浮子油位指示器;
18—电阻温度计;19—螺塞;20、22—阀门;21—回油箱;23—漏油回收管;24—过滤器

1. 回油箱、油泵机组及其附件

回油箱 21 为一个钢板焊接的油箱。油泵 13 采用螺旋油泵,油泵是由电动机 15 经联轴器 14 驱动的,箱内的油经吸油管被螺旋泵吸入后经安全阀 12、止回阀(在安全阀内)、三通管 1 输入压力油罐内。

螺旋油泵机组并列设有两台:一台工作使用;另一台备用,均装置在回油箱顶面上。此外,还有浮子油位指示器 17 用来测量回油箱的油位,并在油位达到最低油位时发信号；电阻温度计18用来测量回油箱的油温和发信号；螺塞19为取油样的孔口；阀门20、22作为进油和放油使用；漏油回收管23用作排回调速系统的漏油。

2. 压力油罐及其附件

压力油罐2也是由钢板组焊而成的圆筒形压力容器，其内部储存有一定比例的油和压缩空气，一般油占30%～40%，其余为压缩空气。压缩空气专门用来增加油压，它通常是由水电站的压缩空气系统供给。

为了使油压装置的工作过程能够自动控制，在压力油罐上装有四个压力信号器3，它们分别控制：在油压达到下限时启动油泵，恢复到上限时油泵停机，低于下限时启动备用油泵，低于危险油位时紧急停机。压力表4用作测量压力油罐内的压力；空气阀7与压缩空气系统连接用作定期补气，压力过高时也可以用来放气；油位计5用来观测压力油罐内油位的高低；球阀6是当空气压力下降时用作截闭压力油罐内的压缩空气。调速系统使用的压力油可通过三通管1供给。

3. 安全阀、逆止阀、旁通阀及阀组

在油压装置工作中，为了实现油泵无载启动，连续运行的断续排油，防止压力过高和避免停泵后高压倒流，设置了与上述功能相应的各种结构的液压阀。它们都是由油压和弹簧相互作用下的柱塞或球塞动作完成各自功能的。

(1) 安全阀。安全阀大部分装在油泵输出油管上，个别的装在压力罐上。当油压高于工作油压某值时，安全阀便自动开启，将压力油排回集油箱，以保护油泵，油管和压力罐。

通常当油压高出工作油压的8%时，安全阀开启排油；当油压达到工作油压的120%之前，安全阀应全开，油压应停止升高；当油压低于工作油压的6%以前，安全阀应全关闭。在安全阀的整个工作过程中不应有明显的振动和噪音。安全阀结构原理比较简单，但由于油压设备不同，它的结构形状、大小差异很大，如图4-37所示。当油压上升到整定值时，弹簧3被压缩，活塞4上移，其下部油口开启排油。随压力升高逐渐开启到最大油口，油压不再上升。当油压降到一定值时，油口关闭。

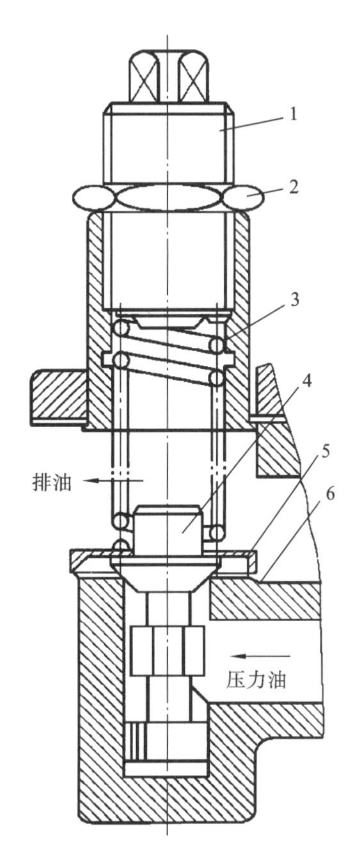

图4-37　安全阀

1—调节螺杆；2—锁紧螺母；3—弹簧；4—活塞；5—罩；6—安全阀体

(2) 油逆止阀。油逆止阀和安全阀相比，其结构原理基本相同，只是工作弹簧整定压力不同。逆止阀弹簧压力只需将阀塞退回原位压紧就够了，如图4-38所示。当油泵输出油压高于压力罐油压和弹簧4压力时，阀塞1上升，压力油送入压力罐。当油泵停止工作时，阀塞1受弹簧4反力和压力罐油压的作用，被推回原位堵住油口，便防止了高压油倒流。

(3) 空气逆止阀。空气逆止阀如图 4-39 所示，装在压力罐上，用于压力罐补气后自动关闭，防止跑气。空气逆止阀比油逆止阀要求的严密性更高，以避免压缩空气泄漏。

逆止阀还可以由手轮 5 控制，排除罐内多余的压缩空气。

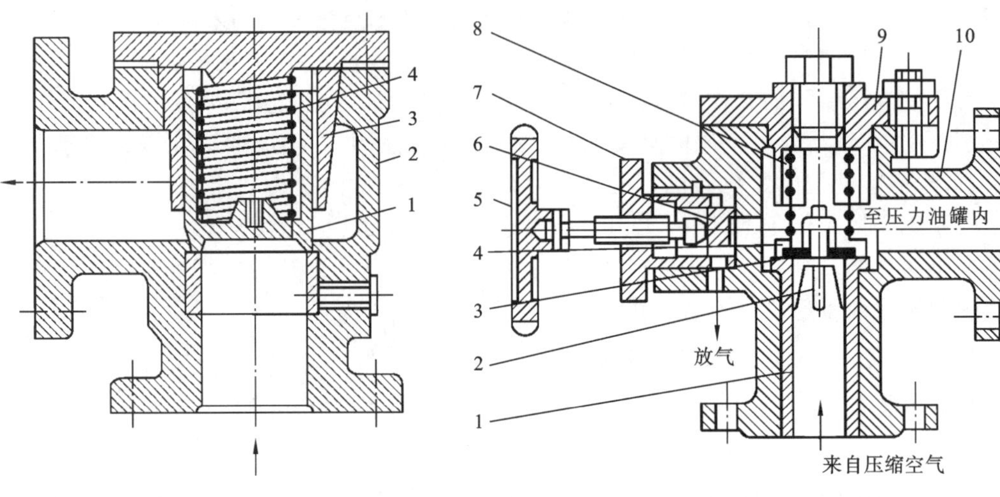

图 4-38　油逆止阀

1—阀塞；2—壳体；3—阀套座；4—弹簧

图 4-39　空气逆止阀

1—衬套；2—阀塞；3—密封垫；4—弹簧垫；5—手轮；6—阀块；7—压紧螺帽；8—弹簧；9—阀座；10—壳体

(4) 旁通阀。旁通阀又称卸荷阀，主要用于油泵连续运行方式，断续排回多余的压力油，如图 4-40 所示。差动活塞在关闭位置，油泵输出压力油送往压力罐。

当压力罐油压升高到整定值上限时，通过差动活塞 2 的上腔及其横孔，针塞 5 中心孔到针塞 5 下端与螺塞 12 上端之间的油腔的油压也随之升高，并压缩弹簧 4 使针塞 5 上移。这时，差动活塞 2 上腔油便通过针塞 5 的上下阀盘之间和差动活塞 2 上的左右竖孔排出。于是差动活塞 2 受其下腔油压作用而向上移动，将下部主排油道打开。油泵输出的压力油直接排回到集油箱，使油泵处于无载运行。

当压力罐油压降低到整定值下限时，针塞 5 因其下端腔油压低，并受弹簧 4 作用而下移到原位，使差动活塞 2 上腔的排油孔堵死并产生大于下腔的压力，于是差动活塞 2 向下移动到下部主排油道的关死位置，油泵输出的压力油又送至压力罐。

旁通阀的开启压力，即油泵停止向压力罐送油的最高压力，可由调节螺母 6 进行调整。调节螺母向下，差压弹簧 4 压力越大，油泵向压力罐送油压力越高；反之，送油压力越低。旁通阀的关闭压力，即油泵向压力罐送油的最低压力，以及差动活塞移动速度，由节流针塞 10 进行调整。节流针塞 10 旋进，节流孔小、阻力大，送油压力减小；反之，送油压力增大。旁通阀的开启与关闭压力之差一般为 0.15～0.25 MPa，需由调节螺母 6 和节流针塞 10 共同进行调整。

(5) 阀组。阀组是近年来在大、中型油压装置中采用较多的一种控制阀。它是由减压阀、逆止阀和安全阀所组成的多功能阀组，如图 4-41 所示。它的基本作用是：实现油泵无载启动，避免高油压损坏设备，防止压力罐内油的倒流。

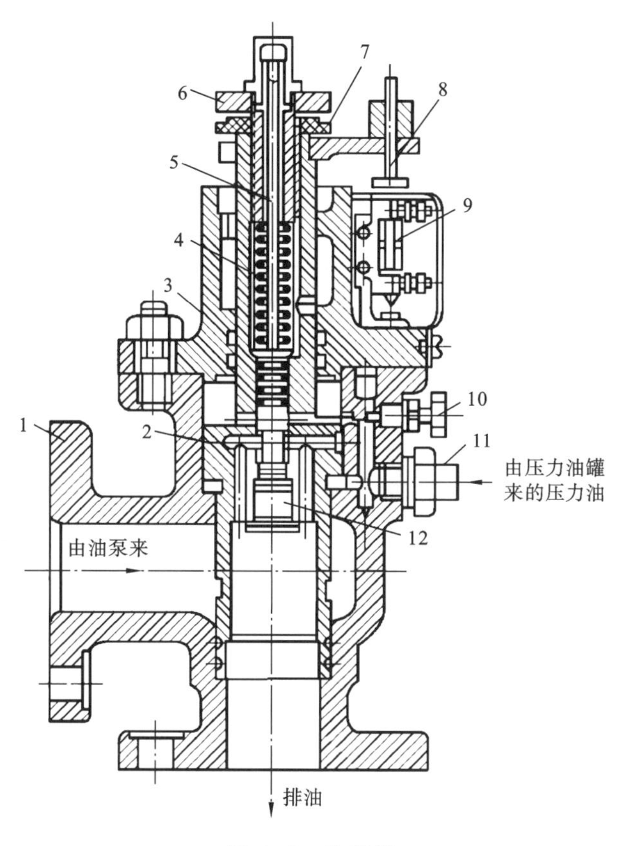

图 4-40　旁通阀

1—体壳；2—差动活塞；3—阀盖；4—差压弹簧；5—针塞；6—调节螺母；
7—锁紧螺母；8—接点控制杆；9—电气接点；10—节流针塞；11—管接头；12—螺塞

如图 4-41 所示，体壳 1 下的法兰与油泵输出管连接，即Ⅱ室为进油腔，Ⅰ室为排油腔，将油排回集油箱；另一个法兰 23 与压力罐连通。由部件 2～4 和部件 10～13 组成安全阀，部件 6～8 和部件 14～18 组成减压阀及节流阀、增压道和排油孔，部件 19～22 组成逆止阀。A-A 剖视图的左右油道为减压道，油泵启动初期时排油，减小Ⅱ室内压力，并可由调节螺钉 24 调整排油量，控制Ⅱ室内压力变化速度。

油泵启动前，阀级各部件处于如图 4-41 所示位置。

油泵启动前，由于油泵送来的油进入Ⅱ室并经 A-A 剖面图两侧的减压道流入Ⅰ室排回集油箱，油泵便可在无载(低压)情况下启动。随着油泵转速不断升高，输油量增大，减压道因调节螺钉 24 限制来不及将Ⅱ室内油全部排走。于是，Ⅱ室内压力便升高，压力油经增压道及节流塞 15 进入减压活塞 8 的上腔，使减压活塞 8 向下移动并逐渐将减压道出油口关闭。然后，Ⅱ室内油压随油泵达到额定转速升高到超过压力罐内油压，逆止阀活塞 20 被顶开，油泵开始向压力罐正常送油。

油泵的无载启动既减小了电动机启动电流，又可以缩短启动时间。

油泵在正常送油中，当压力罐油压达到工作油压上限时，压力信号器相应接点断开，

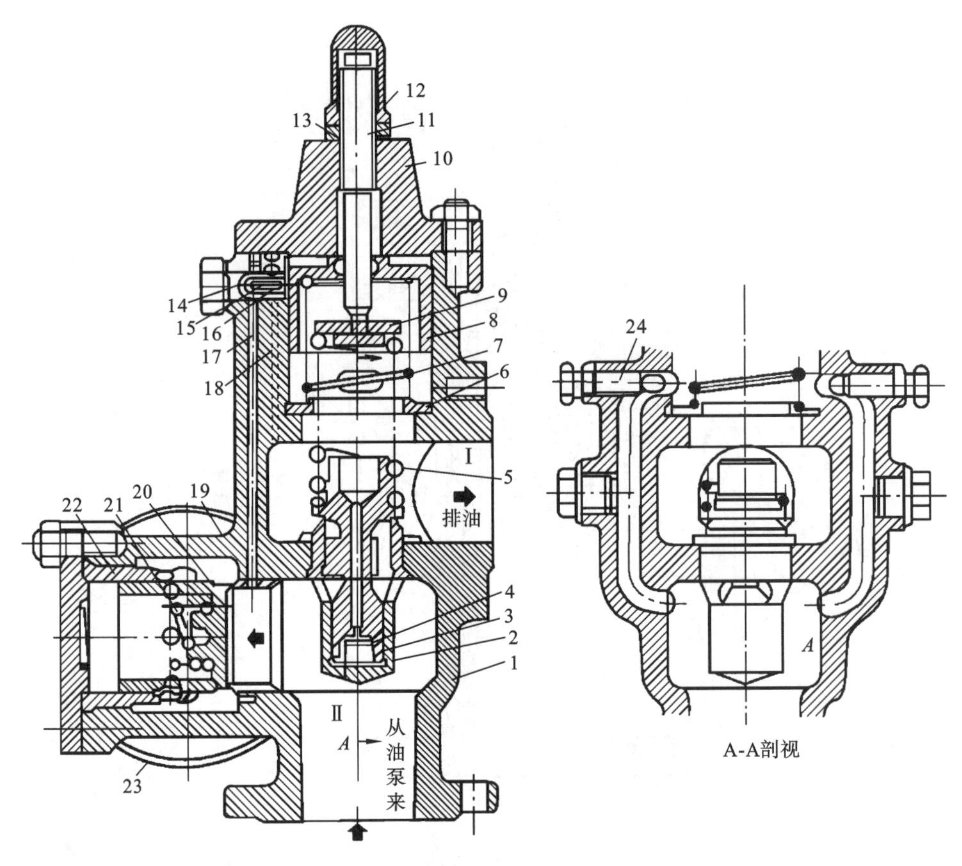

图 4-41 阀组结构图

1—体壳;2—安全阀座;3—安全阀活塞;4、14—小弹簧;5、7、21—大弹簧;6—弹簧垫;8—减压活塞;9—弹簧压盖;10—体盖;11—调节螺杆;12—套盖;13—锁紧螺母;15—节流塞;16—节流阀;17—减压流道;18—排油孔;19—逆止阀座;20—逆止阀活塞;21—逆止阀座套;22、23—法兰;24—调节螺钉

油泵停止转动并停止送油。逆止阀活塞 20 因弹簧 21 和油的反力作用,自动关闭。这时,Ⅱ室内压力油经螺杆泵间隙或倒转排回,其压力便下降。于是,减压活塞 8 受内弹簧 7 作用向上移动,其上腔油推开节流塞 15 经排油孔 18、Ⅰ室流回集油箱。最后,减压活塞 8 移到上端,节流塞 15 回归原位,为油泵再次无载启动做好准备。

如果压力罐油压上升到工作油压上限时,因某种原因,油泵未停转而继续送油,使油压高达某一值时,安全阀活塞 3 被顶起上移(压缩弹簧 5),使阀座 2 的油口开启,即Ⅱ室的油通过安全阀口到Ⅰ室排回集油箱。随压力升高,安全阀逐渐全开,将油泵来的油全部排回集油箱。当油压下降到一定值时,又可恢复正常工作状态。

4. 补气与油面自动控制器

(1) 补气的目的和方式。补气的目的,是为了确保压力罐中的油、气比例和正常调节中油压变化不超过允许范围,以满足调速器的工作要求。

补气的方式,通常有自补和外补两种。

自补是用于少数的中小型油压装置,利用油气阀和压气罐在油泵断续供油时,自动将空气逐步充入压力罐。这样，可节省压缩空气设备，但会影响油泵寿命。

外补是利用专设的压缩空气设备由人工或自动补气装置给压力罐充气。自动补气是根据压力罐中的油、气比即油位差，由补气装置自动控制补气阀给压力罐充气。由此可见，这种自动补气方式是与油位控制相统一且自动完成的，即节省了人工操作又提高了自动化水平，但需要专设压缩空气设备，其造价较高。它主要用于自动化程度较高的大、中型油压装置。

(2) 自补方式(YT型油压装置自动补气)。油压装置与调速柜是一起供货的。图4-42所示的是由油气阀和压力罐等组成的YT型油压装置的自动补气装置。

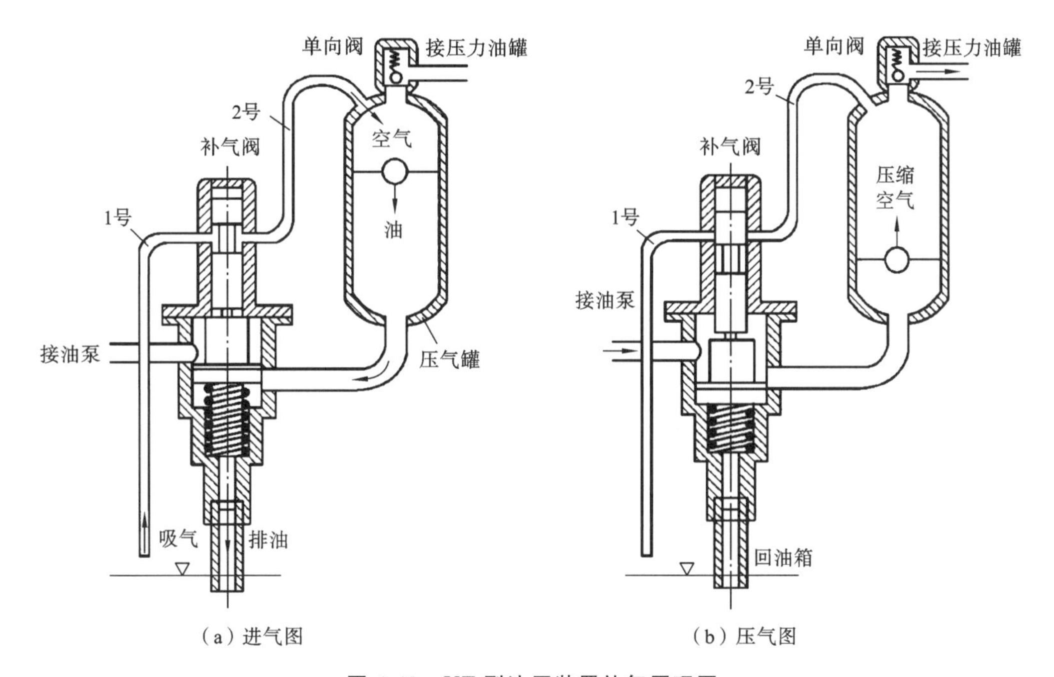

图4-42　YT型油压装置补气原理图

工作原理。这种补气方法，必须在压力罐、集油箱和调速器系统中的油量总和达到一定条件下才能进行工作。例如，压力罐油面较高，集油箱油面必定较低。当压力罐油面高出规定值时，表明其中空气少了，而吸气管口在集油箱油面之上如图4-43所示，恰好吸气并向压力罐补气。反之，就停止补气。

图4-42(a)为油泵停歇时间，单向阀(即逆止阀)关闭，阻止高压油倒流，油气阀塞被弹簧顶到上部，从吸气管口进入压气罐，其下部压力油道口被堵死并排出压气罐的油，上部气孔连通，空气从吸气管口进入压气罐。当油泵启动时，如图4-42(b)所示，压力油推动补气阀塞下移到底部(弹簧被压缩)，上部气孔堵死，下部压力油道口打开，压力油进入压气罐并从底部上升，同时将空气压缩，若压缩空气达到相当压力便把单向阀顶开并进入压力罐。然后，油泵自动停歇，于是补气装置又恢复到如图4-42(a)所示的位置，待油泵启动时又向压力罐补气，如此循环，最后使压力罐油面下降到正常范围，集油箱油面也随之上升到正常范围，吸气管就被埋在油面下，即不补气了。

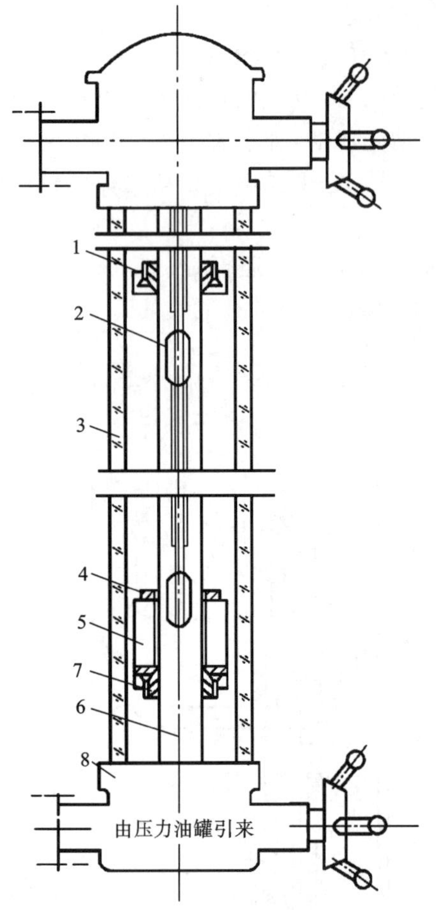

图 4-43 大、中型压力罐自动补气装置

1、7—限位环；2—舌簧接点；3—玻璃管；4—磁钢；5—浮子；6—铜管；8—滚珠阀门

(3) 外补方式(大、中型油压装置自动补气)。由压力罐油控制的自动补气装置，有浮子杠杆和浮子磁感式等多种形式。目前，采用较多的是浮子磁感式，如图 4-43 所示。这种浮子磁感式装置由限位环 1、舌簧接点 2、玻璃管 3、磁钢 4、浮子 5、铜管 6 和带逆止作用的滚珠阀门 8 组成。

当压力罐内压缩空气量减小时，油面升高，浮子 5 带动磁钢 4 也随之上升；当磁钢升到整定位置时，磁力将舌簧接点闭合，将电磁空气阀打开，由高压储气罐或压气机引来的高压空气便进入压力罐补气。当压力罐内油面下降到正常油位时，磁钢所对应的舌簧接点断开，电磁空气阀关闭，便停止补气。

4.8.3 油压装置的系列

目前，我国生产的油压装置因结构不同而分为分离式和组合式两种：分离式是将压力油罐和回油箱分开制造和布置，中间用油管连接；组合式是将两者组合为一体的。

油压装置工作容量的大小是以压力油罐的容积(m^3)来表征的，并由此组成油压装置的系列型谱，如表 4-2 所示。表中型号由三部分组成，各部分之间也用短横线分开。

表 4.2 油压装置系列型谱

油压装置形式	分 离 式	组 合 式
油压装置系列	YZ-1	HYZ-0.3
	YZ-1.6	HYZ-0.6
	YZ-2.5	HYZ-1
	YZ-4	HYZ-1.6
	YZ-6	HYZ-2.5
	YZ-8	HYZ-4
	YZ-10	
	YZ-12.5	
	YZ-16/2	
	YZ-20/2	

第一部分由字母组成，YZ 表示分离式油压装置，而 HYZ 表示组合式油压装置。

第二部分由数字分式和字母组成。分式分子表示压力油罐的总容积，分母表示两个以上压力罐数目，无分母数字表示只有一个压力罐。字母表示改型次序，如 A,B,C,…，无字母表示为基本型。

第三部分的阿拉伯数字表示油压装置的额定油压，无数字表示额定压力为 2.5×10^6 Pa。

目前调速器业界充分利用液压行业中先进成熟的技术成果，开发了高油压水轮机调速器，其优良的技术经济优势，显示了强大的生命力。高油压水轮机调速器的工作油压一般为 10～16 MPa，在油压部分，采用了高压齿轮泵、滤油器、囊式蓄能器及其相应的液压阀；在控制部分，采用了电液比例阀、电磁换向阀、工程液压缸及其他各类液压件；在结构上，采用了液压集成块和标准的液压附件。

高压油压装置由回油箱、电机泵组、油源阀组、囊式蓄能器和压力表计等部分构成。回油箱用于储存压力油，并作为电机泵组、油源阀组、压力表计、控制阀组等的安装机体。电机泵组由电机、高压齿轮泵、吸油滤油器等组成，用于产生压力油。油源阀组由安全阀、滤油器、单向阀及主供油阀等组成，电机泵组输出的压力油经油源阀组控制、过滤后，输入囊式蓄能器中备用。囊式蓄能器是一种油气隔离的压力容器，钢瓶上部有一只充有氮气的橡胶囊，压力油从下部输入钢瓶后，压缩囊内的氮气，从而存储能量。压力表用于指示油源压力，电接点压力表用于控制油泵电机启停。

下面以 GY-200 型高压油压装置为例（见图 4-44），简要说明其系统的构成及工作原理。

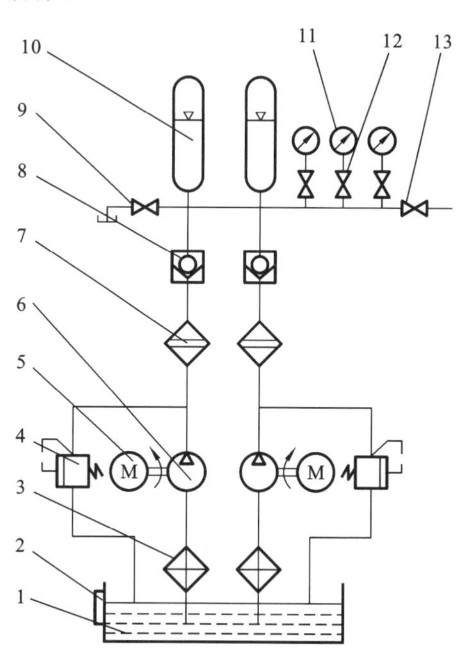

图 4-44　GY-200 型高压油压装置系统原理图

1—油箱；2—油位计；3—吸油滤油器；4—安全阀；5—电机；6—油泵；7—滤油器；8—单向阀；9—放油阀；10—囊式蓄能器；11—电接点压力表；12—压力表开关；13—主供油阀

该系统由回油箱、两套电机泵组及油源阀组、两个 100 L 蓄能器和一组电接点压力表组成。电机为油压装置的动力源，当蓄能器和系统的油压降至工作压力的下限 $P_{0\min}$ 时，电接点压力表动作，通过控制电路使电机启动运转，经传动装置带动油泵开始工作，自回油箱内吸油。液压油经吸油滤油器滤去较大颗粒的机械杂质，经油泵获得能量成为压力油，再经滤油器精滤成为清洁的压力油。压力油经单向阀和高压管路向蓄能器中充油，通过压缩气囊储能、升压，当蓄能器和系统的油压升至工作压力的上限 $P_{0\max}$ 时，电接点压力表动作，通过控制电路使电机泵组停止工作。单向阀隔在蓄能器和滤油器之间，既可防止电机停转时压力油倒流导致电机泵组反转，又使得在蓄能器保持油压的条件下，可以进行滤油器清洗等工作。安全阀的整定压力稍高于工作压力上限 $P_{0\max}$，如果电接点压力表或控制电路出现故障，造成油压升至工作压力上限 P_{0max}，电机泵组仍不能停止工作，安全阀即开启泄油，从而确保系统压力不会过度升高而导致事故。

蓄能器内的压力油经主供油阀与用油系统连接，主供油阀在需要用油时打开，在不需用油时关闭。放油阀一般处于常闭状态，只在油压装置需要放空压力油时才会打开。回油箱上的油位计用于指示回油箱中的液位和油温。

不同型号的大、中型高压油压装置，与 GY-200 型高压油压装置的差别仅在于蓄能器的大小和数量、电机泵组及相应液压件的容量、规格等（详见相应产品的型号说明），而其系统构成及工作原理完全相同。

4.9 课后习题

1. 水轮机调速器电液随动系统主要分类有哪些？
2. 电液转换器的作用是什么？它存在的主要问题是什么？
3. 解释电液比例伺服阀的工作原理。它的主要作用是什么？
4. 步进电机液压伺服装置的工作原理是什么？
5. 解释采用导叶分段关闭装置的必要性。
6. 事故配压阀在什么情况下起作用以及什么作用？
7. 油压装置的作用是什么？有几种类型？油压装置中的安全阀、止回阀的作用是什么？

第5章

水轮机调节系统数学模型

为了使水轮机调节系统具备优良的动态特性,就需要运用自动控制理论对水轮机调节系统进行深入的分析研究。水轮机调节系统是由调速器和调节对象组成的闭环控制系统两者相互作用、相互影响。因此,不能孤立地只分析调速器动态特性,还必须研究调节对象的动态特性。调节对象不仅包括水轮机和发电机本身,还包括水轮机的引水系统和发电机所带的负载(负荷)。分析水轮机调节系统动态特性前提,首先是需要建立水轮机调节系统各个部分动态数学模型。

作为一类具有复杂时变、强耦合特点的非线性系统,水轮发电机组调速系统内部水力—机械—电磁因素相互耦合,导致其动力学响应机理极其复杂,如何建立能精确反映水轮发电机组全工况动态响应特性的调速系统数学模型一直是国际学术和工程界的研究重点和难点。为此,本章基于混流式水轮发电机组调速系统的仿真计算、稳定性分析及控制优化等关键科学问题的研究需求,归纳总结了调速系统各环节数学建模方法,最终建立了适用于理论分析和工程实际应用的调速系统线性与非线性模型,为水轮发电机组调速系统稳定性及过渡过程控制优化研究提供了模型基础。

5.1 调速器数学模型

调速器是水力发电机组中的核心控制设备,负责控制机组的转速及输出功率,从而实现水电机组的调频、调相、增减负荷等功能。调速器通过预设的控制规律将测量得到的机组转速和导叶开度的误差信号转换成控制输出信号,使得接力器推动导水机构关闭或者开启,从而控制机组运行至目标状态。目前,微机调速器应用最为广泛，其主要部件为微机调节器和液压执行结构，结构框图如图 5-1 所示。调节器负责将误差信号转换成控制输出信号，液压执行结构负责将控制输出信号转换成位移信号并控制导叶的行程。

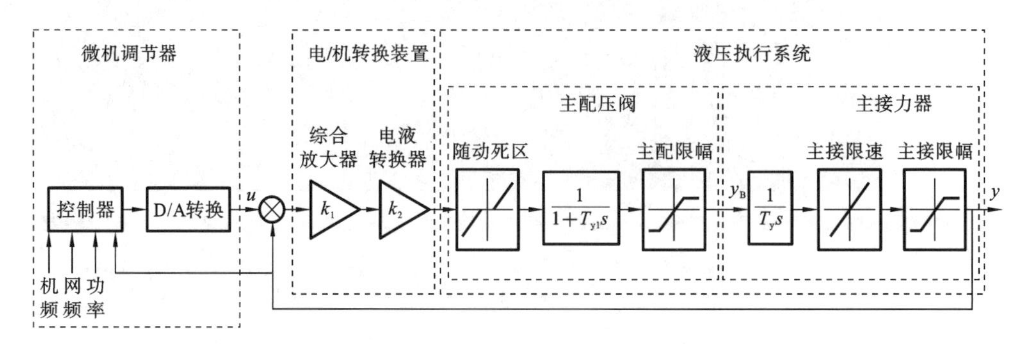

图 5-1　水轮机调速器示意图

5.1.1　微机调节器模型

在传统的微机调节器中，控制器多采用并联 PID 结构，此类型控制器因为结构简单、实现简便、控制稳定性好而得到广泛应用。近年来，模糊 PID、分数阶 PID 及神经网络 PID 等控制器成为研究热点。然而，大多数改进型 PID 控制器仍以 PID 控制结构为基础。其微机调节器中的控制器结构如图 5-2 所示，由此可得到控制器传递函数如式(5-1)所示。

$$\begin{cases}\Delta f=f_c-f\cdot\dfrac{1}{1+sT_c}\\ \Delta f'=\begin{cases}0, & |\Delta f|\leqslant E_f\\ \Delta f-E_f, & \Delta f>E_f\\ \Delta f+E_f, & \Delta f<-E_f\end{cases}\\ u_{in}=\Delta f'+b_p(y_c-y),\quad \text{开度模式}\\ u_{in}=\Delta f'+e_p(P_c-P),\quad \text{功率模式}\\ \dfrac{u_{pid}}{u_{in}}=\left(K_P+\dfrac{K_I}{s}+\dfrac{sK_D}{1+sT_{1D}}\right)\end{cases}\tag{5-1}$$

式中：f、y、P 依次为机组测频反馈、导叶开度反馈、功率反馈；f_c、y_c、P_c 依次为机组频率给定、导叶开度给定、功率给定；E_f 为频率死区；$\Delta f'$ 为经过频率死区后的频率偏差输出；K_P、K_I、K_D 分别为 PID 控制器的比例、积分、微分增益；T_{1D} 为微分环节实际微分常数；T_c 为测频环节时间常数；b_p 为开度模式下永态转差系数；e_p 为功率模式下机组调差率；u_{pid} 为控制器输出。为了更精确的模拟调速器实际工作情况，在测频反馈中引入一阶惯性环节表征测频传感器对控制器的影响，T_c 为测频传感器采样周期。

对于位置型 PID 控制器，将传递函数转化为差分方程形式如下：

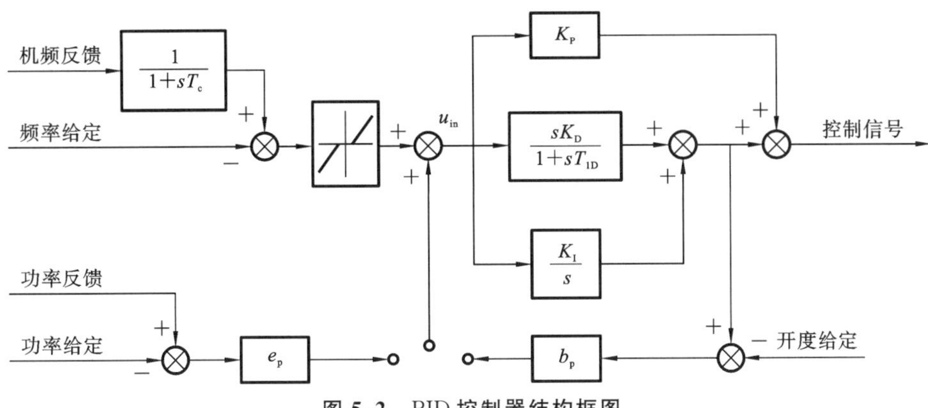

图5-2 PID控制器结构框图

$$\begin{cases} u_{pid} = K_P u_{in}(n) + K_I T \sum_{i=0}^{n} u_{in}(i) + u_d(n) \\ u_d(n) = \frac{T_{1D}}{T_{1D}+T} u_d(n-1) + \frac{K_D}{T_{1D}+T}(u_{in}(n) - u_{in}(n-1)) \end{cases} \tag{5-2}$$

对于偏差型PID控制器，将传递函数转化为差分方程形式如下：

$$\begin{cases} \Delta u_{pid} = K_P(u_{in}(n) - u_{in}(n-1)) + K_I \cdot T \cdot u_{in}(n) + \Delta u_d(n) \\ \Delta u_d(n) = \frac{T_{1D} \cdot \Delta u_d(n-1)}{T_{1D}+T} + \frac{K_D \cdot (u_{in}(n) - 2u_{in}(n-1) + u_{in}(n-2))}{T_{1D}+T} \end{cases} \tag{5-3}$$

式中：n 为仿真时刻；T 为仿真时间步长。

5.1.2 液压执行机构非线性模型

液压执行机构为主配压阀—主接力器两级结构，其作用是将微机调节器输出的控制信号转化为调速器接力器行程的位移信号。为建立液压执行机构的非线性模型，要充分考虑随动装置死区、主配压阀限幅、主接力器限速、主接力器限幅等环节，其具体结构框图如图5-1所示。

随动装置死区环节为液压执行机构的齿隙，其表达式如下：

$$w = \begin{cases} u - a, & u \geq a \\ 0, & -a < u \leq a \\ u + a, & u < -a \end{cases} \tag{5-4}$$

式中：a 为死区大小，根据行业标准DL/T 792-2013《水轮机调节系统及装置运行与检修规程》，由一元回归分析法求解；u 为死区输入；w 为死区输出。

限幅环节的表达式如下：

$$\delta = \begin{cases} \zeta, & \delta_{min} \leq \zeta < \delta_{max} \\ \delta_{min}, & \zeta \leq \delta_{min} \\ \delta_{max}, & \zeta > \delta_{max} \end{cases} \tag{5-5}$$

式中：δ 为限幅环节输出；ζ 为限幅环节输入；δ_{min} 和 δ_{max} 分别为限幅的最小值和最大值。

主接力器限速环节限定导叶的开启和关闭速度，该环节的设置将直接影响导叶在开机工况的速动性及极端工况下的关闭速度，因此对调速系统模型的精细化至关重要。限速环节的数学表达式如下：

$$\begin{cases} L_{\text{lim\_open}} = \dfrac{y_{\max} \cdot T_y}{T_{\text{open}}} \\ L_{\text{lim\_close}} = \dfrac{y_{\max} \cdot T_y}{T_{\text{close}}} \end{cases} \tag{5-6}$$

其中：$L_{\text{lim_open}}$为导叶开启限速值；$L_{\text{lim_close}}$为导叶关闭限速值；$y_{\max}$为导叶开度最大值；T_y 为主接力器时间常数；T_{open}为导叶由零开度开到 $y_{\max}$的最短时间；T_{close}为导叶由 $y_{\max}$关至零的最短时间。

电/机转换装置是调速器的重要组成部分，主要由综合放大器和电液转换器构成，其特性比较简单，可由两个比例环节来表示，其传递函数如下：

$$G(s) = K_0 = K_1 \cdot K_2 \tag{5-7}$$

式中：K_0 为液压执行机构比例放大系数；K_1 为综合放大器系数；K_2 为电液转换器系数。

5.2 水力系统数学模型

过水系统作为水电站的主动脉，负责将上库水流引流至各台水电机组，由于需要考虑沿岸土质、地质结构和电站设计需求，过水系统的建设呈现丰富的多样性。在工程实际中，过水系统是由多种直径不同的材料组成的多结构复杂管路系统。从通路分布的角度来说，压力引水管道大致可分为单管单机和分岔管两种，当管道较长时，通常会在管道某部位设置调压室来减小压力管道及过流部件中的水击压力，从而达到改善机组运行条件的目的。在进行水电机组数学建模时，通常将管道等效成一段当量管，通过水击理论进行建模分析。调压室的结构根据电站要求设计，形式也不尽相同，需要根据具体结构进行分析。在进行水电站过渡过程计算时，则通常采用特征线法将水击基本方程由偏微分方程转换成一组常微分方程进行求解，同时将调压室、分岔管、球阀等部件作为边界条件，从而对管道内部的水力瞬变过程进行高精度数值分析。

5.2.1 压力引水管道模型

依据流体力学理论，压力引水管道内的非恒定流瞬变过程可以用流体的运动方程和连续性方程进行描述，如式(5-8)和式(5-9)所示。

运动方程：

$$\frac{\partial H}{\partial x} + \frac{1}{gA}\frac{\partial Q}{\partial t} + \frac{fQ^2}{2gDA^2} = 0 \tag{5-8}$$

流量方程：

$$\frac{\partial Q}{\partial x}+\frac{gA}{a^2}\frac{\partial H}{\partial t}=0 \tag{5-9}$$

式(5-8)和式(5-9)中：H 表示水头；Q 表示流量；x 表示自上游开始计算的长度；g 为引力常数；A 表示截面积；f 表示摩擦损失系数；D 为管道直径；a 为水击波速。

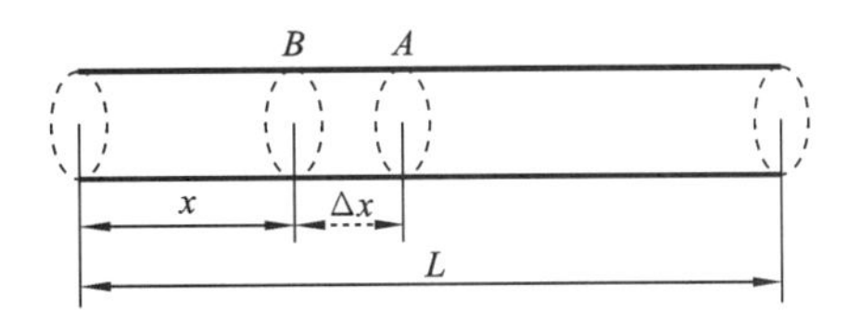

图5-3　压力管道示意图

压力管道的示意图如图5-3所示，经推导，可用式(5-10)表示 A、B 两断面流量和压力变化之间的关系：

$$\begin{bmatrix} H_A(s) \\ Q_A(s) \end{bmatrix}=\begin{bmatrix} \mathrm{ch}(r\Delta x) & -z_c\mathrm{sh}(r\Delta x) \\ -\dfrac{\mathrm{sh}(r\Delta x)}{z_c} & \mathrm{ch}(r\Delta x) \end{bmatrix}\begin{bmatrix} H_B(s) \\ Q_B(s) \end{bmatrix} \tag{5-10}$$

式中：$r=\sqrt{KCs^2+RCs}\approx\frac{1}{a}s+h_f\frac{gH_0}{aV_0}$；$z_c\approx 2h_w+\frac{h_f a}{s}$。其中，$K=\frac{Q_0}{gAH_0}$，$C=\frac{gAH_0}{a^2Q_0}$，$R=\frac{fQ_0^2}{gDA^2H_0}$，$h_f=\frac{fV_0^2}{2gDH_0}$，$h_w=\frac{aV_0}{2gH_0}$；$H_0$、$Q_0$、$V_0$ 分别为水头、流量和流速基值。

忽略沿程损失，则有 $r=\frac{1}{a}s$，$z_c=2h_w$，式(5-10)可改写成：

$$\begin{bmatrix} H_A(s) \\ Q_A(s) \end{bmatrix}=\begin{bmatrix} \mathrm{ch}(rL) & -z_c\mathrm{sh}(rL) \\ -\dfrac{\mathrm{sh}(rL)}{z_c} & \mathrm{ch}(rL) \end{bmatrix}\begin{bmatrix} H_B(s) \\ Q_B(s) \end{bmatrix} \tag{5-11}$$

式中：L 为管道长度。

若压力引水管道的进水口位于近似水位不变的水库中，则有 $H_B(s)=0$，水击传递函数为

$$G_A(s)=\frac{H_A(s)}{Q_A(s)}=-z_c\mathrm{th}(rL)=-2h_w\left(1+\frac{h_f a}{2h_w s}\right)\mathrm{th}(rL) \tag{5-12}$$

式中：$h_w=\frac{aQ}{2gAH}$ 为管道特征系数；$T_r=\frac{2L}{a}$ 为水击相长。若忽略水头损失，则式(5-12)可写为

$$G_A(s)=-2h_w\mathrm{th}(0.5T_r s) \tag{5-13}$$

采用泰勒级数将式(5-13)展开成多项式：

$$G_A(s)=-2h_w\frac{\sum_{i=0}^{n}\dfrac{(0.5T_r s)^{2i+1}}{(2i+1)!}}{\sum_{i=0}^{n}\dfrac{(0.5T_r s)^{2i}}{(2i)!}} \tag{5-14}$$

为避免高次项给模型求解带来困难，工程上通常取 $n=0$ 或 $n=1$，得到压力引水管道的刚性水击模型($n=0$)和弹性水击模型($n=1$)。

刚性水击模型：

$$G_{A_1}(s)=-T_w s \tag{5-15}$$

弹性水击模型：

$$G_{A_2}(s)=-2h_w\frac{\dfrac{1}{48}T_r^3s^3+\dfrac{1}{2}T_r s}{\dfrac{1}{8}T_r^2s^2+1} \tag{5-16}$$

近似弹性水击模型：

$$G_{A_2}(s)=-\frac{T_w s}{0.125T_r^2 s^2+1} \tag{5-17}$$

式中：$T_w=h_w T_r=\dfrac{Q_0 L}{gH_0 A}$为水击惯性时间常数。

5.2.2 调压井模型

调压井作为水电站引水系统的重要组成部分，具有扩大断面和自由水面的作用，通过在引水涵洞和压力引水管道之间设置调压井，可以部分反射水击波，有效减小管道内的水锤压力，避免了水力激荡对机组设备造成不必要的损害。常见的调压井因结构的不同，分为直筒式和阻抗式，其结构图如图 5-4 所示。

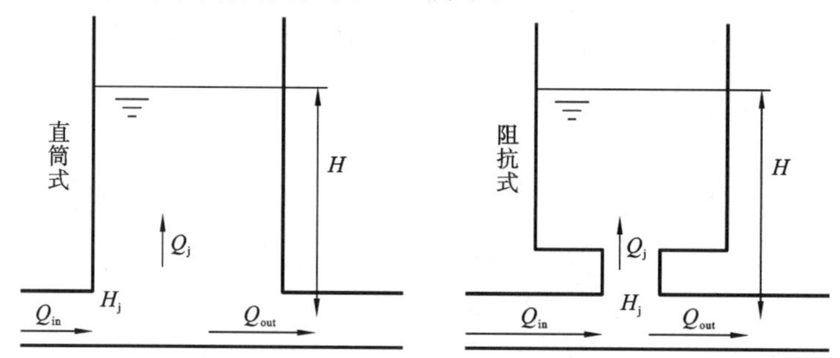

图 5-4　调压井结构示意图

1. 直筒式调压井

直筒式调压井也被称为简单式调压井，其连接管面积大于引水管道面积，能高效反射水击波，其动力学方程如式(5-18)所示：

$$\begin{cases} q_j=T_j\dfrac{\mathrm{d}h}{\mathrm{d}t} \\ h_j=h \end{cases} \tag{5-18}$$

式中：q_j 表示进入调压井流量 Q_j 的相对值；h 表示调压室水头 H 的相对值；$T_j=A_j\dfrac{H_0}{Q_0}$表示调压井惯性时间常数，其中 A_j 为调压室截面面积。

2. 阻抗式调压井

阻抗式调压井是在直筒式调压井的底部，用较小断面的短管将调压井与引水管道连接起来。这种短管相当于局部阻力，可以消耗进出调压井的水流的一部分能量，使得水位波动幅度减小，衰减加快，其动力学方程如式(5-19)所示：

$$\begin{cases} q_j=T_j\dfrac{\mathrm{d}h}{\mathrm{d}t} \\ h_j=h+R_j q_j|q_j| \end{cases} \tag{5-19}$$

式中：R_j 为阻抗孔口的阻抗损失系数。

5.2.3　特征线求解模型

水击基本方程是由非恒定流基本运动方程和连续方程组成的偏微分方程组，在进行水电站过渡过程计算时，常采用特征线法，将偏微分方程转换为常微分方程进行求解。引水管道的非恒定流基本运动方程和连续方程如式(5-20)和式(5-21)所示。

运动方程 L_1：

$$\frac{\partial V}{\partial t}+V\frac{\partial V}{\partial x}+g\frac{\partial H}{\partial x}+\frac{f}{2D}V|V|=0 \tag{5-20}$$

连续方程 L_2：

$$\frac{a^2}{g}\frac{\partial V}{\partial x}+V\left(\frac{\partial H}{\partial x}+\sin\alpha\right)+\frac{\partial H}{\partial t}=0 \tag{5-21}$$

式(5-20)和式(5-21)中：V 表示流速；H 表示测压管水头；a 表示水击波速；f 表示摩擦系数；D 表示管道直径；α 表示管道各断面形心的连线与水平面所成的夹角；x 表示管道长度。

取特征值 $\lambda=\pm\frac{g}{a}$，将式(5-20)与式(5-21)进行线性组合 $L=L_1+\lambda L_2$，当 $\frac{\mathrm{d}x}{\mathrm{d}t}=V\pm a$ 时，方程 L 可以写成：

$$\frac{\mathrm{d}V}{\mathrm{d}t}+\lambda\frac{\mathrm{d}H}{\mathrm{d}t}+\lambda V\sin\theta+\frac{fV}{2D}|V|=0 \tag{5-22}$$

展开得到原偏微分方程组在特征方向上的常微分方程，如式(5-23)和式(5-24)所示。

满足 C^+ 时，有

$$\begin{cases}\dfrac{\mathrm{d}V}{\mathrm{d}t}+\dfrac{g}{a}\dfrac{\mathrm{d}H}{\mathrm{d}t}+\dfrac{g}{a}V\sin\theta+\dfrac{f}{2D}V|V|=0\\ \dfrac{\mathrm{d}x}{\mathrm{d}t}=V+a\end{cases} \tag{5-23}$$

满足 C^- 时，有

$$\begin{cases}\dfrac{\mathrm{d}V}{\mathrm{d}t}-\dfrac{g}{a}\dfrac{\mathrm{d}H}{\mathrm{d}t}-\dfrac{g}{a}V\sin\theta+\dfrac{f}{2D}V|V|=0\\ \dfrac{\mathrm{d}x}{\mathrm{d}t}=V-a\end{cases} \tag{5-24}$$

通过构造差分网络，用有限差分法可以对上述特征线方程组进行求解，特征线差分网格如图 5-5 所示。

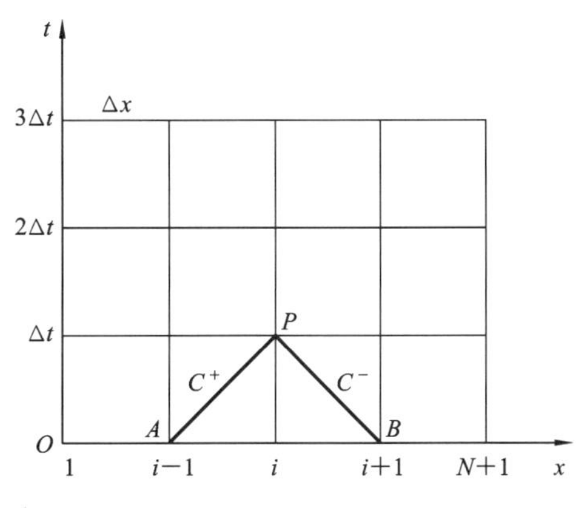

图 5-5　x-t 特征线网络

将一根长 L 的管道等分成 N 段，则每段长度为 $\Delta x=L/N$，取时间步长 $\Delta t=\Delta x/a$，在网格中，对角线 AP 满足 C^+ 特征线方程，BP

满足 C^- 特征线方程，将方程(5-23)沿 AP 积分，可得

$$(H_P - H_A) + \frac{a}{gA}(Q_P - Q_A) + \frac{f}{2gDA^2}\int_A^P Q \mid Q \mid \mathrm{d}x = 0 \tag{5-25}$$

将方程(5-24)沿 BP 积分，可得

$$(H_P - H_B) - \frac{a}{gA}(Q_P - Q_B) - \frac{f}{2gDA^2}\int_B^P Q \mid Q \mid \mathrm{d}x = 0 \tag{5-26}$$

求解水力瞬变问题时，通常从 $t=0$ 时的定常流状态开始，因此，H_A、Q_A、H_B 和 Q_B 都是已知的，根据式(5-25)和式(5-26)便可求解任意时刻管道上除边界节点外的任意点的状态。边界节点则需根据不同的节点部位给出不同的边界条件，一般边界节点包括：调压井、球阀、上下游水库、分岔管、球阀、机组等。

5.3 水轮机数学模型

水轮机是将水流动能转化为机械能的关键设备，其建模重点在于如何精确刻画导叶开度、转速、水头、流量、机械力矩等状态变量之间的关联关系及动态响应规律。根据研究关注的重点不同，常用的水轮机数学模型包括线性模型和非线性模型。

5.3.1 线性数学模型

水轮机内水体的复杂流动导致水轮机呈现出复杂的水力—机械耦合特性，转速、流量、机械力矩等运行参数之间的映射关系随着运行工况的推移不断变化。原则上，在进行水轮机运转过程分析时需使用其动态特性，但目前工程上尚无可准确获得水轮机动态特性的方法。因此，针对水轮机运行工况变化速率较小的情况，常采用其静态特性代替动态特性进行建模与分析，如式(5-27)所示：

$$\begin{cases} M_t = M_t(Y, n, H) \\ Q_t = Q_t(Y, n, H) \end{cases} \tag{5-27}$$

式中：Y 为水轮机导叶开度；n 为水轮机转速；H 为水轮机工作水头；Q_t 为水轮机流量；M_t 为水轮机力矩。

对式(5-27)进行泰勒级数展开并略去二阶及以上的高阶项，可推求水轮机六参数线性模型如式(5-28)所示，混流式水轮机线性模型也可由此式表示，即

$$\begin{cases} m_t = e_y y + e_x x_t + e_h h \\ q_t = e_{qy} y + e_{qx} x_t + e_{qh} h \end{cases} \tag{5-28}$$

式中：$e_h = \dfrac{\partial m_t}{\partial h}$；$e_x = \dfrac{\partial m_t}{\partial x}$；$e_y = \dfrac{\partial m_t}{\partial y}$；$e_{qh} = \dfrac{\partial q_t}{\partial h}$；$e_{qx} = \dfrac{\partial q_t}{\partial x}$；$e_{qy} = \dfrac{\partial q_t}{\partial y}$；$m_t$ 为水轮机力矩偏差相对

值；q_t 为水轮机流量偏差相对值；y 为水轮机导叶开度偏差相对值；x_t 为水轮机转速偏差相对值；h 为水轮机水头偏差相对值；e_y 为水轮机力矩对导叶开度传递系数；e_x 为水轮机力矩对转速传递系数；e_h 为水轮机力矩对工作水头传递系数；e_{qy} 为水轮机流量对导叶开度传递系数；e_{qx} 为水轮机流量对转速传递系数；e_{qh} 为水轮机流量对工作水头传递系数。

5.3.2　基于全工况特性曲线的非线性数学模型

水轮机线性数学模型采用静态特性代替动态特性，无法准确描述工况变化速率较大时水轮机的运行特性。为此，目前工程上常采用水轮机生产厂家提供的模型综合特性曲线进行混流式水轮机建模，如图 5-6 所示。然而，模型综合特性曲线仅反映了水轮机额定工况附近高效率区间内的运行特性，为建立混流式水轮机全工况数学模型，需要对厂家提供的模型特性曲线进行延展。

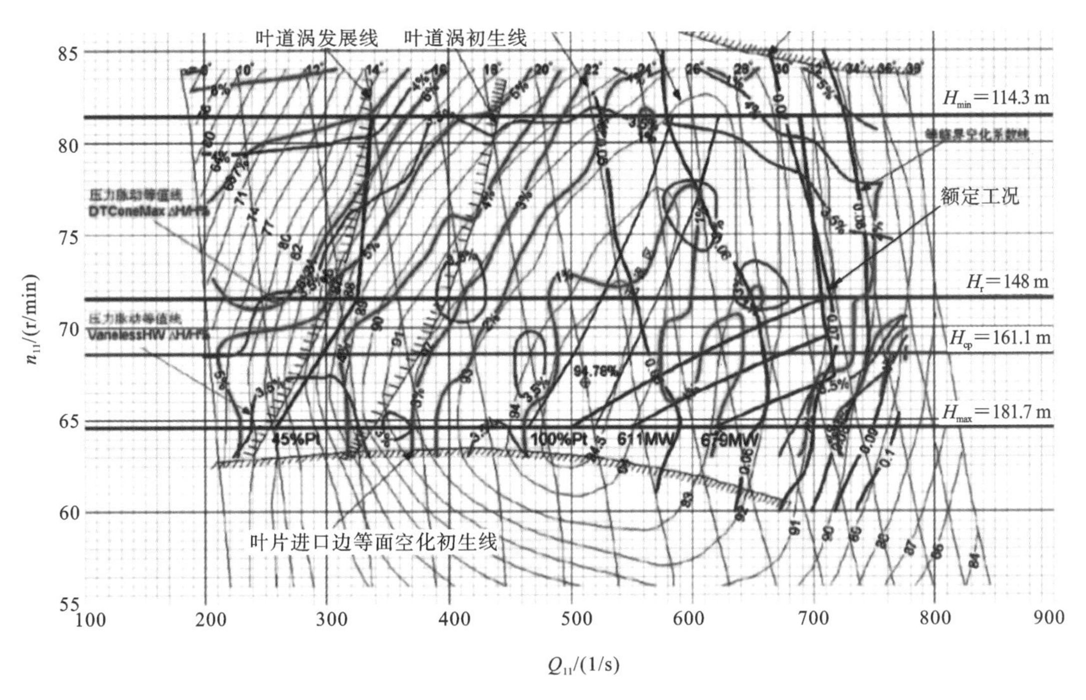

图 5-6　混流式水轮机模型综合特性曲线

为了准确求取水轮机全工况的流量特性与力矩特性，模型综合特性曲线延展的关键是等开度线的延展，包括单位流量和效率。常见的水轮机模型综合特性曲线延展方法包括基于水轮机特性曲线数学特性的延展法和基于数据驱动的神经网络延展法等。以基于水轮机特性曲线数学特性的延展法为例，在模型综合特性曲线基础上结合飞逸特性曲线，构建全工况特性曲线延展框架，如图 5-7 所示。

全工况特性曲线延展示意图包含高单位转速区（Ⅰ区）、低单位转速区（Ⅱ区）、小开度区（Ⅲ区）和模型综合特性曲线所在的高效率区（Ⅳ区）。其中，Ⅰ～Ⅲ区为待延展

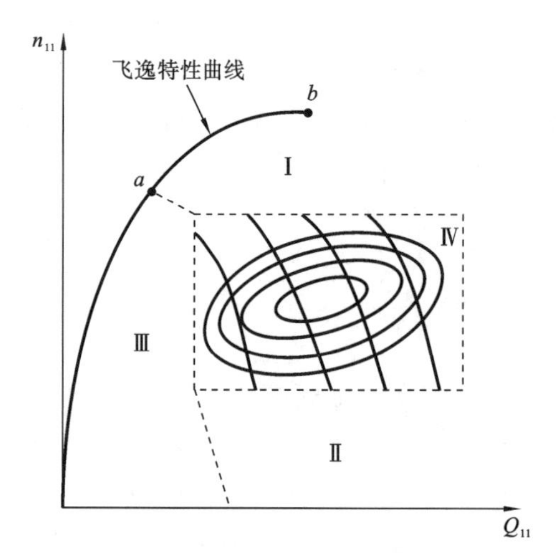

图 5-7　混流式水轮机全工况特性曲线延展示意图

区域，Ⅳ区为厂家提供的模型特性曲线区域，曲线段 ab 为厂家提供的飞逸特性曲线。依据已有研究成果与工程实践经验，Ⅰ区等开度线上的单位流量和效率可采用三次多项式拟合，Ⅱ区等开度线上的流量和效率可分别采用指数曲线和线性拟合，拟合方程如式(5-29)和式(5-30)所示。

$$\text{Ⅰ区：}\begin{cases} f_{q_t}(n_{11}) = \sum\limits_{i=0}^{3} c_i n_{11}^i \\ f_\eta(n_{11}) = \sum\limits_{j=0}^{3} e_j n_{11}^j \end{cases} \tag{5-29}$$

$$\text{Ⅱ区：}\begin{cases} f_{q_t}(n_{11}) = c_0 + c_1 e^{c_2 n_{11}} \\ f_\eta(n_{11}) = e_0 x_1 + e_1 x_2 \end{cases} \tag{5-30}$$

式(5-29)和式(5-30)中：$x_1 = \dfrac{\pi D_1 n_{11}^2}{30g}$，$x_2 = \dfrac{\pi D_1 n_{11} Q_{11}}{30g}$；$n_{11}$ 为水轮机单位转速；Q_{11} 为水轮机单位流量；D_1 为转轮直径；g 为重力加速度；c_i、e_j 分别为拟合方程待定系数。

获得Ⅰ区、Ⅱ区特性曲线拟合方程后，选取一系列单位转速 n_{11}^i（$i=1,2,\cdots,k$），代入式(5-29)和式(5-30)可求得Ⅰ区、Ⅱ区中每一条等开度线 $a_{\text{Ⅰ,Ⅱ}}^z$（$z=1,2,\cdots,p$）上的单位流量（$a_{\text{Ⅰ,Ⅱ}}^z, n_{11}^i, Q_{11}^i$）和效率（$a_{\text{Ⅰ,Ⅱ}}^z, n_{11}^i, \eta^i$）。

针对Ⅲ区，首先需根据式(5-29)和式(5-30)，延展飞逸特性曲线对应的单位流量特性曲线（a_f, Q_{f11}）和单位转速特性曲线（a_f, n_{f11}）至零开度，则有

$$f_q(a_f) = c_0 af + c_1 a_f^2 \tag{5-31}$$

$$f_n(a_f) = \frac{a_f}{d_0 + d_1 a_f} \tag{5-32}$$

式(5-31)和式(5-32)中：a_f 为导叶开度；c_i、d_i 分别为拟合方程待定系数。

在此基础上，以飞逸特性曲线作为控制点，结合Ⅳ区已有的模型综合特性曲线，对 n_{11}^i 对应的单位流量和效率进行线性拟合，并计算 n_{11}^i 对应的Ⅳ区中各等开度线 $a_{\text{Ⅳ}}^u$（$u=1,2,\cdots,v$）上的单位流量（$a_{\text{Ⅳ}}^u, n_{11}^i, Q_{11}^i$）和效率（$a_{\text{Ⅳ}}^u, n_{11}^i, \eta^i$）。

最后，整合四个区域数据可得完整的水轮机导叶开度、单位流量和效率数据集，即（$a_{\text{Ⅰ,Ⅱ}}^z, Ya_{\text{Ⅳ}}^u, n_{11}^i, Q_{11}^i$）和（$a_{\text{Ⅰ,Ⅱ}}^z, Ya_{\text{Ⅳ}}^u, n_{11}^i, \eta^i$）。其中，（$a_{\text{Ⅰ,Ⅱ}}^z, Ya_{\text{Ⅳ}}^u, n_{11}^i, Q_{11}^i$）即为水轮机流量特性。水轮机力矩特性（$a_{\text{Ⅰ,Ⅱ}}^z, Ya_{\text{Ⅳ}}^u, n_{11}^i, M_{11}^i$）可由水轮机基本方程式(5-27)推求得到，则有

$$M_{11} = \frac{9554.9 Q_{11} \eta}{n_{11}} \tag{5-33}$$

式中：M_{11} 为水轮机单位力矩。

完成模型特性曲线延展后，可绘制混流式水轮机全特性曲面如图 5-8 所示。

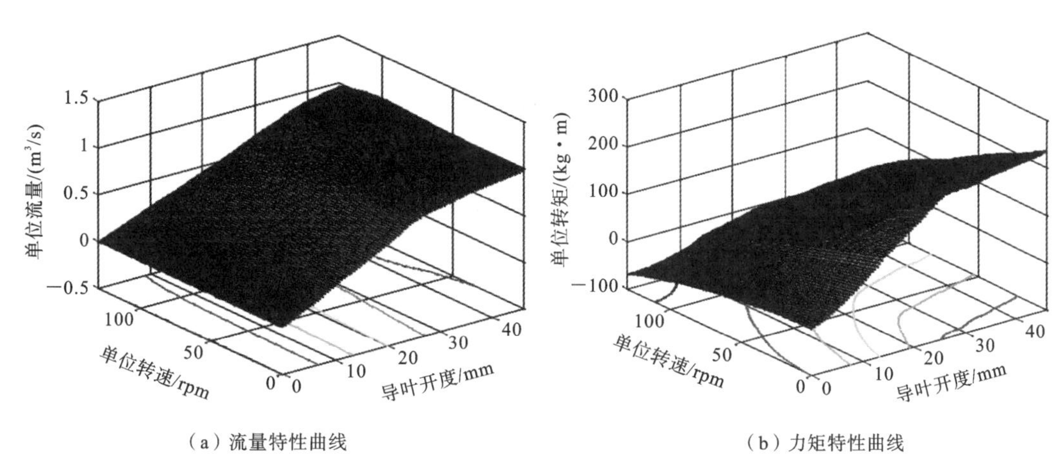

（a）流量特性曲线　　（b）力矩特性曲线

图 5-8　延展后混流式水轮机全工况特性曲线

5.4　发电机及负载数学模型

发电机的一阶模型考虑发电机转动惯量的机械选择运动方程，二阶模型增加功角与转速关系方程，三阶模型将励磁系统对发电机的影响考虑进来，七阶模型还增加了发电机绕组运行方程。在水轮机调速系统建模及全工况仿真时，仅考虑发电机转子的转动特性，故采用一阶实用模型即可，其数学表达式如下：

$$\begin{cases} J\dfrac{\mathrm{d}w}{\mathrm{d}t}=M_{\mathrm{t}}-M_{\mathrm{g}} \\ M_{\mathrm{t}}=M_{\mathrm{t0}}+\Delta M_{\mathrm{t}}+\dfrac{\partial M_{\mathrm{t}}}{\partial w}\Delta w \\ M_{\mathrm{g}}=M_{\mathrm{g0}}+\Delta M_{\mathrm{g}}+\dfrac{\partial M_{\mathrm{g}}}{\partial w}\Delta w \end{cases} \tag{5-34}$$

式中：w 为机组角速度；M_{t0}、M_{g0} 分别为稳定工况下主动力矩和负载力矩；ΔM_{t} 为因开度与水头变化引起的力矩变化；ΔM_{g} 为因负载引起的阻力矩变化；$\dfrac{\partial M_{\mathrm{t}}}{\partial w}\Delta w$、$\dfrac{\partial M_{\mathrm{g}}}{\partial w}\Delta w$ 分别为角速度变化引起的主动力矩和阻力矩变化。

考虑到 $M_{\mathrm{t0}}=M_{\mathrm{g0}}$，将式(5-34)合并，并导出发电电动机微分方程如式(5-35)所示：

$$\begin{cases} T_{\mathrm{a}}\dfrac{\mathrm{d}x}{\mathrm{d}t}+(e_{\mathrm{g}}-e_{\mathrm{x}})x=m_{\mathrm{t}}-m_{\mathrm{g}} \\ e_{\mathrm{x}}=\dfrac{\partial \dfrac{M_{\mathrm{t}}}{M_{\mathrm{r}}}}{\partial \dfrac{w}{w_{\mathrm{r}}}} \\ e_{\mathrm{g}}=\dfrac{\partial \dfrac{M_{\mathrm{g}}}{M_{\mathrm{r}}}}{\partial \dfrac{w}{w_{\mathrm{r}}}} \end{cases} \tag{5-35}$$

式中：m_t、m_g、x 为主动力矩、阻力矩及转速的偏差相对值；e_x、e_g 依次为水轮机自调节系数、发电电动机自调节系数；$T_a=\frac{GD^2 n_r^2}{3580P_r}$ 为机组惯性时间常数，GD^2 为转动部件飞轮力矩。

计入负载转动惯量后，发电电动机及负载模型传递函数为

$$G_g(s)=\frac{1}{(T_a+T_b)s+e_n} \tag{5-36}$$

式中：T_b 为负载惯性时间常数，一般 $T_b=(0.24\sim0.3)T_a$；$e_n=e_g-e_x$。当机组空载运行或与电网解列时，负载力矩为 0；当机组并网运行时，负载力矩与主动力矩相等。

5.5 水轮机调节系统整体数学模型

本章分析了当前研究中被广泛应用的水轮机调速系统各环节的数学模型。基于上述内容，针对不同研究内容对于调速系统模型的需求，搭建了两种不同的调速系统仿真模型，以便为后续研究工作奠定模型基础。

5.5.1 调速系统线性模型

随着电力系统广域测量的发展，电力系统实现了全网的同步在线监测，在进行电力系统数字仿真建模时，为了避免每个中小型水电机组单独建模时存在的计算分析耗时长和“维数灾”问题，一般对中小型水力发电机组的机群进行等值简化，其中应用最多的是经典一阶简化模型。它虽然简化了电力系统数字仿真模型的结构、提高了模型求解效率，但忽略了电站引水系统的弹性水击特性与调速器调节性能对电力系统动态响应过程的影响。为此，本章建立了基于水轮机线性模型、辅助接力器型调速器模型、近似弹性水击模型和一阶发电/电动机模型的调速系统线性模型，其结构如图 5-9 所示。该模型综合考虑了模型的仿真精度和求解效率，其中水轮机模型由具有物理含义的关键参数构成，模型参数可依据工程经验计算或基于实测运行数据辨识获得，具有很好的泛化能力和工程应用价值。

5.5.2 调速系统非线性模型

水轮机调速系统控制器设计及参数优化的目的是通过先进的控制策略和合理的控制参数设置，抑制调速系统在各工况或极端条件下运行时的强非线性、转速振荡以

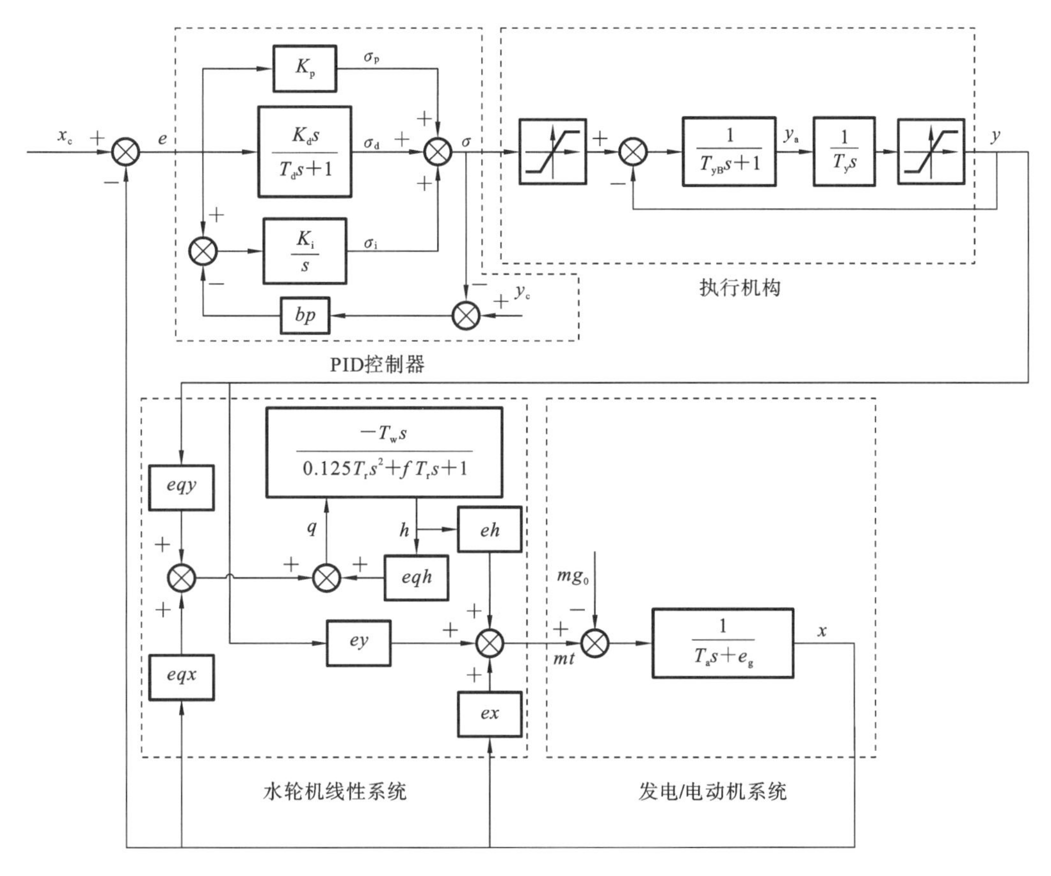

图 5-9 调速系统线性模型结构图

及水击压力波动等不稳定特性，从而提高系统的控制品质，实现调速系统的安全、稳定运行。经近似线性化处理的调速系统线性化模型，虽能较好地反映系统动态与静态特性，但不能精确反映水轮机调速系统在水力—机械—电气因素耦合作用下的强非线性，因此不适用于控制器设计和控制参数研究。可采用调速系统非线性模型结构，如图 5-10 所示。

基于全特性曲线的水轮机数学模型计算流程如图 5-11 所示。首先，模型参数初始化，设置 t 时刻的机组导叶开度 a_t、单位转速 n_{11t} 和 $t-\Delta t$ 时刻的单位流量 $Q_{11t-\Delta t}$，并通过 LCP 数值变换公式计算得到 $x_t^{(n)}$，n 为当前迭代次数。接着，由 a_t 和 $x_t^{(n)}$ 对变换后的全特性曲线进行插值、迭代计算。迭代计算精度系数 δ 与最大迭代次数 N 为迭代计算过程的判断条件，当误差精度小于 δ 或者迭代次数大于 N 时，迭代过程结束，进而计算输出 t 时刻的单位流量 Q_{11t} 和单位力矩 M_{11t}，β 为修正系数。

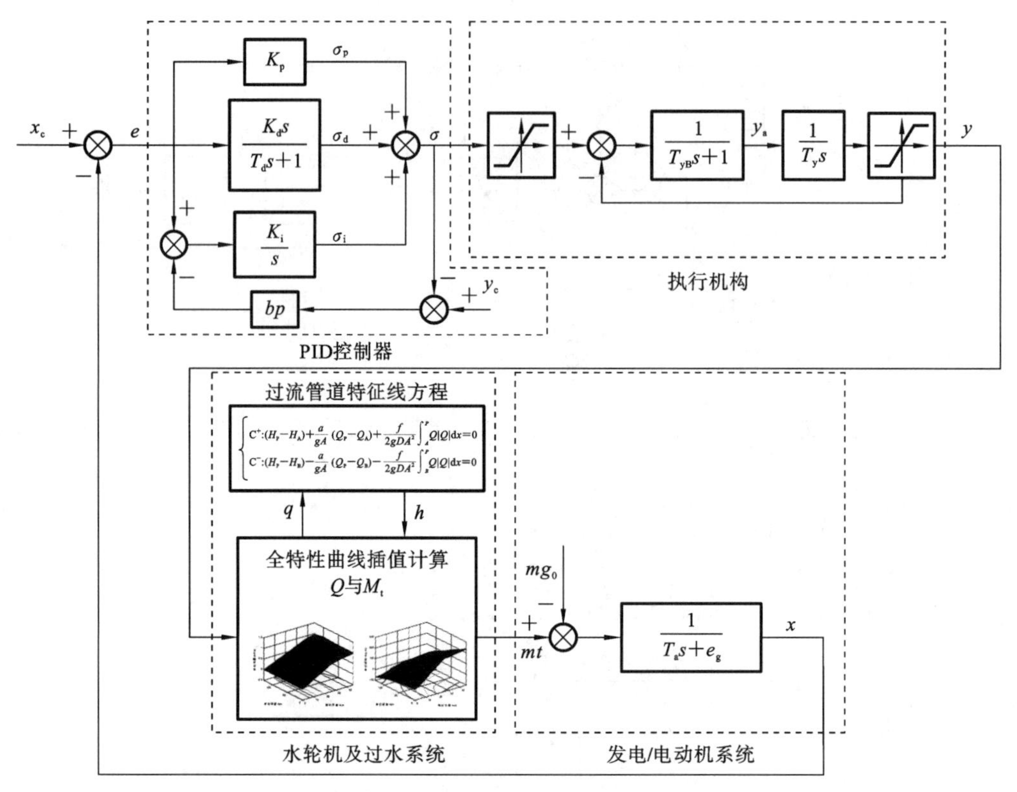

图 5-10 调速系统非线性模型结构

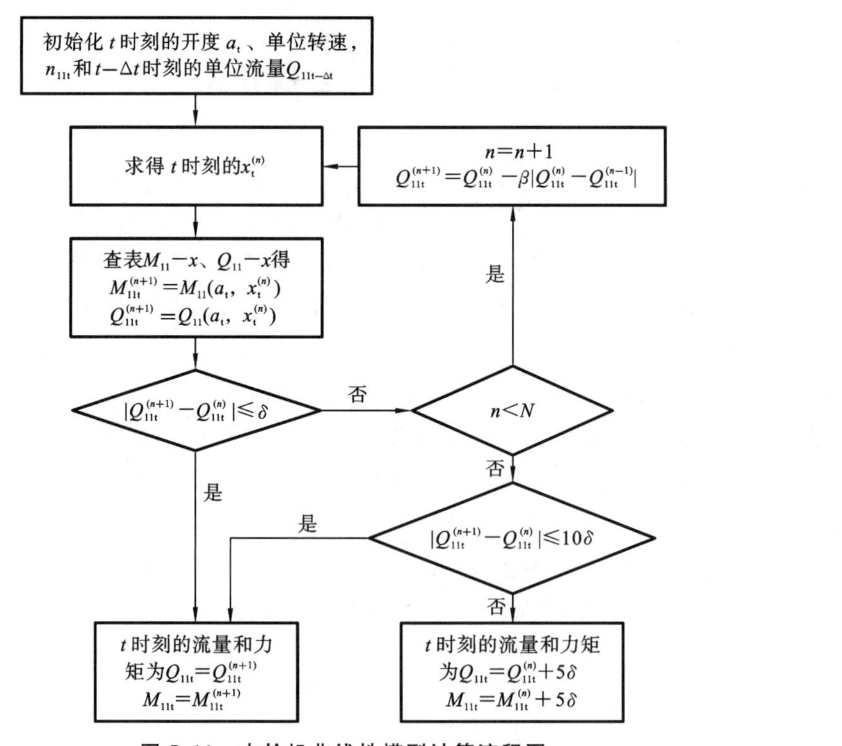

图 5-11 水轮机非线性模型计算流程图

5.6 课后习题

1. 写出混流式水轮机六个传递系数，说明其定义。
2. 绘制水轮机组段结构框图，并导出其传递函数。
3. 水击模型有哪些类型？试写出其传递函数。
4. 写出发电机一阶动态方程。不同类型机组的发电机惯性时间常数该如何考虑？

第6章

调水轮机调节系统动静特性

水轮机调节系统是指以水轮机调速器作为控制器，以水轮机及其引水系统作为控制对象构成的闭环控制系统。因此，在分析系统特性时，需将两者的数学模型连接到一起综合考虑。为简单起见，同时不失实用性，水轮机及引水系统模型将限于混流式机组，并使用线性化的刚性水击模型，而调速器则主要采用具有 PI 或 PFD 调节规律的线性模型。本章在内容安排上，首先介绍水轮机调节系统的静态特性、动态特性和稳定性。然后，介绍了调速器参数整定方法。

6.1　机组并列运行静态分析

通过对调节系统的静态与动态特性分析可知，采用软反馈的调速器既可以保证调节系统动态过程稳定，又可获得无差静特性，实现恒值调节的目的，满足水轮机转速自动调节系统的基本任务及要求。但值得注意的是，前面的分析都是以单台机组带负荷情况讨论的，而现在的水轮发电机组很少情况是单机带负荷运行，一般是机组均并入大电网的运行方式。在并入大电网后，各台机组并不能独立承担某一特定负荷，而是所有机组共同承担所有负荷，从而产生了并列运行机组负荷的分配问题，各台机组所承担的负荷相互影响，整个系统动态过程极其复杂，涉及电力系统分析与控制等诸多方面的内容，下面仅分析讨论机组并列运行静态工作情况。

并网后，所有机组频率相同等于电网频率，现设系统有三台机组，均采用无差静特性运行，如图 6-1 所示。

简要分析图 6-1 中机组并列运行工作情况。用 f_0 表示电网频率，f_1、f_2、f_3 分别表示 1 号机、2 号机、3 号机给定频率。实际上，各台机组整定的给定频率值对应

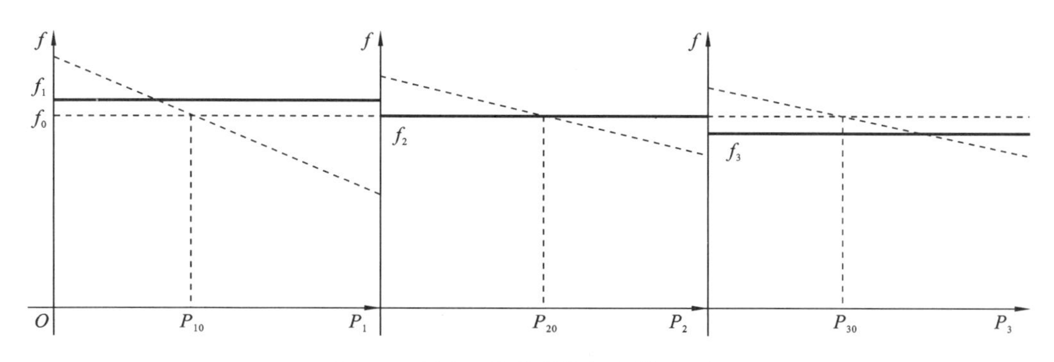

图 6-1　具有无差静特性机组并列运行

的静态特性曲线不可能完全保持一致。例如，对于 1 号机组来说，机组频率小于整定频率，即 $f_0<f_1$，说明引导阀转动套的位置低于针塞的位置，引导阀控制油路接通压力油，主接力器开大机组开度，机组出力增加。但是，无论机组出力增加到多大，电网频率基本保持不变，转动套的位置不变；同时，无论主接力器开多大，针塞的位置也不变，所以转动套的位置始终低于针塞的位置，主接力器一直开大到最大位置才能停止运动。同理，对于 3 号机组来说，机组频率大于整定频率，即 $f_0>f_3$，说明引导阀转动套的位置高于针塞的位置，引导阀控制油路接通回油，主接力器关小机组开度，直至最小位置才能停止运动。运行人员若想减小 1 号机组出力，将整定频率值调整到低于电网频率，那么主接力器将关小到最小位置；相反地，运行人员若想增加 3 号机组出力，将整定频率值调整到高于电网频率，那么主接力器将开大到最大位置，从而导致了机组间负荷出现“拉锯现象”。究其原因是系统频率与各机组无差静特性没有一个明确的交点。因此，机组并网运行时不能采用无差静特性，而需要采用有差静特性，如图 6-1 所示中的虚线，可以使各台机组工作点明确。所以在调速器中还需要设置调差机构，其作用是获得调节系统有差静特性，以满足机组并列运行的需要。

6.1.1　调差机构

1. 调差机构工作原理

调差机构也称永态转差机构。如图 6-2 所示，调差机构是指从主接力器到引导阀针塞之间的杠杆机构（拐臂 2、拉杆 2、杠杆 2、连杆、杠杆 1），在调速器中起到硬反馈作用，调节系统静态特性与前述硬反馈作用时形成过程相同，如图 6-2 所示。图 6-2(a)中的纵坐标为转速，一般用于单机带负荷工况；图 6-2(b)中的纵坐标为频率，一般用于并网带负荷工况。常用调差率 e_p 来表征调节系统静态特性。

$$e_p=\frac{n_{max}-n_{min}}{n_r}\times 100\% \quad 或 \quad e_p=\frac{f_{max}-f_{min}}{f_r}\times 100\% \tag{6-1}$$

式中：n_{max}、f_{max}分别是机组出力为零时的稳态转速及频率；n_{min}、f_{min}分别是机组出力为额定时的稳态转速及频率；n_r、f_r 分别是机组的额定转速及频率。

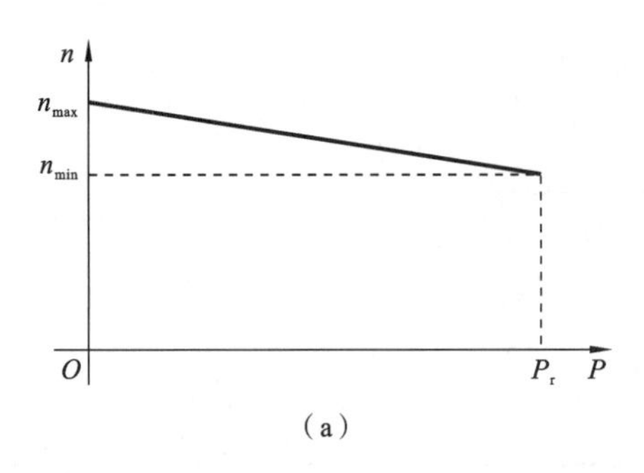

(a)

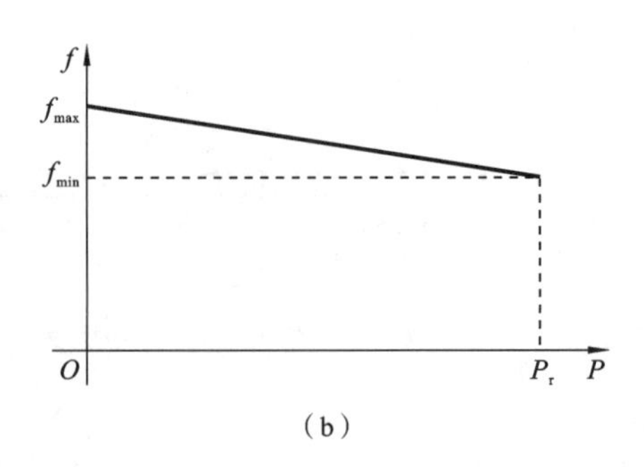

(b)

图 6-2　有差静特性

一般情况下，$e_p=0\sim8\%$，无差静特性时，$e_p=0$。

能否在调速器中只设置一套硬反馈机构同时满足调节系统动态稳定要求和静态调差作用。其结果是否定的。这是因为保证调节系统动态稳定的反馈量与静态调差率在数值上有很大差别，前者大约是后者的 10 倍，而且两者用途不同，需要独立地进行调整，分别满足调节系统动态特性要求以及并网运行下的静态特性要求。

2. 调差机构运动方程

设调差机构的杠杆传递系数为 k_p，当主接力器位移 ΔY 时，通过调差机构引起的针塞位移量为

$$\Delta Z_p=k_p\Delta Y \tag{6-2}$$

将式(6-2)化为相对值形式，即

$$\begin{cases} z_p=b_p y \\ z_p=\dfrac{\Delta Z_p}{Z_M} \\ y=\dfrac{\Delta Y}{Y_M} \\ b_p=\dfrac{k_p Y_{max}}{Z_M} \end{cases} \tag{6-3}$$

式中：z_p 为调差机构引起的针塞位移量的相对值；y 为接力器位移变化的相对值；b_p 为永态转差系数。

式(6-3)称为永态转差机构运动方程。永态转差系数 b_p 可理解为：接力器走完全行程，通过调差机构引起的针塞位移量，折算为转速变化的百分数。调差机构的传递函数为

$$G_{zp}(s)=\frac{Z_p(s)}{Y(s)}=b_p \tag{6-4}$$

Y(s) → [b_p] → $Z_p(s)$

图 6-3　调差机构方块图

调差机构的方块图如图 6-3 所示。

3. 变动负荷在并列运行机组间的分配

电力系统负荷经常是变动的，当系统负荷发生变化后，系统中各台机组承担的负荷及系统频率如何变化。已知系统中有 m 台机组，各台机组的额定出力为 P_{ri}、调差率为 e_{pi}、系统中总的负荷变化量 ΔP_S，求各台机组负荷变化量 ΔP_i 和系统频率的变化量 Δf_0。

如图 6-4 所示，P_{10}、P_{20}、P_{30}、…、f_0 分别表示第 1、2、3、…台机组初始负荷及频率，P_{10}、P_{20}、P_{30}、…、f_0 分别表示第 1、2、3、…台机组新的负荷及频率。

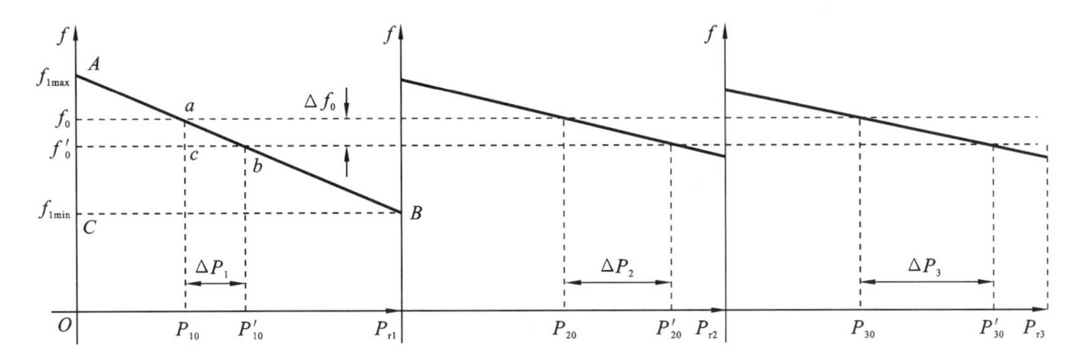

图 6-4　变动负荷在并列运行机组间的分配

在图 6-4 中，ΔABC 与 Δabc 相似，有 $\frac{bc}{ac}=\frac{BC}{AC}$，或 $\frac{\Delta P_1}{\Delta f_0}=\frac{P_{r1}}{f_{1\max}-f_{1\min}}$，考虑 $e_{p1}=\frac{f_{1\max}-f_{1\min}}{f_r}\times 100\%$，于是可得 $\Delta P_1=\frac{P_{r1}}{e_{p1}f_r}\Delta f_0$。同理，可得到其他机组的负荷变化量：

$$\Delta P_i=\frac{P_{ri}}{e_{pi}f_r}\Delta f_0 \tag{6-5}$$

式中：$i=1\sim m$，考虑到所有机组负荷的变化量之和等于系统中总的负荷变化量，有

$$\sum_{j=1}^{m}\Delta P_j=\Delta P_S \tag{6-6}$$

将式(6-5)代入式(6-6)，可求出系统中频率的变化量：

$$\Delta f_0=\frac{\Delta P_S}{\sum\limits_{j=1}^{m}\frac{P_{rj}}{e_{pj}}}f_r \tag{6-7}$$

将式(6-7)代入式(6-5)，可求出各台机组负荷的变化量：

$$\Delta P_i=\frac{\frac{P_{ri}}{e_{pi}}}{\sum\limits_{j=1}^{m}\frac{P_{rj}}{e_{pj}}}\Delta P_S \tag{6-8}$$

式中：$i=1\sim m$。

由式(6-8)可以看出，并列运行的机组所担任的变动负荷与其额定容量成正比，与其调差系数成反比。因此，大容量、小调差率 2%～4%的机组担任的变动负荷大；小容量、大调差率 6%～8%的机组担任的变动负荷小。

由式(6-7)可以看出，电网的频率变化与其他 $\sum\limits_{j=1}^{m}\frac{P_{rj}}{e_{pj}}$ 成反比，在一定的系统容量的前提下，要想系统频率受负荷冲击影响小，各台机组机组需要采用较小的调差系数。当 $\sum\limits_{j=1}^{m}\frac{P_{rj}}{e_{pj}}\rightarrow\infty$ 时，就有 $\Delta f_0\approx 0$，$\Delta P_i\approx 0$，说明在受到负荷冲击时，大容量、小调差率的电网频基本保持不变，各台机组的出力也基本保持不变。

6.1.2 转速调整机构

转速给定值输入机构称为转速调整机构。由式(6-7)可以看出，机组并网运行时采用有差静特性，势必会造成频率静态偏差，频率偏差大小与负荷变化量成正比。当系统负荷变化较大时，频率偏差可能超过规定的允许值，此时就需要人为地改变调频机组转速给定值，使系统频率恢复到额定值。

1. 转速调整机构工作原理

如图 6-5 所示，调节系统静特性为 AB，机组的工作点（P_0，f_0）。现在人为地改变转速调整机构，使转速调整螺母 C 向上一个位移量，用 Δf 来表示。转速调整螺母向上位移，引导阀针塞也向上位移，引导阀中间控制油路接通压力油，发出开启信号，经过一段时间的动态调节，调节系统将重新稳定下来，从而确定新的稳定工作点。下面分两种情况讨论：单机运行工况和并网运行工况。

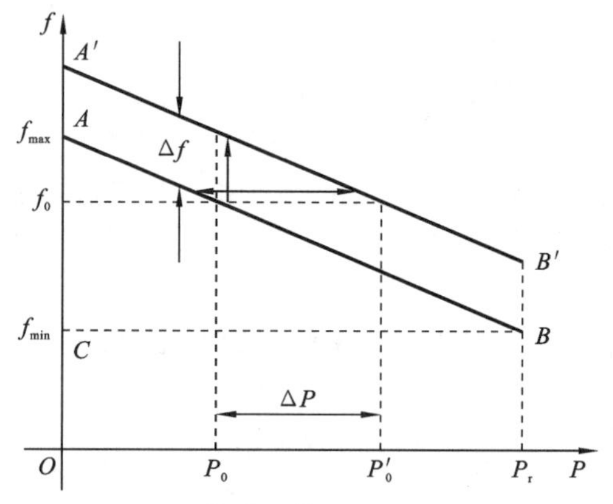

图 6-5 转速调整机构平移静特性

如果机组是单机运行工况，此时并未考虑机组负荷变化，稳定下来的机组出力也未变化，主接力器开度也没有变化，调差机构输入未变，但转速调整螺母 C 向上位移引起针塞 Y 向上位移，稳定时转动套与针塞位移必须相对应，所以频率稳定值在较高位置，工作点为(P_0，$f_0+\Delta f$)，原调节系统静特性 AB 上各点向上平移到 $A'B'$；如果机组是并网运行工况，此时认为电网或机组频率不会发生变化，转动套和针塞位置未变，那么转速调整螺母 C 的位置就未变，而螺母 C 相对于杠杆 2 已经上移，据此推断只能是主接力器开度增大，通过拐臂 2 使拉杆 2 下移，螺母 C 又回到原来位置。接力器开度增大，机组出力增大，工作点变为($P_0+\Delta P$，f_0)，原调节系统静特性 AB 上各点向右平移到 $A'B'$。因此，改变转速调整机构平移机组静特性，在单机运行时改变了机组转速或频率，在并网运行时改变了机组开度或出力。并网运行一般指小机组并入大电网运行的情况，小机组出力对大电网频率的影响可忽略不计。

2. 平移静特性对并列机组间负荷分配的影响

人为地平移某台机组的静特性之后，是如何影响并网机组负荷的？会对电网频率产生什么后果？已知系统中有 m 台机组，各台机组额定出力 P_{ri} 调差率 e_{pi} 和第 1 台机组转速调整机构的平移量 Δf_1；求各台机组负荷变化量 ΔP_i 和系统频率的变化量 Δf_0。如图 6-6 所示，P_{10}、P_{20}、P_{30}、…、f_0 分别表示第 1、2、3、…台机组初始负荷及频率，P_{10}、P_{20}、P_{30}、…、f_0 分别表示第 1、2、3、…台机组新的负荷及频率，第 1 台机组的静特性从 AB 平移到 $A'B'$。

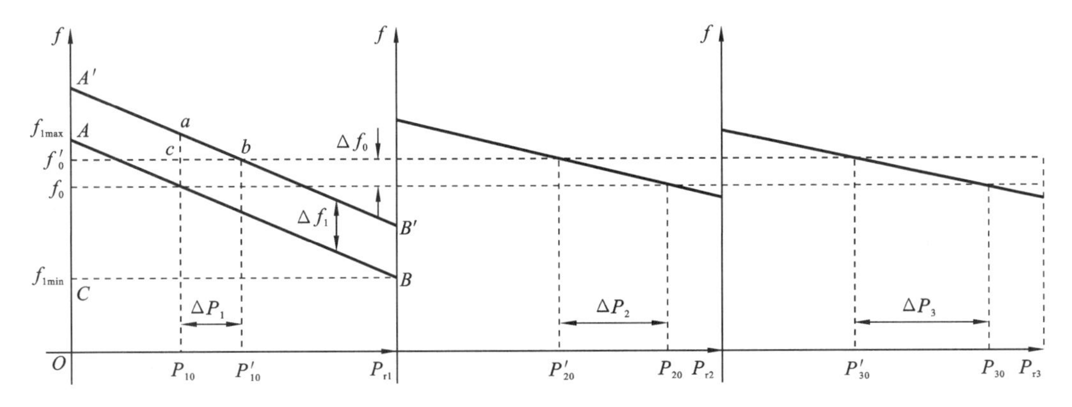

图 6-6　平移静特性机组间负荷分配

在图 6-5 中，ΔABC 与 Δabc 相似，有 $\dfrac{bc}{ac}=\dfrac{BC}{AC}$，或 $\dfrac{\Delta P_1}{\Delta f_1-\Delta f_0}=\dfrac{P_{r1}}{f_{1\max}-f_{1\min}}$，考虑到 $e_{p1}=\dfrac{f_{1\max}-f_{1\min}}{f_r}\times 100\%$，可得

$$\Delta P_1=\frac{P_{r1}}{e_{p1}f_r}(\Delta f_1-\Delta f_0) \tag{6-9}$$

对于 2～m 台机组，同理可得

$$\Delta P_i=\frac{P_{ri}}{e_{pi}f_r}\Delta f_0 \tag{6-10}$$

式中：$i=2\sim m$。考虑到此时系统中总的负荷没有变化，第 1 台机组负荷的增加量等于系统中其他机组负荷的减少量之和，有

$$\sum_{j=2}^{m}\Delta P_j=\Delta P_1 \tag{6-11}$$

将 ΔP_1、ΔP_2、…、ΔP_m 代入式(6-11)，可求出系统中频率的变化量为

$$\Delta f_0=\frac{\dfrac{P_{r1}}{e_{p1}}}{\displaystyle\sum_{i=1}^{m}\frac{P_{ri}}{e_{pi}}}\Delta f_1 \tag{6-12}$$

将式(6-12)代入式(6-9)，可得第 1 台机组负荷的变化量为

$$\Delta P_1=\left(1-\frac{\dfrac{P_{r1}}{e_{p1}}}{\displaystyle\sum_{i=1}^{m}\frac{P_{ri}}{e_{pi}}}\right)\times\frac{P_{r1}\Delta f_1}{e_{p1}f_r} \tag{6-13}$$

将式(6-12)代入式(6-10)，可得出其他各台机组负荷的变化量为

$$\Delta P_i = \frac{\dfrac{P_{ri}}{e_{pi}}}{\sum_{i=1}^{m} \dfrac{P_{ri}}{e_{pi}}} \times \frac{P_{rr}\Delta f_1}{e_{p1} f_r} \tag{6-14}$$

式中：$i=2\sim m$。

从以上可以看出，平移某台机组静特性可改变系统的频率和机组所带的负荷。由式(6-12)可知，由于系统频率变化量与调频机组的额定容量成正比与调频机组的调差率成反比。因此，调频机组需要选择大容量机组来担任，而且其调差率还必须取较小值2%～4%。

当电网容量很大而机组容量较小时，这相当于当 $i=1\sim m$ 时，$\Delta f_0 \approx 0$，$\Delta P_i \approx 0(i=2\sim m)$，说明小机组并入大电网平移静态特性，只改变自身出力，系统频率及其他机组出力基本不变。

3. 转速调整机构的整定范围

电力系统在正常情况下，电网频率为 50 Hz 左右，那么要求机组并网时频率为电网频率，相应的给定值为 50 Hz。机组并网后要从空载开大到满载，即 $\Delta P_1 = P_{r1}$，代入 $\Delta P_1 = \frac{P_{r1}\Delta f_1}{e_{p1} f_r}$ 可得 $\frac{\Delta f_1}{f_r} = e_{p1}$，说明静态特性曲线向上平移距离为 e_p 时才能带满负荷，e_p 的最大值一般约为 8%。

电力系统在发生事故时，电网频率可能很低($f=45$ Hz)。水电机组在系统中常担任事故备用任务，此时为了保证能够顺利并网，必须降低频率给定值到 45 Hz，相当于静态特性曲线需要下移额定频率的 10%。

考虑系统频率波动及测量误差，一般留有裕量 2%～3%。所以，国产机机械调速器转速调整机构行程为－15%～10%，电气型调速器和微机型调速器频率给定范围为 45～55 Hz(－10%～10%)。

6.1.3 调速器在电力系统调频中的作用

保持电力系统频率的稳定是电力系统运行的重要任务和目的。由前述可知，具有软反馈的调节系统，其静态特性是无差的，可以实现恒值调节，能够满足单机电网的频率调节(调频)要求。但对于多机电网的大系统来说，各机组按有差静特性参与调频，不能达到系统频率恒定的要求。因此，与单机电网的一阶段调频不同，多机电力系统的调频需要分阶段、分层次进行。

电力系统的负荷可分为可预计负荷和不可预计负荷，其中不可预计负荷的变化量可达到系统总容量的 3%以上，不可预计负荷是导致电力系统频率波动的主要原因。图 6-7 所示的是电力系统典型的日负荷图。一天之内，上午和晚上有两个波峰，中午和深夜有两个波谷，每天负荷总体上都基本保持这种变化规律。不可预计负荷变化周期短，带有随机性，可预计负荷则变化周期较长。

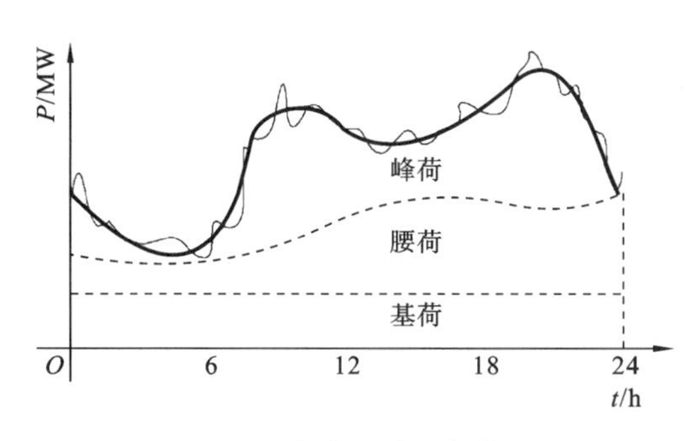

图 6-7　电力系统日负荷图

可以按负荷变化周期进行分类，大致上可分为变化周期为数秒钟内的微小变动部分（高频分量）、变化周期为数分钟以内的变动部分（低频分量）、变化周期为数分钟到数十分钟之内的变动部分（干扰分量）以及更长周期变动部分（持续分量）等。图 6-8 所示的是不同的负荷变化与采取的控制手段的分类示意图。

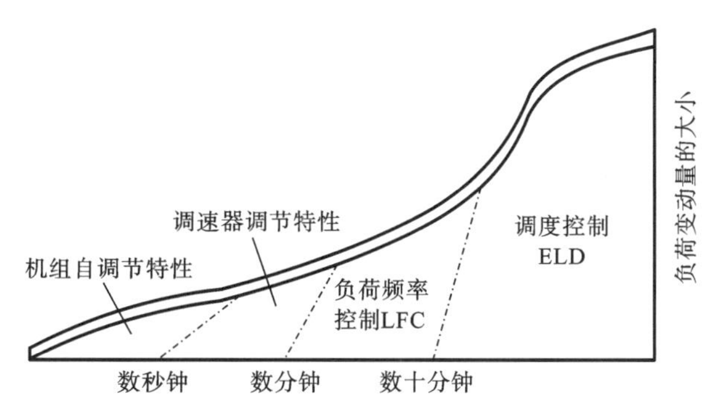

图 6-8　负荷变化与控制分类示意图

负荷变化周期越长，对应的负荷变化量也越大。高频负荷分量变化太快，调速器调节速度不够，只能依靠机组自身的功率特性和负荷特性加以吸收；低频负荷分量一般由机组调速器的调节特性来吸收。对于变化在数分钟以上的干扰负荷分量，需要通过电力系统的负荷频率控制 LFC（load frequency control）检测出频率变化量和负荷变化量，调整调频电厂的机组功率输出加以吸收。

从图 6-8 中可以看出，调速器在电力系统调频中主要针对数秒钟到数分钟的变动负荷。当负荷变化引起电网频率波动时，电网中各机组调速器根据频率变化自动调整机组的有功功率输出并维持电网有功功率的平衡，使电力系统频率保持基本稳定，称为电力系统一次调频（primary frequency regulation，PFR）。由于机组均采用有差调节，负荷变化必然引起频率偏差，较小负荷变化量引起的频率偏差也较小，若不超过频率波动的允许范围，频率调节过程结束。如果负荷变化量较大且持续时间较长，系统一次调频完成后必然存在较大的频率偏差，所以必须进行电力系统二次调频（second frequency regulation，SFR）或称电力系统的负荷频率控制 LFC。电力系统二次调频是在一次调频的基础上，从整个电力系统的角度出发，人为地统筹调度与协调相关因素，重新分配各机组承担的负荷，使电网频率始终保持在规定的工作范围之内。

在电力系统二次调频过程中，调速器接受来自电网调度中心的负荷指令，平移调频机组的静态特性改变机组有功功率输出。此时，调速器相当是一个功率执行器，要求它具有对负荷指令响应速度迅速的特性，尽快使电网的频率恢复到额定值。当频率回到额定值时，原来系统的负荷变化量就转移到了调频机组，只参加一次调频的机组又回到原来的工作点。由于系统负荷发生改变，还需要再次对整个电网的机组功率进行分配，以满足电网运行的经济性要求，这次对机组负荷的调整就是经济负荷调度 ELD，有时也称为电力系统三次调频。通过第三次负荷调整，调频机组所承担的部分负荷又一次被转移到了其他机组上。由以上分析可见，电力系统的一次调频是靠调速器自身完成的，而二次调频 SFR 和经济负荷调度 ELD 是调度中心通过调速器来完成的。

6.2 水轮机调节系统的动态特性

6.2.1 开环与闭环传递函数

由水轮机调速器和水轮机及其引水系统构成的水轮机调节系统如图 6-9 所示。这是一个定值调节系统，其中 C_x 为转速（频率）给定信号，e 为给定与输出比较后的误差信号，y 为接力器位移，m_t 为水轮机输出转矩，m_{g0} 为负荷扰动，x 为发电机转速（输出频率）。本节将主要讨论该系统的开环和闭环传递函数。

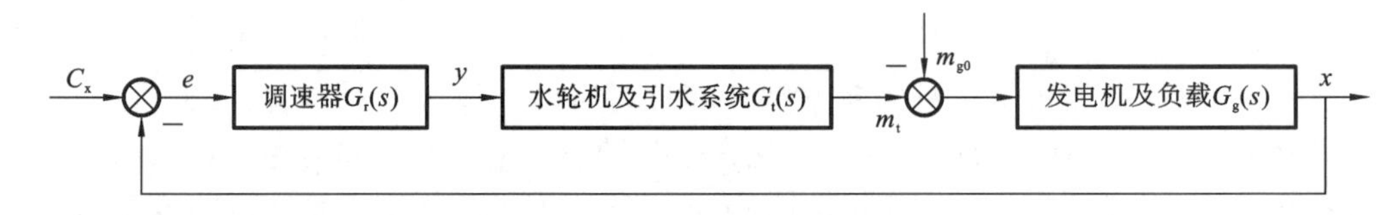

图 6-9 水轮机调节系统示意图

具有加速度环节的软反馈型调速器的传递函数为

$$G_r(s)=\frac{Y(s)}{E(s)}=\frac{(T_n s+1)(T_d s+1)}{(T'_n s+1)[T_y T_d s^2+(T_y+b_t T_d+b_p T_d)s+b_p]} \tag{6-15}$$

一般的有 $T_y+b_tT_d=b_pT_d$，故式(6-15)可简写成：

$$G_r(s)=\frac{Y(s)}{E(s)}\approx\frac{(T_n s+1)(T_d s+1)}{(T'_n s+1)\left(\frac{b_t T_d}{b_p}s+1\right)\left(\frac{T_y}{b_r}s+1\right)b_p} \tag{6-16}$$

如果忽略小时间常数和 b_p，即进一步假定 $b_p=0$，$T_y=0$，$T'_n=0$，则有

$$G_r(s)=\frac{Y(s)}{E(s)}\approx\frac{T_n+T_d}{b_t T_d}+\frac{1}{b_t T_d s}+\frac{T_n}{b_t}s \tag{6-17}$$

即具有 PID 调节规律。对于并联型调速器而言,显然,其参数的对应关系为

$$K_P=\frac{T_n+T_d}{b_t T_d},\quad K_I=\frac{1}{b_t T_d},\quad K_D=\frac{T_n}{b_t}$$

对于软反馈型调速器,如果无加速度环节,可令式(6-16)中的 $T_n=0$,这时其传递函数可写为

$$G_r(s)=\frac{Y(s)}{E(s)}\approx\frac{T_d s+1}{\left(\frac{b_t T_d}{b_p}s+1\right)\left(\frac{T_y}{b_t}s+1\right)b_p}\tag{6-18}$$

如果设 $b_p=0, T_y=0$,则

$$G_r(s)=\frac{Y(s)}{E_e(s)}\approx\frac{1}{b_t}+\frac{1}{b_t T_d s}$$

显然具有 PI 调节规律。对于并联型调速器,其两者参数的对应关系为

$$K_P=\frac{1}{b_t},\quad K_I=\frac{1}{b_t T_d}\quad 或\quad b_t=\frac{1}{K_P},\quad T_d=\frac{K_P}{K_I}$$

设所讨论的控制对象为混流式水轮机,且机组转速对流量的影响可以忽略,即 $e_{qx}=0$。按刚性水击考虑水流的惯性作用,则水轮机及其有压引水系统的传递函数可写成

$$G_t(s)=\frac{M_t(s)}{Y(s)}=\frac{e_y-(e_{ay}e_h-e_y e_{qh})T_w s}{1+e_{qh}T_w s}$$

令 $e=\frac{e_{qy}e_h}{e_y}-e_{qh}$,则上式可简写为

$$G_t(s)=\frac{e_y(1-eT_w s)}{1+e_{qh}T_w s}\tag{6-19}$$

如果仅考虑单机带负荷运行情形,则发电机及负载的传递函数为

$$G_g(s)=\frac{1}{T_a s+e_n}\tag{6-20}$$

将 PI 调节器表达式(6-18),连同式(6-19)和式(6-20)代入水轮机调节系统示意图中,易知整个系统的开环传递函数为

$$G_o(s)=\frac{X(s)}{E_e(s)}=\frac{e_y(T_d s+1)(-eT_w s+1)}{e_n b_p\left(\frac{b_t T_d}{b_p}s+1\right)\left(\frac{T_y}{b_t}s+1\right)(e_{qh}T_w s+1)\left(\frac{T_a}{e_n}s+1\right)}\tag{6-21}$$

或写成:

$$G_o(s)=\frac{X(s)}{E(s)}=\frac{K_a\left(s+\frac{1}{T_d}\right)\left(-s+\frac{1}{eT_w}\right)}{\left(s+\frac{b_p}{b_t T_d}\right)\left(s+\frac{b_t}{T_y}\right)\left(s+\frac{1}{e_{qh}T_w}\right)\left(s+\frac{e_n}{T_a}\right)}\tag{6-22}$$

式中:$K_a=\frac{e_y e}{e_{qh}T_y T_a}$。如果使用 PID 调节器表达式(6-16),同理可得整个系统的开环传递函数为

$$G_o(s)=\frac{X(s)}{E(s)}=\frac{e_y(T_n s+1)(T_d s+1)(-eT_w s+1)}{e_n b_p(T'_n s+1)\left(\frac{b_t T_d}{b_p}s+1\right)\left(\frac{T_y}{b_t}s+1\right)(e_{qh}T_w s+1)\left(\frac{T_a}{e_n}s+1\right)}\tag{6-23}$$

或写成:

$$G_o(s)=\frac{X(s)}{E(s)}=\frac{K_b\left(s+\frac{1}{T_n}\right)\left(s+\frac{1}{T_n}\right)\left(-s+\frac{1}{eT_w}\right)}{\left(s+\frac{1}{T'_n}\right)\left(s+\frac{b_p}{b_t T_d}\right)\left(s+\frac{b_t}{T_y}\right)\left(s+\frac{1}{e_{qh}T_w}\right)\left(s+\frac{e_n}{T_a}\right)} \tag{6-24}$$

式中：

$$K_b=\frac{T_n e_y e}{T'_n e_{qh} T_y T_a}$$

由控制原理可知，调节系统闭环传递函数由其开环传递函数和系统结构确定。当系统作为随动系统时，系统的转速输出 x 将跟随转速给定命令信号 C_x，这时其闭环传递函数为

$$G_c(s)=\frac{X(s)}{C_x(s)}=\frac{G_o(s)}{1+G_o(s)} \tag{6-25}$$

当系统作为恒值调节系统时，要考察系统的转速输出 x 在负荷扰动作用下的变化规律，这时其闭环传递函数可写成：

$$G_c(s)=\frac{X(s)}{M_{g0}(s)}=-\frac{G_g(s)}{1+G_o(s)} \tag{6-26}$$

比较式(6-25)和式(6-26)容易看出，水轮机调速系统的输出对于转速给定命令信号和负荷扰动信号的传递函数分子是不同的，因此，其动态响应过程和稳态误差也是有所区别的。前者主要用于考察系统在机组的空载状态下的性能，后者则主要用于考察系统在机组的负荷扰动或用负荷情形下的特性。

6.2.2 调节系统动态响应特性

调节系统的动态响应特性是指在特定输入信号作用下，系统输出随时间变化的规律。扰动信号的不同或信号引入点不同，衡量其动态品质的指标也有所不同。目前，在水轮机调节领域使用较多的是时域指标，即在规定幅值的阶跃扰动作用下，转速过渡过程的调节时间 T_p、最大相对转速偏差 x_{max} 和振荡次数等。一般来说，振荡次数最好不超过一次，调节时间 T_p 和最大转速偏差 x_{max} 综合最小。综合最小的标准较难确定，有时就要求在 x_{max} 小于一个指定值的前提下，调节时间 T_p 为最小。符合上述要求的过程常称为最佳过渡过程。我国在 GB/T 9652.1-1997《水轮机调速器与油压装置技术条件》和 GB/T 9652.1-2019《水轮机控制系统技术条件》中对动态特性有明确规定。下面讨论水轮机调节系统的阶跃响应。

1. 具有 PI 调节规律的系统对负荷扰动信号的阶跃响应

对于使用 PI 调节规律的调速器而言，由式(6-27)知其闭环传递函数为

$$G_c(s)=\frac{X(s)}{M_{g0}(s)}=-\frac{G_g(s)}{1+G_r(s)G_t(s)G_g(s)} \tag{6-27}$$

将式(6-19)、式(6-20)和式(6-21)代入上式并整理可得

$$G_c(s)=\frac{X(s)}{M_{g0}(s)}$$

$$
=-\frac{b_{\mathrm{p}}\left(\dfrac{b_{\mathrm{t}}T_{\mathrm{d}}}{b_{\mathrm{p}}}s+1\right)\left(\dfrac{T_{\mathrm{y}}}{b_{\mathrm{t}}}s+1\right)(1+e_{\mathrm{qh}}T_{\mathrm{w}}s)}{b_{\mathrm{p}}\left(\dfrac{b_{\mathrm{t}}T_{\mathrm{d}}}{b_{\mathrm{p}}}s+1\right)\left(\dfrac{T_{\mathrm{y}}}{b_{\mathrm{t}}}s+1\right)(1+e_{\mathrm{qh}}T_{\mathrm{w}}s)(e_{\mathrm{n}}+T_{\mathrm{a}}s)+e_{\mathrm{y}}(T_{\mathrm{d}}s+1)(1-eT_{\mathrm{w}}s)}
$$

$$
=\frac{e_{\mathrm{qh}}T_{\mathrm{d}}T_{\mathrm{y}}T_{\mathrm{w}}\left(s+\dfrac{b_{\mathrm{p}}}{b_{\mathrm{t}}T_{\mathrm{d}}}\right)\left(s+\dfrac{b_{\mathrm{t}}}{T_{\mathrm{y}}}\right)\left(s+\dfrac{1}{e_{\mathrm{qh}}T_{\mathrm{w}}}\right)}{A_4s^4+A_3s^3+A_2s^2+A_1s+A_0} \tag{6-28}
$$

式中：

$A_4=e_{\mathrm{qh}}T_{\mathrm{y}}T_{\mathrm{w}}T_{\mathrm{a}}T_{\mathrm{d}}$

$A_3=e_{\mathrm{n}}e_{\mathrm{qh}}T_{\mathrm{y}}T_{\mathrm{w}}T_{\mathrm{d}}+T_{\mathrm{y}}T_{\mathrm{a}}T_{\mathrm{d}}+e_{\mathrm{qh}}T_{\mathrm{y}}T_{\mathrm{w}}T_{\mathrm{a}}+(b_{\mathrm{p}}+b_{\mathrm{t}})e_{\mathrm{qh}}T_{\mathrm{w}}T_{\mathrm{a}}T_{\mathrm{d}}$

$A_2=e_{\mathrm{n}}T_{\mathrm{y}}T_{\mathrm{d}}+e_{\mathrm{n}}e_{\mathrm{qh}}T_{\mathrm{y}}T_{\mathrm{w}}+T_{\mathrm{y}}T_{\mathrm{a}}+(b_{\mathrm{p}}+b_{\mathrm{t}})T_{\mathrm{a}}T_{\mathrm{d}}+e_{\mathrm{qh}}b_{\mathrm{p}}T_{\mathrm{w}}T_{\mathrm{a}}+[(b_{\mathrm{p}}+b_{\mathrm{t}})e_{\mathrm{n}}e_{\mathrm{qh}}-e_{\mathrm{y}}e]T_{\mathrm{w}}T_{\mathrm{d}}$

$A_1=e_{\mathrm{n}}T_{\mathrm{y}}+b_{\mathrm{p}}T_{\mathrm{a}}+[e_{\mathrm{n}}(b_{\mathrm{p}}+b_{\mathrm{t}})+e_{\mathrm{y}}]T_{\mathrm{d}}+(b_{\mathrm{p}}e_{\mathrm{n}}e_{\mathrm{qh}}-ee_{\mathrm{y}})T_{\mathrm{w}}$

$A_0=e_{\mathrm{n}}b_{\mathrm{v}}+e_{\mathrm{v}}$

设特征方程 $A_4s^4+A_3s^3+A_2s^2+A_1s+A_0=0$ 的根为 $-p_1$，$-p_2$，$-p_3$ 和 $-p_4$，则式(6-28)可写成

$$
G_{\mathrm{c}}(s)=\frac{X(s)}{M_{\mathrm{g0}}(s)}=-\frac{K_{\mathrm{LPI}}\left(s+\dfrac{b_{\mathrm{p}}}{b_{\mathrm{t}}T_{\mathrm{d}}}\right)\left(s+\dfrac{b_{\mathrm{t}}}{T_{\mathrm{y}}}\right)\left(s+\dfrac{1}{e_{\mathrm{qh}}T_{\mathrm{w}}}\right)}{(s+p_1)(s+p_2)(s+p_3)(s+p_4)} \tag{6-29}
$$

式中：K_{LPI}为与系统参数相关的常数。在单位阶跃负荷扰动的作用下，转速的拉氏变换为

$$
X(s)=G_{\mathrm{c}}(s)M_{\mathrm{g0}}(s)=\frac{G_{\mathrm{c}}(s)}{s}=-\frac{K_{\mathrm{LPI}}\left(s+\dfrac{b_{\mathrm{p}}}{b_{\mathrm{t}}T_{\mathrm{d}}}\right)\left(s+\dfrac{b_{\mathrm{t}}}{T_{\mathrm{y}}}\right)\left(s+\dfrac{1}{e_{\mathrm{qh}}T_{\mathrm{w}}}\right)}{s(s+p_1)(s+p_2)(s+p_3)(s+p_4)} \tag{6-30}
$$

对该式取拉氏反变换，可得转速信号的时域响应过程为

$$
x(t)=C_0+C_1\mathrm{e}^{-p_1t}+C_2\mathrm{e}^{-p_2t}+C_3\mathrm{e}^{-p_3t}+C_4\mathrm{e}^{-p_4t} \tag{6-31}
$$

显然，只要系统极点 $-p_1$，$-p_2$，$-p_3$ 和 $-p_4$ 具有负实部，经一定时间后，$x(t)$将有一确定的稳态值 C_0，这时系统是稳定的。由于极点可能全部是实极点，也可能包含共轭复数极点，故 $x(t)$随时间的衰减过程可能是单调的衰减过程，也可能是振荡的衰减过程。图 6-10 所示的是三种不同的阶跃负荷扰动响应过程。

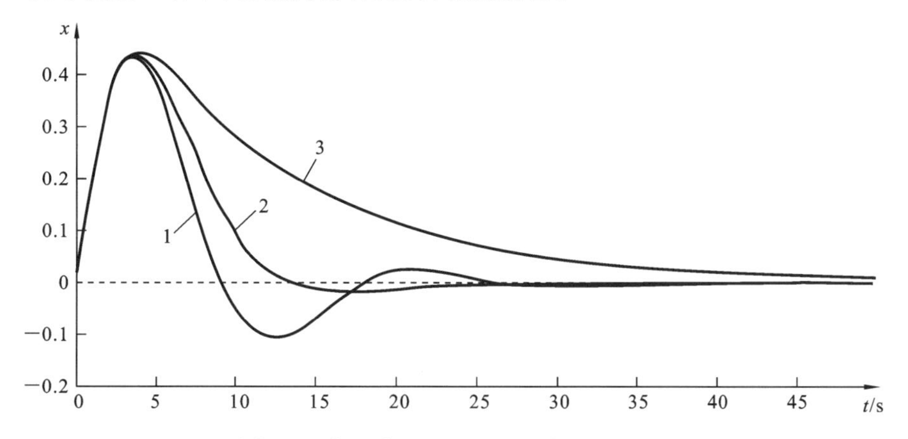

图 6-10　水轮机调节系统对单位阶跃负荷扰动的响应过程(PI)

由图 6-10 可见，所有曲线均是衰减的过程，因此是稳定的。曲线 1 是振荡较强的过程，振荡次数为 1.5 次，衰减较慢，调节时间较长。曲线 2 是一种较好的快速衰减振荡过程，振荡次数为 0.5 次，调节时间较短。曲线 3 是一种衰减较慢的非周期过程，虽然振荡次数也为 0.5，但调节时间较长。它们的品质指标及对应的调速器参数如表 6-1 所示。由表 6-1 可见，三个阶跃响应过程对应不同的调速器参数整定。在 b_t 均为 0.8 的情况下，$T_d=2.2$ s 时，为振荡较强的过程；$T_d=3.36$ s 时，为快速衰减振荡过程；$T_d=8.0$ s 时，为衰减较慢的非周期过程。

表 6-1　不同负荷阶跃响应过程的调节参数及品质指标

序号	b_t	$T_d(s)$	$T_p(s)$	x_{max}	振荡次数	$-p_{1,2}(\alpha\pm j\beta)$	$-p_3$	$-p_1$
1	0.8	2.2	23	0.437	1.5	$-0.159\pm j0.354$	-1.17	-5.17
2	0.8	3.36	12.2	0.44	1	$-0.251\pm j0.251$	-0.932	-5.06
3	0.8	8.0	38.3	0.445	0.5	$-0.641\pm j0.387$	-0.09	-4.95

阶跃响应过程与极点位置有密切关系。由式(6-29)可知，水轮机调节系统的闭环传递函数有 4 个闭环极点，而这些极点的位置又由系统的参数确定。分析表明，有一个实数极点落在 $-b_t/T_y$ 的左侧，是远离虚轴的，在表 6-1 中，该实数极点为 $-p_4<-4$，相应的时域响应分量 $C_4e^{-p_4t}$ 衰减很快，对系统的动态特性影响较小。另一个实数极点通常在开环零点 $-1/T_d$ 附近，离虚轴较近，在表 6-1 中，该实数极点为 $-p_3=-1.17$。还有一对共轭复数极点 $-p_1$、p_2 同样也距虚轴较近，其实部 $\alpha=-0.641$。因此，实数极点 $-p_3$ 和共轭复数极点 $-p_1$、$-p_2$ 均可能是决定调节系统过渡过程形态的主导极点。

从控制原理知道，调节系统过渡过程的振荡性取决于主导共轭复数极点的虚部与实部之比，即 β/α。对一个二阶系统或具有共轭复数主导极点的系统来说，当 $\beta/\alpha=1.0\sim1.73$ 时，阻尼系数 $\zeta(\zeta=\cos\varphi,\varphi=\tan-1(\beta/\alpha))$ 在 $0.707\sim0.5$ 之间，过渡过程通常被认为具有较好的快速衰减特性。若 β/α 太大，则过程的振荡性加剧；若 β/α 过小，则过程变慢。对上述四阶系统，主导极点的 β/α 也有类似的影响。

调节时间 T_p 主要取决于主导极点的实部。时域分量 $C_3e^{-p_4t}$ 衰减至初值的 5%所需时间 $T_{0.05}=3/p_3$。共轭复数极点形成的振荡分量的幅值衰减至初值的 5%所需时间 $T_{0.05}=3/\alpha$。当然调节时间 T_p 与 $T_{0.05}$ 是不同的，但它们是密切相关的。分析表明，如果系统中只有一个或一对极点距虚轴较近，而其他所有极点距虚轴的距离远大于该极点距虚轴的距离(通常 5 倍以上)，则系统的调节时间就可用该极点距虚轴的距离估计。

分析表 6-1 所列数据可见：对曲线 1，由于 $\beta/\alpha=2.23$，$\zeta\approx0.4$，故过渡过程振荡性较强。由于 $\alpha\ll|p_3|$，故系统调节时间可按 $T_p\approx3/\alpha$ 估计；对曲线 2，由于 $\beta/\alpha=1.0$，$\zeta=0.707$，故过渡过程形态较好，通常为所希望的过渡过程；对曲线 3，由于 $\beta/\alpha=1.36$，但 $p_3\ll\alpha$，故过渡过程为非周期形态，调节时间可按 $T_p\approx3/p_3$ 估计。

2. 具有 PI 调节规律的系统对转速给定信号的阶跃响应

由式(6-25)易得闭环传递函数为

$$G_c(s)=\frac{X(s)}{C_x(s)}=\frac{G_o(s)}{1+G_o(s)}=\frac{G_r(s)G_t(s)G_g(s)}{1+G_r(s)G_t(s)G_g(s)}$$

将式(6-21)代入上式可得

$$G_c(s)=\frac{X(s)}{C_x(s)}=\frac{e_y(T_d s+1)(-eT_w s+1)}{b_p\left(\frac{b_t T_d}{b_p}s+1\right)\left(\frac{T_y}{b_t}s+1\right)(e_{qh}T_w s+1)(T_a s+e_n)+e_y(T_d s+1)(-eT_w s+1)}$$

比较上式与式(6-28)易知两者的分母是相同的。由此可见,系统无论对负荷扰动还是对转速给定扰动的传递函数具有相同的闭环极点。因此,上式可进一步写成

$$G_c(s)=\frac{X(s)}{C_x(s)}=\frac{K_{CPI}\left(s+\frac{1}{T_d}\right)\left(-s+\frac{1}{eT_w}\right)}{(s+p_1)(s+p_2)(s+p_3)(s+p_4)} \tag{6-32}$$

式中:K_{CPI}为与系统参数相关的常数。在单位阶跃转速给定的作用下,转速的拉氏变换为

$$X(s)=G_c(s)C_x(s)=\frac{G_c(s)}{s}=\frac{K_{CPI}\left(s+\frac{1}{T_d}\right)\left(-s+\frac{1}{eT_w}\right)}{s(s+p_1)(s+p_2)(s+p_3)(s+p_4)} \tag{6-33}$$

在机组参数和调速器参数与图 6-10 所述实例完全相同的情况下,其时域的阶跃响应如图 6-11 所示。

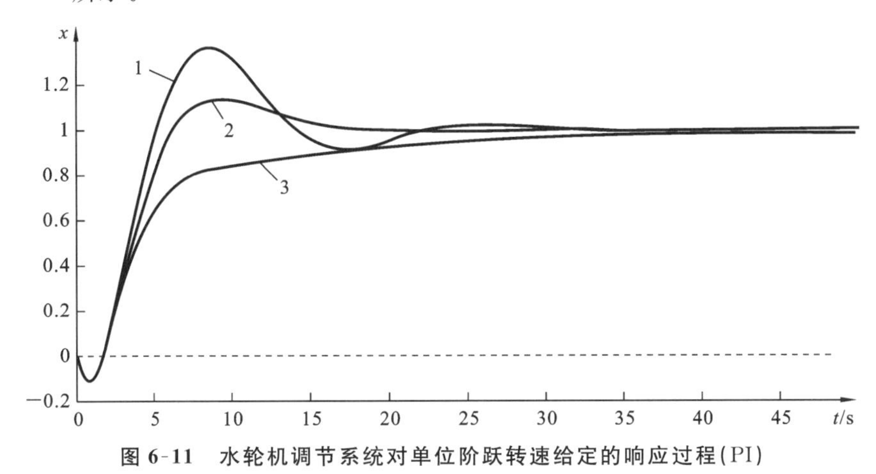

图 6-11 水轮机调节系统对单位阶跃转速给定的响应过程(PI)

其中,曲线 1(振荡过程)、曲线 2(快速衰减过程)和曲线 3(非周期过程)所对应的调节时间 T_p 分别为 21.6 s、16.2 s 和 31.8 s。可见,只要系统对负荷扰动是稳定的,则对给定信号也是稳定的,且其过渡过程的振荡特性也是类似的。

进一步比较式(6-33)和式(6-30)可知,两者的分子不同,且在闭环传递函数表达式(6-33)中有一个正零点。由控制原理可知,正零点对过渡过程有劣化作用。为探讨该零点对过渡过程的影响,取图 6-10 中曲线 2 对应的机组和调速器参数,并令其中的水流加速时间常数 T_w 由 1.0 s 分别变为 1.65 s 和 2.3 s,其对应的单位阶跃响应过程如图 6-12 所示。

由图 6-12 可见,正零点使过渡过程初期有反调现象,并使振荡加剧。T_w 越大,其不利的影响就越大。由于 T_w 是引水管道水击特性的具体体现,其影响是不可能完全消除的,只能靠合理地配置调速器参数尽量减小。分析表明,当系统的主导极点离虚轴较近时,T_w 对过渡过程的影响可以减小,但其响应过程要延长,因此必须在两者之间折中考虑。

3. 具有 PID 调节规律的系统阶跃响应

对于使用 PID 调节规律的调速器而言,由式(6-26)知其对负荷扰动的闭环传递函

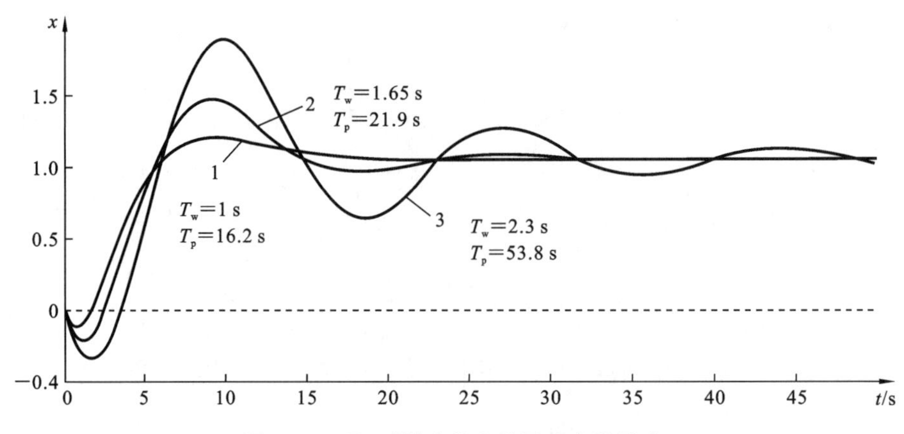

图 6-12　T_w 对转速给定阶跃响应的影响

数为

$$G_c(s)=\frac{X(s)}{M_{g0}(s)}=-\frac{G_g(s)}{1+G_r(s)G_t(s)G_g(s)}$$

将式(6-16)、式(6-19)和式(6-20)代入上式，并令 $T'_n\approx 0$，整理可得

$$G_c(s)=\frac{X(s)}{M_{g0}(s)}$$

$$=-\frac{\left(\frac{b_t T_d}{b_p}s+1\right)\left(\frac{T_y}{b_t}s+1\right)(1+e_{qu}T_w s)b_p}{b_p\left(\frac{b_t T_d}{b_p}s+1\right)\left(\frac{T_y}{b_t}s+1\right)(1+e_{qh}T_w s)(e_n+T_a s)+(T_n s+1)(T_d s+1)e_y(1-eT_w s)} \tag{6-34}$$

仍设系统特征方程的根为 $-p_1$，$-p_2$，$-p_3$ 和 $-p_4$，则式(6-34)可写成：

$$G_c(s)=\frac{X(s)}{M_{g0}(s)}=-\frac{G_g(s)}{1+G_r(s)G_t(s)G_g(s)} \tag{6-35}$$

比较式(6-29)可见，其闭环传递函数表达式没有什么不同，仅仅是由于 T_n 的引入，使系统的闭环极点发生了变化。图 6-13 所示的是三组不同的调节器参数下，系统对负荷扰动的阶跃响应。表 6-2 所示的是它们对应的调节参数及品质指标。

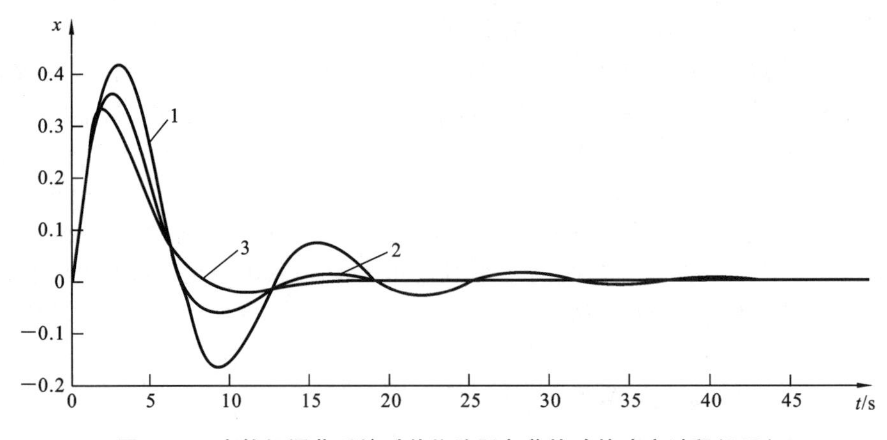

图 6-13　水轮机调节系统对单位阶跃负荷扰动的响应过程(PID)

表 6-2　不同负荷阶跃响应过程的调节参数及品质指标

序　　号	$T_n(s)$	$T_p(s)$	x_{max}	振荡次数
1	0	29.6	0.421	2.5
2	0.5	18.1	0.369	1.5
3	1.0	14.4	0.335	1

类似的，由式(6-25)可得其对给定信号的闭环传递函数为

$$G_c(s)=\frac{X(s)}{C_x(s)}=\frac{G_o(s)}{1+G_o(s)}$$

将式(6-23)代入上式，并令 $T'_n\approx 0$，整理可得

$$G_c(s)=\frac{X(s)}{C_x(s)}$$

$$=\frac{e_y(T_n s+1)(T_d s+1)(-eT_w s+1)}{e_n b_p\left(\frac{b_t T_d}{b_p}s+1\right)\left(\frac{T_y}{b_t}s+1\right)(e_{qh}T_w s+1)\left(\frac{T_a}{e_n}s+1\right)+e_y(T_n s+1)(T_d s+1)(-eT_w s+1)}$$

$$=\frac{K_{CPID}\left(s+\frac{1}{T_n}\right)\left(s+\frac{1}{T_d}\right)\left(-s+\frac{1}{eT_w}\right)}{(s+p_1)(s+p_2)(s+p_3)(s+p_4)} \tag{6-36}$$

仍使用表 6-2 中所列的调速器和调节对象参数，可得其对给定转速信号的单位阶跃响应如图 6-14 所示。

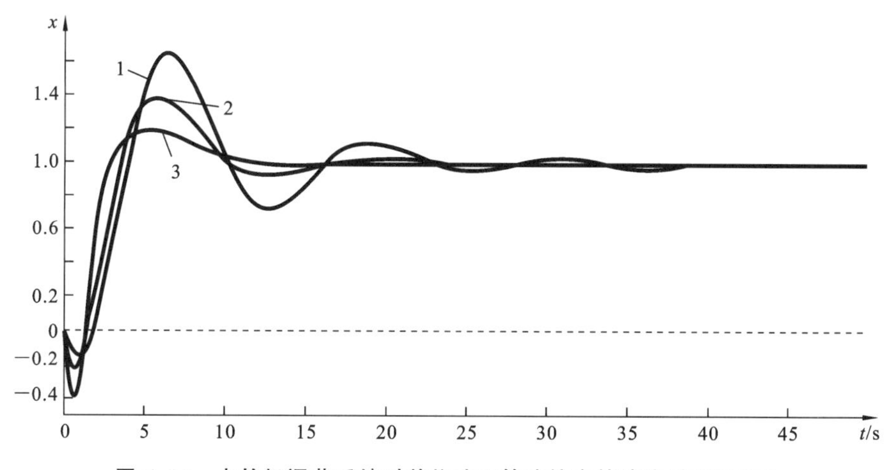

图 6-14　水轮机调节系统对单位阶跃转速给定的响应过程(PID)

其中，曲线 1、曲线 2 和曲线 3 所对应的加速度时间常数 T_n 分别为 0 s、0.5 s 和 1.0 s，调节时间 T_p 分别为 27.3 s、15.4 s 和 10.4 s。

由上述两个阶跃响应过程可以看出，在一定的条件下，PID 调速器的微分调节规律对改善系统过渡过程有一定的好处，适当增加加速度时间常数 T_n(或微分增益 K_D)，可增加系统阻尼，减小系统振荡。但不可以无限制的增加，否则可能会引起过渡过程波形畸变，从而导致延长调节时间。分析表明，T_n 的取值在 $e_{qh}T_w$ 与 eT_w 之间最好。斯坦因建议 T_n 取为 $0.5T_w$，克里夫琴科则建议 T_n 就取为 T_w，其具体取值，应根据系统参数具体

分析。

应该说明的是，以上分析是建立在系统线性的简化模型基础之上的，其分析结果也仅在机组某工作点附近才有效。但由于实际系统往往存在各种各样的非线性影响，因此，在较大扰动的作用下，实际系统的动态特性可能会有所不同。在这种情况下，要精确获取所需特性，通常要引入诸如水轮机非线性、调速器非线性等环节，并以计算机数字仿真为主要工具进行进一步的仿真分析。

6.2.3 调节系统动态响应特性

水轮机调节系统在负荷扰动或转速给定的作用下，经过一段时间的过渡过程，其输出将最终稳定在一个新的稳态转速上。该稳态转速与转速给定之间是否存在误差及误差的大小就是一个稳态误差问题。这里只限于讨论在阶跃负荷扰动和阶跃转速给定作用下的稳态误差。

对阶跃负荷扰动，水轮机调节系统闭环传递函数由式(6-26)可得

$$G_c(s)=\frac{X(s)}{M_{g0}(s)}=-\frac{G_g(s)}{1+G_r(s)G_t(s)G_g(s)}$$

其中，调速器传递函数如式(6-15)或式(6-18)，水轮机传递函数如式(6-19)，发电机及负载的传递函数如式(6-20)。它们均不包含纯积分环节，故系统为零阶无差度系统。在阶跃负荷扰动 m_{g0} 的作用下，其稳态误差可由下式求得，即

$$x(\infty)=\lim_{s\to 0}sG_c(s)M_{g0}(s)=\lim_{s\to 0}sG_c(s)\frac{M_{g0}}{s}=\lim_{s\to 0}G_c(s)m_{g0} \tag{6-37}$$

将式(6-15)、式(6-19)和式(6-20)代入式(6-37)中的 $G_c(s)$ 可得

$$x(\infty)=-\frac{b_p}{b_pe_n+e_y}m_{g0} \tag{6-38}$$

式中负号表明，负荷增加会使转速下降。其中，$b_p/(b_pe_n+e_y)$ 为调节系统调差率 e_p，即

$$e_p=\frac{b_p}{b_pe_n+e_y} \tag{6-39}$$

若永态转差系数 b_p 为零，则调节系统为一阶无差度系统，在阶跃负荷扰动作用下，稳态误差为零。在转速给定信号作用下，调节系统的误差为

$$e(t)=C_x(t)-x(t) \tag{6-40}$$

误差对给定信号的传递函数为

$$G_c(s)=\frac{E(s)}{C_x(s)}=\frac{1}{1+G_r(s)G_t(s)G_g(s)} \tag{6-41}$$

在阶跃转速给定信号 C_x 作用下，稳态误差为

$$e(\infty)=\lim_{s\to 0}sG_c(s)C_x(s)=\lim_{s\to 0}sG_c(s)\frac{C_x(s)}{s}=\lim_{s\to 0}G_c(s)C_x$$

$$x(\infty)=\frac{e_y}{e_nb_p+e_y}C_x \tag{6-42}$$

若永态转差系数 b_p 为零，则 $e(\infty)=0$，$x(\infty)=C_x$。

6.2.4 调节系统动态响应特性

当水轮发电机组在并入大电网运行时，在正常情况下，其转速（发电频率）由大电网决定。因为单机容量较电网容量小得多，机组出力的变化对电网频率影响甚小，水轮机调节系统近似处于开环状态。这时，调节系统的速动性，即开环动态响应特性将成为更令人关注的问题。通常，考察调节系统的速动性包含两个方面的内容。① 水轮机输出力矩对系统频率变化的响应特性。当系统频率发生变化时，希望调节系统能够迅速调节机组的出力，以满足电力系统的需求，这事实上就是调节系统的一次调频特性。② 水轮机输出力矩对机组功率指令信号的响应特性。通常情况下，在机组并网后，希望其能够迅速增加出力，这是通过调整调速器的功率给定来实现的。如果该信号为阶跃信号，则对该信号的响应时间就称为指令信号的实现时间。

1. 对系统频率变化的开环阶跃响应

在图6-9中，令 $c_x=0$，断开主反馈环，并用一个阶跃信号源 x_s 替代原反馈信号，这时有

$$c_x=-x_s \tag{6-43}$$

如果假定调速器为软反馈型调速器，且无加速度环节，水轮机引水系统仅考虑刚性水击模型，则由式(6-18)和式(6-19)可得 x_s 到水轮机输出力矩间的传递函数为

$$G_0(s)=\frac{M_t(s)}{X_s(s)}=-\frac{e_y}{b_p}\frac{(T_t s+1)(-eT_t s+1)}{(b_d s+1)\left(\dfrac{T_y}{b_t}s+1\right)(e_{qh}T_w s+1)} \tag{6-44}$$

进一步令输入 x_s 是幅值为 X_0 的阶跃扰动信号，则其响应为

$$m_t(t)=-X_0\frac{e_y}{b_p}\left(1-A_1 e^{-\frac{b_p}{b_t T_d}t}-A_2 e^{-\frac{b_t}{T_y}t}-A_3 e^{-\frac{1}{e_{qh}T_w}t}\right) \tag{6-45}$$

由于 $b_p/(b_t T_d)$ 远小于 b_t/T_y 和 $1/(e_{qh}T_w)$，故 $-b_p/(b_t T_d)$ 可看成为系统的主导极点，其对应指数项 $e^{-\frac{b_p}{b_t T_d}t}$ 的衰减速度很大程度上决定了力矩 $m_t(t)$ 的响应时间。由控制理论可知，当 $m_t(t)$ 达到其稳态值的95%时，所需的时间约为 $3b_t T_d/b_p$。由此可见，要提高水轮机输出力矩对电力系统频率变化的响应速度可以视情况增大 b_p 或减少 $b_t T_d$。

对于并联型PI调速器，考虑到调节参数间的对应关系 $K_I=1/(b_t T_d)$，则系统的主导极点可写成为 $-b_p K_I$。相应地，当 $m_t(t)$ 达到其稳态值的95%时，所需的时间表达式变为 $3/(b_p K_I)$。

上面的分析方法对于采用PID型调速器的调节系统同样适用。仍以软反馈型调速器为例，这时由式(6-16)和式(6-19)可得误差 x_s 到水轮机输出力矩间的传递函数为

$$G_o(s)=\frac{M_t(s)}{X_s(s)}=-\frac{e_y}{b_p}\frac{(T_n s+1)(T_d s+1)(-eT_w s+1)}{(T'_n s+1)\left(\dfrac{b_t T_d}{b_p}s+1\right)\left(\dfrac{T_y}{b_t}s+1\right)(e_{qh}T_w s+1)} \tag{6-46}$$

其阶跃响应表达式可写为

$$m_{\mathrm{t}}(t)=-X_0\,\frac{e_{\mathrm{y}}}{b_{\mathrm{p}}}\left(1-A_1\mathrm{e}^{-\frac{b_{\mathrm{p}}}{t_{\mathrm{t}}T_{\mathrm{d}}}t}-A_2\mathrm{e}^{-\frac{b_{\mathrm{t}}}{T_{\mathrm{y}}}t}-A_3\,\mathrm{e}^{-\frac{1}{e_{\mathrm{qh}}T_{\mathrm{w}}}t}-A_4\,\mathrm{e}^{-\frac{1}{T_{\mathrm{n}}}t}\right) \tag{6-47}$$

注意$-b_{\mathrm{p}}/(b_{\mathrm{t}}T_{\mathrm{d}})$仍是系统的主导极点，故$m_{\mathrm{t}}(t)$达到其稳态值的95%所需时间仍可用$3b_{\mathrm{t}}T_{\mathrm{d}}/b_{\mathrm{p}}$估算。显而易见，如果使用并联型PID调速器的参数，估算式仍为$3/(b_{\mathrm{p}}K_{\mathrm{I}})$。

2. 对机组开度(功率)指令信号的开环阶跃响应

调速系统对开度(功率)指令信号的阶跃响应取决于调速器的结构，也取决于指令信号的加入位置。为简单起见，此处仅讨论由两种典型结构调速器所构成的系统对阶跃型开度(功率)指令信号的开环响应，如图6-15和图6-16所示。

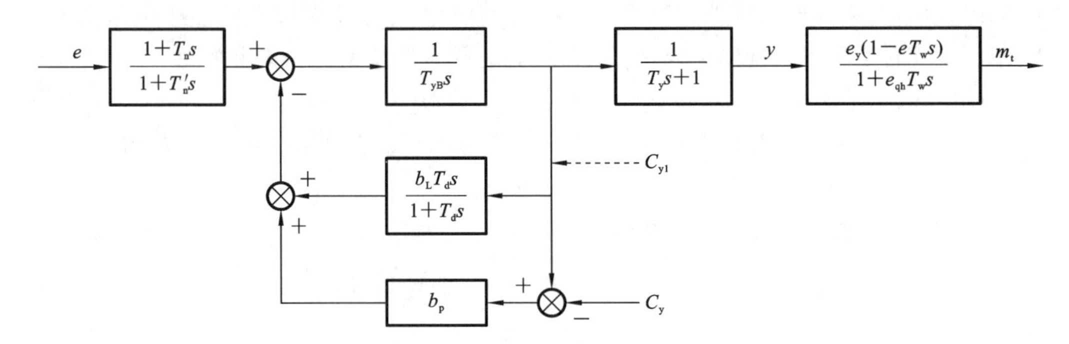

图6-15 软反馈型调速器系统结构框图

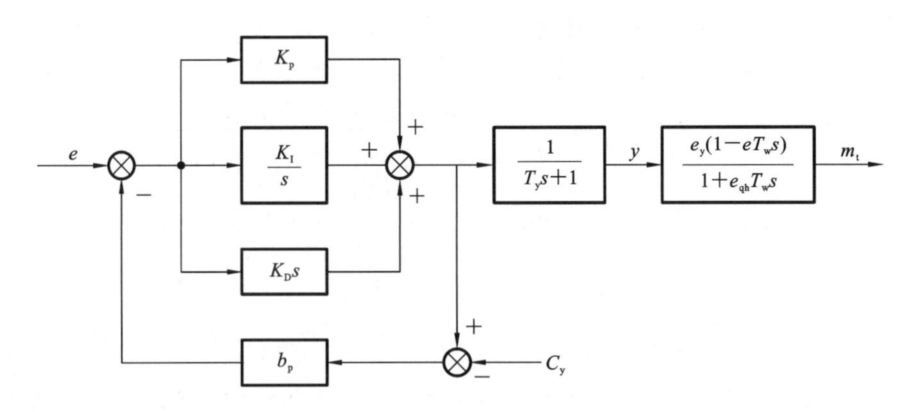

图6-16 并联型调速器系统结构框图

图6-15中，C_{y}为引入的开度指令信号。对于由软反馈型调速器构成的系统，无论有无加速度环节，指令信号C_{y}到接力器输出y的传递函数(忽略小时间常数T_{yB}的影响)可写成：

$$G(s)=\frac{y(s)}{C_{\mathrm{y}}(s)}\approx\frac{(T_{\mathrm{d}}s+1)}{\left(\dfrac{b_{\mathrm{t}}T_{\mathrm{d}}}{b_{\mathrm{p}}}s+1\right)\left(\dfrac{T_{\mathrm{y}}}{b_{\mathrm{t}}}s+1\right)} \tag{6-48}$$

故指令信号C_{y}到水轮机输出力矩的传递函数为

$$G_{\mathrm{o}}(s)=\frac{M_{\mathrm{t}}(s)}{C_{\mathrm{y}}(s)}\approx e_{\mathrm{y}}\,\frac{(T_{\mathrm{d}}s+1)(-eT_{\mathrm{w}}s+1)}{\left(\dfrac{b_{\mathrm{t}}T_{\mathrm{d}}}{b_{\mathrm{p}}}s+1\right)\left(\dfrac{T_{\mathrm{y}}}{b_{\mathrm{t}}}s+1\right)(e_{\mathrm{qh}}T_{\mathrm{w}}s+1)} \tag{6-49}$$

当开度指令信号的幅值为 C_0 时，由式(6-49)可得其阶跃响应为

$$m_t(t)=C_0 e_y\left(1-A_1 e^{-\frac{b_p}{b_t T_d}t}-A_2 e^{-\frac{b_t}{T_y}t}-A_3 e^{-\frac{1}{e_{qh}T_w T}t}\right) \tag{6-50}$$

式(6-50)表示在阶跃开度指令信号的作用下，水轮机输出力矩的变化过程。与上述对系统频率变化的开环阶跃响应分析方法类似，$-b_p/(b_t T_d)$ 仍可看成为系统的主导极点，其对应指数项 $e^{-\frac{b_p}{b_t T_d}t}$ 的衰减速度决定了力矩 $m_t(t)$ 的响应时间。易知，当 $m_t(t)$ 达到其稳态值的 95%时，所需的时间约为

$$T_L \approx 3b_t \frac{T_d}{b_p} \tag{6-51}$$

这里的 T_L 就定义为开度指令信号的实现时间。通常，b_p 的整定值均较小，为 0.02～0.06，故 T_L 较大。例如，设 $b_t=0.4$，$T_d=5$ s，$b_p=0.04$，则 $T_L=150$ s。

为加快系统对开度(功率)指令信号的响应时间，通常在机组并网后可适当减小 b_p 和 T_d 值。这不仅可减少系统对开度(功率)指令信号的响应时间，也可以减少系统对频率变化的响应时间，即提高系统的一次调频性能。当然，b_p 和 T_d 的值也不可能无限制减少，还必须考虑电力系统稳定性等诸多因素。此外，对于功率指令信号而言，还可以通过改变信号的加入点，如将指令信号加在图 6-7 中 C_{y1} 的位置，也可以引入合适的给定滤波器，消去传递函数中的大时间常数，从而缩短开度(功率)指令信号的实现时间。

对于如图 6-8 所示的由并联型调速器构成的系统，为讨论方便，先对其结构框图作简化。由控制原理可知，微分环节对阶跃响应过渡过程的初始形态有重要作用，但对其后期形态几乎没有影响。因此，在讨论开度(功率)指令信号的实现时间时，可以略去微分环节，即令图 6-15 中的 $K_D=0$。在这种情况下，指令信号 C_y 到水轮机输出转矩 m_t 的传递函数可写成

$$G_o(s)=\frac{M_t(s)}{C_y(s)}\approx e_y \frac{\left(\frac{K_P}{K_I}s+1\right)(-eT_w s+1)}{\left(\frac{b_p K_p+1}{b_p K_I}s+1\right)(T_y s+1)(e_{qh}T_w s+1)} \tag{6-52}$$

由于 $-b_p K_I/(b_p K_P+1)$ 这时可视为系统的主导极点，故功率指令信号实现时间的估计值为

$$T_L=3\frac{b_p K_P+1}{b_p K_I} \tag{6-53}$$

如果将 $K_P=1/b_t$，$K_I=1/(b_t T_d)$ 代入式(6-40)中，可得 $T_L\approx 3b_t T_d/b_p$，即由并联型调速器构成的系统对开度(功率)指令信号的实现时间与软反馈型调速器构成系统的实现时间是相近的。式(6-53)表示，在机组并网后，为了提高调速系统的速动性应适当增大 K_I 值。

6.3　水轮机调节系统的稳定性

根据上述分析可以看出，影响水轮机调节系统输出量随时间变化的是动态分量。而

动态分量是否衰减只取决于系统特征方程根的正或负。若所有特征根即闭环传递函数的极点为负实数或具有负实部的共轭复数，则其对应的动态分量随时间 t 的增长而衰减；若有一个以上的正根或正实部的复根，则其对应的动态分量随时间的增长会越来越大，系统输出发散。因此，可得出线性定常系统稳定的充分必要条件是：系统特征方程式所有的根，即闭环传递函数的极点，全部为负实数或具有负实部的共轭复数。换句话说，所有根必须分布在 s 平面虚轴的左半边。

对于水轮机调节系统这样的高阶系统来说，人工求根有一定的困难。因此，在工程上希望能有一种不必解出特征根就能知道根是否全在 s 左半平面上的代替方法。劳斯、古尔维茨、林纳德・奇帕特等人分别提出了不必求解方程就可判断系统稳定性的方法，称之为代数判据。考虑到行业习惯，本节将使用古尔维茨的方法，讨论调节系统的稳定域及系统主要参数对稳定性的影响。

先讨论具有 PI 调节规律调速器的调节系统稳定域。已知系统闭环传递函数如式(6-25)或式(6-26)所示，则闭环系统的特征方程为

$$1+G_r(s)G_i(s)G_g(s)=0$$

对于使用 PI 调节规律的调速器而言，系统的特征方程由式(6-16)可写成为

$$A_4s^4+A_3s^3+A_2s^2+A_1s+A_0=0 \tag{6-54}$$

式(6-43)中系数表达式比较繁，用代数法研究较困难，故令 $b_p=0, T_y=0$。同时，为进一步简化分析，令 $\tau=t/T_w, \theta_d=T_d/T_w, \theta_a=T_a/T_w$。这样，式(6-41)的各系数可写成为

$$A_3=b_te_{qh}\theta_a\theta_d$$
$$A_2=b_t\theta_a\theta_d+(b_te_ne_{qh}-e_ye)\theta_d$$
$$A_1=(e_nb_t+e_y)\theta_d-ee_y$$
$$A_0=e_y$$

再对式(6-54)运用古尔维茨判据，可得如下稳定条件。

只要 $e_y, b_t, e_{qh}, \theta_a$ 和 θ_d 都大于零，A_3 和 A_0 大于零均能满足。

由 $A_2>0$，得

$$b_t\theta_a>e_ye-b_te_ne_{qh} \tag{6-55}$$

由 $A_1>0$，得

$$\theta_d>\frac{ee_y}{e_nb_t+e_y} \tag{6-56}$$

由 $A_2A_1-A_0A_3>0$，得

$$b_t\theta_a>(e_ye-b_te_ne_{qh})\frac{(b_te_n+e_y)\theta_d-e_ye}{(b_te_n+e_y)\theta_d-e_{qy}e_h} \tag{6-57}$$

显然，系统若要稳定必须满足上述条件，称能够同时满足式(6-55)、式(6-56)和式(6-57)的参数区域为系统的稳定域。由于系统具有多个参数，但要在平面上绘制稳定域，只能有两个可变参数，故要固定其他参数。对于水轮机调节系统而言，通常的做法是以 b_te_n 为参变量，在坐标系 θ_d 和 $b_t\theta_a$ 上绘制出系统的稳定域。

在已知水轮机型号及工况点的前提下，可求出水轮机的传递系数 e_{qh}、e_h、e_y、e_{qy} 和 e。表 6-3 所示的是某电站 HL220 型机组在不同运行工况点上的各传递系数取值。参数组

(a)为机组处于设计水头,在额定出力点运行;参数组(b)为机组处于最小水头下,在水轮机出力限制线上运行;参数组(c)为机组处于最大水头,在额定出力点运行;参数组(d)为机组处于设计水头,部分负荷运行。图 6-17 所示的是对应这些工况点的水轮机调节系统稳定域算例。在计算时,均以设计水头额定出力时的参数为基准值。计算表明,式(6-55)和式(6-56)对稳定域的绘制无约束作用,因此,图 6-17 中曲线是根据式(6-57)绘出的。所有曲线右上方一侧的区域为系统稳定区域;另一侧为不稳定区域。

表 6-3　各工况点上水轮机传递系数

项　　目	e_y	e_h	e_{qy}	e_{qh}	e
图 6-17(a)	0.740	1.460	0.789	0.491	1.066
图 6-17(b)	0.324	1.410	0.593	0.578	2.000
图 6-17(c)	1.510	1.210	1.100	0.450	0.430
图 6-17(d)	1.290	0.920	1.063	0.350	0.410

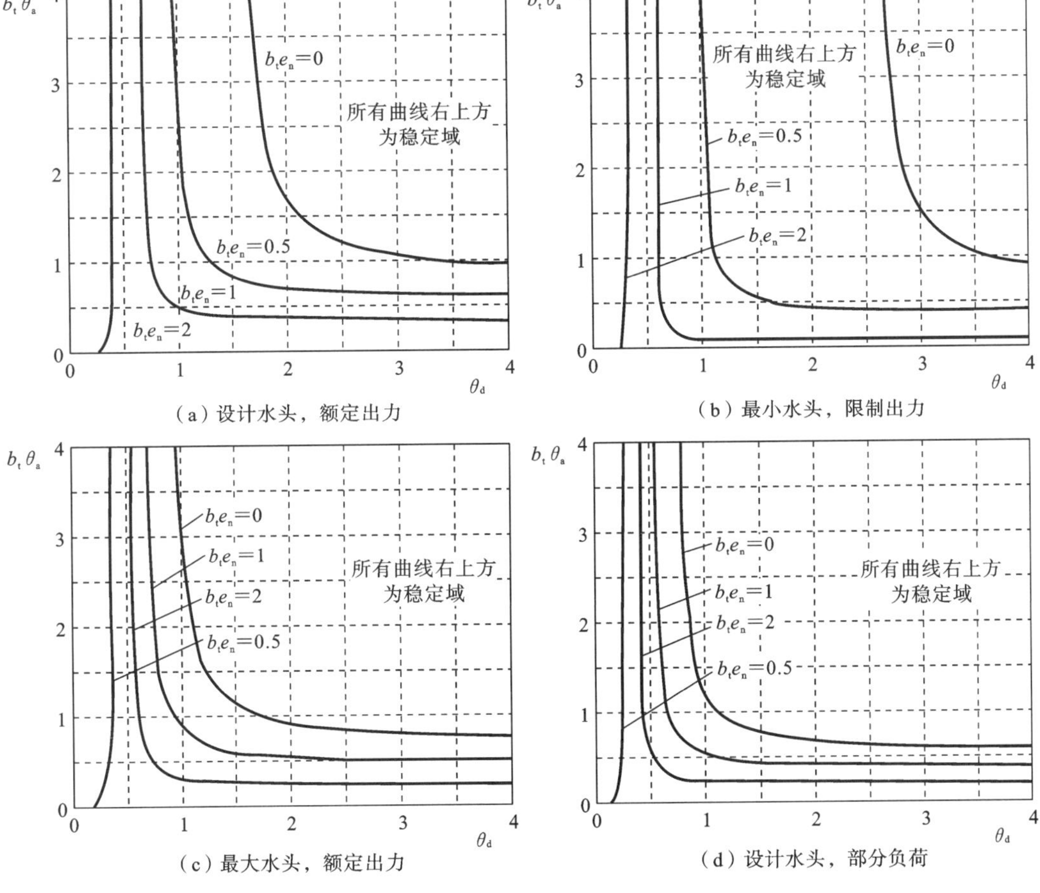

图 6-17　水轮机调节系统的稳定域(PI 调节器)

由图 6-17 可得出以下结论。

(1) 缓冲时间常数 T_d 和暂态转差系数 b_t 取值较大时，水轮机调节系统能够稳定，且在 T_d 取较大值时，b_t 可取较小值，反之亦然。但即使在 T_d 较大时，$b_t\theta_a$ 也不能小于式(6-41)所决定的极限值。在一般情况下，适当选取 b_t 和 T_d 可以使水轮机调节系统稳定。

(2) 水流惯性时间常数 T_w 值越大，需选取的 b_t 和 T_d 值亦越大。由此可见，水流惯性是恶化水轮机调节系统稳定性的主要因素。

(3) 机械惯性时间常数 T_a 值越大，越有利于调节系统稳定性，此时可取较小的 b_t 值。

(4) 自调整系数 e_n 对调节系统稳定是有利的，b_te_n 增大，稳定域向左下角扩展。在 e_n 为零时，调节系统稳定性较差，需要整定较大的 $b_t\theta_a$ 和 θ_d 值，才能使系统稳定。

(5) 水轮机传递系数对调节系统稳定域有明显影响，特别是 e 值的影响最大。图 6-17(b)中 $e=2$，图 6-17(a)中 $e=1.066$，它们的稳定域相对较小；图 6-17(c)和图 6-17(d)的 e 值分别为 0.43 和 0.41，它们的稳定域相对较大。可见 e 值的大小对调节系统稳定性有显著影响。$e=(e_{qy}e_h/e_y)-e_{qh}$，在随开度增加效率降低的区域内，由于 $e_y<e_{qy}$，则 e 可能较大。在随开度增加效率升高的区域内，由于 $e_y>e_{qy}$，则 e 可能较小。由于模型水轮机综合特性，在高效率区右侧，Q_{11} 较大的区域为效率随开度增加而降低的区域；在高效率区左侧，Q_{11} 较小的区域是效率随开度增加而增加的区域。由图 6-17 也可看出，只有在 e_n 为零时，水轮机传递系数的影响显著；在 b_te_n 等于 0.5 或更大时，其影响略小。

值得注意的是，在小负荷或空载工况时，水轮机本身可能具有水流不稳定现象，从而可能引起调节系统的摆动。另外，以上讨论的是单机带孤立负荷的情况。当机组并联在大电网中运行时，由于其他机组或负荷的惯性和其他机组调速装置的作用，即使切除本机调速器的校正装置，或者参数 b_t 和 T_d 整定得很小，调节系统仍然可能是稳定的。

下面讨论具有 PID 调节规律调速器的调节系统稳定域。这时，系统闭环传递函数式，其闭环系统的特征方程可写成为

$$B_4s^4+B_3s^3+B_2s^2+B_1s+B_0=0 \tag{6-58}$$

令 $b_p=0$，$T_y=0$。同时，令 $\tau=t/T_w$，$\theta_d=T_d/T_w$，$\theta_a=T_a/T_w$，$\theta_n=T_n/T_w$。这样，式(6-58)的 $B_4=0$，其余各系数可进一步写成为

$$\begin{aligned}
&B_4s^4+B_3s^3+B_2s^2+B_1s+B_0=0\\
&B_3=e_{qh}b_t\theta_d\theta_a-e_ye\theta_d\theta_n\\
&B_2=b_t\theta_d\theta_a+(b_ie_ne_{qh}-e_ye)\theta_d+e_y\theta_d\theta_n-e_ye\theta_n\\
&B_1=(b_te_n+e_y)\theta_d+e_y\theta_n-e_ye\\
&B_0=e_yb_t\theta_a>e_ye\frac{\theta_n}{e_{qh}}
\end{aligned}$$

对式(6-58)应用古尔维茨判据可得下列稳定性条件：

由 $B_3>0$，得

$$b_t\theta_a>e_ye\frac{\theta_n}{e_{qh}} \tag{6-59}$$

由 $B_2>0$，得

$$b_t\theta_a>\frac{e_ye\theta_n-e_y\theta_d\theta_n-(b_te_ne_{qh}-e_ye)\theta_d}{\theta_d} \tag{6-60}$$

由 $B_1>0$，得

$$\theta_d > \frac{e_y e - e_y \theta_n}{b_t e_n + e_y} \tag{6-61}$$

由 $B_2B_1 - B_0B_3 > 0$，得

$$b_t\theta_a > \frac{e_y^2 e\theta_d\theta_n + [(b_t e_n e_{qh} - e_y e)\theta_d + e_y\theta_d\theta_n - e_y e\theta_n][(b_t e_n + e_y)\theta_d + e_y\theta_n - e_y e]}{[e_{cy}e_h - e_y e - (b_t e_n + e_y)\theta_d]\theta_d} \tag{6-62}$$

对于给定的 b_te_n，以 θ_n 为参变量，可以在坐标系 θ_d 和 $b_t\theta_a$ 中画出稳定域。以图6-18为例，分析表明，当 θ_n 不为零时，稳定边界由二段线组成，平行横坐标的直线系按式(6-59)求得，而另一段曲线按式(6-62)求得。式(6-60)和式(6-61)不起约束作用。

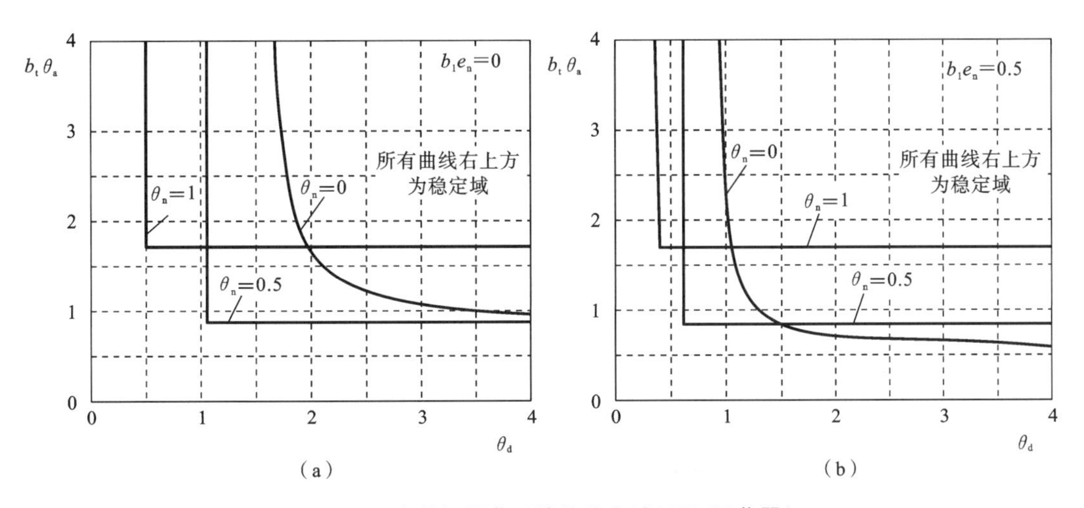

图 6-18　水轮机调节系统的稳定域(PID 调节器)

如图 6-18 所示，绘制水轮机传递系数 $e_y=0.74$、$e_h=0.46$、$e_{qy}=0.789$、$e_{qh}=0.491$、$e=1.066$。

由图 6-18(a)可见，在加速度时间常数 θ_n 较小时，稳定域向左方扩展。在加速度时间常数 θ_n 较大时，稳定域虽向左扩展，但同时向上收缩，总的来说，当 $\theta_n=1$ 时的稳定域反而比 $\theta_n=0.5$ 的小。所以，θ_n 只有控制在一定数值时，才对稳定性有利，θ_n 过大对稳定性反而不利。在 $b_te_n=0.5$ 时，原来稳定域已相当大了，引入加速度回路对改善稳定性并无益处。

从图 6-17 和图 6-18 可看出，几个主要参数 b_t、T_d、T_n、T_w、T_a 和 e_n 等对水轮机调节系统稳定性的影响。在讨论中忽略了一些次要因素，如 T_y 和 b_p 等。它们对调节系统稳定性的影响计算表明：永态转差系数 b_p 增加，对水轮机调节系统的稳定性是有利的，其作用类似暂态转差系数 b_t。但因 b_p 的数值不大，一般在 0～0.06 之间，故影响不大。有些学者，如斯坦因，把 b_p 和 b_t 加在一起考虑。在实际可能范围时，接力器惯性时间常数 T_y 对水轮机调节系统的稳定性影响不大。但在有些情况下，如参数选配不当、调速器本身较小，由于闭环可能包括接力器在内的几个小时间常数环节的作用而产生不稳定。这时，就整个调节系统来说可能仍然是稳定的，但其动态过程可能较差。

由前可知，引水系统水流惯性是使水轮机调节系统稳定性恶化的主要因素。这里讨论所使用的数学模型，对水流惯性是按刚性水击考虑的。研究表明，若以弹性水击考虑，调节系统稳定域将略有收缩。

由图 6-17 和图 6-18 可见，只要水流惯性时间常数 T_w 不是很大，总可以选出合适的 T_d 和 b_t 等调速器参数值，使水轮机调节系统稳定。T_w 较大可能发生在两种水电站上，即低水头水电站和具有长引水管道的水电站。例如，富春江水电站机组 T_w 达 3.2 s，它的设计水头为 14 m。因此，在带地区负荷孤立运行时，水轮机调节系统稳定性较差，要求调速器参数整定值较空载时大得多。在有些引水式水电站上，特别是采用调压阀的电站上，引水管道很长，T_w 相应很大。例如，某电站引水有压管道长 1500 m，水头为 120 m，T_w 达 4.8 s，此时调节系统稳定性相当差。

在生产实践中，容易造成调节系统不稳定的因素还有调速器部件的空程和死区等。特别是机械反馈系统中的空程常常是造成水轮机调节系统不稳定的因素。对此问题的理论分析已超出本书的范围，读者可参阅有关非线性控制系统的文献。在第 8 章给出了计入非线性因素时调节系统小波动过渡过程的计算机仿真方法，可以作为用数值方法研究此问题的手段。

水轮机调节系统的不稳定，也可能是由于水轮机流道内水流不稳定，长输电线交换功率不稳定或其他系统不稳定所引起的。此时，不能单纯从改变调速器参数来解决问题，而要从找出和消除不稳定源入手。例如，某小电站两台机并联带孤立负荷时，发生负荷在两台机之间大幅度摆动的现象。深入试验后发现，其主要原因是水轮机流动不稳定造成，采取措施后立即消除。

满足古尔维茨判据的条件只能保证调节系统是稳定的。但可能太靠近稳定边界。从根的复平面上来说，古尔维茨判据只能保证闭环系统的根位于复平面的左半平面。由于进行理论分析时，数学模型总有一定的近似和简化，其参数总是有误差的。故在实际运行时，若根离虚轴很近，则调节系统可能不稳定。所以，在工程上往往要求系统不但稳定，而且应有一定稳定裕量。如果闭环系统的根全部位于通过$(-m,\mathrm{j}0)$点垂线的左边，那么该系统在复平面上的稳定裕量就定义为 m。显然，要使系统具有稳定裕量 m，只需将特征方程式(6-54)或式(6-58)中的拉普拉斯算子 s 用 $z-m$ 替换，然后用以 z 为算子的新特征方程对系统进行上述同样的分析，如果系统是稳定的，则可判定原系统不仅是稳定的，而且具有稳定裕量 m。

6.4 水轮机调节系统的参数整定

水轮机调节系统的稳定性和动态特性品质取决于调节对象和调速器的特性。在电站设计阶段，应充分考虑影响调节系统的稳定性和动态品质的因素。水流惯性时间常数 T_w 是恶化调节系统动态特性的主要因素，在 T_w 过大时，调节系统难以稳定，其动态品质也会很差。所以，在设计阶段就应考虑正确设计有压引水系统，并采取必要措施，使 T_w 不致过大。机械惯性时间常数 T_a 大一些，对调节系统稳定性改善是有利的，但如果过大，其过渡过程会变慢。T_a 值取决于发电机的惯量，在发电机结构不能保证足够的 T_a 时，可以在机组上加飞轮(小水电)。在设计阶段，还应考虑调速器的结构，即采用的调节规律和校正装置等方式。按现代控制理论,可以设计出最优状态反馈调节器,各种自适应控制器等各种复杂的调节规律。随着微机调速器普及使用,这些复杂的调节规律将可能实现。目前国内批量生产的调速器结构还比较单一,大多数仍是具有 PI 或 PID 调节规律的调速器。在结构上,有软反馈型调速器或带有加速度回路的软反馈型调速器,且基于并联算法的 PID 型调节规律也获得了十分广泛的应用。

在已运行的电站中,T_w、T_a 和调速器结构均已确定,主要依靠调整调速器参数来改善调节系统的稳定性和动态品质。一般希望寻找校正装置参数的最佳整定,这是指能使水轮机调节系统过渡过程为最佳的参数整定值,可通过计算和试验来寻求校正装置的最佳整定。本节简要讨论了如何应用极点配置法和开环对数频率特性法整定 PI 型调速器参数的方法。而用现代控制理论来研究更复杂的调节规律已超出本书范围,读者可参阅其他文献。

6.4.1 极点配置法

1. 最佳准则

设具有 PI 型调速器的水轮机调节系统开环传递函数见式(6-63),即

$$G_0(s)=\frac{X(s)}{X_e(s)}=\frac{K_a\left(s+\frac{1}{T_d}\right)\left(\frac{1}{eT_w}-s\right)}{\left(s+\frac{b_p}{b_t T_d}\right)\left(s+\frac{b_t}{T_y}\right)\left(s+\frac{1}{e_{qh} T_w}\right)\left(s+\frac{e_n}{T_a}\right)} \tag{6-63}$$

则相应闭环系统有四个极点。由 6.3 节的根轨迹分析可知,在一般情况下,有一个极点远离虚轴,对过渡过程形态影响很小;一对共轭复数极点 $-\alpha\pm j\beta$ 和一个实数极点 $-p_3$。为使水轮机调节系统具有较好的阶跃响应过渡过程和设计的简化,可取

$$\begin{cases} p_3=\alpha \\ \beta=1.73\alpha \end{cases} \tag{6-64}$$

2. 原理

根据前面的内容,令复平面上任意一点 s 为闭环系统的极点。可得式(6-65):

$$K_a=\frac{\left|s+\frac{b_p}{b_t T_d}\right|\left|s+\frac{b_t}{T_y}\right|\left|s+\frac{1}{e_{qh} T_w}\right|\left|s+\frac{e_n}{T_a}\right|}{\left|s+\frac{1}{T_d}\right|\left|s-\frac{1}{eT_w}\right|} \tag{6-65}$$

$$\begin{aligned}&\arg\left(s+\frac{1}{T_d}\right)+\arg\left(s-\frac{1}{eT_w}\right)-\arg\left(s+\frac{b_p}{b_t T_d}\right)-\arg\left(s+\frac{b_t}{T_y}\right)\\&-\arg\left(s+\frac{1}{e_{qh} T_w}\right)-\arg\left(s+\frac{e_n}{T_a}\right)=0\end{aligned} \tag{6-66}$$

式中:$|s+s_i|$ 为 $(s+s_i)$ 的幅值,即闭环极点 s 到相应开环极、零点 s_i 的距离。$\arg(s+s_i)$ 为闭环极点 s 到相应开环极、零点连线与正实轴的夹角。上两式即为设计时所用的幅值条件和相角条件的计算式。

对于PI型调速器，设计可描述为选择合适的 b_t 和 T_d 值，使系统的闭环主导极点满足要求。由于 b_t 和 T_d 待定，$-b_p/(b_tT_d)$、$-1/T_d$ 和 $-b_t/T_y$ 这三个极、零点是未知的，可采用迭代计算的办法解决。

3. 计算步骤

(1) 在复平面上标出开环零点 $1/(eT_w)$，开环极点 $-1/(e_{qh}T_w)$ 和 $-e_n/T_a$ 的位置，并设开环极点 $b_p/(b_tT_d)$ 位于原点。计算 $K_a=e_ye/(e_{qh}T_yT_a)$。

(2) 自复平面原点向第二象限作与正实轴夹角为120°的直线。显然，凡是位于这一直线上的极点均满足 $\beta=1.73\alpha$。

(3) 初步给定一对共轭复数极点的位置 $-\alpha\pm j\beta$ 的位置。一般来说，α 可取为 $(0.25\sim0.35)/(eT_w)$。

(4) 给定 T_d，使 $-1/T_d=-\alpha\pm(0.05\sim0.2)$。当 $-\alpha>-e_n/T_a$，括号前用负号，否则用正号，但注意不要使 $-1/T_d$ 和 $-\alpha$ 处于 $-e_n/T_a$ 的两侧。

(5) 计算 b_t 值。首先由式(6-61)计算：

$$
\begin{aligned}
a&=\arg\left(s+\frac{b_t}{T_y}\right)=\arg\left(s+\frac{1}{T_d}\right)+\arg\left(s-\frac{1}{eT_w}\right)-\arg\left(s+\frac{b_p}{b_tT_d}\right)\\
&\quad-\arg\left(s+\frac{1}{e_{qh}T_w}\right)-\arg\left(s+\frac{e_n}{T_a}\right)
\end{aligned}
$$

由此进一步计算：

$$
\frac{b_t}{T_y}=\frac{\beta}{\tan A}+\alpha
$$

因 T_y 为已知，故可求得 b_t。

(6) 检查幅值条件式(6-65)是否得到满足。具体方法是先按式(6-65)右端计算出 K'_a，将其与 K_a 比较。如果 $K_a>K'_a$，则适当加大 α，使共轭复数极点向左上方移动；反之，如果 $K_a<K'_a$，则适当减少 α。重复步骤(4)～步骤(6)的计算，直至式(6-65)和式(6-66)均能满足为止。

(7) 按式(6-65)计算在负实轴上靠近虚轴的一个实数极点，即求出 $-p_3$，若 p_3 与 α 接近，则计算结束，否则调整 T_d 值。

4. 算例

某水轮机调节系统，参数为 $e_y=0.74$，$e_{qh}=0.49$，$e=1.07$，$T_w=1.62$ s，$e_n=1.0$，$T_a=6.67$ s，$b_p=0.04$，试求校正装置的最佳参数整定 b_t 与 T_d。

求解过程如下。

(1) 求出已有极、零点，即 $e_n/T_a=0.15$，$1/(eT_w)=0.577$，$1/(e_{qh}T_w)=1.26$；并确定 $K_a=e_ye/(e_{qh}T_yT_a)=2.423$。

(2) 初步确定 $\alpha=0.23$，$\beta=1.73$。

(3) 选取 $1/T_d=0.21$。

(4) 计算 $\arg\left(s-\frac{1}{eT_w}\right)=153.6°$，$\arg\left(s+\frac{1}{T_d}\right)=92.9°$，$\arg\left(s+\frac{b_p}{b_tT_d}\right)\approx\arg(s)=120°$，$\arg\left(s+\frac{e_n}{T_a}\right)=101.3°$，$\arg\left(s+\frac{1}{e_{qh}T_w}\right)=21.2°$，求出 $A=\arg\left(s+\frac{b_t}{T_y}\right)=4°$ 和 b_t。

(5) 求取：

$$K'_{a}=\frac{\left|s+\frac{b_{p}}{b_{t}T_{d}}\right|\left|s+\frac{b_{t}}{T_{y}}\right|\left|s+\frac{1}{e_{qh}T_{w}}\right|\left|s+\frac{e_{n}}{T_{a}}\right|}{\left|s+\frac{1}{T_{d}}\right|\left|s-\frac{1}{eT_{w}}\right|}=3.29$$

由此知 $K'_{a}>K_{a}$。

(6) 因为 K'_{a} 与 K_{a} 相差不大，可略为减少 $1/T_{d}$。令 $1/T_{d}=0.20$，重复步骤(4)～步骤(6)，计算得 $A=5.4°$，$b_{t}=0.446$，$K'_{a}=2.44$。

(7) 求出实数极点 $-p_{3}=-0.26$，与 $-\alpha$ 相差很小，可认为满足要求。计算结果为 $T_{d}=5$ s，$b_{t}=0.446$。负荷仿真计算结果为调节时间 $T_{p}=5$ s，最大相对转速偏差 $x_{max}=0.399$，振荡次数 $0.5T_{p}/(eT_{w})=6.6$。由此可见，这组参数是较优的。

6.4.2　开环频率特性法

1. 最佳准则

本节仍考虑带有 PI 调节器的水轮机调节系统，并从频率特性分析的角度进一步探讨参数整定问题。设系统的开环传递函数由式(6-7)描述，即

$$G_{o}(s)=\frac{e_{y}(T_{d}s+1)(-eT_{w}s+1)}{e_{n}b_{p}\left(\frac{b_{t}T_{d}}{b_{p}}s+1\right)\left(\frac{T_{y}}{b_{t}}s+1\right)(e_{qh}T_{w}s+1)\left(\frac{T_{a}}{e_{n}}s+1\right)}$$

当利用开环对数频率特性时，必须使用频率域品质指标，即前面已经讨论的增益裕量 G_{m} 和相位裕量 P_{m}。对于水轮机调节系统而言，因阶数较高，频率域品质指标与时间域品质指标之间没有可直接换算的关系。

经典控制理论认为：为获得满意的系统动态性能，应使系统的相位裕量 G_{m} 在 30°～70°之间，增益裕量 P_{m} 大于 6 dB。针对水轮机调速器的具体情况，比伏伐洛夫指出，其相位裕量和增益裕量应分别控制在 30°～45°和 6～8 dB 之间。相关文献进一步指出，当增益裕量为 $G_{m}=8$ dB 时，相位裕量可由下式估算：

$$P_{m}=38.3+50.3G_{m}-23.7G_{m}^{2} \tag{6-67}$$

这些推荐值均可作为设计时的参考。

仿真分析和计算表明，在选取 $P_{m}=7$～8 dB 时，并合理选取相位裕量 P_{m} 时，可以使水轮机调节系统阶跃响应的振荡次数小于 1。而阶跃负荷扰动响应中最大相对转速偏差 x_{max} 在各种不同校正装置参数组合时变化不大。所以，调节时间最短的过程可以看做是最佳过程。

2. 原理

由式(6-21)可知，作为校正装置的水轮机调速器传递函数为

$$G_{r}(s)=\frac{T_{d}s+1}{b_{p}\left(\frac{b_{t}T_{d}}{b_{p}}s+1\right)\left(\frac{T_{y}}{b_{t}}s+1\right)} \tag{6-68}$$

一般情况下，$b_t T_d/b_p > T_d > T_y/b_t$，所以式(6-68)可以看成是一阶惯性环节和一个串联校正的装置的串联。这与典型的串联装置有所不同，难以直接应用控制原理中介绍的标准方法。

由于式(6-68)三个时间常数中都包含了 b_t 和 T_d，要通过解析求解是十分困难的，只能采用迭代法。先近似求出 T_d，然后求出 b_t，再逐步修正。

由于调速器参数通常取值范围为 $T_d=2\sim10$ s，$b_t=0.3\sim1.0$，$b_p=0.04$，$T_y=0.1\sim0.2$，所以三个交点频率几乎相差10倍频程，即 $b_p/b_t T_d<0.04$，$1/T_d\approx0.1\sim0.5$，$b_t/T_y\approx1.5\sim10$。就 $0.1\sim0.5$ 这一频率区域来看，$1/(b_t T_d/b_p)s+1$ 的相角接近 $-90°$，环节 $1/[(T_y/b_t)s+1]$ 的相角接近 $0°$，两者之和约为 $-90°$。这当然是近似的，但利用这一点可以初步确定 T_d 值，具体方法如下。

图6-19所示的是水轮机调节系统的频率特性。设已画出调节对象的相频特性3，将其在 $0.1\sim0.5$ 之间一段下移 $90°$，得相频特性2。设已知交界频率 ω_l，那么根据相频特性2可以确定相位 $\Delta\varphi_2=\varphi_2+180°$，而要求相位裕量为 P_m，两者差：

$$\varphi_d=P_m-\Delta\varphi_2 \tag{6-69}$$

从上面的讨论知道，φ_2 是调节对象和调速器两个环节 $1/[(b_t T_d/b_p)s+1]$ 及 $1/[(T_y/b_t)s+1]$ 的相角和。所以 φ_d 是环节 $(T_d s+1)$ 应给出的相角。已知 $\varphi_d=\tan^{-1}(T_d\omega_l)$，故

$$T_d=\frac{\tan\varphi_d}{\omega_l} \tag{6-70}$$

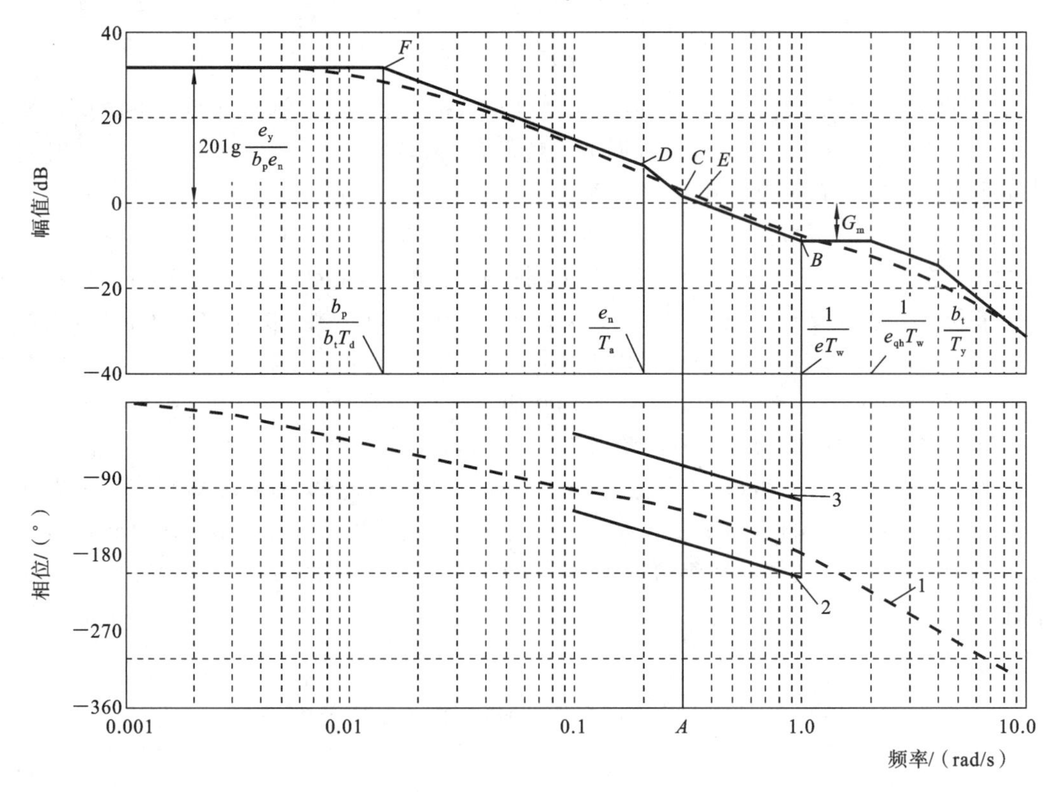

图6-19 利用开环对数频率特性确定调速器参数

设已知 ω_l，实际上 ω_l 还未求出。ω_l 可以近似地用下面介绍的方法经过试算求得。由前述内容得出，对水轮机调节系统的交界频率 ω_φ（$\varphi=-180°$ 时的频率）通常位于 $1/(eT_w)$ 和 $1/(e_{qh}T_w)$ 之间，在这一频区内幅频特性可近似认为是水平线。故给定增益裕量 G_m(dB)后，从零分贝线向下取 G_m，作水平线，即得该频区内要求的水轮机调节系统近似幅频特性。然后，自 B 点向左作斜率为 -20 dB/10 倍频程的直线，该线与零分贝线交于 E 点，即可得 $\omega_l=\omega_E$。根据 ω_l 和式(6-62)，即可求出 T_d 和 $\omega_d=1/T_d$。若 ω_d 和 e_n/T_a 均小于 ω_E，即上面求出的 ω_E 是正确的，否则还需作适当修正。由于 ω_l 和 $\omega_d=1/T_d$ 的确定是相互关联的，需使用逐步逼近的方法计算。

暂态转差率 b_t 可以根据近似幅频特性来确定。在确定 $\omega_d=1/T_d$ 后，从 B 点开始，按绘制近似幅频特性规则向左作出近似幅频特性。在 $\omega<e_n/T_a$ 且 $\omega<1/T_d$ 的低频区域内，近似幅频特性应为斜率为 -20 dB/10 倍频程的直线。已知水轮机调节系统近似幅频特性在甚低频区内应为水平线，其幅值为 $20\lg[e_y/(b_pe_n)]$。求出上述两直线的交点 F，$\omega_F=b_p/(b_tT_d)$，已知 b_p 和 T_d，所以可以求出 b_t。

从上述求取暂态转差率 b_t 和缓冲时间常数 T_d 的方法可得，所求得的 b_t 和 T_d 可使水轮机调节系统具有所要求的增益裕量 G_m 和相位裕量 P_m，因此可使调节系统具有良好的阶跃响应，故 b_t 和 T_d 是校正装置的最佳整定。

3. 计算步骤

(1) 选定增益裕量 G_m 和相位裕量 P_m。

(2) 画出调节对象相频特性，如图 6-19 中的曲线 3。将其在 $\omega=0.1\sim0.5\ \text{s}^{-1}$ 内曲线段下移 90°，得到图 6-19 中的曲线 2。

(3) 设 $\omega_l=\omega_d$，计算 $\Delta\varphi_2=P_m-\varphi_d=P_m-45°$。根据 $\Delta\varphi_2$ 在曲线上找出相应的点 A，令 $\omega_d=1/T_d=\omega_A$。

(4) 在 $\omega=1/(eT_w)$ 处自 $L=0$ dB 向下取 G_m(dB)，得点 B。自 B 点向左作斜率为 -20 dB/10 倍频程的直线至 ω_d，得 C 点；再向左作斜率为 -40 dB/10 倍频程的直线至 $\omega=e_n/T_a$，得 D 点；同时求出幅频特性与 $L=0$ dB 的交点 E，此即 ω_l。若 $\omega_l=\omega_d$，则相位裕量必比原要求的小，故应适当增加 T_d。若 $\omega_l<\omega_d$，则相位裕量必比原要求的大，故应适当减少 T_d。调整 T_d，再重作幅频特性。

若 $\omega_d<e_n/T_a$，自 B 点向左作斜率为 -20 dB/10 倍频程的直线至 $\omega=e_n/T_a$；然后向左作水平线至 ω_d；再向左作斜率为 -20 dB/10 倍频程的直线。求出 ω_l，并适当调整。

(5) 在确定 T_d 后，求出低频区斜率为 -20 dB/10 倍频程的直线与幅值为 $20\lg[e_y/(b_pe_n)]$ 水平线的交点 F，即可求出 b_t。

(6) 根据已求得参数，作出水轮机调节系统的开环对数频率特性，检查增益裕量和相位裕量是否满足要求，不满足则再适当调整。

4. 算例

某水轮机调节系统，其调节对象参数为：$e_y=0.74$，$e_{qh}=0.49$，$e=1.07$，$T_w=1.62$ s，$e_n=1.0$，$T_a=6.67$ s；调速器的 $b_p=0.04$，$T_y=0.1$ s，试求校正装置的最佳参数整定 b_t 与 T_d。

求解过程如下。

(1) 选取 $G_m=8$ dB,按式(6-67)计算出 $P_m=49.8°$。

(2) 作出调节对象相频特性(图 6-19 中的曲线 3),下移 90°,得曲线 2。

(3) 令 $\omega_1=\omega_d$,$\Delta\varphi_2=P_m-45°\approx5°$,在图 6-18 中找出 A 点,$\omega_A=0.205$,故取 $T_d=4.9$ s。

(4) 自 $\omega=1/(eT_w)$向左作近似幅频特性。求出 $\omega_1=0.215$,与原设定 $\omega_1=0.205$ 相差较少,不予调整。

(5) 求出 $\omega_F=0.0166$,$b_t=0.49$。

(6) 作出调节系统频率特性,求出 $G_m=7.7$ dB,$P_m=48°$。与原设定相差较少,就取 $T_d=4.9$ s,$b_t=0.49$。

用仿真计算求出调节系统阶跃响应,其品质指标为 $T_p=12.2$ s,$x_{max}=0.04$,振荡次数 0.5,$T_p/(eT_w)=7$。可见这一组 b_t 与 T_d 确是较优的。

6.4.3 运行工况的影响

由上述可见,调速器得参数整定与调节对象参数密切相关,而调节对象参数又随运行工况改变而改变,因此,希望对象不同运行工况应有不同的调速器参数整定与之相对应。本节主要介绍水轮机调节系统可能出现的几种运行工况,随后探讨在不同工况时如何确定调速器参数。

1. 水轮机调节系统的运行工况

按并列工作机组台数,水轮机调节系统工况可分为单机运行和并列运行。按带负荷情况,可分为空载运行和带负荷运行。下面分别介绍这几个运行工况。

(1) 单机带负荷工况。在单机带负荷工况时,负荷容量小,有时有较大比例的纯电阻性负荷,所以负荷的自调整系数 e_g 较小,甚至可能是负数。负荷变动相对值较大。在带大负荷时,水轮机传递系数较大,水击作用影响大,因此在这一工况时,水轮机调节系统的稳定性较差。为了保证调节系统稳定,往往需要整定较大的校正环节参数,对于具有长压力引水管道或水头很低的电站,T_w 值可能相当大,稳定性就更差。

例如,富春江电厂 5 号机,计算 T_w 达 3.2 s。在空载工况时,$T_n=0.5$ s,$T_d=1$ s,$b_t=0.1$ 即可获得相当好的阶跃响应,调节时间为 8 s。但在单机带孤立负荷 1.5×10^4 kW(额定出力为 6×10^4 kW)时,$T_n=0.5$ s,$T_d=6$ s,$b_t=0.8$ 才能获得较好过程,但阶跃响应的振荡次数仍达 2~3 次。又如西洱河二级电站有压引水管道长约 2405 m。空载时,水轮机调节系统可以稳定。但试验表明,当单机带水电阻时,即使把调速器参数放到最大,也不能使系统稳定。当因电网故障,西洱河二级、四级带孤立负荷时,水轮机调节系统处于稳定边界附近,频率波动达±2 Hz。国外有些厂家对轴流式低水头水轮机组单机带负荷时规定所带负荷不能超过额定负荷的 60%。

虽然随着电力系统发展,大中型机组很少处于单机带负荷工况运行。但实际上由于电网故障,有时会形成单机工作或接近于单机带负荷的工况。例如,一般水电站不处于负荷中心,电能经输电线送往负荷中心,地区负荷很小。当电网发生事故,水电站与大系统解列,形成一台机或几台机带地区负荷,接近于单机带负荷的工况。此时,如果水轮机调节系统不稳定，会使地区电网完全停电，造成事故扩大。国外已重视这样的情况，如北欧有的国家水电站建在北部，负荷中心在南部，通过长输电线送电。在输电线事故时，易形成水电机组带地区负荷的情况。T・斯坦因正是从这一事实出发研究调速器参数整定的。许多学者、工程师都是根据单机带负荷的工况研究水轮机调节系统的，如克里夫琴柯也是从单机带负荷的工况出发提出调速器参数整定建议的。

（2）单机空载工况。这是经常遇到的一种工况，水轮发电机组在并网前均处于单机空载工况。此时，水轮机传递系数较小，引水系统水流惯性作用小，但有效负荷为零，机械惯性时间和自调整系数完全取决于机组本身。因此，在一般情况下，空载工况比单机带负荷工况更易于稳定。单机空载工况常遇到的问题是水轮机内部流态比较差，容易形成大幅度水压力脉动和输出主动力矩不稳定等现象，这就使水轮机调速器不停地摆动。例如，有些低水头水轮发电机组在空载工况时，压力、转速和接力器行程均摆动，使准同期感到困难。有些混流式水轮机空载时也有不稳定现象。目前，我国生产实践中一般不考虑单机带大负荷工况，因此把单机空载工况作为对稳定最不利的工况。调整器有一组参数按此工况整定。

（3）并列带负荷工况。这一工况比较复杂。通常情况，每台机组都有一个转速——有功功率自动调节系统和一个电压——无功功率自动调节系统，都是并列工作的。机组之间是电气联系，正常运行时，它们是同步的，但各发电机端电压相位并不相同，并且是变化的。本书对这样一个复杂的系统不作介绍。通常水轮机调节方面的技术人员对其中一个较简单的情况比较关切。当电力系统很大，它的惯性也很大，在一台机组出力变动时，系统的频率几乎不变。这时，从本机调节系统来看，转速反馈几乎不起作用，似乎已被切除，调节系统处于开环状态运行。对处在这种状态下运行的调节系统来说，当然不存在稳定问题，因此，即使把校正装置参数整定得很低，甚至切除，也不会发生不稳定现象。此时，运行人员关心的是调速器的速动性，即负荷给定信号的实现时间。调速器阶跃响应的响应时间与校正装置的参数有关。例如，对软反馈型调速器来讲，这一时间取决于 $b_t T_d/b_p$，显然，减少 b_t 和 T_d 对提高调速器速动性是有好处的。因此，在机组并入大电网运行时，往往把调速器参数降低，甚至把校正装置切除。当然，从整个系统角度看，不能把所有机组上的校正装置均切除，若这样做，整个系统的稳定性就难以保证。

在单机容量占系统比例较大，或并列工作机组台数不多时，必须考虑水轮机调节系统的并列工作。

克里夫琴柯建议把并列工作简化，在假设机组引水系统为刚性水击的基础上，用一个等效机械惯性和等效自调整系数来计入其他机组对本机调节系统动态特性的影响。当然这种方法是比较粗略的。有趣的是，按克里夫琴柯的方法分析得出的结论，若每台机都具有自动调节系统，那么电网中其他机组对本机的动态特性几乎没有什么影响。但若系统中有一部分机组不进行调节（如放在限制开度上），那么等效机械惯性和等效自调整系数均会增加。国外实测资料表明，系统机械惯性时间常数往往比较多地超过单台机机械惯性时间常数。

2. 水轮机调速器参数整定

综上所述，在单机工作时，水轮机调速器参数整定应既能保证调节系统稳定，又要能获得良好的动态品质。在与大电网并列工作时，调速器参数整定主要考虑调速器的速动性。实际上每一个工况，水轮机及负荷的参数均不同，为了获得最佳动态过程，均可找出一组特定的参数整定值。所以，原则上只有应用自适应控制技术才能满足要求。但是对于模拟式电调，要实现自适应控制几乎是不可能的，即使采用微机调速器实现也较为困难。在这个方面，国内已经有学者作了一些研究，但真正有效的方法还有待进一步探讨。

目前国内生产的微机调速器一般有两组整定值。大多数电站上一组参数按单机空载工况整定，另一组参数按与大电网并列运行工况整定。故前一组参数较大，以保证稳定性，后一组参数较小，以保证速动性。两组参数可以自动切换，一般用发电机断路器的辅助接点控制。

然而，若电站与大电网解列，带地区负荷，机组断路器并未跳开，起作用的仍然是并列运行的一组参数。此时，不能保证调节系统稳定，从而可能使地区系统进一步瓦解，扩大事故。因此，在有可能单机或几台机带局部地区负荷的电站上，应把运行参数按单机带大负荷工况整定，或至少在部分机组上这样处理。

6.4.4 调速器参数整定的简易估算法

由上面的分析和介绍的方法可见，无论采用极点配置法还是开环频率特性法确定调速器的参数均需经过大量而繁琐的计算过程，而且对方法本身也需要有较深入的理解，这对于大多数调速器的安装和检修人员来说，是较为困难的。为此，有些本行业研究工作者根据特定的调节对象数学模型，在计算机上作了大量的仿真计算，根据一定的品质指标，提出初步选取校正装置参数参考值的方法，我们称之为调速器参数整定的简易估算法。下面介绍斯坦因和克里夫琴柯提出的估算法。

斯坦因根据 $T_{0.1}$ 来评判动态品质的优劣。如图 6-20 所示，$T_{0.1}$ 是在负荷阶跃扰动后第一个波峰(谷)开始至幅值降为 $|0.1x_{max}|$ 的那个波峰(谷)为止。斯坦因认为在 $T_{0.1}$ 内允许有 4～5 个波峰(谷)。根据计算，斯坦因认为 $T_{0.1}$ 可以达到 $6T_w$。但这时参数整定较大，他又提出在实际工作中可以允许 $T_{0.1}$ 达到 $10T_w$。斯坦因对校正装置参数整定的推荐值如表 6-4 所示。

表 6-4 校正装置整定的推荐值

项目	最佳	实际最佳
衰减时间 $T_{0.1}$	$6T_w$	$10T_w$
b_p+b_t	$2.6T_w/T_a$	$1.8T_w/T_a$
T_d	$6T_w$	$4T_w$

对具有加速度回路的调速器，斯坦因建议有：$T_n=0.5T_w$，$b_p+b_t=1.5T_w/T$，$T_d=3T_w$。另外，斯坦因认为在 T_r/T_w 比值较大时(T_r 为水击相长)，即水头较高时，应考虑弹性水击作用，为此在计算参数时，先对 T_w 乘以 k。修正系数 k 如表 6-5 所示。

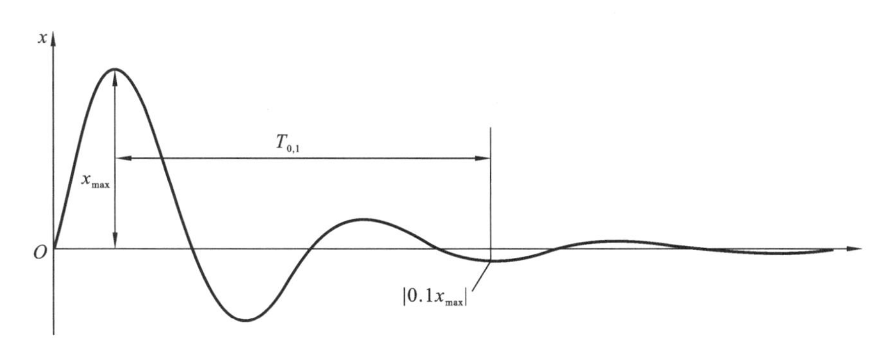

图 6-20 水轮机调节系统负荷阶跃响应

表 6-5 修正系数 k 值表

T_r/T_w	0.5	1.0	1.5	2.0	2.5	3.0
k	1.01	1.05	1.125	1.2	1.275	1.35

由表 6-5 可见，只有在 $T_r/T_w>1.0$ 时，才需修正，这相当于电站水头在 200 m 以上。克里夫琴柯根据水轮机调节系统在阶跃负荷扰动作用下，过渡过程的调节时间 T_p 和最大超调量来评判动态品质。机组处于单机带大负荷工况，设 $b_p=0$，$T_y=0$，$e_{qy}=1$，$e_y=1.25$，$e_h=1.5$，$e_{qh}=0.5$。在模拟计算机上进行仿真计算，进行综合比较后，得出如表 6-6 所示的推荐值。

表 6-6 调节参数推荐值表

$b_t e_n$	$b_t T_a/T_w$	T_d/T_w	T_p/T_w
0	3～4	4～5	8～10
1	2.5～3.5	2～3	5～7
3	2～2.5	0.75～1.2	4～5

在有加速度回路时，克里夫琴柯建议有：$T_n=T_w$，$b_t T_a=2\sim2.5T_w$，$T_d=1\sim1.5T_w$，$T_p=5T_w$。在使用上述两组推荐值时应注意：推荐值均是根据特定的数学模型、特定的水轮机传递系数和特定的品质指标求出的，因此具有相当大的局限性。作者也是作为一种初步估算时使用的推荐值提出来的。上述两种公式都是按单机带大负荷工况计算，原则上不适用于空载工况。

对于本节使用的例题，即调节对象参数为 $e_y=0.74$，$e_{qh}=0.49$，$e=1.07$，$T_w=1.62$ s，$e_n=1.0$，$T_a=6.67$ s，调速器的 $b_p=0.04$，应用斯坦因推荐值，最佳参数为 $T_d=9.72$ s，$b_t=0.59$，显然太大。实际最佳参数为 $T_d=6.48$ s，$b_t=0.4$。仿真计算结果：过渡过程为非周期，$T_p=20.2$ s，$T_p/(eT_w)\approx12$。

应用克里夫琴柯推荐值，$b_t e_n\approx0.7$，故 $T_d=5.67$ s，$b_t=0.73$。仿真计算结果：过渡过程为非周期，$T_p=22.5$ s，$T_p/(eT_w)\approx13$。

6.5 课后习题

1. 什么是调节系统的静特性？什么是无差静特性？什么是有差静特性？
2. 为什么并列运行机组不能采用无差静特性，设置调差机构的目的是什么？
3. 负荷在并列运行机组间是如何分配的？
4. 用转速调整机构平移调节系统静特性，其作用是什么？
5. 什么是调节系统的动态特性，其动态性能指标有哪些？
6. 线性定常系统稳定的充分必要条件是什么？
7. 在调节系统参数整定时，极点配置法和开环频率特性法采取的最佳准则是什么？

第7章

调节保证计算和设备配置

在水电站的运行中，经常会遇到各种事故，使得机组突然与系统解列，甩掉负荷。同时在机组甩负荷时，导叶迅速关闭，使得水轮机的流量发生急剧的变化，从而在水轮机的引水系统中产生一定的水击，引起机组及引水系统的压力变化，特别是甩(增)全负荷时产生的最大压力上升(最大压力下降)对压力管道系统的强度影响最大。水电站调节保证计算，是研究水轮发电机组突然改变较大负荷(包括突然1台或多台机组甩全部负荷)时调节系统过渡过程的特性，计算和分析机组的转速变化和压力输水系统的压力变化，选定导水机构合理的关闭时间和规律，解决压力输水系统水锤压力上升、机组转速上升和调速系统特性三者之间的矛盾，保证水电站在运行过程中的最大压力上升值和最大转速上升值都在机组安全运行的允许范围之内，从而保证整个水电站的安全稳定运行。

7.1 调节保证计算的任务与标准

7.1.1 调节保证计算的任务

在电站运行中，常会遇到各种事故，机组突然与系统解列，把负荷甩掉的情况。此时机组转速上升，调速器关闭导叶。经一定时间后，机组恢复到空载转速。在此调节过程中，除前面叙述的调节系统稳定性是个重要问题外，在调节过程中的最大转速上升值(见图7-1)亦是很重要的。它可能影响到机组的强度、寿命及引起机组振动。

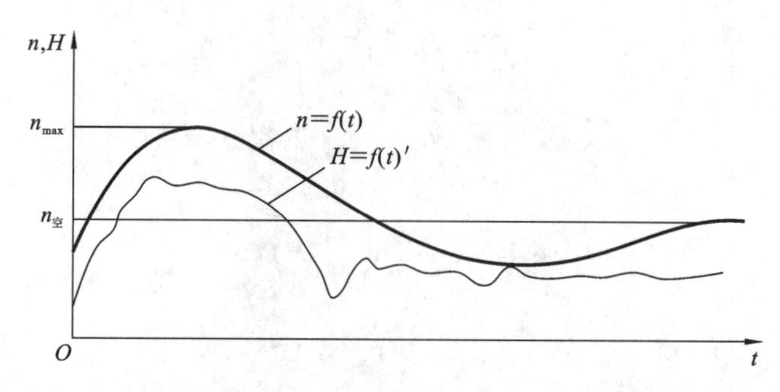

图 7-1　甩负荷时机组转速及压力升高过程线

在甩负荷时，由于导叶迅速关闭，水轮机的流量会急剧变化，因此在水轮机压力过水系统内会产生水击，此时产生的最大压力上升和最大压力下降对压力过水系统的强度是有影响的。工程实践中曾发现因甩负荷压力上升太高而导致压力钢管爆破的灾难性事故。

为此，在设计阶段就应计算出上述过渡过程中最大转速上升值及最大压力上升值。工程上把这种计算称为调节保证计算。

甩负荷过程中机组最大转速上升相对值为

$$\beta=\frac{n_{max}-n_0}{n_0}\times 100\% \tag{7-1}$$

式中：n_0 为甩前机组转速，单位为 r/min；n_{max} 为甩负荷过程中产生的最大转速，单位为 r/min。

甩负荷过程中最大压力上升相对值为

$$\xi=\frac{H_{max}-H_0}{H_0}\times 100\% \tag{7-2}$$

式中：H_{max} 为甩负荷过程中产生的最大压力，单位为 m；H_0 为甩负荷前水电站静水头，单位为 m。

在没有特殊要求的情况下，调节保证计算只对两个工况进行，即计算设计水头和最大水头甩全负荷时的压力上升和速率上升，并取其较大值，一般在前者发生最大速率升高，在后者产生最大水压力。

另外，大、中型机组大部分投入电力系统工作，单机容量一般不超过系统总容量的10%，在此情况下，运行过程中不大会出现突增全部负荷，故突增负荷的调保计算可不进行。只有当机组不并入系统而单独运行并带有比重较大的集中负荷时，突增负荷的调节保证计算才是必要的。

7.1.2　调节保证计算的标准

在调节保证计算过程中，压力升高和转速升高都不能超过允许值。此允许值就是进行调节保证计算的标准。

我国调节保证计算的标准如下。

(1) 当机组容量占电力系统工作容量的比重较大且担负调频任务时，甩全负荷的最大转速上升 β_{max} 宜小于45%；当机组容量占电力系统工作容量的比重不大或担负基荷时，宜小于55%。

(2) 甩全负荷时，有压过水系统允许的最大压力上升率一般为如表7-1所示的数值。

表7-1 最大压力升高限值表

电站设计水头/m	小于40	40～100	大于100
蜗壳允许最大压力上升率	70～50	50～30	小于30

(3) 尾水管内的最大真空度不宜大于8 m水柱。

(4) 压力输水管不应出现负压脱流现象，一般至少保证有2.0 m水柱的正压裕度。

7.2 水击压力和转速上升计算

7.2.1 水击现象分类

当突然关闭阀门和水轮机导叶时，管道内流速(流量)急剧变化，由于水流的惯性在压力管道内引起压力上升或降低，这种现象称为水击。

水击计算理论分刚体理论和弹体理论两种。刚体理论把水与管壁看作不可压缩的刚体。如图7-2所示，等截面均质管道直径为 D，长度为 L，断面积为 A。管子一端 B 通在水库中；另一端 A 装有阀门(或导叶)。管内流速 $v=\dfrac{Q}{A}$，H_0 为静水头。若 Δt 时段内

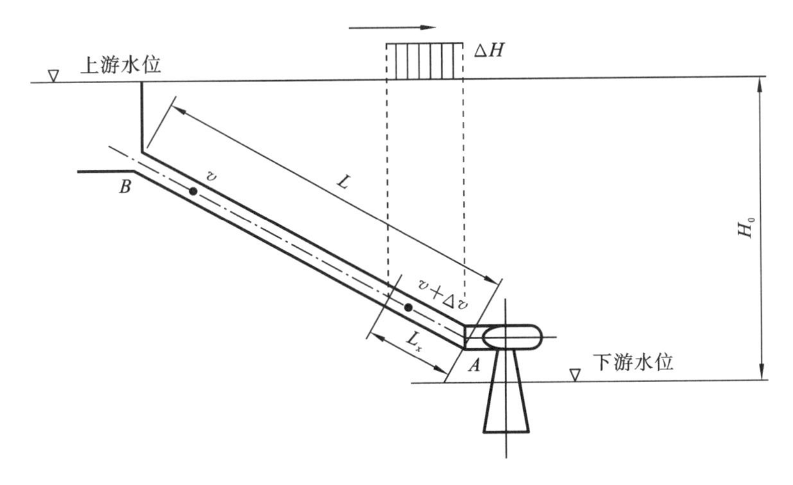

图7-2 水击示意图

阀门迅速关闭，使 A 处的断面流速变化 Δv。由于水和管壁是绝对刚体，故 A 端的流速变化便会立即传遍全管，亦即水管中全部水的速度在 Δt 时间内都改变了 Δv。即

$$\Delta H=-\frac{L\Delta v}{g\Delta t} \tag{7-3}$$

式中：负号表示流速增大，压力下降。用相对值表示，则式(7-3)可写为

$$\xi=-T_{\mathrm{w}}\frac{\mathrm{d}\bar{v}}{\mathrm{d}t} \quad 或 \quad \xi=-T_{\mathrm{w}}\frac{\mathrm{d}\bar{q}}{\mathrm{d}t} \tag{7-4}$$

$$\bar{u}=\frac{v}{v_0} \quad \bar{q}=\frac{Q}{Q_0}$$

$$T_{\mathrm{w}}=\frac{Q_0 L}{gH_0 A} \quad 或 \quad T_{\mathrm{w}}=\frac{Lv_0}{gH_0}$$

式中：T_{w} 为水流惯性时间常数；Q_0 为初始流量；g 为重力加速度；v_0 为管道内的初始流速；$\bar{q}$ 可为流量相对值；Q 为某时刻流量；$\bar{u}$ 为相对流速；v 为某时刻的流速，单位为 m/s。

上述公式只适用于水管很短和变化缓慢（T'_{s} 值较大时）的情况。

实际上水和管壁都有弹性，阀门关闭时，在 Δt 时段内，首先是与 A 断面紧靠的一部分水流有 Δv 的变化，产生压力升高，由于管壁及水是可压缩的，使压力升高以一定速度 a 向水库端传播。以 L_x 表示自阀门处开始向上游计算的长度，对动量方程式(5-18)和连续方程式(5-19)进行积分后有

$$H-H_0=\varphi\left(t-\frac{L_x}{a}\right)+f\left(t+\frac{L_x}{a}\right) \tag{7-5}$$

$$v-v_0=\frac{g}{a}\varphi\left(t-\frac{L_x}{a}\right)+\frac{g}{a}f\left(t+\frac{L_x}{a}\right) \tag{7-6}$$

式中：$\varphi\left(t-\frac{L_x}{a}\right)$ 为直接波函数（自导水机构沿水管向自由水面传播）；$f\left(t+\frac{L_x}{a}\right)$ 为反射波函数（从自由水面向下传播）；φ 与 f 函数由起始条件和边界条件确定；a 为压力传播速度。由于阀门（或导叶）的突然关闭所产生的水击波从 A 端经 $\frac{L}{a}$ 后到达另一端 B。因水库很大，库水位不会因水击影响而变化，故 B 断面压力始终保持不变。于是水击波在 B 端发生反射，反射波的数值与反射前的数值相同，但符号相反。经 $\frac{2L}{a}$ 后，从 B 端反射的波回到 A 端，然后再由 A 端反射到 B 端，如此往返。

由 A 端发出的波到达 B 端后再由 B 端反射回到 A 端所需的时间称为水击的相，相长为

$$t_{\mathrm{r}}=\frac{2L}{a} \tag{7-7}$$

若阀门（导叶）的关闭（开启）时间 $T'_{\mathrm{s}}\leqslant\frac{2L}{a}$，阀门全关（全开）时，从水库传来的反射波尚未到达，A 端只受直接波的影响，这种水击称为直接水击。若阀门（导叶）的关闭时间 $T'_{\mathrm{s}}\geqslant\frac{2L}{a}$，阀门全关之前从 B 端反射回来的反射波已经到达阀门 A 处，阀门处的压力取决于直接波和反射波的叠加，这种水击称为间接水击。如果叠加后的压力升高最大值发生

在第一相末，称为第一相水击；如果发生在末相，称为末相水击。

7.2.2　水击压力计算

1. 直接水击压力计算

由式(7-5)、式(7-6)可得出直接水击的压力上升为

$$\Delta H=H-H_0=\frac{-a\Delta v}{g} \tag{7-8}$$

或

$$\xi=\frac{\Delta H}{H_0}=\frac{-a\Delta v}{gH_0} \tag{7-9}$$

$$\Delta v=v_m-v_0$$

式中：Δv 为管中流速变化值；v_m 为阀门关闭(开启)终了时的流速。

由此可见，当阀门关闭，流速减少即 Δv 为负值时，ΔH 为正值发生正水击。直接水击的压力变化极值只与流速变化量 Δv 有关，而与阀门的关闭时间，关闭规律和水管长度无关。

若 $a=1000$ m/s，管道流速 $v_0=4$ m/s，在甩全负荷时，若发生直接水击，则 $\Delta H=408$ m。因此，在水电站，直接水击是应当避免的。

2. 间接水击压力计算

若在断面 A 与 B 之间弹性波通行时间为 $t=\dfrac{L}{a}$，根据上述偏微分方程组可推出下列差分方程：

$$\begin{cases}
\xi_0^A-\xi_t^B=2h_w\begin{pmatrix}-A & -B\\ v_0 & v_t\end{pmatrix}\\
\xi_t^A-\xi_{2t}^B=2h_w\begin{pmatrix}-A & -B\\ v_t & -v_{2t}\end{pmatrix}\\
\qquad\vdots\\
\xi_{nt}^A-\xi_{(n+1)t}^B=2h_w\begin{pmatrix}-A & -B\\ v_{nt} & -v_{(n+1)t}\end{pmatrix}\\
\xi_0^B-\xi_t^A=-2h_w\begin{pmatrix}-B & -A\\ v_0 & -v_t\end{pmatrix}\\
\qquad\vdots\\
\xi_{nt}^B-\xi_{(n+1)t}^A=-2h_w\begin{pmatrix}-B & -A\\ v_{nt} & -v_{(n+1)t}\end{pmatrix}
\end{cases} \tag{7-10}$$

其中

$$h_w=\frac{av_0}{2gH_0}$$

式中：h_w 为管路特性常数。

上述方程是进行水击分析与计算的依据，用上述方程求解水击时，必须用已知的起始条件和边界条件。

起始条件为阀门动作前的情况，此时管内为恒定流，条件是已知的。

对于图 7-2，边界条件一般利用 A、B 两点。B 端由于水库很大，压力保持为常数。令 $\frac{\Delta H^B}{H_0}=\xi^B$，则 $\xi^B=0$。A 端的情况较复杂，在所研究的问题里，A 端总是装有水轮机的。水轮机可分冲击式和反击式两大类。

对于冲击式水轮机，设喷嘴全开的面积为 F_0。根据孔口出流规律，甩负荷前流量为

$$Q_0=\varphi_0 F_0\sqrt{2gH_0}$$

当孔口关闭至 F 时，水管中水击压力上升率 $\xi^A=\frac{\Delta H^A}{H_0}$。此时通过孔口的流量为

$$Q=\varphi F\sqrt{2gH_0(1+\xi^A)}$$

上两式中 φ 与 φ_0 均为流量系数。假定在孔口不同开度时，流量系数保持不变，即 $\varphi=\varphi_0$，将上两式相除得

$$\frac{Q}{Q_0}=\frac{\varphi F\sqrt{2gH_0(1+\xi^A)}}{\varphi_0 F_0\sqrt{2gH_0}}=\tau\sqrt{1+\xi^A}$$

式中：$\tau=\frac{F}{F_0}$ 为孔口的相对开度。水管的断面积为 A，则 $\frac{Q}{Q_0}=\frac{Av}{Av_0}=\bar{u}^A$，$\bar{u}^A$ 为 A 端的相对流速，故上式变为

$$\bar{u}^A=\tau\sqrt{1+\xi^A}$$

此式为冲击式水轮机喷嘴的出流规律，亦即是 A 点的边界条件。这一规律对反击式水轮机并不适合，因此根据这边界条件导出的公式，反击式水轮机虽仍沿用，但是近似的。

根据冲击式水轮机的边界条件可解出基本方程组，得 A 端压力升高的方程组为

$$\begin{cases}\tau_1\sqrt{1+\xi_1^A}=\tau_0-\dfrac{\xi_1^A}{2h_w}\\ \tau_2\sqrt{1+\xi_2^A}=\tau_0-\dfrac{\xi_2^A}{2h_w}-\dfrac{\xi_1^A}{h_w}\\ \tau_n\sqrt{1+\xi_n^A}=\tau_0-\dfrac{\xi_n^A}{2h_w}-\dfrac{1}{h_w}\sum\limits_{i=1}^{n-1}\xi_i^A\end{cases}\tag{7-11}$$

式中：τ_0 为起始相对开度；τ_1 为第一相末相对开度；τ_n 为第 n 相末相对开度；ξ_i^A 为第 i 相末压力升高相对值。

解出上述联立方程式(7-11)，就可以求出每一相末 A 端的压力升高值。若欲求第 n 相末的 ξ_n^A，则必须先依次求出 ξ_1^A、ξ_2^A、ξ_{n-1}^A，由于应用不简便，故常设法予以简化。

实际计算中一般只需要知道水击压力高的最大值。根据水击情况，压力升高最大值可能发生在第一相末，也可能发生在末相。计算时可先根据水管特性 σ、h_w、τ_0（起始相对开度）、τ_n（关闭终了的相对开度），按如图 7-3 所示的确定水击性质，然后再进行计算。一般来说，在甩全负荷的情况下，只有高水头电站才有可能出现第一相水击，而低水头电站

(低于 70 m)最大水击压力一般发生在末相。图 7-3 中,$\sigma=\frac{Lv_0}{gH_0T'_s}$为水管特性系数。

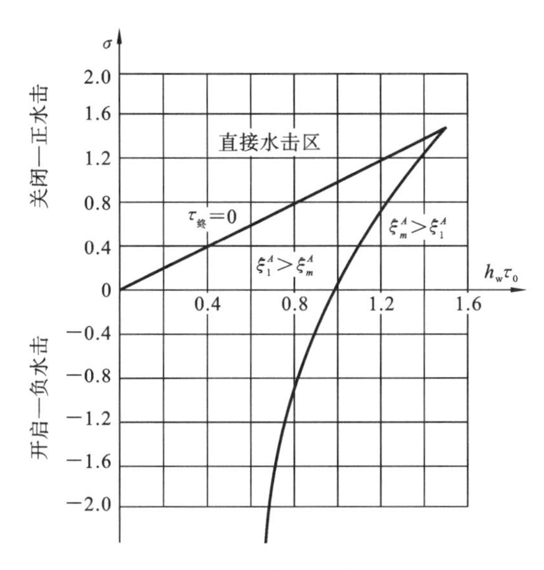

图 7-3　水击分类图

若属第一相水击可直接用式(7-11)求解。

若属末相水击,其最大压力上升值计算式根据式(7-11)推出,得

$$\xi_m^A=\frac{\sigma}{2}(\sqrt{a^2+4}+\sigma) \tag{7-12}$$

已知系数 σ,即可求出 ξ_m^A。

当阀门开启时,发生负水击,阀门前发生压力降低。它与阀门关闭时的压力升高一样可分直接水击,第一相水击与末相水击,其计算公式也类似,则有

第一相水击:

$$\tau_1\sqrt{1+y_1^A}=\tau_0+\frac{y_1^A}{2h_w} \tag{7-13}$$

末相水击:

$$y_m^A=\frac{\sigma}{2}(\sigma-\sqrt{\sigma^2+4}) \tag{7-14}$$

式(7-13)和式(7-14)中:y_1^A 与 y_m^A 为 A 点在第一相末与末相水击压力降低相对值。

上述两式是以冲击式水轮机为条件推导出来的,即假定水轮机单位流量、导叶的开度与时间均是直线关系,这样直接用于反击式水轮机自然会有误差。因此,即使导叶开度按直线关闭,但由于水轮机特性的影响,水轮机单位流量一般并不随时间成直线变化,因而根据上面公式或曲线求出来的水击压力升高需乘以一个机型修正系数 K,即

$$\xi_{max}=K\xi_m \tag{7-15}$$

式中:K 与反击式水轮机的比转速有关,根据试验确定。在初步设计时,对混流式水轮机取 $K=1.2$,对轴流式水轮机取 $K=1.4$。ξ_m 就是用上述公式求出的水击压力上升值。

3. 调节保证计算中水击计算

调节保证计算中，水击计算就应用上述公式。但根据水轮机具体情况，还需做若干修正。

1）水轮机流道包括压力水管、蜗壳和尾水管

由于压力水管不可能是等截面的，故在确定水管特性系数时应采用

$$\sigma = \frac{\sum L_i v_{0i}}{gH_0 T'_s} \tag{7-16}$$

$$h_w = \frac{av_0}{2gH_0} \tag{7-17}$$

$$v_0 = \frac{\sum L_i v_{0i}}{\sum L_i} \tag{7-18}$$

$$\sum L_i v_{0i} = \sum L_{Ti} v_{0Ti} + \sum L_{ci} v_{0ci} + \sum L_{Bi} v_{0Bi} \tag{7-19}$$

式中：L_{Ti}、v_{0Ti}为引水管的长度和流速；L_{ci}、v_{0ci}为蜗壳的长度和流速；L_{Bi}、v_{0Bi}为尾水管长度和流速。

这时各管段的压力升高如下。

压力水管末端的压力升高为

$$\xi_T = \frac{\sum L_{Ti} v_{0Ti}}{\sum L_i v_{0i}} \xi_{max} \tag{7-20}$$

$$\Delta H_T = \xi_T H_0 \tag{7-21}$$

蜗壳末端最大压力升高为

$$\xi_c = \frac{\sum L_{Ti} v_{0Ti} + \sum L_{ci} v_{0ci}}{\sum L_i v_{0max}} \xi_{max} \tag{7-22}$$

$$\Delta H_c = \xi_c H_0 \tag{7-23}$$

尾水管中最大压力降低为

$$\eta_B = \frac{\sum L_{Bi} v_{0Bi}}{\sum L_i v_{0i}} \xi_{max} \tag{7-24}$$

$$\Delta H_B = \xi_B H_0 \tag{7-25}$$

尾水管中最大真空度：

$$H_B = H_s + \frac{v^2}{2g} + \Delta H_B \tag{7-26}$$

式中：H_s 为吸出高度；v 为尾水管进口流速。

$\frac{v^2}{2g}$和 ΔH_B 应为同一时间内的最大总和，为方便起见，在近似计算时，可取$\frac{v^2}{2g}$为关闭开始时刻的尾水管进口速度头的 1/2 即$\frac{v^2}{4g}$。其中，v_0 为尾水管进口初始流速。

当尾水管进口压力低于水的空化压力时，水流出现空化。若压力过低，甚至可能发生水流中断。水流离开转轮流向下游，然后又反冲回来，使水轮机受到很大冲击，甚至可

能将机组抬起，引起破坏。所以，尾水管进口真空值应限制在 8～9 m 水柱内，以防止水流中断。

中、高水头电站压力水管一般较长，蜗壳和尾水管的影响较小，可忽略不计。但对于低水头电站来说，则必须考虑两者的影响。

2）导叶接力器关闭曲线的线性化及接力器调节时间

导叶接力器的行程变化情况取决于接力器的结构、工作特性及设计意图（如分段关闭），它可能有各种形式。图 7-4 所示的是常见接力器关闭曲线。当事故跳闸，机组甩掉负荷时，调速器在 T_q 之前不动，T_q 为调速器不动时间。接力器关闭过程到 a 点才开始，并逐渐加速，到 c 点达最大速度，然后以等速度一直关到 d 点。d 点后，由于接力器末端有缓冲装置，其速度逐渐减慢，直到 e 点走完全行程，导叶全关。由此可知，接力器实际关闭曲线 $acde$ 两端是非线性的，其中直线 cd，对压力升高和转速升高的最大值起决定作用。通常把 cd 直线段向两侧延长成 bg 线，此段相应时间 T'_s 称为直线关闭时间，一般在水击计算时就用 T'_s 而总关闭时间为 $T_s = T_c + T'_s + T_k$，$T_c = T_q + T_e$ 称为调节迟滞时间。其中，T_q 与调速器特性与甩去负荷的大小有关，一般为 0.05～0.2 s；T_e 为接力器开始动作至最大速度的时间，主要与配压阀及接力器的结构性质有关；T_k 为考虑接力器缓冲作用的时间，T'_s 一般为 5～10 s，对于大容量机组可达 15 s，若有特殊要求还可延长。

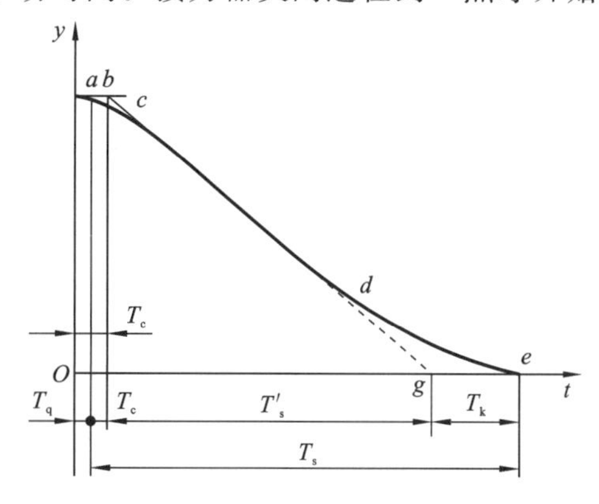

图 7-4　导叶接力器关闭曲线

接力器的直线关闭时间 T'_s 通常按设计水头下，机组甩全负荷时的工况来确定，对于最大水头甩额定负荷时关闭时间 T_{sH} 可近似按下式计算：

$$T_{sH} = T'_s \frac{a_{01}}{a_0} \tag{7-27}$$

式中：a_{01} 为最大水头下带额定负荷时导叶开度，单位为 mm；a_0 为设计水头下带额定负荷时导叶开度，单位为 mm。

7.2.3　转速压力计算

1. 转速上升公式推导

水轮机在甩负荷过程中，一般可能经历 3 个工况区，即水轮机工况区、制动工况区及反水泵工况区，如图 7-5 所示。

当机组甩负荷时，由于水轮机动力矩大于阻力矩，机组转速上升，调速器关闭导叶。当导叶关闭至某值时机组转速上升到最大值（A 点），这时水轮机力矩 $M=0$（出力 $P=0$）。这是由水轮机工况向制动工况及反水泵工况转化的分界点。在 A 点以前为水轮机

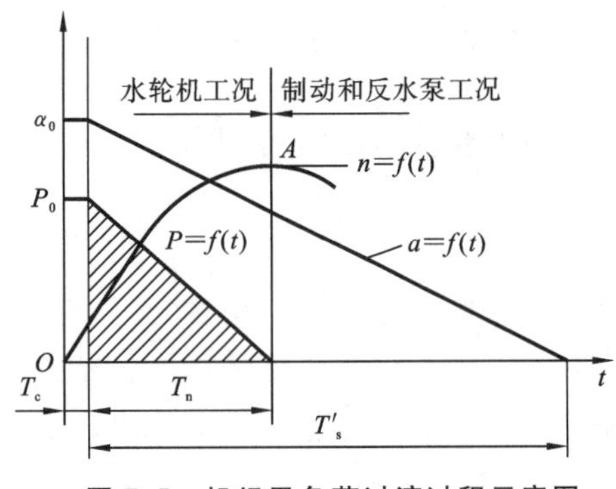

图 7-5 机组甩负荷过渡过程示意图

工况。在 A 点以后就进入制动及反水泵工况，此后导叶继续关闭，机组转速开始下降。图 7-5 中，$n=f(t)$是转速随时间变化过程线；$a=f(t)$为导叶开度随时间变化过程线；$P=f(t)$是水轮机出力随时间变化过程线；T_n 为升速时间；T'_s 为直线关闭时间；T_c 为调节系统的迟滞时间。

甩负荷过渡过程中影响转速升高的因素很多，主要有导叶的关闭规律、关闭时间、机组惯性时间常数 T_a，水流惯性时间常数 T_w，水轮机的特性和液流的惯性等。

目前估算甩负荷过渡过程中机组最大转速上升的公式较多，均是以机组运动方程式(7-28)为基础推导出来的。所不同的是采用了不同的假定和修正系数。

机组运动方程为

$$J\frac{\mathrm{d}\omega}{\mathrm{d}t}=M_t-M_g=M \tag{7-28}$$

式中：J 为机组转动部分惯性力矩；ω 为角速度，$\omega=\frac{n\pi}{30}$(n 为机组转速)；M_t 为水轮机动力矩；M_g 为发电机阻力矩。

在甩负荷后，$M_g=0$。一般在积分上式时采用的假定有如下两种。

(1) 假定甩负荷后，导叶开始动作到最大转速时刻之间的水轮机力矩随时间呈直线减至零。将其代入式(7-28)积分，得该假定条件下的基本公式为

$$\beta=\frac{2T_c+T_nf}{2T_a} \tag{7-29}$$

$$T_a=\frac{GD^2n_0^2}{3580P_0} \tag{7-30}$$

式中：T_n 为升速时间，自导叶接力器开始动作到机组转速最大值的时间，单位为 s；T_c 为调节迟滞时间，单位为 s；T_a 为机组惯性时间常数，单位为 s；f 为水击修正系数；GD^2 为机组转动部分飞轮力矩，单位为 kN · m^2；n_0 为机组额定转速，单位为 r/min；P_0 为机组额定出力，单位为 kW。

(2) 假定甩负荷后，自导叶开始动作至最大转速之间，水轮机出力随时间呈直线关系减至零。将其代入式(7-28)，得该假定条件下的基本公式为

$$\beta=\sqrt{\frac{2T_c+T_nf}{T_a}+1}-1 \tag{7-31}$$

式(7-29)和式(7-31)是目前速率上升近似计算公式的基本形式。实际上，由于水击和水轮机特性等影响，M 与 P 随时间变化均不是直线，问题在于如何求基本公式中各参数使其尽可能接近实际情况。

2. 转速上升公式参数确定

1) 升速时间 T_n 的确定

T_n 是甩负荷后机组转速自导叶开始动作到最大转速所经历的时间，故称升速时间。

由前述可知，在最大转速点上，水轮机出力 P(力矩 M)为零，即此时水轮机处于逸速工况点。因此，在计算转速升高时应该用飞逸特性来确定升速时间。目前，国内使用的近似公式对 T_n 有各种求取方法。它们都是根据飞逸特性曲线来求的，只是其具体处理方法不同。

2) 水击修正系数 f 的确定

由于水击作用后，压力升高波形不规则，系数 f 很难确定，常用经验公式或经验曲线求取。

对式(7-31)，即假定出力在不考虑水击时呈直线变化的情况，水击修正系数 f 按下式计算：

$$f=1+\frac{\xi_{max}}{2} \tag{7-32}$$

对式(7-29)，即假定力矩在不考虑水击时呈直线变化的情况，水击修正系数 f 按下式计算：

$$f=1+\frac{\xi_{max}}{3} \tag{7-33}$$

式(7-32)和式(7-33)都是近似的。图 7-6 所示的是国内使用的求取 f 的曲线之一，f 值可根据 σ 值查取。

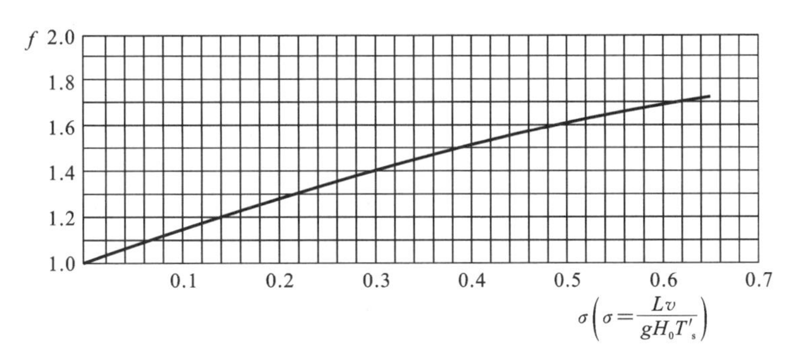

图 7-6　求取 f 的曲线

3) 机组惯性时间常数 T_a 的确定

甩负荷后机组在水轮机动力矩作用下加速。加速度取决于水轮机力矩和机组惯性。试验表明，从实测示波图上计算出来的甩负荷瞬间加速度，有时小于甩负荷前水轮机出力和机械惯性计算出来的数值，特别是低水头轴流式水轮机，这一现象比较明显。这说明水轮机在过渡过程中的动态力矩不同于静态工况时的力矩。对这一现象目前尚未有充分研究。其中一种解释是，由于水轮机转轮区液流加速而使水轮机力矩减少，故认为在用近似公式计算时应把液流惯性时间常数考虑在内，即 $T_a=T_{a机}+T_{a液}$，$T_{a机}$ 中应包括发电机转子、水轮机转轮等所有转动部分的惯性。通常发电机转子惯性时间常数要比其他部分大得多。故近似计算时可以用发电机转子惯性时间常数作为 T_a。水轮机转轮惯性时间常数只有发电机的百分之几。

水轮机转轮区液流在过渡过程中也会加速，从而吸收一部分能量。其作用类似机械部分的惯性，故可用液流惯性时间常数表示。实践表明，只有低水头轴流式机组的液流惯性较大，必须在计算中予以考虑。

我国某大型轴流式机组，$D=8$ m，$P_0=60$ MW，$H_0=14$ m，$n_0=71.4$ r/min，在试运

期间进行了多次甩负荷试验，并拍摄了示波图，根据示波图计算出机组惯性时间常数，如表 7-2 所示。

表 7-2　某大型轴流式机组惯性时间常数

序　号	1	2	3	4	5	6	7	8	9
甩负荷前功率/MW	60	55	60	60	45	45	30	30	15
桨叶角度/(°)	0.85	0.99	0.9	0.91	0.57	0.65	0.35	0.35	0.08
T_a^*/s	10.65	10.6	10.4	10.2	8.9	8.6	8.9	8.75	8.8

注：此处 T_a^* 以额定出力计算。

该机组机械部分惯性时间常数为 8.68 s(按厂家提供的 GD^2 计算)。由表 7-2 可见，甩大负荷时桨叶角度相对值多在 0.9 以上，实测 T_a 均在 10 s 以上，比单纯考虑机械部分惯性时间常数大于 1.54～1.97 s。甩小负荷桨叶角度相对值在 0.35 以下，实测 T_a 与 $T_{a机}$ 差不多。这一现象说明了由于液流惯性等原因水轮机在过渡过程中的轴上出力与静态不同，所以对大型低水头轴流式机组，在调保计算时考虑水轮机液流惯性作用是必要的。

贯流式机组的机械部分惯性时间常数小，液流惯性占的比重大，有时达 50%以上，所以计入液流惯性将是重要的。

轴流式机组液流惯性时间常数的近似估算式为

$$T_{a液}=(0.2:0.3)\frac{D_1^5 n_0^2}{P_0}\times 10^{-3} \tag{7-34}$$

式中：D_1 为水轮机标称直径。

式(7-34)是按叶片轴向投影高度确定液流区范围的。上述机组参数代入 $T_{a液}=0.55$～0.88 s，比实测 T_a 变化值为小。

我国有一些转速上升计算公式中计入 $T_{a液}$，混流式水轮机一般可取 $T_{a液}=0$。

4) 迟滞时间的确定

调节系统迟滞时间 T_c 包括 T_q 与 T_e 两部分。T_q 为接力器不动时间，是从转速升高开始至接力器开始动作为止所经历的时间。T_e 是调速器的一项性能指标。任何调速器总有一定的转速死区，从甩负荷后机组转速开始上升，到机组转速超出转速死区之前，接力器是不会动作的。不动时间还取决于机组转速增长的速度，即 T_q 与甩前负荷大小有关，一般要求在甩 25%负荷后接力器不动时间不大于 0.3 s，甩全负荷时，由于机组转速增长快，T_q 要小一些，故在计算甩全负荷后速率上升时，T_q 可取 0.1～0.3 s。甩前调速器的工作状态也影响接力器不动时间的数值。如在甩前调速器处于开度限制工况，加法器可能有正的输出(要求开导叶)，但因主配压阀受限制机构控制，故导叶未打开。此时若发生甩负荷，机组转速上升先使加法器输出由正变负，然后才能关闭导叶，这样接力器不动时间可能延长。另外还可能有结构上的原因。

T_e 是接力器运动速度增长所需时间(见图 7-5)，目前一般按下式估计

$$T_e=\frac{1}{2}T_a b_p \tag{7-35}$$

式中：b_p 为永态转差系数，一般为 2%～6%。所以有

$$T_c = T_q + \frac{1}{2}T_a b_p = (0.1 : 0.3) + \frac{1}{2}T_a b_p \tag{7-36}$$

实测示波图显示的迟滞时间很不一致，有些机组只有 0.1 s，而有些机组则有 0.5 s 以上。一般来说，微机电液型调速器的迟滞时间较小，机调的迟滞时间较大。

计算时，认为在 T_c 时间内水轮机出力(力矩)是不变的。

由上述可见，速率升高近似公式是在各种假定条件下推导出来的，公式中各种系数往往是经验的、半经验的。因此，近似公式不可能给出良好的结果，通常某个近似公式对一些电站给出比较接近的结果，对另一些电站则计算值与实测值相差甚远。但近似公式简单易用，因此在初步设计和现场计算中仍广泛使用。

近似公式的各项参数中 T_n 的影响较大，故使用时应特别注意 T_n 的正确求取。

3. 推荐公式

目前国内《水电站机电设计手册》建议使用的近似公式不少，下面列出其中之一。由于影响速率上升的因素很多，近似计算时不可能考虑全面。因此，一般将近似公式的计算结果增大 1.1～1.15 倍，作为调节保证的最大速率升高值。则有

$$\beta = \sqrt{1 + \frac{(2T_c + T'_s f)C}{T_a}} - 1 \tag{7-37}$$

$$\beta = \frac{(2T_c + T'_s f)C}{2T_a(1 + 0.5\beta)} \tag{7-38}$$

$$T_c = T_q + T_e \tag{7-39}$$

$$T_a = \frac{GD^2 n_0^2}{3580P_0} \tag{7-40}$$

$$f = 1 + \sigma \tag{7-41}$$

$$\sigma = \frac{\sum L_i v_{0i}}{gH_0 T'_s} \tag{7-42}$$

$$C = \frac{1}{1 + \dfrac{\beta_r}{n_e - 1}} \tag{7-43}$$

$$\beta_r = \frac{2T_c + fT'_s}{2T_a(1 + 0.5\beta_r)} \tag{7-44}$$

$$n_e = \frac{n_{11p}}{n_{11}} \tag{7-45}$$

式(7-37)至式(7-45)中：T_c 为调节迟滞时间，单位为 s；T_q 为调速器不动时间，一般取 0.1～0.3 s；T_e 为考虑接力器活塞的增速时间，可近似按 $\frac{1}{2}T_a b_p$ 计算；b_p 为调速器的永态转差系数，一般取 2%～6%；T'_s 为导叶直线关闭时间，单位为 s；f 为水击修正系数；σ 为管道特性系数；C 为水轮机飞逸特性影响机组升速时间系数；n_{11} 为甩负荷前单位转速，单位为 r/min；n_{11p} 为单位飞逸转速，单位为 r/min。

单位飞逸转速可从飞逸特性曲线上查取。对于混流式和定桨式水轮机，取决于甩负荷时的导叶初始开度 a_0；对于转桨式水轮机，除导叶开度外取决于桨叶转角 φ，这时桨叶

转角 φ 可近似取。则有

$$\varphi = \varphi_0 - \frac{T'_s}{T_Z}\theta \tag{7-46}$$

式中：φ_0 为甩负荷时初始桨叶转角，单位为°；θ 为桨叶最大转角范围，单位为°，即从初始转角至最小转角的范围；T_Z 为桨叶关闭时间，一般为导叶关闭时间的 6～7 倍。

式(7-38)适用于 $\sigma<0.5$、$\beta<0.5$ 的情况。

7.3 调节保证的计算流程与实例

7.3.1 调节保证计算步骤

(1) 确定基本数据：水电站形式、压力水管尺寸、水头、机组台数、水轮机流量、出力，水轮机型号及其特性、额定转速、GD^2 等。

(2) 求出计算水头或最大水头及额定负荷时的 $\sum Lv$。

(3) 给定直线关闭时间 T'_s。

(4) 计算水击压力变化。

(5) 计算转速升高或确定机组 GD^2。

(6) 在不满足要求时，重新给定 T'_s，再计算。

7.3.2 调节保证计算实例

1. 基本参数

压力过水系统为单元供水，电站水头 $H_{max}=31.4$ m，$H_p=25.2$ m，$H_{min}=21.2$ m，水轮机型号为 ZZ587-LJ-330，水轮机额定出力 $P=16600$ kW，设计水头时流量 $Q_p=76.5$ m^3/s，额定转速 $n_r=214.3$ r/min，飞逸转速 $n_p=415$ r/min，发电机 $GD^2=10790$ Nm^2，压力波速 $a=1100$ m/s，吸出高度 $H_s=-3$ m。

该机进行过甩负荷试验，甩负荷前参数为 $P_0=16600$ kW，$n_0=219$ r/min，$Q_0=67.8$ m^3/s，$\varphi_0=+7.0°$，$H_0=27.8$ m。根据示波图，直线关闭时间 9 s，速率升高 $\beta=0.305$，下面以此工况作调节保证计算。

2. 求计算水头 H_p 及流量 Q_p 时 $\sum L_i v_i$ 值

根据压力过水系统尺寸求得 $\sum L_T v_T \leqslant 223.51$ m^2/s(钢管)，$\sum L_c v_c \leqslant 42.55$ m^2/s(蜗壳)，$\sum L_B v_B \leqslant 123.54$ m^2/s(尾水管)，合计 $\sum L_i v_i$ 为 389.6 m^2/s(计算表格从

略）。

3. 水击压力升高计算

本机组关闭时间长，引水管短，故为末相水击。则有

$$\sigma=\frac{\sum Lv_0}{gH_0T'_s}=\frac{\frac{Q_0}{Q_P}\sum L_iv_i}{gH_0T'_s}=0.141$$

$$\xi_m=\frac{\sigma}{2}(\sigma+\sqrt{\sigma^2+4})=0.15$$

$$\xi_{max}=1.4\xi_m=0.21$$

由此可计算出

$$\xi_{Tmax}=\frac{\sum L_Tv_T}{\sum L_iv_i}\xi_{max}=0.12$$

$$\xi_{cmax}=\frac{\sum L_Tv_T+\sum L_cv_c}{\sum L_iv_i}\xi_{max}=0.143$$

$$\xi_{Bmax}=\frac{\sum L_Bv_B}{\sum L_iv_i}\xi_{max}=0.067$$

$$H_B=H_S+\frac{v_B^2}{2g}+\Delta H_B=0.45\ (\mathrm{m})$$

故压力升高值不超过规定值。

4. 转速升高计算

甩前工况点：

$$Q_{11}=\frac{Q_0}{D_1^2\sqrt{H_0}}=1.18\ (\mathrm{m^3/s})$$

$$n_{11}=\frac{n_0D_1}{\sqrt{H_0}}=137\ (\mathrm{r/min})$$

根据特性曲线查得

$$a_0=24.7\ \mathrm{mm},\quad \sigma_0=+7^\circ$$

逸速工况时桨叶转角为

$$\varphi=\varphi_0-\frac{T'_s}{T_Z}\theta=4.6^\circ\approx5^\circ$$

式中：θ 为 17°，$\frac{T'_s}{T_Z}$ 为 1/7，故使用 5°时的逸速特性。

惯性时间常数：

$$T_a=\frac{GD^2n_0^2}{3580P_0}=8.7\ (\mathrm{s})$$

调节迟滞时间：

$$T_c=0.2+\frac{1}{2}b_pT_a=0.2+0.5\times0.05\times8.7=0.418\ (\mathrm{s})$$

水击修正系数：

$$f=1+\sigma=1+0.141=1.141$$

用 5°飞逸特性曲线，在 $a_0=24.7$ mm 处查得 $n_{11p}=255$ r/min，故 $n_e=\dfrac{n_{11p}}{n_{11}}=1.86$。由此有

$$\beta_r=\sqrt{1+\frac{2T_c+T'_sf}{T_a}}-1=0.51$$

$$C=\frac{1}{1+\dfrac{\beta_r}{n_e-1}}=0.628$$

$$\beta=\sqrt{1+\frac{(2T_c+T'_sf)C}{T_a}}=0.342$$

由于公式使用飞逸特性曲线来确定升速时间，所以与实测结果较接近，但偏大。其原因可能是实际调速器迟滞时间比较小（约 0.3 s），实际水击压力升高值亦较小。

上述调节保证计算结果的压力升高和转速升高均低于允许值，故直线关闭时间 $T'_s=9$ 是可行的，设计时应对设计水头甩全负荷和最高水头甩全负荷进行计算。这里用的水头大于设计水头，但小于最大水头，其目的是使计算成果可与实测值相比较。

7.4 调节设备选型

7.4.1 调速器型号的命名

调节设备一般包括调速柜、接力器和油压装置三个部分。中小型调速器中这三个部分合为一体，而大型调速器中三个部分是分开的。

我国调速器产品型号由四个部分代号组成，各部分代号用“-”分开。第一部分为调速器的基本特征和类型；第二部分为调速器容量；第三部分为调速器使用额定油压；第四部分为制造厂及产品特征。其排列形式为①②③④/⑤-⑥-⑦-⑧。各圆圈中字母和数字含义如下。

①为不带有接力器和压力罐（无代号），带有接力器及压力罐（Y），通流式（T），电动式（D）。

②为机械液压型（无代号），微机电液型（W）。

③为用于单调整水轮机（无代号），用于冲击式水轮机（C），用于转桨式水轮机（Z）。

④为调速器基本代号（T）。操作器（C），负荷调节器（F）。

⑤为电气柜（D），机械柜（J）。

⑥为调速器容量。带有接力器和压力罐的数字表示接力器容量，单位为 N·m；不带

有接力器和压力罐的数字表示导叶主配压阀直径,单位为mm,如果导叶和轮叶主配压阀直径不相同,表示导叶主配压阀直径/轮叶主配压阀直径,单位为mm。对于冲击式水轮机调速器,表示喷针配压阀直径×喷针配压阀数量/折向器配压阀直径×折向器配压阀数量,如果喷针配压阀或折向器配压阀的数量为1个,则数量一项省略。对于电动操作器,表示输出容量,单位为N·m。对于电子负荷调节器,表示机组功率/发电机相数。

⑦为额定油压,单位为MPa。

⑧为由各制造厂自行规定,如产品按统一设计图样生产,可省略。

例如,WZT-100-4.0-××A表示不带有压力罐和接力器的转桨式水轮机微机调速器,导叶和轮叶主配压阀直径均为100 mm,额定油压为4.0 MPa,为××制造厂A型产品。

我国生产的调速器有各种型号(有一些型号不一定符合上述型号规定)。表7-3所示的是我国水轮机调速器系列型谱。

表7-3 水轮机调速器系列型谱

类型	不带压力罐及接力器的调速器/mm	带压力罐及接力器的调速器		通流式调速器/N·m
		等压接力器/N·m	差压接力器/N·m	
系列	10	50000	3000	3000
	16	30000	1500	1500
	25	18000	750	750
	35	10000	350	350
	50	6000		
	80	3000		
	100			
	150			
	200			

注:一级放大系统用引导阀直径表示。

7.4.2 中小型调速器容量计算

由于中小型调速器一般都做成组合式(油压装置、接力器容量都不能改变并与调速柜装在一起),且以接力器容量形成标准系列,所以主要根据水轮机有关参数确定所需接力器容量来选择调速器。

接力器是调节系统的执行元件,它推动导叶时,首先需要克服作用在导叶上的水力矩和导水机构传动部分的摩擦力。如图7-7所示,水力矩R取决于导叶的形状和偏心矩,选择适当的偏心矩可以使开启和关闭时所需克服的最大力矩大致相等。这时,所需接力器的尺寸最小。其次,干摩擦力R_T的大小与部件的加工、安装、调整有很大关系,在小型机组上,干摩擦力往往占很大比例。此外,接力器的尺寸还决定于所需的储备压力的大小。

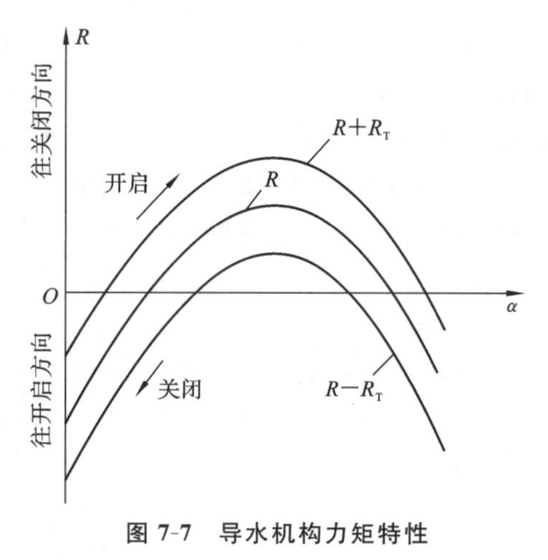

图 7-7 导水机构力矩特性

中小型反击式水轮机接力器容量的估算：

$$A=(200\sim250)Q\sqrt{H_{\max}D_1} \quad (7\text{-}47)$$

式中：A 为接力器容量，单位为 N·m；Q 为最大水头下额定出力时的流量，单位为 m^3/s；$H_{\max}$ 为最大水头，单位为 m；D_1 为转轮直径，单位为 m。

冲击式水轮机接力器容量的估算：

$$A=9.81Z_0\left(d_0+\frac{d_0^3H_{\max}}{6000}\right) \quad (7\text{-}48)$$

式中：Z_0 为喷嘴或折向器数；d_0 为额定流量时的射流直径，单位为 cm。

按计算结果从型谱中选取与之相近且比计算值偏大的接力器容量。

7.4.3 大型调速器容量计算

由于大型调速器不带有固定的接力器和油压装置等部件，因此要分别选择接力器、调速器和油压装置。对于一些重要的大型电站，还应该根据调速系统油管走向、布置、长短及其他参数，进行水力计算，进一步核实其容量和管径的大小是否合适。

1. 接力器的选择

大型调速器的导叶接力器容量选择一般是按经验公式计算出接力器直径，然后选取与其接近且偏大的接力器系列直径，再按经验公式求取接力器的最大行程。

当油压装置的额定油压为 2.5 MPa，采用标准导水机构并用两个单缸接力器操作时，每一个接力器的直径 d_c 可近似按下式计算：

$$d_c=\lambda D_1\sqrt{\frac{b_0}{D_1H_{\max}}} \quad (7\text{-}49)$$

式中：λ 为计算系数，可在表 7-4 中查取；b_0 为导叶高度，单位为 m；D_1 为转轮直径，单位为 m。

表 7-4 λ 系数表

导叶数 Z_0	16	24	32
标准正曲率导叶	0.031～0.034	0.029～0.032	—
标准对称导叶	0.029～0.032	0.027～0.030	0.027～0.030

注：① b_0/D_1 数值相同，而转轮不同时，Q_{11} 较大时取大值。

② 相同的转桨式转轮，包角大且用标准对称形导叶者取大值，但包角大，用非正曲率导叶者取较小值。

根据上述公式计算得出的 d_c 值，选取与表 7-5 中相接近且比计算值偏大的接力器系列直径。

表 7-5　导叶接力器系列

接力器直径/mm								
	250	300	350	400	450	500	550	600
	650	700	750	800	850	900	950	1000

若油压装置的额定油压为 4.0 MPa，则接力器直径 d'_c 为

$$d'_c=d_c\sqrt{1.05\frac{2.5}{4.0}} \tag{7-50}$$

接力器的最大行程 Y_{max} 可按经验公式求取，即

$$Y_{max}=(1.4\sim1.8)a_{0max} \tag{7-51}$$

式中：a_{0max} 为导叶最大开度，单位为 mm，转轮直径小于 5 m 时，采用较小系数。

双直缸接力器的总容积：

$$V_{sg}=\frac{\pi d_c^2}{2}Y_{max} \tag{7-52}$$

转轮接力器直径 d_z 按下式计算：

$$d_z=(0.3\sim0.45)D_1\sqrt{\frac{2.5}{p}} \tag{7-53}$$

式中：p 为调速器油压装置的额定油压，单位为 MPa。

转轮接力器最大行程 Y_{1max} 按下式计算：

$$Y_{1max}=(0.036:0.072)D_1 \tag{7-54}$$

当 D_1 大于 5 m 时，公式中采用较小的系数。

转轮接力器容积 V_{SY}：

$$V_{SY}=\frac{\pi d_z^2}{4}Y_{1max} \tag{7-55}$$

2. 调速器的选择

大型调速器的分类是以主配压阀尺寸为依据的，主配压阀直径一般与油管的直径相同，但有些调速器的主配压阀直径较油管直径大一个等级。

初步选择主配压阀直径时，可按下式计算：

$$d=\sqrt{\frac{4V}{\pi v T'_s}} \tag{7-56}$$

式中：V 为导水机构或折向器接力器的总容积，单位为 m^3；v 为管路中油的流速，单位为 m/s，当油压装置额定工作压力为 2.5 MPa 时，一般取 $v\leqslant5$ m/s；T'_s 为接力器直线关闭时间（由调节保证计算决定）。

按计算结果选取与系列直径相近且比计算值偏大的主配压阀直径。

在选择转桨式水轮机调速器时，导水机构接力器主配直径与转轮叶片接力器主配直径应采取相同的尺寸。

3. 油压装置的选择

目前国内生产的油压装置，其额定油压等级可分为 2.5 MPa、4.0 MPa 和 6.3 MPa。在额定工作油压确定后，油压装置的选择实际上是确定压力罐的容积。

压力罐容积要保证调节系统在正常工作时和事故关闭时有足够的压油源。

压力罐的容积可分为两个部分:空气所占的部分,在额定压力时约占总容积的 2/3,余下部分为油所占的容积。根据压力罐工作情况,油的容积可分为四个部分:保证正常压力所需的容积 ΔV_1;工作容积 ΔV_2;事故关闭容积 ΔV_3;储备容积 ΔV_4,如图 7-8 所示。

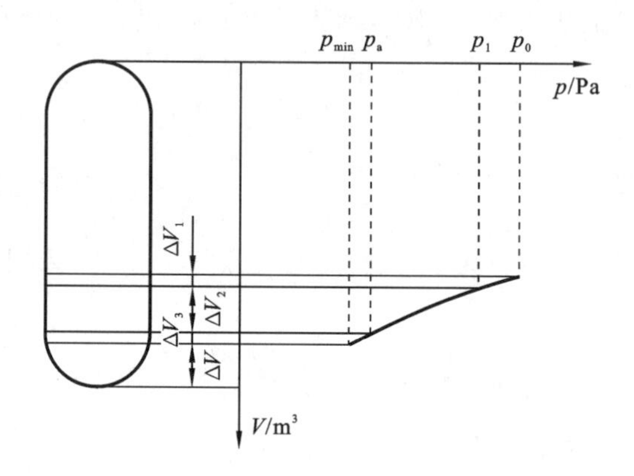

图 7-8　压油罐容积关系曲线

例如,额定压力为 2.5 MPa 的油压装置在正常工作时,压力罐压力一般保持在2.3~2.5 MPa,此压力相应的容积为 ΔV_1。

对于转桨式水轮机,工作容积大致做如下考虑:当压力降低至 2.3 MPa 时,正好系统发生事故,此时机组甩全负荷,接力器全关导叶,以后稳定在空载开度,此时系统要求再投入机组并带上全负荷。在此过程中关闭所需工作容积为

$$V_c = (1.5 \sim 2.5)V_{sg} + V_{sr} - T_c\left(\sum Q - q\right) \tag{7-57}$$

式中:V_c 为关闭所需容积;V_{sg} 为导叶接力器容积;V_{sr} 为桨叶接力器容积;$\sum Q$ 为油泵排量,取 $\sum Q = 1.8Q_M$;Q_M 为一台油泵排油量;q 为液压系统漏油量,一般取 $q = 0.5 \sim 1$ L/s;T_c 为关闭过程时间(包括摆动时间)。

式中第一项考虑接力器活塞可能有摆动,故乘以系数,第二项考虑桨叶接力器动作较慢,不会有太大摆动,第三项考虑由油泵在关闭时间内补充的油。

开启带全负荷所需容积为

$$V_o = V_g + V_Y - T_o\left(\sum Q - q\right) \tag{7-58}$$

式中:T_o 为开启过程时间。

总的工作容积为

$$\Delta V_2 = V_o + V_c \tag{7-59}$$

当油压装置发生故障,压力罐内压力大为降低,到一定压力时,必须事故关闭导叶,否则会有不能关闭导叶的危险。所以事故关闭时还要有一定的容积,即

$$\Delta V_o = V_{sg} + \frac{T_s}{T_Y}V_{sr} + T_s q \tag{7-60}$$

式中:T_s 为导叶关闭时间;T_r 为桨叶关闭时间。

式中第二项是考虑在事故时只要能全关闭导叶就行了。至于桨叶没有全关,可待以

后恢复油压后再处理。第三项考虑此时油泵已因故障停止运行。

至于混流式水轮机，只需把考虑桨叶那部分去掉就行了。

储备容积 ΔU 只是为了使压力罐空气不致带入调节系统。

综合以上各种因素，并考虑到控制调压阀和主阀的需要，压力罐容积可近似按下式确定：

$$V_{o}(18\sim20)V_{sg}+(4:5)V_{sr}+(9\sim10)V_{st}+3V_{sV} \tag{7-61}$$

式中：V_{sg} 为导叶接力器容积；V_{sr} 为桨叶接力器容积；V_{st} 为调压阀接力器容积；V_{sV} 为主阀接力器容积。

计算后，须选最邻近并较大的标准值，对于较大容积的压力罐可分为两个罐。

7.5 改善大波动过渡过程的措施

由前可知，限制水击压力升高与限制机组转速升高的要求是互相制约的，矛盾的焦点是导叶关闭时间 T'_{s}。在某些情况下可以找出能使两方面的要求同时得到满足的 T'_{s}，在另一些情况下则必须采取一些措施才能满足要求。

7.5.1 增加机组的 GD^2

从减少机组转速升高的角度，可采用增大机组 GD^2 的方法。

机组的 GD^2 一般以发电机为主，因水轮机直径小、重量轻，其 GD^2 只占全部 GD^2 的10%左右。一般转速较低的水轮发电机的 GD^2 足够、但转速较高的小型水轮发电机的 GD^2 小，有时还要增加补充 GD^2 的飞轮。

7.5.2 设置调压室

从减小水击压力升高角度，可采用缩短管路长度 L 或增大管径来减少 T_{W} 值。特别是有的长引水管的水电站 T_{W} 值往往较大，当改变关闭时间仍不能满足水击压力升高和转速升高允许值的要求时，就必须采用减少 T_{W} 值的办法来解决，为此可设置调压室。

设置调压室的必要性，应根据电站在电力系统中的作用，机组的运行条件，电站枢纽布置及地形、地质条件等，进行综合技术经济比较后确定。一般情况下，是否设置调压室的近似标准可由 T_{W} 值判断，当 $T_{W}\leqslant 3$ s 时，可以不设置调压室，若大于此值，则要设置调压室。

7.5.3 装设调压阀

尽管调压室比较全面地解决了长引水管在调保计算方面的问题,但建造调压室投资大、工期长,特别受地质、地形条件限制。所以,对于兴建调压室有困难的 $T_W \leqslant 12$ s 的中小型电站可考虑以调压阀代替调压室。调压阀的作用在于:当机组甩负荷后,水轮机流量迅速减小时,调压阀自动开启,使来自上游管道的流量有相当一部分(一般为$(0.5\sim0.8)Q_t$)从调压阀泄掉,随后在一定时间(20～30 s)缓慢地关闭。

若装设调压阀,则蜗壳的最大压力上升一般应为 $\xi=0.15\sim0.2$,但也不能采用过小的压力升高值,因为这种调压阀不能减小压力下降。目前生产的调压阀多数采用机械液压控制系统,利用调压阀动作时排出的压力油来推动导叶快速关闭。若调压阀不动作则导叶不会快速关闭,但调压阀拒动作时将会使转速升高超过规定值。

调压阀的选择计算如下:如图 7-9 所示,在流量线性变化情况下,若按转速升高不超过允许值的要求机组快速关闭导叶的时间为 T'_s,而按照压力升高不超过允许值的要求,导叶关闭时间为 T'_{ss},调压阀关闭时间为 T'_{sx},它们的关系为

$$T'_{ss}=T'_s+T'_{sx} \tag{7-62}$$

必须通过调压阀的最大流量由式(7-2)计算:

$$Q_x=Q_t\left(1-\frac{T'_s}{T'_{ss}}\right) \tag{7-63}$$

在确定了调压阀的最大流量 Q_x 之后,调压阀的直径 D_x 可按下式计算:

$$D_x=\sqrt{\frac{Q_x}{Q_{11x}\sqrt{H_0(1+\xi)}}} \tag{7-64}$$

式中:Q_{11x}为调压阀单位流量,可由调压阀特性曲线 $Q_{11x}=f(y_x)$查出。

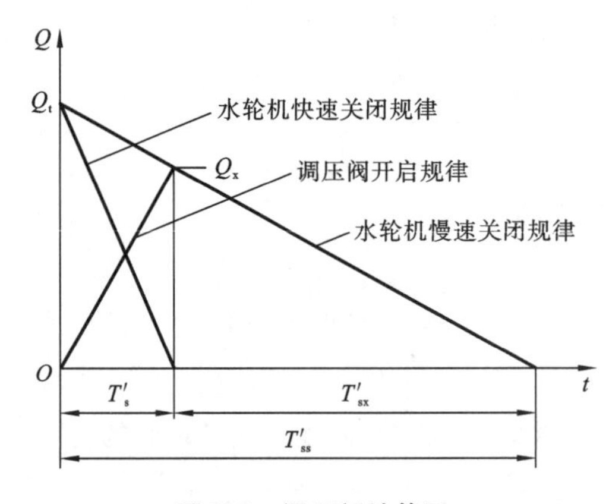

图 7-9 调压阀计算图

调压阀行程 y_x 一般采用 $0.2D_x\sim0.3D_x$,故在 $y_x<0.25D_x$ 时,其流量与行程接近线性关系。应注意,当调压阀出口低于下游水位时,Q_{11x}应增加 3%～5%;当调压阀出口有弯管时,Q_{11x}应减少 5%～10%。

调压阀所需的行程为

$$s_x = y_x D_x \tag{7-65}$$

式中：y_x 为调压阀的相对行程，根据 Q_{11x} 选配。

从上述可知，设置调压阀能减少压力上升值，但它会影响到调节系统小波动的稳定性，尤其在 T_W 大的情况下，这个问题更突出。所以不是在任何情况下都可用它来代替调压室的，而应根据电站的实际情况及其在电力系统中的地位来决定，并要研究计算调节系统小波动时的稳定性。

7.5.4 改变导叶关闭规律

改变导叶关闭规律也可以达到降低水击压力和机组转速升高的目的。在同一关闭时间内，导叶关闭规律不同，水击压力的变化亦不同。图 7-10(a)所示的是在相同关闭时间给出的三种导叶关闭规律；图 7-10(b)所示的是三种关闭规律相应的水击压力变化过程线。

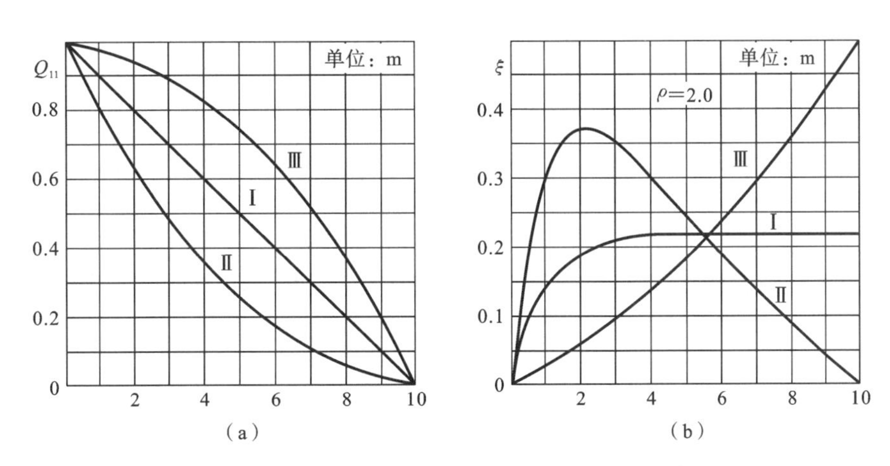

图 7-10 导叶关闭规律对水击压力上升的影响

从图 7-10 中可以看出，关闭规律Ⅱ在开始阶段关闭速度较快，因此水击压力迅速上升达到最大值，以后关闭速度慢了，水击压力也逐渐减小。关闭规律Ⅲ与它相反，是前慢后快，水击压力先小后大。第Ⅲ种关闭规律对水击压力变化最不利，其最大值为 0.4987，而用关闭规律Ⅰ时，其最大值为 0.2222，可见导叶关闭规律对最大水击压力的数值有显著的影响。若导叶采取程序关闭，可使水击压力值在选定的关闭时间内为最小，实现这样理想的关闭规律在目前情况下是有困难的。目前常用导叶的二段关闭来降低最大水击压力上升，这种关闭规律在低水头电站用得较多。因为低水头电站机组在导叶直线关闭的情况下，最大压力升高往往在后面出现(而高水头电站在导叶直线关闭情况下，最大压力上升值往往出现在前面)，所以使用二段关闭规律可降低甩负荷过程中最大压力的上升值。图 7-11 所示的是某电站采用两段关闭时拍摄的示波图。由图 7-11 可知，在甩负荷开始阶段导叶关闭速度快，这样有利于使转速升高值降低，当压力上升值达到规定的数值时，就开始缓慢关闭，使后面发生的压力上升不会比折点 A 的压力上升得高。所以在甩负荷过程中最大压力升高值发生在折点处。适当地选择折点的位置及导叶第一段、第二段的关闭速度，就可达到降低压力升高和转速升高的目的。导叶采用二段关闭后，若转速上升最大值在分段点以前出现，则计算公式仍采用导叶一段关闭时的计算式，若转速最大值出现在折点以后，计算公式是类似的，但系数略有不同。采用二段关闭规律除了上述作用外，还可作为轴流式水轮机防抬机措施之一。因为轴流式水轮机在甩负荷过程中常出现抬机现象，并造成机组不同程度的破坏，此类事故在国内外均发生过。例如，国内回龙寨电站由于系统事故甩负荷，造成风扇及整流子引线擦伤，滑环碳刷碰断甩出；长湖电站在甩负荷过程中由于抬机造成水淹厂房；苏联卡霍夫电站在甩负荷中造成桨叶和导叶折断，顶盖下部打穿的严重事故。为了防止轴流式水轮机在甩负荷过程中因抬机而可能产生的严重的后果，要采取一些防抬机措施。例如，加大真空破坏阀的面积；设置限位机构，从结构上对允许的抬机高度进行限制；在调保允许的范围内，延长导叶或桨叶的关闭时间；采用导叶分段关闭来降低轴向力等。

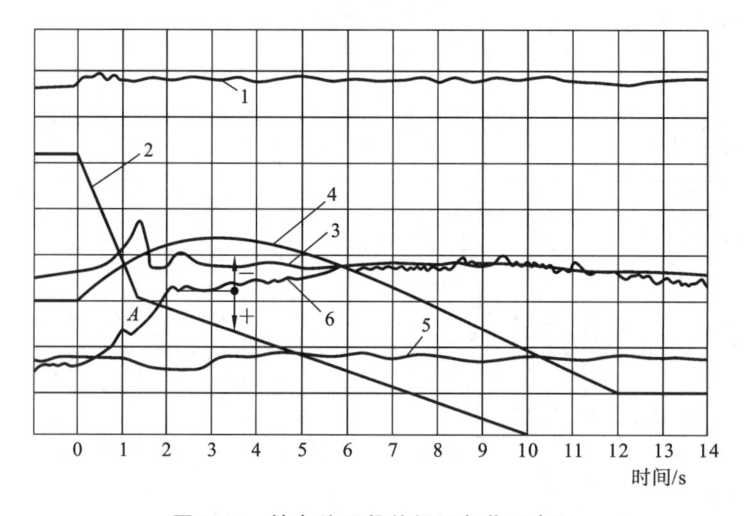

图 7-11　某电站两段关闭甩负荷示意图

1—跳闸信号；2—接力器行程；3—蜗壳压力；4—机组转速；5—尾水管压力；6—轴向水推力

造成抬机的原因，可能是由于甩负荷时尾水管内出现反水击所引起的，也可能是由于水泵升力所引起的，还可能是两者同时作用的结果。然而反水击抬机只发生在甩负荷情况下，而水泵升力抬机不仅可能在甩负荷时发生，而且可能在机组带水调相运行时发生。对于轴流机组在过渡过程中的抬机现象需要作进一步研究。

7.5.5　装设爆破膜

爆破膜与调压阀相同，作为调压室的机械代替设备，在小型水电站得到应用。爆破膜的工作原理是：将一组金属膜片安装在压力钢管末端，用膜片作为人为给定的薄弱环节，当机组甩负荷、膜片上的水压力上升并达到整定值时，膜片爆破，泄放流量，压力下降。如果泄量不够，随着导叶继续关闭，水压力再次上升，又有其他膜片相继爆破，从而增大泄流面积，使整个引水系统各部分的水压力均控制在允许值以内。

爆破膜采用的材料目前有铝、镍、不锈钢等，主要取决于电厂的应用水头。膜片爆破后，需更换新膜片。爆破膜结构简单、投资少，设置爆破膜能减少压力上升值，但它会影响到调节系统小波动的稳定性。膜片爆破性能的一致性对电厂安全也很重要，它与材料的性能、制造和安装水平有关。

此外，速率上升允许值已有提高，美国垦务局编制的水轮机设计标准规定速率上升值为60%。目前我国设计规程中也把速率上升的允许值从原来的40%提高到55%。

一般认为水轮机、发电机均是按飞逸转速设计校核的，允许短时间(如2 min)飞逸。飞逸转速一般为额定转速的1.6～2.2倍，所以速率上升还可以提高。

另外，甩负荷发生的概率大于飞逸。一般情况下，甩负荷发生在因事故跳开断路器时。这种事故包括各种电气事故及本机事故，发生的机会是较多的。而飞逸则发生在双重事故时，即由于上述电气、本机事故跳闸的同时，调速系统发生事故，不能关闭导叶，此时机组进入飞逸工况。由于飞逸转速较高，飞逸时伴随着急剧的振动，发生飞逸后一般要停机检查。因此，不能把甩负荷与飞逸等同起来。甩负荷后的速率上升应该限制在某一较低的数值上，不一定是55%，能提高到多少要根据电站及电力系统情况、制造工艺、安装调整水平和电站运行实际经验来决定。例如，大古力电站机组转速升高至额定值的65%时发生剧烈的振动，这就不能不限制速率上升值在65%以下。

另外，虽然甩负荷后机组已与系统解列，并不影响系统的工作，但调保计算所涉及的重要参数如机组惯性常数 T_a、水流惯性时间常数 T_W，对机组在系统中运行是有重要作用的。如果速率上升允许值的提高导致 T_a 的过分减小和 T_W 的过分增加，那么就会导致调节系统稳定性的恶化以及系统调频质量的降低。因此在《水电站机电设计手册》中按电站在系统中比例来确定速率上升允许值。

总之，随着电力系统容量的不断增加和机组制造水平的提高，提高速率上升允许值是有可能的，至于提高的幅度应根据电站及电力系统的情况与制造厂协商解决。

7.6 课后习题

1. 什么是水击？水击有什么危害？产生水击的根本原因是什么？能否避免水击发生？

2. 水击分为哪些类型？如何判别水击的类型？

3. 为什么要进行机组转速上升计算并限制其数值的大小？

4. 调节保证计算：某坝后式水电站装机容量为4×1600 kW。水轮机型号为ZD510-LH-180，最大水头 $H_{max}=27$ m，设计水头 $H_r=21$ m，设计流量 $Q_r=12$ m^3/s，吸出高度 $H_s=-2$ m；发电机额定转速 $n_r=300$ r/min，飞逸转速 $n_f=720$ r/min，机组飞轮力矩 $GD^2=260$ KN·m^2 气钢筋混凝土压力水管长 $L_T=33.86$ m，当量直径 $D_T=2.8$ m，蜗壳

折算长度 $L_c=8.8$ m，当量面积 $A_c=6$ m^2，尾水管折算长度 $L_B=10.31$ m，当量面积 $A_B=5.7$ m^2 气压力水管采用单独供水方式；水击波速取 $\alpha=1220$ m/s。试选择一个合适的导叶直线关闭时间 T_s，并求出相应的最大压力上升率 ξ_{max} 和机组转速上升率 β_{max}。

5. 改善大波动过渡过程的措施有哪些？各有什么特点。

第8章

水轮机调节系统数字仿真

在进行水轮机调节系统的分析、综合和设计的过程中需要对系统进行实验研究。通常首先在模型上进行实验。模型要尽可能类似真实的对象，所以也叫做“仿真”，就是“模拟”的意思。用作水轮机调节系统研究和实验的模型可分为物理模型和数学模型。物理模型是用缩小比例制作的，与原系统符合相似律的模型。例如，水轮机试验模型调速器液压系统模型（或其他形式的功率放大系统模型以及调节器模型或真实调节器）等。而数学模型则根据物理学基本定律用数学方程来描述所研究系统的工作原理或运动过程。例如，最常用的传递函数或微分方程等。物理仿真的主要优点是它保持了原型系统的物理本质，能客观地反映被研究对象的工作机理和过程以及难以用数学描述或不可能概括在数学方程中的真实现象。但通常其花费很高，且参数改变不易。基于数学模型的仿真则以计算机为基本工具，其成本极低，可以方便地引入可变参数、各种初始条件和干扰作用等，因此已成为当今控制系统仿真的基本方法。把针对某水轮机调节系统数学模型在特定的某种输入（或因素）作用下，利用计算机求取系统的运动或响应的过程，称为水轮机调节系统计算机仿真。

电子计算机对控制系统进行数字仿真已经经历了几十年的发展历史。它是伴随着计算机的硬件和软件技术发展起来的一门新技术。在初始阶段，人们通常根据所研究的任务和数学模型编制相应的计算机程序，然后再运行该程序得到结果。尽管这种方法较物理仿真更为简单、便捷，但编制计算机程序需要一定的专门知识且易出错，通常花在编制程序上的时间和精力要远大于所研究问题本身，这在一定程度上限制了计算机仿真技术的应用。

自 20 世纪 80 年代中期发展起来的计算机软件——MATLAB 很好地解决了这个问题。对于大多数水轮机调节系统的仿真而言，一个熟练的研究人员在确定所研究问题的数学模型之后，如果使用该软件提供的交互式工具（Simulink），构建一个可视化系统仅需很少的时间且不必写程序。

本章的主要内容是结合 MATLAB 和 Simulink，首先介绍了水轮机调节系统作为线性系统仿真的基本方法（小波动），然后介绍了大波动过渡过程（考虑系统非线性因素）数学模型、计算方法等实际应用问题。

8.1 MATLAB 及其控制系统工具箱

1980 年前后，美国的 Cleveoler 博士在 New Mexico 大学讲授线性代数课程时，发现应用其他高级语言编程极为不便，便构思并开发了 MATLAB（MATrix LABoratory，矩阵实验室），它是集命令翻译、科学计算于一身的一套交互式软件系统，经过在该大学进行了几年的试用之后，于 1985 年推出了该软件的正式版本，即 MATLAB 1.0。该软件推出后，立刻受到了国际控制学术界的重视。虽然起初该软件并不是为控制系统设计的，但它提供了强大的矩阵处理和绘图功能，可信度高且灵活方便，非常适合控制系统的仿真和辅助设计。控制理论领域的研究人员正是注意到这一点，在其基础上开发了许多与控制理论相关的程序集，这些程序集目前都作为工具箱（toolbox）集成在 MATLAB 环境里。例如：控制系统工具箱（control system toolbox）、鲁棒控制工具箱（robust control toolbox）、系统辨识工具箱（system identification toolbox）等，与控制理论的学习和应用都结合得非常紧密，无论是控制专业的学生还是经验丰富的控制工程师和研究人员，都能从中找到有用的东西。

经过近 20 多年的发展与充实，MATLAB 已经成为国际控制界最为流行的计算机辅助设计及教学工具软件。虽然它可能已偏离了“矩阵实验室（matrix laboratory）”的初始本意，但其风格和设计理念对控制领域的影响是非常深远的。即使在控制领域本身，它所涉及的内容也是十分广泛的。限于篇幅，本节将结合水轮机调节系统仿真，介绍 MATLAB 及其控制系统工具箱的基本知识及使用方法，而 Simulink 的介绍及使用在后面再作介绍。

8.1.1 MATLAB 语言基础

MATLAB 就其计算机语言的属性而言，可以被认为是一种解释性编程语言。其优点在于语法简单，程序易于调试，交互性强，且单一语句的效率很高。正因为如此，它被称为第四代编程语言。由 MATLAB 语句编写的程序，通常以“.m”的文件后缀存放，因此常称为 m 文件。当用户编写好自己的 m 文件后，即可在 MATLAB 内核的管理下直接运行，而不必经过编译。

由于 MATLAB 拥有完善的文件编辑器，因此创建 m 文件的过程十分简单，只需在 Command Window（MATLAB 的主界面）环境下选择菜单项 File/New/M - file 或直接键入 edit 即可进入 MATLAB Edi tor。该编辑器与高级语言的集成开发环境非常类似。除了常用的文件管理系统和文字处理功能外，编写好的 m 文件在此环境下可以进行修改、调试、跟踪、设置清除断点、单步执行或按指定的条件执行。执行过程中的错误和警告都直接写在 Command Window 中。

从语法上讲，由于 MATLAB 本身是由 C 语言编写的，m 文件的语法与 C 语言十分相似，因此熟悉 C 语言的用户会轻松地掌握 MATLAB 编程技巧。m 文件有两种形式，即命令文件和函数文件，这两种文件扩展名都是“. m”。

命令文件是将一组相关语句编辑在同一个 ASCII 码文件中，运行时只需输入文件名，MATLAB 就会自动按顺序执行文件中的语句和命令。命令文件中的语句可以访问 MATLAB 工作空间中的所有数据，运行过程中产生的所有变量都是全局变量。

函数文件的第一行为函数定义行，它包含函数文件的关键字 function、定义的函数名、输入参数和输出参数。每一个函数文件都定义一个函数。它类似于 C 语言中的为完成特定功能而设计的子程序，但 MATLAB 的“子程序”一般定义在函数文件中。MATLAB 本身提供的函数大多数都是函数文件定义的，函数就像一个黑箱，把一些数据装进去，经适当的加工处理，再把结果送出来。从形式上看，函数文件与命令文件的主要区别是命令文件的变量在文件执行后保留在工作空间里，而函数文件内定义的变量仅在函数内部起作用，执行完后，这些内部变量就被清除了。

下面简单介绍一下在 MATLAB 中编程中最常用的基本语法规则。当然，要编写完整的大型应用程序，这里所介绍的内容是远远不够的，还需要参考其他专业书籍。此处推荐《MATLAB 从入门到精通》以及《基于 MATLAB/Simulink 系统的仿真权威指南》等。

1. MATLAB 的变量

MATLAB 变量作为 MATLAB 的最基本运算单元，是具体运算和编写程序的基础。与其他高级语言类似，变量的基本赋值语句结构如下：

变量名=表达式

关于变量使用的相关说明如下。

(1) MATLAB 对变量名的大小写敏感，大小写代表不同的变量。

(2) MATLAB 中数值变量的默认格式均为双精度浮点数，所有显示结果的默认格式是 5 位有效数字，但可以通过设置改变。例如，命令“format short e”“format long”和“format long e”使得输出格式分别为 5 位浮点数、15 位定点数和 15 位浮点数。

(3) MATLAB 中有一些保留的常量，如 inf 表示无穷大。MATLAB 依照 IEEE 的标准允许除数为 0，产生这种情况时只给出警告，不中止程序，其结果为 inf。另一个常量 NaN 表示非法数字(not a number)，一般是由 inf/inf 或 0/0 产生的。此外，还有“pi”表示圆周率“π”。这些特点使得 MATLAB 比一般的高级语言有着更高的容错性，更加灵活可靠。同时，在编写变量名的时候应该避免采用这些常量名。

(4) 变量可以是矩阵、向量或标量，且在应用之前不必是维数确定的，也不必声明。在 MATLAB 中，变量一旦被采用，会自动产生(如果必要，变量的维数以后还可以改变)。此外，MATLAB 中也有类似于其他高级语言中的结构和 CELL 等数据集合的概念，其创建方式可参考专业的 MATLAB 工具书。

(5) 在 MATLAB 运行时，所有的变量和运算结果均存储在名为“Workspace”的存储空间中。只要不人为清除，这些变量就一直有效，直至关闭 MATLAB。略有不同的是，由函数创建的变量通常为局部变量，该变量随函数的调用生效，随函数的返回被自动地清除。可以对局部变量声明为全局变量，采用“globe”命令，其调用格式为“globe a b”，其中 a、b 为声明的全局变量。

2. 运算符和特殊字符

由于 MATLAB 的基本变量是矩阵，因此其运算符和有些字符的定义与其他高级语言有所不同，现简述如下。

(1) “＋”和“－”。加号和减号，用标量与标量、向量与向量以及矩阵与矩阵之间的运算。需要注意的是，向量与向量或矩阵与矩阵之间进行加减运算时，其维度必须一致。此外，标量可与向量或矩阵进行加减运算。例如，**A**＋**B**(**A**－**B**)中 **A** 和 **B** 两个矩阵必须有相同的大小，或其中之一为标量。

(2) “.*”和“*”。“*”用于标量、向量和矩阵的相乘法。例如，**C**＝**A**.***B** 为两矩阵线性代数的乘积，即对于非标量 **A** 和 **B**，**A** 的列数必须与 **B** 的行数相等，如 **C**＝**A*****B**，其中 **A** 为 $m\times n$ 的矩阵，**B** 为 $n\times m$ 的矩阵，**C** 为 $m\times m$ 的矩阵。此外，“*”还可以用于标量*向量/矩阵。“.*”为数组乘，**A**.***B** 表示数组 **A** 和数组 **B** 的对应元素相乘。其中，**A** 和 **B** 的大小必须一致，或者其中之一为标量。

(3) “/”和“./”。“/”：矩阵右除号。计算 **B**/**A**，近似等于 **B***inv(**A**)，其中 inv(**A**)表示矩阵的逆。“./”：数组右除号。**A**.**B** 表示矩阵元素 **A**(i,j)/**B**(i,j)，**A** 和 **B** 必须大小相同，或者其中之一为标量。

(4) “^”和“.^”。“^”：矩阵幂。例如，**X**^p，如果 p 为标量，表示 **X** 的 p 次幂。**X** 和 p 不能同为矩阵。“.^”：数组幂。**A**.^**B** 表示矩阵元素 **A**(i,j)的 **B**(i,j)次幂，**A** 与 **B** 必须大小相同，或者其中之一为标量。

(5) “’”。矩阵转置，**A**’表示矩阵 **A** 的线性代数转置。对于复矩阵，表示复共轭转置。

(6) “:”。冒号操作符。冒号操作符在 MATLAB 中起着重要作用。该操作符用来建立矢量，赋予矩阵下标和规定迭代。例如，j:k 表示$(j,j+1,\cdots,k)$；**A**(:,j)表示矩阵 **A** 的第 j 列；**A**(i,:)表示矩阵 **A** 的第 i 行。**a**＝1:5 表示 **a**＝[1 2 3 4 5]。

(7) 关系运算符：＜，＞，＜＝，＞＝，＝＝，～＝分别表示“小于”“大于”“不大于”“不小于”“等于”“不等于”。数组进行关系运算时，对每个元素进行比较，运算结果是一个与数组大小一样的由 0 和 1 构成的数组。＜，＞，＜＝，＞＝四种运算，只比较操作数实部，而＝＝，～＝既比较实部又比较虚部。例如，“a＝1＞2”，a 返回的结果为 0。

(8) 逻辑运算符：“|”“&”“～”“xor”分别表示“或”“与”“非”“异或”运算。

(9) “%”操作符。在 MATLAB 中以“%”开始的程序行或一行程序中“%”后面的部分，表示注解和说明。这些注解和说明是不执行的。如果注解和说明需要一行以上的程序行，则每一行均需以“%”为起始。

(10) “;”分号操作符。分号用来取消打印。在 MATLAB 中，如果一行语句和命令后没有任何符号，则该语句或命令产生的结果均将在 Command Window 上打印出来。在有些情况下这是必要的，但在有些情况下又是多余的，而且要大大降低程序的运行效率。如果语句的最后一个符号是分号，则打印被取消，但是命令仍在执行，而结果不再显示。此外，在输入矩阵时，除非是最后一行，分号用来指示一行的结束。

详细的运算符和操作符可以参考专业的 MATLAB 操作书籍。

3. 矩阵、向量的赋值

在 MATLAB 中，矩阵和向量的输入较为简单，以下以几个示例说明。

输入一个 $\boldsymbol{A}=[1,2,3,4]$的行向量：直接输入“`A= [1,2,3,4]`”。

输入一个列向量 $\boldsymbol{B}$：直接输入“`B= [1;2;3;4]`”或“`B= [1,2,3,4]`”。

输入一个矩阵 $\boldsymbol{C}$：

$$\boldsymbol{C}=\begin{bmatrix}1 & 2 & 3\\4 & 5 & 6\\7 & 8 & 9\end{bmatrix}$$

可以直接输入“`C= [1 2 3;4 5 6; 7 8 9]`”。

8.1.2　MATLAB 的控制系统工具箱与水轮机调节系统分析

MATLAB 的控制系统工具箱是 MATLAB 最早的工具箱之一。它事实上是一组专门的用于控制领域的应用函数集合，是实现控制系统建模、分析、仿真和设计的重要工具。它支持以传递函数式或状态空间形式来建模，允许使用经典和现代的控制技术，特别适用于线性时不变系统。因此，使用 MATLAB 对控制系统进行分析，事实上仅是对其控制工具箱提供的各类函数的调用。MATLAB 的控制系统工具箱名字叫 control system toolbox，用户可通过在 MATLAB 主页点击附加功能，点击获取附加功能进入附加功能资源管理界面，搜索 control system toolbox 并安装。

1. 基于传递函数的控制系统建模

这里的建模是指将待分析的控制系统数学模型输入到 MATLAB 中。由于在本书中，对水轮机调节系统的分析多采用传递函数模型，这里仅介绍多项式传递函数和零极点增益模型在 MATLAB 中的建模方法。

先讨论分子分母为 s 的多项式模型的建模方法。这是传递函数的最一般表达方式，一般记为

$$G(s)=\frac{b_m s^m+b_{m-1}s^{m-1}+\cdots+b_1 s+b_0}{a_n s^n+a_{n-1}s^{n-1}+\cdots+a_1 s+a_0} \tag{8-1}$$

在 MATLAB 中，传递函数分别使用分子、分母的多项式系数表示，即 num 和 den。

例如，要创建一个具有如下形式的传递函数模型：

$$G(s)=\frac{-s+2}{3s^2+6s+1}$$

可以在 MATLAB 命令窗口或 m 文件中输入：

```
num=[-1 2];            % 传递函数分子多项式按 s 降幂排列的系数
den=[3 6 1];           % 传递函数分母多项式按 s 降幂排列的系数
sys=tf(num, den)       % 创建 MATLAB 下的传递函数模型
```

其中,“tf ()”为控制系统工具箱提供的传递函数模型创建的命令;“sys”为 MATLAB 下已创建的表示上述传递函数模型的变量。以后,对该传递函数的引用仅使用 sys 作为标识即可。

再讨论零极点增益模型,这是在根轨迹分析中常用的模型,其表达式为

$$G(s)=k\frac{(s+z_1)(s+z_2)\cdots(s+z_m)}{(s+p_1)(s+p_2)\cdots(s+p_n)} \tag{8-2}$$

在 MATLAB 中,零极点增益模型用[z,p,k]矢量表示,其表达式为

$z=[z_1,z_2,\cdots,z_m]$

$p=[p_1,p_2,\cdots,p_n]$

k=[k]或 k=k

例如,要在 MATLAB 中创建如下的零极点模型:

$$G(s)=0.2\frac{-s+2}{(s+2)(s+0.2)}$$

可以在 MATLAB 命令窗或 m 文件中输入:

```
z=2;                   % 零点向量
p=[-2,-0.2];           % 极点向量
k=[0.2];               % 增益
sys=zpk (z,p,k);       % 创建 MATLAB 中的零极点模型
```

需要指出的是两种模型可以互相转换,其转换命令:“tf2zp”“zp2tf”模型转换以及转换命令的关系如图 8-1 所示。

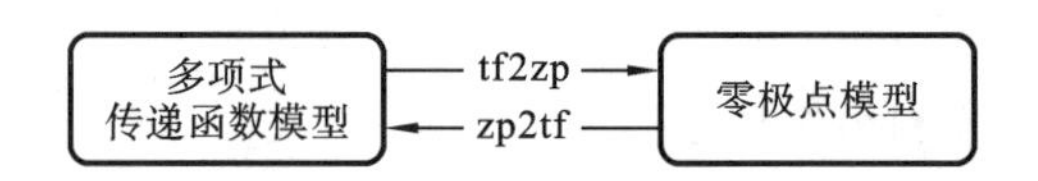

图 8-1　两种模型之间的转换

以将多项式传递函数模型转化为零极点模型为例子输入以下语句:

```
num=[-1 2];
den=[3 6 1];
sys=tf(num, den)
[z,p,k]=tf2zp(num,den);
sys1=zpk [z,p,k]
```

同理,将零极点模型转化为多项式传递函数模型执行(num,den)= zp2tf(z,p,k)再执行 tf 即可。

2. 建立水轮机控制调节系统的传递函数模型

本小节将利用上述的建模方法建立简化水轮机调节系统的传递函数模型(m 文件)，设水轮机调节系统采用 PI 控制，其简化模型方框图如图 8-2 所示。

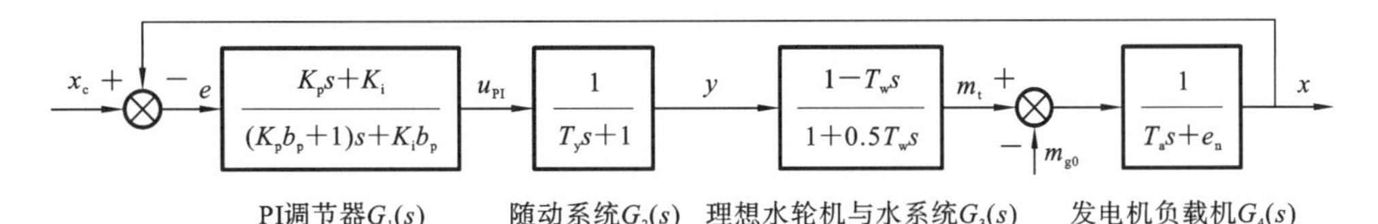

图 8-2　简化水轮机调节系统数学模型

其中，设 $K_p=2, K_i=0.2, b_p=0, T_y=0.2\ s, T_w=1.0\ s, T_a=6\ s, e_n=0.8$。创建其对应的 MATLAB 模型，并考虑到程序的灵活性和重复可用性，可编写如下模型创建程序，并以 m 程序文件的形式保存。

```
% 文件名为 HTGS_S, 简化水轮机调节系统数学模型
clear;clc;
Kp=2;                            % 比例系数
Ki=0.3;                          % 积分系数
bp=0;                            % 永态转差系数
Ty=0.2;                          % 接力器时间常数
Tw=1;                            % 水流惯性时间常数
Ta=6;                            % 机组惯性时间常数
en=1;                            % 机组自平衡系数
% 调速器 s 多项式
num1=[Kp Ki];
den1=[(Kp*bp+1) Ki*bp];
num2=[1];
den2=[Ty 1];
% 理想水轮机和水系统 s 多项式计算
num3=[-Tw 1];
den3=[0.5*Tw 1];
% 发电机负载 s 多项式计算
num4=[1];
den4=[Ta en];
% 调速系统开环传递函数模型
numop=conv(num4,conv(num3,conv(num2,num1)));
denop=conv(den4,conv(den3,conv(den2,den1)));
sysop=tf(numop,denop)
% 调速系统对于频率扰动的闭环系统模型
```

```
Gsys_x= feedback(sysop,1,-1)
% 调速系统对于负载扰动的闭环系统模型
numH_mt=conv(num3,conv(num2,num1));
denH_mt=conv(den3,conv(den2,den1));
Hsys_mt=tf(numH_mt,denH_mt);
Gsys_mt=tf(num4,den4);
Gsys_mt=feedback(Gsys_mt,Hsys_mt,1)
```

运行上述.m文件，得到如下结果，其中“sysop”为开环传递函数，“Gsys_x”为对于频率扰动的闭环传递函数，“Gsys_mt”为对于负载扰动的闭环传递函数。

```
sysop=
      - 2 s^2 + 1.8 s + 0.2
  ----------------------------------------
  0.6 s^4 + 4.3 s^3 + 6.7 s^2+ s
Gsys_x=
          - 2 s^2 + 1.8 s + 0.2
  ----------------------------------------------------
  0.6 s^4 + 4.3 s^3 + 4.7 s^2 + 2.8 s + 0.2
Gsys_mt=
          0.1 s^2 + 0.7 s^2 + s
  ----------------------------------------------------
  0.6 s^4 + 4.3 s^3 + 8.7 s^2 - 0.8 s - 0.2
```

这个m文件创建了3种用于不同目的系统模型，其中开环传递函数“sysop”用于系统的频率特性和根轨迹分析，闭环传递函数“sys_x”和“sys_mt”分别用频率给定扰动下和负荷扰动的时域分析。在下面的分析中，我们假定上述程序已经运行一次(如果参数更改，需重新运行)，这样，所创建的系统模型已经驻留在MATLAB的工作空间中，可供控制系统具箱中的其他函数使用。

3. 利用MATLAB控制系统工具箱分析水轮机调节系统

1) 时域分析

控制系统的时域响应分析指的是在特定输入信号作用下，求解系统输入随时间的变化规律，并根据绘制的曲线分析系统的性能和各主要参数对系统性能的影响。这里的响应曲线一般是指典型输入下的响应曲线，即阶跃响应或脉冲响应。

MATLAB控制系统工具箱提供了两个求解系统单位阶跃响应的函数step( )，其基本调用格式为：step (sys1, sys2, …, sysn, t)和[y,x,t]= step (sys1, sys2, …, sysn)。其中，第一种格式是不关心系统阶跃响应的具体数值，仅在一张图上绘制从系统sys1到系统sysn的阶跃响应曲线。“t”是“t0：tspan：tfinal”格式的时间向量，其中，“t0”为仿真开始时间，“tfinal”为仿真时间结束，“tspan”为计算步长。当然，也可不指定“t”向量，由MATLAB根据系统情况自行决定仿真的起止时间。如果想进一步了解函数step

()的详尽用法,可以在 Command Window 输入“help step”查看 step 的详细用法文档。MATLAB 根据系统情况自行决定仿真的起止时间。第二种格式返回系统的阶跃响应数据,但并不在屏幕上绘制系统的阶跃响应曲线。其中,“t”是返回的仿真时间向量,“x”对应各状态变量的阶跃响应数据。

对于系统的单位脉冲响应,MATLAB 也提供了两条函数 impulse()实现此功能。其基本调用格式与单位阶跃响应函数完全相同,仅是函数名不同而已。如果想进一步了解函数 impulse()的详尽用法,可以在 Command Window 输入“help impulse”查看 impulse 的详细用法文档。

然而,在水轮机调节系统中,有些时候可能需要不同幅值的阶跃输入或不同类型的输入信号,在这种情况下,可使用 MATLAB 提供的另一个任意输入仿真求解函数,即 lsim()函数。其调用格式为:lsim(sys1, sys2, …, sysn, u, t)。其中,“t”是“t0: tspan:tfinal”格式的时间向量。“u”是在“t”所确定的时刻上系统的输入向量。以下将使 lsim 来求解系统 0.1 的阶跃响应。需要注意的是使用该命令的扰动类型需要编辑在“u”中,详细用法可以利用 help 命令查询,此处不做赘述。

将以下命令编在“HTGS_S”m 文件中或者运行完“HTGS_S”后直接将以下命令键入 Command Window。

```
% 继续输入绘图命令
t=0:0.01:100;               % 指定仿真时间和步长
u1=t* 0+ 0.1;               % 设定频率扰动,此处设置为 0.1 的阶跃扰动
u2=t* 0+ 0.1;               % 设定功率扰动,此处设置为 0.1 的阶跃扰动
% 仿真 0.1 阶跃频率扰动,并绘制时域响应波形
x1=lsim(Gsys_x,u1,t);       % 仿真计算
figure(1);                  % 图 1
plot(t,x1);                 % 绘制时域响应
title('水轮调节系统频率阶跃扰动');  % 设置图名和坐标轴名称
xlabel('时间(秒)');
ylabel('转速(p.u))');
% 仿真 0.1 阶跃负载扰动,并绘制时域响应波形
x2=lsim(Gsys_mt,u2,t);      % 仿真计算
figure(2);                  % 图 2
plot(t,x2);                 % 绘制时域响应
title('水轮调节系统负载功率扰动');  % 设置图名和坐标轴名称
xlabel('时间(秒)');
ylabel('转速(p.u))');
```

运行程序后,产生的 0.1 频率阶跃与 0.1 功率阶跃的水轮机调节系统时域响应如图 8-3 所示。如果要求取系统的单位脉冲响应,用 impulse 求解即可,限于篇幅,此处不再赘述。由此可见,在 MATLAB 下,利用控制系统工具箱提供的函数对控制系统进行仿真

是十分方便的。值得说明的是，上述用于求取系统阶跃响应的函数是假定系统的输入为单位阶跃响应(信号的跃变幅值为1)。

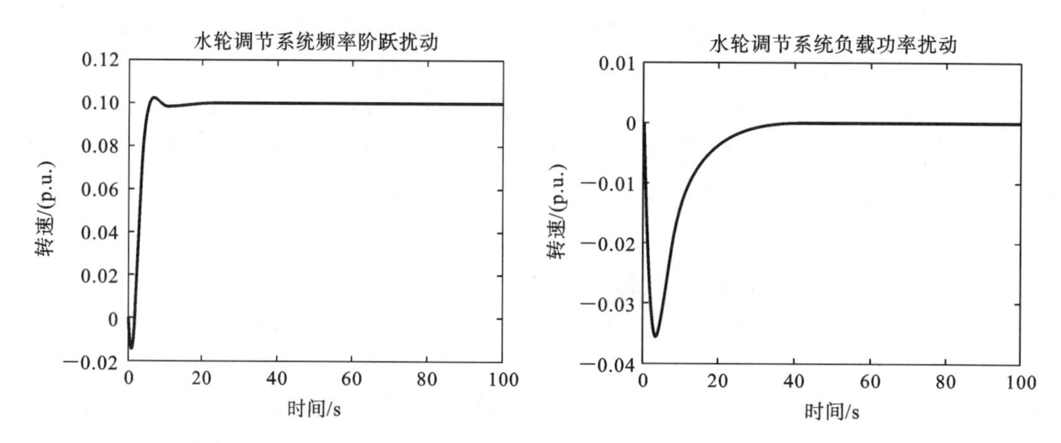

图 8-3 MATLAB **仿真水轮机调节系统的** 0.1 **阶跃响应**

2) 频域分析

频率响应分析实际上就是求取系统的频率特性以及相关的频域指标，如系统的对数频率特性(伯德图)以及对应的增益裕量 G_m 和相角裕量 P_m 等。在第6章中，我们已经使用了频率特性分析的方法对水轮机调节系统进行了相应的分析和参数选择，但难点在于较精确地绘制系统的伯德图通常是较为繁琐的。MATLAB 的控制系统工具箱提供了易用的频率特性分析函数，将这些方法与第6章介绍的分析方法相结合无疑将起到事半功倍的作用。描述控制系统频率特性主要用相应的图形。其中，最有用的就是 Bode 图(伯德图)和 Nyquist 图(奈奎斯特图)。在水轮机调节系统分析中，常用系统的伯德图，因此，在此仅就伯德图的绘制方法作简要介绍。MATLAB 提供了一条函数 bode()可以直接求解和绘制系统的 Bode 图。其基本调用格式为

```
bode(sys1, sys2,…,sys,ω)
或[mag, phase]=bode(sys1,sys2,…,sysn,a)
```

前者直接画出系统的伯德图，而后者则将幅频特性和相频特性分别赋值给 mag、phase，使用者可进一步用 plot()画出伯德图。这里，“sys1”“sys2”…是系统的模型；“ω”是指定的角频率向量，也可以不加指定而由 MATLAB 自己给出。

为求得系统的增益裕量和相位裕量，MATLAB 还提供了一条函数 margin()，它不仅可以画出系统的伯德图，还可同时求解系统的增益裕量和相角裕量，其基本调用格式为

```
margin (sys)
或 Gm,Pm,Wcg,Wcp]=margin(sys)
```

前者直接画出系统的伯德图(与 bode 函数功能相同)，并在图中标注系统的增益裕量和相角裕量，而后者则将结果赋值给“Gm”“Pm”“Weg”和“Wcp”，它们分别是系统的增益裕量、相角裕量及其对应的角频率。而“sys”则是 MATLAB 下的控制系统模型。

在本小节创建的水轮机调节系统模型基础之上(此处应使用系统的开环传递函数模型 sysop),在 Command Window 下键入下列命令:

```
margin(sysop)
```

则可得如图 8-4 所示的标注有系统增益裕量和相角裕量的伯德图。

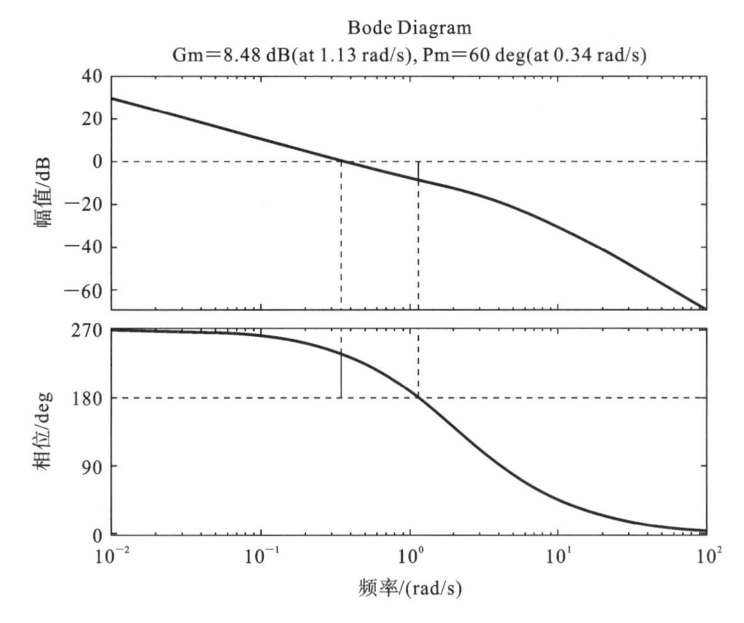

图 8-4　margin 命令绘制的伯德图

3) 根轨迹的绘制

控制系统的根轨迹分析法是 W. B. Evans 于 1948 年提出的一种求解特征方程根的简便的图解方法,是指系统的开环传递函数增益(或其他参数)变化时其闭环传递函数的极点在复平面上变化的轨迹。目前,在各种控制相关的工程上以及水轮机调节系统的分析中已经获得了广泛的应用。它根据系统开环传递函数极点和零点的分布,按照一些简单的规则,用作图的方法求出闭环极点的分布,避免了复杂的数学计算。与频率特性分析的方法类似,手工绘制完整、较为精确的水轮机调节系统根轨迹图形是十分繁琐的。为克服这方面的困难,可使用 MATLAB 辅助完成这项工作。

MATLAB 的控制系统工具箱提供了一条函数 locus(),可以通过系统的开环传递函数绘制其闭环的根轨迹图。其基本调用格式为

```
R=locus(sys,K)
```

其中,“sys”是系统的开环传递函数描述;“K”是给定的系统增益向量,也可以缺省由 MATLAB 自行提供;“R”是返回的根轨迹数据,如果不设返回值, MATLAB 会在屏幕上直接绘制出系统的闭环根轨迹图。

在本小节创建的水轮机调节系统模型基础之上(此处应仍使用系统的开环传递函数模型 sysop),在 Command Window 下键入下列命令:

```
locus(sysop)
```

则可得如图 8-5 所示的系统根轨迹图形。为便于分析,在绘制的图形中,用鼠标点击根轨迹上的任一点还可弹出关于该点的信息框,显示该点对应的开环放大倍数(gain),位置(pole)、阻尼系数(damping)和可能的超调量(overshoot)等信息。如果该点可以看成是系统的主导极点的话,则阻尼系数和超调量将近似反映系统的动态特性。

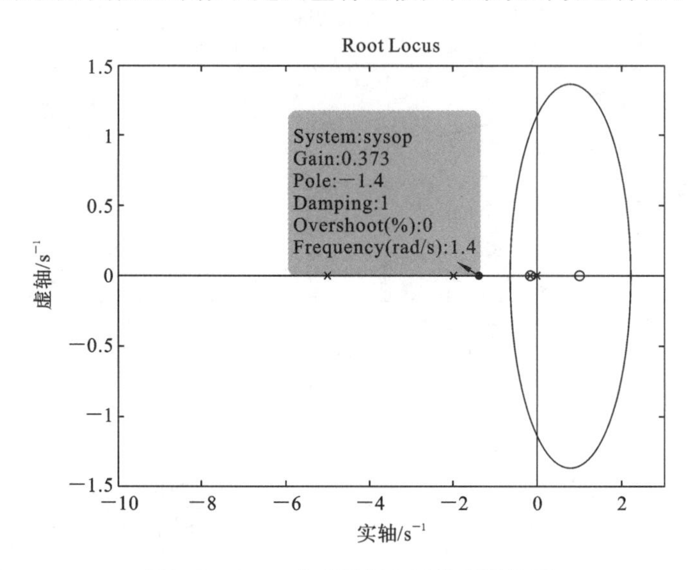

图 8-5 rlocus **命令绘制的系统根轨迹图**

8.1.3 LTI Viewer

控制系统工具箱除上述基本使用方法外,还提供了一个针对线性定常系统的可视化集成仿真环境 LTI Viewer。一旦在 MATLAB Workspace 或 Simulink 中创建了控制系统的模型,则可利用该环境提供的功能实现对各种分析和仿真函数的自动调用,从而较完整地实现对系统的各种分析和仿真,而不必用户自己去编写程序或考虑相关的分析函数调用格式。它可以根据不同的要求绘制相应的曲线,如阶跃响应曲线、脉冲响应曲线、Bode 图、Nyquist 图和 Nichols 图等。在不同的曲线中,还可以求取各种性能指标参数,如过渡过程时间、峰值点、增益裕量、相角裕量、谐振峰等。在线性定常系统或线性化的水轮机调节系统中遇到的各种分析方法、曲线绘制和性能指标几乎都可以在这里查到。完整地介绍 LTI Viewer 的使用方法需要大量的篇幅,不能在此一一介绍。这里,仅通过上述水轮机调节系统的实际例子说明 LTI Viewer 的使用步骤和方法并假定所创建的各系统模型已经存放在 MATLAB 的 Workspace 中(即已至少运行 HTGS_S.m 程序一次)。

1. LTI Viewer **的启动**

在 Command Window 下,键入“ltiview”则启动 LTI Viewer,稍等片刻,出现如图 8-6所示的 LTI Viewer 空界面。

2. 在 LTI Viewer 下输入系统模型

选择 File 菜单下的 Import… 选项，则弹出如图 8-7 所示的系统输入界面，在左侧选中 Workspace 选项，则在 System in Workspace 列表框内，可见由 HTG_S. m 创建的 3 个系统 sysop、sys_x 和 sys_mt。选中这三个系统，点击“OK”按钮即可将系统输入并回到 LTI Viewer 主界面。

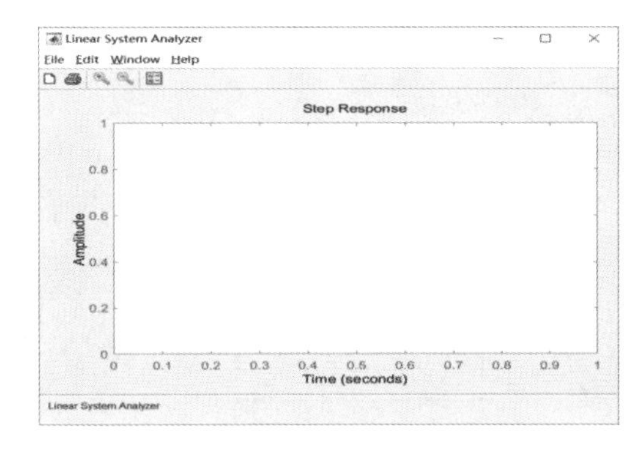

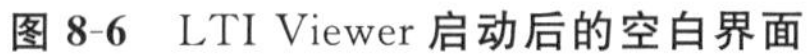
图 8-6　LTI Viewer 启动后的空白界面

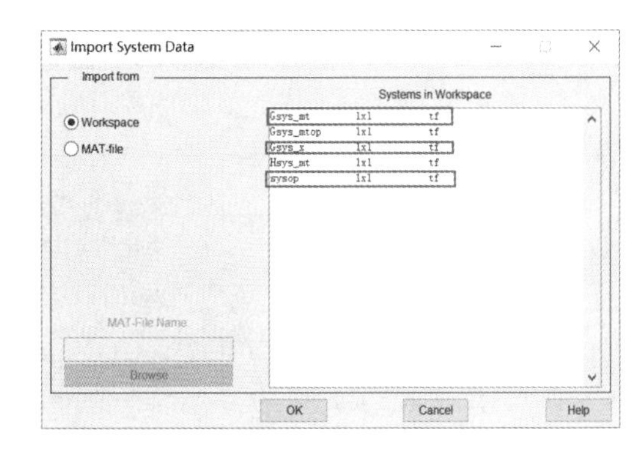

图 8-7　选择要输入到 LTI Viewer 的系统

3. 求解和分析

在 LTI Viewer 主画面(画图区)点击鼠标右键，弹出一浮动菜单，主要有如下选项可供选择。

Plot Types：选择分析(或绘图)的类型；

Systems：选择待分析的系统；

Characteristics：指标或特征参数求取；

Grid：在图中绘出坐标网格线；

Properties：设置参数。

选择 Plot Types 选项，又会弹出一个浮动子菜单，提供如 Step(求单位阶跃响应)、Impulse(求单位脉冲响应)、Bode(求伯德图)、Nyquist(求奈奎斯特图)和 Pole/Zero(零极点分布图)等多种方法的选项。一旦选择其中的一项，则相应的图形就会出现在 LTI Viewer 主画面的绘图区上。现假定要求取系统 SysFR 的单位阶跃响应，可按下述步骤进行。

(1) 点击鼠标右键，在弹出的浮动菜单中选择 Systems 选项，并在进一步弹出的下级浮动菜单中选中系统 Gsys_x。

(2) 点击鼠标右键，在弹出菜单中选择 Plot Types 选项，并在进一步弹出的下级浮动菜单中选择 Step 选项，则相应的系统单位阶跃响应就出现在 LTI Viewer 主画面的绘图区上。

(3) 点击鼠标右键，在弹出菜单中选择 Characteristics 选项，并在进一步弹出的下级浮动菜单中选择 Peak Response 选项，则在曲线上相应的位置显示一个实心圆点标记，表示响应曲线的最高点。将鼠标箭头移动到该点，则显示相应的信息框，显示 Peak Amplitude(峰值)为 1.02，Overshoot(超调量)为 2.49%，At time(发生时间)为 6.52 s。

(4) 点击鼠标右键，在弹出菜单中选择 Characteristics 选项，并在下一步弹出的下级浮动菜单中选择 Setting Time，则在曲线相应的位置显示一个实心圆点标记，表示响应曲线到此进入稳态。将鼠标箭头移动到该点，则相应的信息框中显示 settling time(调节时间)为 6.93 s。

(5) 点击鼠标右键，在弹出菜单中选择 Grid 选项，则在图形中显示坐标网格线。

这时，显示系统阶跃响应的 LTI Viewer 界面如图 8-8 所示。当然，对系统的其他分析，均可在 LTI Viewer 下用类似的方法进行，此处不再赘述。

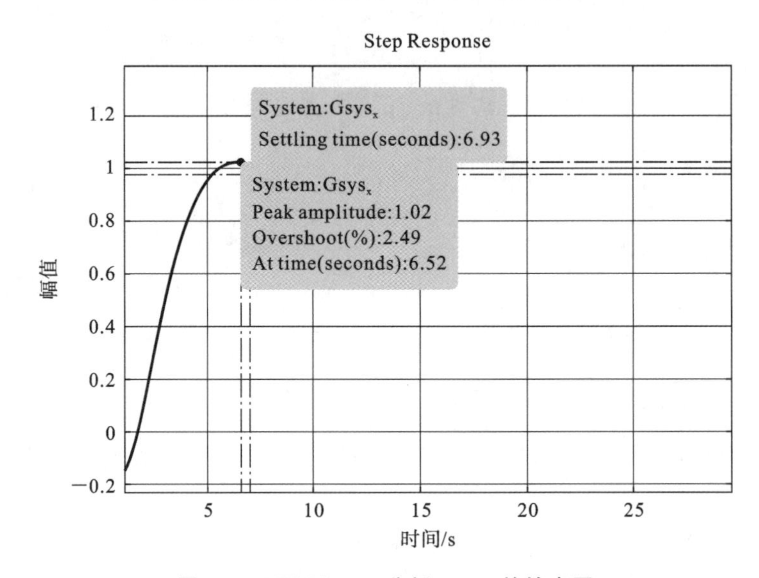

图 8-8 LTI Viewer 分析 sysop 的输出图

8.2 Simulink 与水轮机调节系统仿真

Simulink 自 1992 年问世以来，很快在控制界有了广泛应用。它的前身是 1990 年 Mathwork 公司为 MATLAB 提供的控制系统模型图形输入和仿真工具 Simulink。概括地说，Simulink 是一个可视化动态系统仿真环境。一方面，它是 MATLAB 的扩展，保留了所有 MATLAB 的函数和特性；另一方面，它又有可视化仿真和编程的特点。前面已经介绍了 MATLAB 下的关于控制系统分析和仿真方面的一些函数调用，在 Simulink 中，它们的内涵有些相似，不过使用方法大不相同，并且 Simulink 的功能要强大得多。其主要优点在于以下几个方面。

(1) Simulink 实现了控制系统在 MATLAB 下建模的可视化。通过它提供的丰富的元件库，使用者可以从中获取(拖拽)所需的元件，通过简单的连线去构建所需的仿真模型。整个过程仅包含一些鼠标和键盘的操作，不必考虑怎样去调用相关函数，甚至不用编写程序。因此，可以方便地构建和分析非常复杂的控制系统，且特别适用于系统的方框图模型，可以直接建立与原系统几乎相同的方框图进行仿真。

(2) Simulink 的仿真结果可以通过其自身提供的元件（Sinks）方便地观察，如示波器、XY 记录仪等，也可以输出到 MATLAB 的 Workspace 中，通过编写简单的 m 文件观看。不仅如此，这些结果观察元件还可放置在模型方框图的任意连线上，从而方便地观察各环节的输入输出信息。

(3) 可方便地运用其提供的各种非线性元件，如死区非线性、饱和非线性和间隙非线性等，构成复杂的非线性系统，使得系统仿真不再限于线性定常系统。

(4) 随着软件版本的不断提高，MATLAB 提供的各种工具箱也逐步提供越来越多的可视化元件，扩展和丰富了它们在 Simulink 下的应用范围。

(5) 利用其提供的 S 函数工具，使用者可方便地构建任意复杂程度、适用于所研究问题的新模块。总之，Simulink 的出现，可将各领域的科学工作者从繁琐的编程工作中解脱出来，从而将他们的主要精力放在所研究问题的本身。

本节将以水轮机调节系统实例，介绍用 Simulink 进行水轮机调节系统仿真的方法。

8.2.1　用 Simulink 进行控制系统仿真的步骤

本小节中首先从一个简单的仿真例子入手，说明使用 Simulink 的基本步骤和方法，然后在后续的小节中再进一步讨论其在水轮机调节系统仿真中的应用。设要求取具有下列传递函数的系统单位阶跃响应：

$$G(s)=\frac{-s+1}{s+2}\,\frac{1}{2s+3} \tag{8-3}$$

求解步骤如下。

1. 启动 Simulink 环境

在 Command Window 下键入“Simulink”，或点击 Simulink 快捷图标即可进入如图 8-9 所示的 Simulink 开始界面，点击“Blank Model”创建一个新的 Simulink 模型，此时的

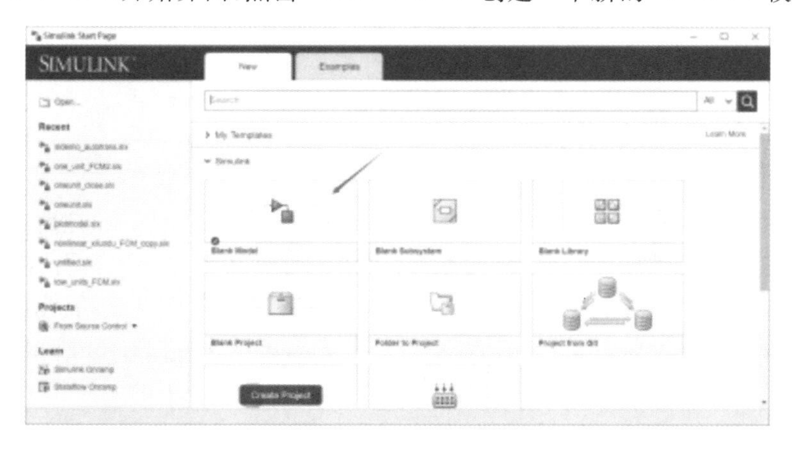

图 8-9　Simulink 开始界面

仿真环境如图 8-10 所示。该仿真环境上边是选择菜单，包括 New、Open、Save 等 Windows 常用菜单和 DEBUG、MODELING、FORMAT、APPS 等 Simulink 独有的菜单项。中间大片的空白部分是仿真环境的主体，被仿真的系统方框图就将搭建在这里。最下边一行是状态栏，显示仿真环境当前的状态以及仿真算法。系统的仿真模型就是通过选择和拖拽如图 8-11 所示的元件库(library browser)中的元件来搭建的。

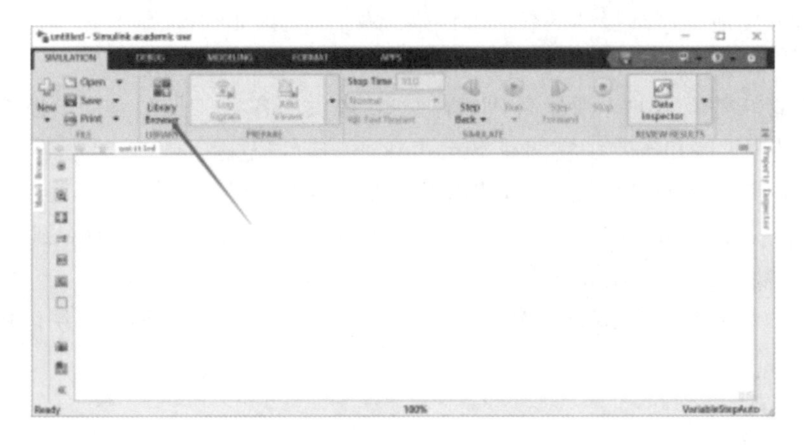

图 8-10　Simulink 仿真环境

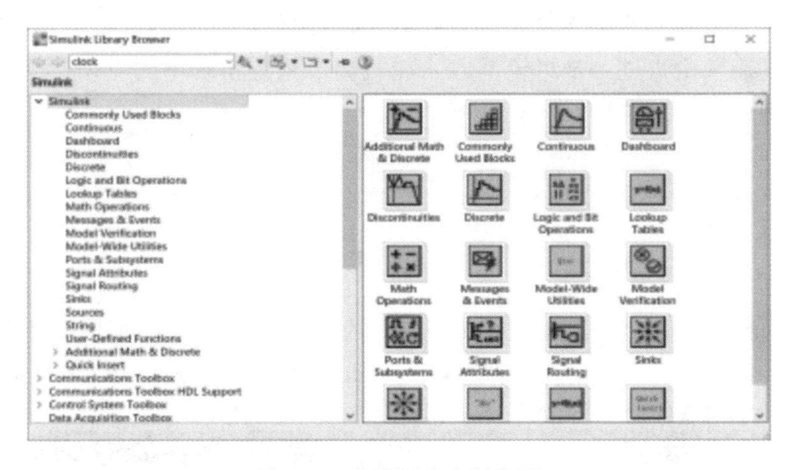

图 8-11　仿真元件库浏览器

2. 建立各传递函数模型

在仿真元件库浏览器中，用鼠标单击 Simulink\ Continuous 选项，这时，浏览器右侧窗口列出连续系统元件库的全部元件。连续系统元件库里包含绝大部分连续控制系统的描述形式。由于考虑的例子由两个传递函数描述的环节串联组成，因此，只需用鼠标将 Transfer Fen(Transfer Function 的简写，传递函数)元件拖到 Simulink 仿真环境下两次即可，当然，用 Ctr-C、Ctlr-V 操作也可以完成，拖到仿真环境下的元件就形成了两个传递函数方块。这些仅传递函数的通用模块，必须进行设置方可使用。双击第一个方块，可进入如图 8-12 所示的传递函数设置界面图。

其中选项 Numerator 要求填入的向量，用于设置传递函数的分子，其表达方式和 MATLAB 环境下相同，即其向量的元素是传递函数分子多项式系数的降幂排列。按式(8-3)填入[−1,1]。类似地，Denominator 选项是传递函数分母多项式系数的降幂排列，填入[1,2]。如无特殊要求其选项保持默认值即可。完成后，点击“OK”按钮返回。值得说明的是，Simulink 所有的元件设置对话框均包含有 Help 按键，可通过点击该按键，获取相应的帮助。接着用同样的方法完成对第二个传递函数元件的设置，这时的仿真环境如图 8-13 所示，可见，它与控制系统常见的传递函数方框图类似。

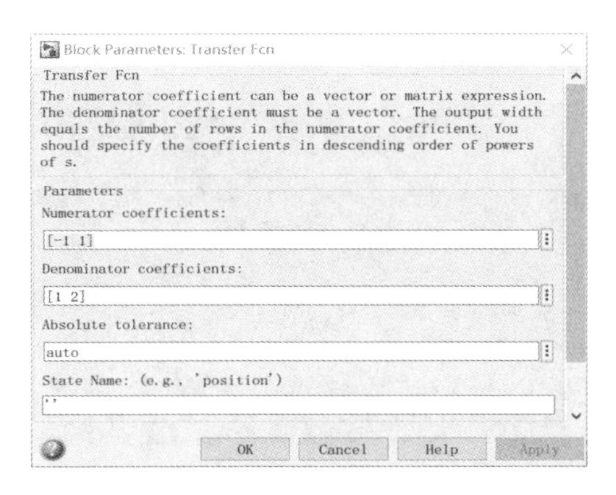

图 8-12 传递函数元件的设置界面图

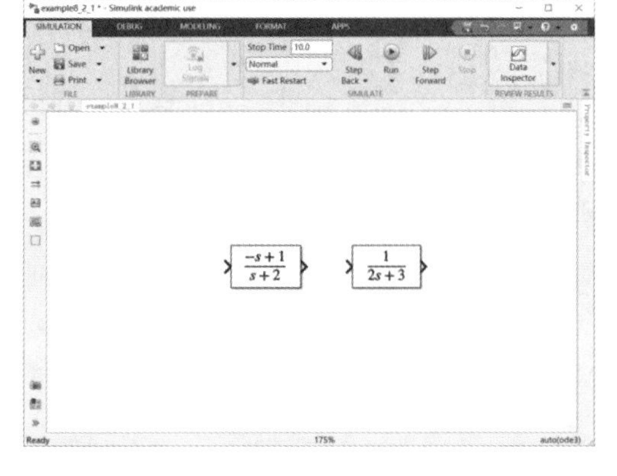

图 8-13 设置完成的传递函数元件

3. 选取和设置信号源

在仿真元件库浏览器中，用鼠标单击 Simulink\ Source 选项，这时，浏览器右侧窗口列出可作为信号源的全部元件。信号源元件库包含控制系统设计和仿真领域常用的各种信号源和函数发生器，包括我们在控制系统仿真中经常用到的阶跃函数发生器、正弦函数为生器、脉冲函数发生器以及随机数发生器等。在其中选择名为 Step(阶跃)的元件，并用鼠标拖到 Simulink 仿真环境下，形成一个阶跃函数信号源。需要注意的是，Step 元件缺省的起始阶跃时间是第 1 s 而非第 0 s。双击该 Step 块即可对阶跃发生时间(step time)阶跃前初始值(initial value)和阶跃后终值(final value)值进行设置。对于本节的例子来说，可以就使用默认值，不必进行设置。

4. 选取信号观测元件

在仿真元件库浏览器中，用鼠标单击 Simulink\ Sinks 选项，这时，浏览器右侧窗口列出信宿元件库的全部元件。该元件库中包括连续、数值显示器、XY 记录仪以及输出文件和输出到工作空间等各种信号输出元件。这里只选择标有名为 Scope(示波器)的元件，并将其拖到仿真环境下，方法如前所述。该元件的参数也可以设置，不过本例只使用缺省参数。

5. 连接各元件

在已放置好各元件的 Simulink 仿真环境下，用鼠标画线，将各个元件连接成一个完整的方框图，如图 8-14 所示。

搭建好系统的方框图之后，还需通过选择菜单选项 Simulation\ Configuration Paramters…进行仿真参数设置，在弹出对话框的 Solver 选项下，需对仿真的起始时间 Start time、终止时间 Stop time 以及仿真方法、仿真步长等参数进行设置。对于本例而言，仅需将终止时间 Stop time 改为 100 s 即可，而其余参数就保持其默认值即可。参数设置完成后，通过选择菜单选项 Simulation\ Start 或点击相应快捷键就可以进行系统仿真了。仿真完成后，双击仿真环境中的 Scope 元件，就可以看到如图 8-15 所示的由示波器现实的系统阶跃响应曲线。

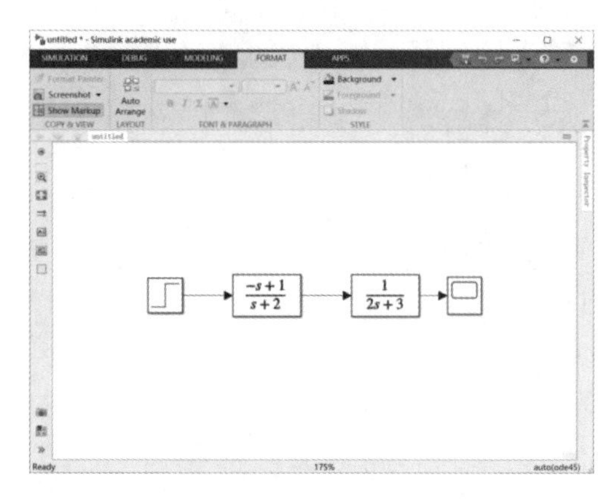

图 8-14　完整的仿真方框图

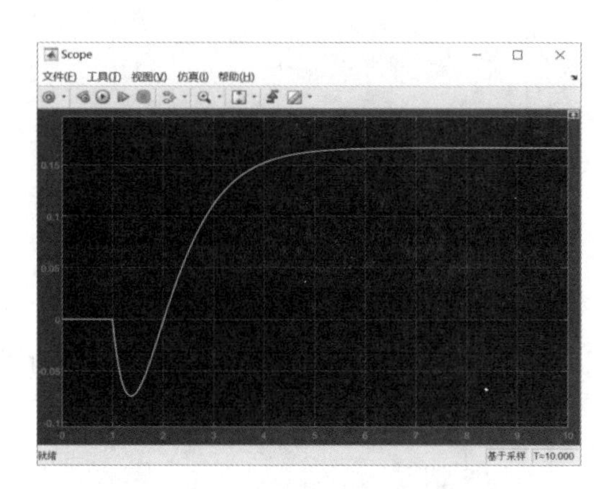

图 8-15　完整的仿真方框图

系统方框图完成之后还可以存储起来以备下次使用。具体的方法和在 Windows 环境存储一般文件没有区别，可在仿真环境界面下选择 File 菜单的 Save 选项，设置文件名和路径即可。不过与以前编写的 m 文件不同，Simulink 模型文件的后缀是.mdl。

8.2.2　用 Simulink 实现水轮机调节系统仿真

8.1 节中简单介绍了在 MATLAB 环境下，通过编写程序，调用一些控制系统工箱提供的函数对控制系统进行仿真。转到可视化的 Simulink 界面下，这些问题的解题思路没有变化，但是解题手段更加丰富、更加直观了。一般来说，Simulink 环境更适于构建大型控制系统，尤其是包含非线性环节的控制系统。下面将应用所介绍的 Simulink 基础知识，通过两个较为详细的水轮机调节系统仿真实例，进一步加深对 Simulink 可视化解决问题思路的理解。

1. 基于线性传递函数模型的水轮机调节系统仿真

设所考虑的系统的结构原理框图如图 8-16 所示。这是一个典型的带有 PID 调节器的水轮机调节系统传递函数方框图。容易看出，它与如图 8-1 所示的系统没有区别，仅是其中的调节器模型被进一步细化了：如果这里 T 充分的小，并忽略小时间常数 T 及令 $b=0$，则两者的方框图一致。

将水轮机调速器分解为 PID 调节器和随动系统在 Simulink 下实现仿真并不增加仿

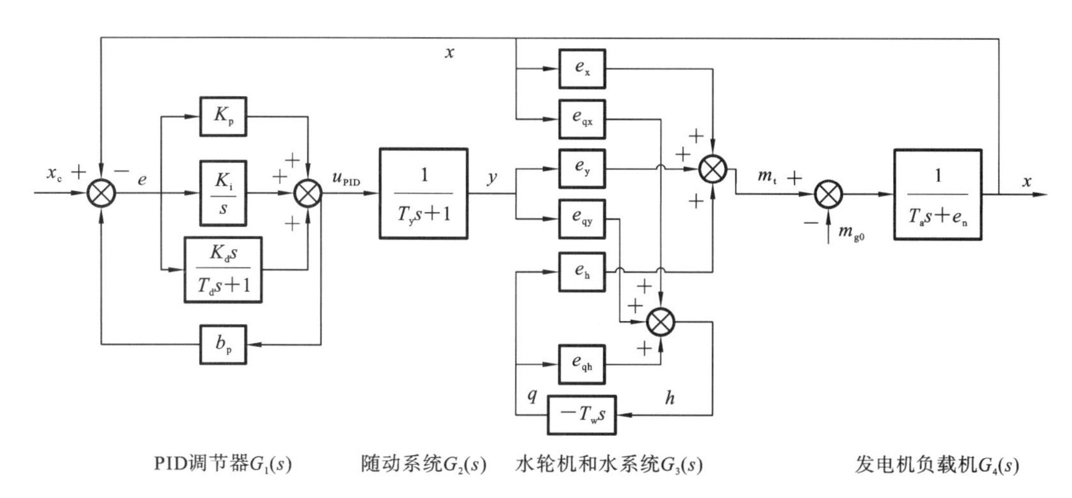

图 8-16　用于 Simulink 仿真的系统传递函数结构原理图

真建模的复杂性，而且，可以简单地运用不同的调节器结构和随动系统结构加以替换和研究。这一点较直接在 MATLAB 下直接调用控制系统工具箱函数有很大的优越性。

利用介绍的 Simulink 基本使用方法搭建对应的仿真模型如图 8-17 所示。

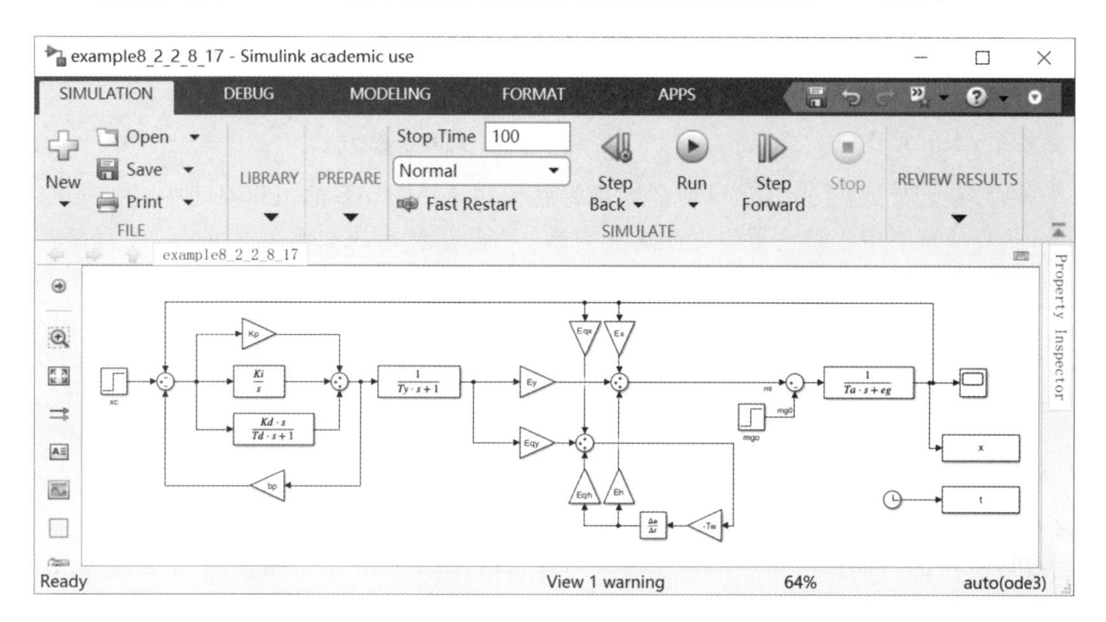

图 8-17　Simulink 环境下的系统线性仿真模型

应该说明的是，Simulink 允许将各元件参数(如个传递函数的系数)用变量名代替启动仿真，首先检查所有元件的参数，如果发现是变量，则到 MATLAB 的工作空间寻找，并用其初始化仿真模型。但如果找不到相应变量，则仿真将出错。在水轮机调节系统仿真中，使用这种方法主要是为了使仿真模型与原系统方框图间的对应关系更加明确，且参数修改更加方便。因此，在启动仿真前，必须在 MATLAB 的工作空间下，将这些变量赋值。对于图 8-17 的仿真模型可以编写下列 m 文件，并在 MATLAB 下运行。

```
% 文件名:StmuSetup.m;目的:为 Simulink 仿真模型各元件赋值
clear;
% 调速器参数
Kp=2;
Ki=0.3;
Kd=0.1;
Td=0.01;
bp=0;                      % 永态转差系数
Ty=0.1;                    % 接力器时间常数
% 水系统与水轮机六参数
Tw=1;                      % 水击时间常数
Ey=0.94;
Eh=1.62;
Ex=-1.28;
Eqy=0.86;
Eqh=0.60;
Eqx=-0.34;
% 发电机参数
Ta=12.239;                 % 机组惯性时间常数
eg=0.176;                  % 发电机自平衡系数
```

程序运行完成后,所有已赋值的变量将驻留在 MATLAB 的工作空间中,供 Simulink 仿真模型使用。如果需要更改这些参数,只需更改 m 文件中对应的行,或直接在 Command Window 下键入相应的新值即可。为考察系统的在频率给定作用下的输出响应,将用于频率给定扰动的阶跃扰动信源(Step)的 Step time、Initial value 和 Final value 分别设置成为 1、0 和 1,而将用于功率扰动的阶跃扰动信源(Step1)的 Initial value 和 Final value 分别设置成为 0 和 0(这时该扰动不起作用)。同时,选择 Simulation\ Configuration parameters… 菜单选项,在弹出的对话框 solver\ Stop time 选项下设定仿真结束时间为 50 s。启动仿真,可在 Scope 元件中得到如图 8-18 所示的系统频率给定扰动阶跃响应。类似地,将用于频率给定扰动的阶跃扰动信源的 Initial value 和 Final value 分别设置成为 0 和 0,而将用于功率扰动的阶跃扰动信源的 Step time、Initial value 和 Final value 分别设置成为 1、0 和 1,则可得如图 8-19 所示的系统功率扰动阶跃响应。用上述仿真方法得到的仿真结果通常使用示波器元件来观察仿真结果。该方法比较适合观察一些中间的仿真结果,如观察参数调整对系统动态品质的影响等。但要产生最终结果,如提交报告或研究论文则有一定的局限性,有时不能满足外观上的要求。在这种情况下,可用 MATLAB 提供的绘图功能生成合乎要求的图形。要实现这一目的,需利用 Simulink 提供的 To Workspace 元件将仿真结果传送到 MATLAB 的工作空间中,在如图 8-17 所示的 To Workspace 就分别将系统转速输出(simout)和仿真时间(time)以向量的形式输出到 MATLAB 的工作空间中。仿真结束后,在 MATLAB 下运行程序。

```
plot(t,x)
xlabel('时间(秒)');
ylabel('转速(p.u))');
```

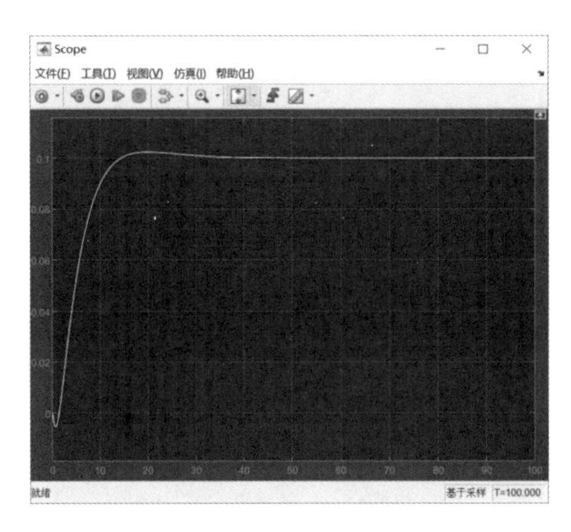

图 8-18　0.1 频率阶跃扰动

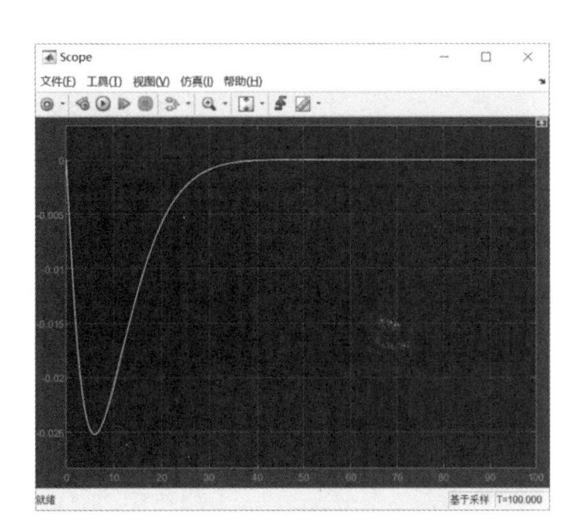

图 8-19　0.1 负载阶跃扰动

在产生的 Figure 中先选择 Edit\ Copy Figure 菜单选项，则图形便被到拷贝 Windows 的 clipboard 下，这时，在其他 Windows 应用下(如 word)选择粘贴命令即可。产生的图形如图 8-20 或图 8-21 所示。需说明的是，如果该图形还需进一步编辑，如曲线加粗加入文字说明等，可选择一些专门的图形编辑软件(如 Microsoft 的 VISO)来完成。

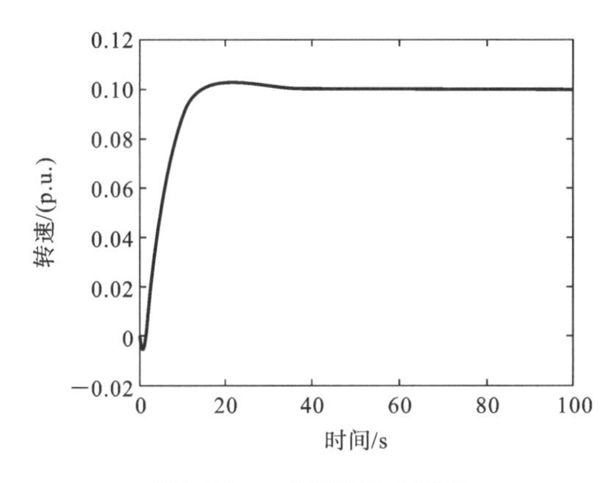

图 8-20　0.1 频率阶跃扰动

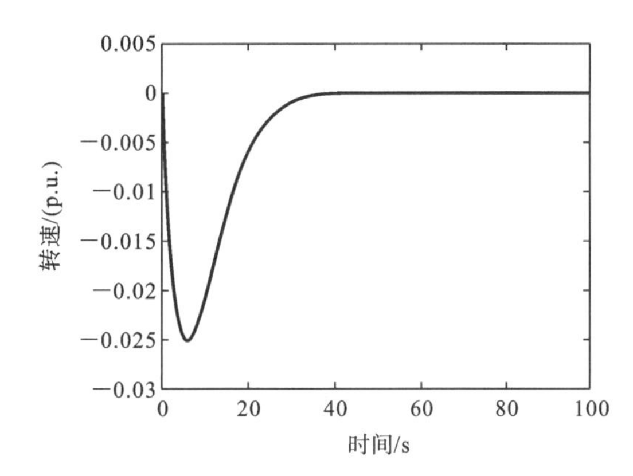

图 8-21　0.1 负载阶跃扰动

2. 常见非线性特性

水轮机调节系统中包含很多非线性因素，主要有水轮机自身的非线性和随动系统中的机械液压元件引起的执行机构非线性。前者将在后面要讨论的大波动过渡过程仿真中介绍，而此处将以基本线性系统为出发点，论述机械液压系统中常见的非线性环节在 Simulink 下的实现方法。先简要介绍常见的非线性环节。

1）饱和非线性

饱和非线性通常也称元件的限辐特性。是指当元件的输出达到其可物理实现的极限范围后，将不再随输入改变的一种特性，如图 8-22 所示，其特性可表示为

$$\begin{cases} u=\omega_2, & u<u_2 \\ \omega=u, & u_2<u<u_1 \\ u=\omega_1, & u>u_1 \end{cases} \tag{8-4}$$

显然，当元件输出在下限(lower limit)和上限(upper limit)之间的范围内时，则输出与输入呈线性关系。如果输出超出了这个范围，则输出就限定在下限或上限上。例如，假定接力器全行程为1，则其有效范围就是 0～1，这时，下限为 0，上限为 1，超过这个范围在物理上是不可能的。又如，主配压阀行程常因要限制导叶最短关闭和开启时间以满足调节保证计算的要求，通常被限定在较小的范围内。有的主配压阀从结构上讲，最大行程为±40 mm，但实际最大行程却限于±4 mm，显然这也可以被看成是一种人为的饱和非 Simulink 的仿真元件库包含较多的此类非线性元件，它们均位于 Simulink\ Discontibuttes 元件库中(MATLAB2020b 版)。对于饱和非线性元件而言，在使用时，可将 Saturation 元件从库中拖出到 Simulink 仿真模型中需要限幅的元件旁，并与之串联即可，然后完成对 upper limit 和 lower limit 即可使用。值得说明的是，在 MATLAB 的较新版本中，积分元件通常已经包含了输出饱和特性。因此，如果仅需对积分元件的输出进行限幅，则不必增加额外元件。

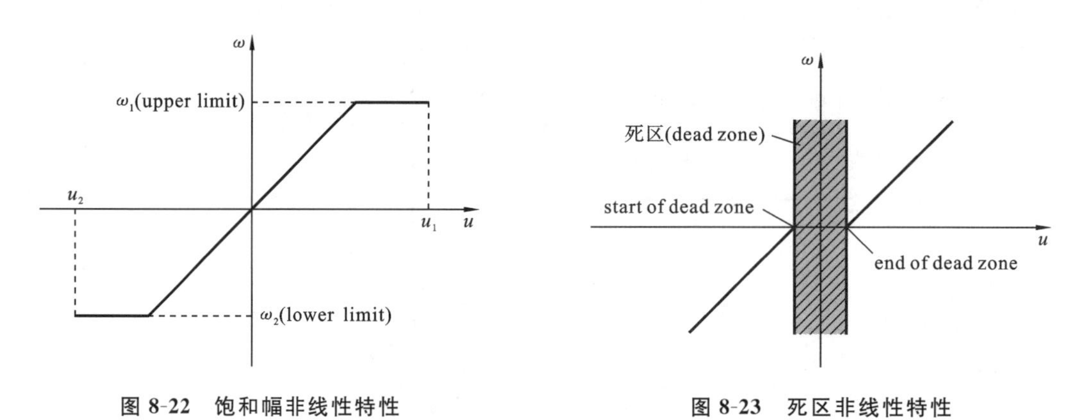

图 8-22　饱和幅非线性特性　　图 8-23　死区非线性特性

2）死区非线性

如图 8-23 所示，当元件输入在特定的范围内时，死区非线性元件的输出为零。这种使得输出为零的输入区域称为元件的死区。元件的输出取决于元件输入的大小和死区的度。如果输入在死区范围内，则输出为零；如果输入不小于死区上限，则输出等于输入减去死区上限值；如果输入小于或等于死区下限，则输出等于输入减去死区下限值。在水轮机调速器的机械液压系统中，各种液压放大阀的搭叠量通常可以看成是一种产生死区的原因。此外，为减少调速系统在并网后的调节灵敏度，在调节器中引入人工失灵区环节也可以认为是一种人为的死区非线性元件在 Simulink 仿真模型中。若要使用死区非线性元件，可直接将死区非线性元件从 Simulink Discontinuities 元件库中拖出放置到

相应的位置，并设置 Start of dead zone 和 End of dead zone 这两个参数即可。

3）间隙非线性

机械液压系统中的杠杆或齿轮传递系统中通常包含有间隙。这种由传递间隙引起的非线性通常称为间隙非线性，其特性如图 8-24 所示。根据输入的不同，该特性可有三种工作模式。

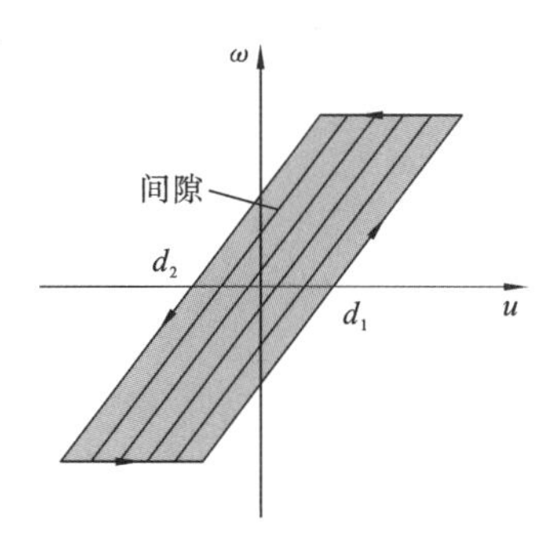

图 8-24　间隙非线性特性

模式 1：如果输入在间隙带中变化，输出保持不变。

模式 2：如果输入沿增加的方向变化，则输出等于输入减去间隙宽度的 1/2。

模式 3：如果输入沿减小的方向变化，则输出等于输入加上间隙宽度的 1/2。

在水轮机调节系统中，随动系统静特性（或整机静特性）就可以近似看成是一个间隙非线性。它主要是由一些元件间的传递间隙或元件的死区引起的在 Simulink 仿真模型中，若要使用间隙非线性元件，可直接将间隙非线性元件从 Simulink\ Discontinuities 元件库中拖出放置到相应的位置，并设置 deadband width 和 Initial tput 这两个参数即可。

3. 带有非线性环节的随动系统仿真

现代水轮机调速器都普遍采用了调节器和电液随动系统的结构，即由模拟电路或微机产生所需的控制规律，而液压放大现代水轮机调速器结构部分自行闭环，形成一个相对独立的电液随动系统，如图 8-25 所示。在线性仿真模型中，将其简单地简化为一个时间常数为 T_y 的一阶环节，但这样操作，可能引起整个系统产生较大的仿真误差，尤其是系统波动较大的过程。因此，通常希望在仿真模型中合理地引入一些非线性环节，使仿真结果与真实的动态过程更接近。

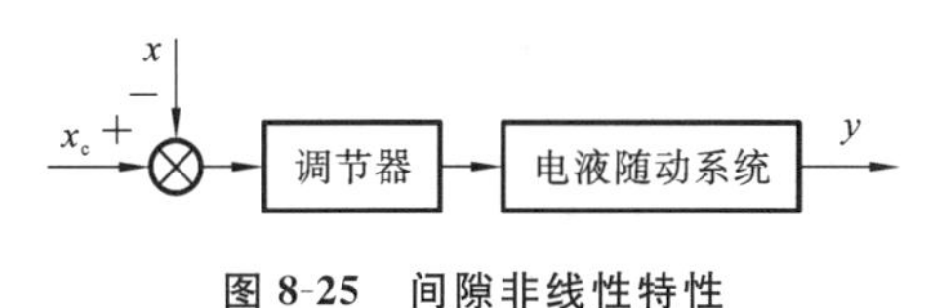

图 8-25　间隙非线性特性

1）随动系统的简化线性模型

设所讨论的电液随动系统简化线性模型如图 8-26 所示。

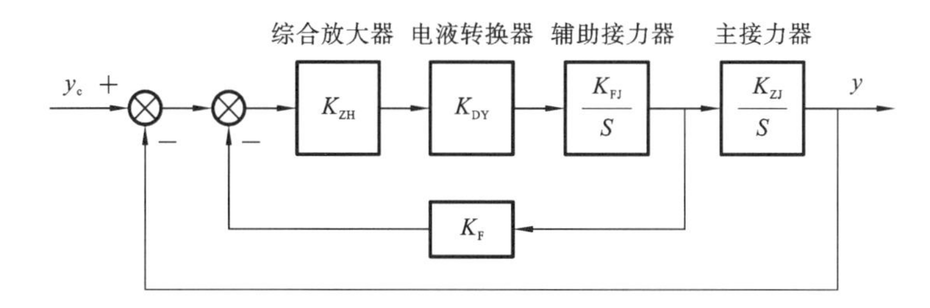

图 8-26　电液随动系统简化线性模型方框图

这里把系统的主液压放大元件，即辅助接力器和主接力器简化成带有一定增益的积分环节。图 8-26 中：y 为随动系统输入；y 为随动系统（主接力器）输出；K_{ZH} 为综合放大器放大倍数；K_{DY} 为电液转换器增益；K_{FJ} 为辅助接力器积分增益；K_{ZJ} 为主接力器积分增益；K_F 为辅助接力器反馈系数。显而易见，这是一个典型的二阶线性系统。现有一实际液压系统，其中 $K_{DY}K_{FJ}=10$，$K_{ZJ}=0.5$，$\omega_n=9.42$，$\xi=1$，则易得系统的两个可调系数为

$$K_{ZH}=\frac{\omega_n^2}{K_{DY}K_{FJ}K_{ZJ}}=17.74$$

和

$$K_F=\frac{2\xi\sqrt{K_{ZJ}}}{\sqrt{K_{DY}K_{FJ}K_{ZJ}}}=0.106$$

2）引入非线性环节的电液随动系统模型

在如图 8-26 所示的线性模型基础上，根据系统的工作原理，引入相应的非线性环节，则系统的方框图如图 8-27 所示。对于水轮机电液调速器的电液随动系统而言，显然存在着各种各样的非线性因素的影响。这里，为了简化所论及的问题，且不失去实际意义，在忽略一些次要因素的影响后，假定系统仅存在着死区非线性和饱和非线性。

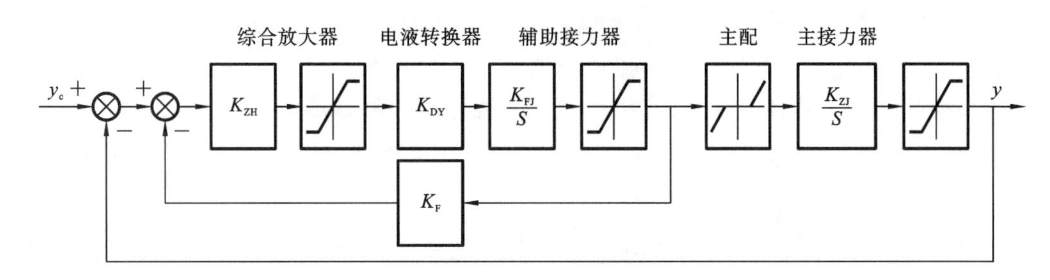

图 8-27　带有非线性环节的电液随动系统方框图

为比较线性系统和非线性环节对系统的影响，该系统中的线性部分结构及参数保持与上述简化线性模型相同。从图 8-27 中可以看到，第一，在综合放大器与电液转换器之间，插入了一个饱和非线性环节。一个理由是由于综合放大器通常由普通线性运算放大器及相应功率放大元件所组成，它不可能无限制地放大由输入端而来的误差信号；另一个理由是电液转换器也不可能接受大大高于其额定值的电压（或电流）信号。这里，其上饱和点和下饱和点分别取为＋1 和－1（按相对值考虑）。第二，辅助接力器（或中间接力器）的输出端引入了一个饱和非线性环节，用以限制主接力器的最大开启和关闭速度。在 Simulink 仿真模型中，该环节的上饱和点调整到 0.44，使得主接力器以最快速度从全关位置（0）达到全开位置（1）所花的时间为 5 s（该值的设定主要是为了满足调节保证计算的要求，对于不同的系统应根据所给调节保证计算结果进行设定）。而下饱和点调整到－0.44，使得主接力器以最快速度从全开位置（1）达到全关位置（0）所花的时间也为 5 s。同时，也注意到当描述这一类元件的积分环节（对主接力器也是如此）达到所设定的饱和点时停止积分，以符合实际系统的真实情况。第三，设在主接力器环节输入端的死区非线性环节用以模拟由主配压阀的搭叠量引起的死区非线性。一般来讲，它是整个电液随动系统，乃至整个水轮机电液调速系统死区的最重要的来源。这里取值为主配压阀全行程（标么值）的 3.3％。最后，主接力器输出端的饱和非线性环节用来限制其只能在它的物理范围内运动，其下饱和点和上饱和点的取值显然应为 0 和 1。图 8-28 所示的是该系统在 Simulink 仿真环境下的模型。搭建该系统结构图与建立线性系统仿真结构图的过程是完全类似的，所不同的仅仅是需在非线性元件库下拖出相应的非线性元件而

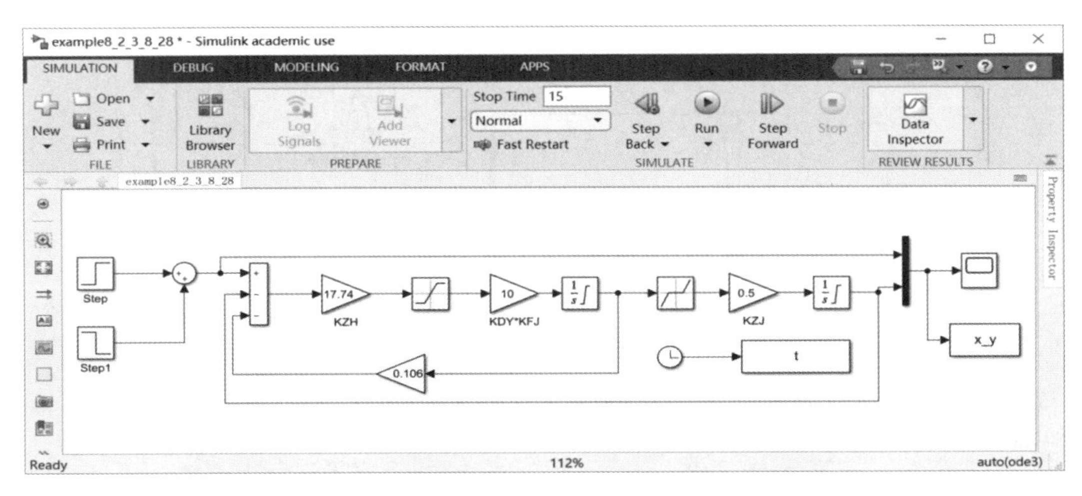

图 8-28　带有非线性环节的电液随动系统方框图

已。另外，还有几点需要说明。

(1) 图 8-28 中的信号源部分使用了两个阶跃信号源，并通过 sum 元件取两信号之差。第一个 step 元件的 Step time、Initial value 和 Final value 分别设置为 1、0 和 −1 第二个 step 元件的 Step time、Initial value 和 Final value 分别设置为 8、0 和 −1。其目的是产生一个宽度为 7 高度为 1 的矩形脉冲，从而使得在一张图上同时观察正阶跃和负阶跃的系统响应成为可能。

(2) 积分器已与限幅器集成到一起，因此不必另设单独的限幅非线性元件。要打开积分器的限幅功能，只需设置对话框中选中 Limit output 选项，并填入相应的下限值 (lower saturation limit) 和上限值 (upper saturation limit) 即可。

(3) 为同时观察输入的阶跃信号和系统的输出响应，这里使用了一个 mux 元件将要观察的信号合成，然后再送入示波器和 To Workspace 元件。值得注意的是，仿真完成后在 Workspace 下保存的 x_y 变量为矩阵，其第一列保存阶跃信号，第二列为系统输出响应。模型创建完成后，选择菜单选项 Simulation\Start，即可完成仿真。然后，在 MATLAB 下运行下列程序：

```
plot(t,x_y(:,1),t,x_y(:,2));          % 绘图
title('随动系统仿真');
xlabel('时间(秒)');
ylabel('接力器位移(p.u)');
axis([0 15 -0.2 1.2]);                % 调整坐标范围
```

如图 8-29 所示的是带有非线性环节的随动系统阶跃响应波形图。作为比较，图 8-26 所示的简化线性模型在同样输入作用下的阶跃响应也在图 8-29 中一并给出。由此可见，由于非线性环节的引入，其是主配压阀输出的饱和特性，使得随动系统输出响应变慢，这对系统控制品质是不利的，但对于机组安全运行又是必需的(满足调节保证计算要求)。

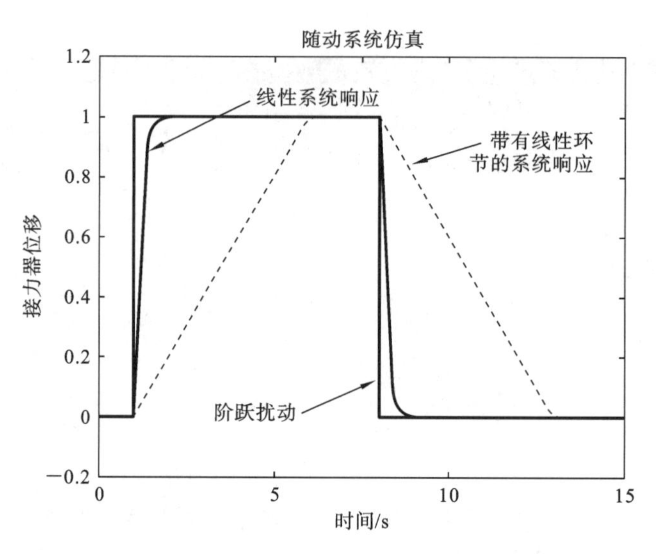

图 8-29　带有非线性环节的电液随动系统阶跃响应与线性对比

3）带有非线性环节的水轮机调节系统仿真

将非线性随动系统模型封装为名为“Server motor”的子模型，首先框选中非线性随动系统模型（注意为单输入单输出），系统自动弹出“…”，将鼠标挪到“…”选择“Crate Subsystem”，如图 8-30（a）所示。然后将创建的子系统重命名为“Server motor”，如图 8-30（b）所示。在图 8-17 所示的系统线性仿真模型中，将图 8-29 中带有非线性环节的随动系统阶跃响应，其中将表示随动系统的线性传递函数元件 $1/(1+T_{y}s)$ 用上述带有非线性环节的随动系统代换。即可得带有非线性环节的水轮机调节系统 Simulink 仿真模型，如图 8-31 所示。注意，这里的元件 Server motor 封装整个如图 8-28 所示的带有非线性环节的随动系统模型。

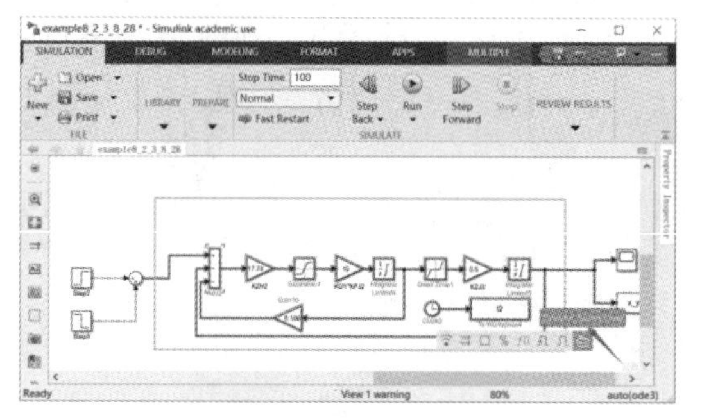

（a）选中封装部分

（b）封装后的随动子系统

图 8-30　随动系统封装为子系统

通常，在 Simulink 环境下构造大型控制系统方框图时，如果把系统中的每个元件都显示出来，就会遇到空间不足的问题，往往整整一屏都放不下系统方框图的某个局部。例如，如果将上面介绍的线性化的水轮机调节系统和随动系统放到一起就可能存在这个

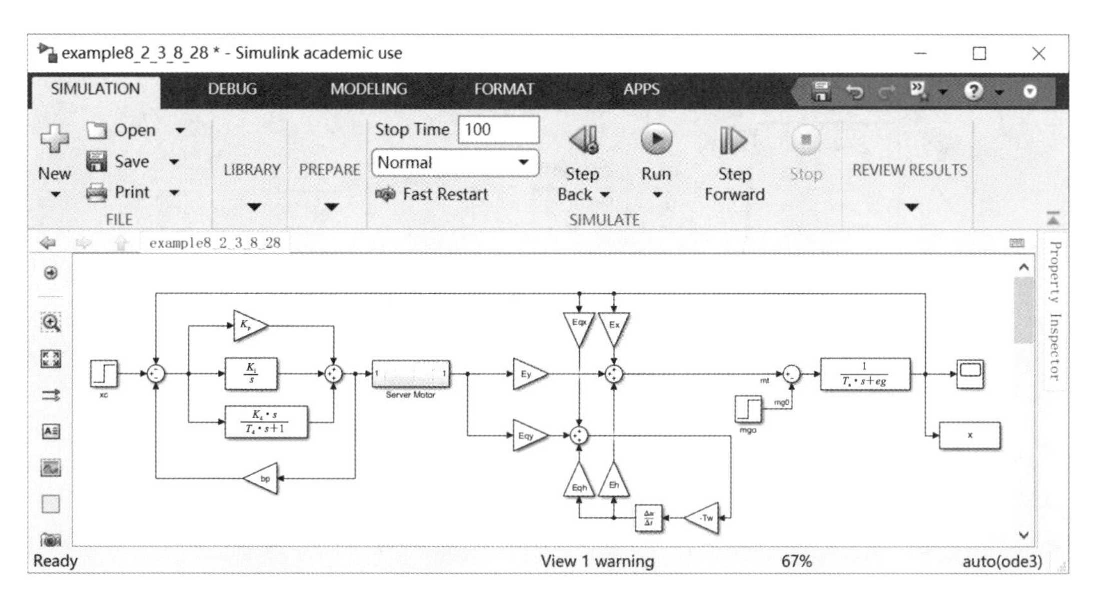

图 8-31 带有非线性环节的水轮机调节系统 Simulink 模型

问题。如果要在该系统上实现更深入的研究，比如实现模糊控制或神经网络控制，则可能产生的矛盾更加突出。解决这个问题的办法就是将实现某一功能的各个元件组合封装起来，形成一个子系统(subsystem)。整个子系统只占用一个元件大小的位置，可以有效节省空间。并且，将相关的元件组成一个子系统，还可以使系统的结构更加清晰。从外特性上来说，封装后的子系统和普通的元件没有太大的区别，同样可以设置参数，通过输入端和输出端与其他的元件相连接。此外，还可以设置子系统的名称和图标给出子系统的描述和帮助信息。事实上，封装子系统就相当于建立自己的元件，完成特定的功能。构建子系统的方法较为简单，其封装与如上述封装液压系统的步骤类似。实际上 Simulink 提供了多种封装方式，对于封装的子系统也有很丰富的设置，有兴趣的读者可参考相应专业的书籍。

系统线性部分 $K_p=7$，$K_d=0.2$(为了体现限速)，T_y改为 0.2，其他线性参数和随动系统参数仍保持不变，仿真开始时频率给定设为常数 1，机组负荷设定为 1，并在仿真开始后第 20 s 将该负荷设定为 50%(相当于甩 50%负荷)，仿真 100 s。相应的负荷扰动过渡过程如图 8-32 所示，并作为比较，将 Simulink 模型中的随动系统用 $1/(1+T_y s)$替换，$K_p=7$，$K_d=0.2$，T_y改为 0.2，在完全相同的条件仿真，同样将线性模型响应放到图 8-32 中与非线性模型进行对比。由此可见，当系统的随动系统引入了非线性环节后，由于主配压阀的行程受到了限制，导致接力器运动速度受到限制。因此，过渡过程的时间和振荡次数均有所增加，过渡过程的品质有所降低。这里仅讨论了在随动系统中引入了饱和非线性和死区非线性元件以及它们对系统动态特性的影响。事实上，影响系统特性的因素还有很多，如间隙非线性的影响、高阶因素的影响等。从上面的分析过程可以看出，如果以 Simulink 为仿真工具，要探讨这些因素对整个系统的影响，是简单易行的，只需将相应的模型元件从模型库中拖出，稍做设置和连接后即可使用。

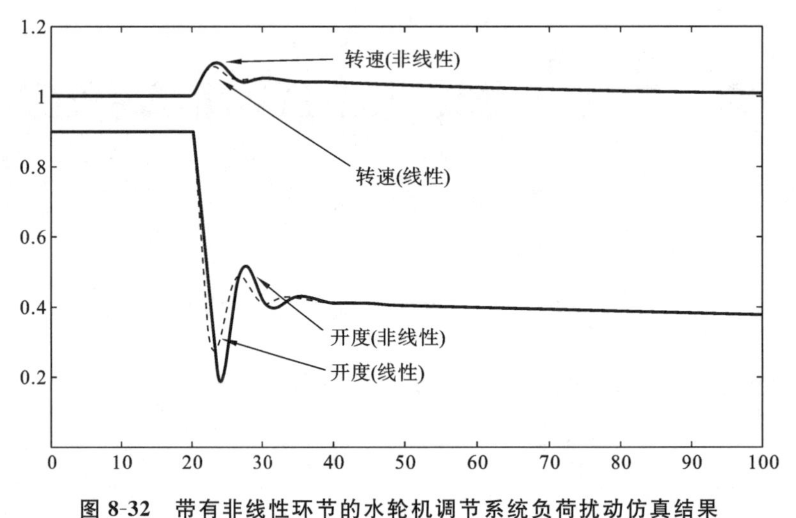

图 8-32　带有非线性环节的水轮机调节系统负荷扰动仿真结果

8.3　S-函数及其应用

8.3.1　S-函数的基本概念

S-函数是系统函数(system function)的简称,是指采用非图形化的方式(即计算机语言,区别于 Simulink 的系统模块)描述的一个功能模块。用户可以采用 MATLAB 代码,C,C++,FORTRAN 或 Ada 等语言编写 S-函数。一般而言,当需要对特定的系统进行仿真,如在水轮机调节系统仿真中,要考虑水轮机自身的非线性时,就无法使用由 Simulink 提供的现成可视化模块构建,这时就可使用 S-函数实现。S-函数由一种特定的语法构成,用来描述并实现连续系统、离散系统以及复合系统等动态系统,其结构也必须按一定的规则编写,通常是对 Simulink 提供的标准模板改写而成。S 函数能够接受来自 Simulink 求解器的相关信息,并对求解器发出的命令做出适当的响应,这种交互作用非常类似于 Simulink 系统模块与求解器的交互作用。一个结构体系完整的 S-函数包含了描述动态系统所需的全部能力,所有其他的使用情况都是这个结构体系的特例。S-函数作为与其他语言相结合的接口时,可以使用这个语言所提供的强大能力。例如,MATLAB 语言编写的 S-函数可以充分利用 MATLAB 所提供的丰富资源,能方便地调用各种工具箱函数和图形函数。使用 C 语言编写的 S-函数可以实现对操作系统的访问,如实现与其他进程的通信和同步等。可能会有如下的疑问:既然 Simulink 已经提供了大量的内置的系统模块,并且允许用户自定义模块,那么为何还要使用 S-函数呢？对于大多数动态系统仿真分析语言,使用 Simulink 提供的模块即可实现,而无需使用 S-函数。但是,当需要开发一个新的通用的模块作为一个独立的功能单元时,使用 S-函数实现则是一种相当简便的方法。另外，由于S-函数可以使用多种语言编写，因此可以将已有的代码结合进来，而不需要在 Simulink 中重新实现算法，从而在某种程度上实现了代码移植。此外，在 S-函数中使用文本方式输入公式、方程及非线性关系等，非常适合复杂动态系统的数学描述，并且在仿真过程中可以对仿真进行更精确地控制。用户可以从如下的几个角度来理解 S-函数。

(1) S-函数为 Simulink 的"系统"函数。

(2) 能够响应 Simulink 求解器命令的函数。

(3) 采用非图形化的方法实现一个动态系统。

(4) 可以开发新的 Simulink 模块，从面扩展 Simulink 功能。

(5) 可以与已有的代码相结合进行仿真。

(6) 采用文本方式输入复杂的系统方程。

(7) S-函数的语法结构是为实现一个动态系统而设计的(默认用法)，其他 S-函数的用法是默认用法的特例(如用于显示目的等)。

限于篇幅，这里仅简要讨论用 MATLAH 语言设计 S-函数的方法及其在水轮机调节系统非线性仿真(通常称大波动过波过程计算)中的应用。

8.3.2 用 MATLAB 语句编写 S-函数

用 MATLAB 语言编写的 S-函数通常包含两种格式，即 Level-1 格式和 Level-2 格式，在此仅讨论 Level-1 格式的 S-函数。在 Simulink 的模型库中，按路径 Simulink/User-Defined Fuctions\ S-Function Examples\ M-file \ Level-1 M-file\ Level-1 MfieS-function Template 打开 S-函数的标准模板(实际上为一个.m 函数文件)，即可得。或者在"Command Window"中输入"edit sfuntmpl"即可以打开 S-function 的模板。

```
function【sys,x0,str,ts】=sfuntmpl(t,x,u,flag,pl,p2,…) % 引导语句
switch flag
    case 0
    [sys,x0,str,ts,simStateCompliance]=mdlInitializeSizes  % 调用初始化函数
    case 1
    sys=mdlDerivatives (t,x,u);        % 调用连续状态计算函数
    case 2
    sys=mdlUpdate(t,x,u);              % 调用离散状态计算函数
    case 3
    sys=mdlOutputs (t,x,u);            % 调用系统输出计算函数
    case 4
    sys=mdlGetTimeofNextVarHit (t,x,u)
    case 9
    sys=mdlTerminate (t,x,u)
    otherwise
```

```
    error(['Unhandled flag=',num2str(flag)]);
    end

function [sys,x0,str,ts]=mdlInitializeSizes  % 初始化函数
sizes=simsizes;
sizes.NumContStates=0;                  % 连续变量的个数
sizes. NumDiscStates=0;                 % 离散变量的个数
sizes. DirFeedthrough=1;
sizes. NumSampleTimes=1;                % 至少一个
sys=simsizes(sizes);
x0=[];
str=[];
ts=[];
function sys=mdlDerivatives(t,x,u)
sys=[];
function sys=mdlUpdate(t,x,u)
sys=[];
function sys=mdlOutputs(t,x,u)
sys=[];
function sys=mdlGetTimeOfNextVarHit(t,x,u)
sampleTime=1;               % Example, set the next hit to be one second later
sys=t+ sampleTime;
function sys=mdlTerminate(t,x,u)
sys=[];
```

注意，为简单起见，已去掉原函数的英文说明。可见，这是一个函数框架，针对不同的应用，只需在适当的位置填入相应的代码即可。函数的第一行为 S-函数的引导语句，其格式为

```
function [sys,x0,str,ts]=sf (t,x,u,flag,p1,p2,…)
```

其中，“sf”为 S-函数的函数名，可任意指定；“t”“x”和“u”分别为时间、状态和输入信号；“flag”为标志位，函数在运行后，将根据标志位的不同执行不同的程序模块（函数）。其意义和相关信息如表 8-1 所示，一般很少使用 flag 为 4 或 9 的情形，在表 8-2 中还解释了在不同 flag 下的返回参数类型。在该函数中还允许使用任意数量的附加参数“p1，p2，…”，这些参数可以在 S-函数的参数设置对话框中给出，下面将分别介绍 S-函数的编写方法。

1. 参数初始值设定

参数初值设定在函数 mdlInitializeSizes 中实现。首先通过 sizes＝simisize 语句获得默认的系统参数变量 sizes，得出的 sizes 实际上是一个结构体变量，其常用成员如下。

（1）Num Cont States 表示 S-函数描述的模块中连续状态的个数。

（2）Num DiscStates 表示离散状态的个数。

表 8-1　flag 参数表一

取值	功　　能	调 用 函 数	返 回 参 数
0	初始化	mdlInitializeSizes	sys 返回初始化参数
1	连续状态计算	mdlDerivatives	sys 返回系统连续状态
2	离散状态计算	mdlUpdate	sys 返回系统离散状态
3	输出信号计算	mdlOutputs	sys 返回系统输出
4	下一步仿真时刻	mdlGetTimeofNextVarHit	sys 返回下一步仿真时间
9	仿真结束处理	mdlTerminate	无

表 8-2　flag 参数表二

FLAG	RESULT	DESCRIPTION
0	[SIZES,X0,STR,TS]	Initialization, return system sizes in SYS initial state in X0, state ordering strings in STR, and sample times in TS
1	DX	Return continuous state derivatives in SYS
2	DS	Update discrete states SYS=X(n+1)
3	Y	Return outputs in SYS
4	TNEXT	Return next time hit for variable step sample time in SYS
5		Reserved for future (root finding)
9		Termination, perform any cleanup SYS=[]

(3) Numlnputs 和 NumOutputs 分别表示模块输入和输出的个数。

(4) Dir Feedthrough 为输入信号是否直接在输出端出现的标识,取值可以为 0、1。

(5) Num Sample Times 为模块采样周期的个数,即 S-函数支持多采样周期的系统按照要求设置好的结构体 sizes 应该通过 sys=simsizes(sizes)语句赋给 sy 参数。

除了参数 sys 外,还应该设置系统的初始状态变量"x0"、说明变量"str"和采样周期变量"ts"。其中,"ts"变量应该为双列的矩阵,其每一行对应一个采样周期。对连续系统和有单个采样周期的系统来说,该变量为[t1 t2],其中参数 t1 为采样周期,如果取"t1=−1",则将继承输入信号的采样周期。参数 t2 为偏移量,一般取为 0。

2. 状态的动态更新

系统的连续状态更新在函数 mdlDerivatives 中实现,而系统的离散状态更新在函数 mdlUpdate 中实现。这些函数的输出值,即相应的状态,均由变量 sys 返回。如果要仿真混合系统(hybrid system),则需要写出这两个函数来分别描述系统的连续状态和离散状态。

3. 输出信号计算

模块的输出在 mdlOutputs 函数中实现。其目的是计算出模块的输出信号,系统的输出仍然由变量 sys 返回。

可见，就编写S-函数本身而言并不难，仅需从上述模板文件出发，在相应的函数下填写相应的代码，最后建立相关应用的S-函数。为避免错误，可直接将模板文件拷贝到相应的工作目录下，然后在此基础上改写就可以了。下面，我们给出一个混流式水轮机(HL220)调节系统的非线性仿真实例，以便进一步了解S-函数的用途和使用方法。

8.3.3 水轮机调节系统的非线性仿真

如图8-28所示，在带有非线性环节的水轮机调节系统Simulink模型中，将描述水轮发电机组特性的线性传递函数元件用一个表示机组非线性特性的S-函数模块代替，则可实现完整的系统的非线性仿真，其对应的Simulink模型如图8-33所示。在系统的仿真模型中使用S-函数模块的方法十分简单，只需要在Simulink模型库中，将User- Defined Fuctions子库中的S- Function模块拖放到要构建的Simulink模型中，并进行相应的设置即可。模块拖放完成，并连接好后，双击该模块，则弹出一设置对话框。分别在设置对话框的S- function name和S- function parameters设置项下填写所编写的S-函数名(本实例为S_ Sim_NN_HL)和需传递给S-函数的参数(S-函数引导语句中的p1,p2…，视需要而定，本实例无需填写)。设置完成后，S- Function模块的表面则显示所设置的S-函数名。简单介绍用于水轮机组非线性仿真的S-函数，详细数学模型和计算方法参见本章第4节水轮机调节系统大波动过渡过程仿真。

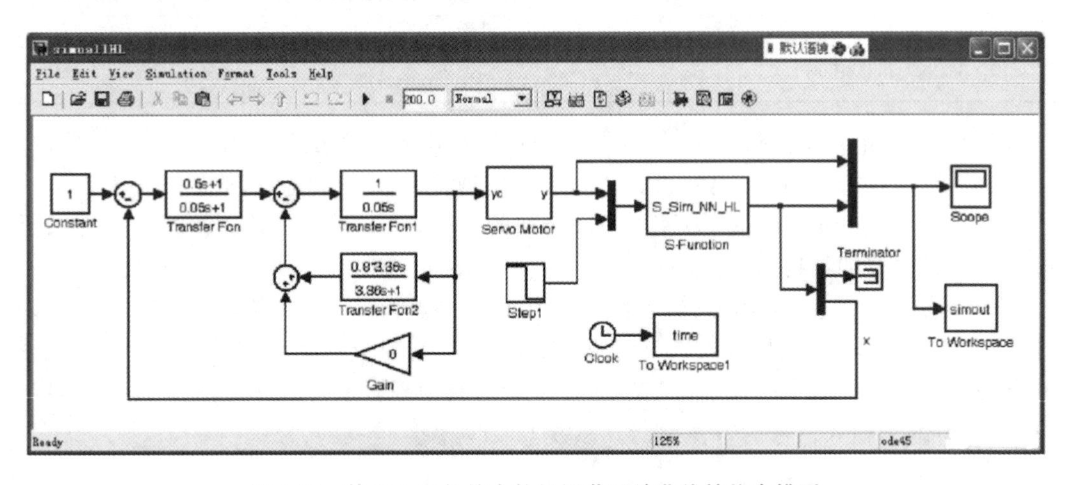

图8-33 基于S-函数的水轮机调节系统非线性仿真模型

1. 水轮机的非线性模拟及引水系统

混流式水轮机的非线性特性主要是指水轮机的力矩M_t，和流量Q随着导叶开度a，水头H和转速n的变化规律：$M_t=f_m(a,H,n)$，$Q=f_n(a,H,n)$不能由简单线性关系描述的特性。由于水轮机内部流体运动复杂，难以建立其准确的数学模型，这里使用的方法是通过模型综合特性曲线来建立相应的水轮机非线性模型。具体步骤是在仿真计算前，将水轮机模型综合特性曲线离散处理后以两个数表$Q_{11}=f(n_{11},a)$和$M_{t11}=f(n_{11},a)$

来描述，在仿真时根据工况的变化，采用插值的方法求取单位流量和单位力矩的变化。而引水系统则采用特征线法计算。

2. S-函数结构及算法

为本实例所编写的S-函数从结构上说较为简单，主要包含两个模块。第一个模块为初始化模块，置于函数 mdlInitializeSizes 中；第二个模块为仿真实现模块，置于函数 mdlOutputs 中。没有连续和离散的状态需要计算，因此 mdlDerivatives 和 mdlUpdate 这两个函数可以为空或去掉。模块包含两个输入，分别为导叶开度和负荷扰动输入，以及两个输出，分别为蜗壳压力和机组转速输出。

第一个模块，即初始化模块的代码如下。

```
size=simsizes;
sizes. NumContStates=0;        % 系统无连续状态
sizes. NumDiscStates=0;        % 系统无离散状态
sizes. NumOutputs=2;           % 两个输出,即蜗壳压力和机组转速
sizes. NumInputs=2;            % 两个输入,即导叶开度和负荷扰动
sizes. DirFeedthrough=2;
sizes. NumSampleTimes=1;
sys=simsizes (sizes);
x0=[];
str=[];
ts=[0.01 0];                   % [采样周期 偏移量]
Init_Nlsimu_HL;                % 调用机组仿真计算初始化函数
```

其中所调用的 Init NiSimu HL 函数为专门编写的初始化函数，并以 m 文件的形式存放在当前的工作目录下。其主要任务是：① 读取描述水轮机非线性特性的两个数表 $Q_{11}=f(n_{11},a)$ 和 $M_{t11}=f(n_{11},a)$；② 设置被仿真机组的参数，额定水头 $H_r=70$ m，额定转速 $n_r=136.4$ r/min，额定流量 $Q_r=161.04$ m^3/s，转轮直径 $D_1=4.1$ m，机组惯性时间常数 $T_n=7.5$ s，引水系统水流加速时间常数 $T_w=1.0$ s，额定出力 $P_r=98420.0$ kW，基值流量时水头损失的相对值等于0.02；③ 计算流量、转速等变量的初始值。

第二个模块为仿真实现模块。其计算程序流程基本步骤如下。

(1) 由 mdlOutputs 函数入口得到当到的导叶接力器行程。

(2) 由 y 计算导叶开度 a。

(3) 设定水轮机水头 H 和转速 n。

(4) 计算单位转速 n_{11}。

(5) 由数表 $Q_{11}=f(n_{11},a)$ 插值计算 Q_{11}，算出水轮机流量 Q。

(6) 计算水轮机水头 H，并与设定值进行比较，若满足收敛条件，则继续下一步；否则计算新的设定水头，返回至步骤(4)。

(7) 由数表 $M_{t11}=f(n_{11},a)$ 插值计算 M_{t11}，算出水轮机力矩 M_t。

(8) 计算机组转速 n，并与设定值进行比较，若满足收敛条件，则继续下一步；否则计

算新的设定转速，返回至步骤(4)。

(9) 依次由特征线方法计算管道中各节点的压力与流量。

(10) 从 mdlOutputs 函数返回当前时刻的计算结果。

3. 仿真计算结果

在图 8-31 的 Simulink 仿真模型中，设置仿真结束时间为 200 s，转速(频率)给定保持常数 1，Step1 的 Step time 设置为 100 s，Initial value 设为 0.8，模拟机组带 80%负荷，Final value 设为 0，模拟机组甩掉所带所有负荷。设置调节器参数为：$T_n=0.5$ s，$T_d=3.36$ s，$b_p=0.8$。保持随动系统中所有线性和非线性环节参数与如图 8-26 所示的带有非线性环节的随动系统仿真模型中参数一致。

启动仿真，并结束后，利用输出到 Workspace 的仿真结果变量 simout 和 time，绘制第 90 s 到第 150 s 的仿真波形，如图 8-34 所示。

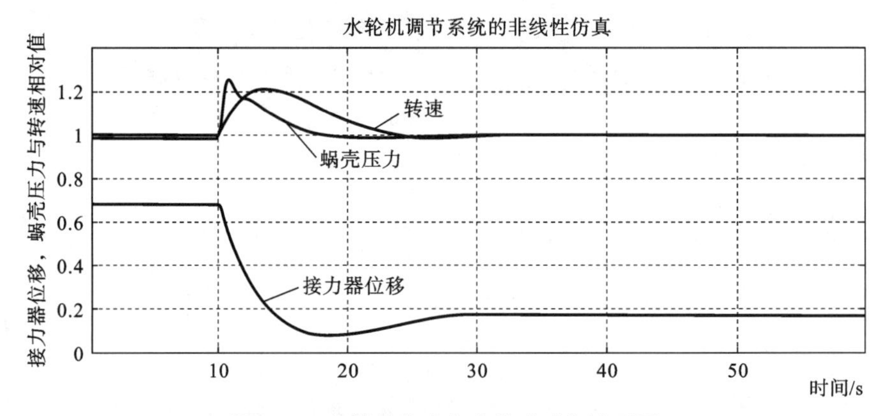

图 8-34　非线性仿真负荷扰动过程波形图

以上以水轮机调节系统为例，介绍了 MATLAB 以及 Simulink 在水轮机调节系统仿真中的一些基本使用方法。有了这些基础之后，读者基本上就可以大致掌握并自己学习关于 Simulink 更深入的知识了。当然，对更加复杂的水轮机调速系统而言，如包含有智能型调节器的系统，还需要更多地了解由 MATLAB 提供的相关工具箱，如 Control System Toolbox、Fuzzy Logic Toolbox、Neural Network Blockset 以及 Power System Blockset 等。

8.4　水轮机调节系统大波动过渡过程仿真

8.4.1　水击计算的特征线法

设有压管道如图 8-35 所示，从流体力学知道，有压管道内非恒定流可以用下列偏微分方程描述：

$$\begin{cases} L_1=\dfrac{\partial H(x,t)}{\partial x}+\dfrac{1}{gA}\dfrac{\partial Q(x,t)}{\partial t}+\dfrac{f|Q(x,t)|}{2gDA^2}Q(x,t)=0 \\ L_2=\dfrac{a^2}{gA}\dfrac{\partial Q(x,t)}{\partial x}+\dfrac{\partial H(x,t)}{\partial t}=0 \end{cases} \tag{8-5}$$

式中，H 为测压管水头，单位为 m；Q 为管道流量，单位为 m^3/s；f 为摩阻系数；D 为管道直径，单位为 m；a 为水击波速，单位为 m/s；A 为管道断面积，单位为 m^2；g 为重力加速度，单位为 m/s^2。

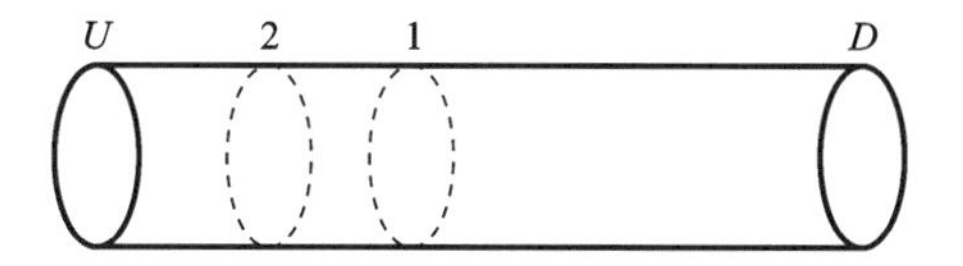

图 8-35　有压管道示意图

在实际计算中，常采用特征线法来求解有压管道瞬变流方程。

有压管道瞬变流偏微分方程组常用的解法有两种：① 根据不考虑损失项的方程式(8-5)求出波方程的通解，然后按 Allievi 的工作可求出连锁方程；② 用特征线法求解。根据特征线法解该偏微分方程组，由式(8-4)和式(8-5)可得

$$L=L_1+\lambda L_2 \tag{8-6}$$

即

$$\left(\frac{\partial Q}{\partial t}+\lambda a^2\frac{\partial Q}{\partial x}\right)+\lambda gA\left(\frac{\partial H}{\partial t}+\frac{1}{\lambda}\frac{\partial H}{\partial x}\right)+\frac{f}{2DA}Q|Q|=0 \tag{8-7}$$

式中：Q 和 H 均为 x 和 t 的二元函数，故其全导数可写为

$$\frac{dQ}{dt}=\frac{\partial Q}{\partial t}+\frac{\partial Q}{\partial x}\frac{dx}{dt} \tag{8-8}$$

$$\frac{dH}{dt}=\frac{\partial H}{\partial t}+\frac{\partial H}{\partial x}\frac{dx}{dt} \tag{8-9}$$

由式(8-7)至式(8-9)可得

$$\frac{dx}{dt}=\lambda a^2=\frac{1}{\lambda} \tag{8-10}$$

$$\lambda=\pm\frac{1}{a} \tag{8-11}$$

或

$$\frac{dx}{dt}=\pm a \tag{8-12}$$

当 $\dfrac{dx}{dt}=a$ 时，有

$$\frac{dQ}{dt}+\frac{gA}{a}\frac{dH}{dt}+\frac{f}{2DA}Q|Q|=0 \tag{8-13}$$

当 $\dfrac{dx}{dt}=-a$ 时，有

$$\frac{dQ}{dt}+\frac{gA}{a}\frac{dH}{dt}+\frac{f}{2DA}Q|Q|=0 \tag{8-14}$$

特征线法原理图如图 8-36(a)所示。

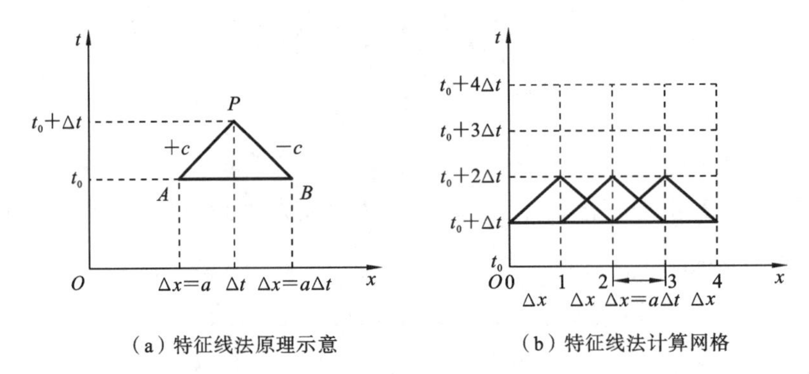

(a) 特征线法原理示意　(b) 特征线法计算网格

图 8-36　特征法计算

由此可见,在 x-t 平面内沿着$\frac{dx}{dt}=a$,$\frac{dx}{dt}=-a$ 两条直线,全微分方程式(8-13)和式(8-14)有效,而$\frac{dx}{dt}=a$ 和$\frac{dx}{dt}=-a$ 这两条直线就称为特征线。设在 $t=t_0$ 时刻沿管道的各点状态已知,为了求出 $t=t_0+\Delta t$ 时刻 P 点的各个状态,可沿特征线 AP,将微分方程式(8-13)进行积分计算,可得

$$Q_P+Q_A+\frac{gA}{a}(H_P-H_A)+\frac{f\Delta t}{2DA}Q_A|Q_A|=0 \tag{8-15}$$

同样可沿着特征线 BP,将微分方程式(8-14)进行积分计算,可得

$$Q_P-Q_B-\frac{gA}{a}(H_P-H_A)+\frac{f\Delta t}{2DA}Q_B|Q_B|=0 \tag{8-16}$$

式(8-16)摩擦损失项应为由 A 点(或 B 点)至 P 点的积分,则有

$$F=\int_A^P \frac{f}{2DA}Q\mid Q\mid dt \tag{8-17}$$

亦可近似取为

$$F=\frac{f}{2DA}Q_P|Q_A|\Delta t \tag{8-18}$$

式中:Q_A为已知,而 Q_P为未知,对于研究的是水电站的过渡过程,摩擦项比较小,大多数情况下的摩擦损失可取为$\frac{f\Delta t}{2DA}Q_A|Q_A|$。

由式(8-15)和式(8-16)可得

$$+c:Q_P=C_P-C_aH_P \tag{8-19}$$

$$-c:Q_P=C_n+C_aH_P \tag{8-20}$$

式中:

$$C_p=Q_A+C_aH_A-C_fQ_A|Q_A| \tag{8-21}$$

$$C_n=Q_B-C_aH_B-C_fQ_B|Q_B| \tag{8-22}$$

其中,$C_a=gA/a$,$C_f=f\Delta t/(2DA)$,管道参数 A、a、f、D 为已知,Q_A、H_A、H_B 也为已知,故依据式(8-19)和式(8-20)容易求出 Q_P和 H_P。

图 8-36(b)所示的是用特征线法求解有压管道瞬变流的特征网格。横坐标 x 为管道长度，自上游进口算起。图中管道分 4 段，每段长为 x，且有 5 个结点。纵坐标为时间 t，其间隔为 $\Delta t=\dfrac{\Delta x}{a}$。图 8-36 中每个点都用$(x,t)$表示。已知 t_0 时刻管道上各结点的状态，需要求出 $t_0=t_0+\Delta t$ 时刻第 1 号结点 Q_1、$t_0+\Delta t$ 和 H_1、$t_0+\Delta t$。可利用方程式(8-19)和式(8-20)以及 Q_{0,t_0}；H_{0,t_0}；Q_{20,t_0} H_{2,t_0}，同样可求出 $t+\Delta t$ 时刻第 2 结点和第 3 结点的状态。但对 $t+\Delta t$ 时刻，0 号结点只有一个方程式(8-20)，同样对 4 号结点只有一个方程式(8-19)，故必须建立边界条件后才能求解。这样，可求得 $t+\Delta t$ 时刻所有结点的状态。依此类推，可求出 $t+2\Delta t, t+3\Delta t, \cdots$各结点的状态。

8.4.2　基本边界条件

1. 上游水库边界条件

水电站的上游均设有水库，在进行机组过渡过程计算时，尽管上游水库均有水进入，但由于水库库容较大且过渡过程时间较短(在几十秒内)，因此可认为上下游水库水位在整个过渡过程计算中均保持恒定。上游水库边界条件示意图如图 8-37(a)所示，节点 P 代表上游水库与引水隧洞交界处，该节点仅满足特征线方程的 $-a$ 方向方程(即式(8-20))。可建立边界条件：

$$H=\text{常数}=H_{t0}$$

并且可写出 $+a$ 方程：

$$Q_P=C_n+C_a H_P \tag{8-23}$$

再根据能量方程可写出 H_P 和 H_u 的关系。若在过渡过程中水库水位不变，在管道进口有一定的局部水头损失系数 ζ，则有

$$H_P=H_D-\zeta\frac{Q_P^{t-\Delta t}\left|Q_P^{t-\Delta t}\right|}{2gA^2} \tag{8-24}$$

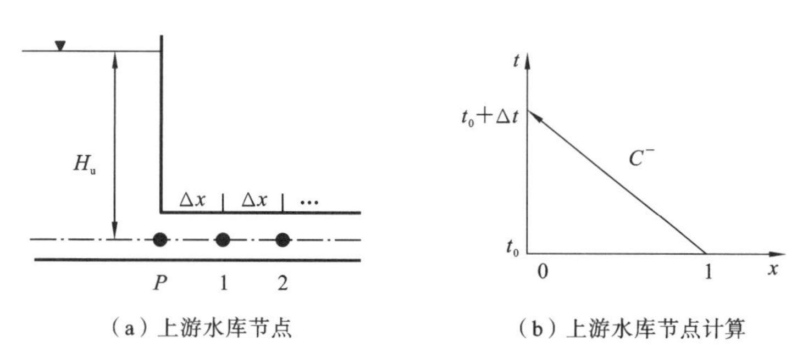

图 8-37　上游水库边界

2. 下游水库边界条件

下游节点与上游水库节点类似，下游即使没有水库，但其河床有一定的蓄水量，在过

渡过程期间，水位变化甚小，同样可建立边界条件。

对如图 8-38 所示的节点 P 可写出 C^+ 方程：

$$H=\text{常数}=H_{t0}$$

并且可写出 C^- 方程：

$$Q_P=C_P-C_a H_P \tag{8-25}$$

再根据能量方程可写出 H_P 和 H_u 的关系。若在过渡过程中水库水位不变，在管道出口有一定的局部水头损失系数 ζ，则有

$$H_P=H_D+\zeta\frac{Q_P^{t-\Delta t}|Q_P^{t-\Delta t}|}{2gA^2} \tag{8-26}$$

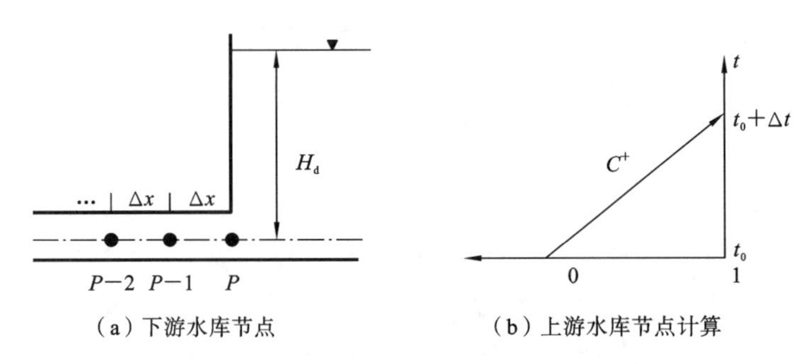

（a）下游水库节点　　（b）上游水库节点计算

图 8-38　下游水库边界

3. 串联管道节点

设有如图 8-39 所示的 1 号管和 2 号管串联的节点，且 1 号管与 2 号管的特性不同，对 1 号管下游节点可写出 C^+ 方程：

$$Q_{d1}=C_{P1}-C_{a1}H_{d1} \tag{8-27}$$

对 2 号管上游节点可写出 C^- 方程：

$$Q_{u2}=C_{n1}+C_{a2}H_{u2} \tag{8-28}$$

按边界条件，可建立连续方程：

$$Q_{d1}=Q_{u2}=Q_P \tag{8-29}$$

而断面 d_1 和 d_2 紧靠在一起，故 t 时刻流量相同。用上一时刻流量 $Q_P^{t-\Delta t}$ 代替 Q_P，则按能量方程可建立关系：

$$H_{d1}=H_{u2}+\zeta\frac{Q_P^{t-\Delta t}|Q_P^{t-\Delta t}|}{2gA^2} \tag{8-30}$$

利用式(8-29)解方程式(8-27)和式(8-28)，得

$$Q_P=C_{P1}+C_{a1}H_P \tag{8-31}$$

$$Q_P=C_{n2}+C_{a2}H_P \tag{8-32}$$

由此可得

$$H_P=\frac{C_{P1}-C_{n2}}{C_{a1}+C_{a2}} \tag{8-33}$$

在实际应用中，C_{P1} 和 C_{a1} 用 1 号管道参数计算，而 C_{n2} 和 C_{a2} 用 2 号管道参数计算。

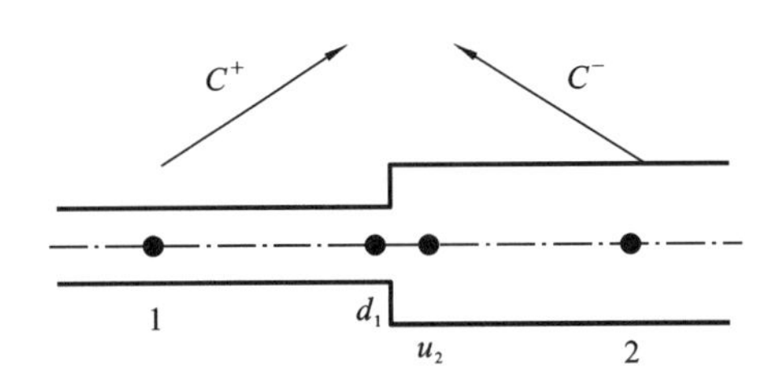

图 8-39　串联管道节点

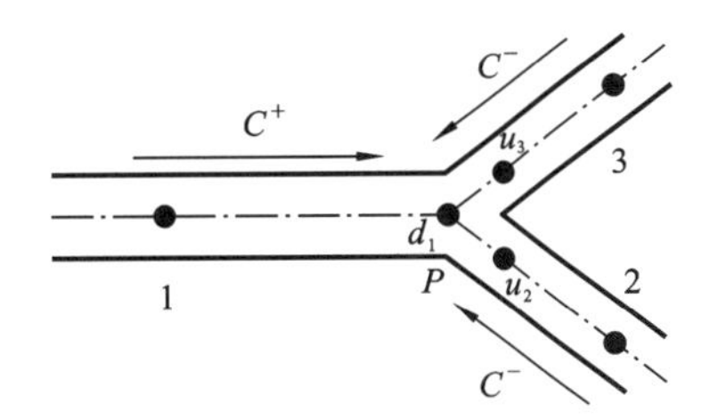

图 8-40　分岔管节点

4. 分叉管节点

设有如图 8-40 所示的分叉管节点，1 号管道分叉为 2 号和 3 号管道，对 d_1 断面可写出 C^+ 方程：

$$Q_{d1}=C_{P1}-C_{a1}H_{d1} \tag{8-34}$$

对 u_2 和 u_3 断面可写出 C^- 方程：

$$Q_{u2}=C_{n2}+C_{a2}H_{u2} \tag{8-35}$$

$$Q_{u3}=C_{n3}+C_{a3}H_{u3} \tag{8-36}$$

$$Q_{u3}=C_{n3}+C_{a3}H_{u3} \tag{8-37}$$

设分叉管水头损失可忽略，则根据能量方程有

$$H_{d1}=H_{u2}=H_{u3}=H_P \tag{8-38}$$

根据连续方程，则有

$$Q_{u1}=Q_{u2}+Q_{u3} \tag{8-39}$$

将式(8-34)至式(8-37)代入式(8-38)，可得

$$H_P=\frac{C_{P1}-(C_{n2}+C_{n3})}{C_{a1}+C_{a2}+C_{a3}} \tag{8-40}$$

考虑工程实际，若有 n 根分叉，且总管编号为 1，分叉管编号为 2，…，$n+1$，则有

$$H_P=\frac{C_{P1}-\sum_{i=2}^{n+1}C_{ni}}{\sum_{i=1}^{n+1}C_{ai}} \tag{8-41}$$

5. 汇合管节点

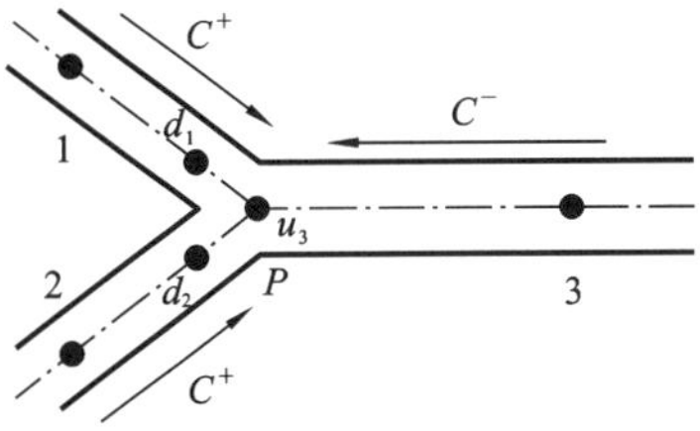

设有如图 8-41 所示的汇合管节点，对 d_1 和 d_2 可写出 C^+ 方程：

$$Q_{d1}=C_{P1}-C_{a1}H_{d1} \tag{8-42}$$

$$Q_{d2}=C_{P2}-C_{a2}H_{d2} \tag{8-43}$$

对 u_3 可写出 C^- 方程：

$$Q_{u3}=C_{n3}+C_{a3}H_{u3} \tag{8-44}$$

图 8-41　汇合管节点

连续方程：

$$Q_{d1}+Q_{d2}=Q_{u3} \tag{8-45}$$

在不计损失时的能量方程为

$$H_{d1}=H_{d2}=H_{u3}=H_p \tag{8-46}$$

由上列各式可得

$$H_P=\frac{C_{P1}+C_{P2}-C_{n3}}{C_{a1}+C_{a2}+C_{a3}} \tag{8-47}$$

对由 n 根管道汇成的一根管道($n+1$ 号),则有

$$H_P=\frac{\sum_{i=2}^{n}C_{Pi}-C_{n,n+1}}{\sum_{i=1}^{n+1}C_{ai}} \tag{8-48}$$

6. 阀门节点

设有如图 8-42 所示的阀门节点,两侧管道分别为 1 号和 2 号,对 d_1 可写出 C^+ 方程:

$$Q_{d1}=C_{P1}-C_{a1}H_{d1} \tag{8-49}$$

对 u_2 可写出 C^- 方程:

$$Q_{u2}=C_{n2}+C_{a2}H_{u2} \tag{8-50}$$

由于阀门轴向距离较小,因此可设 d_1 和 u_2 断面的瞬时流量相同,则有

$$Q_{d1}=Q_{u2}=Q_p \tag{8-51}$$

阀门过流量方程为

$$Q_P=k_P\tau_P\sqrt{H_P} \tag{8-52}$$

$$\Delta H_P=H_{d1}-H_{u2} \tag{8-53}$$

式中:τ_p、k_P、ΔH_P 分别为阀门开度、流量系数和阀门上作用水头。

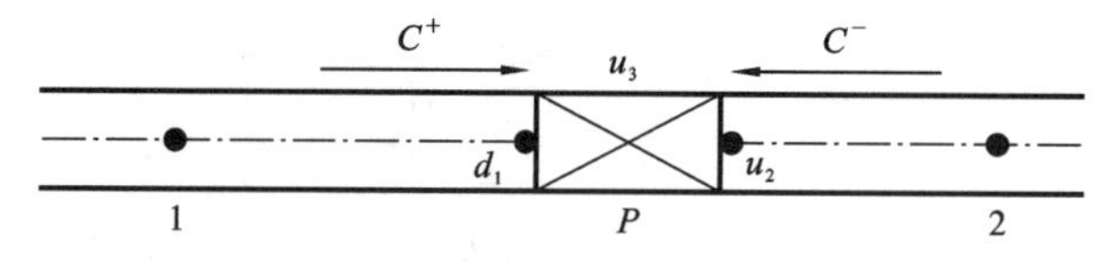

图 8-42 阀门节点

联立解方程,当 $\frac{C_{P1}}{C_{a1}}-H_D>0$,$Q_p>0$ 时,有

$$Q_P=-\frac{k_P\tau_P}{2C_{a1}}+\sqrt{\left(\frac{k_P\tau_P}{2C_{a1}}\right)+\left(\frac{C_{P1}}{C_{a1}}-H_D\right)k_P\tau_P} \tag{8-54}$$

当 $\frac{C_{P1}}{C_{a1}}-H_D<0$,$Q_P<0$ 时,有

$$Q_P=\frac{k_P\tau_P}{2C_{a1}}-\sqrt{\left(\frac{k_P\tau_P}{2C_{a1}}\right)+\left(\frac{C_{P1}}{C_{a1}}-H_D\right)k_P\tau_P} \tag{8-55}$$

当末端阀门为自由出流时,H_p 可用阀门中心测压管水头表示。

7. 调压室节点

调压室可分为阻抗式调压室(包括直筒式调压室)、差动调压室、多室式调压室、气垫式调压室多节点阻抗式、多点差动式调压室和变截面调压室。以阻抗式调压室为例,如图 8-43 所示,对 d_1 断面和 u_2 可分别写出 C^+ 和 C^- 方程:

$$Q_{d1}=C_{P1}-C_{a1}H_{d1} \tag{8-56}$$

$$Q_{u2}=C_{n2}+C_{a2}H_{u2} \tag{8-57}$$

此外，可写出连续方程和在 P 点不计损失时的能量方程：

$$Q_{d1}=Q_j+Q_{u2} \tag{8-58}$$

$$H_{d1}=H_{u2}=H_P \tag{8-59}$$

调压室内水压力 H_j 与 P 点水压力 H_P 的关系为

$$H_P=H_j+R_jQ_j|Q_j| \tag{8-60}$$

调压室水位与流量的关系：

$$\frac{dH_j}{dt}=\frac{Q_j}{A_j} \tag{8-61}$$

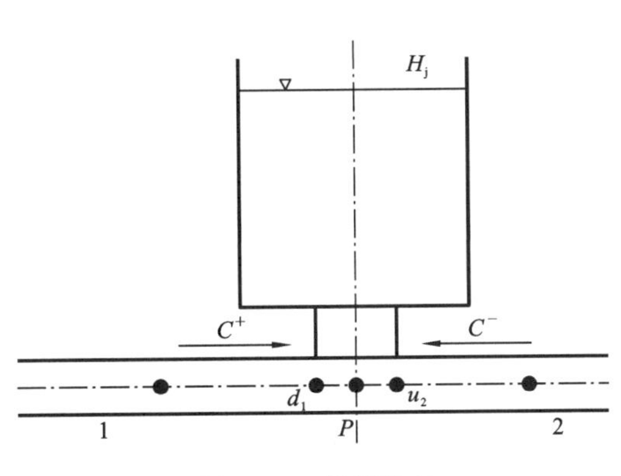

图 8-43　阀门节点

写成差分方程为

$$H_j=H_{j,t_0}+(Q_j+Q_{j,t_0})\frac{\Delta t}{2A_j} \tag{8-62}$$

式中：H_j、H_{j,t_0} 为调压室内水位及上一时段末调压室水位；Q_j，Q_{j,t_0} 为进入调压室流量及上一时段进入调压室流量；A_j 为调压室截面积；R_j 为调压室进口阻抗的水力损失系数，且有 $R_j=\frac{K_j(Q_s)}{2gA_1^2}$，其中 K_j 为底部孔口流量损失系数，与孔口流量流向有关，A_1 为调压井孔口截面积。

联立上述式(8-56)至式(8-60)及式(8-62)共六个方程，可得

$$Q_j=\frac{(C_{p1}-C_{n2})-(C_{a1}+C_{a2})H_{j,t_0}-(C_{a1}+C_{a2})\frac{\Delta t}{2A_j}Q_{j,t_0}}{1+(C_{a1}+C_{a2})\frac{\Delta t}{2A_j}+(C_{a1}+C_{a2})R_j|Q_j|} \tag{8-63}$$

考虑工程实际，若有 n 根分叉，且总管编号为 1，分叉管编号为 2，…，$n+1$，则有

$$Q_j=\frac{C_{P1}-\sum_{i=2}^{n+1}C_{n,i}-\sum_{i=1}^{n+1}C_{a,i}H_j^{t-\Delta t}-\sum_{i=1}^{n+1}C_{a,i}Q_j^{t-\Delta t}}{1+\sum_{i=1}^{n+1}C_{a,i}\frac{\Delta t}{2A_j}+\sum_{i=1}^{n+1}C_{a,i}R_j|Q_j|} \tag{8-64}$$

由 n 根管道汇成的一根管道($n+1$ 号)，设置调压井，则有

$$Q_j=\frac{\sum_{i=1}^{n}C_{P,i}-C_{n,n+1}-\sum_{i=1}^{n+1}C_{a,i}H_j^{t-\Delta t}-\sum_{i=1}^{n+1}C_{a,i}Q_j^{t-\Delta t}}{1+\sum_{i=1}^{n+1}C_{a,i}\frac{\Delta t}{2A_j}+\sum_{i=1}^{n+1}C_{a,i}R_j|Q_j|} \tag{8-65}$$

当 $R=0$ 时，为直筒式调压井，联立后的解为

$$Q_j=\frac{(C_{P1}-C_{n2})-(C_{a1}+C_{a2})H_{j,t_0}-(C_{a1}+C_{a2})\frac{\Delta t}{2A_j}Q_{j,t_0}}{1+(C_{a1}+C_{a2})\frac{\Delta t}{2A_j}} \tag{8-66}$$

考虑工程实际，若有 n 根分叉，且总管编号为 1，分叉管编号为 2，…，$n+1$，则有

$$Q_j = \frac{C_{P1} - \sum_{i=2}^{n+1} C_{n,i} - \sum_{i=1}^{n+1} C_{a,i} H_j^{t-\Delta t} - \sum_{i=1}^{n+1} C_{a,i} Q_j^{t-\Delta t}}{1 + \sum_{i=1}^{n+1} C_{a,i} \frac{\Delta t}{2A_j}} \tag{8-67}$$

由 n 根管道汇成的一根管道($n+1$ 号),设置调压井,则有

$$Q_j = \frac{\sum_{i=1}^{n} C_{P,i} - C_{n,n+1} - \sum_{i=1}^{n+1} C_{a,i} H_j^{t-\Delta t} - \sum_{i=1}^{n+1} C_{a,i} Q_j^{t-\Delta t}}{1 + \sum_{i=1}^{n+1} C_{a,i} \frac{\Delta t}{2A_j}} \tag{8-68}$$

从上述公式(8-63)至式(8-65)的解可以看出,等式两侧均出现了当前时刻的调压室流量 Q_j,为了实现仿真计算,可用上一时刻调压室流量近似代替公式右边的 Q_j。若要求取更加精确的调压室流量,可采用流量迭代法计算当前时刻流量,以式(8-63)为例,具体步骤如下。

(1) 假 Q'_j 设为 Q_j 的初始迭代值,并且让 Q'_j 等于上一计算时刻的调压室流量,设公式(8-63)右侧 $Q_j=Q'_j$。

(2) 根据公式(8-63)更新流量 Q_j(求公式左边的 Q_j)。

(3) 将计算出的结果 Q_j 与原来给定的迭代值相比较,如果满足 $|Q_j-Q'_j|<\delta$,Q_j 即为当前时刻调压室的流量;如果不满足,设 $Q_j=\left|\frac{1}{2}(Q_j+Q'_j)\right|$,并代替公式(8-63)右侧 Q_j,其中 δ 是较小的正实数,一般取 $10^{-5}\sim10^{-6}$。

(4) 重复步骤(2)和步骤(3),直到满足条件求出最终调压室流量。

8. 水力机组节点

如图 8-44 所示水力机组节点,d_1 为转轮进口断面点 u_2 为尾水管出口断面,通过 d_1 和 u_2 可写出 C^+ 和 C^- 方程:

$$Q_{d1}=C_{P1}-C_{a1}H_{d1} \tag{8-69}$$

$$Q_{u2}=C_{n2}+C_{a2}H_{u2} \tag{8-70}$$

因为断面 d_1 和 u_2 很接近,可近似认为

$$Q_{d1}=Q_{u2}=Q_t \tag{8-71}$$

作用在水轮机上的水头为

$$H_t=H_{d1}-H_{u2} \tag{8-72}$$

水轮机的过流量为

$$Q_t=Q_{11}D_1^2\sqrt{H_t} \tag{8-73}$$

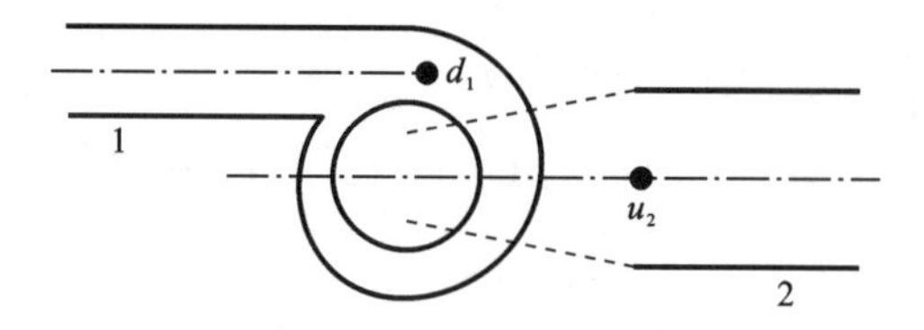

图 8-44 水力机组节点

式中：Q_t 为工作流量可以利用 Q_{11} 计算；Q_{11} 为导叶开度 a 和单位转速 n_{11} 的函数，可用水轮机特性查出；H_t 为水轮机工作水头，再联立式(8-69)至式(8-73)，即可求出 Q_t、H_t、H_{d1}、H_{u2}。

8.4.3 水轮机非线性数学模型

水轮机内的水流动是比较复杂的。虽然在原则上可以用各种数值方法(如三维有限元等)来求解分析水轮机内的水流动，或者用某些几何参数定性地表示水轮机的过流量和力矩等，但在实际上仍然只能依靠模型试验的方法来求得水轮机特性的定量表示。水轮机模型综合特性和飞逸特性等均是水轮机的稳态特性。原则上，在分析水力一机械过渡过程时应该使用水轮机动态特性，但由于后者至今仍无法通过模型实验求得，故目前只能使用水轮机稳态特性来分析动态过程。实践证明，在工况变化速度不太快时，使用水轮机稳态特性得出的理论结果与实测结果的误差是允许的。此前讨论的水轮机的线性化模型，其不适用大波动过渡过程分析。这里给出以稳态特性描述的水轮机非线性数学模型。水轮机稳态特性为

$$Q_{11}=f(n_{11},a,\varphi) \tag{8-74}$$

$$M_{11}=f(n_{11},a,\varphi) \tag{8-75}$$

$$Q_t=Q_{11}D_1^2\sqrt{H_t} \tag{8-76}$$

$$M_t=M_{11}D_1^3H_t \tag{8-77}$$

$$n_t=n_{11}\frac{\sqrt{H_t}}{D_1} \tag{8-78}$$

$$H_t=H_i-H_{i+1} \tag{8-79}$$

式中：Q_1，M_{11}，n_{11} 分别为水轮机单位流量、单位力矩和单位转速；Q_t，M_t，n_t 分别为水轮机流量、力矩和转速；H_t，H_i，H_{i+1} 分别为水轮机水头、机组前节点水压力和机组后节点水压力；a，φ 分别为导叶开度和桨叶角度。

在求解非线性方程组时必须知道水轮机流量特性 Q_{11} 和力矩特性 M_{11}，通常可以从模型综合特性曲线和逸速特性曲线中获得。如混流式水轮机综合特性曲线给出的是 Q_{11}、n_{11}、η、a，据此可以计算 M_{11}：

$$M_{11}=9555\frac{Q_{11}\eta}{n_{11}}\,(\mathrm{kgfm})=93470\frac{Q_{11}\eta}{n_{11}}\,(\mathrm{Nm}) \tag{8-80}$$

式中：n_{11} 为单位转速，单位为 r/min；η 为效率；Q_{11} 为单位流量，单位为 $\mathrm{m^3/s}$。

这三个参数均可由综合特性求取。但综合特性只提供高效率区附近的特性，而飞逸速特性只提供空载工况特性，这对过渡过程计算是不够的，必须要有各种开度直至零开度，在 n_{11} 值较大范围内的特性，通常称为全特性(实际上是全特性的一部分)。但目前模型试验工作尚未跟上，只有少数转轮具有这种全特性。在没有全特性，但又要进行计算时，只能在综合特性与逸速特性的基础上延长使用。由水轮机的给定的模型特性曲线和飞逸特性可通过换算和延长得到水轮机的运转综合特性，即全特性，包括水轮机区、空

载、制动及反水泵工况区等。

水轮机特性在计算机中的处理一般是使用数组来存储水轮机特性：导叶开度 a、机组单位转速 n_{11}、机组单位流量 Q_{11} 和机组单位力矩 M_{11}。在实际计算中出现的 a 值与 n_{11} 值不会恰好是数组所存储的值，这时可以使用插值方法来求计算出来的 a 与 n_{11} 所对应的单位流量和单位力矩。一般使用较为简单的拉格朗日插值公式或者四点插值方法。

1. 拉格朗日一元三点插值

拉格朗日一元三点插值公式为

$$y=\sum_{i=p-1}^{p+1} y_i \prod_{\substack{j=p-1 \\ i\neq j}}^{p+1} \frac{n-n_j}{n_i-n_j} \tag{8-81}$$

式中：y 为 n 的函数，即有 $y=f(n)$。

已知的 n_i、y_i 共有 n 对。现令 $n_{p-1}<n<n_p$，据式(8-81)可以求出相应的 y 值。

2. 四点插值

四点插值公式为

$$y=\sum_{i=k-1}^{k}\sum_{j=p-1}^{p} C_{ij}y_{ij} \tag{8-82}$$

其中

$$C_{ij}=\frac{1}{4}(1+\xi\xi)(1+\eta\eta_j) \tag{8-83}$$

$$\xi=\frac{x-\bar{x}}{\Delta x},\quad \eta=\frac{z-\bar{z}}{\Delta z} \tag{8-84}$$

$$\Delta x=\frac{x_k-x_{k-1}}{2},\quad \Delta z=\frac{z_p-z_{p-1}}{2} \tag{8-85}$$

$$\bar{x}=\frac{x_k+x_{k+1}}{2},\quad \bar{z}=\frac{z_p+z_{p+1}}{2} \tag{8-86}$$

式中：$y=f(x,z)$，由于已给定 x_i、z_j、y_{jj}，又已知 $x_{k-1}<x<x_k$，$z_{p-1}<z<z_p$，则利用四点插值公式可以求出 y 值。

3. 二元三点拉格朗日插值法

二元三点拉格朗日插值公式为

$$\begin{cases} z(x,y)=\displaystyle\sum_{i=p-1}^{p+1}\sum_{j=q-1}^{p+1}\left(\prod_{\substack{k=p \\ k\neq i}}^{p+1}\frac{x-x_k}{x-x_k}\right)\left(\prod_{\substack{l=p \\ l\neq i}}^{p+1}\frac{y-y_l}{y-y_l}\right)z_{ij} \\ x_p<x<x_{p+1},\ y_q<y<y_{q+1} \end{cases} \tag{8-87}$$

8.4.4 计算步长选取

从求解瞬变流方程的特征线法知道，特征线方程为

$$\Delta t=\frac{\Delta x}{a} \tag{8-88}$$

由于对于每一管段 Δx 和 a 是已知的，所以 Δt 是一定的。但对复杂管道进行计算时应该取统一的 Δt，才能在各个节点处求解联立方程。从实际计算来看，可以将管道分段，以减少 Δt 值，因此可取各管道 Δt 的最大公约数为计算步长。但由于 Δt 是多位小数，其最大公约数往往很小，因此不得不对波速作些调整，可按下列步骤决定 Δt 值。

设有 n 条管道，其长度为 $L_1, L_2, \cdots, L_n$。

(1) 求出最小长度 $L_{\min}$，即

$$L_{\min} = \min\{L_1, L_2, \cdots, L_n\} = L_j \tag{8-89}$$

(2) 求出该管道内的波速和水击波传播时间，即

$$\Delta t + \frac{L_{\min}}{a_j} \tag{8-90}$$

(3) 求出各条管道的分段数，即

$$N_i = \frac{L_i}{L_{\min}} \tag{8-91}$$

(4) 求出各条管道分段长度，即

$$\Delta x = \frac{L_i}{N_i} \tag{8-92}$$

(5) 求出各管道计算用波速，即

$$a_{pi} = \frac{\Delta x_i}{\Delta t} \tag{8-93}$$

(6) 求出各管道计算波速与原波速的相对差值，即

$$\varepsilon_i = \frac{|a_{pi} - a_i|}{a_i} \tag{8-94}$$

一般认为误差在15%以内是允许。

(7) 若不能满足要求，则适当调整该管道的分段数和 Δt。

实际工程应用时，管道波速的计算也是极为近似的，因此对波速的误差要求可按实际情况予以放松。必要时，也可进行试算，以确定合适的 Δt。

8.4.5　大波动过渡过程计算步骤

以单机单管混流式机组为例说明水力—机械过渡过程的计算步骤。如图8-45所示的是单机单管系统示意图。设上游水位为 H_u，下游水位为 H_d，因有压引水管道较长，尾水管直接接入下游，故可不计尾水管的水流惯性。有压引水管道分为4段计算，管段编号为1～4，各管段参数均相同。

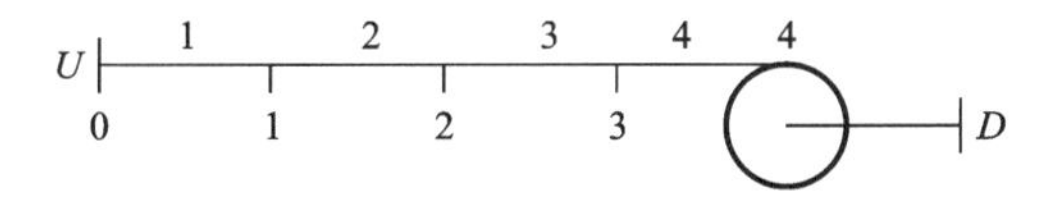

图8-45　单机单管系统示意图

1. 数学模型

根据上述情况，其水力—机械过渡过程数学模型如图 8-45 所示。

(1) 导叶运动：

$$y=f(t) \tag{8-95}$$

$$a=f(y) \tag{8-96}$$

(2) 水轮机：

$$n_{11}=\frac{nD_1}{\sqrt{H_t}} \tag{8-97}$$

$$Q_{11}=f(n_{11},a) \tag{8-98}$$

$$M_{11}=f(n_{11},a) \tag{8-99}$$

$$Q_t=Q_{11}D_1^2\sqrt{H_t} \tag{8-100}$$

$$M_t=M_{11}D_1^3H_t \tag{8-101}$$

$$H_t=H_4-H_D \tag{8-102}$$

$$n_t=n_{t-\Delta t}+\frac{M_t+M_{t-\Delta t}}{2GD^2}374.7\Delta t \tag{8-103}$$

(3) 管道：

$$Q_t=Q_4=C_{p4}-C_{a4}H_4 \tag{8-104}$$

$$\begin{cases}Q_3=C_{n4}+C_{a4}H_3\\Q_3=C_{p3}-C_{a3}H_3\\Q_2=C_{n3}+C_{a3}H_2\\Q_2=C_{p2}-C_{a2}H_2\\Q_1=C_{n2}+C_{a2}H_1\\Q_1=C_{p1}-C_{a1}H_1\\Q_0=C_{n1}+C_{a1}H_0\\H_u=H_0=\text{常数}\end{cases} \tag{8-105}$$

式中：$C_{ai}=\frac{gA_i}{a_i}$。因为各管道的参数相同，则有 $C_{ai}=C_a=\frac{gA}{a}$。即

$$\begin{cases}C_{pi}=Q_{i-1,t-\Delta t}+C_aH_{i-1,t-\Delta t}-\frac{f\Delta t}{2DA}|Q_{i-1,t-\Delta t}|Q_{i-1}\\C_{ni}=Q_{i+1,t-\Delta t}+C_aH_{i+1,t-\Delta t}-\frac{f\Delta t}{2DA}|Q_{i+1,t-\Delta t}|Q_{i+1}\\C_a=\frac{gA}{a}\end{cases} \tag{8-106}$$

式中：Q 及的下标 i 表示结点号，C_a、C_p、C_n 的下标 i 表示管道号。

上述数学模型可分为两部分，式(8-105)表示的是管道 0、1、2、3 结点参数的方程，因为在这一时刻，C、C_p、C_n 均已知，可求解出各结点的 Q 和 H。式(8-95)至式(8-104)为机组部分的方程，由于水轮机特性等因素，因此它们是一个非线性方程组，且水轮机特性难以用解析式表示，故一般采用迭代法求解如图 8-46 所示，即为迭代法求解机组甩负荷过渡过程的程序框图。

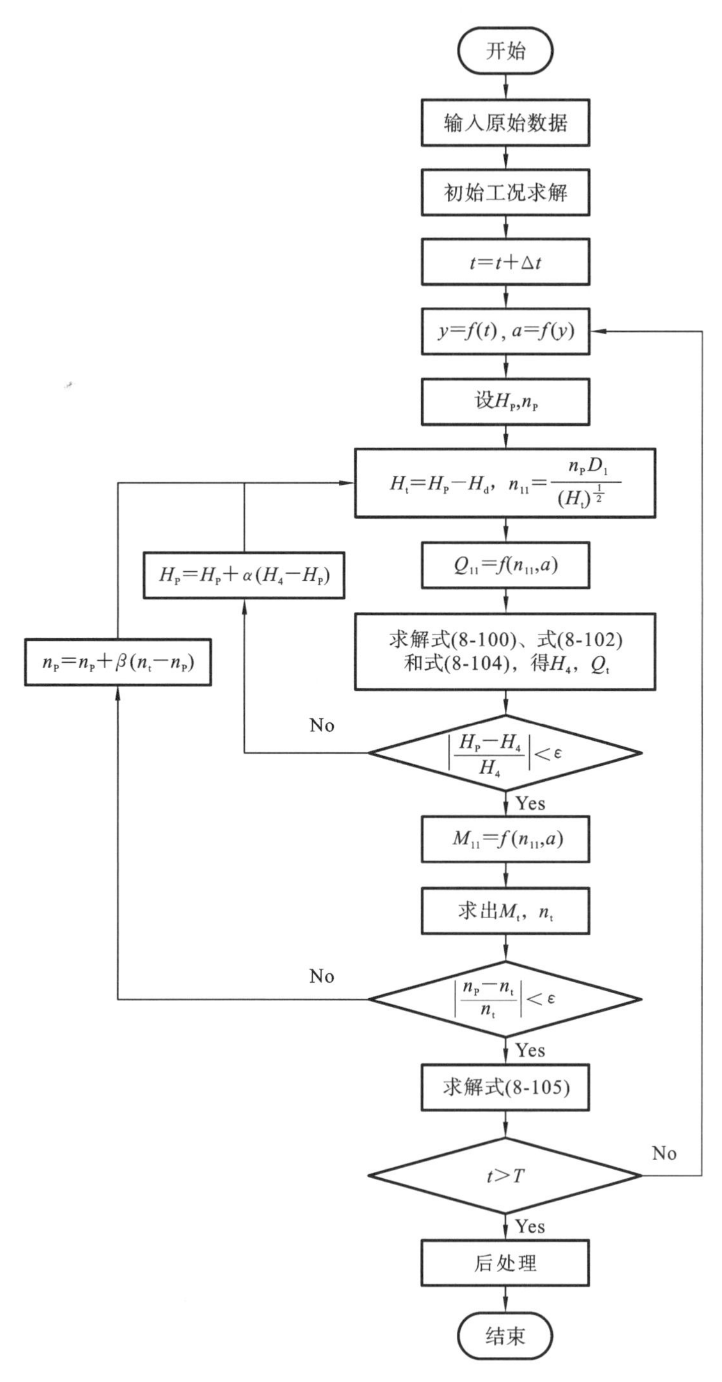

图 8-46　迭代法求解过渡过程计算框图

计算开始，输入原始数据。原始数据包括装置参数：管路特性（包括管道长度、截面积、水头损失系数等）、调压室特性、水轮机特性（运转综合全特性）、机组参数（如转轮直径 D_1，机组飞轮力矩 GD^2 等）、导叶关闭规律、甩前工况参数（如上下游水位（或甩前静水头)、甩前转速、甩前导叶开度等)等。现在的仿真计算软件通常采用把原始数据建立成数据文件的形式，在计算时调用数据文件即可，不用在每次计算时，重复输入原始数据。

2. 初始工况计算

初始工况求解。根据甩前工况参数进行甩前工况计算，即通常所指的初始工况。在过渡过程计算之前，必须进行稳态工况计算。稳态工况有许多参数如导叶开度、机组转速上游水位、下游水位、机组过流量、出力、管道系统各结点的流量及水压力等。但只要给定其中一部分参数，初始工况就已确定，其他参数要通过计算求出，且不宜通过估算求出，以免与电算结果相矛盾。通常可给出上下游水位、机组转速和机组出力，或者给出上下游水位、机组转速和导叶开度。

初始工况计算也需要进行迭代。当给定上下游水位 H_u、H_D，机组转速 n_0 和机组出力 P_0 时，算法如下。

(1) 设定水轮机水头 H_P。

(2) 求出 $n_{11}=\dfrac{n_0 D_1}{\sqrt{H_P}}$。

(3) 据 P_0、H_P 求出 M_{110}，在力矩特性中反插出 a_0。

(4) 由 n_{11}、a_0 查出 Q_{11}，计算出 $Q_{11}=Q_{11}D_1^2\ \sqrt{H_P}$。

(5) 根据管道特性，计算出各管段流量和损失，即 $H_t = H_u - H_D - \sum k_i Q_i^2$。

(6) 若 $\left|\dfrac{H_P-H_t}{H_t}\right|<\varepsilon$，转至步骤(8)。

(7) 若 $H_P=\dfrac{H_P+H_t}{2}$，转至步骤(2)。

(8) 计算其他参数。

3. 过渡过程计算

(1) 计算 t 时刻导叶开度 a。

(2) 给定水头 H_P 和 n_P 进行计算，求出 H_4 和 n_t，然后检查是否满足收敛条件。框图中采用两个迭代，即水压力迭代过程和转速迭代过程。

① 水压力迭代：根据设定的 H_P 和 n_P，求出 n_{11}；根据水轮机特性查出 Q_{11}，一般采用插值法求取；迭代求解与水轮机特性相关的计算，即求解式(8-100)、式(8-102)和式(8-104)得到 H_4、Q_t；检查 $\left|\dfrac{H_P-H_t}{H_t}\right|<\varepsilon$ 的条件是否满足，若不满足，则重新选定 H_P 进行计算。

② 转速迭代：若水压力迭代满足收敛条件，则进行转速迭代过程，即计算 M_{11}、M_t 的值，并检查 $\left|\dfrac{n_P-n_t}{n_t}\right|<\varepsilon$ 是否满足条件。

③ 管道过渡过程计算。若水轮机的水压力和转速迭代满足要求，则进一步求解管路上的特征方程式(8-105)，即可得本时刻各结点的水压力上升。

若计算时间结束，可得各节点的最高水压力上升以及机组的最高转速上升。

8.4.6　计算实例

1. 电站布置形式及原始数据

电站布置形式如图 8-47 所示。其中，ED 段为引水管，长 173.797 m，直径为 7.5 m。有直筒式调压井，调压井截面积为 135.8 m^2。调压井后引水压力引水总管 DB 段长 106.8 m，直径为 4.6 m；在 B 点分叉，BA 段长 27.64 m，直径为 2.8 m；在 A 点装有一台水轮机组。BC 段长 25 m，直径为 2.8 m，末端为闷头。机型为 HL702 型改进型，$D_1=2$ m，额定转速 $n_0=300$ r/min，蜗壳中心高程为 188.8 m，$GD^2=600\times10^4$ Nm^2。甩前发电机功率为 17000 kW，水轮机功率为 17350 kW，甩前导叶开度为 0.9，甩前上游水位为 251.95 m，水轮机净水头为 58 m。

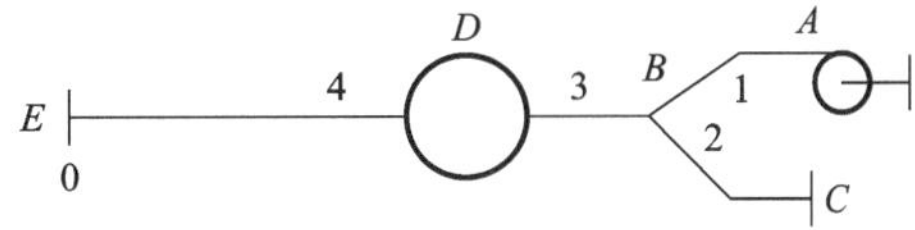

图 8-47　单机单管系统示意图

2. 水轮机模型特性

由于没有 702 改进型的特性，可选用 702 模型特性代替。根据综合特性，并作适当延长选取各参数基准值为：$n_{11r}=79$ r/min；$\alpha_{mr}=35$ mm；$Q_{11r}=1080$ L/s；$M_r=1210$ Nm。与此相应的原型基准参数为：$n_r=300$ r/min；$Q_r=33$ m^3/s；$M_r=563000$ Nm；$P_{tr}=17350$ kW。根据实测资料知 $\alpha_{mr}=35$ mm，原型导叶开度相对值为 1.0。

3. 计算原型有关参数

根据波速、基准流量和管段长度与直径计算得 $\Delta t_1=0.0218$ s，$h_{w1}=5.97$；$\Delta t_2=0.0198$ s，$h_{w2}=5.97$；$\Delta t_3=0.0844$ s，$h_{w3}=2.21$；$\Delta t_4=0.165$ s，$h_{w4}=0.692$。

由于 Δt_i 的最大公约数太小，故适当调整 Δt_i。为了减少计算步骤，取 $\Delta t_1=0.025$ s，$\Delta t_2=0.025$ s，$\Delta t_3=0.075$ s，$\Delta t_4=0.15$ s；相应 h_{wi} 值调整为 $h_{w1}=5.21$，$h_{w2}=4.73$，$h_{w3}=2.49$。

机组惯性时间常数根据 $P_{tr}=17350$ kW，计算得 $T_a=8.55$ s。

调压井时间常数根据 $Q=33$ m^3/s，计算得 $T_j=238.7$ s。

在计算中，0.1～0.3 s 时，取直线关闭规律；3.3～7.1 s 时，取曲线关闭规律，用一元三点插值法求取；7.1～10.1 s 时，导叶开度为零；10.1～21.1 s 时，按直线开启。计算中迭代收敛条件 ε 取 0.0001。计算步长按 0.025 s 和 0.1 s 两种情况进行，如表 8-3 所示。

表 8-3　导叶接力器关闭规律

T/s	0	0.1	2.3	3.3	5.2	7.1	10.1	21.1
y	0.90	0.90	0.56	0.38	0.105	0.105	0.0	0.0

4. 计算结果

计算结果如图 8-48 所示，最大值比较如下。

最大转速：实测 372 r/min，计算 374.9 r/min。

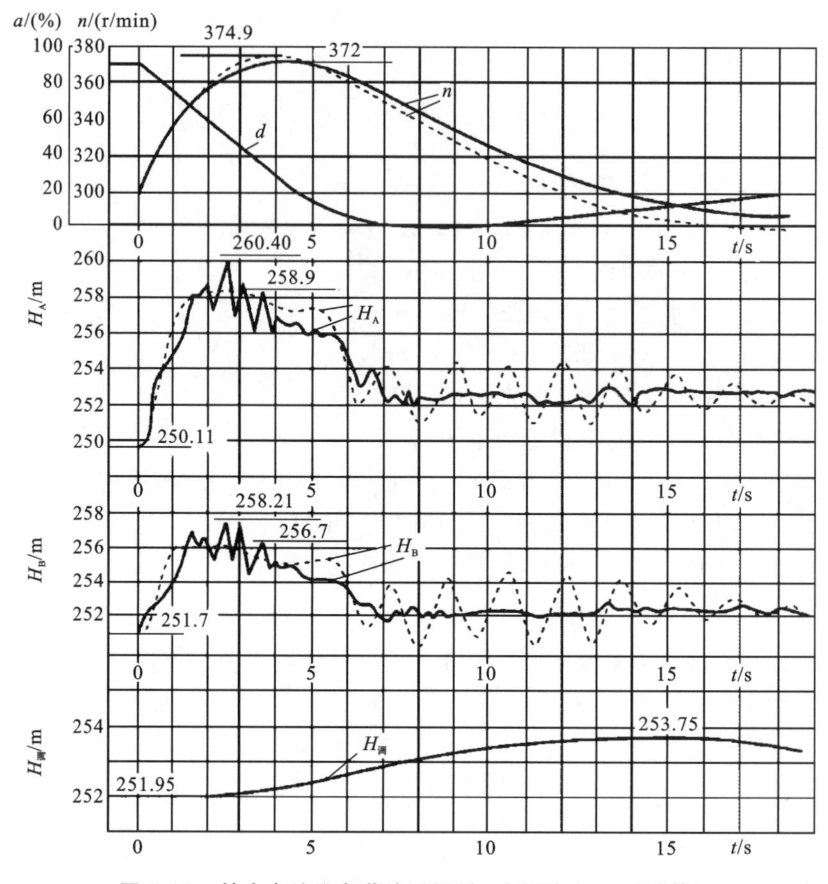

图 8-48　某水电站甩负荷波形图('—'实测,'— —'计算)

水轮机蝶阀处最大水压力升高(与甩前水压相比):实测 10.3 m(峰值),计算 8.77 m。闷头处最大水压力升高(与甩前水压相比):实测 6.5 m(峰值),计算 4.85 m。

调压井水位最高:实测 253.75 m,计算 253.71 m。

由上述数据及图 8-48 可见,其转速升高计算值是比较接近的。但在转速下降阶段计算值低于实测值约 10 r/min。这是由于制动区特性是延长获得的,有较大误差。

压力升高最大值的计算结果与实测结果差别较大。但从压力波形来看,实测波形有压力振荡,双幅值最大达 4.3 m,实测最大值是以最高峰计算的。若取实测压力振荡中间值,则与计算值相接近。从图 8-48 看出,计算的压力过程线形状与示波图去除压力振荡后的图形是接近的。另外,在导叶关闭速度减慢后,计算结果有压力振荡波。因为,计算中没有考虑压力水管中的摩阻力等消振因素,所以振荡持续到导叶开启后才消减。由于计算步长取的是 0.1 s,是原来根据实测波速计算的步长的 4 倍,所以振幅的周期也比应有的约长 4 倍,但计算步长对振幅的影响甚小。实测示波图中振荡的衰减是快的。

压力波形图有两幅:① 甩负荷机组蝶阀处压力波动过程;② 另一叉管闷头处压力波动过程。由图 8-48 可见,两者过程形状相似而数值不同,计算结果亦如此。

为了说明上述调整步长的措施对计算结果影响不大,表 8-4 所示的是计算步长为

0.025 s 及 0.0 s 的两组计算结果。其中，图 8-48 及表 8-4 中水压均已折算至水位值。

表 8-4　过渡过程计算结果表

Δt/s	n_{max}/(r/min)	蝶阀处最大压力/m	闷头处最大压力/m	岔头处最大压力/m
0.1	374.8974	258.9	256.70	256.83
0.025	374.8899	258.88	256.56	256.74

8.5 课后习题

1. 利用 Simulink 进行控制系统仿真包含哪些基本步骤？

2. 建立水轮机调节系统空载扰动工况模型，通过仿真建模，分析比例增益、积分增益、微分增益、T_w 对空载扰动特性的影响。

3. 建立水轮机调节系统甩负荷工况模型，分析比例增益、积分增益、微分增益、T_w 对空载扰动特性的影响。

4. 简述大波动过渡过程计算步骤。

第9章

调速器控制规律优化

针对水电机组的优化控制，国内外学者也开展了卓有成效的研究，经典控制理论范畴的PID控制规律原理简单、实现方便、控制品质对控制对象的变化不敏感，目前水电机组多采用PID控制策略，通常可以基本满足机组安全稳定运行的需求。然而，由于机组各环节强非线性特性的存在，且其动态特性随着运行工况和现场环境的不同会出现极大的改变，导致传统PID控制往往无法使调节系统的控制品质在全局范围内达到最优。因此，探索调节系统控制参数优化整定方法，对于提高水电机组的控制品质、改善调节系统的动态响应性能有着重大理论价值及工程实际意义。水电机组过渡过程是指机组由一个工况稳定态转换到另一个工况稳定态过程中水力、机械参数变化的过程。在机组采用非最优的控制规律发生极端工况转换时，机组转速上升值和引水管道压力钢管压力上升值会超过设计允许范围，进而造成机组过速、异常振动以及活动导叶异步等不利现象，对电站安全造成严重威胁。因此，机组导叶开启、关闭规律优化是水电站建设过程中保证机组安全稳定运行的必要的研究内容和手段。

为此，项目组在深入研究水电机组开机、关机控制策略的基础上，结合单目标和多目标群智能优化算法，设计了合理的导叶开启、关闭规律，提高了机组在开关机大波动过渡过程下的控制效果，保证机组迅速、安全投退。进一步，为了提高水电机组调速系统控制品质，本章基于建立的水电机组调节系统非线性模型，将模糊控制和分数阶PID控制等先进控制规律引入机组调速系统控制。为了解决控制器参数的优化整定的难题，将智能优化算法引入到机组调速系统控制器参数优化设计中，以提高调速系统控制参数优化效果，参数优化后的仿真结果验证所提控制策略的有效性，为改善机组的动态响应性能、提高调节系统的控制品质和自适应能力开辟了新的思路。

9.1 优化算法

基于群体行为的智能优化方法充分利用了群体间的信息共享、信息交换、群体学习等社会行为以及优胜劣汰等自然法则，从而实现对目标的搜索。群体智能优化算法的本质大多来源于对自然生物种群间交互的模仿，用简单的行为规则来组成难以估量的群体能力。作为群集智能的典型代表，遗传算法（genetic algorithm，GA）、粒子群优化（particle swarm optimization，PSO）算法和差分进化（differential evolution，DE）算法非常流行并逐步发展成熟，在各种领域都有广泛应用。然而作为较早提出的群集智能优化方法，这些方法都存在一些固有缺陷，比如早熟、陷入局部极小等。为此，学者们尝试各种改进措施，以期提高该类群集搜索算法的性能。另一种有效方式是寻找研究遵循其他物理法则并具有优异属性的智能算法。但迄今为止还没有一种启发式算法能够通用地解决所有的优化问题，也没有任何一种算法优于其他所有的优化算法。每种算法都有其自身的优点和缺陷，其可能在解决某类问题上优于其他算法，但是在其他优化问题上却比其他算法差。而万有引力搜索算法同样作为一种群体智能算法，一方面拥有群体智能算法的优点，如很强的全局搜索能力与较快的收敛速度，但另一方面，其本身也存在一定的缺陷，如容易发生算法早熟，求解精度不高，算法运行效率偏低等。

万有引力搜索算法（gravitational search algorithm，GSA）是由伊朗克曼大学的Esmat Rashedi等人（2009）所提出的一种新的启发式优化算法，其源于对物理学中的万有引力进行模拟产生的群体智能优化算法。GSA的原理是通过将搜索粒子看作一组在空间运行的物体，物体间通过万有引力相互作用吸引，物体的运行遵循动力学的规律。适度值较大的粒子其惯性质量越大，因此万有引力会促使物体们朝着质量最大的物体移动，从而逐渐逼近求出优化问题的最优解。GSA具有较强的全局搜索能力与收敛速度。随着GSA理论研究的进展，其应用也越来越广泛，逐渐引起国内外学者的关注。但是，GSA与其他全局算法一样，存在易陷入局部解，解精度不高等问题，还有很多待改进之处。

本章比较并分析传统优化方法的优缺点，引入了引力搜索算法，从而进一步，对引力搜索算法进行了改进，提出了混合策略改进引力搜索算法及基于柯西变异和质量加权的引力搜索算法，为抽水蓄能机组调速系统非线性参数辨识提供了优化理论和方法基础。

9.1.1 引力搜索算法

引力搜索算法是最近提出的一种基于万有引力定理及质量相互作用（mass interactions）原理的随机搜索算法。搜索主体是具有不同质量物体的集合，通过万有引力定理及动量定理相互作用，实现对目标的寻优，其搜索原理与粒子群、遗传算法、蚁群算法等传统基于群体行为的群集优化方法完全不同。在引入引力搜索算法之前，先回顾引力法则。

具有质量的物体之间均存在引力，这是自然界的四大相互作用力之一。宇宙中的每一个物体与其他的所有物体相互作用，引力无所不在。万有引力定理指出，任何两个物体之间的引力与他们的质量之积成正比，与距离的平方成反比。其定义为

$$F=G\frac{M_1M_2}{R^2} \tag{9-1}$$

式中：G 为万有引力常数；M_1、M_2 为相互作用的物体质量；R 为物体间的距离。

牛顿第二定理指出，物体的加速度与所受作用力成正比，与自身质量成反比，即

$$a=\frac{F}{M} \tag{9-2}$$

为阐述多个物体之间的相互作用，给出如下定义。

主动引力质量 M_{a}：决定物体引力场强度的质量，物体引力场与其主动引力质量成正比。

被动引力质量 M_{p}：决定物体在引力场中所受作用力的大小，在同一引力场中，被动引力质量越大，其所受引力越大。

惯性质量 M_i：在受作用力时，阻滞物体改变状态的质量，惯性质量越大，在受同一作用力的情况下，运动状态越难改变。

在上述定义的基础上，重新定义牛顿运动定理，第 i 个物体在第 j 个物体的作用下所受的作用力及因此产生的加速度为

$$F_{ij}=G\frac{M_{\mathrm{a}j}\times M_{\mathrm{p}i}}{R^2} \tag{9-3}$$

$$a_{ij}=\frac{F_{ij}}{M_{ii}} \tag{9-4}$$

式(9-3)和式(9-4)中：$M_{\mathrm{a}j}$ 和 $M_{\mathrm{p}i}$ 分别表示粒子 i 的主动引力质量和粒子 j 的被动引力质量；M_{ii} 为粒子 i 的惯性质量。

引力搜索算法是一种利用物体(粒子)间万有引力相互作用进行智能搜索的全局寻优算法。在 GSA 中，每个物体定义有四个属性：位置、主动引力质量、被动引力质量及惯性质量。物体位置对应问题的一个解，引力质量及惯性质量与目标函数值相关。

假设一个引力系统中有 N 个粒子，定义第 i 个粒子位置为 $X_i=(x_i^1,\cdots,x_i^d,\cdots,x_i^n)$，$i=1,\cdots,N$。

依据万有引力定理，第 i 个粒子受到第 j 个粒子的作用力为

$$F_{ij}^d(t)=G(t)\frac{M_{\mathrm{p}i}(t)\times M_{\mathrm{a}j}(t)}{\| X_i(t),X_j(t)\|_2}(x_j^d(t)-x_i^d(t)) \tag{9-5}$$

式中：$M_{\mathrm{a}j}$ 为第 j 个粒子主动引力质量；$M_{\mathrm{p}i}$ 为第 i 个粒子的被动引力质量；$G(t)$ 为引力时间常数，此时认为其为时变量。

对第 i 个粒子，受到来自其他粒子引力合力用引力的随机加权和表示为

$$F_i^d = \sum_{j\neq i}\mathrm{rand}_j F_{ij}^d(t) \tag{9-6}$$

基于牛顿第二定理，粒子 i 产生的加速度为

$$a_i^d(t)=\frac{F_i^d(t)}{M_{ii}(t)} \tag{9-7}$$

式中：M_{ii} 为粒子 i 的惯性质量。

粒子运动速度及位置可以计算：

$$v_i^d(t+1)=\text{rand}_i\times v_i^d(t)+a_i^d(t) \tag{9-8}$$

$$x_i^d(t+1)=x_i^d(t)+v_i^d(t+1) \tag{9-9}$$

式中：x_i^d 为第 i 个粒子位置向量的第 d 维；v_i^d 为第 i 个粒子速度；a_i^d 为第 i 个粒子的加速度；rand_i 是[0, 1]区间内的随机数。

需要指出的是，引力常数 $G(t)$是时变的，其变化规律对算法性能有很大影响，定义为

$$G(t)=G_0\cdot\exp\left(-a\cdot\frac{t}{\max\_it}\right) \tag{9-10}$$

式中：G_0 为引力常数初始值；a 为常数；t 为当前迭代次数；$\max\_it$ 为最大迭代次数。

引力及惯性质量则依据适应度函数值计算。质量重的个体较质量轻的个体更为优秀，可以这样理解，优秀的个体对其他粒子有更大吸引力，且位置改变更缓慢。假设引力质量与惯性质量相等，根据适应度函数给出粒子质量的定义为

$$M_{ai}=M_{pi}=M_{ii}=M_{\mathrm{i}} \tag{9-11}$$

$$m_i=\frac{\text{fit}_i-\text{worst}}{\text{best}-\text{worst}} \tag{9-12}$$

$$M_i=\frac{m_{\mathrm{i}}}{\sum_{j=1}^{N}m_j} \tag{9-13}$$

式(9-11)至式(9-13)中，fit_i 为粒子 i 的适应度函数值。对于极小化问题，有 $\text{best}=\min\ \text{fit}_j$，$\text{worst}=\max\ \text{fit}_j$，同理反推可知，极大值问题求解时 best 及 worst 定义。

引力搜索算法依据适应度函数值调整粒子质量，适应度与质量成正比。可以理解为，通过万有引力及其他物理过程作用，质量大、适应度高的物体进一步增加质量，质量小、适应度低的物体质量逐步减小，最后“最优”粒子越来越重，移动越来越缓慢，位置趋近于全局最优。

通过对粒子搜索算法的分析及粒子运动方程可以发现，引力搜索算法中粒子仅通过当前粒子状态调整粒子位置，缺乏对历史位置的记忆及群体的信息共享。而这些缺陷可能导致其在寻优过程中陷入局部极小值。

9.1.2　改进引力搜索方法

引力搜索算法是一种群体算法，其基础是依据万有引力定理，与绝大多数模拟种群社会习性的群体算法相异。粒子群算法也是一种成功的群体算法，通过历史位置记忆及群体信息交换进行寻优，使其具备全局寻优的能力。比较引力搜索算法和粒子群算法可以发现，两种算法都是通过粒子在解空间内的运动搜索最优解，但是粒子的运动机理不同。引力搜索算法中粒子的运动方向由其他粒子施加的引力之和决定，是一种无记忆搜

索算法，粒子运动由当前状态决定；粒子群算法通过个体记忆（个体最优位置）和群体信息交换（群体中最优位置）控制粒子运动。

粒子群算法的粒子运动方程为

$$v_i^d(t+1)=w(t)v_i^d(t)+c_1r_{i1}(\mathrm{pbest}_i^d-x_i^d(t))+c_2r_{i2}(\mathrm{gbest}^d-x_i^d(t)) \tag{9-14}$$

$$x_i^d(t+1)=x_i^d(t)+v_i^d(t+1) \tag{9-15}$$

式(9-14)和式(9-15)中：r_{i1} 和 r_{i2} 为区间[0，1]内的随机数；c_1 和 c_2 为正的常数；w 为惯性权重；pbest_i 为粒子 i 所经历的最好位置；gbest 为所有粒子曾经经历过的最好位置。

结合粒子群算法的特点，本节在引力搜索算法中为粒子增加记忆及社会信息交换能力，提出改进引力搜索算法（improved gravitational search algorithm，IGSA），IGSA 的粒子运动方程定义为

$$v_i^d(t+1)=r_{i1}v_i^d(t)+a_i^d(t)+c_1r_{i2}(\mathrm{pbest}_i^d-x_i^d(t))+c_2r_{i3}(\mathrm{gbest}^d-x_i^d(t)) \tag{9-16}$$

式中：pbest_i 为粒子 i 经历过的最优位置；gbest 为全体粒子所经历过的最优位置，在迭代过程中不断更新；r_{i1}、r_{i2}、r_{i3} 均为[0,1]区间内的随机数；c_1、c_2 为权重常数。

通过调节 c_1、c_2 值，可以调整粒子运动过程中受“引力法则”“记忆”及“社会信息交换”的影响程度。从式(9-16)可以看出，IGSA 实际上是 GSA（万有引力搜索算法）和 PSO（粒子群算法）的结合体，通过调整权值，可以实现不同的粒子运动策略。当 c_1、c_2 为零时，IGSA 退化为 GSA。IGSA 算法流程如图 9-1 所示。

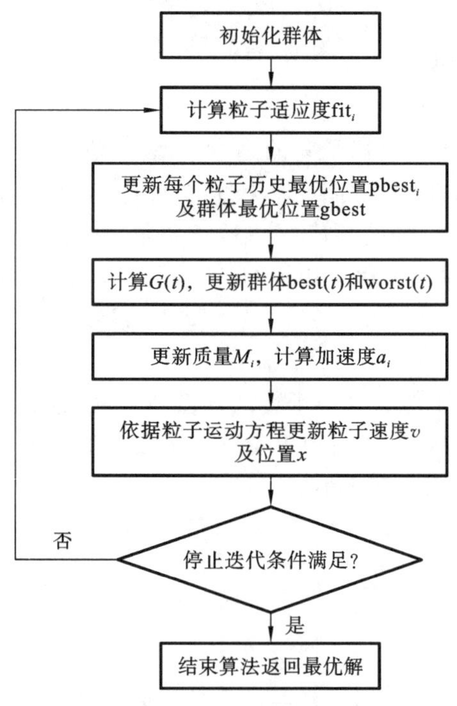

图 9-1　IGSA 算法流程图

IGSA 算法是作者提出的第一类 GSA 算法，发表在国际期刊 Energy Conversion and Management 2011 年第 52 卷第 1 期（p374-p381），引起了国内外的广泛关注，谷歌学术引用超过 200 次。

9.2 调速器导叶开启规律优化

抽水蓄能机组调速器的开机控制规律影响着机组的开机性能，且抽水蓄能机组的启动过程是一个复杂的控制问题。本节以抽水蓄能机组开机过程为代表，引入了双闭环控制方式的智能开机方法，并利用智能优化算法对抽水蓄能机组开机过程涉及的控制参数进行优化，并以不同水头工况下的实测数据为例，对比传统一段式开机和二段式开机方法。实验结果表明采用智能开机方法的机组上升时间要比其他采用传统开机方法的机组更短，在各性能指标方面都表现出了更优异的性能。

9.2.1 一段式开机

第一种开机策略为一段式开机策略。在水轮机开启过程中，先将导叶开启至空载开度，使机组的转速逐渐升高到额定频率的90%，再切换到PID控制，待机组转速稳定后再进行并网。这种开机方式因导叶的控制开度为空载开度，所以机组转速在接近额定转速时不容易出现超调，但由于抽水蓄能机组水头变化范围较大，精确控制和调节导叶开度比较困难，从而导致开机时间较长。此外，机组的转速变化与其惯性时间常数 T_a 有关，机组的 T_a 越大，转速变化越慢，开机时间就越长。因此，这种开机方式对于机组惯性时间常数比较大、要求有快速响应能力的抽水蓄能机组来说，显然不能满足要求。

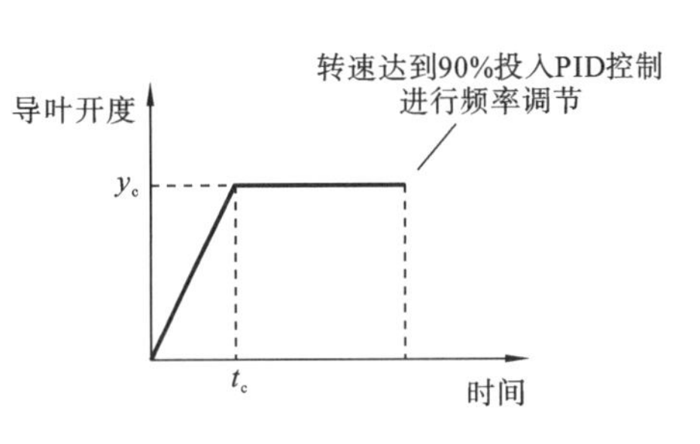

图 9-2 一段式开机导叶变化过程

采用一段式开机策略，投入PID控制前的导叶开度变化规律如图9-2所示。其中，导叶开度手动上升的最大值 y_c 以及上升时间 t_c 可作为待优化参数，即 $X=[y_c,t_c]$。研究对象抽水蓄能机组的空载开度约为0.1314，导叶最快为27 s全开，若按照常规方案不进行优化则取 $y_c=0.1314$，$t_c=27y_c$。

9.2.2 二段式开机

第二种开机策略是目前普遍采用的两段式开机策略。当调速器接到开机指令后，先以最快速度将导叶迅速开启到启动开度（启动开度约为空载开度的2倍），并保持这一开度不变，这时机组的转速和频率迅速上升，当频率升至某一设定值 f_c（f_c 一般为额定频率的60%）时，立即将导叶的开度限制调整到空载开度限制，待机组转速上升到额定转速的

90%时投入 PID 调节控制，直到机组频率升至额定频率并逐渐稳定。这种开机方式由于导叶的初始启动开度较大，机组转速和频率上升很快，可以缩短开机时间。但这种开机控制方式的不足之处有三点。一是启动开度的选取与机组的空载开度密切相关，空载开度又是水头的函数，目前抽水蓄能电站使用的空载开度—水头关系曲线有的由转轮模型曲线转换得出，有的基于历史运行数据，不可避免存在偏差。由于抽水蓄能机组水头变化范围较大，当实际水头和设定水头偏差较大时，通过插值计算出的空载开度将与实际值偏差较大，就会造成启动开度的选取失准。二是启动开度的选取比较盲目，启动开度选取过小则开机速度缓慢，过大则易产生过调，启动开度为空载开度的两倍不一定为最优，也并不适用于所有机组。若第一段启动开度太大、机组升速过快，会产生较大的超调量。三是这种开机方式当导叶从较大的启动开度突然降到较小的空载开度时，会引起引水系统水压的较大变化，在管道内产生大幅水压震荡，影响机组的稳定运行。

采用两段式开机策略，投入 PID 控制前的导叶开度变化如图 9-3 所示。首先以最快速度开启导叶，达到 y_{c1} 时保持开度不变转速自动上升，当转速达到设定值 f_c 时以最快速度关闭导叶至 y_{c2}，然后当转速达到 90%时启动 PID 控制进行频率调节。其中，导叶开度上升的最大值 y_{c1}、导叶开度下降的最小值 y_{c2} 以及导叶开始下降时的转速 f_c 作为待优化参数，即 $X=[y_{c1},y_{c2},f_c]$。

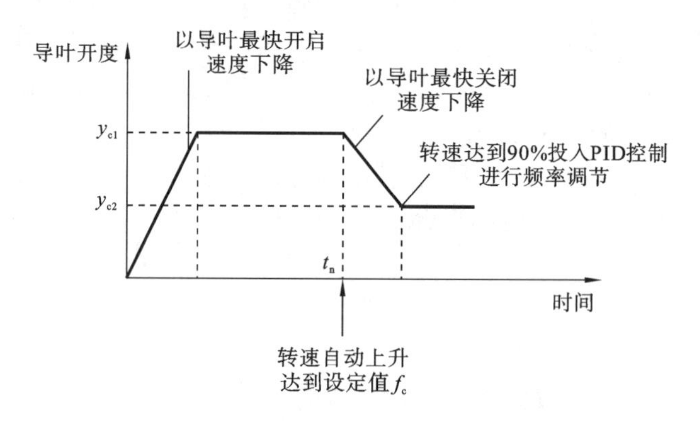

图 9-3　两段式开机导叶变化过程

研究对象抽水蓄能机组的空载开度约为 0.1314，导叶最快为 27 s 全开，导叶最快关闭速度为 45 s 全关。若按照常规方案不进行优化则取 $y_{c1}=y_{c2}\times 2=0.1314\times 2$，且通常取 f_c 为 60%。

上述两种传统的抽水蓄能机组调速器启动控制以偏差为基础，在开机过程中，若机组转速低于额定转速，调速器控制导叶开启，只有当机组转速非常接近或者高于额定转速后，导叶才会关闭。由于导叶关闭速度受电站压力引水系统水锤作用的限制和机组转动惯性的影响不能迅速关闭，易造成机组过速和开机时间延长。机组的启动控制与电站水头和空载开度密切相关，在不能确定当时水头下的空载开度时机组的启动控制十分困难。PID 控制算法存在积分饱和，对机组的启动控制十分不利，特别是对低水头和大转动惯量的机组影响十分严重。因此，采取按偏差进行 PID 调节的控制策略很难解决抽水蓄能机组的启动问题。

9.2.3 智能开机

第三种开机策略为智能开机策略，智能开机不依赖于机组空载开度和启动开度，可以有两种开机方式：当水头信号正常时，调速器根据水头计算出理论空载开度进行开机；当水头信号失效时，调速器计算出一个安全、保守的启动开度进行开机。

1. 智能开机策略分析

智能开机策略在于解决以偏差为基础的 PID 控制策略不能满足抽水蓄能机组在不同水头下有较好启动特性的问题，其控制目标为

$$\frac{\mathrm{d}\Delta f/\mathrm{d}t}{\Delta f}=C \tag{9-17}$$

式中：$\mathrm{d}\Delta f/\mathrm{d}t$ 为转速的微分；Δf 为转速的偏差。

该控制目标要求转速的微分与转速偏差的比值在机组启动过程中为一常数 C。但在实际控制过程中，很难始终保持这一比值为设定的常数。由式(9-17)可知，机组启动过程中当转速偏差较大时，可以控制机组有较大的转速变化；当机组转速偏差较小时，控制机组有较小的转速变化，基本保持这一比值为设定的常数，并且控制转速始终朝着偏差减小的方向变化，这样就可使机组转速平稳地接近额定转速。由于机组启动过程中该比值与设定的常数之差有正有负，不同于按照转速偏差进行 PID 控制调节其偏差总是正的，从而减小了积分饱和的影响。当机组转速接近额定转速时，再将调速器切换到按频率偏差调节的 PID 控制。

在机组启动过程中，当转速偏差较大时，可以控制机组有较大的转速变化；当机组转速偏差较小时，控制机组有较小的转速变化，这样就可使机组转速平稳地接近额定转速。通过优选出控制参数，并应用到仿真计算后，显著提升不同水头下抽水蓄能机组水轮机工况开机品质，缩短开机时间、减小超调量和减少转速波动等指标。

2. 智能开机优化流程

智能启动控制策略首先以式(9-17)为控制目标进行 PI 调节，由于式(9-27)中的常数 C 很难确定，可作为待优化变量。此外，在转速达到 98%前的 PI 调节中，PI 参数 K_{P1} 和 K_{I1} 也可作为待优化变量，投入闭环控制后的 PID 控制器参数即 K_{P2}，K_{I2}，K_{D2}，$X=[K_{\mathrm{P1}},K_{\mathrm{I1}},C,K_{\mathrm{P2}},K_{\mathrm{I2}},K_{\mathrm{D2}}]$。

抽水蓄能机组水轮机工况智能开机方法，包括下述四个步骤。

1）建立抽水蓄能机组的水泵水轮机调速系统仿真模型

水泵水轮机调速系统仿真模型包括 PID 控制器、调速器伺服机构、有压引水系统、水泵水轮机、发电机和负载。为提高模型的仿真精度，有压引水系统的水锤采用特征线法进行计算，水泵水轮机模型采用经改进 Suter 变换处理后的特性曲线插值模型。水泵水轮机调速器检查机组转速、导叶开度等反馈信号，可通过 PLC 执行预先设定的各种控制规律，驱动导叶动作，进而控制水泵水轮机的流量和力矩，从而达到调节机组转速的目的。仿真模型能准确模拟实际机组的开机过程。

2）在所述水泵水轮机调速系统仿真模型中设置三个阶段开机控制原则

三个阶段开机控制原则包括以下三个阶段。第一阶段，抽水蓄能机组接到开机指令至转速达到30%前以最快速率开启导叶，机组转速快速上升。第二阶段，机组转速达到30%至转速达到阈值 n_c 前，调速器采用PI控制方法，且控制参数包括第一比例增益 K_{P1} 和第一积分增益 K_{I1}，控制目标为转速的微分与转速偏差的比值为常数C，即 $\frac{\mathrm{d}\Delta n/\mathrm{d}t}{\Delta n}=C$。其中，$\mathrm{d}\Delta n/\mathrm{d}t$ 为转速的微分，第 k 时刻转速微分为 $\frac{\Delta n(k)-\Delta n(k-1)}{\Delta t}$，$\Delta t$ 为采样时间间隔；Δn 为转速的偏差，第 k 时刻转速偏差 $\Delta n(k)=n(k)-n(k-1)$，$n(k)$ 为 k 时刻机组转速。第三阶段，机组转速达到阈值 n_c 至机组转速稳定在额定转速前，调速器采用PID控制方法，且控制参数包括第二比例增益 K_{P2}、第二积分增益 K_{I2} 和微分增益 K_{D2}。

3）建立开机过程控制参数优化目标函数

根据三个阶段开机控制原则，并采用离散形式时间乘误差绝对值积分（integral time absolute error，ITAE）指标作为控制参数优化的目标函数来建立开机过程控制参数优化目标函数：$\min f_{\mathrm{ITAE}}(\boldsymbol{X})=\sum_{k=1}^{N_s}T(k)\left|(n_r-n(k))\right|$，其中，$\boldsymbol{X}=[K_{P1,i},K_{I1,i},C,K_{P2,i},K_{I2,i},K_{D2,i}]$ 为控制参数，n_r 为额定转速，N_s 为采样点数，T 为时间序列，$n(k)$ 为 k 时刻机组转速，i 为第 i 个群体。

4）运用启发式优化方法求解所述开机过程控制参数优化目标函数

（1）算法初始化。设置算法参数，包括群体规模 N、总迭代数 T、个体随机搜索数量 N_1，淘汰幅度系数 σ、跳跃阈值 p。设定优化变量边界，下边界 $\boldsymbol{B}_L=[K_{P1,i}^L,K_{I1,i}^L,C^L,K_{P2,i}^L,K_{I2,i}^L,K_{D2,i}^L]$，上边界 $\boldsymbol{B}_U=[K_{P1,i}^U,K_{I1,i}^U,C^U,K_{P2,i}^U,K_{I2,i}^U,K_{D2,i}^U]$，在此区间初始化群体中所有个体的位置向量，个体位置向量 $\boldsymbol{X}_i=[K_{P1,i},K_{I1,i},C,K_{P2,i},K_{I2,i},K_{D2,i}]$，$i=1,\cdots,N$，代表一组控制参数。令当前迭代次数 $t=0$。

（2）计算个体的目标函数值：$F_i^t=f_{\mathrm{ITAE}}(\boldsymbol{X}_i(t))$，$i=1,\cdots,N$。从个体 i 位置向量 $\boldsymbol{X}_i(t)$ 解码得到控制参数，其中 K_{P1}，K_{I1}，C，K_{P2}，K_{I2}，K_{D2} 分别为位置向量中的第一至六号元素，将控制参数代入步骤1）中水泵水轮机调速系统仿真模型，仿真得到开机过程机组转速 n；按照步骤3）中目标函数得到个体 i 的目标函数值 $F_i^t=f_{\mathrm{ITAE}}(\boldsymbol{X}_i)$，并计算群体目标函数最小值，具有最小目标函数值的个体确定为当前最优个体 $\boldsymbol{X}_B(t)$。

（3）对所有个体 $\boldsymbol{X}_i$，$i=1,\cdots,N$，进行个体随机搜索，计算惯性向量 $\boldsymbol{X}_i^{\mathrm{self}}(t)$。

① 令个体搜索次数 $l=0$。

② 观望一个位置 $\boldsymbol{X}_i^{\mathrm{play}}(t)$，计算 $\boldsymbol{X}_i^{\mathrm{play}}(t)$，$i=1,\cdots,N$，即有 $\boldsymbol{X}_i^{\mathrm{play}}(t)=\boldsymbol{X}_i(t)+\mathrm{rand}\cdot\varepsilon_{\mathrm{play}}$。其中，rand为(0,1)之间随机数，$\varepsilon_{\mathrm{play}}$ 为观望步长，$\varepsilon_{\mathrm{play}}=0.1\cdot\|\boldsymbol{B}_U-\boldsymbol{B}_L\|$。

③ 计算下一个当前位置 $\boldsymbol{X}_i^{\mathrm{self}}(t)$：

$$\begin{cases}\boldsymbol{X}_i^{\mathrm{self}}(t)=\boldsymbol{X}_i(t)+\mathrm{rand}\dfrac{\boldsymbol{X}_i^{\mathrm{play}}(t)-\boldsymbol{X}_i(t)}{\|\boldsymbol{X}_i^{\mathrm{play}}(t)-\boldsymbol{X}_i(t)\|}\varepsilon_{\mathrm{step}}, & f(\boldsymbol{X}_i^{\mathrm{play}}(t))<f(\boldsymbol{X}_i(t))\\ \boldsymbol{X}_i^{\mathrm{self}}(t)=\boldsymbol{X}_i(t), & f(\boldsymbol{X}_i^{\mathrm{play}}(t))\geqslant f(\boldsymbol{X}_i(t))\end{cases}$$

式中：rand为(0,1)之间随机数；$\varepsilon_{\mathrm{step}}$ 为惯性步长，$\varepsilon_{\mathrm{step}}=0.2\|\boldsymbol{B}_U-\boldsymbol{B}_L\|$。

④ $l=l+1$，如果 $l<N_1$，转至步骤②；否则，转至步骤④。

(4) 计算每个个体受当前最优个体召唤向量 $\boldsymbol{X}_i^{\mathrm{bw}}(t)$,$i=1,\cdots,N$,则有

$$\begin{cases}\boldsymbol{X}_i^{\mathrm{bw}}(t)=\boldsymbol{X}_{\mathrm{B}}(t)+c_2\cdot\delta_i\\ \delta_i=|c_1\cdot\boldsymbol{X}_{\mathrm{B}}(t)-\boldsymbol{X}_i(t)|\end{cases}$$

式中:δ_i 为中第 i 个个体与当前最优个体的距离向量;随机数 $c_1=2\mathrm{rand}$,$c_2=(2\mathrm{rand}-1)\times(1-t/T)$,其中 rand 为(0,1)之间随机数。由此可知,c_1 为(0,2)之间的随机数,表示当前最优个体的号召力,当 $c_1>1$ 时,表示当前最优个体的影响力增强,反之减弱。c_2 为动态随机数,它的随机范围由1线性递减到0。

(5) 按照个体位置更新公式更新个体位置:

$$\boldsymbol{X}_i(t+1)=2\mathrm{rand}\boldsymbol{X}_i^{\mathrm{bw}}(t)+\mathrm{rand}\boldsymbol{X}_i^{\mathrm{self}}(t)$$

(6) 判断个体是否需要被淘汰并重新初始化。

① 如果第 i 个个体满足公式则该个体被淘汰并重新初始化,$F_i^t>F_{\mathrm{ave}}^t+\omega(F_{\mathrm{ave}}^t-F_{\min}^t)$, $i=1,\cdots,N$。其中,F_{ave}^t是 t 代种群所有个体目标函数值的平均值,$F_{\min}^t$是最小的目标函数值,ω 是一个随迭代次数而线性递增的参数,$\omega=\sigma\left(2\dfrac{t}{T}-1\right)$,其取值范围为$[-\sigma,\sigma]$。

② 被淘汰的个体初始化:$\boldsymbol{X}_i=\mathrm{rand}(1,D)\times(\boldsymbol{B}_{\mathrm{U}}-\boldsymbol{B}_{\mathrm{L}})+\boldsymbol{B}_{\mathrm{L}}$。其中,$D$ 为位置向量维数,$D=6$。

(7) 判断是否连续 p 代当前最优个体位置未发生移动,如果是则认为种群灭亡,按照下式反演重构新的种群:$\boldsymbol{X}_i=\boldsymbol{X}_{\mathrm{B}}+\mathrm{rand}\times\dfrac{R^2}{\delta_i}$,$i=1,2,\cdots,N$。式中:$R$ 为反演半径,$R=0.1\|\boldsymbol{B}_{\mathrm{U}}-\boldsymbol{B}_{\mathrm{L}}\|$;rand 为(0,1)之间随机数;$p$ 为跳跃阈值。

(8) $t=t+1$,如果 $t>T$,则算法结束,输出当前最优个体位置作为终解;否则,转入步骤(2)。

9.2.4 实例分析

1. 模型参数解析

对抽水蓄能机组调速器启动控制进行优化,同时对各个开机方案进行对比。建立抽水蓄能机组的仿真模型,初始化模型参数和具体的模型参数如表9-1所示。某电站水泵水轮机模型试验在上游水库735.45 m,下游水库181 m的水头下进行,引水管道的布置结构图如图9-4所示。

表9-1 模型参数

子模型	参数值			
改进 Suter 变换	$k_1=10$	$k_2=0.9$	$C_y=0.2$	$C_h=0.5$
发电机	$J=96.84$			
执行机构	$T_{yB}=0.05$	$T_y=0.3$	$k_0=1$	
仿真参数设定	$k_{\max}=20$	$t_s=0.02$ s		

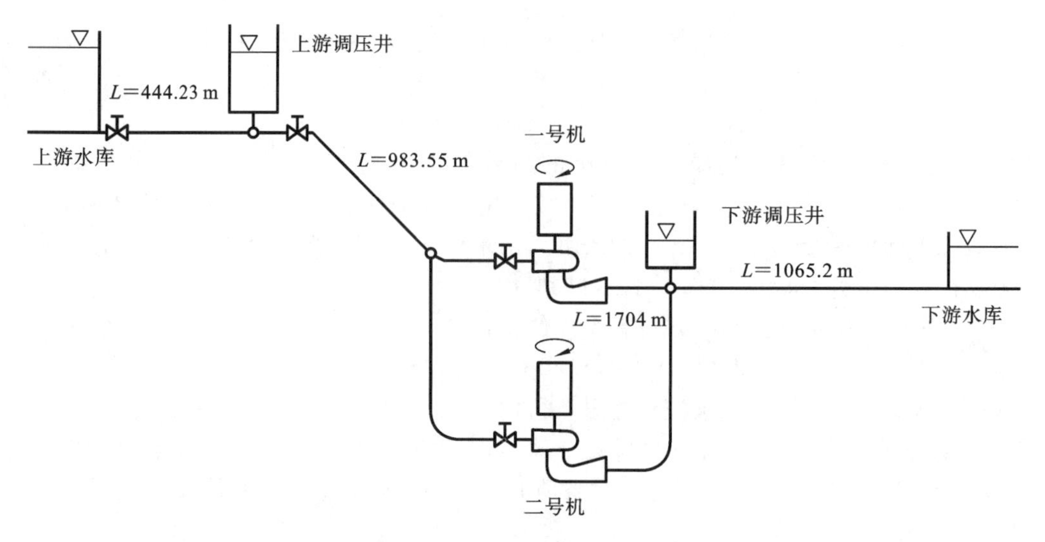

图 9-4　引水管道的布置结构图

由 9.2.1 节～9.2.3 节所提到的不同的开机方法，包括两种传统的开机策略和智能开机方法，采用 ASA 启发式优化算法优化开机策略参数。在接下来的试验中，ASA 算法的参数设置如下：群体规模 $N=30$，总迭代数 $T=200$，个体随机搜索数 $N_1=3$，淘汰幅度系数 $\sigma=0.01$，跳跃阈值 $p=300$。

由于三种开机方案均涉及 PID 控制，因此首先通过常规优化方案确定一组 PID 参数，三种开机方案均固定采用该同一组 PID 参数。将控制器 PID 参数和三种开机方式设计的参数作为待优化参数，参数优化上下边界值如表 9-2 所示。传统开机方法的经验参数如表 9-3 所示。

2. 仿真结果比较与分析

1）传统开机策略对比

首先，比较两种传统开机方法的差异，开机方式的参数值采用表 9-3 中的经验设定值，闭环控制器控制参数采用启发式优化算法优化，记为方案 A。各开机方法的控制器优

表 9-2　开机策略待优化参数的上下界

开机策略	边　界	值					
PID 控制	下边界	0	0	0			
	上边界	10	5	10			
一段式开机	下边界	0.1	0				
	上边界	0.4	1/27				
两段式开机	下边界	0.3	0.1	0.4			
	上边界	0.8	0.3	0.9			
智能开机	下边界	0	0	0.01	0	0	0
	上边界	20	20	1	10	5	10

表 9-3　传统开机策略经验参数

开机策略	参数值		
一段式开机	$y_c=0.167$	$k_c=1/27$	
两段式开机	$y_{c1}=0.334$	$y_{c2}=0.167$	$f_c=0.6$

化参数如表 9-4 所示。水泵水轮机一段式开机和两段式开机的转速和导叶变化动态过程如图 9-5 和图 9-6 所示。机组的启动时间,超调量和稳态误差等性能指标如表9-5所示。从图 9-5 和表 9-5 的结果可以看出,一段式开机在抑制超调量和减少上升时间方面有更好的表现。采用两段式开机,机组有更快的转速上升率,但超调量过大。采用基于经验参数值的传统开机方法能满足抽水蓄能电站的调节需求,也能防止机组过速等问题。

表 9-4　闭环控制器参数优化值

开机策略	K_P	K_I	K_D
一段式开机	5.35	0.04	9.97
两段式开机	4.064	1.509	9.90

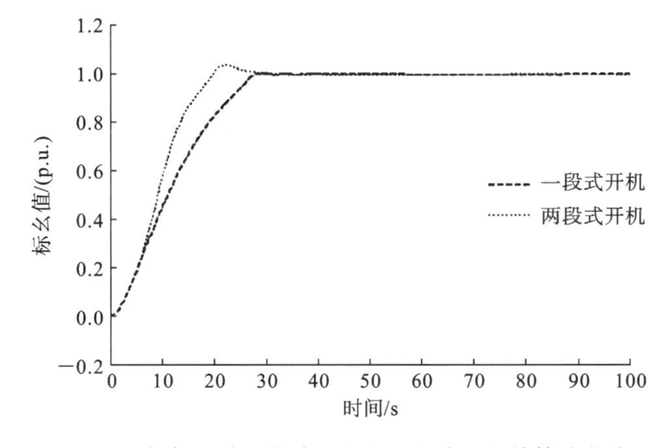

图 9-5　方案 A 的一段式开机和两段式开机的转速曲线

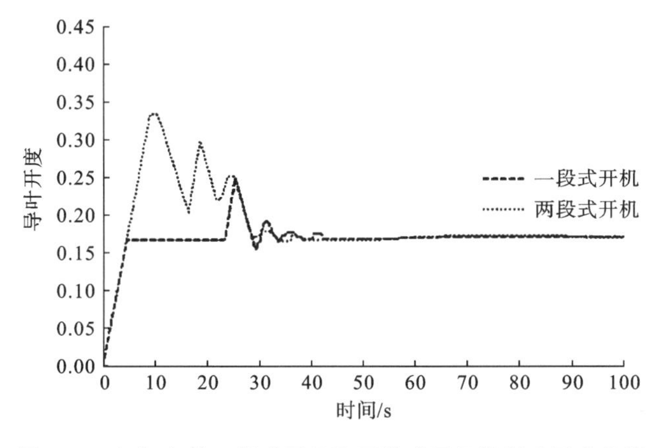

图 9-6　方案 A 的一段式开机和两段式开机的导叶开度曲线

表 9-5 采用经验值传统开机方法的机组性能指标

开机策略	转速性能指标		
	超调量/(%)	启动时间/s	稳态误差/(%)
一段式开机	0.30	31.10	0.02
两段式开机	3.66	30.16	0.02

传统开机方法的第二次对比策略为:对开机策略的参数进行优化,但维持控制器参数与第一次相同,记为方案 B。将优化参数后的开机方式应用到仿真机组模型中,机组仿真转速和导叶变化规律动态结果如图 9-7 和图 9-8 所示,指标参数如表 9-6 所示,机组性能指标如表 9-7 所示。与前述结果类似,采用一段式开机,水泵水轮机开机的转速超调量更小,而采用两段式开机,机组的启动时间更短。

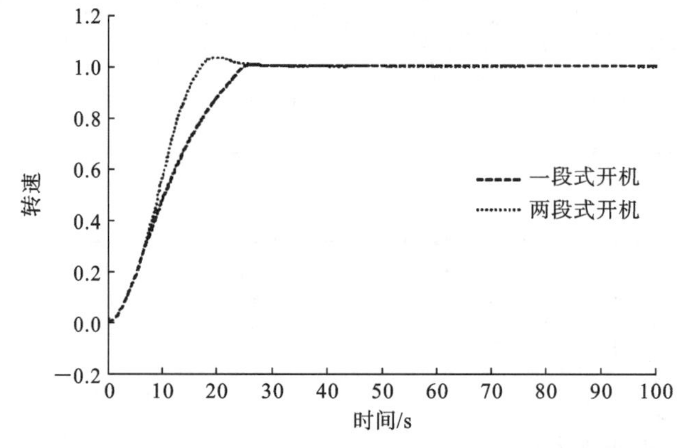

图 9-7 方案 B 的一段式开机和两段式开机的转速曲线

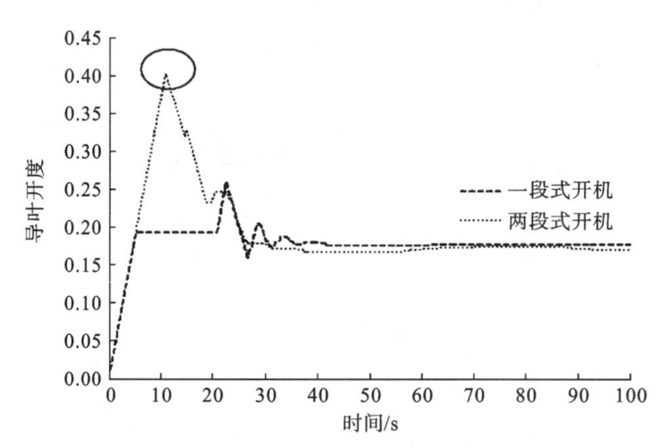

图 9-8 方案 B 的一段式开机和两段式开机的导叶开度曲线

表 9-6 开机策略的参数优化值

开机策略	参数		
一段式开机	$y_c=0.193$	$k_c=0.0368$	
两段式开机	$y_{c1}=0.413$	$y_{c2}=0.255$	$f_c=0.64$

表 9-7 采用启发式算法优化开机策略的参数的机组性能指标

开机策略	转速性能指标		
	超调量/(%)	开机时间/s	稳态误差/(%)
一段式开机	0.77	28.40	0.30
两段式开机	3.61	26.42	0.03

2）整体智能开机方法结果分析

为了验证智能开机方法在机组启动中的优异性能，本小节对各种开机方法做一个对比。首先采用启发式优化算法优化整体智能开机方法的参数。优化后的参数值如表 9-8 所示，对应的机组转速和导叶变化规律动态过程如图 9-9 所示。从图 9-9 中可以看出，采用智能开机方法的水泵水轮机在开机过程中，机组的开机时间短，超调量几乎为零。

表 9-8 智能开机方法参数优化结果

参数	值	参数	值
K_{P1}	0.950	K_P	8.84
K_{I1}	4.770	K_I	4.25
C	0.308	K_D	9.98

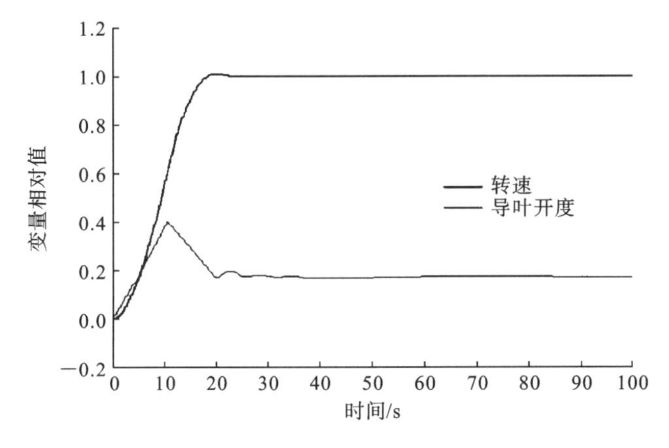

图 9-9 采用智能开机的机组综合结果

采用几种开机策略的机组转速上升曲线对比结果如图 9-10 所示。机组超调量，上升时间和稳态误差的相对指标值如表 9-9 所示。从结果可以看出，采用智能开机方法的机组上升时间要比其他采用传统开机方法的机组更短，从实际应用的角度来讲，机组可以更快的接入到电网为负荷提供能量。由于智能开机方法在整个开机过程中，机组都采用闭环控制模式，所以控制系统具有较好的动态控制品质。另外，采用智能开机的机组开机超调量和稳态误差都比其他结果较好，虽然在超调量方法略大于一段开机方法。

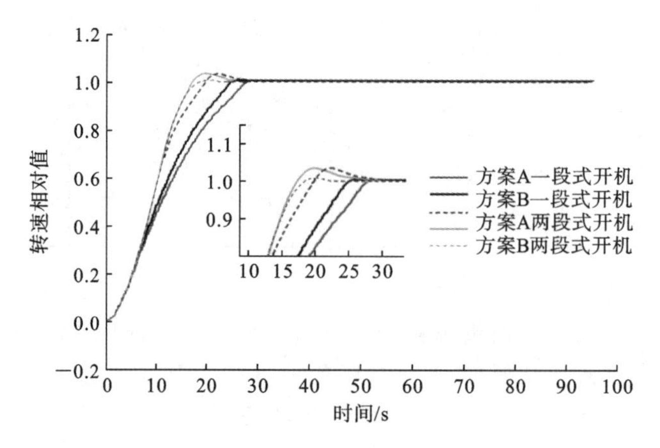

图 9-10 采用不同开机策略的机组转速变化图

表 9-9 采用不同开机方法的机组开机性能指标

开机策略	优化方案	转速性能指标		
		超调量/(%)	开机时间/s	稳态误差/(%)
一段式开机	优化控制器	0.30	31.10	0.02
	优化开机策略	0.77	28.40	0.30
两段式开机	优化控制器	3.66	30.16	0.02
	优化开机策略	3.61	26.42	0.03
智能开机	—	0.97	21.92	0.02

3）不同水头工况下对比

在实际抽水蓄能电站应用中，水泵水轮机的工作水头经常变化。因此对另外两种不同的上、下游水库水位的初始工况（T2 和 T3）进行仿真试验，验证不同水头工况下三种开机工况的适应能力。三种不同的水头工况上游、下游水位如表 9-10 所示。

表 9-10 水头工况上游和下游水位

工况编号	上游水位/m	下游水位/m
T1	735.45	181
T2	716	181
T3	735.45	189

采用不同开机方式，机组的性能指标参数如表 9-11 所示。对于一段式开机，在机组开机时间方面是所有工况中时间最长的。对于两段式开机，虽然在开机时间上有一定的提升，但是其超调量相对较大。总之，对于三种不同的水头工况，采用智能开机方法，水泵水轮机的平均超调量和开机时间是所有开机方法中最好的。与此同时，机组的稳态误差也是最小的。

表 9-11　不同水头工况下机组开机性能指标

工况编号	开机策略	机组转速测量值		
		超调量/(%)	开机时间/s	稳态误差/(%)
T1	一段式开机	0.77	28.40	0.30
	两段式开机	3.61	26.42	0.03
	智能开机	0.97	21.92	0.02
T2	一段式开机	2.75	33.76	0.90
	两段式开机	0.59	25.94	0.07
	智能开机	0.73	22.14	0.01
T3	一段式开机	7.55	32.06	0.06
	两段式开机	4.47	27.30	0.04
	智能开机	1.23	23.44	0.02

本章对水泵水轮机的开机策略进行了研究，对开机时间、超调量和稳态误差等一些关于机组开机品质的指标也进行了研究。为了提高机组开机过程中的品质，我们提出了一种智能开机方法。这种方法采用两段闭环开机控制方法，控制机组频率跟踪频率给定曲线上升，以解决传统的抽水蓄能机组开机过程采用按偏差调节的控制策略，开机过程控制依赖于空载开度和启动开度的确定，PID控制算法存在积分饱和，采用开环控制容易使机组开机时间过长或转速过高的问题。将前述所研究的启发式优化算法作为本章中优化参数的优化方法，展现了该算法的在优化方面的优异性能。

在试验中，对传统开机方法和智能开机方法进行了对比。从结果可以看出，尽管采用经过优化的传统开机方法，机组的开机品质有了一定的提升，但是采用智能开机方法，机组在各性能指标方面都展示了最好的性能。而且，所研究的方法可用于抽水蓄能机组快速启动，减少现场调试的复杂性和提高机组运行的稳定性，还可广泛应用于水电站机组的开机控制，有重要的实际应用价值。

9.3　调速器导叶关闭规律优化

抽水蓄能机组调速器的开机控制规律影响着机组的开机性能，且抽水蓄能机组的启动过程是一个复杂的控制问题。本节以抽水蓄能机组开机过程为代表，引入了双闭环控制方式的智能开机方法，并利用智能优化算法对抽水蓄能机组开机过程涉及的控制参数进行优化，并以不同水头工况下的实测数据为例，对比传统一段式开机和二段式开机方法。实验结果表明采用智能开机方法的机组上升时间要比其他采用传统开机方法的机组更短，在各性能指标方面都表现出了更优异的性能。

9.3.1 抽水蓄能机组非线性仿真平台

抽水蓄能机组一般由水泵水轮机、同步发电机、调速器和机械液压执行机构组成，与过水系统构成水机电复杂耦合非线性系统，上述组成部分已在第 2 章中介绍，本节直接建立抽水蓄能机组非线性仿真平台。

抽水蓄能机组在甩负荷工况下，调速器退出，水泵水轮机导叶按既定关闭规律闭合，故忽略调速器，仅考虑水泵水轮机、发电机、机械液压执行机构和过水系统，在第 2 章的基础上建立如图 9-11 所示抽水蓄能机组非线性仿真平台。

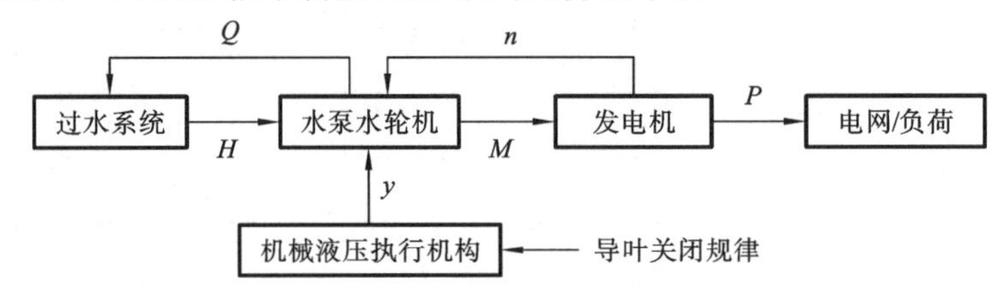

图 9-11 非线性仿真平台框图

9.3.2 导叶规律优化问题描述

1. 过渡过程调节保证计算

当电网发生事故需要切除负荷时，抽水蓄能机组负载瞬间减少至零，但由于机组受接力器动作的时延和过水系统的巨大惯性的影响无法立刻关闭导叶切断过流，导致机组主动力矩和负载力矩不平衡，主动力矩远大于负载力矩，因此机组转速必然上升。同时，机组接力器动作，导叶快速关闭，导致引水系统内出现水锤波，并由此引发调压井水位波动、水泵水轮机蜗壳水锤和尾水管真空等现象。过渡过程调节保证计算的任务即为定量检验上述现象是否超过水电站的设计限制，是导叶关闭规律优化的设计依据，其主要组成部分为蜗壳处水压、尾水管真空、机组转速上升和调压井涌浪。

1）对蜗壳动水压力的影响

蜗壳动水压力主要包括静水压力和动水压力，其中静水压力为上游库水位与机组安装高程差，动水压力估算公式为

$$\xi=(1.2\times1.4)(T_w/T_s)(q_0-q_1) \tag{9-18}$$

式中：T_s 为导叶关闭时间；q_0、q_1 分别表示机组初始时刻、终止时刻的相对流量。

2）对尾水管真空度的影响

水流在转轮中完成能量转换后，通过尾水管流向下游；进一步，尾水管使转轮出口处的水流能量降低，进而增加转轮前后的能量差，完成水流的部分动能回收。在抽水蓄能机组过渡过程计算中，采用当量管径的方法处理尾水的扩散段、锥管段和肘管段，由于尾

水管的水头损失已经在水泵水轮机的效率中考虑，因此在过渡过程计算中不再计算尾水管的水头损失。通常，尾水管的当量面积要比尾水管道的面积小很多，其对尾水管进口的水锤压力影响较大，尤其是对尾水管进口真空度的影响。依据近似解析法，在非恒定流情况下尾水管的真空度计算公式为

$$H_{B}=H_{S}+\alpha v^{2}/(2g)+\Delta H_{B} \tag{9-19}$$

式中：H_B 表示静力真空；$\alpha v^2/(2g)$ 为动力真空，由尾水管尺寸和机组过流量决定；ΔH_B 为尾水管水压力变化的绝对值。

3）对转速上升率的影响

抽水蓄能机组发生甩负荷或者水泵断电后，水泵水轮机与发电机直接的能量不平衡将导致机组的转速变化。以机组甩100%负荷为例，机组转速变化率近似为

$$\beta=\left(1+\frac{365N_{0}T_{S1}f}{n_{0}^{2}\mathrm{GD}^{2}}\right)^{\frac{1}{2}}-1 \tag{9-20}$$

式中：N_0 为机组初始负荷；T_{S1} 为最大开度关至空载开度的时间；n_0 为机组初始时刻的转速；f 为修正系数。由式(9-20)可知，导叶关闭时间越长，机组转速上升值越大。

4）对调压室涌浪的影响

抽水蓄能电站一般在上水库后和尾水管后设置调压室，调压室可以降低引水系统管道中的水锤压力值，有效改善机组的运行条件。调压室基本方程为

$$Av=Q\pm F\frac{\mathrm{d}z}{\mathrm{d}t} \tag{9-21}$$

式中：A 为管道的断面面积；F 为调压室断面面积；v 表示管道中的流速；z 为调压室水位；Q 表示流量，引水调压室取“+”；尾水调压室取“−”。对上式进行时间 t 微分可得

$$f\frac{\mathrm{d}v}{\mathrm{d}t}=\frac{\mathrm{d}Q}{\mathrm{d}t}\pm F\frac{\mathrm{d}^{2}z}{\mathrm{d}t^{2}} \tag{9-22}$$

由式(9-22)可知，导叶关闭速度对于隧洞水流惯性的变化于调压室涌浪水位的大小产生直接的影响。

2. 导叶关闭方式

目前，我国抽水蓄能电站主要采用直线一段式导叶关闭规律和折线多段式导叶关闭规律，其中后者又分为两段式导叶关闭规律和三段式导叶关闭规律。下面对以上几种常见导叶关闭规律分别进行介绍。

1）一段式关闭规律

直线单段关闭规律即机组发生工况转换后导叶按照某固定速度直接关闭，如图9-12所示。当机组采用直线单段关闭规律时，导叶的关闭时间即关闭速率是影响电站过渡过程的主要因素。一段式关闭规律只需对其关闭时间进行优化，但其优化的空间较小。

2）两段式关闭规律

国外从20世纪50年代开始，对水电机组导叶分段式关闭规律进行研究，并把两段式导叶关闭规律用到了调节保证计算上，且取得了较好的效果。我国从20世纪60年代开始进行导叶分段关闭规律试验研究，两段式折线关闭规律是将机组导叶由全开到全关的过程分为两个部分进行，在每个关闭时间段分别采用不同斜率的直线段。两段式关闭规律依据拐

点前后导叶关闭速率的不同，分为“先快后慢”和“先慢后快”两种形式，如图 9-13 所示。

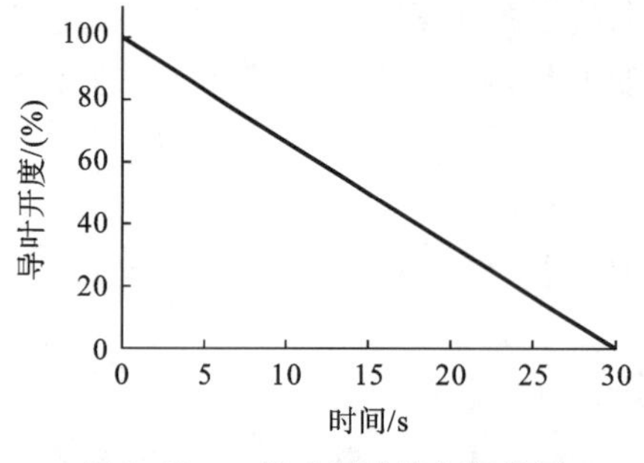

图 9-12　一段式导叶关闭规律图

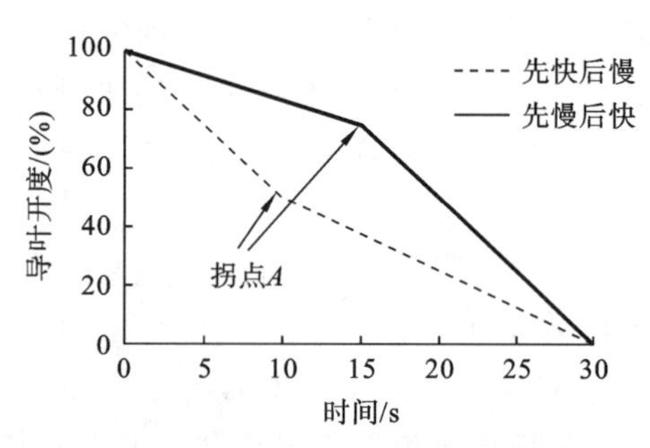

图 9-13　两段式导叶关闭规律图

以甩负荷工况为例对两段式折线关闭规律进行介绍，在甩负荷开始阶段，加快导叶关闭速度，有利于降低转速上升值；当水锤压力上升值达到约束上限时，导叶开始缓慢关闭过程，使得后续的压力上升值不会高于拐点 A 处的压力上升值，在甩负荷过程中最大压力升高值发生在拐点处。因此，合理地选择拐点位置及导叶在两段关闭过程中的关闭速度，就可实现同时降低压力上升值和转速上升值的目的。两段式折线关闭规律的过渡过程结果可以满足大部分的调保控制要求，且具有较强的可操控性。

3）三段式关闭规律

三段式导叶关闭规律由于其关闭动作的复杂性，还未在国内的抽水蓄能机电站得到推广应用，但是三段式关闭规律相较于一段式和两段式导叶关闭规律具有关闭灵活性更强的优点。因此，三段式关闭规律不仅可以满足大部分的调保控制要求，还可以保留一定裕度，具有较强的推广应用前景，如图 9-14 所示。

除此之外，还存在另外一种特殊的导叶关闭规律，即三段式延时关闭规律。其具体关闭步骤如下：当机组发生工况转换时，导叶开度在一定时间内保持不变，然后按照两段式关闭规律进行关闭导叶，如图 9-15 所示。

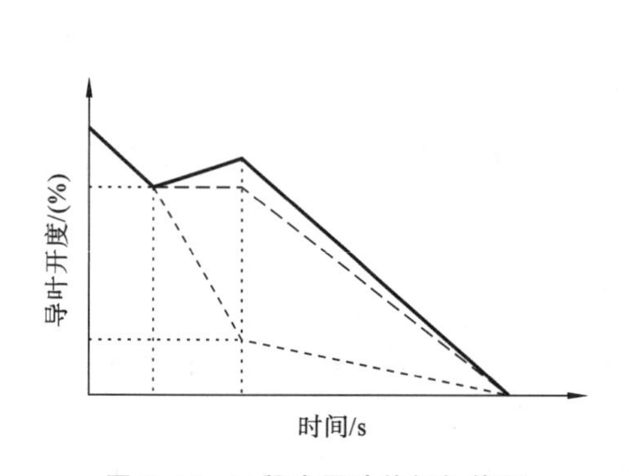

图 9-14　三段式导叶关闭规律图

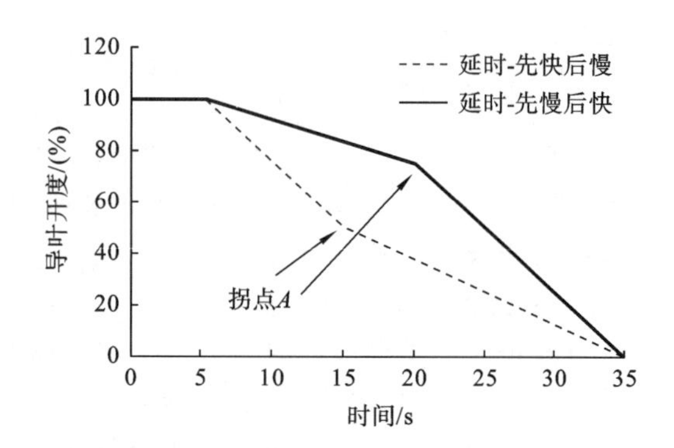

图 9-15　三段式延时导叶关闭规律

该三段式延时关闭规律通过引入延时段，综合了两段式折线关闭规律先快后慢与先慢后快两者的优点。但是，由于调速器液压系统的巨大惯性，在工程实际中很难做到完全延时，且大多数调速器在水泵工况不具备延时功能。因此，三段式延时关闭规律还需进行深入的理论研究与探索实践。

9.3.3　单目标导叶关闭规律优化

抽水蓄能机组甩负荷工况是指电网或机组出现故障时，因机组端口断路器跳闸，水泵水轮机组与电网解列后的过渡过程。此时，水泵水轮机组发电机负载力矩瞬间减小至零，主力矩依然为额定值，转速势必因为力矩不平衡而上升。导叶随后动作，又会导致水泵水轮机入口蜗壳处正水锤现象和尾水管负水锤现象的发生。除此之外，若导叶关闭规律选取不当，会造成水锤震荡，转速周期性波动等危害性后果，对水泵水轮机组伤害很大。所以选择合适的导叶关闭规律，减小转速上升，降低蜗壳处水锤压力极大值和尾水管水锤压力极小值，减少水锤波和转速的振荡次数势在必行。

1. 优化模型

1）优化目标函数

优化目标函数为

$$\text{Fitness}=w_1\cdot\frac{n_{\max}}{n_r}+w_2\cdot\frac{H_{\text{wk\_max}}}{H_{\text{wk\_r}}} \tag{9-23}$$

式中：$n_{\max}$为机组转速最大值；$H_{\text{wk_max}}$为蜗壳末端水压极值；$H_{\text{wk_r}}$为蜗壳末端额定水压；w_1、w_2均为加权系数，且$w_1+w_2=1$。

2）多重约束条件

(1) 导叶关闭时间及开度限制。

除导叶关闭曲线控制点各参数需增加限制外，导叶关闭曲线控制点参数之和亦需满足一定条件，即相对开度变化之和必须为1，约束条件如下：

$$y_1+y_2+y_3=1 \tag{9-24}$$

同时，三段式导叶关闭规律三段时间之和需满足导叶关闭总时间限制，约束条件如下：

$$t_1+t_2+t_3\leqslant \text{constant}_{\text{time}} \tag{9-25}$$

式中：t_1、t_2、t_3分别为三段式导叶关闭时间；$\text{constant}_{\text{time}}$为导叶关闭时间约束。

(2) 导叶关闭速率限制。

调速器中接力器作为液压驱动的机械部件，其动作幅度需要时间累积，不可能瞬间完成。因此，受接力器控制的导叶的动作也有速度限制。接力器动作的快慢程度由接力器反应时间常数T_y衡量，T_y越小表示接力器动作越迅速，反之则表示接力器动作越缓慢。本小节考虑的是国内某大型抽水蓄能电站的最速开、关机试验显示，导叶从零开度以最大速率开启至最大相对开度112%耗时27 s，从最大相对开度112%以最大速率关闭至零开度耗时45 s，如图9-16所示。

因此，还需要在ASA中需添加导叶关闭速率限制机制，本小节中规定速限$k_{\max}=1.12/27\approx0.41512$，具体实现步骤如下。

① 判断导叶关闭曲线第一段斜率是否超过导叶最大关闭速率$k_{\max}$。若超过，则重新初始化y_1、t_1、y_2、t_2，然后再次判断导叶关闭曲线第一段斜率是否超过导叶最大关闭速率$k_{\max}$，直至导叶关闭曲线第一段斜率符合导叶最大关闭速率限制条件。

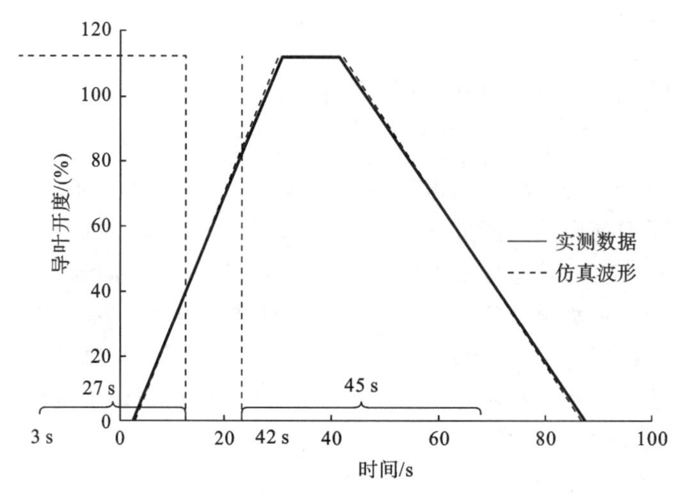

图 9-16　导叶最速开闭曲线

② 判断导叶关闭曲线第一段相对开度变化 y_1 和第二段相对开度变化 y_2 之和是否小于1。若不小于1，则重新初始化 y_2，然后再次判断两段相对开度变化之和是否小于1，直至满足开度和限制条件。同时可得第三段相对开度变化：$y_3=1-y_1-y_2$。

③ 判断导叶关闭曲线第三段斜率 k_3 是否超过导叶最大关闭速率 $k_{\max}$。若超过，则重新初始化 t_3，然后再次判断导叶关闭曲线第一段斜率是否超过导叶最大关闭速率 $k_{\max}$，直至导叶关闭曲线第一段斜率符合导叶最大关闭速率限制条件。

2. 优化流程

步骤1：初始化。

(1) 在定义域 S 内初始化数量为 N 的羊群位置向量 $\boldsymbol{X}_i(0)$，$i=1,\cdots,N$，并计算相应的目标函数值 $F_i^0=f(\boldsymbol{X}_i(0))$，$i=1,\cdots,N$。

(2) 将羊群中的第一只羊设定为头羊。

(3) 设定最大迭代次数 T、头羊领导参数 α、自我觅食参数 β 和当前迭代次数 $t=0$。

步骤2：计算 t 时刻羊群的目标函数值，对第 i 只羊有 $F_i^t=f(\boldsymbol{X}_i(0))$，$i=1,\cdots,N$。若 $F_i^t<F_{\mathrm{B}}$，则有 $\boldsymbol{X}_{\mathrm{B}}(t)=\boldsymbol{X}_i(t)$，且 $F_{\mathrm{B}}=F_i^t$。

步骤3：由式(9-26)计算 t 时刻作用在第 i 只羊上的领导向量 $\boldsymbol{X}_i^{\mathrm{bw}}(t)$，$\boldsymbol{X}_i^{\mathrm{bw}}(t)=[x_i^{\mathrm{bw}}(t)]_{1\times D}$，$i=1,\cdots,N$，即

$$\begin{cases}x_{i,d}^{\mathrm{bw}}(t)=x_d^B(t)+c_2\cdot\delta_i\\\delta_i=|c_1\cdot x_d^B(t)-x_{i,d}(t)|\end{cases}\tag{9-26}$$

式中：δ_i 是第 i 个与领头羊之间的距离向量；随机系数 $c_1=2r_1$，$c_2=\alpha(2r_2-1)(1-t/T)$，其中 r_1，r_2 分别为(0,1)之间的随机数。

由式(9-27)计算 t 时刻的第 i 只羊自我觅食向量 $\boldsymbol{X}_i^{\mathrm{self}}(t)$，$\boldsymbol{X}_i^{\mathrm{self}}(t)=[x_i^{\mathrm{self}}(t)]_{1\times D}$，$i=1,\cdots,N$，即

$$\begin{cases}x_{i,d}^{\mathrm{self}}(t)=x_{i,d}(t)+R\varepsilon_i\\\varepsilon_i=e^{-\beta P}\delta_i\end{cases}\tag{9-27}$$

式中：R 和 P 是[−1,1]之间的随机数，β 是随机探索的调制系数，经验上定义的范围(0,5)。向量 $\boldsymbol{X}_i^{\text{self}}(t)$ 代表了一个羊个体的惯性和局部随机搜索能力，β 调节着羊群变化的幅度。并由式(9-28)更新 $t+1$ 时刻第 i 只羊的位置向量 $\boldsymbol{X}_i(t+1)$，即

$$\begin{cases} x_{i,d}(t+1)=\varphi_i x_{i,d}^{\text{self}}(t)+(1-\varphi_i)x_{i,d}^{\text{bw}}(t) \\ \varphi_i=br_3 \end{cases} \tag{9-28}$$

式中：b 为根据迭代次数从1到0线性减小的系数；r_3 为[0,1]之间随机生成的数。

步骤4：由式(9-29)判断第 i 只羊是否被淘汰，若是则在定义域 S 内初始化第 i 只羊，$i=1,\cdots,N$，则有

$$F_i^t > F_{\text{ave}}^t \tag{9-29}$$

式中：F_{ave}^t 为 t 代种群所有个体的平均适应函数值。

步骤5：$t=t+1$，若 $t>T$，则结束程序并输出头羊的位置向量，否则转到步骤2。

3. 优化算例

以江西省某大型抽水蓄能电站为例，进行甩100%负荷工况下的导叶关闭规律单目标优化。该抽水蓄能电站装配8台福伊特公司生产的水泵水轮机，单机容量为300 MW。电站引水系统布置方式如图9-17所示，设有上下游调压井，分别位于上游水库和抽水蓄能机组之间与抽水蓄能机组和下游水库之间，上库水位730.4 m，下库水位168.5 m。抽水蓄能电站详细参数如表9-12所示，甩100%负荷过渡过程调节保证计算限制如表9-13所示。

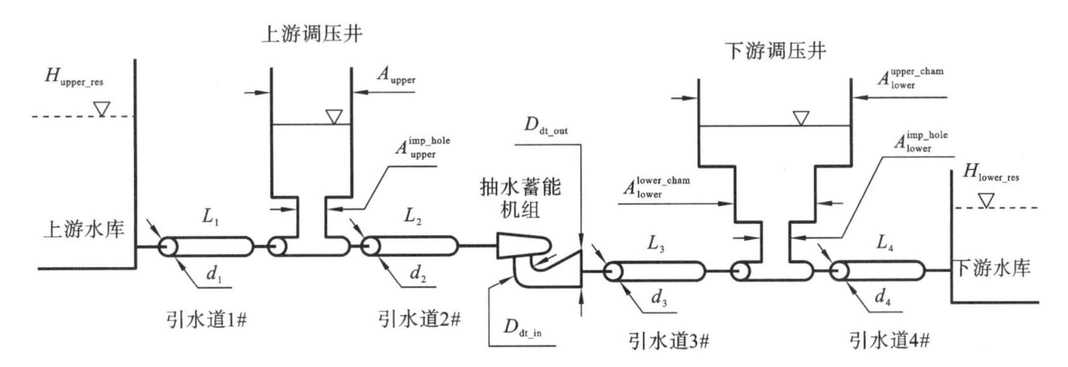

图9-17 江西省某大型抽水蓄能电站引水系统布置图

表9-12 江西省某大型抽水蓄能电站配置表

配置参数	数值	配置参数	数值
额定转速 n_r/(r/min)	500	引水道1#长度 L_1/m	1065.2
额定水头 H_r/m	540	引水道2#长度 L_2/m	6.20
额定流量 Q_r/(m³/s)	62.09	引水道3#长度 L_3/m	4.37
额定出力/MW	306.1	引水道4#长度 L_4/m	4.30
水泵水轮机转子直径/m	3.85	引水道1#截面积 d_1/m	6.58
机组转动惯量 M/(ton·m²)	3800	引水道2#截面积 d_2/m	63.62
导叶最大开度 $y_{\max}$/(°)	20.47	引水道3#截面积 d_3/m	519.98

续表

配置参数	数值	配置参数	数值
上库水位 H_{upper_res}/m	730.4	引水道4#截面积 d_4/m	95.03
下库水位 H_{lower_res}/m	168.5	上游调压井横截面积 A_{upper}/m^2	12.57
下游调压井上室横截面积 $A_{lower}^{upper\_cham}$/m^2	444.23	下游调压井阻抗孔截面积 $A_{lower}^{imp\_hole}$/m^2	15.90
下游调压井下室横截面积 $A_{lower}^{lower\_cham}$/m^2	983.55	尾水管入口截面积 D_{dt_in}/m	1.94
上游调压井阻抗孔截面积 $A_{upper}^{imp\_hole}$/m^2	170.4	尾水管出口截面积 D_{dt_out}/m	4.45

表 9-13　甩 100%负荷调节保证计算限制表

调节限制	数值	调节限制	数值
转速最大上升率 n_{max}/(%)	50	上游调压井最低水位 $H_{min}^{upper\_st}$/m	692.50
蜗壳处水锤最大值 H_{max}/m	850	下游调压井最高水位 $H_{max}^{lower\_st}$/m	194.00
尾水管水压最小值 H_{dt_min}/m	0	下游调压井最低水位 $H_{min}^{lower\_st}$/m	137.00
上游调压井最高水位 $H_{max}^{upper\_st}$/m	749.00		

ASA优化参数设置如下：最大迭代次数 $\text{Iter}_{max}=50$，种群规模 $N=100$，初始学习因子 $\alpha=2$，自由觅食因子 $\beta=0.5$，优化结果如表9-14所示，对应的导叶关闭规律如图9-18所示。

表 9-14　全局最优参数与最优目标函数值

全局最优参数	t_1/s	t_2/s	t_3/s	y_1	y_2	y_3
	7.49	18.8	9.97	0.185	0.691	0.124
全局最优目标函数值	0.06598					

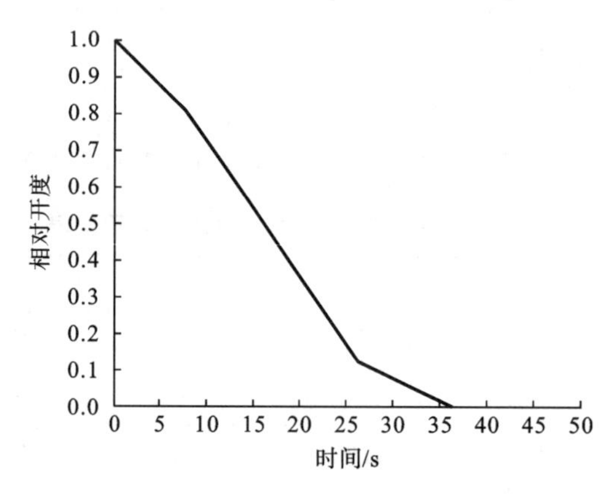

图 9-18　最优导叶关闭规律

同时可得到参数和适应度走势图如图9-19所示。

单目标优化后，抽水蓄能机组甩100%负荷时最优导叶关闭规律对应的过渡过程如图9-20所示。

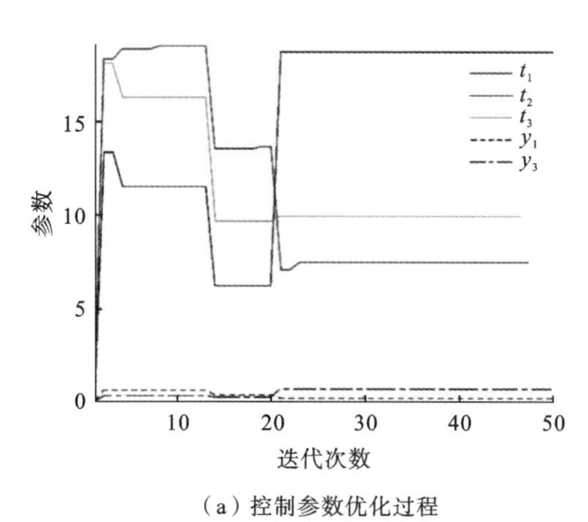

(a) 控制参数优化过程

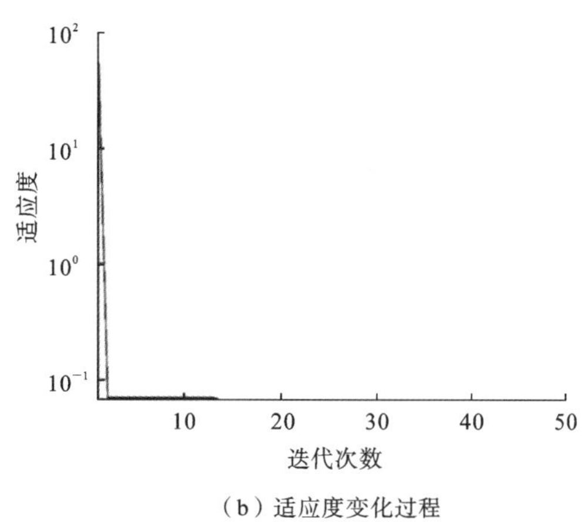

(b) 适应度变化过程

图 9-19 优化过程

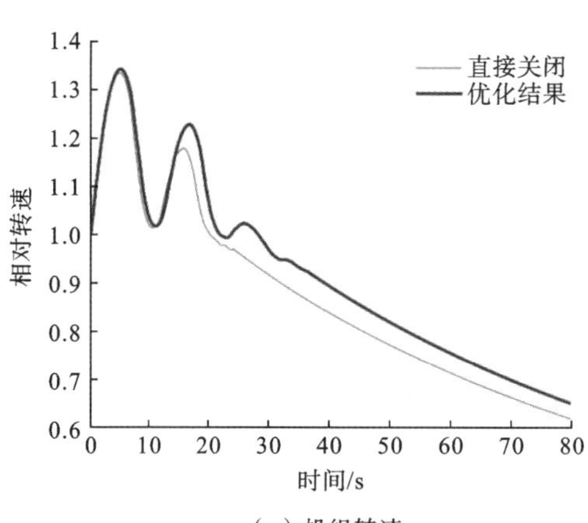

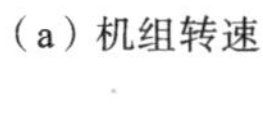

(a) 机组转速

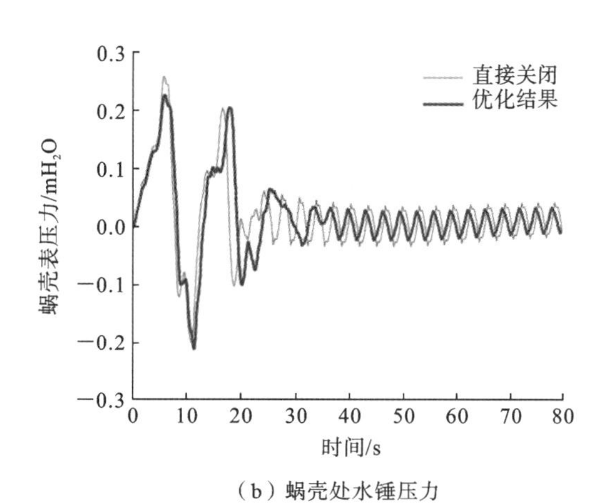

(b) 蜗壳处水锤压力

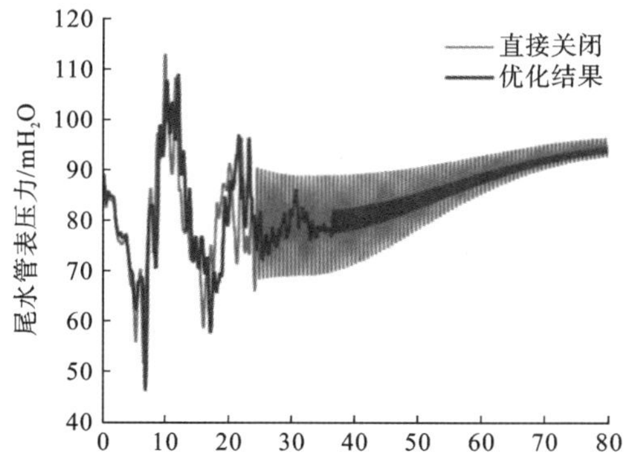

(c) 尾水管水锤压力

图 9-20 过渡过程仿真

在图 9-20 中，各项关键参数如表 9-15 所示。

表 9-15　甩负荷工况关键指标

关键指标	数　　值
相对转速上升最大值	0.3388≪0.5
蜗壳处水锤压力最大值	0.2280≪0.33
尾水水锤压力最小值	46.1906≪0

9.3.4　多目标导叶关闭规律优化

在 9.3.3 节中，讨论了在甩负荷工况下，将抽水蓄能机组转速上升和蜗壳进口处水锤压力上升的两个目标函数加权聚合形成单个目标函数后的导叶关闭规律单目标优化问题。在实际工程设计中，为满足过渡过程调节保证计算要求，希望机组转速上升和致蜗壳进口处水锤压力上升均尽可能地减小，然而上述两个调节保证计算关键指标之间存在此消彼长、相互矛盾的关系，即机组转速上升减小必然加剧蜗壳进口处水锤压力上升，反之亦然。单目标优化中的目标函数对机组转速上升和蜗壳处水锤压力上升进行了加权聚合，无法保证上述两个目标函数在优化后的导叶关闭规律作用下同时达到最小，而多目标优化能分别充分考虑上述两个目标函数，并同时进行优化，能有效地解决上述问题。因此，本节重点探讨在多目标优化框架下的抽水蓄能机组甩负荷工况导叶关闭规律多目标优化问题，从而达到同时减小机组转速上升和蜗壳进口处水锤压力上升的目的。

1. 优化模型

1）优化目标函数

$$\begin{cases} \min F_1 = \Delta H_{\max} \\ \min F_2 = \Delta n_{\max} \cdot N \end{cases} \tag{9-30}$$

2）多重约束条件

抽水蓄能机组多目标导叶关闭规律优化应满足如下约束。

（1）转速上升率约束。

在抽水蓄能机组调节保证计算或过渡过程计算时，对各种极端情况发生时机组转速上升率有明确的最大约束限制值，则有

$$\mathrm{Obj_x} \leqslant \mathrm{constant_x} \tag{9-31}$$

式中：$\mathrm{Obj_x}$ 为机组转速上升率；$\mathrm{constant_x}$ 为转速上升率的约束限制常数。

（2）转速波动次数约束。

我国《水轮机调速器与油压装置技术条件》（GB/T 9652.1-2007）中对机组发生甩负荷等极端工况后的动态品质要求中，对转速超过某一定值的波峰次数（波动次数）有明确的规定。本小节在进行关闭规律优化时，引入转速波动次数约束条件，以期实现大波动过程的良好的动态品质，如式（9-32）所示：

$$\begin{cases} N_{xf} = \sum num\ (Obj_x \geqslant constant_{obj_{x_r}}) \\ N_{xf} \leqslant constant_{xf} \end{cases} \tag{9-32}$$

式中：$constant_{obj_{x_r}}$ 为动态品质要求的转速上升率常量；N_{xf} 为转速波动次数；$constant_{xf}$ 为转速波动次数约束常数。

(3) 蜗壳压力约束。

考虑压力脉动与计算误差的蜗壳进口最大压力修正值与蜗壳压力约束如式(9-33)所示：

$$\begin{cases} Pm_{vol\_s} = P_{vol\_s} + H_n \times 7\% + (P_{vol\_s} - P_{vol}) \times 10\% \\ Pm_{vol\_s} \leqslant constant_{Pm_{vol\_s}} \end{cases} \tag{9-33}$$

式中：P_{vol_s} 为蜗壳进口压力最大计算值；H_n 为净水头；P_{vol} 为蜗壳进口压力的初始值；Pm_{vol_s} 为蜗壳进口压力最大修正值；$constant_{Pm_{vol\_s}}$ 为蜗壳进口压力最大值约束常数。

(4) 尾水管压力约束。

考虑压力脉动与计算误差的尾水管进口最小压力修正值与尾水管最小压力约束如式(9-34)所示：

$$\begin{cases} Pm_{dra\_s} = P_{dra\_s} - H_n \times 3.5\% - (P_{dra} - P_{dra\_s}) \times 10\% \\ Pm_{dra\_s} \geqslant 0, \quad \text{常规工况} \\ Pm_{dra\_s} \geqslant -5, \quad \text{相继甩负荷工况} \end{cases} \tag{9-34}$$

式中：P_{dra_s} 为尾水管进口压力最小计算值；H_n 为净水头；P_{dra} 为尾水管进口压力的初始值；Pm_{dra_s} 为尾水管进口压力最小修正值。

(5) 调压室涌浪水位约束：

$$\begin{cases} L_{sur\_up} \leqslant constant_{L_{sur\_up}} \\ l_{sur\_up} \geqslant constant_{l_{sur\_up}} \\ L_{sur\_down} \leqslant constant_{L_{sur\_down}} \\ l_{sur\_down} \geqslant constant_{l_{sur\_down}} \end{cases} \tag{9-35}$$

式中：L_{sur_up}、L_{sur_down} 分别为上、下游调压室的最大涌浪水位；l_{sur_up}、l_{sur_down} 分别为上、下游调压室的最小涌浪水位；$constant_{L_{sur\_up}}$、$constant_{l_{sur\_up}}$、$constant_{L_{sur\_down}}$ 和 $constant_{l_{sur\_down}}$ 分别为对应的约束常数。

(6) 导叶关闭速率约束。

当机组导叶以短暂的时间关闭时，则对于调速器曲线斜率控制精度具有较高的要求。为了满足如此短暂的关闭时间，接力器油管内的油速则必须足够大，然而油速过大必将造成重大安全事故隐患。因此，考虑调速器曲线斜率控制因素约束，并将其转化为导叶关闭速率：

$$\Delta Y/t \leqslant Y_{\_max}/T_r \tag{9-36}$$

式中：ΔY 为实际导叶开度关闭值；t 为实际导叶开度关闭时间；$Y_{\_max}$ 为导叶开度额定最大值；T_r 为国标规定的接力器最短关闭时间，《水轮机调速器及油压装置系列型谱》(JB/T 7072-2004)规定，对于到压力罐及接力器的调速器和通流式调速器，当接力器容量≥18000 N·m时，接力器最短关闭时间为 3 s，而其余类型的调速器，接力器最短关闭时间为 2.5 s。

2. 优化流程

MOASA 优化流程如图 9-21 所示。

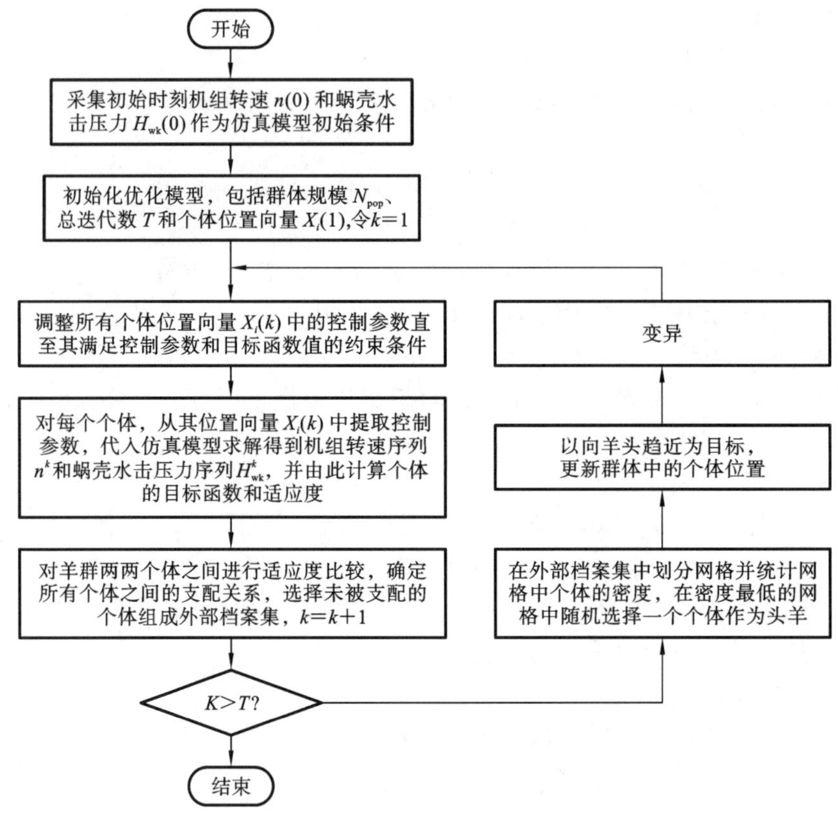

图 9-21　MOASA 优化流程框图

3. 优化算例

以江西省某大型抽水蓄能电站为例，进行甩 100%负荷工况下的导叶关闭规律多目标优化，电站引水系统布置和详细参数见 9.3.3 节，甩 100%负荷过渡过程调节保证计算要求如表 9-16 所示。

表 9-16　调节保证计算指标表

参数名称	调节保证计算指标	参数名称	调节保证计算指标
额定转速/rpm	500	蜗壳进口最大表压力/mH_2O	850
水轮机额定水头/m	540	尾水管进口最小表压力/mH_2O	0
水轮机额定流量/(m^3/s)	62.09	引水调压室最高涌浪/m	749.00
水轮机额定功率/MW	306.1	引水调压室最低涌浪/m	692.50
转轮直径/mm	3850.1	尾水调压室最高涌浪/m	194.00
转动惯量(GD^2)/(t·m^2)	3800	尾水调压室最低涌浪/m	137.00
100%导叶开度/(°)	20.47	最大瞬态转速上升值/(%)	50

MOASA 优化参数设置如下：最大迭代次数 $Iter_{max}=1000$，种群规模 $N_{pop}=100$，档案集规模 $N_{arc}=100$，网格数量 $n_{Grid}=100$，个体最大尝试次数 $Trial_{max}=100$，领导者选择因子 $\delta=2$，档案集删除因子 $\theta=2$，机组初始导叶相对开度 $y_0=0.96$，初始流量 $Q_0=61.22\ m^3/s$。针对三段式导叶关闭规律优化结果如图 9-22 所示，相应导叶关闭方案下的过渡过程调节保证计算结果如表 9-17 所示。

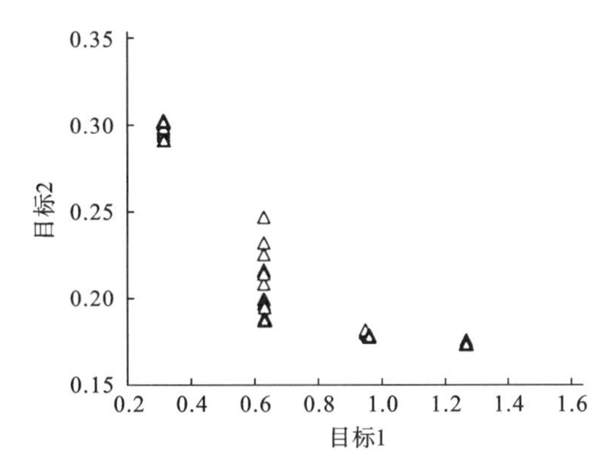

图 9-22　三段式导叶关闭规律多目标优化结果

表 9-17　调节保证计算结果

导叶关闭方案	$\Delta n_{\_max}$/(%)	H_{sc_max}/m	H_{dt_min}/m	N	导叶关闭方案	$\Delta n_{\_max}$/(%)	H_{sc_max}/m	H_{dt_min}/m	N
1	31.508	823.11	35.89	1	14	31.514	764.19	28.21	2
2	31.523	822.48	35.91	1	15	31.525	758.59	27.07	2
3	31.530	821.00	36.29	1	16	31.530	758.54	27.07	2
4	31.564	820.36	36.79	1	17	31.545	756.72	27.19	2
5	31.608	819.27	36.95	1	18	31.611	755.48	30.26	2
6	31.617	818.03	37.06	1	19	31.618	751.85	30.52	2
7	31.733	816.33	37.58	7	20	31.623	750.99	30.75	2
8	31.492	788.19	46.55	8	21	31.616	747.32	32.85	3
9	31.494	779.17	44.09	9	22	31.621	746.34	31.30	3
10	31.494	774.87	44.91	10	23	31.748	745.72	32.30	3
11	31.502	769.13	37.60	11	24	31.974	744.88	32.98	3
12	31.502	768.94	35.25	12	25	31.629	743.55	28.88	4
13	31.504	767.69	31.91	2	26	31.633	742.08	28.42	4
min	31.492	742.08	27.07	1	max	31.633	823.11	46.55	4

注：$\Delta n_{_max}$为机组转速最大上升率，H_{sc_max}为蜗壳处水锤压力最大值，H_{dt_min}为尾水管水锤水压最小值，N 为甩负荷过渡过程中的水力振荡次数。

由表 9-17 可知，在经多目标优化后的 26 个导叶关闭方案中，机组转速最大上升率为 31.633%，小于 50%限制值，蜗壳处水锤压力最大值为 823.11 m，小于 850 m，均满足表 9-17 中调节保证计算要求。此外，如图 9-23 和图 9-24 所示，优化结果对应的尾水管最小水锤压力均远大于 0 m，上下游调压井涌浪水位均未超出调节保证计算限制值。因此，算例中抽水蓄能机组甩 100%负荷时的导叶关闭规律多目标优化结果满足调节保证计算要求。

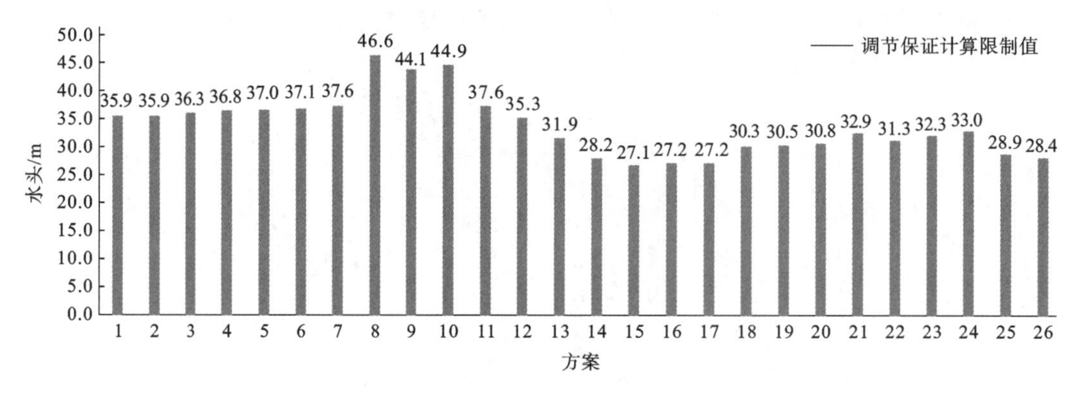

图 9-23　优化结果对应的尾水管水头压力

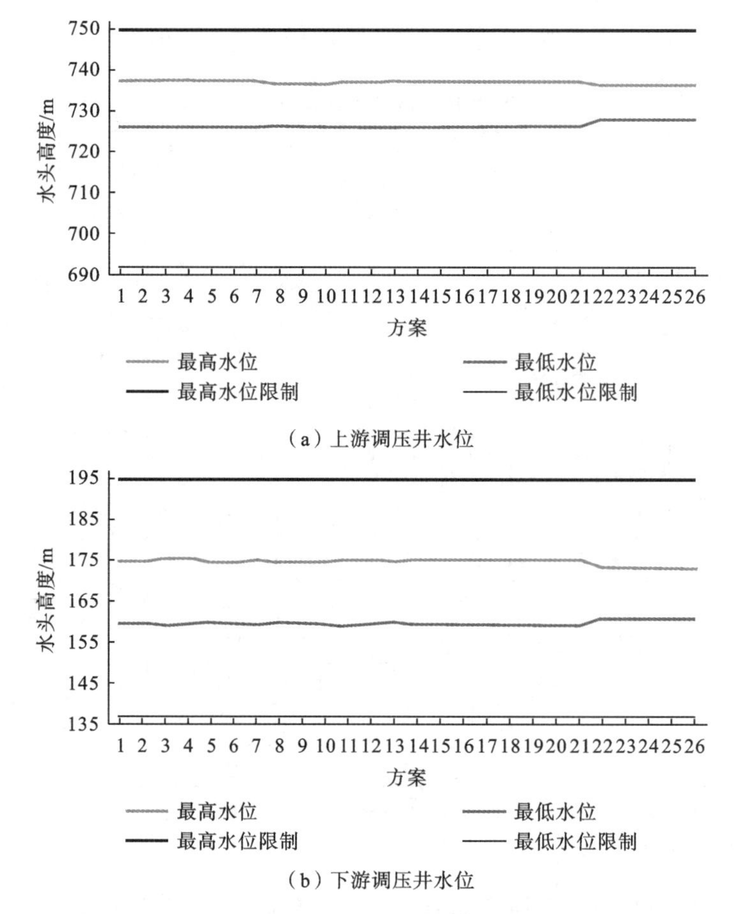

（a）上游调压井水位

（b）下游调压井水位

图 9-24　优化结果对应的上下游调压井水位

抽水蓄能机组导叶关闭规律是机组在大波动工况下的主要控制手段，也是在不需要增加过多额外投资条件下保证电站安全运行的最经济且有效的措施。因此，研究设计优良的导叶关闭规律对抽水蓄能机组在水泵断电工况下的安全稳定运行具有重要意义。传统的导叶关闭规律设计多采用人工经验试算的方法，设计过程复杂繁琐，计算量巨大，且对设计人员的工作经验要求极高。为此，本章在深入研究多种导叶关闭规律的基础上，构造了导叶关闭规律单目标和多目标优化目标函数，并考虑了多重约束条件，建立了导叶关闭规律智能优化模型，并引入人工羊群算法进行抽水蓄能机组水泵断电工况下导叶关闭规律单目标和多目标优化，实现了抽水蓄能机组在水泵断电工况下导叶关闭规律高效设计的目的。

9.4 调速器控制参数优化

由于水流惯性和水轮机复杂非线性影响，水电机组调节系统是一个具有非最小相位特性的参数时变复杂非线性系统。理论上，水电机组控制系统的稳定性和动态品质取决于调节对象特性和调速器控制规律。然而，目前大部分水电机组控制系统采用 PID 或 PI 控制规律，实际运行中通常只针对空载工况和负荷工况优化整定出两组不同参数，难以保证水电机组控制系统的全工况最优运行。针对该问题，将模糊控制和分数阶 PID 控制等先进控制规律引入机组调节系统控制，并引入智能优化算法，并在此基础上建立了水电机组控制参数自适应优化方法，实现了控制参数多工况自适应整定，提高了机组的控制品质。

9.4.1 抽水蓄能机组调速系统分数阶 PID 控制器设计与参数优化

抽水蓄能机组启停速度快、工况转换灵活及优良的调峰填谷能力等优势使得其在电力系统调节和事故备用方面发挥了极其重要的作用。由于抽水蓄能机组的可逆式设计，决定了其在运行时存在“S”特性区域，由本节针对抽水蓄能机组调速系统的非线性动力学分析可知，当机组在低水头空载工况运行时，机组较容易运行进入“S”特性区域，使得机组在水轮机工况、水轮机制动工况和反水泵工况间来回转换，进而导致机组频率在电网频率附近上下波动，对抽水蓄能机组同期并网造成不利影响。抽水蓄能机组工作水头越低、单位转速越大，运行进入反水泵区出现摆动的转速越小、摆度越大、不稳定区的范围也越大。水泵水轮机固有的“S”特性，使得抽水蓄能机组调速系统优化控制呈现高度复杂特性。

当前抽水蓄能电站调速控制系统大都采用经典 PID 控制，在电站建设初期经过调试试验整定后的 PID 控制参数，可以满足抽水蓄能机组在大部分工况的控制需求。但当抽水蓄能机组运行在低水头空载工况易进入“S”特性区域，进而引起机组频率大范围波动和运行不稳定。然而，传统 PID 控制在低水头空载工况下不能较好地调节抽水蓄能机组频率波动。预测控制、模糊控制、分数阶 PID(fractional order PID，FOPID)控制等新型控制策略的兴起，为抽水蓄能机组这一复杂非线性系统控制领域的研究开辟了新的途径。20 世纪末，Podlubny 在研究分数阶微积分的基础上，提出了 FOPID 控制的思想。在工业生产中，许多系统是分数阶的，应用整数阶 PID 控制不能较好的抑制其非线性，实现理想的控制效果。FOPID 控制是对整数阶 PID 控制一种更好的概括和补充。相较于整数阶 PID，FOPID 引入了微分阶次和积分阶次两个可调参数，使得参数的整定范围变大，能够更灵活地控制受控对象。

本节首先基于建立的抽水蓄能机组调速系统非线性仿真模型，引入 FOPID 控制取代传统的 PID 控制，建立了适用于抽水蓄能机组空载工况的 $PI^{\lambda}D^{\mu}$(FOPID 控制器)调速器模型，为不失一般性的验证建立的 FOPID 控制器的性能，运用标准细菌觅食算法(bacterial foraging algorithm，BFA)在多场景模式下优化 FOPID 控制器的参数，并进行低水头空载开机和频率扰动仿真实验。进一步，深入研究模糊推理理论，结合工程控制经验构建了适用于抽水蓄能机组中、低水头空载工况运行特点的模糊推理规则库，并在 FOPID 控制器的基础上建立了自适应快速模糊分数阶 PID 控制器(AFFFOPID)。仿真实验结果表明，AFFFOPID 较大程度地改善了低水头空载运行时机组频率和导叶开度的过渡过程，提高了抽水蓄能机组调节系统的速动性与稳定性。

1. 分数阶微积分原理

1) 分数阶微积分的定义

作为整数阶微积分的拓展与延伸，分数阶微积分是微分和积分阶数为非整数的概括，在其研究发展过程中，许多学者都对其进行了基于多种函数的分数阶微积分定义，基本操作算子为${}_aD_t^{\alpha}$，其中 a 和 t 为操作算子的上下限，α 为微积分的阶次。

(1) 分数阶柯西(Cauchy)积分公式：

$$D^{\lambda}f(t)=\frac{\Gamma(\gamma+1)}{2\pi j}\int_{C}\frac{f(\tau)}{(\tau-t)^{\gamma+1}}\mathrm{d}\tau \tag{9-37}$$

该式由传统的整数阶积分扩展而来，其中 C 为包围 $f(t)$ 单值与解析开区域的光滑曲线，$\Gamma(\cdot)$ 为欧拉 gamma 函数，$\Gamma(z)=\int_0^{-\infty}\mathrm{e}^{-t}t^{z-1}\mathrm{d}t$。

(2) Grünwald-Letnikov 定义。

Grünwald-Letnikov 定义在分数阶控制中的应用比较广泛，该定义如式(9-38)所示。

$${}_aD_t^{\alpha}f(t)=\lim_{h\to 0}\frac{1}{h^{\alpha}}\sum_{j=0}^{[(t-a/h)]}\omega_j^{(\alpha)}f(t-jh) \tag{9-38}$$

式中：$\omega_j^{(\alpha)}=(-1)^j\binom{\alpha}{j}$ 为函数 $(1-z)^{\alpha}$ 的多项式系数，$\omega_j^{(\alpha)}$ 可以由递推公式(9-39)直接求出，即

$$\omega_0^{(\alpha)}=1;\quad \omega_j^{(\alpha)}=\left(1-\frac{\alpha+1}{j}\right)\omega_{j-1}^{(\alpha)},j=1,2,\cdots,N \tag{9-39}$$

由 Grünwald-Letnikov 定义可推出分数阶微积分的计算算法形式：

$$ {}_{a}D_{t}^{\alpha}f(t) \approx h^{\alpha} \sum_{j=0}^{[(t-a/h)]} \omega_{j}^{(\alpha)} f(t-jh) \tag{9-40}$$

假设步长 h 足够小，则可由式(9-40)直接求出函数数值微分的近似值，且精度可达$o(h)$。

(3) Caputo 定义。

Caputo 分数阶微分：

$$ {}_{0}D_{t}^{\alpha}f(t) = \frac{1}{\Gamma(1-\alpha)}\int_{0}^{t} \frac{f^{(m+1)}(\tau)}{(t-\tau)^{\gamma}}\mathrm{d}\tau \tag{9-41}$$

式中：$\alpha=m+\gamma$；m 为整数；$0<\gamma\leqslant 1$。

类似的，Caputo 分数阶积分：

$$ {}_{0}D_{t}^{\gamma} = \frac{1}{\Gamma(-\gamma)}\int_{0}^{t} \frac{f(\tau)}{(t-\tau)^{1+\gamma}}\mathrm{d}\tau, \quad \gamma<0 \tag{9-42}$$

(4) Riemann-Liouville 定义。

目前最常用是的 Riemann-Liouville 对于微积分的定义(R-L 定义)，如式(9-43)所示：

$$ {}_{a}D_{t}^{\alpha}f(t) = \frac{1}{\Gamma(m-\alpha)}\left(\frac{\mathrm{d}}{\mathrm{d}t}\right)^{m}\int_{t}^{a} \frac{f(\tau)}{(t-\tau)^{\alpha-m+1}}\mathrm{d}\tau \tag{9-43}$$

式中：$m-1<\alpha<m, m\in \mathbf{Z}$；$\Gamma(\cdot)$是欧拉 gamma 函数，$\Gamma(z)=\int_{0}^{-\infty} \mathrm{e}^{-t}t^{z-1}\mathrm{d}t$。

由上述对分数阶微积分的不同定义分析可知，从广义的角度出发，Grünwald-Letnikov 与 Riemann-Liouville 的定义是完全等效的，且在对常数求导时为无界的；而 Caputo 定义在对常数求导时是有界的，下界为 0。对于解析函数 $f(t)$的分数阶导数${}_{0}D_{t}^{\alpha}$ 对 t 和 α 都是解析的，分数阶微积分的算子为线性且满足交换律和叠加关系。

2) 分数阶微积分的滤波器近似

采用前文的 4 个定义公式可以精确计算出给定信号的分数阶微积分，但是这类算法应用于控制系统研究时仍存在一定的局限性，传统算法需预先计算出信号的采样值，而在控制系统中存在未知函数值，因此需采用滤波器的算法进行数值逼近。

研究中存在很多种连续滤波器算法，本节分数阶控制器研究所采用的是应用较为广泛的 Oustaloup 算法。假设选定的拟合频率范围为$[\omega_{\mathrm{b}},\omega_{\mathrm{h}}]$，则连续滤波器的传递函数为

$$ G_{\mathrm{f}}(s) = s^{\alpha} = K\prod_{k=-N}^{N}\frac{s+\omega_{k}'}{s+\omega_{k}} \tag{9-44}$$

式中：滤波器的零点 ω_{k}、极点 ω_{k}' 和增益 K 可由式(9-45)求出，即

$$ \omega_{k}'=\omega_{\mathrm{b}}\left(\frac{\omega_{\mathrm{h}}}{\omega_{\mathrm{b}}}\right)^{\frac{k+N+\frac{1}{2}(1-\alpha)}{2N+1}}, \quad \omega_{k}=\omega_{\mathrm{b}}\left(\frac{\omega_{\mathrm{h}}}{\omega_{\mathrm{b}}}\right)^{\frac{k+N+\frac{1}{2}(1+\alpha)}{2N+1}}, \quad K=\omega_{\mathrm{h}}^{\alpha} \tag{9-45}$$

式中：α 为分数阶微积分的阶次；$(2N+1)$为滤波器的阶次。

3) 分数阶微积分的拉普拉斯(Laplace)变换

微积分变换可以将复杂的数学问题通过变换的方式转换到其他研究领域，主要的变换方式有拉普拉斯变换和傅里叶变换。同样的，这两种变换方式也适用于分数阶微积分变换，在控制系统研究中，研究者多采用拉普拉斯变换来进行算法与实际问题的结合。信号 $x(t)$在 $t=0$ 时刻的 α 阶微分的拉普拉斯变换如式(9-46)所示，其中，$\alpha\in$

R+。则有

$$L\{{}_aD_t^{\alpha}x(t)\}=s^{\alpha}X(s) \tag{9-46}$$

由式(9-46)可得，分数阶微分公式的传递函数可以表示为

$$G(s)=\frac{b_m s^{\beta_m}+b_{m-1}s^{\beta_{m-1}}+\cdots+b_0 s^{\beta_0}}{a_n s^{\beta_n}+a_{n-1}s^{\beta_{n-1}}+\cdots+a_0 s^{\beta_0}} \tag{9-47}$$

式(9-47)中的分数阶微分算子 s 的阶次均为 q 的整数倍，且 $\beta_k=kq,q\in\mathbf{R}+,0<q<1$。

2. 多场景模式下分数阶 PID 控制器设计与参数优化

与常规水轮发电机组调速系统类似，目前工程实际中抽水蓄能机组调速系统采用的均为传统 PID 控制器，PID 控制器基本可以满足机组运行在常规工况时的控制需求。然而，抽水蓄能机组工况转换复杂、水泵水轮机多为可逆式设计，其固有的反“S”区和驼峰区增加了机组运行的不稳定性，尤其是机组在低水头运行时，水泵水轮机转速振荡引起的机组频率振荡，增加了机组控制的难度。为实现对这一非线性运行不稳定现象的有效控制，本节将分数阶微积分的思想引入抽水蓄能机组调速系统调节控制中，提出了一种调速系统分数阶 PID 控制器，为改善抽水蓄能机组工况转换时的动态过渡过程和提高系统的控制品质开辟了新的思路。

1）调速系统分数阶 PID 控制器

相较于传统的整数阶 PID 控制器，$PI^{\lambda}D^{u}$ 控制器增加了可调的积分阶次 λ 和微分阶次 u，其中 λ 和 u 为任意实数。其传递函数如式(9-48)所示：

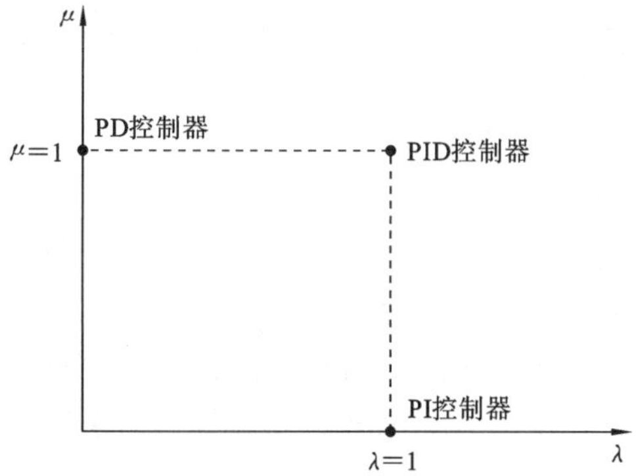

$$G_c(s)=K_P+\frac{K_I}{s^{\lambda}}+K_D s^{u} \tag{9-48}$$

式中：λ,u 均大于 0。

图 9-25　分数阶 PID 控制器示意图

由式(9-48)和图 9-25 可知，传统 PID、PD 和 PI 控制器分别是 $PI^{\lambda}D^{u}$ 控制器在 $\lambda=1$ 和 $u=1$、$\lambda=0$ 和 $u=1$、$\lambda=1$ 和 $u=0$ 时的特殊情况。$PI^{\lambda}D^{u}$ 的可调参数$[K_P,K_I,K_D,\lambda,u]$与 PID 的可调参数$[K_P,K_I,K_D]$相比，多了两个可调参数积分阶次 λ 和微分阶次 u，且 λ 和 u 不仅局限于等于 1 的特殊情况，还可以是任意实数。因此，$PI^{\lambda}D^{u}$ 控制器具有更高的灵活性和更好的可调性。通过合理、有效地参数调整，可以达到较优的控制效果。

由本节可知，水电机组调速器分为串联式 PID、并联 PID，对于控制模式又分为开度控制、频率控制和功率控制型调速器等类型。本节依据并联式 PID 控制器，提出了一种改进的调节器型并联 FOPID 调速器模型，如图 9-26 所示。图 9-26 中 ω、y 为机组转速相对值和导叶开度相对值；下标 c 的变量为相应的机组控制指令；b_p 为永态转差系数；T_{1v} 为微分时间常数；T_y、T_{yB} 为主接力器响应时间常数和辅助接力器响应时间常数；K_0 为放大系数；K_P、K_I、K_D 分别为比例、积分和微分系数；λ、μ 分别为积分和微分算子的系数。

将本节提出的 FOPID 与调速系统非线性模型组合，如图 9-27 所示，构造了基于

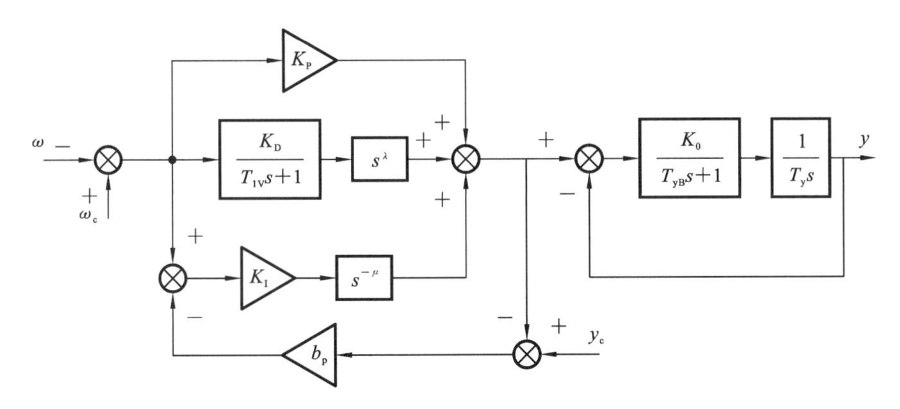

图 9-26　FOPID 控制规律的调速器

FOPID 的调速系统非线性仿真模型。依据该仿真模型，在低水头空载开机和空载频率扰动工况进行仿真实验，验证本节所提方法的可行性和有效性。

2）参数优化多场景目标函数

系统动态响应输出的性能指标是衡量控制系统性能优劣的一种“尺度”，控制优化研究中“最佳控制系统”的定义为系统各项品质都处于最佳运行状态或者满足各项最佳性能指标。控制优化即针对控制对象设计出较好的控制器、合理的控制策略以及寻求最优的控制器参数，使得系统运行为“最佳控制系统”。由最佳控制系统的定义可知，最佳性能指标对于系统控制优化具有重要的意义。抽水蓄能机组调速系统为闭环系统，常用的能表征其闭环动态响应特性的性能指标主要有：系统的调节时间、超调量、稳态误差以及振荡周期。在控制系统参数优化时，常以系统的瞬时误差 $e(t)$ 构造泛函积分，并通过泛函积分的值来评价优化的效果，常用的泛函积分评价指标有 ITAE、ITSE、ISTES 和 ISTSE 等。

（1）ITAE 指标：

$$\mathrm{ITAE}=\int_0^{\infty} t\,|e(t)|\,\mathrm{d}t \tag{9-49}$$

ITAE 即误差随时间积分指标，其将系统动态响应输出的超调量最小和调节时间最短作为性能评价的内容，可以较精确的评价控制系统的稳定性、快速性和准确性，是控制系统参数优化目标函数设计时较常用的性能指标之一。

（2）ITSE 指标：

$$\mathrm{ITSE}=\int_0^{\infty} te^2(t)\,\mathrm{d}t \tag{9-50}$$

ITSE 即时间乘误差平方积分指标，其将系统动态响应输出的超调量最小和响应速度最快作为性能评价的内容。

（3）ISTES 指标：

$$\mathrm{ISTES}=\int_0^{\infty} (t^2 e(t))^2\,\mathrm{d}t \tag{9-51}$$

ISTES 即时间平方与误差乘积的平方指标，该指标放大了响应时间和调节时间对性能的影响，可以实现控制要求的最快上升时间和最短调节时间。

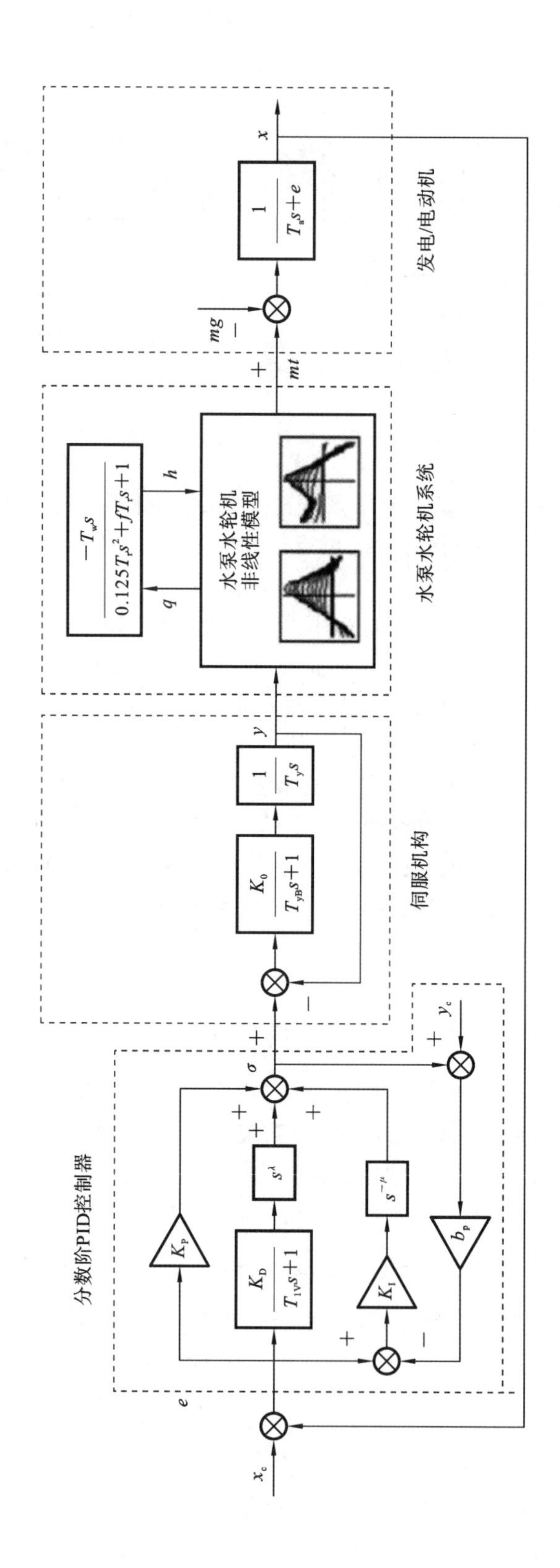

图 9-27　基于FOPID控制器的调速系统非线性模型示意图

(4) ISTSE 指标：

$$\text{ISTSE}=\int_0^{\infty} t^2 e^2(t)\,\mathrm{d}t \tag{9-52}$$

ISTSE 即时间平方与误差平方的乘积指标，并放大了时间与误差的在评价系统性能时的权重，在确保最快上升时间和最短调节时间的同时，还可较大程度的减小系统超调量。

在控制器结构确定时，控制参数整定是实现良好控制效果的有效途径，控制参数整定方法较多，如 Z-N 方法、试凑法、基于模式识别和以模型为基础的参数整定方法。近年来，随着智能优化方法的快速发展，以模型为基础的控制参数优化方法成为许多学者研究的重要课题。采用智能优化算法进行控制参数优化时，优化的目标函数被作为算法的适应值用于群体进化。适应值的优劣对于算法的收敛性能和全局搜索能力具有至关重要的作用。在抽水蓄能机组控制调节时，系统响应输出的超调量是影响机组稳定运行的重要因素。为进一步优化系统的超调量(overshoot of system output，OSO)，基于上述泛函积分性能评价指标，并结合系统输出超调量指标，本节设计了 4 种优化场景目标函数，用于优化分数阶 PID 控制器参数，其结构如式(9-53)～式(9-56)所示：

$$J_1=\int_0^{\infty}[w_1 t|e(t)|+w_2\delta(t)]\mathrm{d}t=(w_1\times \text{ITAE})+(w_2\times \text{OSO}) \tag{9-53}$$

$$J_2=\int_0^{\infty}[w_1 te^2(t)+w_2\delta(t)]\,\mathrm{d}t=(w_1\times \text{ITSE})+(w_2\times \text{OSO}) \tag{9-54}$$

$$J_3=\int_0^{\infty}[w_1(t^2 e(t))^2+w_2\delta(t)]\,\mathrm{d}t=(w_1\times \text{ISTES})+(w_2\times \text{OSO}) \tag{9-55}$$

$$J_4=\int_0^{\infty}[w_1 t^2 e^2(t)+w_2\delta(t)]\,\mathrm{d}t=(w_1\times \text{ISTES})+(w_2\times \text{OSO}) \tag{9-56}$$

式(9-53)～式(9-56)中：t 为系统控制时间；$e(t)$为系统输入给定值与输出值之间的误差；$\delta(t)$为系统动态响应超调量；$[w_1, w_2]$为权重系数，其可依据实际控制优化系统对误差和超调量指标的需求进行灵活的赋值。

3) 仿真实例验证与结果分析

为不失一般性的验证本章所提 FOPID 控制器的有效性，本节以某抽水蓄能电站机组调速系统非线性仿真模型为基础，进行低水头空载开机和孤网空载开度频率扰动仿真实验。为比较验证 FOPID 控制器的有效性，仿真实验不将智能优化算法的优势作为评价指标，在多场景参数优化目标函数下，采用标准的 BFA 算法分别对传统 PID 控制器和本章提出的 FOPID 控制器进行参数优化，并将优化后的仿真结果进行对比分析。由于抽水蓄能机组在额定水头附近的低水头空载工况运行时较易进入“S”特性区域，进而引起机组运行时频率振荡，经在各水头仿真实验的结果比较分析，本节选择的机组工作水头 H_w=193 m，空载开度设置为额定开度的 20%。

采用 BFA 算法进行控制参数优化时，BFA 参数设置为：菌群规模为 20，最大迭代次数为 100，最大趋化次数 N_c=50，最大游动次数 N_s=5，最大繁殖次数 N_{re}=4，最大迁徙次数 N_{ed}=2，最大迁徙概率 N_{ed}=0.25。为了克服 BFA 算法的随机性，选取 30 次控制参数优化的平均结果进行对比分析。PID 控制器的控制参数的阈值范围$\{K_P, K_I, K_D\}\in[0,1,5]$，FOPID 控制器的控制参数的阈值范围$\{K_P, K_I, K_D\}\in[0,1,5]$、$\{\lambda,\mu\}\in[0,2]$。

（1）空载开机工况。

参照上述参数设置进行抽水蓄能机组空载开机仿真实验，设置仿真时间为 30 s，当机组频率小于 92％额定频率时不采用控制策略，机组频率达到 92％额定频率时分别投入 PID 和 FOPID 控制策略。基于四种场景参数优化目标函数 J_1、J_2、J_3 和 J_4 的 BFA 离线优化的 PID 和 FOPID 控制的模型仿真动态响应输出如图 9-28 所示。由图 9-28 中控制性能指标结果可知，与传统的 PID 控制器相比，四种场景下 FOPID 控制器在超调量和稳态误差两方面有较好的控制结果。尤其是在场景 J_1 和 J_3，采用 FOPID 的系统频率响应输出的超调量仅为 0.13％和 0.17％。四种场景下 PID 与 FOPID 控制器优化的参数和各目标函数值如表 9-18 所示，由表 9-18 可知，FOPID 的目标函数优化值均优于 PID。

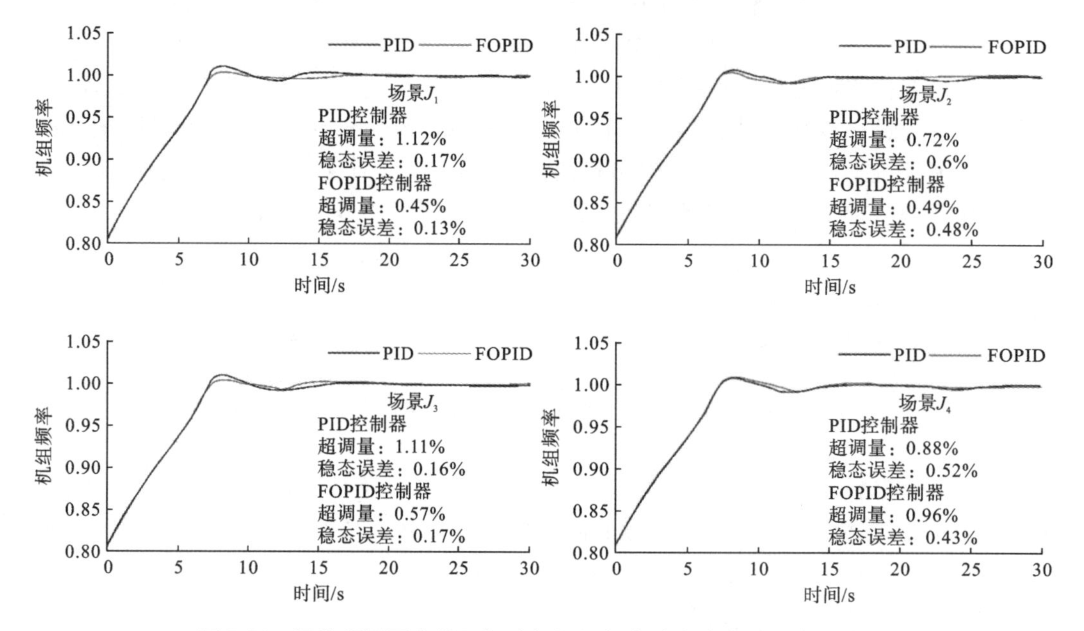

图 9-28　四种场景下空载开机过程机组频率动态响应过程优化结果

表 9-18　空载开机工况 PID 与 FOPID 控制参数优化结果

控制器类型	场景	J_{min}	控制器参数				
			K_P	K_I	K_D	λ	μ
PID	J_1	39.1953	13.2029	0.2900	2.8656	—	—
	J_2	17.6527	13.2102	0.1410	4.8324	—	—
	J_3	53.2579	12.1119	0.2802	2.9046	—	—
	J_4	29.4478	12.7808	0.1711	4.1752	—	—
FOPID	J_1	39.0874	7.1573	0.0650	4.4191	1.1733	0.4937
	J_2	17.5719	12.8386	0.01874	2.8617	1.4508	0.5621
	J_3	53.1113	8.0914	0.1180	4.4925	1.0571	0.4959
	J_4	29.3929	5.5306	0.4270	4.9971	0.9976	0.4151

由此可知，低水头空载开机过程 FOPID 有效地降低了机组低水头空载开机运行在“S”特性区域时频率的波动范围，机组频率过渡过程比 PID 优化控制的过渡过程有明显的改善；机组频率快速稳定在电网额定频率，且稳态误差和超调量小，为机组顺利并入电网创造了良好的条件。

(2) 空载频率扰动工况。

工程实际中常以频率、开度的变化值作为判断工况转换的依据。本节空载频率扰动实验依照工程实际中调速器控制参数切换的逻辑，频率调节模式下，当检测到单位仿真步长时间内机组频率变化率 $\Delta f \geqslant 0.5$ Hz 时，立即切换调速器控制参数，进而完成机组空载稳定运行至空载频率扰动工况的控制转换。在抽水蓄能机组孤网空载稳定运行时，对其进行+2%额定频率的扰动，经 BFA 离线优化后的 PID 和 FOPID 控制参数和各目标函数最小值结果的对比如表 9-19 所示。优化结果的机组频率动态响应过程仿真输出及相应的性能指标量如图 9-29 所示，当机组运行在 193 m 低水头空载稳定工况遭受频率扰动后，机组运行进入反“S”区域，FOPID 控制可以快速消除频率扰动和控制参数切换对机组造成的冲击，较好的抑制机组在此工况时的强非线性，使得机组频率快速、精确稳定在给定值，而在采用传统 PID 控制时，机组频率一直在给定值附近近似等幅振荡。因此，抽水蓄能机组在低水头空载工况遭受频率扰动时，FOPID 控制的机组频率动态响应过程明显优于 PID 控制。

表 9-19 空载频率扰动工况 PID 与 FOPID 控制参数优化结果

控制器类型	场景	J_{min}	控制器参数				
			K_P	K_I	K_D	λ	μ
PID	J_1	1.4122	9.0651	0.5839	5.3947	—	—
	J_2	0.0310	8.7238	0.5798	4.9947	—	—
	J_3	0.2027	9.7337	0.6294	5.5723	—	—
	J_4	0.6493	9.2879	0.6252	5.5735	—	—
FOPID	J_1	0.5900	5.1733	0.0871	3.3862	1.6535	0.6417
	J_2	0.0065	6.4854	0.0965	3.7089	1.7006	0.7376
	J_3	0.0223	5.6254	0.0779	3.5426	1.6660	0.6652
	J_4	0.1424	4.3975	0.1008	2.9785	1.5915	0.6162

由空载开机和空载频率扰动工况仿真实验对比分析可知，与传统 PID 控制器相比本章提出的 FOPID 控制器对于抽水蓄能机组低水头空载工况具有较好的控制效果，明显改善了机组运行在空载工况时的动态响应过程。

(3) 控制器鲁棒性分析。

在工程实际中，抽水蓄能机组调速系统是水—机—电耦合的复杂非线性系统，水力、机械、电磁等因素的干扰对机组安全稳定运行造成十分不利的影响。因此，设计的控制器需能满足各种不确定工况下的控制品质要求，具有较强的鲁棒性。在高水头“一管—双机”布置的抽水蓄能电站，引水管道布置长且结构复杂，水力因素是影响机组运行稳定

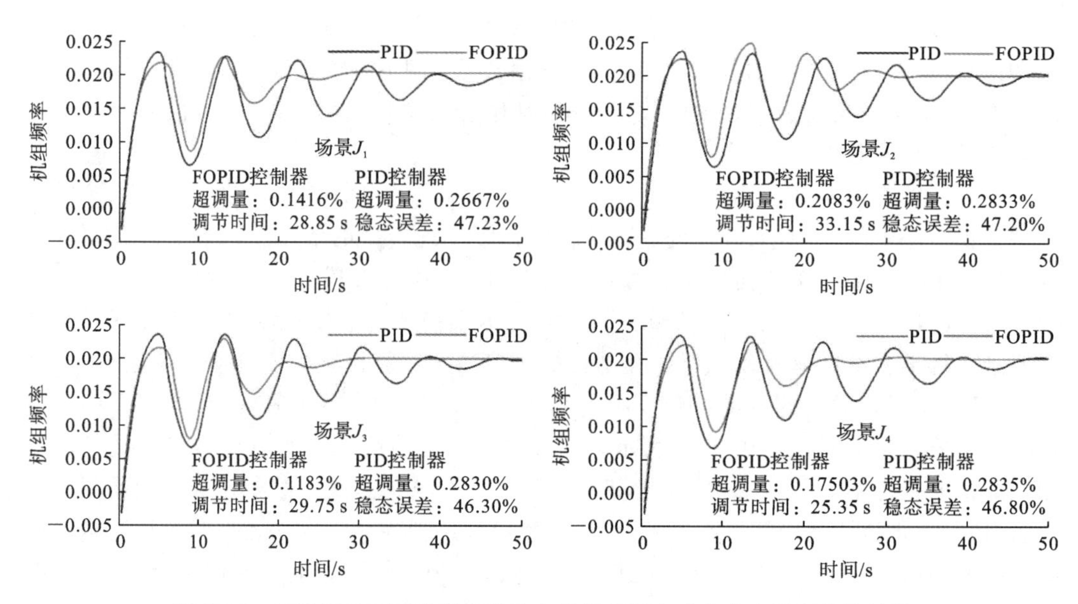

图 9-29　四种场景下空载频率扰动工况机组频率动态响应过程优化结果

性和控制品质的主要因素。本节通过设置四组不同的水击时间常数 T_w，对基于 FOPID 控制器的调速系统非线性模型进行空载开机控制优化的仿真实验。T_w 分别为 1.3、1.5、1.7 和 1.9 时，四种场景的仿真结果输出如图 9-30 和图 9-31 所示。图 9-30 为机组频率

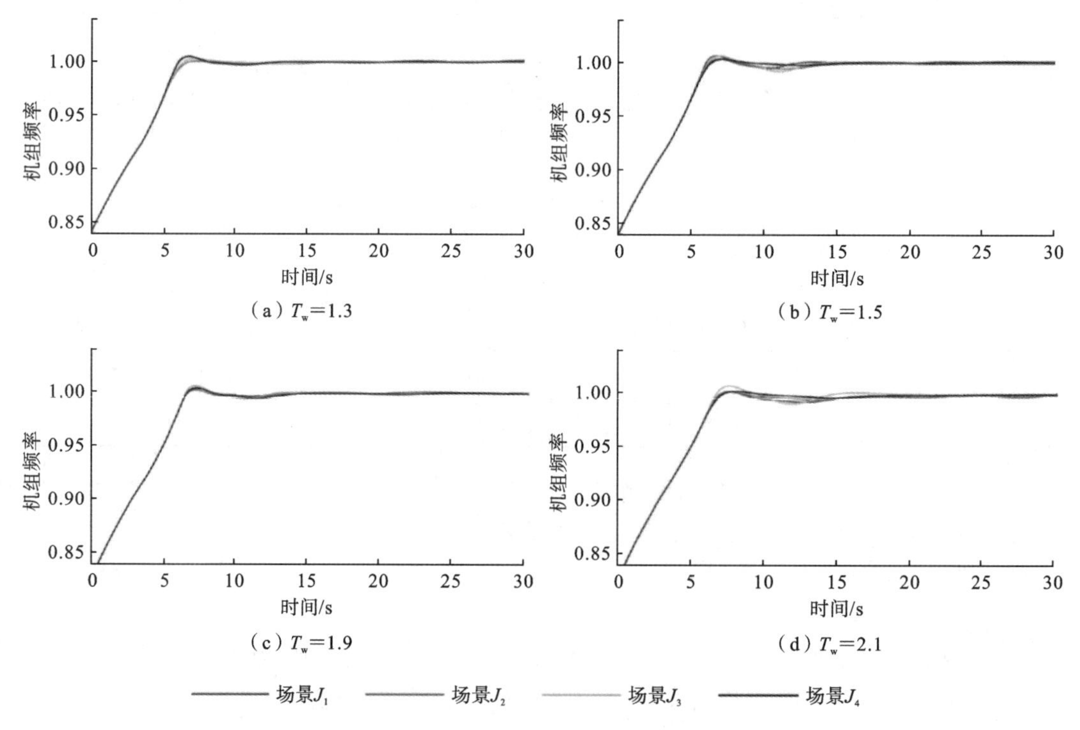

图 9-30　水击时间常数 T_w 变化时 FOPID 控制机组频率响应过程

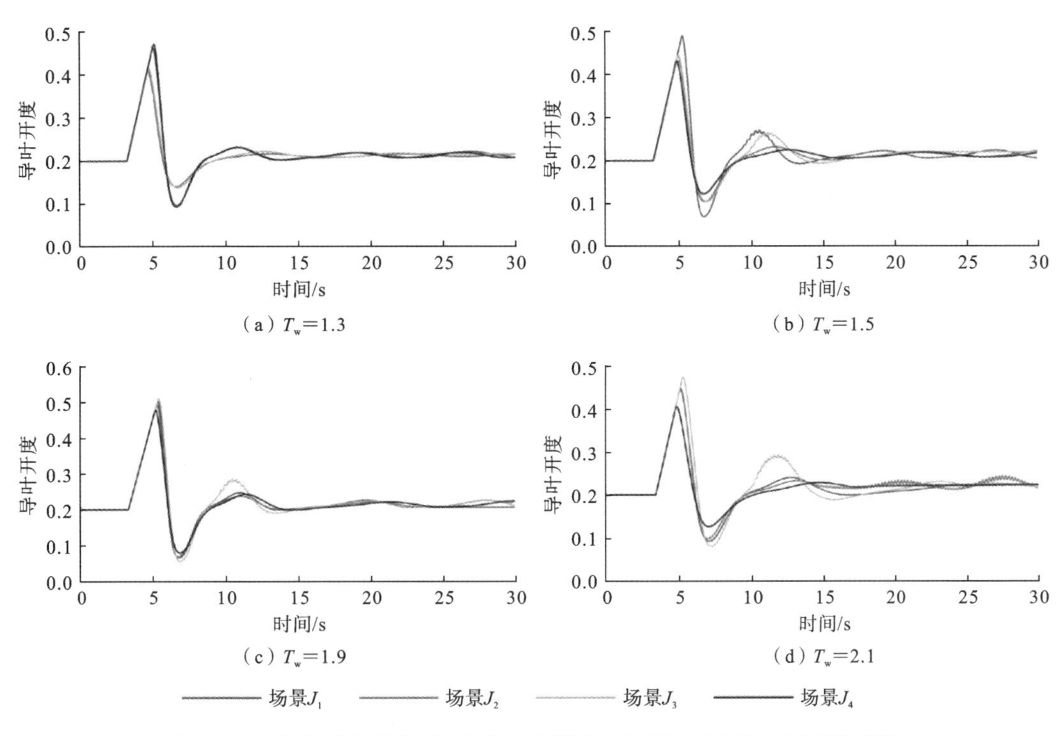

（a）$T_w=1.3$　（b）$T_w=1.5$　（c）$T_w=1.9$　（d）$T_w=2.1$

图 9-31　水击时间常数 T_w 变化时 FOPID 控制机组导叶开度过渡过程

响应的优化结果，图 9-31 为机组导叶开度动态过程的优化结果。由图 9-30 和图 9-31 可知，不论 T_w 增大或减小，FOPID 控制均能使机组空载开机工况具有很好的过渡过程。同时，也进一步表明，所提 FOPID 控制器，在机组运行遭遇水力因素干扰时，可表现出较强的鲁棒性。

3. 自适应快速模糊分数阶 PID 控制与参数优化

为进一步抑制抽水蓄能机组运行进入“S”区域时的转速振荡、提高机组控制品质，本节深入研究模糊控制、模糊推理理论，构建了符合工程实际控制要求的控制器模糊推理规则，并在研究提出的 FOPID 控制器的基础上，建立一种自适应快速模糊分数阶 PID 控制器（AFFFOPID）。相较于 FOPID 控制器，AFFFOPID 具有较多的控制参数，且参数优化复杂。引入本节提出的改进 BCGSA 算法对所提控制器进行参数优化，参数优化后的仿真结果验证所提控制方法的有效性，也进一步佐证了 BCGSA 的普适性。

1）模糊控制理论

在实际控制系统研究中，研究者发现绝大部分的实际控制系统是一个强非线性、时变、非最小相位的复杂系统，基于高精度确定模型的传统控制方法在实际物理系统控制研究中具有局限性。为解决非线性、复杂系统的优化控制难题，许多先进控制策略和智能控制理论被提出且得到快速发展，模糊控制是在这一背景下的众多控制理论成果中引起研究者广泛关注的智能控制方法之一。模糊控制是通过模仿人的模糊逻辑推理和决策过程，并将模糊控制集合、模糊语言变量以及模糊逻辑推理过程集成的一种智能控制方法，它的控制过程主要依赖于计算机的计算性能。

模糊控制首先将控制对象研究领域的专家经验通过模糊语言变量构造模糊规则，完成被控对象对实时采样信号的模糊化。然后，模糊化后的数据作为模糊控制器的输入变量，按照构造的模糊规则进行模糊推理，推理结果即为模糊控制器输出。最后，将模糊控制器输出经去模糊化处理后施加到执行机构，实现对控制对象的智能化模糊控制过程。模糊控制的逻辑结构如图 9-32 所示，由此过程可知，模糊控制由四部分组成：模糊化、模糊规则知识库、模糊推理和去模糊化。

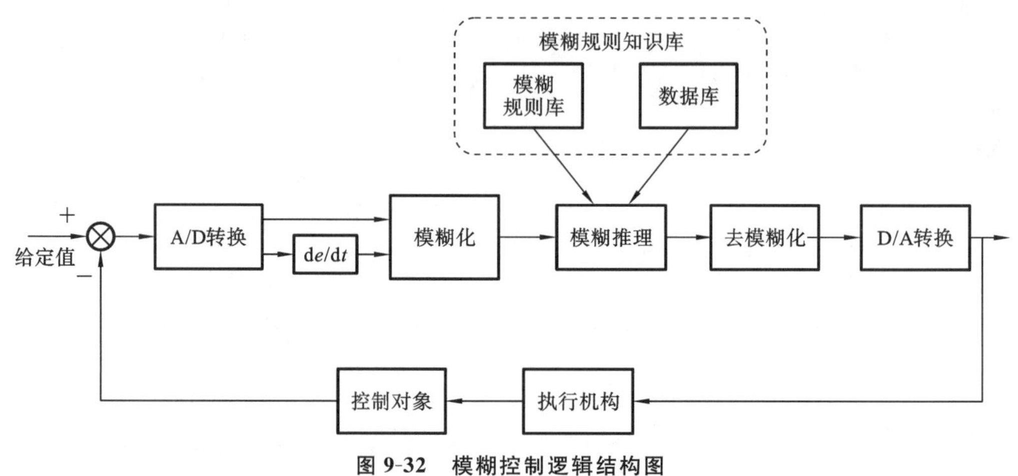

图 9-32　模糊控制逻辑结构图

（1）模糊化。

模糊化是将系统输入的精确量映射到输入论域上的模糊集合，进而得到模糊量。其具体过程介绍如下。

将控制系统的输入量进行处理，获得模糊控制器要求的输入量格式。一般的处理方法是将闭环的控制系统的输出与系统输入给定值的偏差值 e 和偏差变化率 $e_c=\mathrm{d}e/\mathrm{d}t$ 作为输入量，然后将符合要求的输入进行尺度变换，使其映射到各自输入论域上的模糊集合，再将论域范围内的输入量进行模糊化处理，进而得到模糊量。

在抽水蓄能机组调速系统模糊控制器设计时，将机组转速偏差 e 和 e_c 偏差变化率的模糊论域划分为[负大，负中，负小，零，正小，正中，正大]，分别用[NB，NM，NS，ZO，PS，PM，PB]表示。

（2）模糊规则知识库。

模糊规则知识库中包含了具体应用领域中的知识和要求的控制目标。模糊规则知识库由模糊规则库和数据库组成，包含了控制对象领域的知识和要求的控制性能。数据库中包含了所有语言变量的隶属度矢量值，如果论域为连续域，则为隶属度函数。同时，数据库还包括尺度变换因子和模糊空间的分级数。在抽水蓄能机组调速系统中，模糊 PID 控制器中数据库包括了机组转速输出与给定值的偏差 e 和偏差量变化率 $e_c=\mathrm{d}e/\mathrm{d}t$ 两个输入及模糊控制器的输出。

模糊规则库包含了在控制过程中应用的控制规则，这些规则是由总结专家的知识和熟练的操作员的丰富经验得来的。在推理过程中，向推理机提供控制规则。模糊控制规则是由一系列的“if-then”型语句所构成的，如 if then、else、also、or、end 等。在抽水蓄能机组调速系统模糊控制中，一条模糊控制规则的语句如下：

$$\text{if } e \text{ is PB and } e_c \text{ is NB, then } \Delta U \text{ is PB}$$

模糊规则中 if 语句为“前件”，then 语句为“后件”。模糊控制规则中的前件和后件分别为模糊控制器的输入和输出的语言变量。模糊规则是决定模糊控制器性能的关键，依赖于控制对象领域的专家经验、现场工程师的运行经验等，是模糊控制的核心部分。

(3) 模糊推理。

模糊推理过程是依据模糊输入量，模拟人的模糊逻辑推理过程，通过制定的模糊控制规则完成模糊推理，进而求解模糊关系方程，最终获得模糊控制量。常用的模糊推理系统主要包括 Mamdani 模糊推理模型、Sugeno 模糊推理模型和 Tsukamoto 模糊推理模型。在工程实际中，考虑的控制系统的实时性要求，推理运算相对简单的 Mamdani 模糊推理模型应用最为广泛。

(4) 去模糊化。

模糊推理过程获得的输出是一个模糊矢量，不能直接用于作为控制量来控制被控对象，需经去模糊化处理，转化为可用于实际控制的清晰量。其具体过程如下。

① 将模糊的控制量经清晰化变换，转换为可在论域范围内表示的清晰量。

② 将表示在论域范围的清晰量经尺度变换，转换为实际的控制量。

常用的解模糊的方法有重心法、最大隶属度法、系数加权平均法、隶属度限幅元素平均法和中位数法。重心法具有计算精度较高、计算速度快的特点，应用最为广泛。当输出变量的隶属度函数为连续时，去隶属度函数曲线与横坐标围成的面积的重心作为代表点 u，求解算法如式(9-57)所示；当输出变量的隶属度函数为离散单点时，则代表点 u 选取如式(9-58)所示：

$$u = \frac{\int x u_{\mathrm{N}}(x)\mathrm{d}x}{u_{\mathrm{N}}(x)\ \mathrm{d}x} \tag{9-57}$$

$$u = \frac{\sum x_i u_{\mathrm{N}}(x_i)}{\sum u_{\mathrm{N}}(x_i)} \tag{9-58}$$

2) 自适应快速模糊分数阶 PID 控制器

模糊控制对复杂非线性、时变、滞后系统的良好控制以及控制器的强鲁棒性，加速了其在各领域的研究与应用。模糊 PID 是模糊控制器与 PID 算法的结合。类似的，模糊控制器与分数阶 PID 算法结合，则构成了模糊分数阶 PID。本小节基于一种由模糊分数阶 PD 和模糊分数阶 PI 控制器构成的模糊分数阶 PID 控制器，设计了一种适用于抽水蓄能机组调节控制的自适应快速模糊分数阶 PID 控制器，其结构如图 9-33 所示。由图 9-33 中的结构可知，机组转速 x 和转速设定值 x_c 之间的偏差 e 和偏差分数阶变化率 $D^{\mu}e$ 为模糊控制器(fuzzy logic controller，FLC)的输入，$[K_e, K_d]$ 为输入的比例系数，$[K_{PI}, K_{PD}]$ 为模糊控制器输出的比例系数。进一步，为了提高控制器的控制率，导叶开度偏差跟踪环节被作用于控制器的积分环节。此外，转速偏差变化率的分数阶微分算子和控制器输出的分数阶积分算子$[\mu,\lambda]$取代了传统 PID 控制的$[1,1]$，AFFFOPD 的控制规律如式(9-59)与式(9-60)所示：

$$u_{\mathrm{FLC\_FOPID}}(t)=u_{\mathrm{FLC\_FOPI}}(t)+u_{\mathrm{FLC\_FOPD}}(t)=K_{\mathrm{PI}}\frac{\mathrm{d}^{-\lambda}(u_{\mathrm{FLC}}(t)+\Delta y)}{\mathrm{d}t^{-\lambda}}+K_{\mathrm{PD}}\cdot u_{\mathrm{FLC}}(t) \tag{9-59}$$

$$u_{\mathrm{FLC}}(t)=K_{\mathrm{e}}\cdot e+K_{\mathrm{d}}\cdot D^{\mu}e \tag{9-60}$$

式中：u_{FLC}为模糊控制器输入；Δy 为导叶开度反馈与给定值之间的偏差；$u_{\mathrm{FLC_FOPI}}$为积分环节输出；$u_{\mathrm{FLC_FOPD}}$为比例环节输出；$u_{\mathrm{FLC_FOPID}}$为调速器执行机构环节输入。

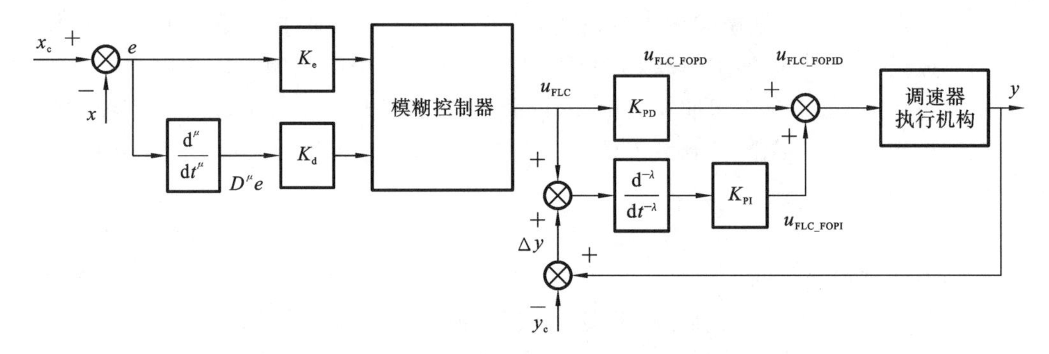

图 9-33 自适应快速模糊分数阶 PID 控制器结构

AFFFOPID 控制器中分数阶计算方法选用了分数阶控制领域中应用最为广泛的 Ous-taloup 滤波器近似算法。为了更好地获得计算精度与时间的平衡，选用了 5 阶 Oustaloup 递推近似，拟合频率带宽 $\omega\in[10^{-2},10^{2}]$。通过基于模糊规则建立输入与输出之间的非线性映射，以此来完成 AFFFOPID 控制器的模糊推理过程。

由 AFFFOPID 控制器的逻辑结构可知，模糊推理过程为两输入—单输出系统，依据抽水蓄能机组调速系统控制实际工程应用和经验，建立了如表 9-20 所示的七段、二维线性化 7×7 模糊规则。考虑三角形隶属度函数的计算简单、便于工程实现的特点，模糊推理系统的 3 个变量均选用均匀分布的三角形隶属度函数，如图 9-34 所示，隶属度函数重叠度为 50%。此外，在模糊控制器去模糊化过程采用了在模糊控制领域应用广泛的重心法。图 9-35 所示的是 FLC 非线性推理规则的三维曲面。

表 9-20 系统误差、误差分数阶微分以及 FLC 输出的模糊规则表

$\frac{\mathrm{d}^{\mu}e}{\mathrm{d}^{\mu}t}$	e						
	NL	NM	NS	ZO	PS	PM	PL
PL	ZO	PS	PM	PL	PL	PL	PL
PM	NS	ZO	PS	PM	PL	PL	PL
PS	NM	NS	ZO	PS	PM	PL	PL
ZO	NL	NM	NS	ZO	PS	PM	PL
NS	NL	NL	NM	NS	ZO	PS	PM
NM	NL	NL	NL	NM	NS	ZO	PS
NL	NL	NL	NL	NL	NM	NS	ZO

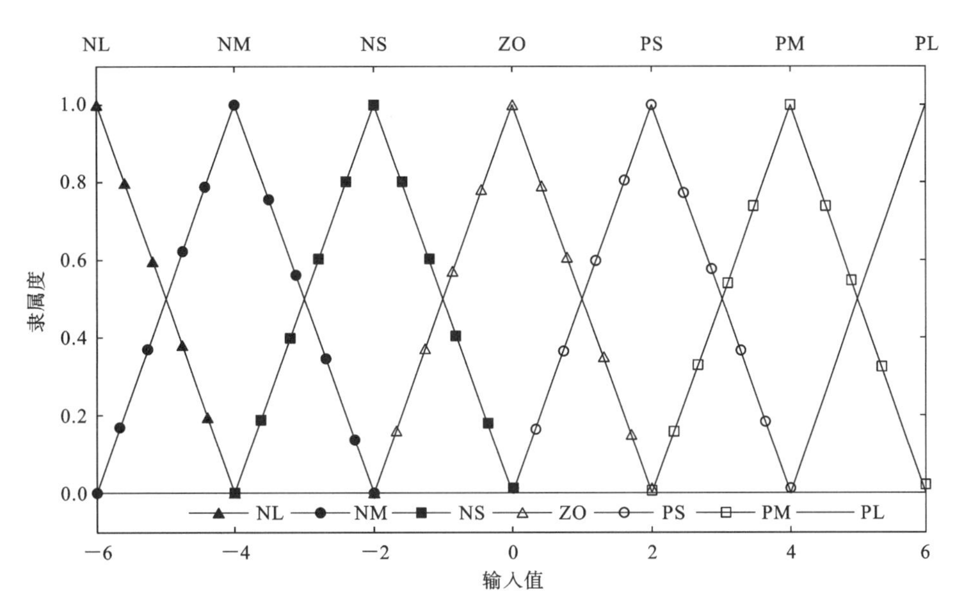

图 9-34　系统误差、误差分数阶微分与 FLC 输出的三角形隶属度关系

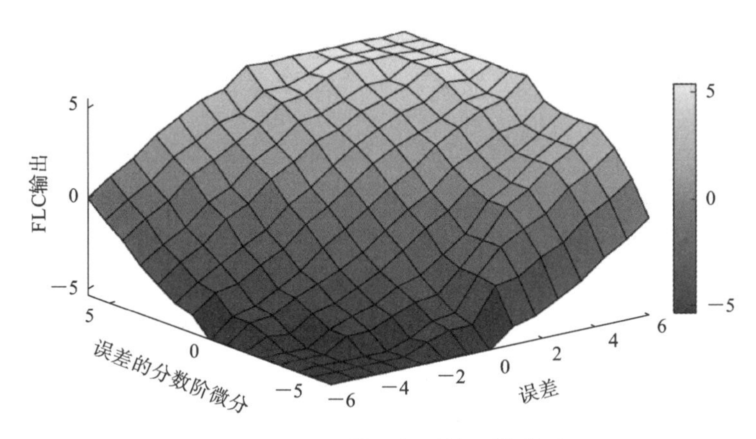

图 9-35　FLC 推理规则的三维曲面

3）仿真实例验证与结果分析

为验证本节所提 AFFFOPID 控制器的有效性，替换模型中的控制器环节构造基于 AFFFOPID 的非线性仿真模型，对中水头（$H_w=193$ m）、低水头（$H_w=198$ m）空载开机和孤网空载频率扰动进行仿真实验。由表 9-21 可知，AFFFOPID 中需要进行优化的控制参数为$[K_e, K_d, K_{PI}, K_{PD}, \mu, \lambda]$，待优化的参数多，增加了控制参数的优化难度。为了提高参数优化的效率，本节采用 BCGSA 进行控制器参数优化，并将优化结果与 FOPID、传统 PID 控制进行比较。进一步，为了证明 BCGSA 在控制参数优化时的性能，将 BCGSA 结果与 PSO 和标准 GSA 算法进行对比，选用场景 1 的函数 J_1 作为优化目标函数。

表 9-21　调速系统空载开机工况控制器优化结果

H_w/m	控制器类型	$J_{1_{min}}$	控制器参数					
			K_P	K_I	K_D	—	—	—
			K_P	K_I	K_D	λ	μ	—
			K_e	K_D	K_{PI}	K_{PD}	λ	μ
193	PID	39.1953	13.2029	0.2900	2.8656	—	—	—
	FOPID	39.0874	7.1573	0.0650	4.4191	1.1733	0.4937	—
	AFFFOPID	38.9941	11.5469	3.8651	1.7933	4.1732	1.1916	0.5652
198	PID	36.3978	8.2339	0.1475	4.9920	—	—	—
	FOPID	36.4405	7.3097	0.0704	2.3159	1.2252	0.6673	—
	AFFFOPID	36.1616	8.3481	4.3708	0.0791	4.0320	1.0002	1.1033

为了规避智能优化算法的随机性，控制优化结果为进行 30 次优化后的结果平均值。同时，为了保证算法对比实验的公平性与合理性，设置 3 种算法的种群数量为 20，最大迭代次数为 500 代，算法的其他参数设置如下。

PSO：$\omega=0.6$，$c_1=c_2=2.0$。

GSA：$G_0=30$，$\beta=10$。

BCGSA：$G_0=30$，$\beta=10$，$c_1=c_2=2.0$，$N_c=5$，$N_s=5$。

PID 控制器的控制参数的阈值范围为 $\{K_P,K_I,K_D\}\in[0,1,5]$，FOPID 控制器的控制参数的阈值范围为 $\{K_P,K_I,K_D\}\in[0,1,5]$、$\{\lambda,\mu\}\in[0,2]$，AFFFOPID 控制器的控制参数的阈值范围为 $\{K_e,K_d,K_{PD},K_{PI}\}\in[0,1,5]$、$\{\lambda,\mu\}\in[0,2]$。

(1) 空载开机工况。

在空载开机工况控制优化仿真实验过程中，将 AFFFOPID 控制与传统 PID 和本章提出的 FOPID 进行优化结果对比。表 9-21 所示的是机组分别在 193 m 和 198 m 水头空载开机过程的 3 种控制器参数优化结果以及对应的目标函数 J_1 的最小适应值。由表 9-21可知，AFFFOPID 在两种运行条件下均具有较好的 $J_{1_{min}}$。依据表中的参数优化结果，代入相应的仿真模型得到的机组转速响应输出如图 9-36 所示。图 9-36 中显示，采用 AFFFOPID 控制的机组具有更好的过渡过程动态品质，机组中水头、低水头空载开机过程机组频率的超调量和稳态误差也最小，在 $H_w=198$ m 时，超调量更是达到 0.04%，稳态误差为 0.05%。

(2) 空载频率扰动工况。

为更进一步验证 AFFFPOID 在抽水蓄能机组调速系统中的控制效果，有必要进行不同工况下的控制仿真实验。表 9-22 所示的是机组在空载频率扰动时的三种控制器参数优化结果以及对应的目标函数 J_1 的最小适应值。图 9-37 所示的是参数优化结果仿真得到的机组转速响应输出。表 9-22 和图 9-37 所示，采用 AFFFOPID 控制的机组具有更好的过渡过程动态过程，机组中、低水头频率扰动时机组频率控制的超调量和调节时间都明显小于其他两种控制优化的结果。同时可以看出，AFFFOPID 比 FOPID 能更有效地抑制机组频率的振荡，更进一步提高了机组在中、低水头的控制品质。

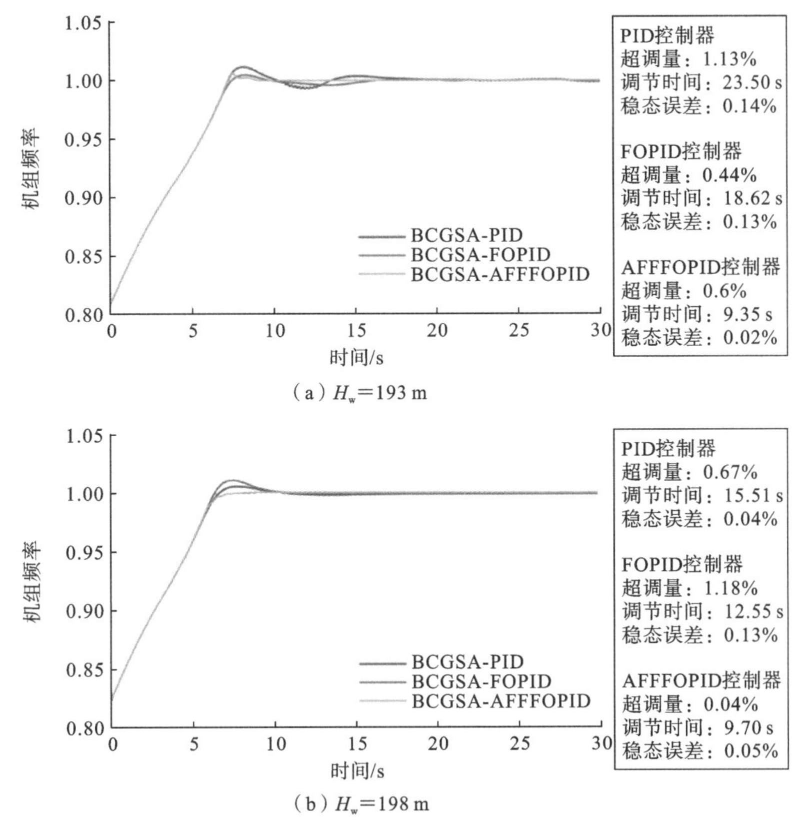

(a) H_w=193 m

(b) H_w=198 m

图 9-36　空载开机过程机组频率动态响应过程优化结果

表 9-22　调速系统空载频率扰动工况控制器优化结果

H_w/m	控制器类型	$J_{1_{min}}$	控制器参数					
			K_P	K_I	K_D	—	—	—
			K_P	K_I	K_D	λ	μ	—
			K_e	K_D	K_{PI}	K_{PD}	λ	μ
193	PID	1.4123	9.0651	0.5839	5.3947	—	—	—
	FOPID	0.6496	5.1733	0.08716	3.3863	1.6536	0.6417	—
	AFFFOPID	0.4598	2.6029	4.0282	0.1871	2.3132	0.8162	1.5412
198	PID	1.1801	7.5263	0.6610	4.7506	—	—	—
	FOPID	0.6934	8.5643	0.0330	4.8600	0.8898	0.8028	—
	AFFFOPID	0.6427	1.9889	4.4496	1.2290	3.9937	0.9558	1.1518

总结上述空载开机和空载频率扰动工况仿真实验和对比分析结果，与 PID 和 FOPID 相比，AFFFOPID 控制使得运行在中、低水头的机组具有满意的动态过渡过程。进一步分析总结，AFFFOPID 具有如下优势：机组导叶开度偏差跟踪环节使得控制器快速抑制了机组在“S”特性区域的振荡，提高了控制效率；模糊推理环节与分数阶 PI 和分数阶 PD

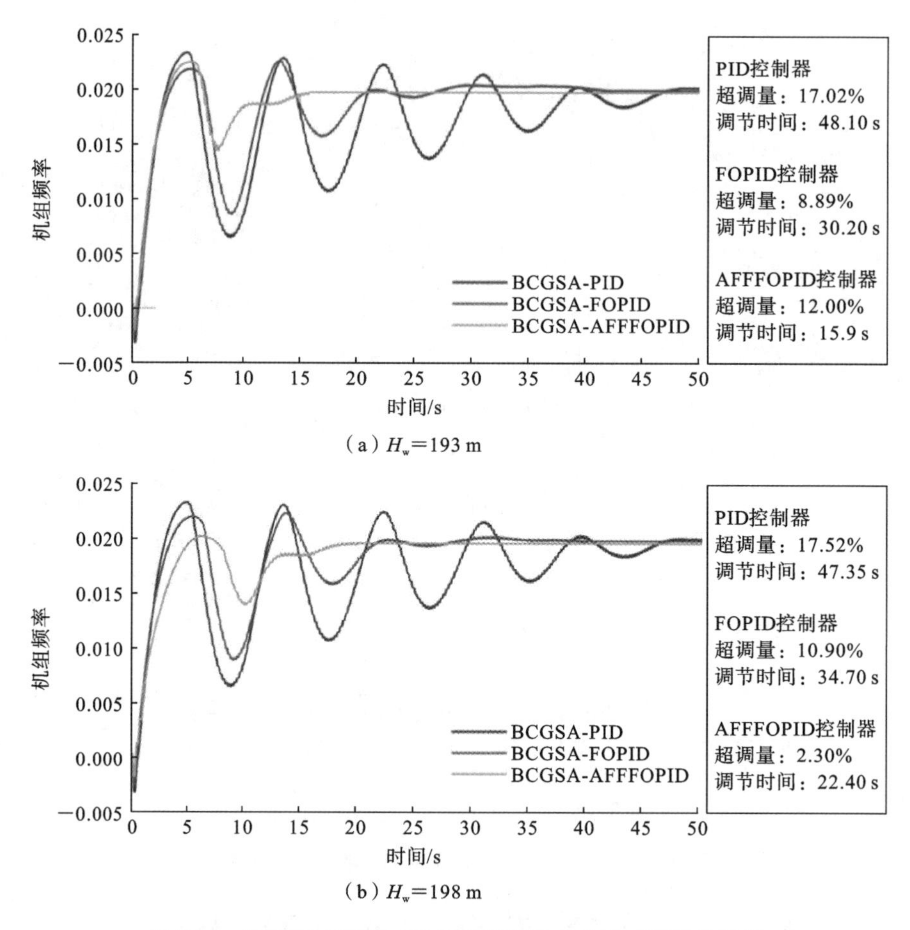

(a) H_w=193 m

(b) H_w=198 m

图 9-37　空载频率扰动工况机组频率动态响应过程优化结果

环节的结合，使得控制器在控制过程中具有自适应性；分数阶算子[μ,λ]，提高了控制器的可调性。因此，通过合理的优化目标函数设计和高效的智能优化算法，AFFFOPID 可以获得比传统控制方法更好的控制效果。

(3) 控制器鲁棒性分析。

T_w 分别为 1.3、1.5、1.7 和 1.9 时，开机过程的机组频率和导叶开度过渡过程优化结果如图 9-38 和图 9-39 所示。由图 9-38 和图 9-39 可知，不论 T_w 增大或减小，AFF-FOPID 控制均能使机组空载开机工况具有很好的过渡过程。在机组运行遭遇水力因素干扰时，AFFFOPID 控制器具有较强的鲁棒性。

(4) 控制参数优化 BCGSA 性能分析。

BCGSA 算法被用于上述控制参数优化仿真实验中，为了进一步验证 BCGSA 算法的寻优能力，将空载开机和频率扰动工况 AFFFOPID 控制参数 BCGSA 优化过程的目标函数适应值收敛曲线与 PSO 和 GSA 进行对比分析。图 9-40 和图 9-41 所示的是两种工况的智能算法进行控制参数优化的过程对比，从图中可以看出，BCGSA 在迭代过程中能迅速收敛，且能得到比 PSO 和 GSA 更优的目标函数适应值。具体而言，在 AFFFOPID 控制参数优化过程中，PSO 具有更好的全局搜索能力，但是收敛速度慢；GSA 则较易进入

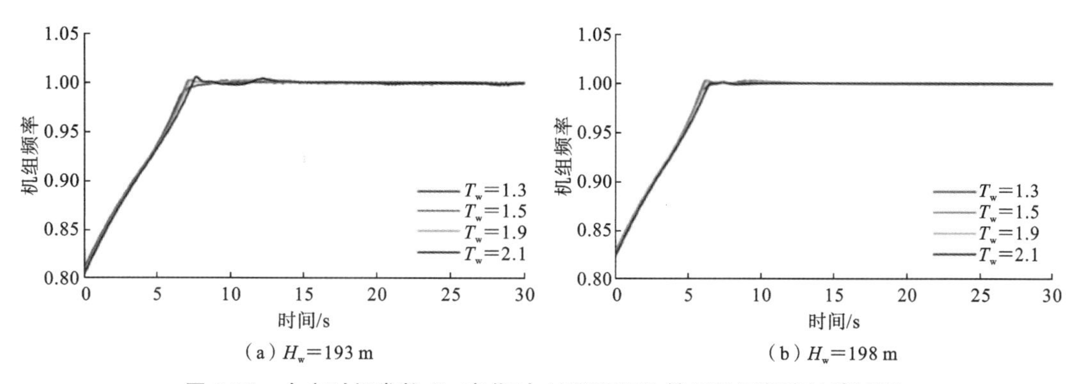

(a) H_w=193 m　　(b) H_w=198 m

图 9-38 水击时间常数 T_w 变化时 AFFFOPID 控制机组频率过渡过程

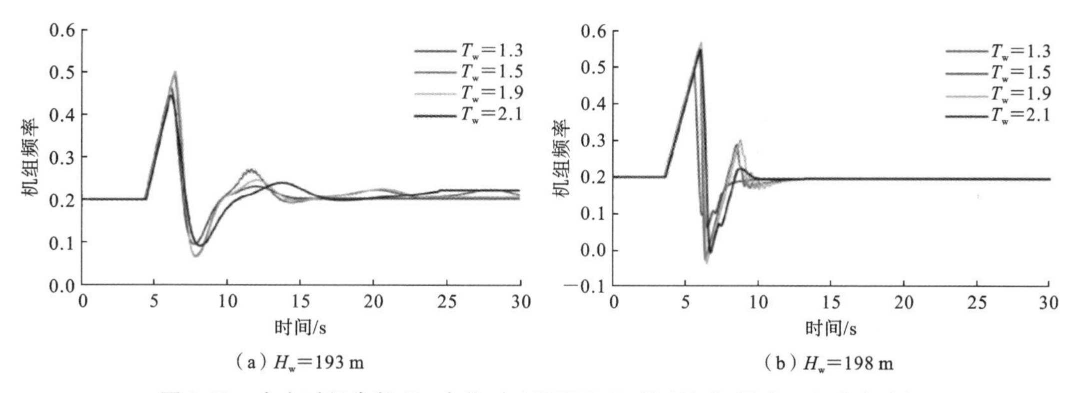

(a) H_w=193 m　　(b) H_w=198 m

图 9-39 水击时间常数 T_w 变化时 AFFFOPID 控制机组导叶开度过渡过程

局部最优。同时,智能算法控制参数优化结果对比也进一步证明,本节提出的改进的 BCGSA 在控制参数寻优求解时,也表现出较好的性能。

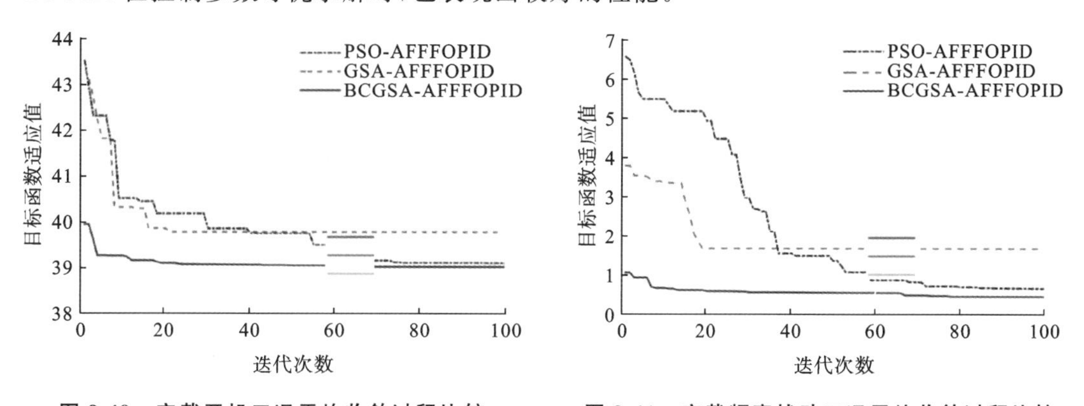

图 9-40 空载开机工况平均收敛过程比较　　图 9-41 空载频率扰动工况平均收敛过程比较

本章针对抽水蓄能机组在中、低水头空载开机和空载频率扰动工况时,易运行进入"S"特性区域,进而引起机组在额定频率附近振荡的问题,引入分数阶微积分和模糊控制的思想,分别建立了适用于抽水蓄能机组中、低水头空载工况运行的分数阶 PID 控制器和自适应快速模糊分数阶 PID 控制器,仿真实验结果表明,所提方法显著提高了机组的控制品质。研究工作总结如下。

(1) 与传统 PID 控制相比,机组运行在低水头空载工况时,FOPID 控制使得机组具有较好的过渡过程动态性能，FOPID 较好的调节控制了机组低水头空载工况的转速波动，有效抑制了“S”特性区域对机组空载稳定的不利影响。同时，FOPID 控制器具有较强的鲁棒性。进一步，FOPID 控制作为特殊的 PID 控制方法，为其工程实现奠定了良好的理论基础，在与传统 PID 控制相同的硬件条件下，只需改变软件就可以实现不同阶次的 PID 控制，具有广泛的工程应用前景。

(2) 为进一步改善抽水蓄能机组的控制品质，本节基于模糊分数阶 PI 和分数阶 PD 控制，建立了抽水蓄能机组调速系统 AFFFOPID 控制器。通过与 PID 和 FOPID 的仿真对比结果表明，AFFOPID 的机组导叶开度偏差跟踪环节使得控制器快速抑制了机组在“S”特性区域的转速振荡，提高了控制效率；模糊推理环节与分数阶控制环节的结合，使得控制器在控制过程中具有自适应能力；与传统的模糊 PID 控制相比，分数阶算子[μ,λ]的引入，提高了控制器的可调性。AFFFOPID 的上述优势，实现了抽水蓄能机组空载工况控制品质和过渡过程性能的进一步改善。

(3) 针对标准 GSA 引入的改进策略，在控制器参数优化中得到了进一步验证，BCG-SA 在处理 AFFFOPID 多维控制参数寻优求解问题时，同样表现出了较好的全局搜索能力和快速收敛特性，说明 BCGSA 在处理各种优化问题时具有较好的普适性。

9.4.2 抽水蓄能机组模糊控制器参数优化

可逆式抽水蓄能机组调速系统是一个复杂非线性系统，为提高抽水蓄能机组的控制效果，研究尝试将模糊 PID 控制器引入到抽水蓄能机组控制。由于被控对象的复杂且非线性，同时经常在多种工况下进行工作，但常规的模糊 PID 控制的隶属度函数是一套在前期工作中就已经确定不变的，因此针对该被控对象并不能达到很好的控制效果。为了适应不同工况下，得到较好的控制效果，进一步提出一种改进引力搜索算法对模糊 PID 控制器的隶属度函数进行搜索优化，解决模糊 PID 控制器的参数优化整定问题。为验证所提方法的有效性，建立了洪屏抽水蓄能电站机组的仿真平台，设计了空载频率扰动试验，对比了分别采用 PID、非线性 PID(NPID)和模糊 PID(fuzzy-PID)控制，并运用不同优化方法进行控制参数优化的控制效果，试验结果验证了所提方法的有效性。

1. 模糊 PID 控制器

本节中设计的模糊 PID 控制器是一种基于模糊逻辑推理的 PID 控制器。其中，控制参数由 K_P、K_I、K_D 与 e(转轮转速跟踪误差)、e_c(跟踪偏差变化率)之间的模糊关系确定。控制器结构如图 9-42 所示。在控制过程中，控制器参数根据模糊逻辑规则在线更新。在使 PID 控制参数向着有利于系统稳定性和控制性能的原则下，对模糊规则进行在线更新和测试。

在图 9-42 中，模糊 PID 控制器由一个基本 PID 控制器和一个自适应调整 PID 控制参数的模糊逻辑控制部分组成。跟踪偏差和偏差变化率是模糊逻辑控制部分的输入，PID 参数的变化为其输出。在确定的模糊逻辑规则条件下，通过去模糊化方法计算 PID 控制器参数。

基于这些模糊规则对 PID 控制器参数进行动态调整。设定初始的 PID 参数为 K_{P0}、

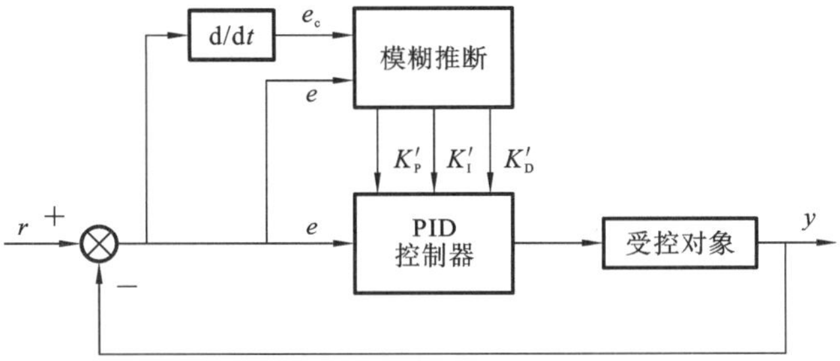

图 9-42　模糊 PID 控制结构

K_{I0}、K_{D0}，t 时刻的 PID 参数可以通过下式计算：

$$\begin{cases} K_P(t)=K_{P0}+K'_P(t) \\ K_I(t)=K_{I0}+K'_I(t) \\ K_D(t)=K_{D0}+K'_D(t) \end{cases} \tag{9-61}$$

和传统 PID 控制器参数通过元启发式算法进行优化一样，初始的 PID 参数通过优化方法来进行设定。

通过以下模糊“if then”规则来推导 PID 控制器参数的变化：

$$R^{(l)}：\text{if } x_1 \text{ is } F_1^l \text{ and } \cdots \text{ and } x_n \text{ is } F_n^l\text{, then } y \text{ is } G^l \tag{9-62}$$

式中：x 和 y 表示输入和输出参数；$F,G\in\{NB,NM,NS,ZO,PS,PM,PB\}$ 表示模糊子集。根据实际工程应用和经验，模糊规则表设定如表 9-23～表 9-25 所示。

表 9-23　K_P 的模糊规则

e_c	e						
	NB	NM	NS	ZO	PS	PM	PB
NB	PB	PB	PM	PM	PS	ZO	ZO
NM	PB	PB	PM	PS	PS	ZO	NS
NS	PM	PM	PM	PS	ZO	NS	NS
ZO	PM	PM	PS	ZO	NS	NM	NM
PS	PS	PS	ZO	NS	NS	NM	NM
PM	PS	ZO	NS	NM	NM	NM	NB
PB	ZO	ZO	NM	NM	NM	NB	NB

表 9-24　K_I 的模糊规则

e_c	e						
	NB	NM	NS	ZO	PS	PM	PB
NB	NB	NB	NM	NM	NS	ZO	ZO
NM	NB	NB	NM	NS	NS	ZO	ZO
NS	NB	NM	NS	NS	ZO	PS	PS
ZO	NM	NM	NS	ZO	PS	PM	PM
PS	NM	NS	ZO	PS	PS	PM	PB
PM	ZO	ZO	PS	PS	PM	PB	PB
PB	ZO	ZO	PS	PM	PM	PB	PB

表 9-25　K_D 的模糊规则

e_c	e						
	NB	NM	NS	ZO	PS	PM	PB
NB	PS	NS	NB	NB	NB	NM	PS
NM	PS	NS	NB	NM	NM	NS	ZO
NS	ZO	NS	NM	NM	NS	NS	ZO
ZO	ZO	NS	NS	NS	NS	NS	ZO
PS	ZO	ZO	ZO	ZO	ZO	ZO	ZO
PM	PB	NS	PS	PS	PS	PS	PB
PB	PB	PM	PM	PM	PS	PS	PB

根据水轮机控制系统的运行情况，模糊推理的输入和输出设定为七个等级，分别为：NB，NM，NS，ZO，PS，PM，PB（分别表示负大，负中，负小，零，正小，正中，正大）。由于输入和输出均是模糊变量，所以基于模糊逻辑控制理论设计控制器。输入和输出变量的隶属度函数如图 9-43 所示。

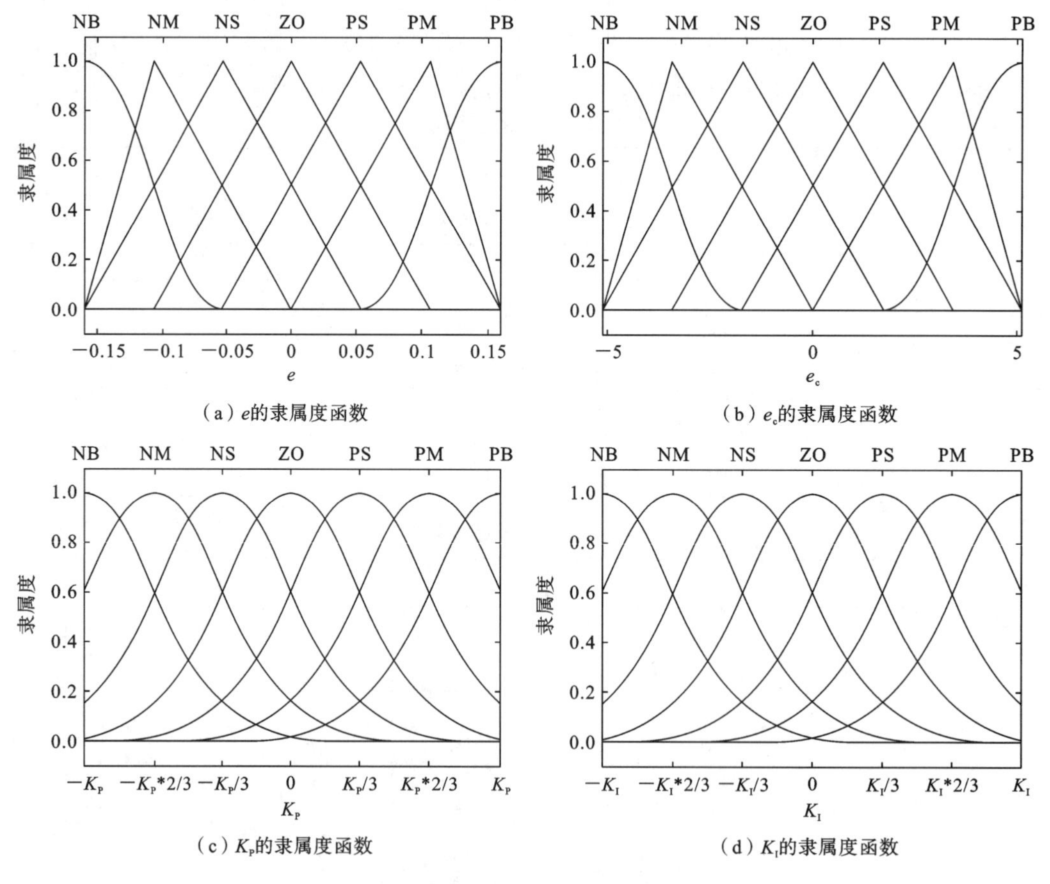

（a）e的隶属度函数

（b）e_c的隶属度函数

（c）K_P的隶属度函数

（d）K_I的隶属度函数

图 9-43　输入和输出变量的隶属度函数

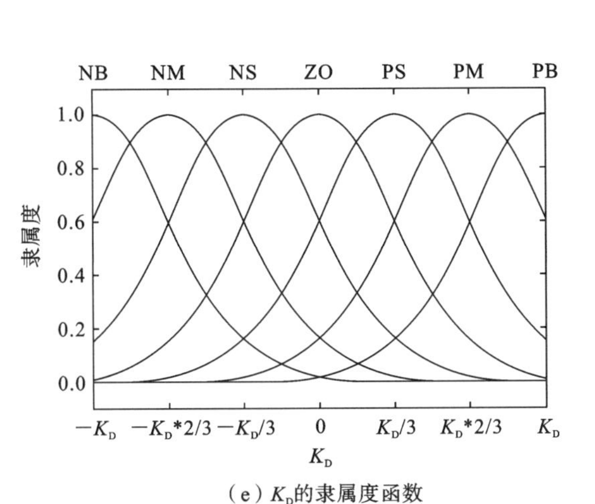

(e) K_D的隶属度函数

续图 9-43

输入变量 e 和 e_c 采用相同的隶属度函数形式。如图 9-43 所示，NB 采用 S 形隶属度函数，PB 采用 Z 形隶属度函数，NM、NS、ZO、PS、PM 采用三角形隶属度函数。类似地，由于这种隶属度函数的平滑性，且在所有点上均不为零，所以我们用高斯隶属度函数来描述输出的模糊性(它可能更适合描述复杂的模糊关系)。高斯隶属度函数有两个关键的参数，即位置参数和尺度参数，分别表示曲线的中点位置和宽度。在本部分，曲线的中点位置和宽度被定义为优化变量，如下所示：

$$\text{center}=(\text{cen}_P,\text{cen}_I,\text{cen}_D)^T$$

$$\text{width}=\begin{bmatrix}\text{wid}_P^{NB},\text{wid}_P^{NM},\text{wid}_P^{NS},\text{wid}_P^{ZO},\text{wid}_P^{PS},\text{wid}_P^{PM},\text{wid}_P^{PB}\\ \text{wid}_I^{NB},\text{wid}_I^{NM},\text{wid}_I^{NS},\text{wid}_I^{ZO},\text{wid}_I^{PS},\text{wid}_I^{PM},\text{wid}_I^{PB}\\ \text{wid}_D^{NB},\text{wid}_D^{NM},\text{wid}_D^{NS},\text{wid}_D^{ZO},\text{wid}_D^{PS},\text{wid}_D^{PM},\text{wid}_D^{PB}\end{bmatrix}$$

式中：$\text{cen}_u, u\in\{P,I,D\}$表示，$K_u$ 的隶属度函数的中心位置，同时每个状态可以分为中心值、2/3 的中心值和 1/3 的中心值，分别如图 9-43(c)～(e)所示。另外，wid_u^r 表示 K_u 的状态 r 的宽度。抽水蓄能机组水泵水轮机调节系统整体模型如图 9-44 所示。

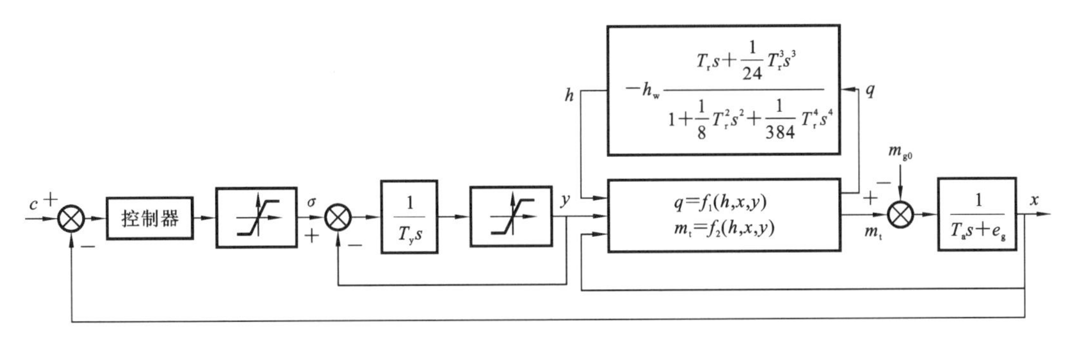

图 9-44 抽水蓄能机组水泵水轮机调节系统整体模型

2. 基于 GSA-CW 的 fuzzy-PID 参数优化

采用常用的离散形式 ITAE 指标最为控制参数优化的目标函数，其定义如式(9-49)

所示。运用 GSA-CW 优化 fuzzy-PID，其优化变量为高斯隶属度函数。同时与 PID 与 NPID 对比，三种控制器的优化变量如表 9-26 所示。

表 9-26　控制器参数

控　制　器	参　　数
PID 控制器	$p=(K_P, K_I, K_D)^T$
NPID 控制器	$p^{nl}=(a_p, b_p, c_p, a_d, b_d, c_d, d_d, a_i, c_i)^T$
fuzzy-PID 控制器	$center=(cen_P, cen_I, cen_D)^T$ $width=\begin{bmatrix} wid_P^{NB}, wid_P^{NM}, wid_P^{NS}, wid_P^{ZO}, wid_P^{PS}, wid_P^{PM}, wid_P^{PB} \\ wid_I^{NB}, wid_I^{NM}, wid_I^{NS}, wid_I^{ZO}, wid_I^{PS}, wid_I^{PM}, wid_I^{PB} \\ wid_D^{NB}, wid_D^{NM}, wid_D^{NS}, wid_D^{ZO}, wid_D^{PS}, wid_D^{PM}, wid_D^{PB} \end{bmatrix}$

以洪屏抽水蓄能电站机组调节系统为研究对象，建立了水泵水轮机调节系统仿真模型，并进行空载开度频率扰动试验。该仿真模型控制器设置为 PID 控制、NPID 控制和 fuzzy-PID 控制，采用 GSA-CW，GSA 和 PSO 对 PID，NPID 和 fuzzy-PID 控制器进行优化，在三种不同管道特征参数下，首先比较三种不同控制器的控制效果，实验结果如表 9-27～表 9-29 和图 9-45 所示。

表 9-27　不同优化算法 PID 控制器的控制效果

参　数		优化方法								
		PSO			GSA			GSA-CW		
		$H_w=0.6$	$H_w=0.9$	$H_w=1.4$	$H_w=0.6$	$H_w=0.9$	$H_w=1.4$	$H_w=0.6$	$H_w=0.9$	$H_w=1.4$
中间值	ITAE	0.345	0.371	0.432	0.342	0.350	0.405	0.342	0.350	0.405
	超调量	2.7%	3.46%	4.6%	3.83%	2.62%	2.08%	3.83%	2.62%	2.08%
	稳定时间	7.3 s	5.7 s	9.9 s	7.9 s	6.6 s	7.1 s	7.9 s	6.6 s	7.1 s
最优值	ITAE	0.344	0.353	0.407	0.342	0.350	0.405	0.342	0.350	0.405
	超调量	4.06%	2.94%	1.44%	3.83%	2.62%	2.08%	3.83%	2.62%	2.08%
	稳定时间	7.3 s	7.5 s	7.2 s	7.9 s	6.6 s	7.1 s	7.9 s	6.6 s	7.1 s

表 9-28　不同优化算法 NPID 控制器的控制效果

参　数		优化方法								
		PSO			GSA			GSA-CW		
		$H_w=0.6$	$H_w=0.9$	$H_w=1.4$	$H_w=0.6$	$H_w=0.9$	$H_w=1.4$	$H_w=0.6$	$H_w=0.9$	$H_w=1.4$
中间值	ITAE	0.369	0.370	0.421	0.342	0.350	0.450	0.342	0.350	0.406
	超调量	7.33%	6.99%	5.99%	3.83%	2.62%	2.08%	3.83%	2.61%	2.07%
	稳定时间	9.4 s	7.8 s	7.3 s	7.9 s	6.6 s	7.1 s	7.9 s	6.6 s	7.1 s
最优值	ITAE	0.343	0.353	0.408	0.342	0.350	0.405	0.342	0.350	0.405
	超调量	3.81%	4.25%	2.58%	3.83%	2.62%	2.08%	3.82%	2.61%	2.05%
	稳定时间	7.3 s	6.6 s	7.2 s	7.9 s	6.6 s	7.1 s	7.9 s	6.6 s	7.1 s

表 9-29　不同优化算法 fuzzy-PID 控制器的控制效果

参数		优化方法								
		PSO			GSA			GSA-CW		
		$H_w=0.6$	$H_w=0.9$	$H_w=1.4$	$H_w=0.6$	$H_w=0.9$	$H_w=1.4$	$H_w=0.6$	$H_w=0.9$	$H_w=1.4$
中间值	ITAE	0.329	0.349	0.390	0.317	0.329	0.378	0.307	0.324	0.373
	超调量	3.81%	2.60%	1.49%	2.98%	1.55%	1.17%	0.72%	0.31%	0.34%
	稳定时间	6.8 s	6.6 s	7.5 s	8.6 s	7.1 s	7.5 s	4.6 s	4.9 s	6.3 s
最优值	ITAE	0.304	0.322	0.373	0.303	0.322	0.370	0.298	0.321	0.368
	超调量	2.02%	1.21%	1.19%	0.59%	0.26%	0.33%	0.36%	0.37%	0.25%
	稳定时间	8.8 s	7.0 s	7.6 s	3.6 s	4.8 s	6.2 s	2.8 s	4.09 s	6.3 s

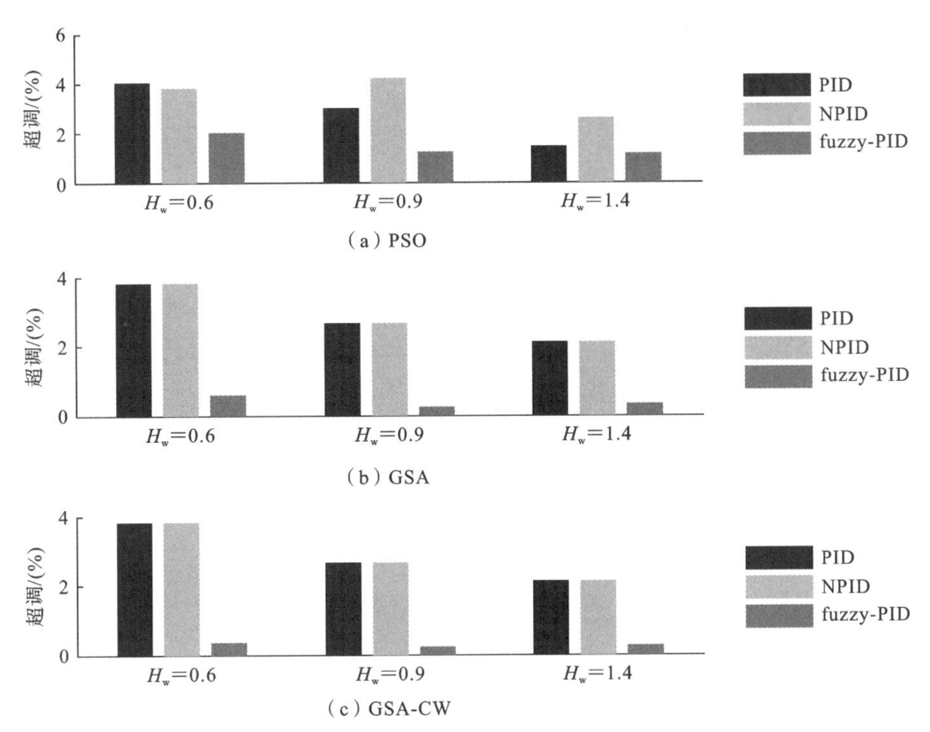

图 9-45　三种算法对 fuzzy-PID 控制器的优化效果

为了测试所提出的 GSA-CW 算法的性能，在三种不同管道特征参数下，比较 PSO、GSA、GSA-CW 三种算法对 fuzzy-PID 控制器的优化效果，试验结果如图 9-46、图 9-47 所示。

对比 PID、NPID 和 fuzzy-PID 结果，可以发现 fuzzy-PID 控制效果均优于 PID 控制和 NPID 控制，稳定时间和超调量等控制指标提升明显，说明 fuzzy-PID 在抽水蓄能机组控制中具有更好的应用前景。从试验结果可以看出，对比不同算法的优化结果可以发现，GSA-CW 优化效果优于 GSA 和 PSO，验证了 GSA-CW 在控制参数优化中的优异性能。

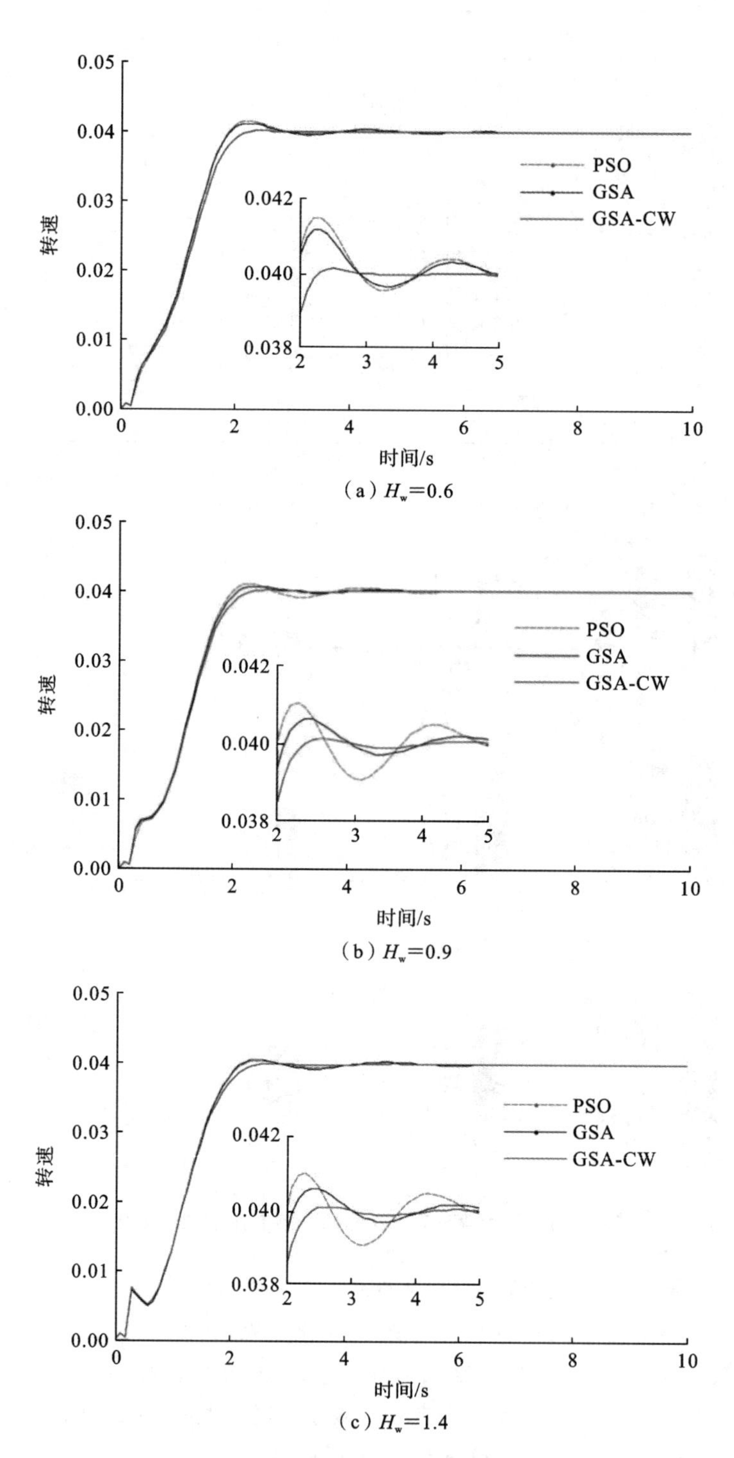

图 9-46　不同优化算法下控制器的控制效果

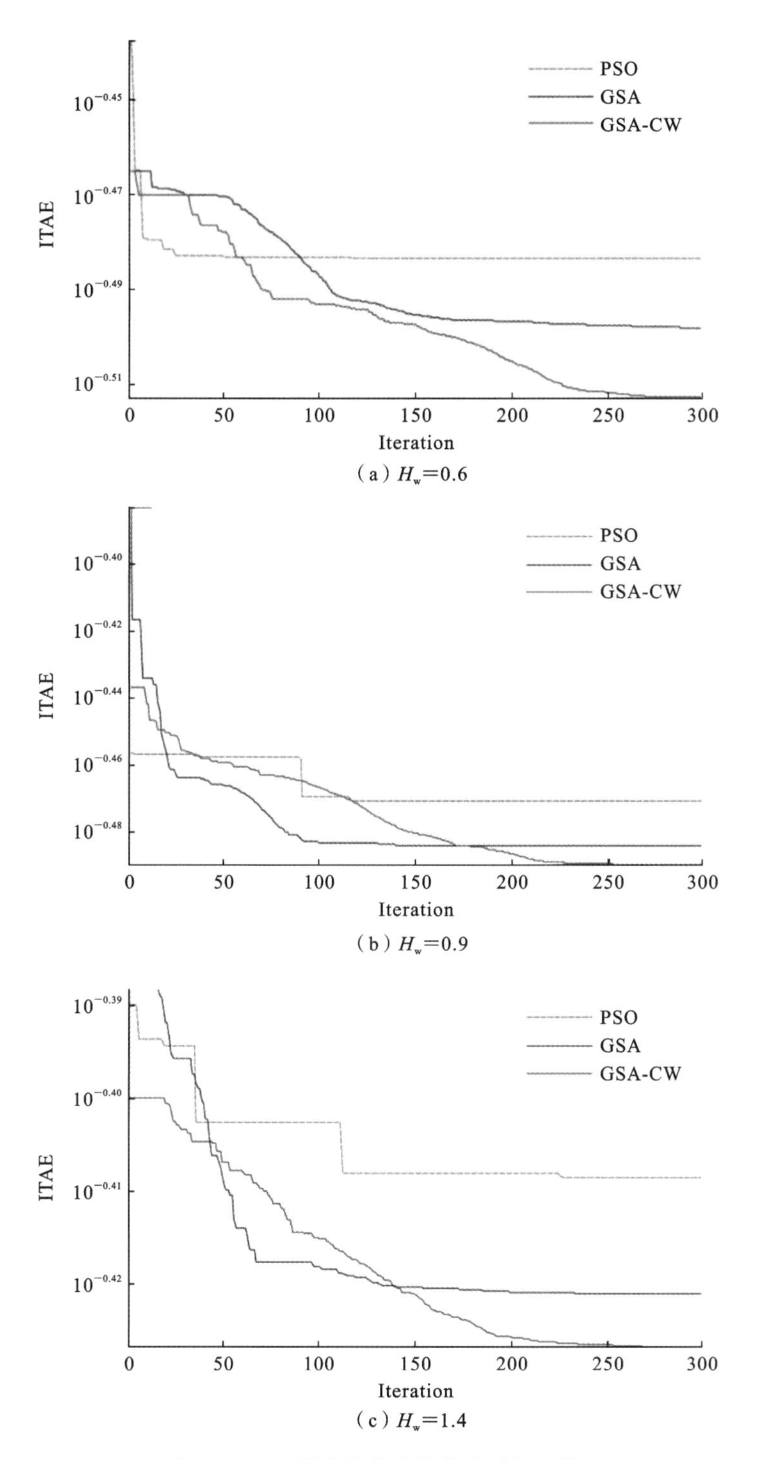

（a）H_w=0.6

（b）H_w=0.9

（c）H_w=1.4

图 9-47　不同优化算法的收敛过程比较

9.5 课后习题

1. 什么是群智能优化算法,请简要介绍 GSA 基本原理?
2. 什么是机组的一段式和二段式开机,其优缺点是什么?
3. 机组智能开机策略优势是什么?
4. 机组导叶关闭方式主要有几种,各有什么特点?
5. 什么是多目标优化,与单目标优化有什么区别?
6. 多目标导叶关闭规律优化的目标和约束是什么?
7. 分数阶 PID 与模糊控制的主要优势是什么?

第10章

水轮机调节系统现场试验

水轮机调节系统是水力发电控制的重要组成部分,不断增长的水轮机调速系统测试需求和国产调速器技术的变革推动了水电站调速系统专业测试技术的产生和发展,在近20年时间里,水轮机调速系统测试技术在国内经历了几个发展阶段,试验项目覆盖范围不断增加。我国国家标准和有关行业标准对水轮机调速系统及装置的设计制造、特性指标和测试验收方法、条件均提出了明确要求,以完成水轮机调速系统在调节性能方面的有效性检测与验证。

随着我国水轮机调速系统测试技术的发展,现场试验的测试项目也发生了很大变化。早期的现场试验项目都是仿真调速系统进行常规试验,例如静特性试验,仿真摆动试验,仿真扰动试验,仿真甩负荷试验等,试验项目相对较少。如今的水轮机调速系统现场试验除了要完成仿真模式的常规测试项目,还要完成水力发电现场试验记录,计算和自动数据处理,主要试验项目包括:静特性,空载摆动试验,空载扰动试验,不动时间试验,甩负荷试验,开机过程记录等。本章将从试验装置与标准、调速器特性测试以及调速系统试验项目几个方面,着重介绍调速系统现场测试的基本步骤计其实现方法。

10.1 试验装置与标准

10.1.1 水轮机调节系统试验装置

水轮机调节系统是水电机组的控制核心,其正常工作是电力系统安全可靠运行的基础。水轮机调节系统的调整试验是机组投入电网运行以前的一个重要步骤，一般包括主要回路和元件的调整试验、调速器的整机调整和静特性试验、水轮机调节系统动态特性试验等。试验采用电测法，试验装置由频率信号发生器、水轮机调速系统综合仿真测试仪、位移传感器、压力变送器等设备组成。在试验过程中，由计算机自动采集机频、机组有功、接力器行程、PID输出、蜗壳进口水压、尾水出口水压、出口开关量信号等。图10-1所示的是试验装置示意图。

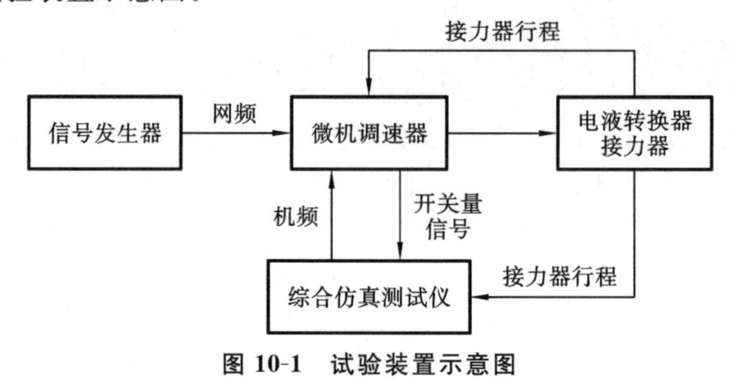

图10-1　试验装置示意图

10.1.2　水轮机调节系统试验标准

水轮机调节系统试验所依据的标准主要包括水轮机调节系统的国家标准和行业标准，相关的技术标准及技术资料如下：

《水轮机调速系统技术条件》(GB/T 9652.1-2019)；

《水轮机调速系统试验》(GB/T 9652.2-2019)；

《水轮机电液调节系统及装置调整试验导则》(DL/T 496-2016)；

《水轮机电液调节系统及装置技术规程》(DL/T 563-2016)；

《同步发电机原动机及其调节系统参数实测与建模导则》(DL/T 1235-2019)；

《中国南方电网公司同步发电机原动机及调节系统参数测试与建模导则》(Q/CSG 11402-2009)。

10.2　调速器的整机调整和静态试验

10.2.1　调速器的整机调整试验

1. 微机调速器机械液压系统的现场组装调试

1) 组装及检查

(1) 新装机组或机组大修时，必须用汽油或煤油将调速器机械液压系统有关零部件清洗干净。特别对于有内部油管道的零部件，首先要用压缩空气吹净管内杂质，然后用煤油反复冲洗，最后用汽轮机油清洗干净。

(2) 检查所有零部件装配是否符合相关设计图纸的技术要求，各处O形密封垫是否漏装或碰伤。尤其要注意主配压阀的上、下高压耐油石棉橡胶垫等是否装正，同时要用锥销或定位螺钉精确定位。

(3) 将主配压阀活塞、引导阀针塞任意旋转一个角度，检查它们能否靠自重在各自的阀体或衬套内自行缓缓下滑。清洗装配过程中应注意不得碰伤或随意修磨阀盘的棱角。

(4) 对电机伺服系统和步进电机伺服系统的微机调速器，应检查电机操作机构等部件装配后是否动作灵活，要求不得有卡阻现象，且所有滑动配合面均应上一层黄油。

(5) 在调速器设计的额定工作油压下，所有密封面均不允许有漏油或渗油现象。

2) 零位调整

对于有引导阀的伺服系统，将开关机调整螺栓先调至主配压阀最大行程位置，再开启油压装置的总供油阀，使调速器各液压部件充油，然后调整引导阀于中间位置(也就是主配压阀在中间位置)，使接力器能在任何位置稳住为止(可操作开限机构手轮或手动控制手轮，使接力器开或关)。对于手动情况无反馈的系统，由于是开环控制，不可能做到完全不动，因此一般要求接力器在5 min内的漂移小于1 mm即可。

3) 电机限位开关调整

对于电机或步进电机伺服系统的微机调器，应整定好电机限位块。具体整定时可手动旋转手轮使限位块上、下移动设计行程后能使限位开关动作，以便将电机及驱动器电源切断，电机失磁。如果是无油电液转换器，无油电转应能自动复中，接力器应稳定在当前位置不动。

2. 接线与工作电源检查

1) 电气接线检查

检查所有的电缆是否均按照电气配线图正确连接，信号线是否采用的是屏蔽电缆，各端子插头连接是否牢固。

检查电气柜是否安全接地，通常可用宽30～35 mm的铜导体将电气柜体可靠接地，从而有效防护人身安全并减小电流噪音。

2) 电源检查

正确接入电源，检查输入交、直流220 V电源的电压及极性是否正确，并确保电源部分无短接现象。

单独投入交流工作电源，检查装置内部的数字电源、模拟电源和操作电源等是否正确，且当交流电源电压在±15%范围内波动时，电源单元应工作正常。

单独投入直流工作电源，检查装置内部的数字电源、模拟电源和操作电源等是否正确，且当直流电源电压在－10%～20%范围内波动时，电源单元应工作正常。

同时投入交流工作电源和直流工作电源，检查装置内部的数字电源、模拟电源和操作电源等是否正确。

对于上述几种情况，电源投入后均应检查调节器是否正常工作。

3. 绝缘与耐压试验

1）电气回路绝缘试验

绝缘试验对象应包括电气回路中所有的接线和器件。试验中为防止电子元器件及表计损坏，应采取相应措施。例如，对于半导体元件、电容器等不能承受规定的兆欧表电压的元件，试验时应将其短接。试验条件为：环境温度 15～35 ℃，相对湿度 45%～75%。

2）电气回路工频耐受电压试验

工频耐受电压试验应在绝缘电阻合格后进行。试验条件为：环境温度 15～35 ℃，相对湿度 45%～75%，装置柜门关闭，侧壁及金属罩装好。对不能承受规定试验电压的元件，应将其短接，甚至采取绝缘措施。

试验在设备已完全关闭后进行。对不能承受规定电压的元件，已将其短接或断开。安装在带电部件和裸露导电部件之间的抗干扰电容器不应断开，应能耐受试验电压。

4. 反馈调整

(1) 导叶反馈零点调整。将调速器切至手动控制，使接力器全关，调整导叶反馈电平比最小反馈电压略大(如最小反馈电压为 0 V 时，导叶反馈电平可为 100～200 mV)，并将导叶开度指示调节为零。

(2) 手动将接力器开到全开，调整反馈传感器(有的微机调速器要调整综合放大器中的反馈电路)，使得反馈电平比最大反馈电压略小(如最大反馈电压为 10 V 时，反馈电平可在 9.8～10 V 之间)，并将导叶开度指示设定为 100%。

(3) 将接力器全关至全开操作几次，检查零点和全开值是否改变。若改变超过设定范围，应重新调整，直到满足要求为止。

如果是双重调节调速器，则需按上述步骤对桨叶反馈进行调整。

对于电机伺服系统和步进电机伺服系统的微机调速器，伺服电机或步进电机的反馈应视其电液转换元件的具体型式，按生产厂家产品调试大纲进行调整。同时，调整好伺服电机或步进电机的驱动电源，对于有定位模块的伺服系统，还应整定好定位模块。

5. 接力器开关时间调整

1）接力器关闭时间调整

接力器的关闭规律和关闭时间应满足调节保证计算的要求。对于一段直线关闭规律，接力器最短关闭时间 T'_s 为调节保证计算的关机时间，此时可通过调整主配压阀活塞的关侧行程或主配压阀开侧排油管节流孔大小，以控制主接力器最快关闭速度。试验在制造厂或电站水轮机蜗壳不充水条件下进行，具体方法有以下两种。

方法一。调速器处于手动位置，先操作机械开限机构(或手动控制手轮)，使接力器开到全开，然后令紧急停机电磁阀励磁动作，使接力器紧急关闭。此时可用秒表记录开度指示表从 75%关至 25%的时间，取其两倍作为接力器最短直线关闭时间 T'_s。

方法二。调速器处于自动位置，开度限制机构置于全开位置，在自动方式平衡状态下，使接力器在全开位置，向调速器突加 30%的转速偏差信号，使接力器快速关闭。此时记录接力器在 75%关至 25%行程之间移动所需时间，该时间的两倍即为接力器最短直线关闭时间 T'_s。

若测得的 T'_s 与调节保证计算值相等，则调整结束；若不一致，则将实测值与计算值进行比较，并重新整定好主配关侧行程（或开侧排油管节流孔）再试，直到满足要求为止。

对于有两段关闭装置的调速器，首先退出分段关闭装置，调整第一段关闭时间 T_f；然后投入分段关闭装置，将第二段关闭时间 T_h 折算为全行程时间，将折点位置放至 100%，调整好第二段关闭时间；最后调整折点位置。具体步骤与方法可按厂家调试大纲进行调整。

2) 接力器开启时间调整

接力器开启时间的调整与接力器采用一段关闭时的调整方法类似，只是通过调整主配压阀活塞的开侧行程或主配压阀关侧排油管节流孔大小，以控制主接力器最快开启速度。同样有以下两种方法。

方法一。调速器处于手动位置，先操作机械开限机构（或手动控制手轮），使接力器开到全开，然后令紧急停机电磁阀励磁动作，使接力器紧急关闭。当接力器全关后，复归紧急停机电磁阀，接力器以最快速度开启，用秒表记录开度指示表从 25% 上升至 75% 的时间，取其两倍作为接力器最快直线开启时间。

方法二。调速器处于自动位置，开度限制机构置于全开位置，在自动方式平衡状态下，使接力器在全关位置，向调速器突加 −30% 的转速偏差信号，使接力器快速开启。此时记录接力器在 25% 上升至 75% 行程之间移动所需时间，该时间的两倍即为接力器最快直线开启时间。

若测得的开启时间与调节保证要求值相等，则调整结束；若不一致，则将实测值与计算值进行比较，并重新整定好主配开侧行程（或关侧排油管节流孔）再试，直到满足要求为止（见图 10-2）。

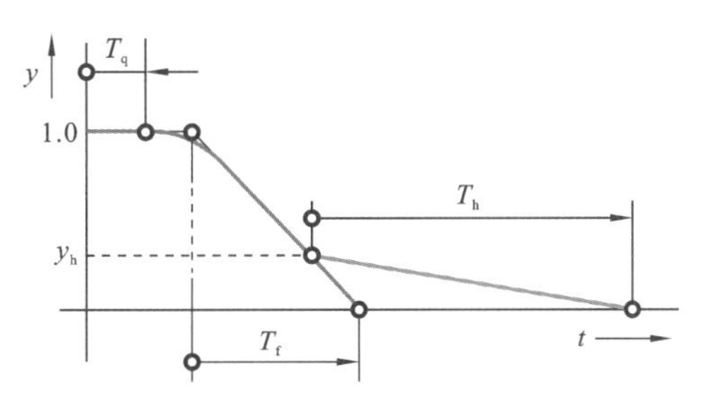

图 10-2　导叶二段关闭

6. 人机界面检查

(1) 检查人机界面各画面显示功能是否正常，如将频率信号发生器输出的频率信号代表机组频率送入调速器，检查人机界面中的频率指示是否一致；检查画面刷新及切换是否正确，如将接力器手动操作至某一开度；检查显示的接力器开度值是否相应地切换到设定值。

(2) 检查机组运行状态是否能够正确指示（如模拟开机、停机、发电、调相等），调速器调节模式设置及切换是否能够正确指示，以及对于各类故障，检查界面能否正确地发出相应的故障报警信号等。

7. 工作状态模拟

工作状态模拟对微机调速器是非常必要的一种测试，它主要是用来检查各种控制信号是否正确接至调速器以及调速器的相关控制软件是否工作正常，有关部件能否正确动作。在制造厂内或电站水轮机蜗壳未充水条件下，应进行自动开机、手自动切换、增减负荷、自动停机等功能以保证水轮机调速器的正确投入。

模拟试验时，应将测频信号源至调速器端子排的连线断开，并将信号发生器的输出端接至测频信号端子，以模拟机组转速。主要检查功能包括以下几点。

(1) 开机模拟。由中控室模拟发出开机令，调速器电气开限(如果有机械开限，则也包含机械开限)应开启至机组启动开度，导叶接力器也开到启动开度。模拟机组升速，使机组转速升至90%，则电气开限应关回空载整定开度，导叶接力器也关至空载整定开度。如果调速器动作正确，说明微机调速器开机控制软件基本工作正确。

(2) 并网模拟。进一步模拟升高机组转速，使之达到额定转速，模拟机组发电机出口断路器闭合，此时，电气开限应开至全开(或开至按水头计算的开度)，如果有机械开限，则机械开限全开。

(3) 增减负荷操作模拟。模拟增功率操作(可在中控室操作或机旁调速柜上操作)，导叶接力器开度应增大；再模拟减功率操作，导叶接力器开度应减小。若动作正常，说明增减功率功能正常。进行此项试验时，主要检验增减操作是否有反应，增减操作方向是否正确。

(4) 控制模式切换模拟。模拟机组开机、并网带一定负荷，控制模式(频率控制、功率控制、开度控制、水位控制和流量控制)切换时，水轮机主接力器的开度变化不得超过其全行程的±1%。

(5) 突甩负荷模拟。模拟机组开机、并网带一定负荷，使导叶接力器开到某一开度(大于空载开度)，然后模拟发电机出口断路器突然跳开，调速器开度限制应减至空载开限值，导叶应关至空载开度。

(6) 停机模拟。由中控室模拟机组停机，调速器自动减功率给定，导叶开度减小至空载开度，再模拟跳发电机出口开关，开度限制应自动关至全关，导叶接力器也应关至全关。

(7) 紧急停机模拟。模拟机组开机、并网带一定负荷，使导叶接力器开到某一开度(大于空载开度)，然后模拟机组事故，使事故继电器动作，则紧急停机电磁阀动作，开限关至全关，导叶接力器也关到全关。

如果这些模拟均动作正常，则说明各种控制信号已正确接至调速器，微机调速器相关软件工作正确。

8. 故障模拟与容错功能检查

(1) 机频故障模拟。若在带一定负荷状态下模拟机组开机、并网，解除机频信号，则调速器故障显示画面中显示“机频故障”，根据调速器的不同，或切至备用测频信号(如并网时可取网频作为机端，仍保持自动方式运行)，或切至手动方式运行。无论采用何种方式，均应保持接力器开度不变。

若在空载状态下模拟机频故障，则调速器应切至手动方式运行。

(2) 网频故障模拟。在空载状态下，若模拟网频信号断线，则调速器的故障显示画面中应显示“网频故障”；若调速器处于电网频率跟踪模式，则应将频率参考信号切至微机调速器的频率给定。

(3) 导叶反馈故障模拟。模拟机组开机、并网带负荷。然后解除导叶反馈，模拟导叶反馈故障，则不同微机调速器可能采用不同的容错方式，有的调速器容错采用自动切手动运行，而对具有自复中的无油电液转换器的微机调速器，则此时电机失磁，无油电转复中，调速器故障显示画面中显示导叶反馈故障，接力器开度基本不变。恢复导叶反馈后，接力器应基本维持在原开度值。

(4) 电源消失。模拟机组开机、并网带负荷。当工作电源故障时，应自动切换至备用电源。电气装置工作电源和备用电源相互切换时，水轮机主接力器的开度变化不得超过其全行程的±1%。当工作电源完全消失时，接力器行程应基本保持不变。电源恢复时接力器行程也不应产生大的扰动。

有的微机调速器可能有更多的故障容错功能，可按其产品调试大纲进行故障模拟。故障模拟动作正确，说明微机调速器对应故障容错功能设计正确，相应软件工作正常。

10.2.2　调速器的静态特性试验

在整机调整的基础上，可进行调速器的静特性试验。调速器的静态特性定义为：当给定信号恒定时，水轮机控制系统处于平衡状态，被控参量相对偏差值与接力器行程相对偏差值的关系曲线图。

1. 试验目的

电液调速器静特性试验的目的在于通过对调速器静特性的测定，确定调速器的转速死区 i_x、特性曲线的非线性度 ε、接力器不准确度 i_y 和校验永态转态转差系数 b_p 值，借以综合鉴别电液调速器的设计、制造和安装质量。

2. 试验条件

整机静态特性试验在蜗壳未充水条件下进行，设定 $b_p=6\%$，开环增益为整定值。切除人工转速死区，b_t、T_d 为最小值或 K_D 为最小值，K_I 为最大值，K_P 为中间值，频率给定为额定值，即 50 Hz。开度限制全开。

3. 测试方法

试验中用工频信号发生器作为频率信号源，将频率信号接入测频输入端子，用 0.5 mm 精度的钢板尺或游标卡尺读取接力器行程。具体测试步骤如下。

(1) 整定频率信号发生器信号为 $f_r=50$ Hz，并将该频率信号接入机组测频输入端子，用开度给定使导叶接力器开到 50%处，然后逐渐递增信号源频率，使得接力器向关闭侧移动，当接近全关位置时缓慢降低信号源的频率，直到接力器刚刚开始向开启侧移动为止，用频率表或频率计读取此时的频率，同时用钢板尺或游标卡尺读取此时接力器的行程值，该点即为静态特性测试的起始点。

(2) 单向降低频率，每次降低(0.4～0.6)% f_r，停止一段时间，待接力器稳定后，同时记录频率和接力器行程，并用千分表记录接力器的摆动值，一直到接力器接近全开。

(3) 反方向测试，单向升高频率，每次升高(0.4～0.6)% f_r，停止一段时间，待接力器稳定后，同时记录频率和接力器行程，并用千分表记录接力器的摆动值，一直到接力器接近全关。

(4) 根据实测数据并化为相对量,绘制频率升高和降低的调速器静态特性曲线,如图10-3所示。两条实测的调速器静态特性曲线间的最大区间即为转速死区 i_x;静态特性曲线斜率的绝对值即为转速的永态差值系数 b_p;此外,接力器不准确度 i_y、调速器静态特性曲线的线性度误差 ε 也可计算得到。则有

$$i_x=\frac{f_1-f_2}{f_r}\times 100\%=\Delta x\times 100\% \tag{10-1}$$

$$i_y=\frac{Y_2-Y_1}{Y_{max}}\times 100\%=\Delta y\times 100\% \tag{10-2}$$

$$\varepsilon=\delta_+ +\delta_- \tag{10-3}$$

$$b_p=\frac{f_{max}-f_{min}}{f_r}=(x_{max}-x_{min})\times 100\% \tag{10-4}$$

式中:f_{max} 为接力器全关时对应的频率值;f_{min} 为接力器全开时对应的频率值;f_r 为额定频率,$f_r=50$ Hz。

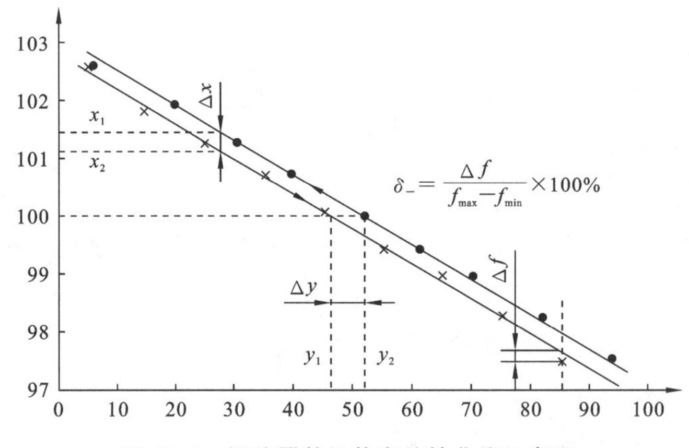

图 10-3 调速器整机静态特性曲线示意图

(5) 连续试验 3 次,实验结果取平均值。

如试验中情况正常,则可调整 b_p 为其他值(如实际运行时的 b_p 值),根据上述方法进行对应的静态特性试验,以对实际 b_p 值进行校验。

4. 注意事项

(1) 测定时读数宜从接力器全关或全开位置开始,不宜从接力器中间位置开始。

(2) 信号源频率的调整必须保证是单向的,不得往复调整。

(3) 接力器处于全关、全开位置时,对应的频率往往不准确,因此两个极端位置的数据不予采用,仅在区间内部取点读数。

(4) 所测数据均应为在接力器稳定不动后,与频率值同一时间读出的数据值。

(5) 测定过程中,油压装置的油压必须保持在正常的工作范围内。

(6) 要求每条线的测点不应少于 8 点,且 3/4 以上的测点都应在静特性曲线上。若有 1/4 的测点不在曲线上,则试验无效。

(7) 绘制的频率上升和下降两条特性线,理想情况下应相互平行,一般取在 60%开

度时的转速之差为转速死区 i_x。

绘制调速器静态特性曲线时，可采用人工作图的方式，也可采用一元线性回归法拟合实测的静态特性曲线。

① 将实测转速（频率）、接力器行程分别转换为转速相对值（频率相对值）x 及接力器行程相对值 y。

② 根据一元线性回归理论，与全部观测数据 $x_i(i=1,2,\cdots,n)$ 的离差平方和，即

$$Q=\sum_{i=1}^{n}(x_i-\hat{x})^2 \tag{10-5}$$

最小的直线为 y 与 x 之间的回归直线，记作：

$$\hat{x}=a+by \tag{10-6}$$

可以证明，当式(10-6)满足下列关系时，其表达的回归直线与全部观测值 $x_i(i=1,2,\cdots,n)$ 之间的离差平方和 Q 为最小值。即

$$a=\bar{x}-b\bar{y} \tag{10-7}$$

$$b=\frac{\sum_{i=1}^{n}(y_i-\bar{y})(x_i-\bar{x})}{\sum_{i=1}^{n}(y_i-\bar{y})^2} \tag{10-8}$$

根据实测记录，按式(10-7)和式(10-8)，即可求出 a、b 两个回归系数，然后，每取一个导叶开度相对值，即可按式(10-8)算出相应的转速（或频率）相对值，同时可求得转速死区 i_x、接力器不准确度 i_y、非线性度 ε 和实测的 b_p 值。

测至主接力器的转速死区和在水轮机静止及输入转速信号恒定的条件下接力器摆动值不超过如表 10-1 所示的规定值。

表 10-1　转速死区与接力器摆动值的规定

调速器类型项目/(%)	大型	中型	小型		特小型
	电调	电调	电调	机调	
转速死区	0.02	0.06	0.10	0.18	0.20
接力器摆动值	0.1	0.25	0.4	0.75	0.8

10.3　水轮机调节系统的动态特性试验

水轮机调节系统的动态特性试验是在调速器安装或检修后、机组投入电网正常运行之前进行的一项很重要的试验项目。其主要目标包括：① 检查调速器的动态品质；② 保证机组在突变负荷时能满足调节保证计算的要求和所规定的动态指标；③ 确定机组在过渡过程中的状态和各调节参数变化范围，掌握参数变化对机组过渡过程规律的影响，从而找出最佳参数，提高机组运行可靠性及稳定性；④ 检查机组设计、安装及检修的质量，

保障机组安全运行。动特性试验一般包括单机空载稳定性试验、空载扰动试验、负荷调整与波动试验、甩负荷试验等。

10.3.1 单机空载稳定性观测

调速器经过了上述一系列调整之后，在引水系统充水的情况下，机组就具备了启动试运行的条件。一般来说，空载运行是对水轮发电机组稳定条件最不利的工况，因为并网运行时负荷的自调节能力会增强系统的稳定性。因此，一般于空载工况下进行调速器控制参数的整定。

1. 手动开停机

将手自动切换阀切至手动侧，手动开启机组至空载额定转速，运行 5～10 min，然后检查下面几点。

(1) 电液转换器的差流表是否正确。

(2) 各传递杠杆位置是否正常，动作是否协调。

(3) 如果是永磁发电机作为信号源，在有条件的情况下，应录制永磁发电机的空载和负载特性。如果是利用残压作为信号源，则机组在额定转速时，测量机组残压，检查测频元件工作是否正常；如果残压不够，可在转子中加一点磁场，使残压正常。

(4) 检查电调中相应的转速继电器是否正常。

在以上的检查中，如发现异常现象，应进行处理或停机检查处理；如无异常现象，进一步进行空载频率摆动测试。

2. 空载稳定性观测

(1) 测量机组在空载工况下手动运行时的转速摆动值。测量仪表采用自动记录仪，如工频计，记录仪表的频率指示数值在机组连续运行 10 min 内的变化，取其频率的最大值 f_{max} 和最小值 f_{min}，则频率摆动范围为 $\Delta f = f_{max} - f_{min}$。若以相对量表示，则 $\Delta x = 2(f_{max} - f_{min})$，同时也是转速摆动范围。重复试验三次，取平均值作为水轮机调速器考核的依据与条件。

(2) 手动切换为自动运行。若手动控制机组运行阶段无异常现象，则可进行手动到自动的切换操作。将手自动切换阀切至自动位置，要求在手动与自动互相切换时，接力器应无明显摆动。

(3) 机组在空载工况下自动运行时转速摆动测量。测试方法与空载手动运行时的测试方法相同。

调速器应保证机组在各种工况和运行方式的稳定性。对于大型调速器，若手动运行时机组转速摆动相对值 $\Delta x \leqslant \pm 0.2\%$，则要求自动运行时机组摆动不大于 $\pm 0.15\%$；对于中、小型调速器，若手动时机组转速摆动相对值 $\Delta x \leqslant \pm 0.3\%$，则要求自动时 $\Delta x \leqslant \pm 0.25\%$；对于特小型调速器，若手动时机组转速摆动相对值 $\Delta x \leqslant \pm 0.3\%$，则要求自动时 $\Delta x \leqslant \pm 0.3\%$。实际试验时应选择有关参数，力求使其摆动值为最小，也就是说，使机组在空载运行时具有较大的稳定性。机组空载运行的稳定性，主要取决于空载缓冲参数的整定，一般情况下，T_d 和 b_t 增大，稳定性就增加，但调速器速动时间常数也增大，速动性就变坏。因此，试验可由 T_d 和 b_t 的较大值开始，然后逐一减小，在每一种参数下记录转速的相对摆动值 Δx。初步选定 T_d 和 b_t 的最佳值，以同时满足稳定性和速动性较好的要求。

3. 自动开机试验

空载工况下自动开机，检查开机过程是否正常并观测空载稳定性。

对开机过程，应记录开机过程中的最大频率值，并记录接力器开始开启至频率开始上升的时间、频率上升达到 40 Hz 的时间、超调量、波动次数、调节稳定时间。

有关标准规定，机组启动开始至机组空载转速偏差小于同期带在－0.5%～1%的时间 t_{SR}，且不得大于从机组启动开始至机组转速达到 80%额定转速的时间 $t_{0.8}$ 的 5 倍。因此，超调量、波动次数、调节稳定时间的计算均从频率达到 40 Hz 的时刻开始。调节稳定时间计算的终止时间可定义为机组转速摆动值不超过稳态转速±0.5%额定值的时刻。其中，稳态转速的定义为：若机组转速波动峰—峰值连续 30 s 不超过 1%额定转速，此期间的转速平均值即为稳态转速。

4. 自动停机试验

空载连续运行 5 min 后，若一切正常，则转成自动停机，并检查自动停机过程是否正常。

在停机过程中可记录停机过程中的机组转速、接力器位移曲线，并可记录统计接力器全关时对应的转速、接力器全关(或机组转速从 100%)到转速下降至某一特征值(如 30%)的时间、转速从特征值下降到 5%的时间。

10.3.2　空载扰动试验

1. 试验目的和要求

空载扰动试验的目的在于实测水轮机调节系统的动态特性，了解能使系统空载稳定运行的调节参数范围，并寻求机组空载运行最佳调节参数和临界调节参数，从而使机组在调节过程中既满足动态稳定指标又满足速动性要求。

当整定 b_p 为电力系统所要求的数值时，改变其调节参数，加±(8～10)% f_r 的扰动量，应达到下述要求。

(1) 转速最大超调量不超过扰动量的 30%。

(2) 振荡次数不得超过两次。

(3) 从扰动开始到转速达到摆动规定值时的过渡过程调节时间，应满足小于 $12T_w$(大型 PID)、$15T_w$(大型 PI)、$18T_w$(中小型 PI)的条件。

2. 试验中对调速器参数的选择

对于特定的水电站，表征对象的参数 T_a、T_w 和 e_n 不可任意改变，只能作为选择调速器参数的依据。可调参数有：b_t、T_d、T_n 和 b_λ。b_p 是运行参数，不在可调参数之列。但对于近来设计的随动系统型调速器，开环放大倍数是可以很方便地予以改变的。在试验时，调速器参数可按下述原则进行合理地选择。

(1) 鉴于水轮机调节系统的稳定性和速动性是相互制约的，调整参数时，应在满足稳定性要求的基础上，力求过渡过程快速收敛。即，在保证机组稳定运行的前提下，尽量减小 b_t、T_d 和 b_λ 的参数值，适当增加 T_n 的值。

(2) 由于环节传递系数影响着调速器的转速死区 i_x，传递系数越大，i_x 就越小，如局部反馈系数 b_λ 越小，传递系数就越大，i_x 也就越小；随动系统的开环放大倍数越大，i_x 就越小等等。为兼顾动态、静态性能，一般地，由 b_t、T_d 和 T_n 保证调节系统的稳定和动态品质，在不破坏调节稳定的前提下，可增大环节传递系数以提高静态性能。

(3) 机组并入电网后，为了提高调节系统的速动性，应自动把 b_t 和 T_d 切换至"运行位置"的值，也就是小于空载运行值。

3. 试验方法及步骤

(1) 按经验公式(如斯坦因公式)预先整定一组较稳定参数，使调节系统处于空载自动运行状态。

(2) 将频率给定降至 48 Hz，待机组转速稳定后开始±4 Hz 的频率扰动试验。

(3) 将频率给定由 48 Hz 突升至 52 Hz，记录过渡过程曲线。

(4) 将频率给定由 52 Hz 突降至 48 Hz，记录过渡过程曲线。

(5) 根据图 10-4 所示的过渡过程曲线，计算超调量 $\delta=\frac{\Delta f_{\max}}{\Delta f_0}\times100\%$、振荡次数 x 和调节时间 T_p（T_p 为扰动开始到偏差不超过±2%时所经历的时间）。

(6) 改变调节参数，重新进行±4 Hz 扰动，记录过渡过程曲线并计算相关指标。

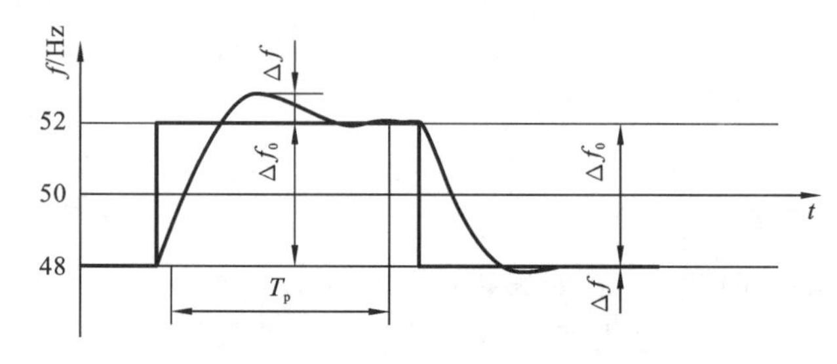

图 10-4　空载扰动

为了确定和选择水轮机调速器的较优调节参数，可先将调速器的控制参数 b_t、T_d、T_n（或 K_P、K_I、K_D）按照被调机组的 T_a 与 T_w 进行初选，并分别组合成若干个参数组，分别进行试验。然后再对多组参数试验结果进行详细比较，找到空载扰动特性最好的那一组调节参数，即为水轮机调速器最佳空载运行参数。

实际上，在电站试验过程中，如何选择试验次数及调节参数的组合，是较为复杂的问题。最佳参数选择有多种方法，如正交试验法、优选法、分组试验选择法等。其中，正交试验法理论可靠、简单易行，在水轮机调速器的调节参数选择中应用较为广泛。

同时，通过试验还可得到空载稳定临界参数，这在运行中应当尽量避免。

10.3.3　负载扰动试验

1. 负荷扰动试验

1）试验目的

通过对调速器在带负荷情况下对其扰动后的调节过程的观察和分析，找出有可能达到的最佳调节过程，从而选择在带负荷时的最佳调节参数，以保证在带负荷运行时调节系统既有良好的速动性又有很好的稳定性。

2）试验方法和步骤

(1) 将空载缓冲 b_t 和 T_d 分别置于空载扰动试验所选择的最佳位置，负载缓冲可先置于某一适当位置，频率给定电位器在50 Hz位置，功率给定电位器置于空载位置，b_p 置于系统中调所要求的位置。

(2) 机组并网后，用功率给定电位器增加机组所带负荷，每增加25%机组额定负荷应停留片刻，观察机组各部分有无异常现象，直至机组满载。然后再用功率给定电位器减少负荷至空载。在连续增减负荷过程中，为减少试验对系统周波的影响，可同时将其他运行机组的负荷作相应的调整。

(3) 将负载缓冲放在最大挡，重复步骤(2)的操作，观察机组增减负荷的速度是否显著变慢，接力器是否有来回抽动等不良现象。

在做完上述两项试验后可大体判断，负载缓冲参数在哪一挡位置比较合适，然后进行突变小负荷扰动试验。

(4) 将负载缓冲放在适当位置，机组带相当于50%～60%的额定负载，然后突然增加或减少10%～20%的额定负荷，用示波器记录调节过程中的机组频率、机组功率和接力器行程等。

突变负荷的办法可以是突然加入一个实际负荷(最好用水阻抗)或利用另一台机组的开度限制强行减小一定数值的功率，这时系统的其他机组应固定出力运行。负荷的变化完全由试验机组承担。

(5) 改变负载缓冲挡数，进行步骤(4)同样的试验。

(6) 根据试验结果，判断出哪一组调节参数的调节过程最好而加以采用。一般来说，应选择其调节过程能快速收敛到稳定状态的，即要求过渡过程时间短、超调量小、振荡次数不超过1次和调节过程结束后频率偏差不超过0.1%～0.2% f_r。

2. 无差调频试验

如机组在电网中担任调频任务时，则进行本项试验，以检查自动调频的性能。无差调频的步骤如下。

(1) 按空载和负载扰动试验的成果，将缓冲各切换开关置于最佳位置，b_p 置于所要求的位置。

(2) 机组并入电网，用功率给定电位器带50%的额定负荷。

(3) 缓慢地将 b_p 值逐渐减小到零,此时机组即按无差特性运行,记录频率的波动范围。当被试机组的容量大于电网的负荷变化时,频率的波动应不大于 0.3%(即0.15 Hz)。

(4) 变更非被试机组的负荷,观察或录制被试机组负荷的变化过程,同时记录这两台机组负荷变化前后的数值及电网频率的变化,此频率变化仍应不大于 0.15 Hz。

无差调频试验,能够较全面地检查调速器参数的正确性及调速器本身的质量。

10.3.4 甩负荷试验

1. 试验目的

(1) 通过甩负荷试验可进一步考察机组在已选定的调速器空载参数下调节过程的速动性和稳定性,进而综合评价调节系统的动态调节品质。

(2) 根据甩负荷时所测得的机组转速上升率、蜗壳水压上升率和尾管真空值来验证调节过程并保证计算的正确性。

(3) 检验水轮机导叶接力器关闭规律的正确性及确定接力器的不动时间等。

2. 机组甩负荷后动态品质要求

(1) 甩 100%额定负荷后,超过稳态转速 3%额定转速值以上的波峰不超过两次。

(2) 从机组甩负荷起到机组转速相对偏差小于±1%为止的调节时间为 t_E,从甩负荷开始至转速升至最高转速所经历的时间为 t_M,对于中、低水头反击式水轮机,t_M/t_E 应不大于 8;对于高水头反击式水轮机和冲击式水轮机,t_M/t_E 应不大于 15。

(3) 电网解列后给电厂供电的机组,甩负荷后机组的最低相对转速不低于 0.9。对投入浪涌控制及桨叶关闭时间较长的轴流转桨式和贯流式机组,浪涌控制与桨叶调节可能导致机组的最低转速降得较低,因此可不受此条件的约束。

(4) 最大机组转速上升率和蜗壳水压上升率均符合调保计算要求。

3. 试验条件

(1) 空载缓冲 b_t 和 T_d 及 T_n 置于由空载扰动试验所选定的最佳参数位置,负载缓冲置于负载扰动试验所选定的最佳参数位置,b_p 置于系统所要求的位置。

(2) 机组已经过短期带负荷试验,各部轴承温度已稳定。

(3) 机组已经过速度试验,机械各部均属正常,转速继电器的一级和二级过速接点动作值已正确整定完毕,过速保护动作可靠。

(4) 机组所有电气保护、水力机械保护和后备保护均已投入了工作。

(5) 机组已并网正常自动运行,并经系统调度允许方可进行甩负荷试验。

4. 试验前的准备工作

(1) 试验前应作好各被测量的准备工作,包括测量仪表、示波器测点的安排、各被测量的率定等。

(2) 装设好甩负荷试验各测量部位读取数据的联络信号或电话。

(3) 作好安全措施,做好紧急事故停机的准备。

5. 试验方法和步骤

(1) 甩负荷试验一般分四次，依次甩 25%、50%、75%、100%额定负荷。

(2) 置参数于选定值，相关准备工作也完成，调速器处于自动方式平衡状态。

(3) 甩 25%额定负荷，主要是检查接力器的不动时间是否符合要求，将在下一节结合接力器不动时间测量进行讨论。

(4) 甩 50%额定负荷，用记录仪器记录机组转速、导叶、桨叶(或喷针、折向器)的接力器行程、蜗壳水压及发电机定子电流等参数的过渡过程。根据记录曲线计算调节时间、转速上升时间以及波动次数。

(5) 甩 75%额定负荷，要求同上。

(6) 甩 100%额定负荷。甩额定负荷时，机组转速上升率、蜗壳水压上升率、尾管真空度、接力器关闭时间和过渡过程调节时间等均应符合要求。

机组甩负荷过渡过程中，机组转速、蜗壳水压、接力器行程变化实测波形如图 10-5 所示。

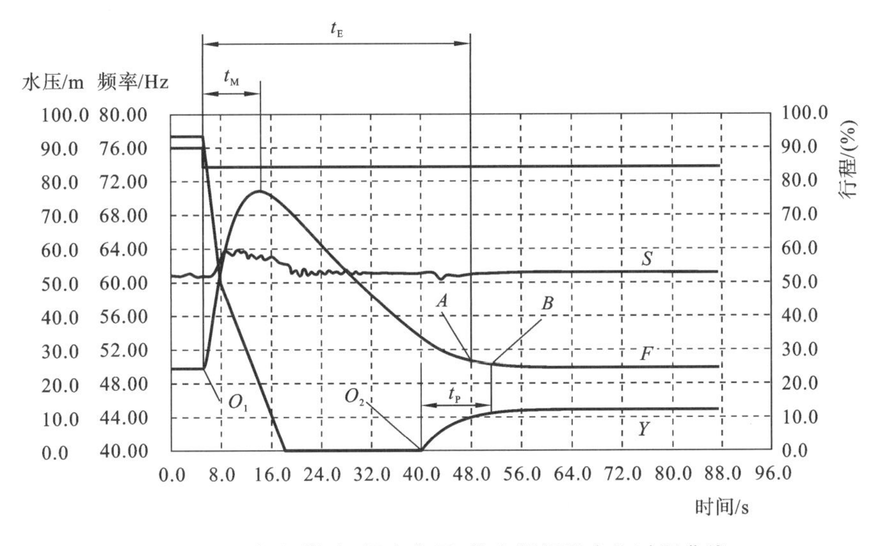

图 10-5　机组转速、蜗壳水压、接力器行程变化过程曲线

图 10-5 中，O_1 点为甩负荷起始点，A 点为机组转速相对偏差开始小于±1%的点，因此甩负荷调节时间 t_E 为 42.7 s；从机组开始甩负荷到机组转速上升至最大值所经历的时间 t_M 为 8.0 s，比值为$\frac{t_E}{t_M}=5.33$，满足标准 GB/T 9652.1-2007 中$\frac{t_E}{t_M}\leqslant 8$ 的规定。

图 10-5 中，O_1 为接力器第一次向开启方向移动的点，B 点为机组转速相对偏差开始小于±0.5% 的点。按照标准 GB/T 9652.1-2019《水轮机调速系统技术条件》的规定：调节时间 t_P 定义为甩 100%额定负荷后，从接力器第一次向开启方向移动开始，到机组转速摆动值不超过±0.5%为止的时间，要求其值应不大于 40 s。按图 10-5 所示的曲线计算得 $t_P=9.8$ s，满足要求。

10.3.5 接力器不动时间测定试验

接力器不动时间的定义是：转速或指令信号按规定形式变化起至由此引起主接力器开始移动的时间。对接力器不动时间 T_q 的要求为：对于电调，$T_q \leqslant 0.2$ s；对于机调，$T_q \leqslant 0.3$ s。T_q 的测量方法有阶跃频率信号法、匀速变化频率信号法和突甩负荷法。虽然从严格意义上来讲，T_q 的测定不属于动态特性测试的范畴，但其测量主要采用甩 25%额定负荷的测量方法，因此在此节加以介绍。

1. 阶跃频率信号法

该方法一般用于在制造厂内的试验。试验应满足以下条件：① 大型调速器试验用接力器直径应不小于 ϕ350 mm；② 调速器处于频率控制模式自动方式平衡状态；③ 调节参数位于中间值；④ 开环增益为整定值。

试验方法如下。

（1）开度限制机构开到全开位置。输入额定频率信号，用开度给定将接力器开至约50%的位置。

（2）在额定频率的基础上，施加 4 倍于转速死区规定值的阶跃频率信号，用自动记录仪记录输入频率信号和接力器位移。

（3）确定以频率信号增减瞬间为起点的接力器不动时间 T_q，试验 3 次，取其平均值。

2. 匀速变化频率信号法

该方法试验条件同阶跃频率信号法一致。

试验方法如下。

（1）输入额定频率信号，用开度给定将接力器开至约 50%的位置。

（2）在额定频率的基础上，对大型调速器施加 1 Hz/s 匀速变化的频率信号，对中、小型调速器施加 1.5 Hz/s 匀速变化的频率信号，用自动记录仪记录输入频率信号和接力器位移。

（3）计算方法如图 10-6 所示。确定从频率信号增大或减小（上升或下降 0.02%）开始，到接力器开始运动为止的接力器不动时间。

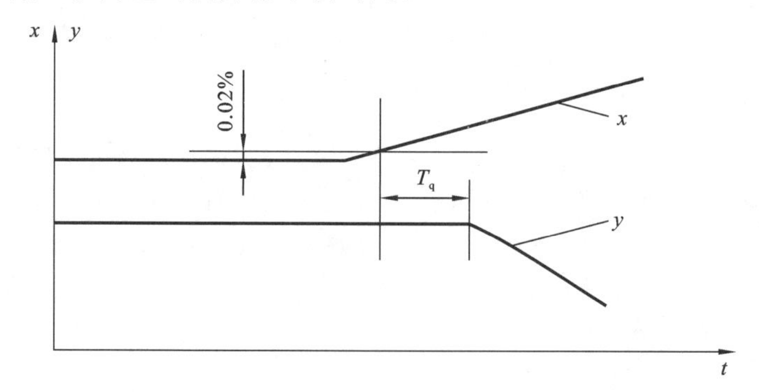

图 10-6 用匀速变化频率信号测接力器不动时间

3. 突甩负荷法

在电站通常通过机组甩负荷试验来测量接力器的不动时间，突甩负荷量可为 25%额定负荷或 10%～15%额定负荷。用自动记录仪(或测试软件，或微机调速器内置式调试软件)记录机组转速、发电机定子电流、调速器接力器行程等变化过程曲线，记录时，机组转速、接力器行程和发电机定子电流的时间分辨率不大于 0.02 s/mm，接力器行程的分辨率不大于 0.02 mm。

甩负荷时应断开调速器用发电机出口断路器辅助接点信号、电流和功率信号接线，待试验完成后再恢复原有接线。因为甩负荷后，调速器应依靠机组频率上升信号和整定参数的 PID 调节规律关闭接力器，而非依据“出口开关辅助接点信号、电流和功率信号”在程序中强制大幅度将电气开度限制阶跃减小到空载开度附近来关闭导叶。

对于甩 25%负荷，将发电机定子电流消失的时刻设为接力器不动时间的计算起点；对于甩 10%～15%负荷，将机组转速上升到 0.02%设为计算起点，接力器开始运行的时刻设为计算终点。由于采集的接力器行程中总是存在随机波动分量，因此如何判断接力器开始运动是测试结果是否可信的一个关键。

需指出的是，对同一调速器，采用不同方法测量出的接力量不动时间可能存在较大的差异。为保证测试结果的一致性和可比性，电力行业标准中建议在电站现场统一采用甩 25%负荷方法进行接力器不动时间的测定。

10.3.6　带负荷连续 72 h 运行试验

调节系统和装置的全部调整试验及机组所有其他试验完成后，应拆除全部试验接线，使机组所有设备恢复到正常运行状态，全面清理现场，然后进行带负荷 72 h 连续运行试验。试验中，应对各有关部位进行巡回监视并做好运行情况的详细记录。

10.4　课后习题

1. 调速器的整机调整试验应包含哪些内容？工作状态模拟时主要检查的功能有哪些？试简述接力器关闭时间调整的两种方法。

2. 什么是调速器的静态特性？简述调速器的静态特性试验的目的与测试方法。

3. 水轮机调节系统动态特性试验有哪些目标？单机空载稳定性试验应包含哪些内容？

4. 空载扰动试验的目的是什么？有什么要求？简要说明试验的步骤。

5. 负荷扰动试验有什么目的？简要说明无差调频试验的意义。

6. 甩负荷试验的目的是什么？机组甩负荷后动态品质有何要求？

7. 分别简述接力器不动时间测定试验的三种方法。

参 考 文 献

[1] 郑莉媛,朱爱菁.水轮机调节[M].北京:机械工业出版社,1988.

[2] 沈祖诒.水轮机调节[M].北京:中国水利水电出版社,1998.

[3] 水电站机电设计手册编写组.水电站机电设计手册:水力机械[M].北京:水利电力出版社,1988.

[4] 何文学,李凯.调节保证计算标准分析与讨论[J].水电站设计,1999,15(1):3.

[5] 季卫.电液比例伺服系统在高油压贯流式水轮机调速器中的应用研究[D].武汉:武汉水利电力大学,2000.

[6] 陈德新.水轮机·水泵及辅助设备——水利水电工程专业系列教材[M].北京:中央广播电视大学出版社,2003.

[7] 郭建业.高油压水轮机调速器技术及应用[M].武汉:长江出版社,2007.

[8] 李超顺,周建中,杨俊杰,等.基于混合模糊聚类分析的汽轮发电机组振动故障诊断[J].电力系统自动化,2008,32(5):80-84.

[9] 程远楚,张江滨.水轮机自动调节[M].北京:中国水利水电出版社,2010.

[10] 李超顺,周建中,肖剑.基于改进引力搜索算法的励磁控制PID参数优化[J].华中科技大学学报(自然科学版),2012,40(10):119-122.

[11] 陈帝伊.水轮机调节系统[M].北京:中国水利水电出版社,2019.

[12] 罗红俊,马龙,张官祥,等.基于改进模糊C回归聚类的水轮发电机组的模糊辨识[J].中国农村水利水电,2021(9):147-152.

[13] 张官祥,罗红俊,廖李成,等.基于分数阶PID控制和粒子群算法的水电机组开机优化[J].中国农村水利水电,2021(10):110-115,121.